FEDOR DOSTOYEVSKI

CRIMEN Y CASTIGO

astria

CRIMEN Y CASTIGO
FEDOR DOSTOYEVSKI

©Astria Ediciones
Diseño de portada: Andrea Rodríguez
Ilustración de portada: Visita de la Muerte
Autor: Adolph Menzel

Supervisión Editorial: Óscar Flores López
Administración: Tesla Rodas y Jessica Cordero
Director Ejecutivo: José Azcona Bocock

Primera edición
Tegucigalpa, Honduras—Agosto de 2024

PARTE 1
CAPÍTULO 1

Una tarde extremadamente calurosa de principios de julio, un joven salió de la reducida habitación que tenía alquilada en la callejuela de S y, con paso lento e indeciso, se dirigió al puente K.

Había tenido la suerte de no encontrarse con su patrona en la escalera.

Su cuartucho se hallaba bajo el tejado de un gran edificio de cinco pisos y, más que una habitación, parecía una alacena. En cuanto a la patrona, que le había alquilado el cuarto con servicio y pensión, ocupaba un departamento del piso de abajo; de modo que nuestro joven, cada vez que salía, se veía obligado a pasar por delante de la puerta de la cocina, que daba a la escalera y estaba casi siempre abierta de par en par. En esos momentos experimentaba invariablemente una sensación ingrata de vago temor, que le humillaba y daba a su semblante una expresión sombría. Debía una cantidad considerable a la patrona y por eso temía encontrarse con ella. No es que fuera un cobarde ni un hombre abatido por la vida. Por el contrario, se hallaba desde hacía algún tiempo en un estado de irritación, de tensión incesante, que rayaba en la hipocondría. Se había habituado a vivir tan encerrado en sí mismo, tan aislado, que no sólo temía encontrarse con su patrona, sino que rehuía toda relación con sus semejantes. La pobreza le abrumaba. Sin embargo, últimamente esta miseria había dejado de ser para él un sufrimiento. El joven había renunciado a todas sus ocupaciones diarias, a todo trabajo.

En el fondo, se mofaba de la patrona y de todas las intenciones que pudiera abrigar contra él, pero detenerse en la escalera para oír sandeces y vulgaridades, recriminaciones, quejas, amenazas, y tener que contestar con evasivas, excusas, embustes…No, más valía deslizarse por la escalera como un gato para pasar inadvertido y desaparecer.

Aquella tarde, el temor que experimentaba ante la idea de encontrarse con su acreedora le llenó de asombro cuando se vio en la calle.

"¡Que me inquieten semejantes menudencias cuando tengo en proyecto un negocio tan audaz! —pensó con una sonrisa extraña—. Sí, el hombre lo tiene todo al alcance de la mano, y, como buen holgazán, deja que todo pase ante sus mismas narices…Esto es ya un axioma…Es chocante que lo que más temor inspira a los hombres sea aquello que les aparta de sus costumbres. Sí, eso es lo que más los altera… ¡Pero esto ya es demasiado divagar! Mientras divago, no hago nada. Y también podría decir que no hacer nada es lo que me lleva a divagar. Hace ya un mes que tengo la costumbre de hablar conmigo mismo, de pasar días enteros echado en mi rincón, pensando…Tonterías… Porque ¿qué necesidad tengo yo de dar este paso? ¿Soy verdaderamente capaz de hacer…"eso"? ¿Es que, por lo menos, lo he pensado en serio? De ningún modo: todo ha sido un juego de mi imaginación, una fantasía que me divierte…Un juego, sí; nada más que un juego".

El calor era sofocante. El aire irrespirable, la multitud, la visión de los andamios, de la cal, de los ladrillos esparcidos por todas partes, y ese hedor especial tan conocido por los petersburgueses que no disponen de medios para alquilar una casa en el campo, todo esto aumentaba la tensión de los nervios, ya bastante excitados, del joven. El insoportable olor de las tabernas, abundantísimas en aquel barrio, y los borrachos que a cada paso se tropezaban a pesar de ser día de trabajo, completaban el lastimoso y horrible cuadro. Una expresión de amargo disgusto pasó por las finas facciones del joven. Era, dicho sea de paso, extraordinariamente bien parecido, de una talla que rebasaba la media, delgado y bien formado. Tenía el cabello negro y unos magníficos ojos oscuros. Pronto cayó en un profundo desvarío, o, mejor, en una especie de embotamiento, y prosiguió su camino sin ver o, más exactamente, sin querer ver nada de lo que le rodeaba.

De tarde en tarde musitaba unas palabras confusas, cediendo a aquella costumbre de monologar que había reconocido hacía unos instantes. Se daba cuenta de que las ideas se le embrollaban a veces en el cerebro, y de que estaba sumamente débil.

Iba tan miserablemente vestido, que nadie en su lugar, ni siquiera un viejo vagabundo, se habría atrevido a salir a la calle en pleno día con semejantes andrajos. Bien es verdad que este espectáculo era corriente en el barrio en que nuestro joven habitaba.

La vecindad del Mercado Central, la multitud de obreros y artesanos amontonados en aquellos callejones y callejuelas del centro de Petersburgo ponían en el cuadro tintes tan singulares, que ni la figura más chocante podía llamar a nadie la atención.

Por otra parte, se había apoderado de aquel hombre un desprecio tan feroz hacia todo, que, a pesar de su altivez natural un tanto ingenua, exhibía sus harapos sin rubor alguno. Otra cosa habría sido si se hubiese encontrado con alguna persona conocida o algún viejo camarada, cosa que procuraba evitar.

Sin embargo, se detuvo en seco y se llevó nerviosamente la mano al sombrero cuando un borracho al que transportaban, no se sabe adónde ni por qué, en una carreta vacía que arrastraban al trote dos grandes caballos, le dijo a voz en grito:

—¡Eh, tú, sombrerero alemán!

Era un sombrero de copa alta, circular, descolorido por el uso, agujereado, cubierto de manchas, de bordes desgastados y lleno de abolladuras. Sin embargo, no era la vergüenza, sino otro sentimiento, muy parecido al terror, lo que se había apoderado del joven.

—Lo sabía —murmuró en su turbación—, lo presentía. Nada hay peor que esto. Una nadería, una insignificancia, puede malograr todo el negocio. Sí, este sombrero llama la atención; es tan ridículo, que atrae las miradas. El que va vestido con estos pingajos necesita una gorra, por vieja que sea; no esta cosa tan horrible. Nadie lleva un sombrero como éste. Se me distingue a una versta a la redonda. Te recordarán. Esto es lo importante: se acordarán de él, andando el tiempo, y será una pista…Lo cierto es que hay que llamar la atención lo menos posible. Los pequeños detalles…Ahí está el quid. Eso es lo que acaba por perderle a uno…

No tenía que ir muy lejos; sabía incluso el número exacto de pasos que tenía que dar desde la puerta de su casa; exactamente setecientos treinta. Los había contado un día, cuando la concepción de su proyecto estaba aún reciente. Entonces ni él mismo creía en su realización. Su ilusoria audacia, a la vez sugestiva y monstruosa, sólo servía para excitar sus nervios. Ahora, transcurrido un mes, empezaba a mirar las cosas de otro modo y, a pesar de sus enervantes soliloquios sobre su debilidad, su impotencia y su irresolución, se iba acostumbrando poco a poco, como a pesar suyo, a llamar «negocio» a aquella fantasía espantosa, y, al considerarla así, la podría llevar a cabo, aunque siguiera dudando de sí mismo.

Aquel día se había propuesto hacer un ensayo y su agitación crecía a cada paso que daba. Con el corazón desfallecido y sacudidos los miembros por un temblor nervioso, llegó, al fin, a un inmenso edificio, una de cuyas fachadas daba al canal y otra a la calle. El caserón estaba dividido en infinidad de pequeños departamentos habitados por modestos artesanos de toda especie: sastres, cerrajeros…Había allí cocineras, alemanes, prostitutas, funcionarios de ínfima categoría. El ir y venir de gente era continuo a través de las puertas y de los dos patios del inmueble. Lo guardaban tres o cuatro porteros, pero nuestro joven tuvo la satisfacción de no encontrarse con ninguno.

Franqueó el umbral y se introdujo en la escalera de la derecha, estrecha y oscura como era propio de una escalera de servicio. Pero estos detalles eran familiares a nuestro héroe y, por otra parte, no le disgustaban: en aquella oscuridad no había que temer a las miradas de los curiosos.

"Si tengo tanto miedo en este ensayo, ¿qué sería si viniese a llevar a cabo de verdad el ´negocio´?", pensó involuntariamente al llegar al cuarto piso.

Allí le cortaron el paso varios antiguos soldados que hacían el oficio de mozos y estaban sacando los muebles de un departamento ocupado —el joven lo sabía— por un funcionario alemán casado.

"Ya que este alemán se muda —se dijo el joven—, en este rellano no habrá durante algún tiempo más inquilino que la vieja. Esto está más que bien".

Llamó a la puerta de la vieja. La campanilla resonó tan débilmente, que se diría que era de hojalata y no de cobre. Así eran las campanillas de los pequeños departamentos en todos los grandes edificios semejantes a aquél. Pero el joven se había olvidado ya de este detalle, y el tintineo de la campanilla debió de despertar claramente en él algún viejo recuerdo, pues se estremeció. La debilidad de sus nervios era extrema.

Transcurrido un instante, la puerta se entreabrió. Por la estrecha abertura, la inquilina observó al intruso con evidente desconfianza. Sólo se veían sus ojillos brillando en la sombra. Al ver que había gente en el rellano, se tranquilizó y abrió la puerta. El joven franqueó el umbral y entró en un vestíbulo oscuro, dividido en dos por un tabique, tras el cual había una minúscula cocina. La vieja permanecía inmóvil ante él. Era una mujer menuda, reseca, de unos sesenta años, con una nariz puntiaguda y unos ojos chispeantes de malicia. Llevaba la cabeza descubierta, y sus cabellos, de un rubio desvaído y con sólo algunas hebras grises, estaban embadurnados de aceite. Un viejo chal de franela rodeaba su cuello, largo y descarnado como una pata de pollo, y, a pesar del calor, llevaba sobre los hombros una pelliza, pelada y amarillenta. La tos la sacudía a cada momento. La vieja gemía. El joven debió de mirarla de un modo algo extraño, pues los menudos ojos recobraron su expresión de desconfianza.

—Raskolnikof, estudiante. Vine a su casa hace un mes —barbotó rápidamente, inclinándose a medias, pues se había dicho que debía mostrarse muy amable.

—Lo recuerdo, muchacho, lo recuerdo perfectamente —articuló la vieja, sin dejar de mirarlo con una expresión de recelo.

—Bien; pues he venido para un negocillo como aquél —dijo Raskolnikof, un tanto turbado y sorprendido por aquella desconfianza.

"Tal vez esta mujer es siempre así y yo no lo advertí la otra vez", pensó, desagradablemente impresionado.

La vieja no contestó; parecía reflexionar. Después indicó al visitante la puerta de su habitación, mientras se apartaba para dejarle pasar.

—Entre, muchacho.

La reducida habitación donde fue introducido el joven tenía las paredes revestidas de papel amarillo. Cortinas de muselina pendían ante sus ventanas, adornadas con macetas de geranios. En aquel momento, el sol poniente iluminaba la habitación.

"Entonces —se dijo de súbito Raskolnikof—, también, seguramente lucirá un sol como éste".

Y paseó una rápida mirada por toda la habitación para grabar hasta el menor detalle en su memoria. Pero la pieza no tenía nada de particular. El mobiliario, decrépito, de madera clara, se componía de un sofá enorme, de respaldo curvado, una mesa ovalada colocada ante el sofá, un tocador con espejo, varias sillas adosadas a las paredes y dos o tres grabados sin ningún valor, que representaban señoritas alemanas, cada una con un pájaro en la mano. Esto era todo.

En un rincón, ante una imagen, ardía una lamparilla. Todo resplandecía de limpieza.

"Esto es obra de Lisbeth", pensó el joven.

Nadie habría podido descubrir ni la menor partícula de polvo en todo el departamento.

"Sólo en las viviendas de estas perversas y viejas viudas puede verse una limpieza semejante", se dijo Raskolnikof. Y dirigió, con curiosidad y al soslayo, una mirada a la cortina de indiana que ocultaba la puerta de la segunda habitación, también sumamente reducida, donde estaban la cama y la cómoda de la vieja, y en la que él no había puesto los pies jamás. Ya no había más piezas en el departamento.

—¿Qué desea usted? —preguntó ásperamente la vieja, que, apenas había entrado en la habitación, se había plantado ante él para mirarle frente a frente.

—Vengo a empeñar esto.

Y sacó del bolsillo un viejo reloj de plata, en cuyo dorso había un grabado que representaba el globo terrestre y del que pendía una cadena de acero.

—¡Pero si todavía no me ha devuelto la cantidad que le presté! El plazo terminó hace tres días.

—Le pagaré los intereses de un mes más. Tenga paciencia.

—¡Soy yo quien ha de decidir tener paciencia o vender inmediatamente el objeto empeñado, jovencito!

—¿Me dará una buena cantidad por el reloj, Alena Ivanovna?

—¡Pero si me trae usted una miseria! Este reloj no vale nada, mi buen amigo. La vez pasada le di dos hermosos billetes por un anillo que podía obtenerse nuevo en una joyería por sólo rublo y medio.

—Deme cuatro rublos y lo desempeñaré. Es un recuerdo de mi padre. Recibiré dinero de un momento a otro.

—Rublo y medio, y le descontaré los intereses.

—¡Rublo y medio! —exclamó el joven.

—Si no le parece bien, se lo lleva.

Y la vieja le devolvió el reloj. Él lo cogió y se dispuso a salir, indignado; pero, de pronto, cayó en la cuenta de que la vieja usurera era su último recurso y de que había ido allí para otra cosa.

—Venga el dinero —dijo secamente.

La vieja sacó unas llaves del bolsillo y pasó a la habitación inmediata.

Al quedar a solas, el joven empezó a reflexionar, mientras aguzaba el oído.

Hacía deducciones. Oyó abrir la cómoda.

"Sin duda, el cajón de arriba —dedujo—. Lleva las llaves en el bolsillo derecho. Un manojo de llaves en un anillo de acero. Hay una mayor que las otras y que tiene el paletón dentado. Seguramente no es de la cómoda. Por lo tanto, hay una caja, tal vez una caja de caudales. Las llaves de las cajas de caudales suelen tener esa forma… ¡Ah, qué innoble es todo esto!".

La vieja reapareció.

—Aquí tiene, amigo mío. A diez kopeks por rublo y por mes, los intereses del rublo y medio son quince kopeks, que cobro por adelantado. Además, por los dos rublos del préstamo anterior he de descontar veinte kopeks para el mes que empieza, lo que hace un total de treinta y cinco kopeks. Por lo tanto, usted ha de recibir por su reloj un rublo y quince kopeks. Aquí los tiene.

—Así, ¿todo ha quedado reducido a un rublo y quince kopeks?

—Exactamente.

El joven cogió el dinero. No quería discutir. Miraba a la vieja y no mostraba ninguna prisa por marcharse. Parecía deseoso de hacer o decir algo, aunque ni él mismo sabía exactamente qué.

—Es posible, Alena Ivanovna, que le traiga muy pronto otro objeto de plata…Una bonita pitillera que le presté a un amigo. En cuanto me la devuelva…

Se detuvo, turbado.

—Ya hablaremos cuando la traiga, amigo mío.

—Entonces, adiós… ¿Está usted siempre sola aquí? ¿No está nunca su hermana con usted? —preguntó en el tono más indiferente que le fue posible, mientras pasaba al vestíbulo.

—¿A usted qué le importa?

—No lo he dicho con ninguna intención…Usted en seguida…Adiós, Alena Ivanovna.

Raskolnikof salió al rellano, presa de una turbación creciente. Al bajar la escalera se detuvo varias veces, dominado por repentinas emociones. Al fin, ya en la calle, exclamó:

—¡Qué repugnante es todo esto, Dios mío! ¿Cómo es posible que yo…? No, todo ha sido una necedad, un absurdo —afirmó resueltamente—. ¿Cómo ha podido llegar a mi espíritu una cosa tan atroz? No me creía tan miserable. Todo esto es repugnante, innoble, horrible. ¡Y yo he sido capaz de estar todo un mes pen…!

Pero ni palabras ni exclamaciones bastaban para expresar su turbación. La sensación de profundo disgusto que le oprimía y le ahogaba cuando se dirigía a casa de la vieja era ahora sencillamente insoportable. No sabía cómo librarse de la angustia que le torturaba. Iba por la acera como embriagado: no veía a nadie y tropezaba con todos. No se recobró hasta que estuvo en otra calle. Al levantar la mirada vio que estaba a la puerta de una taberna. De la acera partía una escalera que se hundía en el subsuelo y conducía al establecimiento. De él salían en aquel momento dos borrachos. Subían la escalera apoyados el uno en el otro e injuriándose. Raskolnikof bajó la escalera sin vacilar. No había entrado nunca en una taberna, pero entonces la cabeza le daba vueltas y la sed le abrasaba. Le dominaba el deseo de beber cerveza fresca, en parte para llenar su vacío estómago, ya que atribuía al hambre su estado. Se sentó en un rincón oscuro y sucio, ante una pringosa mesa, pidió cerveza y se bebió un vaso con avidez.

Al punto experimentó una impresión de profundo alivio. Sus ideas parecieron aclararse.

"Todo esto son necedades —se dijo, reconfortado—. No había motivo para perder la cabeza. Un trastorno físico, sencillamente. Un vaso de cerveza, un trozo de galleta, y ya está firme el espíritu, y el pensamiento se aclara, y la voluntad renace. ¡Cuánta nimiedad!".

Sin embargo, a despecho de esta amarga conclusión, estaba contento como el hombre que se ha librado de pronto de una carga espantosa, y recorrió con una mirada amistosa a las personas que le rodeaban. Pero en lo más hondo de su ser presentía que su animación, aquel resurgir de su esperanza, era algo enfermizo y ficticio. La taberna estaba casi vacía. Detrás de los dos borrachos con que se había cruzado Raskolnikof había salido un grupo de cinco personas, entre ellas una muchacha. Llevaban una armónica. Después de su marcha, el local quedó en calma y pareció más amplio.

En la taberna sólo había tres hombres más. Uno de ellos era un individuo algo embriagado, un pequeño burgués a juzgar por su apariencia, que estaba tranquilamente sentado ante una botella de cerveza. Tenía un amigo al lado, un hombre alto y grueso, de barba gris, que dormitaba en el banco, completamente ebrio. De vez en cuando se agitaba en pleno sueño, abría los brazos, empezaba a castañetear los dedos, mientras movía el busto sin levantarse de su asiento, y comenzaba a canturrear una burda tonadilla, haciendo esfuerzos para recordar las palabras.

"Durante un año entero acaricié a mi mujer…Duran…te un año entero a… ca…ricié a mi mu…jer".

O:

"En la Podiatcheskaia me he vuelto a encontrar con mi antigua…".

Pero nadie daba muestras de compartir su buen humor. Su taciturno compañero observaba estas explosiones de alegría con gesto desconfiado y casi hostil.

El tercer cliente tenía la apariencia de un funcionario retirado. Estaba sentado aparte, ante un vaso que se llevaba de vez en cuando a la boca, mientras lanzaba una mirada en torno de él. También este hombre parecía presa de cierta agitación interna.

CAPÍTULO 2

Raskolnikof no estaba acostumbrado al trato con la gente y, como ya hemos dicho últimamente incluso huía de sus semejantes. Pero ahora se sintió de pronto atraído hacia ellos. En su ánimo acababa de producirse una especie de revolución. Experimentaba la necesidad de ver seres humanos. Estaba tan hastiado de las angustias y la sombría exaltación de aquel largo mes que acababa de vivir en la más completa soledad, que sentía la necesidad de tonificarse en otro mundo, cualquiera que fuese y aunque sólo fuera por unos instantes. Por eso estaba a gusto en aquella taberna, a pesar de la suciedad que en ella reinaba. El tabernero estaba en otra dependencia, pero hacía frecuentes apariciones en la sala. Cuando bajaba los escalones, eran sus botas, sus elegantes botas bien lustradas y con anchas vueltas rojas, lo que primero se veía. Llevaba una blusa y un chaleco de satén negro lleno de mugre, e iba sin corbata. Su rostro parecía tan cubierto de aceite como un candado. Un muchacho de catorce años estaba sentado detrás del mostrador; otro más joven aún servía a los clientes. Trozos de cohombro, panecillos negros y rodajas de pescado se exhibían en una vitrina que despedía un olor infecto. El calor era insoportable. La atmósfera estaba tan cargada de vapores de alcohol, que daba la impresión de poder embriagar a un hombre en cinco minutos.

A veces nos ocurre que personas a las que no conocemos nos inspiran un interés súbito cuando las vemos por primera vez, incluso antes de cruzar una palabra con ellas. Esta impresión produjo en Raskolnikof el cliente que permanecía aparte y que tenía aspecto de funcionario retirado. Algún tiempo después, cada vez que se acordaba de esta primera impresión, Raskolnikof la atribuía a una especie de presentimiento. Él no quitaba ojo al supuesto funcionario, y éste no sólo no cesaba de mirarle, sino que parecía ansioso de entablar conversación con él. A las demás personas que estaban en la taberna, sin excluir al tabernero, las miraba con un gesto de desagrado, con una especie de altivo desdén, como a personas que considerase de una esfera y de una educación demasiado inferiores para que mereciesen que él les dirigiera la palabra.

Era un hombre que había rebasado los cincuenta, robusto y de talla media. Sus escasos y grises cabellos coronaban un rostro de un amarillo verdoso, hinchado por el alcohol. Entre sus abultados párpados fulguraban dos ojillos encarnizados pero llenos de vivacidad. Lo que más asombraba de aquella fisonomía era la vehemencia que expresaba —y acaso también cierta finura y un resplandor de inteligencia—, pero por su mirada pasaban relámpagos de locura. Llevaba un viejo y desgarrado frac, del que sólo quedaba un botón, que mantenía abrochado, sin duda con el deseo de guardar las formas. Un chaleco de nanquín dejaba ver un plastrón ajado y lleno de manchas. No llevaba barba, esa barba característica del funcionario, pero no se había afeitado hacía tiempo, y una capa de pelo recio y azulado invadía su mentón y sus carrillos. Sus ademanes tenían una gravedad burocrática, pero parecía profundamente agitado. Con los codos apoyados en la grasienta mesa, introducía los dedos en su cabello, lo despeinaba y se oprimía la cabeza con ambas manos, dando visibles muestras de angustia. Al fin miró a Raskolnikof directamente y dijo, en voz alta y firme:

—Señor: ¿puedo permitirme dirigirme a usted para conversar en buena forma? A pesar de la sencillez de su aspecto, mi experiencia me induce a ver en usted un hombre culto y no uno de esos individuos que van de taberna en taberna. Yo he respetado siempre la cultura unida a las cualidades del corazón. Soy consejero titular: Marmeladof, consejero titular. ¿Puedo preguntarle si también usted pertenece a la administración del Estado?

—No: estoy estudiando —repuso el joven, un tanto sorprendido por aquel lenguaje ampuloso y también al verse abordado tan directamente, tan a quemarropa, por un desconocido. A pesar de sus recientes deseos de compañía humana, fuera cual fuere, a la primera palabra que Marmeladof le había dirigido había experimentado su habitual y desagradable sentimiento de irritación y repugnancia hacia toda persona extraña que intentaba ponerse en relación con él.

—Es decir, que es usted estudiante, o tal vez lo ha sido —exclamó vivamente el funcionario—. Exactamente lo que me había figurado. He aquí el resultado de mi experiencia, señor, de mi larga experiencia.

Se llevó la mano a la frente con un gesto de alabanza para sus prendas intelectuales.

—Usted es hombre de estudios…Pero permítame…

Se levantó, vaciló, cogió su vaso y fue a sentarse al lado del joven. Aunque embriagado, hablaba con soltura y vivacidad. Sólo de vez en cuando se le trababa la lengua y decía cosas incoherentes. Al verle arrojarse tan ávidamente sobre Raskolnikof, cualquiera habría dicho que también él llevaba un mes sin desplegar los labios.

—Señor —siguió diciendo en tono solemne—, la pobreza no es un vicio: esto es una verdad incuestionable. Pero también es cierto que la embriaguez no es una virtud, cosa que lamento. Ahora bien, señor; la miseria sí que es un vicio. En la pobreza, uno conserva la nobleza de sus sentimientos innatos; en la indigencia, nadie puede conservar nada noble. Con el indigente no se emplea el bastón, sino la escoba, pues así se le humilla más, para arrojarlo de la sociedad humana. Y esto es justo, porque el indigente se ultraja a sí mismo. He aquí el origen de la embriaguez, señor. El mes pasado, el señor Lebeziatnikof golpeó a mi mujer, y mi mujer, señor, no es como yo en modo alguno. ¿Comprende? Permítame hacerle una pregunta. Simple curiosidad. ¿Ha pasado usted alguna noche en el Neva, en una barca de heno?

—No, nunca me he visto en un trance así —repuso Raskolnikof.

—Pues bien, yo sí que me he visto. Ya llevo cinco noches durmiendo en el Neva.

Llenó su vaso, lo vació y quedó en una actitud soñadora. En efecto, briznas de heno se veían aquí y allá, sobre sus ropas y hasta en sus cabellos. A juzgar por las apariencias, no se había desnudado ni lavado desde hacía cinco días. Sus manos, gruesas, rojas, de uñas negras, estaban cargadas de suciedad. Todos los presentes le escuchaban, aunque con bastante indiferencia. Los chicos se reían detrás del mostrador. El tabernero había bajado expresamente para oír a aquel tipo. Se sentó un poco aparte, bostezando con indolencia, pero con aire de persona importante. Al parecer, Marmeladof era muy conocido en la casa. Ello se debía, sin duda, a su costumbre de trabar conversación con cualquier desconocido que encontraba en la taberna, hábito que se convierte en verdadera necesidad, especialmente en los alcohólicos que se ven juzgados severamente, e incluso maltratados, en su propia casa. Así, tratan de justificarse ante sus compañeros de orgía y, de paso, atraerse su consideración.

—Pero di, so fantoche —exclamó el patrón, con voz potente—. ¿Por qué no trabajas? Si eres funcionario, ¿por qué no estás en una oficina del Estado?

—¿Que por qué no estoy en una oficina, señor? —dijo Marmeladof, dirigiéndose a Raskolnikof, como si la pregunta la hubiera hecho éste— ¿Dice usted que por qué no trabajo en una oficina? ¿Cree usted que esta impotencia no es un sufrimiento para mí? ¿Cree usted que no sufrí cuando el señor Lebeziatnikof golpeó a mi mujer el mes pasado, en un momento en que yo estaba borracho perdido? Dígame, joven: ¿no se ha visto usted en el caso…en el caso de tener que pedir un préstamo sin esperanza?

—Sí…Pero ¿qué quiere usted decir con eso de "sin esperanza"?

—Pues, al decir "sin esperanza", quiero decir "sabiendo que va uno a un fracaso". Por ejemplo, usted está convencido por anticipado de que cierto señor, un ciudadano íntegro y útil a su país, no le prestará dinero nunca y por nada del mundo… ¿Por qué se lo ha de prestar, dígame? Él sabe perfectamente que yo no se lo devolvería jamás. ¿Por compasión? El señor Lebeziatnikof, que está siempre al corriente de las ideas nuevas, decía el otro día que la compasión está vedada a los hombres, incluso para la ciencia, y que así ocurre en Inglaterra, donde impera la economía política. ¿Cómo es posible, dígame, que este hombre me preste dinero? Pues bien, aun sabiendo que no se le puede sacar nada, uno se pone en camino y…

—Pero ¿por qué se pone en camino? —le interrumpió Raskolnikof.

—Porque uno no tiene adónde ir, ni a nadie a quien dirigirse. Todos los hombres necesitan saber adónde ir, ¿no? Pues siempre llega un momento en que uno siente la necesidad de ir a alguna parte, a cualquier parte. Por eso, cuando mi hija única fue por primera vez a la policía para inscribirse, yo la acompañé… (porque mi hija está registrada como…) —añadió entre paréntesis, mirando al joven con expresión un tanto inquieta—. Eso no me importa, señor —se apresuró a decir cuando los dos muchachos se echaron a reír detrás del mostrador, e incluso el tabernero no pudo menos de sonreír—. Eso no me importa. Los gestos de desaprobación no pueden turbarme, pues esto lo sabe todo el mundo, y no hay misterio que no acabe por descubrirse. Y yo miro estas cosas no con desprecio, sino con resignación… ¡Sea, sea, pues! Ecce Homo. Óigame, joven: ¿podría usted…? No, hay que buscar otra expresión más fuerte, más significativa. ¿Se atrevería usted a afirmar, mirándome a los ojos, que no soy un puerco?

El joven no contestó.

—Bien —dijo el orador, y esperó con un aire sosegado y digno el fin de las risas que acababan de estallar nuevamente—. Bien, yo soy un puerco y ella una dama. Yo parezco una bestia, y Catalina Ivanovna, mi esposa, es una persona bien educada, hija de un oficial superior. Demos por sentado que yo soy un granuja y que ella posee un gran corazón, sentimientos elevados y una educación perfecta. Sin embargo… ¡Ah, si ella se hubiera compadecido de mí! Y es que los hombres tenemos necesidad de ser compadecidos por alguien. Pues bien, Catalina Ivanovna, a pesar de su grandeza de alma, es injusta…, aunque yo comprendo perfectamente que cuando me tira del pelo lo hace por mi bien. Te repito sin vergüenza, joven; ella me tira del pelo —insistió en un tono más digno aún, al oír nuevas risas—. ¡Ah, Dios mío! Si ella, solamente una vez…Pero, ¡bah!, vanas palabras…No hablemos más de esto…Pues es lo cierto que mi deseo se ha visto satisfecho más de una vez; sí, más de una vez me han compadecido. Pero mi carácter…Soy un bruto rematado.

—De acuerdo —observó el tabernero, bostezando. Marmeladof dio un fuerte puñetazo en la mesa.

—Sí, un bruto…Sepa usted, señor, que me he bebido hasta sus medias. No los zapatos, entiéndame, pues, en medio de todo, esto sería una cosa en cierto modo natural; no los zapatos, sino las medias. Y también me he bebido su esclavina de piel de cabra, que era de su propiedad, pues se la habían regalado antes de nuestro casamiento. Entonces vivíamos en un helado cuchitril. Es invierno; ella se enfría; empieza a toser y a escupir sangre. Tenemos tres niños pequeños, y Catalina Ivanovna trabaja de sol a sol. Friega, lava la ropa, lava a los niños. Está acostumbrada a la limpieza desde su más tierna infancia…Todo esto con un pecho delicado, con una predisposición a la tisis. Yo lo siento de veras. ¿Creen que no lo siento? Cuanto más bebo, más sufro. Por eso, para sentir más, para sufrir más, me entrego a la bebida. Yo bebo para sufrir más profundamente.

Inclinó la cabeza con un gesto de desesperación.

—Joven —continuó mientras volvía a erguirse—, creo leer en su semblante la expresión de un dolor. Apenas le he visto entrar, he tenido esta impresión. Por eso le he dirigido la palabra. Si le cuento la historia de mi vida no es para divertir a estos ociosos, que, además, ya la conocen, sino porque deseo que me escuche un hombre instruido. Sepa usted, pues, que mi esposa se educó en un pensionado aristocrático provincial, y que el día en que salió bailó la danza del chal ante el gobernador de la provincia y otras altas personalidades. Fue premiada con una medalla de oro y un diploma. La medalla…se vendió hace tiempo. En cuanto al diploma, mi esposa lo tiene guardado en su baúl. Últimamente se lo enseñaba a nuestra patrona. Aunque estaba a matar con esta mujer, lo hacía porque experimentaba la necesidad de vanagloriarse ante alguien de sus éxitos pasados y de evocar sus tiempos felices. Yo no se lo censuro, pues lo único que tiene son estos recuerdos: todo lo demás se ha desvanecido…Sí, es una dama enérgica, orgullosa, intratable. Se friega ella misma el suelo y come pan negro, pero no toleraría de nadie la menor falta de respeto. Aquí tiene usted explicado por qué no consintió las groserías de Lebeziatnikof; y cuando éste, para vengarse, le pegó ella tuvo que guardar cama, no a causa de los golpes recibidos, sino por razones de orden sentimental. Cuando me casé con ella, era viuda y tenía tres hijos de corta edad. Su primer matrimonio había sido de amor. El marido era un oficial de infantería con el que huyó de la casa paterna. Catalina adoraba a su marido, pero él se entregó al juego, tuvo asuntos con la justicia y murió. En los últimos tiempos, él le pegaba. Ella no se lo perdonó, lo sé positivamente; sin embargo, incluso ahora llora cuando lo recuerda, y establece entre él y yo comparaciones nada halagadoras para mi amor propio; pero yo la dejo, porque así ella se imagina, al menos, que ha sido algún día feliz. Después de la muerte de su marido, quedó sola con sus tres hijitos en una región lejana y salvaje, donde yo me encontraba entonces. Vivía en una miseria tan espantosa, que yo, que he visto los cuadros más tristes, no me siento capaz de describirla. Todos sus parientes la habían abandonado. Era orgullosa, demasiado orgullosa. Fue entonces, señor, entonces, como ya le he dicho, cuando yo, viudo también y con una hija de catorce años, le ofrecí mi mano, pues no podía verla sufrir de aquel modo. El hecho de que siendo una mujer instruida y de una familia excelente aceptara casarse conmigo, le permitirá comprender a qué extremo llegaba su miseria. Aceptó llorando, sollozando, retorciéndose las manos; pero aceptó. Y es que no tenía adónde ir. ¿Se da usted cuenta, señor, se da usted cuenta exacta de lo que significa no tener dónde ir? No, usted no lo puede comprender todavía…Durante un año entero cumplí con mi deber honestamente, santamente, sin probar eso —y señalaba con el dedo la media botella que tenía delante—, pues yo soy un hombre de sentimientos. Pero no conseguí atraérmela. Entre tanto, quedé cesante, no por culpa mía, sino a causa de ciertos cambios burocráticos. Entonces me entregué a la bebida…Ya hace año y medio que, tras mil sinsabores y peregrinaciones continuas, nos instalamos en esta capital magnífica, embellecida por incontables monumentos. Aquí encontré un empleo, pero pronto lo perdí. ¿Comprende, señor? Esta vez fui yo el culpable: ya me dominaba el vicio de la bebida. Ahora vivimos en un rincón que nos tiene alquilado Amalia Ivanovna Lipevechsel. Pero ¿cómo vivimos, cómo pagamos el alquiler? Eso lo ignoro. En la casa hay otros muchos inquilinos: aquello es un verdadero infierno. Entre tanto, la hija que tuve de mi primera mujer ha crecido. En cuanto a lo que su madrastra la ha hecho sufrir, prefiero pasarlo por alto. Pues Catalina Ivanovna, a pesar de sus sentimientos magnánimos, es una mujer irascible e incapaz de contener sus impulsos…Sí, así es. Pero ¿a qué mencionar estas cosas? Ya comprenderá usted que Sonia no ha recibido una educación esmerada. Hace muchos años intenté enseñarle geografía e historia universal, pero como yo no estaba muy fuerte en estas materias y, además, no teníamos buenos libros, pues los libros que hubiéramos podido tener…, pues…, ¡bueno, ya no los teníamos!, se acabaron las lecciones. Nos quedamos en Ciro, rey de los persas. Después leyó algunas novelas, y últimamente Lebeziatnikof le prestó La Fisiología, de Lewis. Conoce usted esta obra, ¿verdad? A ella le pareció muy interesante, e incluso nos leyó algunos pasajes en voz alta. A esto se reduce su cultura intelectual. Ahora, señor, me dirijo a usted, por mi propia iniciativa, para hacerle una pregunta de orden privado. Una muchacha pobre pero honesta, ¿puede ganarse bien la vida con un trabajo honesto? No ganará ni quince kopeks al día, señor mío, y eso trabajando hasta la extenuación, si es honesta y no posee ningún talento. Hay más: el consejero de Estado Klopstock Iván Ivanovitch…, ¿ha oído usted hablar de él…?, no solamente no ha pagado a Sonia media docena de camisas de Holanda que le encargó, sino que la despidió ferozmente con el pretexto de que le había tomado mal las medidas y el cuello le quedaba torcido.

Y los niños, hambrientos…

Catalina Ivanovna va y viene por la habitación, retorciéndose las manos, las mejillas teñidas de manchas rojas, como es propio de la enfermedad que padece. Exclama:

—En esta casa comes, bebes, estás bien abrigado, y lo único que haces es holgazanear.

Y yo le pregunto: ¿qué podía beber ni comer, cuando incluso los niños llevaban más de tres días sin probar bocado? En aquel momento, yo estaba acostado y, no me importa decirlo, borracho. Pude oír una de las respuestas que mi hija (tímida, voz dulce, rubia, delgada, pálida carita) daba a su madrastra.

—Yo no puedo hacer eso, Catalina Ivanovna.

Ha de saber que Daría Frantzevna, una mala mujer a la que la policía conoce perfectamente, había venido tres veces a hacerle proposiciones por medio de la dueña de la casa.

—Yo no puedo hacer eso —repitió, remedándola, Catalina Ivanovna—. ¡Vaya un tesoro para que lo guardes con tanto cuidado!

Pero no la acuse, señor. No se daba cuenta del alcance de sus palabras. Estaba trastornada, enferma. Oía los gritos de los niños hambrientos y, además, su deseo era mortificar a Sonia, no inducirla…Catalina Ivanovna es así. Cuando oye llorar a los niños, aunque sea de hambre, se irrita y les pega.

Eran cerca de las cinco cuando, de pronto, vi que Sonetchka se levantaba, se ponía un pañuelo en la cabeza, cogía un chal y salía de la habitación. Eran más de las ocho cuando regresó. Entró, se fue derecha a Catalina Ivanovna y, sin desplegar los labios, depositó ante ella, en la mesa, treinta rublos. No pronunció ni una palabra, ¿sabe usted?, no miró a nadie; se limitó a coger nuestro gran chal de paño verde (tenemos un gran chal de paño verde que es propiedad común), a cubrirse con él la cabeza y el rostro y a echarse en la cama, de cara a la pared. Leves estremecimientos recorrían sus frágiles hombros y todo su cuerpo…Y yo seguía acostado, ebrio todavía. De pronto, joven, de pronto vi que Catalina Ivanovna, también en silencio, se acercaba a la cama de Sonetchka. Le besó los pies, los abrazó y así pasó toda la noche, sin querer levantarse. Al fin se durmieron, las dos, las dos se durmieron juntas, enlazadas…Ahí tiene usted…Y yo…yo estaba borracho.

Marmeladof se detuvo como si se hubiese quedado sin voz. Tras una pausa, llenó el vaso súbitamente, lo vació y continuó su relato.

—Desde entonces, señor, a causa del desgraciado hecho que le acabo de referir, y por efecto de una denuncia procedente de personas malvadas (Daría Frantzevna ha tomado parte activa en ello, pues dice que la hemos engañado), desde entonces, mi hija Sonia Simonovna figura en el registro de la policía y se ha visto obligada a dejarnos. La dueña de la casa, Amalia Feodorovna, no hubiera tolerado su presencia, puesto que ayudaba a Daría Frantzevna en sus manejos. Y en lo que concierne al señor Lebeziatnikof…, pues…sólo le diré que su incidente con Catalina Ivanovna se produjo a causa de Sonia. Al principio no cesaba de perseguir a Sonetchka. Después, de repente, salió a relucir su amor propio herido. "Un hombre de mi condición no puede vivir en la misma casa que una mujer de esa especie". Catalina Ivanovna salió entonces en defensa de Sonia, y la cosa acabó como usted sabe. Ahora Sonia suele venir a vernos al atardecer y trae algún dinero a Catalina Ivanovna. Tiene alquilada una habitación en casa del sastre Kapernaumof. Este hombre es cojo y tartamudo, y toda su numerosa familia tartamudea…Su mujer es tan tartamuda como él. Toda la familia vive amontonada en una habitación, y la de Sonia está separada de ésta por un tabique… ¡Gente miserable y tartamuda…! Una mañana me levanto, me pongo mis harapos, levanto los brazos al cielo y voy a visitar a su excelencia Iván Afanassievitch. ¿Conoce usted a su excelencia Iván Afanassievitch?

¿No? Entonces no conoce usted al santo más santo. Es un cirio, un cirio que se funde ante la imagen del Señor…Sus ojos estaban llenos de lágrimas después de escuchar mi relato desde el principio hasta el fin.

—Bien, Marmeladof —me dijo—. Has defraudado una vez las esperanzas que había depositado en ti. Voy a tomarte de nuevo bajo mi protección.

Éstas fueron sus palabras.

—Procura no olvidarlo —añadió—. Puedes retirarte.

Yo besé el polvo de sus botas…, pero sólo mentalmente, pues él, alto funcionario y hombre imbuido de ideas modernas y esclarecidas, no me habría permitido que se las besara de verdad. Volví a casa, y no puedo describirle el efecto que produjo mi noticia de que iba a volver al servicio activo y a cobrar un sueldo.

Marmeladof hizo una nueva pausa, profundamente conmovido. En ese momento invadió la taberna un grupo de bebedores en los que ya había hecho efecto la bebida. En la puerta del establecimiento resonaron las notas de un organillo, y una voz de niño, frágil y trémula, entonó la Petite Ferme. La sala se llenó de ruidos. El tabernero y los dos muchachos acudieron presurosos a servir a los recién llegados. Marmeladof continuó su relato sin prestarles atención. Parecía muy débil, pero, a medida que crecía su embriaguez, se iba mostrando más expansivo. El recuerdo de su último éxito, el nuevo empleo que había conseguido, le había reanimado y daba a su semblante una especie de resplandor. Raskolnikof le escuchaba atentamente.

—De esto hace cinco semanas. Pues sí, cuando Catalina Ivanovna y Sonetchka se enteraron de lo de mi empleo, me sentí como transportado al paraíso. Antes, cuando tenía que permanecer acostado, se me miraba como a una bestia y no oía más que injurias; ahora andaban de puntillas y hacían callar a los niños. "¡Silencio! Simón Zaharevitch ha trabajado mucho y está cansado. Hay que dejarlo descansar". Me daban café antes de salir para el despacho, e incluso nata. Compraban nata de verdad, ¿sabe usted?, lo que no comprendo es de dónde pudieron sacar los once rublos y medio que se gastaron en aprovisionar mi guardarropa. Botas, soberbios puños, todo un uniforme en perfecto estado, por once rublos y cincuenta kopeks. En mi primera jornada de trabajo, al volver a casa al mediodía, ¿qué es lo que vieron mis ojos? Catalina Ivanovna había preparado dos platos: sopa y lechón en salsa, manjar del que ni siquiera teníamos idea. Vestidos no tiene, ni siquiera uno. Sin embargo, se había compuesto como para ir de visita. Aun no teniendo ropa, se había arreglado. Ellas saben arreglarse con nada. Un peinado gracioso, un cuello blanco y muy limpio, unos puños, y parecía otra; estaba más joven y más bonita. Sonetchka, mi paloma, sólo pensaba en ayudarnos con su dinero, pero nos dijo: "Me parece que ahora no es conveniente que os venga a ver con frecuencia. Vendré alguna vez de noche, cuando nadie pueda verme".

¿Comprende, comprende usted? Después de comer me fui a acostar, y entonces Catalina Ivanovna no pudo contenerse. Hacía apenas una semana había tenido una violenta disputa con Amalia Ivanovna, la dueña de la casa; sin embargo, la invitó a tomar café. Estuvieron dos horas charlando en voz baja.

—Simón Zaharevitch —dijo Catalina Ivanovna— tiene ahora un empleo y recibe un sueldo. Se ha presentado a su excelencia, y su excelencia ha salido de su despacho, ha tendido la mano a Simón Zaharevitch, ha dicho a todos los demás que esperasen y lo ha hecho pasar delante de todos. ¿Comprende, comprende usted? "Naturalmente —le ha dicho su excelencia—, me acuerdo de sus servicios, Simón Zaharevitch, y, aunque usted no se portó como es debido, su promesa de no reincidir y, por otra parte, el hecho de que aquí ha ido todo mal durante su ausencia (¿se da usted cuenta de lo que esto significa?), me induce a creer en su palabra".

Huelga decir —continuó Marmeladof— que todo esto lo inventó mi mujer, pero no por ligereza, ni para darse importancia. Es que ella misma lo creía y se consolaba con sus propias invenciones, palabra de honor. Yo no se lo reprocho, no se lo puedo reprochar. Y cuando, hace seis días, le entregué íntegro mi primer sueldo, veintitrés rublos y cuarenta kopeks, me llamó cariñito. '¡Cariñito mío!', me dijo, y tuvimos un íntimo coloquio, ¿comprende? Y dígame, se lo ruego: ¿qué encanto puedo tener yo y qué papel puedo hacer como esposo? Sin embargo, ella me pellizcó la cara y me llamó cariñito.

Marmeladof se detuvo. Intentó sonreír, pero su barbilla empezó a temblar. Sin embargo, logró contenerse. Aquella taberna, aquel rostro de hombre acabado, las cinco noches pasadas en las barcas de heno, aquella botella y, unido a esto, la ternura enfermiza de aquel hombre por su esposa y su familia, tenían perplejo a su interlocutor. Raskolnikof estaba pendiente de sus labios, pero experimentaba una sensación penosa y se arrepentía de haber entrado en aquel lugar.

—¡Ah, señor, mi querido señor! —exclamó Marmeladof, algo repuesto—. Tal vez a usted le parezca todo esto tan cómico como a todos los demás; tal vez le esté fastidiando con todos estos pequeños detalles, miserables y estúpidos, de mi vida doméstica. Pero le aseguro que yo no tengo ganas de reír, pues siento todo esto. Todo aquel día inolvidable y toda aquella noche estuve urdiendo en mi mente los sueños más fantásticos: soñaba en cómo reorganizaría nuestra vida, en los vestidos que pondrían a los niños, en la tranquilidad que iba a tener mi esposa, en que arrancaría a mi hija de la vida de oprobio que llevaba y la restituiría al seno de la familia…Y todavía soñé muchas cosas más…Pero he aquí, caballero —y Marmeladof se estremeció de súbito, levantó la cabeza y miró fijamente a su interlocutor—, he aquí que al mismo día siguiente a aquel en que acaricié todos estos sueños (de esto hace exactamente cinco días), por la noche, inventé una mentira y, como un ladrón nocturno, robé la llave del baúl de Catalina Ivanovna y me apoderé del resto del dinero que le había entregado. ¿Cuánto había? No lo recuerdo. Pero…¡miradme todos! Hace cinco días que no he puesto los pies en mi casa, y los míos me buscan, y he perdido mi empleo. El uniforme lo cambié por este traje en una taberna del puente de Egipto. Todo ha terminado.

Se dio un puñetazo en la cabeza, apretó los dientes, cerró los ojos y se acodó en la mesa pesadamente. Poco después, su semblante se transformó y, mirando a Raskolnikof con una especie de malicia intencionada, de cinismo fingido, se echó a reír y exclamó:

—Hoy he estado en casa de Sonia. He ido a pedirle dinero para beber. ¡Ja, ja, ja!

—¿Y ella te lo ha dado? —preguntó uno de los que habían entrado últimamente, echándose también a reír.

—Esta media botella que ve usted aquí está pagada con su dinero —continuó Marmeladof, dirigiéndose exclusivamente a Raskolnikof—. Me ha dado treinta kopeks, los últimos, todo lo que tenía: lo he visto con mis propios ojos. Ella no me ha dicho nada; se ha limitado a mirarme en silencio…Ha sido una mirada que no pertenecía a la tierra, sino al cielo. Sólo allá arriba se puede sufrir así por los hombres y llorar por ellos sin condenarlos. Sí, sin condenarlos…Pero es todavía más amargo que no se nos condene. Treinta kopeks… ¿Acaso ella no los necesita? ¿No le parece a usted, mi querido señor, que ella ha de conservar una limpieza atrayente? Esta limpieza cuesta dinero; es una limpieza especial. ¿No le parece? Hacen falta cremas, enaguas almidonadas, elegantes zapatos que embellezcan el pie en el momento de saltar sobre un charco. ¿Comprende, comprende usted la importancia de esta limpieza? Pues bien; he aquí que yo, su propio padre, le he arrancado los treinta kopeks

23

que tenía. Y me los bebo, ya me los he bebido. Dígame usted: ¿quién puede apiadarse de un hombre como yo? Dígame, señor: ¿tiene usted piedad de mí o no la tiene? Con franqueza, señor: ¿me compadece o no me compadece? ¡Ja, ja, ja!

Intentó llenarse el vaso, pero la botella estaba vacía.

—Pero ¿por qué te han de compadecer? —preguntó el tabernero, acercándose a Marmeladof.

La sala se llenó de risas mezcladas con insultos. Los primeros en reír e insultar fueron los que escuchaban al funcionario. Los otros, los que no habían prestado atención, les hicieron coro, pues les bastaba ver la cara del charlatán.

—¿Compadecerme? ¿Por qué me han de compadecer? —bramó de pronto Marmeladof, levantándose, abriendo los brazos con un gesto de exaltación, como si sólo esperase este momento—. ¿Por qué me han de compadecer?, me preguntas. Tienes razón: no merezco que nadie me compadezca; lo que merezco es que me crucifiquen. ¡Sí, la cruz, no la compasión…! ¡Crucifícame, juez! ¡Hazlo y, al crucificarme, ten piedad del crucificado! Yo mismo me encaminaré al suplicio, pues tengo sed de dolor y de lágrimas, no de alegría.

¿Crees acaso, comerciante, que la media botella me ha proporcionado algún placer? Sólo dolor, dolor y lágrimas he buscado en el fondo de este frasco…Sí, dolor y lágrimas…Y los he encontrado, y los he saboreado. Pero nosotros no podemos recibir la piedad sino de Aquel que ha sido piadoso con todos los hombres; de Aquel que todo lo comprende, del único, de nuestro único Juez. Él vendrá el día del Juicio y preguntará: "¿Dónde está esa joven que se ha sacrificado por una madrastra tísica y cruel y por unos niños que no son sus hermanos? ¿Dónde está esa joven que ha tenido piedad de su padre y no ha vuelto la cara con horror ante ese bebedor despreciable?". Y dirá a Sonia:

"Ven. Yo te perdoné…, te perdoné…, y ahora te redimo de todos tus pecados, porque tú has amado mucho". Sí, Él perdonará a mi Sonia, Él la perdonará, yo sé que Él la perdonará. Lo he sentido en mi corazón hace unas horas, cuando estaba en su casa…Todos seremos juzgados por Él, los buenos y los malos. Y nosotros oiremos también su verbo. Él nos dirá: "Acercaos, acercaos también vosotros, los bebedores; acercaos, débiles y desvergonzadas criaturas". Y todos avanzaremos sin temor y nos detendremos ante Él. Y Él dirá: "¡Sois unos cerdos, lleváis el sello de la bestia y como bestias sois, pero venid conmigo también!". Entonces, los inteligentes y los austeros se volverán hacia Él y exclamarán: «Señor, ¿por qué recibes a éstos?". Y Él responderá: "Los recibo, ¡oh sabios!, los recibo, ¡oh personas sensatas!, porque ninguno de ellos se ha considerado jamás digno de este favor". Y Él nos tenderá sus divinos brazos y nosotros nos arrojaremos en ellos, deshechos en lágrimas…, y lo comprenderemos todo, entonces lo comprenderemos todo…, y entonces todos comprenderán…También comprenderá Catalina Ivanovna… ¡Señor, venga a nos el reino!

Se dejó caer en un asiento, agotado, sin mirar a nadie, como si, en la profundidad de su delirio, se hubiera olvidado de todo lo que le rodeaba.

Sus palabras habían producido cierta impresión. Hubo unos instantes de silencio. Pero pronto estallaron las risas y las invectivas.

—¿Habéis oído?

—¡Viejo chocho!

—¡Burócrata!

Y otras cosas parecidas.

—¡Vámonos, señor! —exclamó de súbito Marmeladof, levantando la cabeza y dirigiéndose a Raskolnikof—. Lléveme a mi casa…El edificio Kozel…Déjeme en el patio…Ya es hora de que vuelva al lado de Catalina Ivanovna.

Hacía un rato que Raskolnikof había pensado marcharse, otorgando a Marmeladof su compañía y su sostén. Marmeladof tenía las piernas menos firmes que la voz y se apoyaba pesadamente en el joven. Tenían que recorrer de doscientos a trescientos pasos. La turbación y el temor del alcohólico iban en aumento a medida que se acercaban a la casa.

—No es a Catalina Ivanovna a quien temo —balbuceaba, en medio de su inquietud—. No es la perspectiva de los tirones de pelo lo que me inquieta. ¿Qué es un tirón de pelos? Nada absolutamente. No le quepa duda de que no es nada. Hasta prefiero que me dé unos cuantos tirones. No, no es eso lo que temo. Lo que me da miedo es su mirada…, sí, sus ojos…Y también las manchas rojas de sus mejillas. Y su jadeo… ¿Ha observado cómo respiran estos enfermos cuando los conmueve una emoción violenta…? También me inquieta la idea de que voy a encontrar llorando a los niños, pues si Sonia no les ha dado de comer, no sé…, yo no sé cómo habrán podido…, no sé, no sé… Pero los golpes no me dan miedo…Le aseguro, señor, que los golpes no sólo no me hacen daño, sino que me proporcionan un placer…No podría pasar sin ellos. Lo mejor es que me pegue…Así se desahoga…Sí, prefiero que me pegue…Hemos llegado…Edificio Kozel…Kozel es un cerrajero alemán, un hombre rico…Lléveme a mi habitación.

Cruzaron el patio y empezaron a subir hacia el cuarto piso. La escalera estaba cada vez más oscura. Eran las once de la noche, y aunque en aquella época del año no hubiera, por decirlo así, noche en Petersburgo, es lo cierto que la parte alta de la escalera estaba sumida en la más profunda oscuridad.

La ahumada puertecilla que daba al último rellano estaba abierta. Un cabo de vela iluminaba una habitación miserable que medía unos diez pasos de longitud. Desde el vestíbulo se la podía abarcar con una sola mirada. En ella reinaba el mayor desorden. Por todas partes colgaban cosas, especialmente ropas de niño. Una cortina agujereada ocultaba uno de los dos rincones más distantes de la puerta. Sin duda, tras la cortina había una cama. En el resto de la habitación sólo se veían dos sillas y un viejo sofá cubierto por un hule hecho jirones. Ante él había una mesa de cocina, de madera blanca y no menos vieja.

Sobre esta mesa, en una palmatoria de hierro, ardía el cabo de vela. Marmeladof tenía, pues, alquilada una habitación entera y no un simple rincón, pero comunicaba con otras habitaciones y era como un pasillo. La puerta que daba a las habitaciones, mejor dicho, a las jaulas, del piso de Amalia Lipevechsel, estaba entreabierta. Se oían voces y ruidos diversos. Las risas estallaban a cada momento. Sin duda, había allí gente que jugaba a las cartas y tomaba el té. A la habitación de Marmeladof llegaban a veces fragmentos de frases groseras.

Raskolnikof reconoció inmediatamente a Catalina Ivanovna. Era una mujer horriblemente delgada, fina, alta y esbelta, con un cabello castaño, bello todavía. Como había dicho Marmeladof, sus pómulos estaban cubiertos de manchas rojas. Con los labios secos, la respiración rápida e irregular y oprimiéndose el pecho convulsivamente con las manos, se paseaba por la habitación. En sus ojos había un brillo de fiebre y su mirada tenía una dura fijeza. Aquel rostro trastornado de tísica producía una penosa impresión a la luz vacilante y mortecina del cabo de vela casi consumido.

Raskolnikof calculó que tenía unos treinta años y que la edad de Marmeladof superaba bastante a la de su mujer. Ella no advirtió la presencia de los dos hombres. Parecía sumida en un estado de aturdimiento que le impedía ver y oír.

La atmósfera de la habitación era irrespirable, pero la ventana estaba cerrada. De la escalera llegaban olores nauseabundos, pero la puerta del piso estaba abierta. En fin, la puerta interior, solamente entreabierta, dejaba pasar espesas nubes de humo de tabaco que hacían toser a

Catalina Ivanovna; pero ella no se había preocupado de cerrar esta puerta.

El hijo menor, una niña de seis años, dormía sentada en el suelo, con el cuerpo torcido y la cabeza apoyada en el sofá. Su hermanito, que tenía un año más que ella, lloraba en un rincón y los sollozos sacudían todo su cuerpo. Seguramente su madre le acababa de pegar. La mayor, una niña de nueve años, alta y delgada como una cerilla, llevaba una camisa llena de agujeros y, sobre los desnudos hombros, una capa de paño, que sin duda le venía bien dos años atrás, pero que ahora apenas le llegaba a las rodillas. Estaba al lado de su hermanito y le rodeaba el cuello con su descarnado brazo. Al mismo tiempo, seguía a su madre con una mirada temerosa de sus oscuros y grandes ojos, que parecían aún mayores en su pequeña y enjuta carita.

Marmeladof no entró en el piso: se arrodilló ante el umbral y empujó a Raskolnikof hacia el interior. Catalina Ivanovna se detuvo distraídamente al ver ante ella a aquel desconocido y, volviendo momentáneamente a la realidad, parecía preguntarse: ¿Qué hace aquí este hombre? Pero sin duda se imaginó en seguida que iba a atravesar la habitación para dirigirse a otra. Entonces fue a cerrar la puerta de entrada y lanzó un grito al ver a su marido arrodillado en el umbral.

—¿Ya estás aquí? —exclamó, furiosa—. ¿Ya has vuelto? ¿Dónde está el dinero? ¡Canalla, monstruo! ¿Qué te queda en los bolsillos? ¡Éste no es el traje! ¿Qué has hecho de él? ¿Dónde está el dinero? ¡Habla!

Empezó a registrarle ávidamente. Marmeladof abrió al punto los brazos, dócilmente, para facilitar la tarea de buscar en sus bolsillos. No llevaba encima ni un kopek.

—¿Dónde está el dinero? —siguió vociferando la mujer—. ¡Señor! ¿Es posible que se lo haya bebido todo? ¡Quedaban doce rublos en el baúl!

En un arrebato de ira, cogió a su marido por los cabellos y le obligó a entrar a fuerza de tirones. Marmeladof procuraba aminorar su esfuerzo arrastrándose humildemente tras ella, de rodillas.

—¡Es un placer para mí, no un dolor! ¡Un placer, amigo mío! —exclamaba mientras su mujer le tiraba del pelo y lo sacudía.

Al fin su frente fue a dar contra el entarimado. La niña que dormía en el suelo se despertó y rompió a llorar. El niño, de pie en su rincón, no pudo soportar la escena: de nuevo empezó a temblar, a gritar, y se arrojó en brazos de su hermana, convulso y aterrado. La niña mayor temblaba como una hoja.

—¡Todo, todo se lo ha bebido! —gritaba, desesperada, la pobre mujer—. Y estas ropas no son las suyas! ¡Están hambrientos! —señalaba a los niños, se retorcía los brazos—. ¡Maldita vida!

De pronto se encaró con Raskolnikof.

—¿Y a ti no te da vergüenza? ¡Vienes de la taberna! ¡Has bebido con él! ¡Fuera de aquí!

El joven, sin decir nada, se apresuró a marcharse. La puerta interior acababa de abrirse e iban asomando caras cínicas y burlonas, bajo el gorro encasquetado y con el cigarrillo o la pipa en la boca. Unos vestían batas caseras; otros, ropas de verano ligeras hasta la indecencia. Algunos llevaban las cartas en la mano. Se echaron a reír de buena gana al oír decir a Marmeladof que los tirones de pelo eran para él una delicia. Algunos entraron en la habitación. Al fin se oyó una voz silbante, de mal agüero. Era Amalia Ivanovna Lipevechsel en persona, que se abrió paso entre los curiosos, para restablecer el orden a su manera y apremiar por centésima vez a la desdichada mujer, brutalmente y con palabras injuriosas, a dejar la habitación al mismo día siguiente.

Antes de salir, Raskolnikof había tenido tiempo de llevarse la mano al bolsillo, coger las monedas que le quedaban del rublo que había cambiado en la taberna y dejarlo, sin que le viesen, en el alféizar de la ventana. Después, cuando estuvo en la escalera, se arrepintió de su generosidad y estuvo a punto de volver a subir.

"¡Qué estupidez he cometido! —pensó—. Ellos tienen a Sonia, y yo no tengo quien me ayude".

Luego se dijo que ya no podía volver a recoger el dinero y que, aunque hubiese podido, no lo habría hecho, y decidió volverse a casa.

"Sonia necesita cremas —siguió diciéndose, con una risita sarcástica, mientras iba por la calle—. Es una limpieza que cuesta dinero. A lo mejor, Sonia está ahora sin un kopek, pues esta caza de hombres, como la de los animales, depende de la suerte. Sin mi dinero, tendrían que apretarse el cinturón. Lo mismo les ocurre con Sonia. En ella han encontrado una verdadera mina. Y se aprovechan…Sí, se aprovechan. Se han acostumbrado. Al principio derramaron unas lagrimitas, pero después se acostumbraron. ¡Miseria humana! A todo se acostumbra uno".

Quedó ensimismado. De pronto, involuntariamente, exclamó:

—Pero ¿y si esto no es verdad? ¿Y si el hombre no es un ser miserable, o, por lo menos, todos los hombres? Entonces habría que admitir que nos dominan los prejuicios, los temores vanos, y que uno no debe detenerse ante nada ni ante nadie. ¡Obrar: es lo que hay que hacer!

CAPÍTULO 3

Al día siguiente se despertó tarde, después de un sueño intranquilo que no le había procurado descanso alguno. Se despertó de pésimo humor y paseó por su buhardilla una mirada hostil. La habitación no tenía más de seis pasos de largo y ofrecía el aspecto más miserable, con su papel amarillo y polvoriento, despegado a trozos, y tan baja de techo, que un hombre que rebasara sólo en unos centímetros la estatura media no habría estado allí a sus anchas, pues le habría cohibido el temor de dar con la cabeza en el techo. Los muebles estaban en armonía con el local. Consistían en tres sillas viejas, más o menos cojas; una mesa pintada, que estaba en un rincón y sobre la cual se veían, como tirados, algunos cuadernos y libros tan cubiertos de polvo que bastaba verlos para deducir que no los habían tocado hacía mucho tiempo, y, en fin, un largo y extraño diván que ocupaba casi toda la longitud y la mitad de la anchura de la pieza y que estaba tapizado de una indiana hecha jirones. Éste era el lecho de Raskolnikof, que solía acostarse completamente vestido y sin más mantas que su vieja capa de estudiante. Como almohada utilizaba un pequeño cojín, bajo el cual colocaba, para hacerlo un poco más alto, toda su ropa blanca, tanto la limpia como la sucia. Ante el diván había una mesita.

Era difícil imaginar una pobreza mayor y un mayor abandono; pero Raskolnikof, dado su estado de espíritu, se sentía feliz en aquel antro. Se había aislado de todo el mundo y vivía como una tortuga en su concha. La simple presencia de la sirvienta de la casa, que de vez en cuando echaba a su habitación una ojeada, le ponía fuera de sí. Así suele ocurrir a los enfermos mentales dominados por ideas fijas.

Hacía quince días que su patrona no le enviaba la comida, y ni siquiera le había pasado por la imaginación ir a pedirle explicaciones, aunque se quedaba sin comer. Nastasia, la cocinera y única sirvienta de la casa, estaba encantada con la actitud del inquilino, cuya habitación había dejado de barrer y limpiar hacía tiempo. Sólo por excepción entraba en la buhardilla a pasar la escoba. Ella fue la que lo despertó aquella mañana.

—¡Vamos! ¡Levántate ya! —le gritó—. ¿Piensas pasarte la vida durmiendo? Son ya las nueve…Te he traído té. ¿Quieres una taza? Pareces un muerto.

El huésped abrió los ojos, se estremeció ligeramente y reconoció a la sirvienta.

—¿Me lo envía la patrona? —preguntó, incorporándose penosamente.

—¿Cómo se le ha ocurrido ese disparate?

Y puso ante él una rajada tetera en la que quedaba todavía un poco de té, y dos terrones de azúcar amarillento.

—Oye, Nastasia; hazme un favor —dijo Raskolnikof, sacando de un bolsillo un puñado de calderilla, cosa que pudo hacer porque, como de costumbre, se había acostado vestido—. Toma y ve a comprarme un panecillo blanco y un poco de salchichón del más barato.

—El panecillo blanco te lo traeré en seguida pero el salchichón… ¿No prefieres un plato de chtchis? Es de ayer y está riquísimo. Te lo guardé, pero viniste demasiado tarde. Palabra que está muy bueno.

Cuando trajo la sopa y Raskolnikof se puso a comer, Nastasia se sentó a su lado, en el diván, y empezó a charlar. Era una campesina que hablaba por los codos y que había llegado a la capital directamente de su aldea.

—Praskovia Pavlovna quiere denunciarte a la policía —dijo. Él frunció las cejas.

—¿A la policía? ¿Por qué?

—Porque ni le pagas ni lo vas a hacer: la cosa no puede estar más clara.

—Es lo único que me faltaba —murmuró el joven, apretando los dientes—. En estos momentos, esa denuncia sería un trastorno para mí. ¡Esa mujer es tonta! —añadió en voz alta—. Hoy iré a hablar con ella.

—Desde luego, es tonta. Tanto como yo. Pero tú, que eres inteligente, ¿por qué te pasas el día echado así como un saco? Y no se sabe ni siquiera qué color tiene el dinero. Dices que antes dabas lecciones a los niños. ¿Por qué ahora no haces nada?

—Hago algo —replicó Raskolnikof secamente, como hablando a la fuerza.

—¿Qué es lo que haces?

—Un trabajo.

—¿Qué trabajo?

—Medito —respondió el joven gravemente, tras un silencio.

Nastasia empezó a retorcerse. Era un temperamento alegre y, cuando la hacían reír, se retorcía en silencio, mientras todo su cuerpo era sacudido por las mudas carcajadas.

—¿Has ganado mucho con tus meditaciones? —preguntó cuando al fin pudo hablar.

—No se pueden dar lecciones cuando no se tienen botas. Además, odio las lecciones: de buena gana les escupiría.

—No escupas tanto: el salivazo podría caer sobre ti.

—¡Para lo que se paga por las lecciones! ¡Unos cuantos kopeks! ¿Qué haría yo con eso?

Seguía hablando como a la fuerza y parecía responder a sus propios pensamientos.

—Entonces, ¿pretendes ganar una fortuna de una vez? Raskolnikof le dirigió una mirada extraña.

—Sí, una fortuna —respondió firmemente tras una pausa.

—Bueno, bueno; no pongas esa cara tan terrible… ¿Y qué me dices del panecillo blanco? ¿Hay que ir a buscarlo, o no?

—Haz lo que quieras.

—¡Ah, se me olvidaba! Llegó una carta para ti cuando no estabas en casa.

—¿Una carta para mí? ¿De quién?

—Eso no lo sé. Lo que sé es que le di al cartero tres kopeks. Espero que me los devolverás.

—¡Tráela, por el amor de Dios! ¡Trae esa carta! —exclamó Raskolnikof, profundamente agitado—. ¡Señor…! ¡Señor…!

Un minuto después tenía la carta en la mano. Como había supuesto, era de su madre, pues procedía del distrito de R***. Estaba pálido. Hacía mucho tiempo que no había recibido ninguna carta; pero la emoción que agitaba su corazón en aquel momento obedecía a otra causa.

—¡Vete, Nastasia! ¡Vete, por el amor de Dios! Toma tus tres kopeks, pero vete en seguida; te lo ruego.

La carta temblaba en sus manos. No quería abrirla en presencia de la sirvienta; deseaba quedarse solo para leerla. Cuando Nastasia salió, el joven se llevó el sobre a sus labios y lo besó. Después estuvo unos momentos contemplando la dirección y observando la caligrafía, aquella escritura fina y un poco inclinada que tan familiar y querida le era; la letra de su madre, a la que él mismo había enseñado a leer y escribir hacía tiempo. Retrasaba el momento de abrirla: parecía experimentar cierto temor. Al fin rasgó el sobre. La carta era larga. La letra, apretada, ocupaba dos grandes hojas de papel por los dos lados.

"Mi querido Rodia —decía la carta—: hace ya dos meses que no te he escrito y esto ha sido para mí tan penoso, que incluso me ha quitado el sueño muchas noches. Perdóname este silencio involuntario. Ya sabes cuánto te quiero. Dunia y yo no tenemos a nadie más que a ti; tú lo eres todo para nosotras: toda nuestra esperanza, toda nuestra confianza en el porvenir. Sólo Dios sabe lo que sentí cuando me dijiste que habías tenido que dejar la universidad hacía ya varios meses por falta de dinero y que habías perdido las lecciones y no tenías ningún medio de vida. ¿Cómo puedo ayudarte yo, con mis ciento veinte rublos anuales de pensión? Los quince rublos que te envié hace cuatro meses, los pedí prestados, con la garantía de mi pensión, a un comerciante de esta ciudad llamado Vakruchine. Es una buena persona y fue amigo de tu padre; pero como yo le había autorizado por escrito a cobrar por mi cuenta la pensión, tenía que procurar devolverle el dinero, cosa que acabo de hacer. Ya sabes por qué no he podido enviarte nada en estos últimos meses.

Pero ahora, gracias a Dios, creo que te podré mandar algo. Por otra parte, en estos momentos no podemos quejarnos de nuestra suerte, por el motivo que me apresuro a participarte. Ante todo, querido Rodia, tú no sabes que hace ya seis semanas que tu hermana vive conmigo y que ya no tendremos que volver a separarnos. Gracias a Dios, han terminado sus sufrimientos. Pero vayamos por orden: así sabrás todo lo ocurrido, todo lo que hasta ahora te hemos ocultado.

Cuando hace dos meses me escribiste diciéndome que te habías enterado de que Dunia había caído en desgracia en casa de los Svidrigailof, que la trataban desconsideradamente, y me pedías que te lo explicara todo, no me pareció conveniente hacerlo. Si te hubiese contado la verdad, lo habrías dejado todo para venir, aunque hubieras tenido que hacer el mismo camino a pie, pues conozco tu carácter y tus sentimientos y sé que no habrías consentido que insultaran a tu hermana.

Yo estaba desesperada, pero ¿qué podía hacer? Por otra parte, yo no sabía toda la verdad. El mal estaba en que Dunetchka, al entrar el año pasado en casa de los Svidrigailof como institutriz, había pedido por adelantado la importante cantidad de cien rublos, comprometiéndose a devolverlos con sus honorarios. Por lo tanto, no podía dejar la plaza hasta haber saldado la deuda. Dunia (ahora ya puedo explicártelo todo, mi querido Rodia) había pedido esta suma especialmente para poder enviarte los sesenta rublos que entonces necesitabas con tanta urgencia y que, efectivamente, te mandamos el año pasado. Entonces te engañamos diciéndote que el dinero lo tenía ahorrado Dunia. No era verdad; la verdad es la que te voy a contar ahora, en primer lugar porque nuestra suerte ha cambiado de pronto por la voluntad de Dios, y también porque así tendrás una prueba de lo mucho que te quiere tu hermana y de la grandeza de su corazón.

El señor Svidrigailof empezó por mostrarse grosero con ella, dirigiéndole toda clase de burlas y expresiones molestas, sobre todo cuando estaban en la mesa…Pero no quiero extenderme sobre estos desagradables detalles: no conseguiría otra cosa que irritarte inútilmente, ahora que ya ha pasado todo.

En resumidas cuentas, que la vida de Dunetchka era un martirio, a pesar de que recibía un trato amable y bondadoso de Marfa Petrovna, la esposa del señor Svidrigailof, y de todas las personas de la casa. La situación de Dunia era aún más penosa cuando el señor Svidrigailof bebía más de la cuenta, cediendo a los hábitos adquiridos en el ejército.

Y esto fue poco comparado con lo que al fin supimos. Figúrate que Svidrigailof, el muy insensato, sentía desde hacía tiempo por Dunia una pasión que ocultaba bajo su actitud grosera y despectiva. Tal vez estaba avergonzado y atemorizado ante la idea de alimentar, él, un hombre ya maduro, un padre de familia, aquellas esperanzas licenciosas e involuntarias hacia Dunia; tal vez sus groserías y sus sarcasmos no tenían más objeto que ocultar su pasión a los ojos de su familia. Al fin no pudo contenerse y, con toda claridad, le hizo proposiciones deshonestas. Le prometió cuanto puedas imaginarte, incluso abandonar a los suyos y marcharse con ella a una ciudad lejana, o al extranjero si lo prefería. Ya puedes suponer lo que esto significó para tu hermana. Dunia no podía dejar su puesto, no sólo porque no había pagado su deuda, sino por temor a que Marfa Petrovna sospechara la verdad, lo que habría introducido la discordia en la familia. Además, incluso ella habría sufrido las consecuencias del escándalo, pues demostrar la verdad no habría sido cosa fácil.

Aún había otras razones para que Dunia no pudiera dejar la casa hasta seis semanas después. Ya conoces a Dunia, ya sabes que es una mujer inteligente y de carácter firme. Puede soportar las peores situaciones y encontrar en su ánimo la entereza necesaria para conservar la serenidad. Aunque nos escribíamos con frecuencia, ella no me había dicho nada de todo esto para no apenarme. El desenlace sobrevino inesperadamente. Marfa Petrovna sorprendió un día en el jardín, por pura casualidad, a su marido en el momento en que acosaba a Dunia, y lo interpretó todo al revés, achacando la culpa a tu hermana. A esto siguió una violenta escena en el mismo jardín.

Marfa Petrovna llegó incluso a golpear a Dunia: no quiso escucharla y estuvo vociferando durante más de una hora. Al fin la envió a mi casa en una simple carreta, a la que fueron arrojados en desorden sus vestidos, su ropa blanca y todas sus cosas: ni siquiera le permitió hacer el equipaje. Para colmo de desdichas, en aquel momento empezó a diluviar, y Dunia, después de haber sufrido las más crueles afrentas, tuvo que recorrer diecisiete verstas en una carreta sin toldo y en compañía de un mujik. Dime ahora qué podía yo contestar a tu carta, qué podía contarte de esta historia.

Estaba desesperada. No me atrevía a decirte la verdad, ya que con ello sólo habría conseguido apenarte y desatar tu indignación. Además, ¿qué podías hacer tú? Perderte: esto es lo único. Por otra parte, Dunetchka me lo había prohibido. En cuanto a llenar una carta de palabras insulsas cuando mi alma estaba henchida de dolor, no me sentía capaz de hacerlo.

Desde que se supo todo esto, fuimos el tema preferido por los murmuradores de la ciudad, y la cosa duró un mes entero. No nos atrevíamos ni siquiera a ir a cumplir con nuestros deberes religiosos, pues nuestra presencia era acogida con cuchicheos, miradas desdeñosas e incluso comentarios en voz alta. Nuestros amigos se apartaron de nosotras, nadie nos saludaba, e incluso sé de buena tinta que un grupo de empleadillos proyectaba contra nosotras la mayor afrenta: embadurnar con brea la puerta de nuestra casa. Por cierto que el casero nos había exigido que la desalojáramos.

Y todo por culpa de Marfa Petrovna, que se había apresurado a difamar a Dunia por toda la ciudad. Venía casi a diario a esta población, en la que conoce a todo el mundo. Es una charlatana que se complace en contar historias de familia ante el primero que llega, y, sobre todo, en censurar a su marido públicamente, cosa que no me parece ni medio bien. Así, no es extraño que le faltara el tiempo para ir pregonando el caso de Dunia, no sólo por la ciudad, sino por toda la comarca.

Caí enferma. Tu hermana fue más fuerte que yo. ¡Si hubieras visto la entereza con que soportaba su desgracia y procuraba consolarme y darme ánimos! Es un ángel…

Pero la misericordia divina ha puesto fin a nuestro infortunio.

El señor Svidrigailof ha recobrado la lucidez. Torturado por el remordimiento y compadecido sin duda de la suerte de tu hermana, ha presentado a Marfa Petrovna las pruebas más convincentes de la inocencia de Dunia: una carta que Dunetchka le había escrito antes de que la esposa los sorprendiera en el jardín, para evitar las explicaciones de palabra y demostrarle que no quería tener ninguna entrevista con él. En esta carta, que quedó en poder del señor Svidrigailof al salir de la casa Dunetchka, ésta le reprochaba vivamente y con sincera indignación la vileza de su conducta para con Marfa Petrovna, le recordaba que era un hombre casado y padre de familia y le hacía ver la indignidad que cometía persiguiendo a una joven desgraciada e indefensa. En una palabra, querido Rodia, que esta carta respira tal nobleza de sentimientos y está escrita en términos tan conmovedores, que lloré cuando la leí, e incluso hoy no puedo releerla sin derramar unas lágrimas. Además, Dunia pudo contar al fin con el testimonio de los sirvientes, que sabían más de lo que el señor Svidrigailof suponía.

Marfa Petrovna quedó por segunda vez estupefacta, como herida por un rayo, según su propia expresión, pero no dudó ni un momento de la inocencia de Dunia, y al día siguiente, que era domingo, lo primero que hizo fue ir a la iglesia e implorar a la Santa Virgen que le diera fuerzas para soportar su nueva desgracia y cumplir con su deber. Acto seguido vino a nuestra casa y nos refirió todo lo ocurrido, llorando amargamente. En un arranque de remordimiento, se arrojó en los brazos de Dunia y le suplicó que la perdonara. Después, sin pérdida de tiempo, recorrió las casas de la ciudad, y en todas partes, entre sollozos y en los términos más halagadores, rendía homenaje a la inocencia, a la nobleza de sentimientos y a la integridad de la conducta de Dunia. No contenta con esto, mostraba y leía a todo el mundo la carta escrita por Dunetchka al señor Svidrigailof. E incluso dejaba sacar copias, cosa que me parece una exageración. Recorrió las casas de todas sus amistades, en lo cual empleó varios días. Ello dio lugar a que algunas de sus relaciones se molestaran al ver que daba preferencia a otros, lo que consideraban una injusticia. Al fin se determinó con toda exactitud el orden de las visitas, de modo que cada uno pudo saber de antemano el día que le tocaba el turno. En toda la ciudad se sabía dónde tenía que leer Marfa Petrovna la carta tal o cual día, y el vecindario adquirió la costumbre de reunirse en la casa favorecida, sin excluir aquellas familias que ya habían escuchado la lectura en su propio hogar y en el de otras familias amigas. Yo creo que en todo esto hay mucha exageración, pero así es el carácter de Marfa

Petrovna. Por otra parte, es lo cierto que ella ha rehabilitado por completo a Dunetchka. Toda la vergüenza de esta historia ha caído sobre el señor Svidrigailof, a quien ella presenta como único culpable, y tan inflexiblemente, que incluso siento compasión de él. A mi juicio, la gente es demasiado severa con este insensato.

Inmediatamente llovieron sobre Dunia ofertas para dar lecciones, pero ella las ha rechazado todas. Todo el mundo se ha apresurado a testimoniarle su consideración. Yo creo que a esto hay que atribuir principalmente el acontecimiento inesperado que va a cambiar, por decirlo así, nuestra vida. Has de saber, querido Rodia, que Dunia ha recibido una solicitud de matrimonio y la ha aceptado, lo que me apresuro a comunicarte. Aunque esto se ha hecho sin consultarte, espero que nos perdonarás, pues ya comprenderás que no podíamos retrasar nuestra decisión hasta que recibiéramos tu respuesta. Por otra parte, no habrías podido juzgar con acierto las cosas desde tan lejos.

He aquí cómo ha ocurrido todo:

El prometido de tu hermana, Piotr Petrovitch Lujine, es consejero de los Tribunales y pariente lejano de Marfa Petrovna. Por mediación de ella, y después de intervenir activamente en este asunto, nos transmitió su deseo de entablar conocimiento con nosotras. Le recibimos cortésmente, tomamos café y, al día siguiente mismo, nos envió una carta en la que nos hacía su petición con finas expresiones y solicitaba una respuesta rápida y categórica. Es un hombre activo y que está siempre ocupadísimo. Ha de partir cuanto antes para Petersburgo y debe aprovechar el tiempo.

Al principio, como comprenderás, nos quedamos atónitas, pues no esperábamos en modo alguno una solicitud de esta índole, y tu hermana y yo nos pasamos el día reflexionando sobre la cuestión. Es un hombre digno y bien situado. Presta servicios en dos departamentos y posee una pequeña fortuna. Verdad es que tiene ya cuarenta y cinco años, pero su presencia es tan agradable, que estoy segura de que todavía gusta a las mujeres. Es austero y sosegado, aunque tal vez un poco altivo. Pero es muy posible que esto último sea tan sólo una apariencia engañosa.

Ahora una advertencia, querido Rodia: cuando lo veas en Petersburgo, cosa que ocurrirá muy pronto, no te precipites a condenarlo duramente, siguiendo tu costumbre, si ves en él algo que te disguste. Te digo esto en un exceso de previsión, pues estoy segura de que producirá en ti una impresión favorable. Por lo demás, para conocer a una persona, hay que verla y observarla atentamente durante mucho tiempo, so pena de dejarte llevar de prejuicios y cometer errores que después no se reparan fácilmente.

Todo induce a creer que Piotr Petrovitch es un hombre respetable a carta cabal. En su primera visita nos dijo que era un espíritu realista, que compartía en muchos puntos la opinión de las nuevas generaciones y que detestaba los prejuicios. Habló de otras muchas cosas, pues parece un poco vanidoso y le gusta que le escuchen, lo cual no es un crimen, ni mucho menos. Yo, naturalmente, no comprendí sino una pequeña parte de sus comentarios, pero Dunia me ha dicho que, aunque su instrucción es mediana, parece bueno e inteligente. Ya conoces a tu hermana, Rodia: es una muchacha enérgica, razonable, paciente y generosa, aunque posee (de esto estoy convencida) un corazón apasionado. Indudablemente, el motivo de este matrimonio no es, por ninguna de las dos partes, un gran amor; pero Dunia, además de inteligente, es una mujer de corazón noble, un verdadero ángel, y se impondrá el deber de hacer feliz a su marido, el cual, por su parte, procurará corresponderle, cosa que, hasta el momento, no tenemos motivo para poner en duda, pese a que el matrimonio, hay que confesarlo, se ha concretado con cierta precipitación. Por otra parte, siendo él tan inteligente y perspicaz, comprenderá que su felicidad conyugal dependerá de la que proporcione a Dunetchka.

En lo que concierne a ciertas disparidades de genio, de costumbres arraigadas, de opiniones (cosas que se ven en los hogares más felices), Dunetchka me ha dicho que está segura de que podrá evitar que ello sea motivo de discordia, que no hay que inquietarse por tal cosa, pues ella se siente capaz de soportar todas las pequeñas discrepancias, con tal que las relaciones matrimoniales sean sinceras y justas. Además, las apariencias son engañosas muchas veces. A primera vista, me ha parecido un tanto brusco y seco; pero esto puede proceder precisamente de su rectitud y sólo de su rectitud.

En su segunda visita, cuando ya su petición había sido aceptada, nos dijo, en el curso de la conversación, que antes de conocer a Dunia ya había resuelto casarse con una muchacha honesta y pobre que tuviera experiencia de las dificultades de la vida, pues considera que el marido no debe sentirse en ningún caso deudor de la mujer y que, en cambio, es muy conveniente que ella vea en él un bienhechor. Sin duda, no me expreso con la amabilidad y delicadeza con que él se expresó, pues sólo he retenido la idea, no las palabras. Además, habló sin premeditación alguna, dejándose llevar del calor de la conversación, tanto, que él mismo trató después de suavizar el sentido de sus palabras. Sin embargo, a mí me parecieron un tanto duras, y así se lo dije a Dunetchka; pero ella me contestó con cierta irritación que una cosa es decir y otra hacer, lo que sin duda es verdad. Dunia no pudo pegar ojo la noche que precedió a su respuesta y, creyendo que yo estaba dormida, se levantó y estuvo varias horas paseando por la habitación. Finalmente se arrodilló delante del icono y oró fervorosamente. Por la mañana me dijo que ya había decidido lo que tenía que hacer.

Ya te he dicho que Piotr Petrovitch se trasladará muy pronto a Petersburgo, adonde le llaman intereses importantísimos, pues quiere establecerse allí como abogado. Hace ya mucho tiempo que ejerce y acaba de ganar una causa importante. Si ha de trasladarse inmediatamente a Petersburgo es porque ha de seguir atendiendo en el senado a cierto trascendental asunto. Por todo esto, querido Rodia, este señor será para ti sumamente útil, y Dunia y yo hemos pensado que puedes comenzar en seguida tu carrera y considerar tu porvenir asegurado. ¡Oh, si esto llegara a realizarse! Sería una felicidad tan grande, que sólo la podríamos atribuir a un favor especial de la Providencia. Dunia sólo piensa en esto. Ya hemos insinuado algo a Piotr Petrovitch. Él, mostrando una prudente reserva, ha dicho que, no pudiendo estar sin secretario, preferiría, naturalmente, confiar este empleo a un pariente que a un extraño, siempre y cuando aquél fuera capaz de desempeñarlo. (¿Cómo no has de ser capaz de desempeñarlo tú?) Sin embargo, manifestó al mismo tiempo el temor de que, debido a tus estudios, no dispusieras del tiempo necesario para trabajar en su bufete. Así quedó la cosa por el momento, pero Dunia sólo piensa en este asunto. Vive desde hace algunos días en un estado febril y ha forjado ya sus planes para el futuro. Te ve trabajando con Piotr Petrovitch e incluso llegando a ser su socio, y eso sin dejar tus estudios de Derecho. Yo estoy de acuerdo en todo con ella, Rodia, y comparto sus proyectos y sus esperanzas, pues la cosa me parece perfectamente realizable, a pesar de las evasivas de Piotr Petrovitch, muy explicables, ya que él todavía no te conoce.

Dunia está segura de que conseguirá lo que se propone, gracias a su influencia sobre su futuro esposo, influencia que no le cabe duda de que llegará a tener. Nos hemos guardado mucho de dejar traslucir nuestras esperanzas ante Piotr Petrovitch, sobre todo la de que llegues a ser su socio algún día. Es un hombre práctico y no le habría parecido nada bien lo que habría juzgado como un vano ensueño. Tampoco le hemos dicho ni una palabra de nuestra firme esperanza de que te ayude materialmente cuando estés en la universidad, y ello por dos razones. La primera es que a él mismo se le ocurrirá hacerlo, y lo hará del modo más sencillo, sin frases altisonantes. Sólo faltaría que hiciera un feo sobre esta cuestión a Dunetchka, y más aún teniendo en cuenta que tú puedes llegar a ser su colaborador, su brazo derecho, por decirlo así, y recibir esta ayuda no como una limosna, sino como un anticipo por tu trabajo. Así es como Dunetchka desea que se desarrolle este asunto, y yo comparto enteramente su parecer.

La segunda razón que nos ha movido a guardar silencio sobre este punto es que deseo que puedas mirarle de igual a igual en vuestra próxima entrevista. Dunia le ha hablado de ti con entusiasmo, y él ha respondido que a los hombres hay que conocerlos antes de juzgarlos, y que no formará su opinión sobre ti hasta que te haya tratado.

Ahora te voy a decir una cosa, mi querido Rodia. A mí me parece, por ciertas razones (que desde luego no tienen nada que ver con el carácter de Piotr Petrovitch y que tal vez son solamente caprichos de vieja), a mí me parece, repito, que lo mejor sería que, después del casamiento, yo siguiera viviendo sola en vez de instalarme en casa de ellos. Estoy completamente segura de que él tendrá la generosidad y la delicadeza de invitarme a no vivir separada de mi hija, y sé muy bien que, si todavía no ha dicho nada, es porque lo considera natural; pero yo no aceptaré. He observado en más de una ocasión que los yernos no suelen tener cariño a sus suegras, y yo no sólo no quiero ser una carga para nadie, sino que deseo vivir completamente libre mientras me queden algunos recursos y tenga hijos como Dunetchka y tú.

Procuraré vivir cerca de vosotros, pues aún tengo que decirte lo más agradable, Rodia. Precisamente por serlo lo he dejado para el final de la carta. Has de saber, querido hijo, que seguramente nos volveremos a reunir los tres muy pronto, y podremos abrazarnos tras una separación de tres años. Está completamente decidido que Dunia y yo nos traslademos a Petersburgo. No puedo decirte la fecha exacta de nuestra salida, pero puedo asegurarte que está muy próxima: tal vez no tardemos más de ocho días en partir. Todo depende de Piotr Petrovitch, que nos avisará cuando tenga casa. Por ciertas razones, desea que la boda se celebre cuanto antes, lo más tarde antes de la cuaresma de la Asunción.

"¡Qué feliz seré cuando pueda estrecharte contra mi corazón! Dunia está loca de alegría ante la idea de volver a verte. Me ha dicho (en broma, claro es) que esto habría sido motivo suficiente para decidirla a casarse con Piotr Petrovitch. Es un ángel.

"No quiere añadir nada a mi carta, pues tiene tantas y tantas cosas que decirte, que no siente el deseo de empuñar la pluma, ya que escribir sólo unas líneas sería en este caso completamente inútil. Me encarga que te envíe mil abrazos.

"Aunque estemos en vísperas de reunirnos, uno de estos días te enviaré algún dinero, la mayor cantidad que pueda. Ahora que todos saben por aquí que Dunetchka se va a casar con Piotr Petrovitch, nuestro crédito se ha reafirmado de súbito, y puedo asegurarte que Atanasio Ivanovitch está dispuesto a prestarme hasta setenta y cinco rublos, que devolveré con mi pensión. Por lo tanto, te podré mandar veinticinco o, tal vez treinta. Y aún te enviaría más si no temiese que me faltara para el viaje. Aunque Piotr Petrovitch haya tenido la bondad de encargarse de algunos de los gastos del traslado (de nuestro equipaje, incluido el gran baúl, que enviará por medio de sus amigos, supongo), tenemos que pensar en nuestra llegada a Petersburgo, donde no podemos presentarnos sin algún dinero para atender a nuestras necesidades, cuando menos durante los primeros días.

"Dunia y yo lo tenemos ya todo calculado al céntimo. El billete no nos resultará caro. De nuestra casa a la estación de ferrocarril más próxima sólo hay noventa verstas, y ya nos hemos puesto de acuerdo con un mujik que nos llevará en su carro. Después nos instalaremos alegremente en un departamento de tercera. Yo creo que podré mandarte, no veinticinco, sino treinta rublos.

"Basta ya. He llenado dos hojas y no dispongo de más espacio. Ya te lo he contado todo, ya estás informado del cúmulo de acontecimientos de estos últimos meses. Y ahora, mi querido Rodia, te abrazo mientras espero que nos volvamos a ver y te envío mi bendición maternal. Quiere a Dunia, quiere a tu hermana, Rodia, quiérela como ella te quiere a ti; ella, cuya ternura es infinita; ella, que te ama más que a sí misma. Es un ángel, y tú, toda nuestra vida, toda nuestra esperanza y toda nuestra fe en el porvenir. Si tú eres feliz, lo seremos nosotras también. ¿Sigues rogando a Dios, Rodia, crees en la misericordia de nuestro Creador y de nuestro Salvador? Sentiría en el alma que te hubieras contaminado de esa enfermedad de moda que se llama ateísmo. Si es así, piensa que ruego por ti. Acuérdate, querido, de cuando eras niño; entonces, en presencia de tu padre, que aún vivía, tú balbuceabas tus oraciones sentado en mis rodillas. Y todos éramos felices.

Hasta pronto. Te envío mil abrazos. Te querrá mientras viva
PULQUERIA RASKOLNIKOVA".

Durante la lectura de esta carta, las lágrimas bañaron más de una vez el rostro de Raskolnikof, y cuando hubo terminado estaba pálido, tenía las facciones contraídas y en sus labios se percibía una sonrisa densa, amarga, cruel. Apoyó la cabeza en su mezquina almohada y estuvo largo tiempo pensando. Su corazón latía con violencia, su espíritu estaba lleno de turbación. Al fin sintió que se ahogaba en aquel cuartucho amarillo que más que habitación parecía un baúl o una alacena. Sus ojos y su cerebro reclamaban espacio libre. Cogió su sombrero y salió. Esta vez no temía encontrarse con la patrona en la escalera. Había olvidado todos sus problemas. Tomó el bulevar V***, camino de Vasilievski Ostrof. Avanzaba con paso rápido, como apremiado por un negocio urgente. Como de costumbre, no veía nada ni a nadie y susurraba palabras sueltas, ininteligibles. Los transeúntes se volvían a mirarle. Y se decían: "Está bebido".

CAPÍTULO 4

La carta de su madre le había trastornado, pero Raskolnikof no había vacilado un instante, ni siquiera durante la lectura, sobre el punto principal. Acerca de esta cuestión, ya había tomado una decisión irrevocable: "Ese matrimonio no se llevará a cabo mientras yo viva. ¡Al diablo ese señor Lujine!".

"La cosa no puede estar más clara —pensaba, sonriendo con aire triunfal y malicioso, como si estuviese seguro de su éxito—. No, mamá; no, Dunia; no conseguiréis engañarme…Y todavía se disculpan de haber decidido la cosa por su propia cuenta y sin pedirme consejo. ¡Claro que no me lo han pedido! Creen que es demasiado tarde para romper el compromiso. Ya veremos si se puede romper o no. ¡Buen pretexto alegan! Piotr Petrovitch está siempre tan ocupado, que sólo puede casarse a toda velocidad, como un ferrocarril en marcha. No, Dunetchka, lo veo todo claro; sé muy bien qué cosas son esas que me tienes que decir, y también lo que pensabas aquella noche en que ibas y venías por la habitación, y lo que confiaste, arrodillada ante la imagen que siempre ha estado en el dormitorio de mamá: la de la Virgen de Kazán. La subida del Gólgota es dura, muy dura… Decís que el asunto está definitivamente concertado. Tú, Avdotia Romanovna, has decidido casarte con un hombre de negocios, un hombre práctico que posee cierto capital (que ha amasado ya cierta fortuna: esto suena mejor e impone más respeto). Trabaja en dos departamentos del Estado y comparte las ideas de las nuevas generaciones (como dice mamá), y, según Dunetchka, parece un hombre bueno. Este "parece" es lo mejor: Dunetchka se casa impulsada por esta simple apariencia. ¡Magnífico, verdaderamente magnífico!

"Me gustaría saber por qué me habla mamá de las nuevas generaciones. ¿Lo habrá hecho sencillamente para caracterizar al personaje o con la segunda intención de que me sea simpático el señor Lujine...? ¡Las muy astutas! Otra cosa que me gustaría aclarar es hasta qué punto han sido francas una con otra aquel día decisivo, aquella noche y después de aquella noche. ¿Hablarían claramente o comprenderían las dos, sin necesidad de decírselo, que tanto una como otra tenían una sola idea, un solo sentimiento y que las palabras eran inútiles? Me inclino por esta última hipótesis: es la que la carta deja entrever.

"A mamá le pareció un poco seco, y la pobre mujer, en su ingenuidad, se apresuró a decírselo a Dunia. Y Dunia, naturalmente, se enfadó y respondió con cierta brusquedad. Es lógico. ¿Cómo no perder la calma ante estas ingenuidades cuando la cosa está perfectamente clara y ya no es posible retroceder? ¿Y por qué me dirá: quiere a Dunia, Rodia, porque ella te quiere a ti más que a su propia vida? ¿No será que la tortura secretamente el remordimiento por haber sacrificado su hija a su hijo? ´Tú eres toda nuestra vida, toda nuestra esperanza para el porvenir´. ¡Oh mamá…!´´.

Su irritación crecía por momentos. Si se hubiera encontrado en aquel instante con el señor Lujine, estaba seguro de que lo habría matado.

"Cierto —prosiguió, cazando al vuelo los pensamientos que cruzaban su imaginación—, cierto que para conocer a un hombre es preciso observarlo largo tiempo y de cerca, pero el carácter del señor Lujine es fácil de descifrar. Lo que más me ha gustado es el calificativo de hombre de negocios y eso de que parece bueno. ¡Vaya si lo es! ¡Encargarse de los gastos de transporte del equipaje, incluso el gran baúl…! ¡Qué generosidad! Y ellas, la prometida y la madre, se ponen de acuerdo con un mujik para trasladarse a la estación en una carreta cubierta (también yo he viajado así). Esto no tiene importancia: total, de la casa a la estación sólo hay noventa verstas. Después se instalarán alegremente en un vagón de tercera para recorrer un millar de verstas. Esto me parece muy natural, porque cada cual procede de acuerdo con los medios de que dispone. Pero usted, señor Lujine, ¿qué piensa de todo esto? Ella es su prometida, ¿no? Sin embargo, no se ha enterado usted de que la madre ha pedido un préstamo con la garantía de su pensión para atender a los gastos del viaje. Sin duda, usted ha considerado el asunto como un simple convenio comercial establecido a medias con otra persona y en el que, por lo tanto, cada socio debe aportar la parte que le corresponde. Ya lo dice el proverbio: ´El pan y la sal, por partes iguales; los beneficios, cada uno los suyos´. Pero usted sólo ha pensado en barrer hacia dentro: los billetes son bastante más caros que el transporte del equipaje, y es muy posible que usted no tenga que pagar nada por enviarlo. ¿Es que no ven ellas estas cosas o es que no quieren ver nada? ¡Y dicen que están contentas! ¡Cuando pienso que esto no es sino la flor del árbol y que el fruto ha de madurar todavía! Porque lo peor de todo no es la cicatería, la avaricia que demuestra la conducta de ese hombre, sino el carácter general del asunto. Su proceder da una idea de lo que será el marido, una idea clara…

"¡Como si mama tuviera el dinero para arrojarlo por la ventana! ¿Con qué llegará a Petersburgo? Con tres rublos, o dos pequeños billetes, como los que mencionaba el otro día la vieja usurera… ¿Cómo cree que podrá vivir en Petersburgo? Pues es el caso que ha visto ya, por ciertos indicios, que le será imposible estar en casa de Dunia, ni siquiera los primeros días después de la boda. Ese hombre encantador habrá dejado escapar alguna palabrita que debe de haber abierto los ojos a mamá, a pesar de que ella se niegue a reconocerlo con todas sus fuerzas. Ella misma ha dicho que no quiere vivir con ellos. Pero, ¿con qué cuenta? ¿Pretende acaso mantenerse con los ciento veinte rublos de la pensión, de los que hay que deducir el préstamo de Atanasio Ivanovitch? En nuestra pequeña ciudad desgasta la poca vista que le queda tejiendo prendas de lana y bordando puños, pero yo sé que esto no añade más de veinte rublos al año a los ciento veinte de la pensión; lo sé positivamente. Por lo tanto, y a pesar de todo, ellas fundan sus esperanzas en los sentimientos generosos del señor Lujine. Creen que él mismo les ofrecerá su apoyo y les suplicará que lo acepten. ¡Sí, si…! Esto es muy propio de dos almas románticas y hermosas. Os presentan hasta el último momento un hombre con plumas de pavo real y no quieren ver más que el bien, nunca el mal, aunque esas plumas no sean sino el reverso de la medalla; no quieren llamar a las cosas por su nombre por adelantado; la sola idea de hacerlo les resulta insoportable. Rechazan la verdad con todas sus fuerzas hasta el momento en que el hombre por ellas idealizado les da un puñetazo en la cara. Me gustaría saber si el señor Lujine está condecorado. Estoy seguro de que posee la cruz de Santa Ana y se adorna con ella en los banquetes ofrecidos por los hombres de empresa y los grandes comerciantes.

También la lucirá en la boda, no me cabe duda…En fin, ¡que se vaya al diablo!

"Esto tiene un pase en mamá, que es así, pero en Dunia es inexplicable. Te conozco bien, mi querida Dunetchka. Tenías casi veinte años cuando te vi por última vez, y sé perfectamente cómo es tu carácter. Mamá dice en su carta que Dunetchka posee tal entereza, que es capaz de soportarlo todo. Esto ya lo sabía yo: hace dos años y medio que sé que Dunetchka es capaz de soportarlo todo. El hecho de que haya podido soportar al señor Svidrigailof y todas las complicaciones que este hombre le ha ocasionado demuestra que, en efecto, es una mujer de gran entereza. Y ahora se imagina, lo mismo que mamá, que podrá soportar igualmente a ese señor Lujine que sustenta la teoría de la superioridad de las esposas tomadas en la miseria y para las que el marido aparece como un bienhechor, cosa que expone (es un detalle que no hay que olvidar) en su primera entrevista. Admitamos que las palabras se le han escapado, a pesar de ser un hombre razonable (seguramente no se le escaparon, ni mucho menos, aunque él lo dejara entrever así en las explicaciones que se apresuró a dar). Pero ¿qué se propone Dunia? Se ha dado cuenta de cómo es este hombre y sabe que habrá de compartir su vida con él, si se casa. Sin embargo, es una mujer que viviría de pan duro y agua, antes que vender su alma y su libertad moral: no las sacrificaría a las comodidades, no las cambiaría por todo el oro del mundo, y mucho menos, naturalmente, por el señor Lujine. No, la Dunia que yo conozco es distinta a la de la carta, y estoy seguro de que no ha cambiado. En verdad, su vida era dura en casa de Svidrigailof; no es nada grato pasar la existencia entera sirviendo de institutriz por doscientos rublos al año; pero estoy convencido de que mi hermana preferiría trabajar con los negros de un hacendado o con los sirvientes letones de un alemán del Báltico, que envilecerse y perder la dignidad encadenando su vida por cuestiones de interés con un hombre al que no quiere y con el que no tiene nada en común. Aunque el señor Lujine estuviera hecho de oro puro y brillantes, Dunia no se avendría a ser su concubina legítima. ¿Por qué, pues, lo ha aceptado?

"¿Qué misterio es éste? ¿Dónde está la clave del enigma? La cosa no puede estar más clara: ella no se vendería jamás por sí misma, por su bienestar, ni siquiera por librarse de la muerte. Pero lo hace por otro; se vende por un ser querido. He aquí explicado el misterio: se dispone a venderse por su madre y por su hermano…Cuando se llega a esto, incluso violentamos nuestras más puras convicciones. La persona pone en venta su libertad, su tranquilidad, su conciencia. "Perezca yo con tal que mis seres queridos sean felices." Es más, nos elaboramos una casuística sutil y pronto nos convencemos a nosotros mismos de que nuestra conducta es inmejorable, de que era necesaria, de que la excelencia del fin justifica nuestro proceder. Así somos. La cosa está clara como la luz.

"Es evidente que en este caso sólo se trata de Rodion Romanovitch Raskolnikof: él ocupa el primer plano. ¿Cómo proporcionarle la felicidad, permitirle continuar los estudios universitarios, asociarlo con un hombre bien situado, asegurar su porvenir? Andando el tiempo, tal vez llegue a ser un hombre rico, respetado, cubierto de honores, e incluso puede terminar su vida en plena celebridad… ¿Qué dice la madre? ¿Qué ha de decir? Se trata de Rodia, del incomparable Rodia, del primogénito. ¿Cómo no ha de sacrificar al hijo mayor la hija, aunque esta hija sea una Dunia? ¡Oh adorados e injustos seres! Aceptarían sin duda incluso la suerte de Sonetchka, Sonetchka Marmeladova, la eterna Sonetchka, que durará tanto como el mundo. Pero ¿habéis medido bien la magnitud del sacrificio? ¿Sabéis lo que significa? ¿No es demasiado duro para vosotras? ¿Es útil? ¿Es razonable? Has de saber, Dunetchka, que la suerte de Sonia no es más terrible que la vida al lado del señor Lujine. Mamá ha dicho que no es éste un matrimonio de amor. ¿Y qué ocurrirá si, además de no haber amor, tampoco hay estimación, pues, por el contrario, ya existe la antipatía, el horror, el desprecio? ¿Qué me dices a esto…? Habrá que conservar la ′limpieza′. Sí, eso es. ¿Comprendéis lo que esta limpieza significa? ¿Sabéis que para Lujine esta limpieza no difiere en nada de la de Sonetchka? E incluso es peor, pues, bien mirado, en tu caso, Dunetchka, hay cierta esperanza de comodidades, de cosas superfluas, cierta compensación, en fin, mientras que en el caso de Sonetchka se trata simplemente de no morirse de hambre. Esta "limpieza" cuesta cara, Dunetchka, muy cara. ¿Y qué sucederá si el sacrificio es superior a tus fuerzas, si te arrepientes de lo que has hecho? Entonces todo serán lágrimas derramadas en secreto, maldiciones y una amargura infinita, porque, en fin de cuentas, tú no eres una Marfa Petrovna. ¿Y qué será de mamá entonces? Ten presente que ya se siente inquieta y atormentada. ¿Qué será cuando vea las cosas con toda claridad? ¿Y yo? ¿Qué será de mí? Porque, en realidad, no habéis pensado en mí. ¿Por qué? Yo no quiero vuestro sacrificio, Dunetchka; no lo quiero, mamá. Esta boda no se llevará a cabo mientras yo viva. ¡No, no lo consentiré!".

De pronto volvió a la realidad y se detuvo.

"Dices que la boda no se celebrará, pero ¿qué harás para impedirla? Y ¿con qué derecho te opondrás? Tú les dedicarás toda tu vida, todo tu porvenir, pero cuando hayas terminado los estudios y estés situado. Ya sabemos lo que eso significa: no son más que castillos en el aire…Ahora, inmediatamente, ¿qué harás? Pues es ahora cuando has de hacer algo, ¿no comprendes? ¿Y qué es lo que haces? Las arruinas, pues si te han podido mandar dinero ha sido porque una ha pedido un préstamo sobre su pensión y la otra un anticipo en sus honorarios. ¿Cómo las librarás de los Atanasio Ivanovitch y de los Svidrigailof, tú, futuro millonario de imaginación, Zeus de fantasía que te irrogas el derecho de disponer de su destino? En diez años, tu madre habrá tenido tiempo para perder la vista haciendo labores y llorando, y la salud a fuerza de privaciones. ¿Y qué me dices de tu hermana? ¡Vamos, trata de imaginarte lo que será tu hermana dentro de diez años o en el transcurso de estos diez años! ¿Has comprendido?".

Se torturaba haciéndose estas preguntas y, al mismo tiempo, experimentaba una especie de placer. No podían sorprenderle, porque no eran nuevas para él: eran viejas cuestiones familiares que ya le habían hecho sufrir cruelmente, tanto, que su corazón estaba hecho jirones. Hacía ya tiempo que había germinado en su alma esta angustia que le torturaba. Luego había ido creciendo, amasándose, desarrollándose, y últimamente parecía haberse abierto como una flor y adoptado la forma de una espantosa, fantástica y brutal interrogación que le atormentaba sin descanso y le exigía imperiosamente una respuesta.

La carta de su madre había caído sobre él como un rayo. Era evidente que ya no había tiempo para lamentaciones ni penas estériles. No era ocasión de ponerse a razonar sobre su impotencia, sino que debía obrar inmediatamente y con la mayor rapidez posible. Había que tomar una determinación, una cualquiera, costara lo que costase. Había que hacer esto o…

—¡Renunciar a la verdadera vida! —exclamó en una especie de delirio—. Aceptar el destino con resignación, aceptarlo tal como es y para siempre, ahogar todas las aspiraciones, abdicar definitivamente el derecho de obrar, de vivir, de amar…

"¿Comprende usted lo que significa no tener adónde ir?". Éstas habían sido las palabras pronunciadas por Marmeladof la víspera y de las que Raskolnikof se había acordado súbitamente, porque "todo hombre debe tener un lugar a dónde ir".

De pronto se estremeció. Una idea que había cruzado su mente el día anterior acababa de acudir nuevamente a su cerebro. Pero no era la vuelta de este pensamiento lo que le había sacudido. Sabía que la idea tenía que volver, lo presentía, lo esperaba. No obstante, no era exactamente la misma que la de la víspera. La diferencia consistía en que la del día anterior, idéntica a la de todo el mes último, no era más que un sueño, mientras que ahora…ahora se le presentaba bajo una forma nueva, amenazadora, misteriosa. Se daba perfecta cuenta de ello. Sintió como un golpe en la cabeza; una nube se extendió ante sus ojos.

Dirigió una rápida mirada en torno de él como si buscase algo. Experimentaba la necesidad de sentarse. Su vista erraba en busca de un banco. Estaba en aquel momento en el bulevar K***, y el banco se ofreció a sus ojos, a unos cien pasos de distancia. Aceleró el paso cuanto le fue posible, pero por el camino le ocurrió una pequeña aventura que absorbió su atención durante unos minutos. Estaba mirando el banco desde lejos, cuando advirtió que a unos veinte pasos delante de él había una mujer a la que empezó por no prestar más atención que a todas las demás cosas que había visto hasta aquel momento en su camino. ¡Cuántas veces entraba en su casa sin acordarse ni siquiera de las calles que había recorrido! Incluso se había acostumbrado a ir por la calle sin ver nada. Pero en aquella mujer había algo extraño que sorprendía desde el primer momento, y poco a poco se fue captando la atención de Raskolnikof. Al principio, esto ocurrió contra su voluntad e incluso le puso de mal humor, pero en seguida la impresión que le había dominado empezó a cobrar una fuerza creciente. De súbito le acometió el deseo de descubrir lo que hacía tan extraña a aquella mujer.

Desde luego, a juzgar por las apariencias, debía de ser una muchacha, una adolescente. Iba con la cabeza descubierta, sin sombrilla, a pesar del fuerte sol, y sin guantes, y balanceaba grotescamente los brazos al andar. Llevaba un ligero vestido de seda, mal ajustado al cuerpo, abrochado a medias y con un desgarrón en lo alto de la falda, en el talle. Un jirón de tela ondulaba a su espalda. Llevaba sobre los hombros una pañoleta y avanzaba con paso inseguro y vacilante.

Este encuentro acabó por despertar enteramente la atención de Raskolnikof. Alcanzó a la muchacha cuando llegaron al banco, donde ella, más que sentarse, se dejó caer y, echando la cabeza hacia atrás, cerró los ojos como si estuviera rendida de fatiga. Al observarla de cerca, advirtió que su estado obedecía a un exceso de alcohol. Esto era tan extraño, que Raskolnikof se preguntó en el primer momento si no se habría equivocado. Estaba viendo una carita casi infantil, de unos dieciséis años, tal vez quince, una carita orlada de cabellos rubios, bonita, pero algo hinchada y congestionada. La chiquilla parecía estar por completo inconsciente; había cruzado las piernas, adoptando una actitud desvergonzada, y todo parecía indicar que no se daba cuenta de que estaba en la calle.

Raskolnikof no se sentó, pero tampoco quería marcharse. Permanecía de pie ante ella, indeciso.

Aquel bulevar, poco frecuentado siempre, estaba completamente desierto a aquella hora: alrededor de la una de la tarde. Sin embargo, a unos cuantos pasos de allí, en el borde de la calzada, había un hombre que parecía sentir un vivo deseo de acercarse a la muchacha, por un motivo u otro. Sin duda había visto también a la joven antes de que llegara al banco y la había seguido, pero Raskolnikof le había impedido llevar a cabo sus planes. Dirigía al joven miradas furiosas, aunque a hurtadillas, de modo que Raskolnikof no se dio cuenta, y esperaba con impaciencia el momento en que el desharrapado joven le dejara el campo libre.

Todo estaba perfectamente claro. Aquel señor era un hombre de unos treinta años, bien vestido, grueso y fuerte, de tez roja y boca pequeña y encarnada, coronada por un fino bigote.

Al verle, Raskolnikof experimentó una violenta cólera. De súbito le acometió el deseo de insultar a aquel fatuo.

—Diga, Svidrigailof: ¿qué busca usted aquí? —exclamó cerrando los puños y con una sonrisa mordaz.

—¿Qué significa esto? —exclamó el interpelado con arrogancia, frunciendo las cejas y mientras su semblante adquiría una expresión de asombro y disgusto.

—¡Largo de aquí! Esto es lo que significa.

—¿Cómo te atreves, miserable…?

Levantó su fusta. Raskolnikof se arrojó sobre él con los puños cerrados, sin pensar en que su adversario podía deshacerse sin dificultad de dos hombres como él. Pero en este momento alguien le sujetó fuertemente por la espalda. Un agente de policía se interpuso entre los dos rivales.

—¡Calma, señores! No se admiten riñas en los lugares públicos. Y preguntó a Raskolnikof, al reparar en su destrozado traje:

—¿Qué le ocurre a usted? ¿Cómo se llama?

Raskolnikof lo examinó atentamente. El policía tenía una noble cara de soldado y lucía mostachos y grandes patillas. Su mirada parecía llena de inteligencia.

—Precisamente es usted el hombre que necesito —gritó el joven cogiéndole del brazo—. Soy Raskolnikof, antiguo estudiante…Digo que lo necesito por usted —añadió dirigiéndose al otro—. Venga, guardia; quiero que vea una cosa…

Y sin soltar el brazo del policía lo condujo al banco.

—Venga…Mire…Está completamente embriagada. Hace un momento se paseaba por el bulevar. Sabe Dios lo que será, pero desde luego, no tiene aspecto de mujer alegre profesional. Yo creo que la han hecho beber y se han aprovechado de su embriaguez para abusar de ella. ¿Comprende usted? Después la han dejado libre en este estado. Observe que sus ropas están desgarradas y mal puestas. No se ha vestido ella misma, sino que la han vestido. Esto es obra de unas manos inexpertas, de unas manos de hombre; se ve claramente. Y ahora mire para ese lado. Ese señor con el que he estado a punto de llegar a las manos hace un momento es un desconocido para mí: es la primera vez que le veo. Él la ha visto como yo, hace unos instantes, en su camino, se ha dado cuenta de que estaba bebida, inconsciente, y ha sentido un vivo deseo de acercarse a ella y, aprovechándose de su estado, llevársela Dios sabe adónde. Estoy seguro de no equivocarme. No me equivoco, créame. He visto cómo la acechaba. Yo he desbaratado sus planes, y ahora sólo espera que me vaya. Mire: se ha retirado un poco y, para disimular, está haciendo un cigarrillo. ¿Cómo podríamos librar de él a esta pobre chica y llevarla a su casa? Piense a ver si se le ocurre algo.

El agente comprendió al punto la situación y se puso a reflexionar. Los propósitos del grueso caballero saltaban a la vista; pero había que conocer los de la muchacha. El agente se inclinó sobre ella para examinar su rostro desde más cerca y experimentó una sincera compasión.

—¡Qué pena! —exclamó, sacudiendo la cabeza—. Es una niña. Le han tendido un lazo, no cabe duda…Oiga, señorita, ¿dónde vive?

La muchacha levantó sus pesados párpados, miró con una expresión de aturdimiento a los dos hombres e hizo un gesto como para rechazar sus preguntas.

—Oiga, guardia —dijo Raskolnikof, buscando en sus bolsillos, de donde extrajo veinte kopeks—. Aquí tiene dinero. Tome un coche y llévela a su casa. ¡Si pudiéramos averiguar su dirección…!

—Señorita —volvió a decir el agente, cogiendo el dinero—: voy a parar un coche y la acompañaré a su casa. ¿Adónde hay que llevarla? ¿Dónde vive?

—¡Dejadme en paz! ¡Qué pelmas! —exclamó la muchacha, repitiendo el gesto de rechazar a alguien.

—Es lamentable. ¡Qué vergüenza! —se dolió el agente, sacudiendo la cabeza nuevamente con un gesto de reproche, de piedad y de indignación—. Ahí está la dificultad —añadió, dirigiéndose a Raskolnikof y echándole por segunda vez una rápida mirada de arriba abajo. Sin duda le extrañaba que aquel joven andrajoso diera dinero—. ¿La ha encontrado usted lejos de aquí? —le preguntó.

—Ya le he dicho que ella iba delante de mí por el bulevar. Se tambaleaba y, apenas ha llegado al banco, se ha dejado caer.

—¡Qué cosas tan vergonzosas se ven hoy en este mundo, Señor! ¡Tan joven, y ya bebida! No cabe duda de que la han engañado. Mire: sus ropas están llenas de desgarrones. ¡Ah, cuánto vicio hay hoy por el mundo! A lo mejor es hija de casa noble venida a menos. Esto es muy corriente en nuestros tiempos. Parece una muchacha de buena familia.

De nuevo se inclinó sobre ella. Tal vez él mismo era padre de jóvenes bien educadas que habrían podido pasar por señoritas de buena familia y finos modales.

—Lo más importante —exclamó Raskolnikof, agitado—, lo más importante es no permitir que caiga en manos de ese malvado. La ultrajaría por segunda vez; sus pretensiones son claras como el agua. ¡Mírelo! El muy granuja no se va.

Hablaba en voz alta y señalaba al desconocido con el dedo. Éste lo oyó y pareció que iba a dejarse llevar de la cólera, pero se contuvo y se limitó a dirigirle una mirada desdeñosa. Luego se alejó lentamente una docena de pasos y se detuvo de nuevo.

—No permitir que caiga en sus manos —repitió el agente, pensativo—. Desde luego, eso se podría conseguir. Pero tenemos que averiguar su dirección. De lo contrario…Oiga, señorita. Dígame…

Se había inclinado de nuevo sobre ella. De súbito, la muchacha abrió los ojos por completo, miró a los dos hombres atentamente y, como si la luz se hiciera repentinamente en su cerebro, se levantó del banco y emprendió a la inversa el camino por donde había venido.

—¡Los muy insolentes! —murmuró—. ¡No me los puedo quitar de encima!

Y agitó de nuevo los brazos con el gesto del que quiere rechazar algo. Iba con paso rápido y todavía inseguro. El elegante desconocido continuó la persecución, pero por el otro lado de la calzada y sin perderla de vista.

—No se inquiete —dijo resueltamente el policía, ajustando su paso al de la muchacha—: ese hombre no la molestará. ¡Ah, cuánto vicio hay por el mundo! —repitió, y lanzó un suspiro.

En ese momento, Raskolnikof se sintió asaltado por un impulso incomprensible.

—¡Oiga! —gritó al noble bigotudo. El policía se volvió.

—¡Déjela! ¿A usted qué? ¡Deje que se divierta! —y señalaba al perseguidor—. ¿A usted qué?

El agente no comprendía. Le miraba con los ojos muy abiertos. Raskolnikof se echó a reír.

—¡Bah! —exclamó el agente mientras sacudía la mano con ademán desdeñoso.

Y continuó la persecución del elegante señor y de la muchacha. Sin duda había tomado a Raskolnikof por un loco o por algo peor. Cuando el joven se vio solo se dijo, indignado:

"Se lleva mis veinte kopeks. Ahora hará que el otro le pague también y le dejará la muchacha: así terminará la cosa. ¿Quién me ha mandado meterme a socorrerla? ¿Acaso esto es cosa mía? Sólo piensan en comerse vivos unos a otros. ¿A mí qué me importa? Tampoco sé cómo me he atrevido a dar esos veinte kopeks. ¡Como si fueran míos…!".

A pesar de estas extrañas palabras, tenía el corazón oprimido. Se sentó en el banco abandonado. Sus pensamientos eran incoherentes. Por otra parte, pensar, fuera en lo que fuere, era para él un martirio en aquel momento. Hubiera deseado olvidarlo todo, dormirse, después despertar y empezar una nueva vida.

"¡Pobre muchacha! —se dijo mirando el pico del banco donde había estado sentada—. Cuando vuelva en sí, llorará y su madre se enterará de todo. Primero, su madre le pegará, después la azotará cruelmente, como a un ser vil, y acto seguido, a lo mejor, la echará a la calle. Aunque no la eche, una Daría Frantzevna cualquiera acabará por olfatear la presa, y ya tenemos a la pobre muchacha rodando de un lado a otro…Después el hospital (así ocurre siempre a las que tienen madres honestas y se ven obligadas a hacer las cosas discretamente), y después…después…otra vez al hospital. Dos o tres años de esta vida, y ya es un ser acabado; sí, a los dieciocho o diecinueve años, ya es una mujer agotada… ¡Cuántas he visto así! ¡Cuántas han llegado a eso! Sí, todas empiezan como ésta…Pero ¡qué me importa a mí! Un tanto por ciento al año ha de terminar así y desaparecer. Dios sabe dónde…, en el infierno, sin duda, para garantizar la tranquilidad de los demás… ¡Un tanto por ciento! ¡Qué expresiones tan finas, tan tranquilizadoras, tan técnicas, emplea la gente…! Un tanto por ciento; no hay, pues, razón, para inquietarse…Si se dijera de otro modo, la cosa cambiaría…, la preocupación sería mayor…

"¿Y si Dunetchka se viera englobada en este tanto por ciento, si no el año que corre, el que viene?

"Pero, a todo esto, ¿adónde voy? —pensó de súbito—. ¡Qué raro! Yo he salido de casa para ir a alguna parte; apenas he terminado de leer, he salido para… ¡Ahora me acuerdo: iba a Vasilievski Ostrof, a casa de Rasumikhine! Pero ¿para qué? ¿A santo de qué se me ha ocurrido ir a ver a Rasumikhine?

¡Qué cosa tan extraordinaria!".

Ni él mismo comprendía sus actos. Rasumikhine era uno de sus antiguos compañeros de universidad. Hay que advertir que Raskolnikof, cuando estudiaba, vivía aparte de los demás alumnos, aislado, sin ir a casa de ninguno de ellos ni admitir sus visitas. Sus compañeros le habían vuelto pronto la espalda. No tomaba parte en las reuniones, en las polémicas ni en las diversiones de sus condiscípulos. Estudiaba con un ahínco, con un ardor que le había atraído la admiración de todos, pero ninguno le tenía afecto. Era pobre en extremo, orgulloso, altivo, y vivía encerrado en sí mismo como si guardara un secreto. Algunos de sus compañeros juzgaban que los consideraba como niños a los que superaba en cultura y conocimientos y cuyas ideas e intereses eran muy inferiores a los suyos.

Sin embargo, había hecho amistad con Rasumikhine. Por lo menos, se mostraba con él más comunicativo, más franco que con los demás. Y es que era imposible comportarse con Rasumikhine de otro modo. Era un muchacho alegre, expansivo y de una bondad que rayaba en el candor. Pero este candor no excluía los sentimientos profundos ni la perfecta dignidad. Sus amigos lo sabían, y por eso lo estimaban todos. Estaba muy lejos de ser torpe, aunque a veces se mostraba demasiado ingenuo. Tenía una cara expresiva; era alto y delgado, de cabello negro, e iba siempre mal afeitado. Hacía sus calaveradas cuando se presentaba la ocasión, y se le tenía por un hércules. Una noche que recorría las calles en compañía de sus camaradas había derribado de un solo puñetazo a un gendarme que medía como mínimo uno noventa de estatura. Del mismo modo que podía beber sin tasa, era capaz de observar la sobriedad más estricta. Unas veces cometía locuras imperdonables; otras mostraba una prudencia ejemplar.

Rasumikhine tenía otra característica notable: ninguna contrariedad le turbaba; ningún revés le abatía. Podría haber vivido sobre un tejado, soportar el hambre más atroz y los fríos más crueles. Era extremadamente pobre, tenía que vivir de sus propios recursos y nunca le faltaba un medio u otro de ganarse la vida. Conocía infinidad de lugares donde procurarse dinero…, trabajando, naturalmente.

Se le había visto pasar todo un invierno sin fuego, y él decía que esto era agradable, ya que se duerme mejor cuando se tiene frío. Había tenido también que dejar la universidad por falta de recursos, pero confiaba en poder reanudar sus estudios muy pronto, y procuraba por todos los medios mejorar su situación pecuniaria.

Hacía cuatro meses que Raskolnikof no había ido a casa de Rasumikhine. Y Rasumikhine ni siquiera conocía la dirección de su amigo. Un día, hacía unos dos meses, se habían encontrado en la calle, pero Raskolnikof se había desviado e incluso había pasado a la otra acera. Rasumikhine, aunque había reconocido perfectamente a su amigo, había fingido no verle, a fin de no avergonzarle.

CAPÍTULO 5

No hace mucho —pensó— me propuse, en efecto, ir a pedir a Rasumikhine que me proporcionara trabajo (lecciones a otra cosa cualquiera); pero ahora ¿qué puede hacer por mí? Admitamos que me encuentre algunas lecciones e incluso que se reparta conmigo sus últimos kopeks, si tiene alguno, de modo que yo no pueda comprarme unas botas y adecentar mi traje, pues no voy a presentarme así a dar lecciones. Pero ¿qué haré después con unos cuantos kopeks? ¿Es esto acaso lo que yo necesito ahora? ¡Es sencillamente ridículo que vaya a casa de Rasumikhine!

La cuestión de averiguar por qué se dirigía a casa de Rasumikhine le atormentaba más de lo que se confesaba a sí mismo. Buscaba afanosamente un sentido siniestro a aquel acto aparentemente tan anodino.

"¿Se puede admitir que me haya figurado que podría arreglarlo todo con la exclusiva ayuda de Rasumikhine, que en él podía hallar la solución de todos mis graves problemas?", se preguntó sorprendido.

Reflexionaba, se frotaba la frente. Y he aquí que de pronto —cosa inexplicable—, después de estar torturándose la mente durante largo rato, una idea extraordinaria surgió en su cerebro.

"Iré a casa de Rasumikhine —se dijo entonces con toda calma, como el que ha tomado una resolución irrevocable—; iré a casa de Rasumikhine, cierto, pero no ahora…; iré a su casa al día siguiente del hecho, cuando todo haya terminado y todo haya cambiado para mí".

Repentinamente, Raskolnikof volvió en sí.

"Después del hecho —se dijo con un sobresalto—. Pero este hecho ¿se llevará a cabo, se realizará verdaderamente?".

Se levantó del banco y echó a andar con paso rápido. Casi corría, con la intención de volver a su casa. Pero al pensar en su habitación experimentó una impresión desagradable. Era en su habitación, en aquel miserable tabuco, donde había madurado la «cosa», hacía ya más de un mes. Raskolnikof dio media vuelta y continuó su marcha a la ventura.

Un febril temblor nervioso se había apoderado de él. Se estremecía. Tenía frío a pesar de que el calor era insoportable. Cediendo a una especie de necesidad interior y casi inconsciente, hizo un gran esfuerzo para fijar su atención en las diversas cosas que veía, con objeto de librarse de sus pensamientos; pero el empeño fue vano: a cada momento volvía a caer en su delirio. Estaba absorto unos instantes, se estremecía, levantaba la cabeza, paseaba la mirada a su alrededor y ya no se acordaba de lo que estaba pensando hacía unos segundos. Ni siquiera reconocía las calles que iba recorriendo. Así atravesó toda la isla Vasilievski, llegó ante el Pequeño Neva, pasó el puente y desembocó en las islas menores.

En el primer momento, el verdor y la frescura del paisaje alegraron sus cansados ojos, habituados al polvo de las calles, a la blancura de la cal, a los enormes y aplastantes edificios. Aquí la atmósfera no era irrespirable ni pestilente. No se veía ni una sola taberna…Pero pronto estas nuevas sensaciones perdieron su encanto para él, que otra vez cayó en un malestar enfermizo.

A veces se detenía ante alguno de aquellos chalés graciosamente incrustados en la verde vegetación. Miraba por la verja y veía a lo lejos, en balcones y terrazas, mujeres elegantemente compuestas y niños que correteaban por el jardín. Lo que más le interesaba, lo que atraía especialmente sus miradas, eran las flores. De vez en cuando veía pasar elegantes jinetes, amazonas, magníficos carruajes. Los seguía atentamente con la mirada y los olvidaba antes de que hubieran desaparecido.

De pronto se detuvo y contó su dinero. Le quedaban treinta kopeks…

"Veinte al agente de policía, tres a Nastasia por la carta. Por lo tanto, ayer dejé en casa de los Marmeladof de cuarenta y siete a cincuenta…". Sin duda había hecho estos cálculos por algún motivo, pero lo olvidó apenas sacó el dinero del bolsillo y no volvió a recordarlo hasta que, al pasar poco después ante una tienda de comestibles, un tabernucho más bien, notó que estaba hambriento.

Entró en el figón, se bebió una copa de vodka y dio algunos bocados a un pastel que se llevó para darle fin mientras continuaba su paseo. Hacía mucho tiempo que no había probado el vodka, y la copita que se acababa de tomar le produjo un efecto fulminante. Las piernas le pesaban y el sueño le rendía. Se propuso volver a casa, pero, al llegar a la isla Petrovski, hubo de detenerse: estaba completamente agotado.

Salió, pues, del camino, se internó en los sotos, se dejó caer en la hierba y se quedó dormido en el acto.

Los sueños de un hombre enfermo suelen tener una nitidez extraordinaria y se asemejan a la realidad hasta confundirse con ella. Los sucesos que se desarrollan son a veces monstruosos, pero el escenario y toda la trama son tan verosímiles y están llenos de detalles tan imprevistos, tan ingeniosos, tan logrados, que el durmiente no podría imaginar nada semejante estando despierto, aunque fuera un artista de la talla de Pushkin o Turgueniev. Estos sueños no se olvidan con facilidad, sino que dejan una impresión profunda en el desbaratado organismo y el excitado sistema nervioso del enfermo.

Raskolnikof tuvo un sueño horrible. Volvió a verse en el pueblo donde vivió con su familia cuando era niño. Tiene siete años y pasea con su padre por los alrededores de la pequeña población, ya en pleno campo. Está nublado, el calor es bochornoso, el paisaje es exactamente igual al que él conserva en la memoria. Es más, su sueño le muestra detalles que ya había olvidado. El panorama del pueblo se ofrece enteramente a la vista. Ni un solo árbol, ni siquiera un sauce blanco en los contornos. Únicamente a lo lejos, en el horizonte, en los confines del cielo, por decirlo así, se ve la mancha oscura de un bosque.

A unos cuantos pasos del último jardín de la población hay una taberna, una gran taberna que impresionaba desagradablemente al niño, e incluso lo atemorizaba, cuando pasaba ante ella con su padre. Estaba siempre llena de clientes que vociferaban, reían, se insultaban, cantaban horriblemente, con voces desgarradas, y llegaban muchas veces a las manos. En las cercanías de la taberna vagaban siempre hombres borrachos de caras espantosas. Cuando el niño los veía, se apretaba convulsivamente contra su padre y temblaba de pies a cabeza. No lejos de allí pasaba un estrecho camino eternamente polvoriento.

¡Qué negro era aquel polvo! El camino era tortuoso y, a unos trescientos pasos de la taberna, se desviaba hacia la derecha y contorneaba el cementerio.

En medio del cementerio se alzaba una iglesia de piedra, de cúpula verde. El niño la visitaba dos veces al año en compañía de su padre y de su madre para oír la misa que se celebraba por el descanso de su abuela, muerta hacía ya mucho tiempo y a la que no había conocido. La familia llevaba siempre, en un plato envuelto con una servilleta, el pastel de los muertos, sobre el que había una cruz formada con pasas. Raskolnikof adoraba esta iglesia, sus viejas imágenes desprovistas de adornos, y también a su viejo sacerdote de cabeza temblorosa. Cerca de la lápida de su abuela había una pequeña tumba, la de su hermano menor, muerto a los seis meses y del que no podía acordarse porque no lo había conocido. Si sabía que había tenido un hermano era porque se lo habían dicho. Y cada vez que iba al cementerio, se santiguaba piadosamente ante la pequeña tumba, se inclinaba con respeto y la besaba.

Y ahora he aquí el sueño.

Va con su padre por el camino que conduce al cementerio. Pasan por delante de la taberna. Sin soltar la mano de su padre, dirige una mirada de horror al establecimiento. Ve una multitud de burguesas endomingadas, campesinas con sus maridos, y toda clase de gente del pueblo. Todos están ebrios; todos cantan. Ante la puerta hay un raro vehículo, una de esas enormes carretas de las que suelen tirar robustos caballos y que se utilizan para el transporte de barriles de vino y toda clase de mercancías. Raskolnikof se deleitaba contemplando estas hermosas bestias de largas crines y recias patas, que, con paso mesurado y natural y sin fatiga alguna arrastraban verdaderas montañas de carga. Incluso se diría que andaban más fácilmente enganchados a estos enormes vehículos que libres.

Pero ahora —cosa extraña— la pesada carreta tiene entre sus varas un caballejo de una delgadez lastimosa, uno de esos rocines de aldeano que él ha visto muchas veces arrastrando grandes carretadas de madera o de heno y que los mujiks desloman a golpes, llegando a pegarles incluso en la boca y en los ojos cuando los pobres animales se esfuerzan en vano por sacar al vehículo de un atolladero. Este espectáculo llenaba de lágrimas sus ojos cuando era niño y lo presenciaba desde la ventana de su casa, de la que su madre se apresuraba a retirarlo.

De pronto se oye gran algazara en la taberna, de donde se ve salir, entre cantos y gritos, un grupo de corpulentos mujiks embriagados, luciendo camisas rojas y azules, con la balalaika en la mano y la casaca colgada descuidadamente en el hombro.

—¡Subid, subid todos! —grita un hombre todavía joven, de grueso cuello, cara mofletuda y tez de un rojo de zanahoria—. Os llevaré a todos. ¡Subid!

Estas palabras provocan exclamaciones y risas.

—¿Creéis que podrá con nosotros ese esmirriado rocín?

—¿Has perdido la cabeza, Mikolka? ¡Enganchar una bestezuela así a semejante carreta!

—¿No os parece, amigos, que ese caballejo tiene lo menos veinte años?

—¡Subid! ¡Os llevaré a todos! —vuelve a gritar Mikolka.

Y es el primero que sube a la carreta. Coge las riendas y su corpachón se instala en el pescante.

—El caballo bayo —dice a grandes voces— se lo llevó hace poco Mathiev, y esta bestezuela es una verdadera pesadilla para mí. Me gusta pegarle, palabra de honor. No se gana el pienso que se come. ¡Hala, subid! lo haré galopar, os aseguro que lo haré galopar.

Empuña el látigo y se dispone, con evidente placer, a fustigar al animalito.

—Ya lo oís: dice que lo hará galopar. ¡Ánimo y arriba! —exclamó una voz burlona entre la multitud.

—¿Galopar? Hace lo menos diez meses que este animal no ha galopado.

—Por lo menos, os llevará a buena marcha.

—¡No lo compadezcáis, amigos! ¡Coged cada uno un látigo! ¡Eso, buenos latigazos es lo que necesita esta calamidad!

Todos suben a la carreta de Mikolka entre bromas y risas. Ya hay seis arriba, y todavía queda espacio libre. En vista de ello, hacen subir a una campesina de cara rubicunda, con muchos bordados en el vestido y muchas cuentas de colores en el tocado. No cesa de partir y comer avellanas entre risas burlonas.

La muchedumbre que rodea a la carreta ríe también. Y, verdaderamente, ¿cómo no reírse ante la idea de que tan escuálido animal pueda llevar al galope semejante carga? Dos de los jóvenes que están en la carreta se proveen de látigos para ayudar a Mikolka. Se oye el grito de ¡Arre! y el caballo tira con todas sus fuerzas. Pero no sólo no consigue galopar, sino que apenas logra avanzar al paso. Patalea, gime, encorva el lomo bajo la granizada de latigazos.

Las risas redoblan en la carreta y entre la multitud que la ve partir. Mikolka se enfurece y se ensaña en la pobre bestia, obstinado en verla galopar.

—¡Dejadme subir también a mí, hermanos! —grita un joven, seducido por el alegre espectáculo.

—¡Sube! ¡Subid! —grita Mikolka—. ¡Nos llevará a todos! Yo le obligaré a fuerza de golpes… ¡Latigazos! ¡Buenos latigazos!

La rabia le ciega hasta el punto de que ya ni siquiera sabe con qué pegarle para hacerle más daño.

—Papá, papaíto —exclama Rodia—. ¿Por qué hacen eso? ¿Por qué martirizan a ese pobre caballito?

—Vámonos, vámonos —responde el padre—. Están borrachos…Así se divierten, los muy imbéciles…Vámonos…, no mires…

E intenta llevárselo. Pero el niño se desprende de su mano y, fuera de sí, corre hacia la carreta. El pobre animal está ya exhausto. Se detiene, jadeante; luego empieza a tirar nuevamente…Está a punto de caer.

—¡Pegadle hasta matarlo! —ruge Mikolka—. ¡Eso es lo que hay que hacer! ¡Yo os ayudo!

—¡Tú no eres cristiano: eres un demonio! —grita un viejo entre la multitud.

Y otra voz añade:

—¿Dónde se ha visto enganchar a un animalito así a una carreta como ésa?

—¡Lo vas a matar! —vocifera un tercero.

—¡Id al diablo! El animal es mío y puedo hacer con él lo que me dé la gana. ¡Subid, subid todos! ¡He de hacerlo galopar!

De súbito, un coro de carcajadas ahoga la voz de Mikolka. El animal, aunque medio muerto por la lluvia de golpes, ha perdido la paciencia y ha empezado a cocear. Hasta el viejo, sin poder contenerse, participa de la alegría general. En verdad, la cosa no es para menos: ¡dar coces un caballo que apenas se sostiene sobre sus patas…!

Dos mozos se destacan de la masa de espectadores, empuñan cada uno un látigo y empiezan a golpear al pobre animal, uno por la derecha y otro por la izquierda.

—Pegadle en el hocico, en los ojos, ¡dadle fuerte en los ojos! —vocifera Mikolka.

—¡Cantemos una canción, camaradas! —dice una voz en la carreta—. El estribillo tenéis que repetirlo todos.

Los mujiks entonan una canción grosera acompañados por un tamboril. El estribillo se silba. La campesina sigue partiendo avellanas y riendo con sorna.

Rodia se acerca al caballo y se coloca delante de él. Así puede ver cómo le pegan en los ojos…, ¡en los ojos…! Llora. El corazón se le contrae. Ruedan sus lágrimas. Uno de los verdugos le roza la cara con el látigo. Él ni siquiera se da cuenta. Se retuerce las manos, grita, corre hacia el viejo de barba blanca, que sacude la cabeza y parece condenar el espectáculo. Una mujer lo coge de la mano y se lo quiere llevar. Pero él se escapa y vuelve al lado del caballo, que, aunque ha llegado al límite de sus fuerzas, intenta aún cocear.

—¡El diablo te lleve! —vocifera Mikolka, ciego de ira.

Arroja el látigo, se inclina y coge del fondo de la carreta un grueso palo. Sosteniéndolo con las dos manos por un extremo, lo levanta penosamente sobre el lomo de la víctima.

—¡Lo vas a matar! —grita uno de los espectadores.

—Seguro que lo mata —dice otro.

—¿Acaso no es mío? —ruge Mikolka.

Y golpea al animal con todas sus fuerzas. Se oye un ruido seco.

—¡Sigue! ¡Sigue! ¿Qué esperas? —gritan varias voces entre la multitud.

Mikolka vuelve a levantar el palo y descarga un segundo golpe en el lomo de la pobre bestia. El animal se contrae; su cuarto trasero se hunde bajo la violencia del golpe; después da un salto y empieza a tirar con todo el resto de sus fuerzas. Su propósito es huir del martirio, pero por todas partes encuentra los látigos de sus seis verdugos. El palo se levanta de nuevo y cae por tercera vez, luego por cuarta, de un modo regular. Mikolka se enfurece al ver que no ha podido acabar con el caballo de un solo golpe.

—¡Es duro de pelar! —exclama uno de los espectadores.

—Ya veréis como cae, amigos: ha llegado su última hora —dice otro de los curiosos.

—¡Coge un hacha! —sugiere un tercero—. ¡Hay que acabar de una vez!

—¡No decís más que tonterías! —brama Mikolka—. ¡Dejadme pasar! Arroja el palo, se inclina, busca de nuevo en el fondo de la carreta y, cuando se pone derecho, se ve en sus manos una barra de hierro.

—¡Cuidado! —exclama.

Y, con todas sus fuerzas, asesta un tremendo golpe al desdichado animal.

El caballo se tambalea, se abate, intenta tirar con un último esfuerzo, pero la barra de hierro vuelve a caer pesadamente sobre su espinazo. El animal se desploma como si le hubieran cortado las cuatro patas de un solo tajo.

—¡Acabemos con él! —ruge Mikolka como un loco, saltando de la carreta.

Varios jóvenes, tan borrachos y congestionados como él, se arman de lo primero que encuentran —látigos, palos, estacas— y se arrojan sobre el caballejo agonizante. Mikolka, de pie junto a la víctima, no cesa de golpearla con la barra. El animalito alarga el cuello, exhala un profundo resoplido y muere.

—¡Ya está! —dice una voz entre la multitud.

—Se había empeñado en no galopar.

—¡Es mío! —exclama Mikolka con la barra en la mano, enrojecidos los ojos y como lamentándose de no tener otra víctima a la que golpear.

—Desde luego, tú no crees en Dios —dicen algunos de los que han presenciado la escena.

El pobre niño está fuera de sí. Lanzando un grito, se abre paso entre la gente y se acerca al caballo muerto. Coge el hocico inmóvil y ensangrentado y lo besa; besa sus labios, sus ojos. Luego da un salto y corre hacia Mikolka blandiendo los puños. En este momento lo encuentra su padre, que lo estaba buscando, y se lo lleva.

—Ven, ven —le dice—. Vámonos a casa.

—Papá, ¿por qué han matado a ese pobre caballito? —gime Rodia. Alteradas por su entrecortada respiración, sus palabras salen como gritos roncos de su contraída garganta.

—Están borrachos —responde el padre—. Así se divierten. Pero vámonos: aquí no tenemos nada que hacer.

Rodia le rodea con sus brazos. Siente una opresión horrible en el pecho.

Hace un esfuerzo por recobrar la respiración, intenta gritar…Se despierta.

Raskolnikof se despertó sudoroso: todo su cuerpo estaba húmedo, empapados sus cabellos. Se levantó horrorizado, jadeante…

—¡Bendito sea Dios! —exclamó—. No ha sido más que un sueño.

Se sentó al pie de un árbol y respiró profundamente.

"Pero ¿qué me ocurre? Debo de tener fiebre. Este sueño horrible lo demuestra".

Tenía el cuerpo acartonado; en su alma todo era oscuridad y turbación.

Apoyó los codos en las rodillas y hundió la cabeza entre las manos.

"¿Es posible, Señor, es realmente posible que yo coja un hacha y la golpee con ella hasta partirle el cráneo? ¿Es posible que me deslice sobre la sangre tibia y viscosa, para forzar la cerradura, robar y ocultarme con el hacha, temblando, ensangrentado? ¿Es posible, Señor?".

Temblaba como una hoja…

"Pero ¿a qué pensar en esto? —prosiguió, profundamente sorprendido—. Ya estaba convencido de que no sería capaz de hacerlo. ¿Por qué, pues, atormentarme así…? Ayer mismo, cuando hice el…ensayo, comprendí perfectamente que esto era superior a mis fuerzas. ¿Qué necesidad tengo de volver e interrogarme? Ayer, cuando bajaba aquella escalera, me decía que el proyecto era vil, horrendo, odioso. Sólo de pensar en él me sentía aterrado, con el corazón oprimido…No, no tendría valor; no lo tendría aunque supiera que mis cálculos son perfectos, que todo el plan forjado este último mes tiene la claridad de la luz y la exactitud de la aritmética…Nunca, nunca tendría valor… ¿Para qué, pues, seguir pensando en ello?".

Se levantó, lanzó una mirada de asombro en todas direcciones, como sorprendido de verse allí, y se dirigió al puente. Estaba pálido y sus ojos brillaban. Sentía todo el cuerpo dolorido, pero empezaba a respirar más fácilmente. Notaba que se había librado de la espantosa carga que durante tanto tiempo le había abrumado. Su alma se había aligerado y la paz reinaba en ella.

"Señor —imploró—, indícame el camino que debo seguir y renunciaré a ese maldito sueño".

Al pasar por el puente contempló el Neva y la puesta del sol, hermosa y flamígera. Pese a su debilidad, no sentía fatiga alguna. Se diría que el temor que durante el mes último se había ido formando poco a poco en su corazón se había reventado de pronto. Se sentía libre, ¡libre! Se había roto el embrujo, la acción del maleficio había cesado.

Más adelante, cuando Raskolnikof recordaba este período de su vida y todo lo sucedido durante él, minuto por minuto, punto por punto, sentía una mezcla de asombro e inquietud supersticiosa ante un detalle que no tenía nada de extraordinario, pero que había influido decisivamente en su destino.

He aquí el hecho que fue siempre un enigma para él.

¿Por qué, aun sintiéndose fatigado, tan extenuado que debió regresar a casa por el camino más corto y más directo, había dado un rodeo por la plaza del Mercado Central, donde no tenía nada que hacer? Desde luego, esta vuelta no alargaba demasiado su camino, pero era completamente inútil. Cierto que infinidad de veces había regresado a su casa sin saber las calles que había recorrido; pero ¿por qué aquel encuentro tan importante para él, a la vez que tan casual, que había tenido en la plaza del Mercado (donde no tenía nada que hacer), se había producido entonces, a aquella hora, en aquel minuto de su vida y en tales circunstancias que todo ello había de ejercer la influencia más grave y decisiva en su destino? Era para creer que el propio destino lo había preparado todo de antemano.

Eran cerca de las nueve cuando llegó a la plaza del Mercado Central. Los vendedores ambulantes, los comerciantes que tenían sus puestos al aire libre, los tenderos, los almacenistas, recogían sus cosas o cerraban sus establecimientos. Unos vaciaban sus cestas, otros sus mesas y todos guardaban sus mercancías y se disponían a volver a sus casas, a la vez que se dispersaban los clientes. Ante los bodegones que ocupaban los sótanos de los sucios y nauseabundos inmuebles de la plaza, y especialmente a las puertas de las tabernas, hormigueaba una multitud de pequeños traficantes y vagabundos.

Cuando salía de casa sin rumbo fijo, Raskolnikof frecuentaba esta plaza y las callejas de los alrededores. Sus andrajos no atraían miradas desdeñosas: allí podía presentarse uno vestido de cualquier modo, sin temor a llamar la atención. En la esquina del callejón K, un matrimonio de comerciantes vendía artículos de mercería expuestos en dos mesas: carretes de hilo, ovillos de algodón, pañuelos de indiana…También se estaban preparando para marcharse. Su retraso se debía a que se habían entretenido hablando con una conocida que se había acercado al puesto. Esta conocida era Elisabeth Ivanovna, o Lisbeth, como la solían llamar, hermana de Alena Ivanovna, viuda de un registrador, la vieja Alena, la usurera cuya casa había visitado Raskolnikof el día anterior para empeñar su reloj y hacer un "ensayo". Hacía tiempo que tenía noticias de esta Lisbeth, y también ella conocía un poco a Raskolnikof.

Era una doncella de treinta y cinco años, desgarbada, y tan tímida y bondadosa que rayaba en la idiotez. Temblaba ante su hermana mayor, que la tenía esclavizada; la hacía trabajar noche y día, e incluso llegaba a pegarle.

Plantada ante el comerciante y su esposa, con un paquete en la mano, los escuchaba con atención y parecía mostrarse indecisa. Ellos le hablaban con gran animación. Cuando Raskolnikof vio a Lisbeth experimentó un sentimiento extraño, una especie de profundo asombro, aunque el encuentro no tenía nada de sorprendente.

—Usted y nadie más que usted, Lisbeth Ivanovna, ha de decidir lo que debe hacer —decía el comerciante en voz alta—. Venga mañana a eso de las siete. Ellos vendrán también.

—¿Mañana? —dijo Lisbeth lentamente y con aire pensativo, como si no se atreviera a comprometerse.

—¡Qué miedo le tiene a Alena Ivanovna! —exclamó la esposa del comerciante, que era una mujer de gran desenvoltura y voz chillona—. Cuando la veo ponerse así, me parece estar mirando a una niña pequeña. Al fin y al cabo, esa mujer que la tiene en un puño no es más que su medio hermana.

—Le aconsejo que no diga nada a su hermana —continuó el marido—. Créame. Venga a casa sin pedirle permiso. La cosa vale la pena. Su hermana tendrá que reconocerlo.

—Tal vez venga.

—De seis a siete. Los vendedores enviarán a alguien y usted resolverá.

—Le daremos una taza de té —prometió la vendedora.

—Bien, vendré —repuso Lisbeth, aunque todavía vacilante. Y empezó a despedirse con su calma característica.

Raskolnikof había dejado ya tan atrás al matrimonio y su amiga, que no pudo oír ni una palabra más. Había acortado el paso insensiblemente y había procurado no perder una sola sílaba de la conversación. A la sorpresa del primer momento había sucedido gradualmente un horror que le produjo escalofríos. Se había enterado, de súbito y del modo más inesperado, de que al día siguiente, exactamente a las siete, Lisbeth, la hermana de la vieja, la única persona que la acompañaba, habría salido y, por lo tanto, que a las siete del día siguiente la vieja ¡estaría sola en la casa!

Raskolnikof estaba cerca de la suya. Entró en ella como un condenado a muerte. No intentó razonar. Además, no habría podido.

Sin embargo, sintió súbitamente y con todo su ser, que su libre albedrío y su voluntad ya no existían, que todo acababa de decidirse irrevocablemente.

Aunque hubiera esperado durante años enteros una ocasión favorable, aunque hubiera intentado provocarla, no habría podido hallar una mejor y que ofreciese más probabilidades de éxito que la que tan inesperadamente acababa de venírsele a las manos.

Y aún era menos indudable que el día anterior no le habría sido fácil averiguar, sin hacer preguntas sospechosas y arriesgadas, que al día siguiente, a una hora determinada, la vieja contra la que planeaba un atentado estaría completamente sola en su casa.

CAPÍTULO 6

Raskolnikof se enteró algún tiempo después, por pura casualidad, de por qué el matrimonio de comerciantes había invitado a Lisbeth a ir a su casa. El asunto no podía ser más sencillo e inocente. Una familia extranjera venida a menos quería vender varios vestidos. Como esto no podía hacerse con provecho en el mercado, buscaban una vendedora a domicilio. Lisbeth se dedicaba a este trabajo y tenía una clientela numerosa, pues procedía con la mayor honradez: ponía siempre el precio más limitado, de modo que con ella no había lugar a regateos. Hablaba poco y, como ya hemos dicho, era humilde y tímida.

Pero, desde hacía algún tiempo, Raskolnikof era un hombre dominado por las supersticiones. Incluso era fácil descubrir en él los signos indelebles de esta debilidad. En el asunto que tanto le preocupaba se sentía especialmente inclinado a ver coincidencias sorprendentes, fuerzas extrañas y misteriosas. El invierno anterior, un estudiante amigo suyo llamado Pokorev le había dado, poco antes de regresar a Karkov, la dirección de la vieja Alena Ivanovna, por si tenía que empeñar algo. Pasó mucho tiempo sin que tuviera necesidad de ir a visitarla, pues con sus lecciones podía ir viviendo mal que bien. Pero, hacía seis semanas, había acudido a su memoria la dirección de la vieja. Tenía dos cosas para empeñar: un viejo reloj de plata de su padre y un anillo con tres piedrecillas rojas que su hermana le había entregado en el momento de separarse, para que tuviera un recuerdo de ella. Decidió empeñar el anillo. Cuando vio a Alena Ivanovna, aunque no sabía nada de ella, sintió una repugnancia invencible.

Después de recibir dos pequeños billetes, Raskolnikof entró en una taberna que encontró en el camino. Se sentó, pidió té y empezó a reflexionar. Acababa de acudir a su mente, aunque en estado embrionario, como el polluelo en el huevo, una idea que le interesó extraordinariamente.

Una mesa casi vecina a la suya estaba ocupada por un estudiante al que no recordaba haber visto nunca y por un joven oficial. Habían estado jugando al billar y se disponían a tomar el té. De improviso, Raskolnikof oyó que el estudiante daba al oficial la dirección de Alena Ivanovna y empezaba a hablarle de ella. Esto le llamó la atención: hacía sólo un momento que la había dejado, y ya estaba oyendo hablar de la vieja. Sin duda, esto no era sino una simple coincidencia, pero su ánimo estaba dispuesto a entregarse a una impresión obsesionante y no le faltó ayuda para ello. El estudiante empezó a dar a su amigo detalles acerca de Alena Ivanovna.

—Es una mujer única. En su casa siempre puede uno procurarse dinero. Es rica como un judío y podría prestar cinco mil rublos de una vez. Sin embargo, no desprecia las operaciones de un rublo. Casi todos los estudiantes tenemos tratos con ella. Pero ¡qué miserable es!

Y empezó a darle detalles de su maldad. Bastaba que uno dejara pasar un día después del vencimiento, para que se quedara con el objeto empeñado.

—Da por la prenda la cuarta parte de su valor y cobra el cinco y hasta el seis por ciento de interés mensual.

El estudiante, que estaba hablador, dijo también que la usurera tenía una hermana, Lisbeth, y que la menuda y horrible vieja la vapuleaba sin ningún miramiento, a pesar de que Lisbeth medía aproximadamente un metro ochenta de altura.

—¡Una mujer fenomenal! —exclamó el estudiante, echándose a reír.

Desde este momento, el tema de la charla fue Lisbeth. El estudiante hablaba de ella con un placer especial y sin dejar de reír. El oficial, que le escuchaba atentamente, le rogó que le enviara a Lisbeth para comprarle alguna ropa interior que necesitaba.

Raskolnikof no perdió una sola palabra de la conversación y se enteró de ciertas cosas: Lisbeth era medio hermana de Alena (tuvieron madres diferentes) y mucho más joven que ella, pues tenía treinta y cinco años. La vieja la hacía trabajar noche y día. Además de que guisaba y lavaba la ropa para su hermana y ella, cosía y fregaba suelos fuera de casa, y todo lo que ganaba se lo entregaba a Alena. No se atrevía a aceptar ningún encargo, ningún trabajo, sin la autorización de la vieja. Sin embargo, Alena —Lisbeth lo sabía— había hecho ya testamento y, según él, su hermana sólo heredaba los muebles. Dinero, ni un céntimo: lo legaba todo a un monasterio del distrito de N*** para pagar una serie perpetua de oraciones por el descanso de su alma.

Lisbeth procedía de la pequeña burguesía del tchin. Era una mujer desgalichada, de talla desmedida, de piernas largas y torcidas y pies enormes, como toda su persona, siempre calzados con zapatos ligeros. Lo que más asombraba y divertía al estudiante era que Lisbeth estaba continuamente encinta.

—Pero ¿no has dicho que no vale nada? —inquirió el oficial.

—Tiene la piel negruzca y parece un soldado disfrazado de mujer, pero no puede decirse que sea fea. Su cara no está mal, y menos sus ojos. La prueba es que gusta mucho. Es tan dulce, tan humilde, tan resignada…La pobre no sabe decir a nada que no: hace todo lo que le piden… ¿Y su sonrisa? ¡Ah, su sonrisa es encantadora!

—Ya veo que a ti también te gusta —dijo el oficial, echándose a reír.

—Por su extravagancia. En cambio, a esa maldita vieja, la mataría y le robaría sin ningún remordimiento, ¡palabra! —exclamó con vehemencia el estudiante.

El oficial lanzó una nueva carcajada, y Raskolnikof se estremeció. ¡Qué extraño era todo aquello!

—Oye —dijo el estudiante, cada vez más acalorado—, quiero exponerte una cuestión seria. Naturalmente, he hablado en broma, pero escucha. Por un lado tenemos una mujer imbécil, vieja, enferma, mezquina, perversa, que no es útil a nadie, sino que, por el contrario, es toda maldad y ni ella misma sabe por qué vive. Mañana morirá de muerte natural… ¿Me sigues? ¿Comprendes?

—Sí —afirmó el oficial, observando atentamente a su entusiasmado amigo.

—Continúo. Por otro lado tenemos fuerzas frescas, jóvenes, que se pierden, faltas de sostén, por todas partes, a miles. Cien, mil obras útiles se podrían mantener y mejorar con el dinero que esa vieja destina a un monasterio. Centenares, tal vez millares de vidas, se podrían encauzar por el buen camino; multitud de familias se podrían salvar de la miseria, del vicio, de la corrupción, de la muerte, de los hospitales para enfermedades venéreas…, todo con el dinero de esa mujer. Si uno la matase y se apoderara de su dinero para destinarlo al bien de la humanidad, ¿no crees que el crimen, el pequeño crimen, quedaría ampliamente compensado por los millares de buenas acciones del criminal? A cambio de una sola vida, miles de seres salvados de la corrupción. Por una sola muerte, cien vidas. Es una cuestión puramente aritmética. Además, ¿qué puede pesar en la balanza social la vida de una anciana esmirriada, estúpida y cruel? No más que la vida de un piojo o de una cucaracha. Y yo diría que menos, pues esa vieja es un ser nocivo, lleno de maldad, que mina la vida de otros seres. Hace poco le mordió un dedo a Lisbeth y casi se lo arranca.

—Sin duda —admitió el oficial—, no merece vivir. Pero la Naturaleza tiene sus derechos.

—¡Alto! A la Naturaleza se la corrige, se la dirige. De lo contrario, los prejuicios nos aplastarían. No tendríamos ni siquiera un solo gran hombre. Se habla del deber, de la conciencia, y no tengo nada que decir en contra, pero me pregunto qué concepto tenemos de ellos. Ahora voy a hacerte otra pregunta.

—No, perdona; ahora me toca a mí; yo también tengo algo que preguntarte.

—Te escucho.

—Pues bien, la pregunta es ésta. Has hablado con elocuencia, pero dime: ¿serías capaz de matar a esa vieja con tus propias manos?

—¡Claro que no! Estoy hablando en nombre de la justicia. No se trata de mí.

—Pues yo creo que si tú no te atreves a hacerlo, no puedes hablar de justicia…Ahora vamos a jugar otra partida.

Raskolnikof se sentía profundamente agitado. Ciertamente, aquello no eran más que palabras, una conversación de las más corrientes sostenida por gente joven. Más de una vez había oído charlas análogas, con algunas variantes y sobre temas distintos. Pero ¿por qué había oído expresar tales pensamientos en el momento mismo en que ideas idénticas habían germinado en su cerebro? ¿Y por qué, cuando acababa de salir de casa de Alena Ivanovna con aquella idea embrionaria en su mente, había ido a sentarse al lado de unas personas que estaban hablando de la vieja?

Esta coincidencia le parecía siempre extraña. La insignificante conversación de café ejerció una influencia extraordinaria sobre él durante todo el desarrollo del plan. Ciertamente, pareció haber intervenido en todo ello la fuerza del destino.

Al regresar de la plaza se dejó caer en el diván y estuvo inmóvil una hora entera. Entre tanto, la oscuridad había invadido la habitación. No tenía velas. Por otra parte, ni siquiera pensó en encender una luz. Más adelante, nunca pudo recordar si había pensado algo en aquellos momentos. Finalmente, sintió de nuevo escalofríos de fiebre y pensó con satisfacción que podía acostarse en el diván sin tener que quitarse la ropa. Pronto se sumió en un sueño pesado como el plomo.

Durmió largamente y casi sin soñar. A las diez de la mañana siguiente, Nastasia entró en la habitación. No conseguía despertarlo. Le llevaba pan y un poco de té en su propia tetera, como el día anterior.

—¡Eh! ¿Todavía acostado? —gritó, indignada—. ¡No haces más que dormir!

Raskolnikof se levantó con un gran esfuerzo. Le dolía la cabeza. Dio una vuelta por el cuarto y volvió a echarse en el diván.

—¿Otra vez a dormir? —exclamó Nastasia—. ¿Es que estás enfermo? Raskolnikof no contestó.

—¿Quieres té?

—Más tarde —repuso el joven penosamente. Luego cerró los ojos y se volvió de cara a la pared.

Nastasia estuvo un momento contemplándolo.

—A lo mejor está enfermo de verdad —murmuró mientras se marchaba.

A las dos volvió a aparecer con la sopa. Él estaba todavía acostado y no había probado el té. Nastasia se sintió incluso ofendida y empezó a zarandearlo.

—¿A qué viene tanta modorra? —gruñó, mirándole con desprecio.

Él se sentó en el diván, pero no pronunció ni una palabra. Permaneció con la mirada fija en el suelo.

—¡Bueno! Pero ¿estás enfermo o qué? —preguntó Nastasia. Esta segunda pregunta quedó tan sin respuesta como la primera.

—Debes salir —dijo Nastasia tras un silencio—. Te conviene tomar un poco el aire. Comerás, ¿verdad?

—Más tarde —balbuceó débilmente Raskolnikof—. Ahora vete. Y reforzó estas palabras con un ademán.

Ella permaneció todavía un momento en el cuarto, mirándolo con un gesto de compasión. Luego se fue.

Minutos después, Raskolnikof abrió los ojos, contempló largamente la sopa y el té, cogió la cuchara y empezó a comer.

Dio tres o cuatro cucharadas, sin apetito, maquinalmente. Se le había calmado el dolor de cabeza. Cuando terminó de comer se echó de nuevo en el diván. Pero no pudo dormir y se quedó inmóvil, de bruces, con la cabeza hundida en la almohada. Soñaba, y su sueño era extraño. Se imaginaba estar en África, en Egipto…La caravana con la que iba se había detenido en un oasis. Los camellos estaban echados, descansando. Las palmeras que los rodeaban balanceaban sus tupidos penachos. Los viajeros se disponían a comer, pero Raskolnikof prefería beber agua de un riachuelo que corría cerca de él con un rumoreo cantarín. El aire era deliciosamente fresco. El agua, fría y de un azul maravilloso, corría sobre un lecho de piedras multicolores y arena blanca con reflejos dorados…

De súbito, las campanadas de un reloj resonaron claramente en su oído. Se estremeció, volvió a la realidad, levantó la cabeza y miró hacia la ventana. Entonces recobró por completo la lucidez y se levantó precipitadamente, como si lo arrancaran del diván. Se acercó a la puerta de puntillas, la entreabrió cautelosamente y aguzó el oído, tratando de percibir cualquier ruido que pudiera llegar de la escalera.

Su corazón latía con violencia. En la escalera reinaba la calma más absoluta; la casa entera parecía dormir…La idea de que había estado sumido desde el día anterior en un profundo sueño, sin haber hecho nada, sin haber preparado nada, le sorprendió: su proceder era absurdo, incomprensible. Sin duda, eran las campanadas de las seis las que acababa de oír…Súbitamente, a su embotamiento y a su inercia sucedió una actividad extraordinaria, desatinada y febril. Sin embargo, los preparativos eran fáciles y no exigían mucho tiempo. Raskolnikof procuraba pensar en todo, no olvidarse de nada. Su corazón seguía latiendo con tal violencia, que dificultaba su respiración. Ante todo, había que preparar un nudo corredizo y coserlo en el forro del gabán. Trabajo de un minuto. Introdujo la mano debajo de la almohada, sacó la ropa interior que había puesto allí y eligió una camisa sucia y hecha jirones.

Con varias tiras formó un cordón de unos cinco centímetros de ancho y treinta y cinco de largo. Lo dobló en dos, se quitó el gabán de verano, de un tejido de algodón tupido y sólido (el único sobretodo que tenía) y empezó a coser el extremo del cordón debajo del sobaco izquierdo. Sus manos temblaban. Sin embargo, su trabajo resultó tan perfecto, que cuando volvió a ponerse el gabán no se veía por la parte exterior el menor indicio de costura. El hilo y la aguja se los había procurado hacía tiempo y los guardaba, envueltos en un papel, en el cajón de su mesa. Aquel nudo corredizo, destinado a sostener el hacha, constituía un ingenioso detalle de su plan. No era cosa de ir por la calle con un hacha en la mano. Por otra parte, si se hubiese limitado a esconder el hacha debajo del gabán, sosteniéndola por fuera, se habría visto obligado a mantener continuamente la mano en el mismo sitio, lo cual habría llamado la atención. El nudo corredizo le permitía llevar colgada el hacha y recorrer así todo el camino, sin riesgo alguno de que se le cayera. Además, llevando la mano en el bolsillo del gabán, podría sujetar por un extremo el mango del hacha e impedir su balanceo. Dada la amplitud de la prenda, que era un verdadero saco, no había peligro de que desde el exterior se viera lo que estaba haciendo aquella mano.

Terminada esta operación, Raskolnikof introdujo los dedos en una pequeña hendidura que había entre el diván turco y el entarimado y extrajo un menudo objeto que desde hacía tiempo tenía allí escondido. No se trataba de ningún objeto de valor, sino simplemente de un trocito de madera pulida del tamaño de una pitillera. Lo había encontrado casualmente un día, durante uno de sus paseos, en un patio contiguo a un taller. Después le añadió una planchita de hierro, delgada y pulida de tamaño un poco menor, que también, y aquel mismo día, se había encontrado en la calle. Juntó ambas cosas, las ató firmemente con un hilo y las envolvió en un papel blanco, dando al paquetito el aspecto más elegante posible y procurando que las ligaduras no se pudieran deshacer sin dificultad. Así apartaría la atención de la vieja de su persona por unos instantes, y él podría aprovechar la ocasión. La planchita de hierro no tenía más misión que aumentar el peso del envoltorio, de modo que la usurera no pudiera sospechar, aunque sólo fuera por unos momentos, que la supuesta prenda de empeño era un simple trozo de madera. Raskolnikof lo había guardado todo debajo del diván, diciéndose que ya lo retiraría cuando lo necesitara.

Poco después oyó voces en el patio.

—¡Ya son más de las seis!

—¡Dios mío, cómo pasa el tiempo!

Corrió a la puerta, escuchó, cogió su sombrero y empezó a bajar la escalera cautelosamente, con paso silencioso, felino…Le faltaba la operación más importante: robar el hacha de la cocina. Hacía ya tiempo que había elegido el hacha como instrumento. Él tenía una especie de podadera, pero esta herramienta no le inspiraba confianza, y todavía desconfiaba más de sus fuerzas. Por eso había escogido definitivamente el hacha.

Respecto a estas resoluciones, hemos de observar un hecho sorprendente: a medida que se afirmaban, le parecían más absurdas y monstruosas. A pesar de la lucha espantosa que se estaba librando en su alma, Raskolnikof no podía admitir en modo alguno que sus proyectos llegaran a realizarse.

Es más, si todo hubiese quedado de pronto resuelto, si todas las dudas se hubiesen desvanecido y todas las dificultades se hubiesen allanado, él, seguramente, habría renunciado en el acto a su proyecto, por considerarlo disparatado, monstruoso. Pero quedaban aún infinidad de puntos por dilucidar, numerosos problemas por resolver. Procurarse el hacha era un detalle insignificante que no le inquietaba lo más mínimo. ¡Si todo fuera tan fácil! Al atardecer, Nastasia no estaba nunca en casa: o pasaba a la de algún vecino o bajaba a las tiendas. Y siempre se dejaba la puerta abierta. Estas ausencias eran la causa de las continuas amonestaciones que recibía de su dueña. Así, bastaría entrar silenciosamente en la cocina y coger el hacha; y después, una hora más tarde, cuando todo hubiera terminado, volver a dejarla en su sitio. Pero esto último tal vez no fuera tan fácil. Podía ocurrir que cuando él volviera y fuese a dejar el hacha en su sitio, Nastasia estuviera ya en la casa. Naturalmente, en este caso, él tendría que subir a su aposento y esperar una nueva ocasión. Pero ¿y si ella, entre tanto, advertía la desaparición del hacha y la buscaba primero y después empezaba a dar gritos? He aquí cómo nacen las sospechas o, cuando menos, cómo pueden nacer.

Sin embargo, esto no eran sino pequeños detalles en los que no quería pensar. Por otra parte, no tenía tiempo. Sólo pensaba en la esencia del asunto: los puntos secundarios los dejaba para el momento en que se dispusiera a obrar. Pero esto último le parecía completamente imposible. No concebía que pudiera dar por terminadas sus reflexiones, levantarse y dirigirse a aquella casa. Incluso en su reciente "ensayo" (es decir, la visita que había hecho a la vieja para efectuar un reconocimiento definitivo en el lugar de la acción) distó mucho de creer que obraba en serio. Se había dicho: "Vamos a ver. Hagamos un ensayo, en vez de limitarnos a dejar correr la imaginación".

Pero no había podido desempeñar su papel hasta el último momento: habíase indignado contra sí mismo. No obstante, parecía que desde el punto de vista moral se podía dar por resuelto el asunto. Su casuística, cortante como una navaja de afeitar, había segado todas las objeciones. Pero cuando ya no pudo encontrarlas dentro de él, en su espíritu, empezó a buscarlas fuera, con la obstinación propia de su esclavitud mental, deseoso de hallar un garfio que lo retuviera.

Los imprevistos y decisivos acontecimientos del día anterior lo gobernaban de un modo poco menos que automático. Era como si alguien le llevara de la mano y le arrastrara con una fuerza irresistible, ciega, sobrehumana; como si un pico de sus ropas hubiera quedado prendido en un engranaje y él sintiera que su propio cuerpo iba a ser atrapado por las ruedas dentadas.

Al principio —de esto hacía ya bastante tiempo—, lo que más le preocupaba era el motivo de que todos los crímenes se descubrieran fácilmente, de que la pista del culpable se hallara sin ninguna dificultad. Raskolnikof llegó a diversas y curiosas conclusiones. Según él, la razón de todo ello estaba en la personalidad del criminal más que en la imposibilidad material de ocultar el crimen.

En el momento de cometer el crimen, el culpable estaba afectado de una pérdida de voluntad y raciocinio, a los que sustituía una especie de inconsciencia infantil, verdaderamente monstruosa, precisamente en el momento en que la prudencia y la cordura le eran más necesarias. Atribuía este eclipse del juicio y esta pérdida de la voluntad a una enfermedad que se desarrollaba lentamente, alcanzaba su máxima intensidad poco antes de la perpetración del crimen, se mantenía en un estado estacionario durante su ejecución y hasta algún tiempo después (el plazo dependía del individuo), y terminaba al fin, como terminan todas las enfermedades.

Raskolnikof se preguntaba si era esta enfermedad la que motivaba el crimen, o si el crimen, por su misma naturaleza, llevaba consigo fenómenos que se confundían con los síntomas patológicos. Pero era incapaz de resolver este problema.

Después de razonar de este modo, se dijo que él estaba a salvo de semejantes trastornos morbosos y que conservaría toda su inteligencia y toda su voluntad durante la ejecución del plan, por la sencilla razón de que este plan no era un crimen. No expondremos la serie de reflexiones que le llevaron a esta conclusión. Sólo diremos que las dificultades puramente materiales, el lado práctico del asunto, le preocupaba muy poco.

“Bastaría —se decía— que conserve toda mi fuerza de voluntad y toda mi lucidez en el momento de llevar la empresa a la práctica. Entonces es cuando habrá que analizar incluso los detalles más ínfimos”.

Pero este momento no llegaba nunca, por la sencilla razón de que Raskolnikof no se sentía capaz de tomar una resolución definitiva. Así, cuando sonó la hora de obrar, todo le pareció extraordinario, imprevisto como un producto del azar.

Antes de que terminara de bajar la escalera, ya le había desconcertado un detalle insignificante. Al llegar al rellano donde se hallaba la cocina de su patrona, cuya puerta estaba abierta como de costumbre, dirigió una mirada furtiva al interior y se preguntó si, aunque Nastasia estuviera ausente, no estaría en la cocina la patrona. Y aunque no estuviera en la cocina, sino en su habitación, ¿tendría la puerta bien cerrada? Si no era así, podría verle en el momento en que él cogía el hacha.

Tras estas conjeturas, se quedó petrificado al ver que Nastasia estaba en la cocina y, además, ocupada. Iba sacando ropa de un cesto y tendiéndola en una cuerda. Al aparecer Raskolnikof, la sirvienta se volvió y le siguió con la vista hasta que hubo desaparecido. Él pasó fingiendo no haberse dado cuenta de nada. No cabía duda: se había quedado sin hacha. Este contratiempo le abatió profundamente.

"¿De dónde me había sacado yo —me preguntaba mientras bajaba los últimos escalones— que era seguro que Nastasia se habría marchado a esta hora?". Estaba anonadado; incluso experimentaba un sentimiento de humillación. Su furor le llevaba a mofarse de sí mismo. Una cólera sorda, salvaje, hervía en él.

Al llegar a la entrada se detuvo indeciso. La idea de irse a pasear sin rumbo no le seducía; la de volver a su habitación, todavía menos. "¡Haber perdido una ocasión tan magnífica!", murmuró, todavía inmóvil y vacilante, ante la oscura garita del portero, cuya puerta estaba abierta. De pronto se estremeció. En el interior de la garita, a dos pasos de él, debajo de un banco que había a la izquierda, brillaba un objeto…Raskolnikof miró en torno de él. Nadie. Se acercó a la puerta andando de puntillas, bajó los dos escalones que había en el umbral y llamó al portero con voz apagada.

"No está. Pero no debe de andar muy lejos, puesto que ha dejado la puerta abierta".

Se arrojó sobre el hacha (pues era un hacha el brillante objeto), la sacó de debajo del banco, donde estaba entre dos leños, la colgó inmediatamente en el nudo corredizo, introdujo las manos en los bolsillos del gabán y salió de la garita. Nadie le había visto.

"No es mi inteligencia la que me ayuda, sino el diablo", se dijo con una sonrisa extraña.

Esta feliz casualidad le enardeció extraordinariamente. Ya en la calle, echó a andar tranquilamente, sin apresurarse, con objeto de no despertar sospechas. Apenas miraba a los transeúntes y, desde luego, no fijaba su vista en ninguno; su deseo era pasar lo más inadvertido posible.

De súbito se acordó de que su sombrero atraía las miradas de la gente.

"¡Qué estúpido he sido! Anteayer tenía dinero: habría podido comprarme una gorra".

Y añadió una imprecación que le salió de lo más hondo.

Su mirada se dirigió casualmente al interior de una tienda y vio un reloj que señalaba las siete y diez minutos. No había tiempo que perder. Sin embargo, tenía que dar un rodeo, pues quería entrar en la casa por la parte posterior.

Cuando últimamente pensaba en la situación en que se hallaba en aquel momento, se figuraba que se sentiría aterrado. Pero ahora veía que no era así: no experimentaba miedo alguno. Por su mente desfilaban pensamientos, breves, fugitivos, que no tenían nada que ver con su empresa. Cuando pasó ante los jardines Iusupof, se dijo que en sus plazas se debían construir fuentes monumentales para refrescar la atmósfera, y seguidamente empezó a conjeturar que si el Jardín de Verano se extendiera hasta el Campo de Marte e incluso se uniera al parque Miguel, la ciudad ganaría mucho con ello. Luego se hizo una pregunta sumamente interesante: ¿por qué los habitantes de las grandes poblaciones tienen la tendencia, incluso cuando no los obliga la necesidad, a vivir en los barrios desprovistos de jardines y fuentes, sucios, llenos de inmundicias y, en consecuencia, de malos olores? Entonces recordó sus propios paseos por la plaza del Mercado y volvió momentáneamente a la realidad.

"¡Qué cosas tan absurdas se le ocurren a uno! lo mejor es no pensar en nada":

Sin embargo, seguidamente, como en un relámpago de lucidez, se dijo: "Así les ocurre, sin duda, a los condenados a muerte: cuando los llevan al lugar de la ejecución, se aferran mentalmente a todo lo que ven en su camino".

Pero rechazó inmediatamente esta idea.

Ya estaba cerca. Ya veía la casa. Allí estaba su gran puerta cochera… En esto, un reloj dio una campanada.

"¿Las siete y media ya? Imposible. Ese reloj va adelantado".

Pero también esta vez tuvo suerte. Como si la cosa fuera intencionada, en el momento en que él llegó ante la casa penetraba por la gran puerta un carro cargado de heno. Raskolnikof se acercó a su lado derecho y pudo entrar sin que nadie lo viese. Al otro lado del carro había gente que disputaba: oyó sus voces. Pero ni nadie le vio a él ni él vio a nadie. Algunas de las ventanas que daban al gran patio estaban abiertas, pero él no levantó la vista: no se atrevió…La escalera que conducía a casa de Alena Ivanovna estaba a la derecha de la puerta. Raskolnikof se dirigió a ella y se detuvo, con la mano en el corazón, como si quisiera frenar sus latidos. Aseguró el hacha en el nudo corredizo, aguzó el oído y empezó a subir, paso a paso sigilosamente. No había nadie. Las puertas estaban cerradas. Pero al llegar al segundo piso, vio una abierta de par en par. Pertenecía a un departamento deshabitado, en el que trabajaban unos pintores. Estos hombres ni siquiera vieron a Raskolnikof. Pero él se detuvo un momento y se dijo: "Aunque hay dos pisos sobre éste, habría sido preferible que no estuvieran aquí esos hombres".

Continuó en seguida la ascensión y llegó al cuarto piso. Allí estaba la puerta de las habitaciones de la prestamista. El departamento de enfrente seguía desalquilado, a juzgar por las apariencias, y el que estaba debajo mismo del de la vieja, en el tercero, también debía de estar vacío, ya que de su puerta había desaparecido la tarjeta que Raskolnikof había visto en su visita anterior. Sin duda, los inquilinos se habían mudado.

Raskolnikof jadeaba. Estuvo un momento vacilando. "¿No será mejor que me vaya?" Pero ni siquiera se dio respuesta a esta pregunta. Aplicó el oído a la puerta y no oyó nada: en el departamento de Alena Ivanovna reinaba un silencio de muerte. Su atención se desvió entonces hacia la escalera: permaneció un momento inmóvil, atento al menor ruido que pudiera llegar desde abajo…

Luego miró en todas direcciones y comprobó que el hacha estaba en su sitio. Seguidamente se preguntó: "¿No estaré demasiado pálido…, demasiado trastornado? ¡Es tan desconfiada esa vieja! Tal vez me convendría esperar hasta tranquilizarme un poco". Pero los latidos de su corazón, lejos de normalizarse, eran cada vez más violentos…Ya no pudo contenerse: tendió lentamente la mano hacia el cordón de la campanilla y tiró. Un momento después insistió con violencia.

No obtuvo respuesta, pero no volvió a llamar: además de no conducir a nada, habría sido una torpeza. No cabía duda de que la vieja estaba en casa; pero era suspicaz y debía de estar sola. Empezaba a conocer sus costumbres…

Aplicó de nuevo el oído a la puerta y… ¿Sería que sus sentidos se habían agudizado en aquellos momentos (cosa muy poco probable), o el ruido que oyó fue perfectamente perceptible? De lo que no le cupo duda es de que percibió que una mano se apoyaba en el pestillo, mientras el borde de un vestido rozaba la puerta. Era evidente que alguien hacía al otro lado de la puerta lo mismo que él estaba haciendo por la parte exterior. Para no dar la impresión de que quería esconderse, Raskolnikof movió los pies y refunfuñó unas palabras. Luego tiró del cordón de la campanilla por tercera vez, sin violencia alguna, discretamente, con objeto de no dejar traslucir la menor impaciencia. Este momento dejaría en él un recuerdo imborrable. Y cuando, más tarde, acudía a su imaginación con perfecta nitidez, no comprendía cómo había podido desplegar tanta astucia en aquel momento en que su inteligencia parecía extinguirse y su cuerpo paralizarse…Un instante después oyó que descorrían el cerrojo.

CAPÍTULO 7

Como en su visita anterior, Raskolnikof vio que la puerta se entreabría y que en la estrecha abertura aparecían dos ojos penetrantes que le miraban con desconfianza desde la sombra.

En este momento, el joven perdió la sangre fría y cometió una imprudencia que estuvo a punto de echarlo todo a perder.

Temiendo que la vieja, atemorizada ante la idea de verse a solas con un hombre cuyo aspecto no tenía nada de tranquilizador, intentara cerrar la puerta, Raskolnikof lo impidió mediante un fuerte tirón. La usurera quedó paralizada, pero no soltó el pestillo aunque poco faltó para que cayera de bruces. Después, viendo que la vieja permanecía obstinadamente en el umbral, para no dejarle el paso libre, él se fue derecho a ella. Alena Ivanovna, aterrada, dio un salto atrás e intentó decir algo. Pero no pudo pronunciar una sola palabra y se quedó mirando al joven con los ojos muy abiertos.

—Buenas tardes, Alena Ivanovna —empezó a decir en el tono más indiferente que le fue posible adoptar. Pero sus esfuerzos fueron inútiles: hablaba con voz entrecortada, le temblaban las manos—. Le traigo…, le traigo…una cosa para empeñar…Pero entremos: quiero que la vea a la luz.

Y entró en el piso sin esperar a que la vieja lo invitara. Ella corrió tras él, dando suelta a su lengua.

—¡Oiga! ¿Quién es usted? ¿Qué desea?

—Ya me conoce usted, Alena Ivanovna. Soy Raskolnikof…Tenga; aquí tiene aquello de que le hablé el otro día.

Le ofrecía el paquetito. Ella lo miró, como dispuesta a cogerlo, pero inmediatamente cambió de opinión. Levantó los ojos y los fijó en el intruso. Lo observó con mirada penetrante, con un gesto de desconfianza e indignación. Pasó un minuto. Raskolnikof incluso creyó descubrir un chispazo de burla en aquellos ojillos, como si la vieja lo hubiese adivinado todo.

Notó que perdía la calma, que tenía miedo, tanto, que habría huido si aquel mudo examen se hubiese prolongado medio minuto más.

—¿Por qué me mira así, como si no me conociera? —exclamó Raskolnikof de pronto, indignado también—. Si le conviene este objeto, lo toma; si no, me dirigiré a otra parte. No tengo por qué perder el tiempo.

Dijo esto sin poder contenerse, a pesar suyo, pero su actitud resuelta pareció ahuyentar los recelos de Alena Ivanovna.

—¡Es que lo has presentado de un modo! Y, mirando el paquetito, preguntó:

—¿Qué me traes?

—Una pitillera de plata. Ya le hablé de ella la última vez que estuve aquí. Alena Ivanovna tendió la mano.

—Pero, ¿qué te ocurre? Estás pálido, las manos te tiemblan. ¿Estás enfermo?

—Tengo fiebre —repuso Raskolnikof con voz anhelante. Y añadió, con un visible esfuerzo—: ¿Cómo no ha de estar uno pálido cuando no come?

Las fuerzas volvían a abandonarle, pero su contestación pareció sincera. La usurera le quitó el paquetito de las manos.

—Pero ¿qué es esto? —volvió a preguntar, sopesándolo y dirigiendo nuevamente a Raskolnikof una larga y penetrante mirada.

—Una pitillera…de plata…Véala.

—Pues no parece que esto sea de plata… ¡Sí que la has atado bien!

Se acercó a la lámpara (todas las ventanas estaban cerradas, a pesar del calor asfixiante) y empezó a luchar por deshacer los nudos, dando la espalda a Raskolnikof y olvidándose de él momentáneamente.

Raskolnikof se desabrochó el gabán y sacó el hacha del nudo corredizo, pero la mantuvo debajo del abrigo, empuñándola con la mano derecha. En las dos manos sentía una tremenda debilidad y un embotamiento creciente. Temiendo estaba que el hacha se le cayese. De pronto, la cabeza empezó a darle vueltas.

—Pero ¿cómo demonio has atado esto? ¡Vaya un enredo! —exclamó la vieja, volviendo un poco la cabeza hacia Raskolnikof.

No había que perder ni un segundo. Sacó el hacha de debajo del abrigo, la levantó con las dos manos y, sin violencia, con un movimiento casi maquinal, la dejó caer sobre la cabeza de la vieja.

Raskolnikof creyó que las fuerzas le habían abandonado para siempre, pero notó que las recuperaba después de haber dado el hachazo.

La vieja, como de costumbre, no llevaba nada en la cabeza. Sus cabellos, grises, ralos, empapados en aceite, se agrupaban en una pequeña trenza que hacía pensar en la cola de una rata, y que un trozo de peine de asta mantenía fija en la nuca. Como era de escasa estatura, el hacha la alcanzó en la parte anterior de la cabeza. La víctima lanzó un débil grito y perdió el equilibrio. Lo único que tuvo tiempo de hacer fue sujetarse la cabeza con las manos. En una de ellas tenía aún el paquetito. Raskolnikof le dio con todas sus fuerzas dos nuevos hachazos en el mismo sitio, y la sangre manó a borbotones, como de un recipiente que se hubiera volcado. El cuerpo de la víctima se desplomó definitivamente. Raskolnikof retrocedió para dejarlo caer. Luego se inclinó sobre la cara de la vieja. Ya no vivía. Sus ojos estaban tan abiertos, que parecían a punto de salírsele de las órbitas. Su frente y todo su rostro estaban rígidos y desfigurados por las convulsiones de la agonía.

Raskolnikof dejó el hacha en el suelo, junto al cadáver, y empezó a registrar, procurando no mancharse de sangre, el bolsillo derecho, aquel bolsillo de donde él había visto, en su última visita, que la vieja sacaba las llaves. Conservaba plenamente la lucidez; no estaba aturdido; no sentía vértigos. Más adelante recordó que en aquellos momentos había procedido con gran atención y prudencia, que incluso había sido capaz de poner sus cinco sentidos en evitar mancharse de sangre…Pronto encontró las llaves, agrupadas en aquel llavero de acero que él ya había visto.

Corrió con las llaves al dormitorio. Era una pieza de medianas dimensiones. A un lado había una gran vitrina llena de figuras de santos; al otro, un gran lecho, perfectamente limpio y protegido por una cubierta acolchada confeccionada con trozos de seda de tamaño y color diferentes. Adosada a otra pared había una cómoda. Al acercarse a ella le ocurrió algo extraño: apenas empezó a probar las llaves para intentar abrir los cajones experimentó una sacudida. La tentación de dejarlo todo y marcharse le asaltó de súbito. Pero estas vacilaciones sólo duraron unos instantes. Era demasiado tarde para retroceder. Y cuando sonreía, extrañado de haber tenido semejante ocurrencia, otro pensamiento, una idea realmente inquietante, se apoderó de su imaginación. Se dijo que acaso la vieja no hubiese muerto, que tal vez volviese en sí…Dejó las llaves y la cómoda y corrió hacia el cuerpo yacente. Cogió el hacha, la levantó…, pero no llegó a dejarla caer: era indudable que la vieja estaba muerta.

Se inclinó sobre el cadáver para examinarlo de cerca y observó que tenía el cráneo abierto. Iba a tocarlo con el dedo, pero cambió de opinión: esta prueba era innecesaria.

Sobre el entarimado se había formado un charco de sangre. En esto, Raskolnikof vio un cordón en el cuello de la vieja y empezó a tirar de él; pero era demasiado resistente y no se rompía. Además, estaba resbaladizo, impregnado de sangre…Intentó sacarlo por la cabeza de la víctima; tampoco lo consiguió: se enganchaba en alguna parte. Perdiendo la paciencia, pensó utilizar el hacha: partiría el cordón descargando un hachazo sobre el cadáver. Pero no se decidió a cometer esta atrocidad. Al fin, tras dos minutos de tanteos, logró cortarlo, manchándose las manos de sangre pero sin tocar el cuerpo de la muerta. Un instante después, el cordón estaba en sus manos.

Como había supuesto, era una bolsita lo que pendía del cuello de la vieja. También colgaban del cordón una medallita esmaltada y dos cruces, una de madera de ciprés y otra de cobre. La bolsita era de piel de camello; rezumaba grasa y estaba repleta de dinero. Raskolnikof se la guardó en el bolsillo sin abrirla. Arrojó las cruces sobre el cuerpo de la vieja y, esta vez cogiendo el hacha, volvió precipitadamente al dormitorio.

Una impaciencia febril le impulsaba. Cogió las llaves y reanudó la tarea. Pero sus tentativas de abrir los cajones fueron infructuosas, no tanto a causa del temblor de sus manos como de los continuos errores que cometía. Veía, por ejemplo, que una llave no se adaptaba a una cerradura, y se obstinaba en introducirla. De pronto se dijo que aquella gran llave dentada que estaba con las otras pequeñas en el llavero no debía de ser de la cómoda (se acordaba de que ya lo había pensado en su visita anterior), sino de algún cofrecillo, donde tal vez guardaba la vieja todos sus tesoros.

Se separó, pues, de la cómoda y se echó en el suelo para mirar debajo de la cama, pues sabía que era allí donde las viejas solían guardar sus riquezas. En efecto, vio un arca bastante grande —de más de un metro de longitud—, tapizada de tafilete rojo. La llave dentada se ajustaba perfectamente a la cerradura.

Abierta el arca, apareció un paño blanco que cubría todo el contenido. Debajo del paño había una pelliza de piel de liebre con forro rojo. Bajo la piel, un vestido de seda, y debajo de éste, un chal. Más abajo sólo había, al parecer, trozos de tela.

Se limpió la sangre de las manos en el forro rojo.

"Como la sangre es roja, se verá menos sobre el rojo". De pronto cambió de expresión y se dijo, aterrado:

"¡Qué insensatez, Señor! ¿Acabaré volviéndome loco?".

Pero cuando empezó a revolver los trozos de tela, de debajo de la piel salió un reloj de oro. Entonces no dejó nada por mirar. Entre los retazos del fondo aparecieron joyas, objetos empeñados, sin duda, que no habían sido retirados todavía: pulseras, cadenas, pendientes, alfileres de corbata…Algunas de estas joyas estaban en sus estuches; otras, cuidadosamente envueltas en papel de periódico en doble, y el envoltorio bien atado. No vaciló ni un segundo: introdujo la mano y empezó a llenar los bolsillos de su pantalón y de su gabán sin abrir los paquetes ni los estuches.

Pero de pronto hubo de suspender el trabajo. Le parecía haber oído un rumor de pasos en la habitación inmediata. Se quedó inmóvil, helado de espanto…No, todo estaba en calma; sin duda, su oído le había engañado. Pero de súbito percibió un débil grito, o, mejor, un gemido sordo, entrecortado, que se apagó en seguida. De nuevo y durante un minuto reinó un silencio de muerte. Raskolnikof, en cuclillas ante el arca, esperó, respirando apenas. De pronto se levantó empuñó el hacha y corrió a la habitación vecina. En esta habitación estaba Lisbeth. Tenía en las manos un gran envoltorio y contemplaba atónita el cadáver de su hermana. Estaba pálida como una muerta y parecía no tener fuerzas para gritar. Al ver aparecer a Raskolnikof, empezó a temblar como una hoja y su rostro se contrajo convulsivamente. Probó a levantar los brazos y no pudo; abrió la boca, pero de ella no salió sonido alguno. Lentamente fue retrocediendo hacia un rincón, sin dejar de mirar a Raskolnikof en silencio, aquel silencio que no tenía fuerzas para romper. Él se arrojó sobre ella con el hacha en la mano. Los labios de la infeliz se torcieron con una de esas muecas que solemos observar en los niños pequeños cuando ven algo que les asusta y empiezan a gritar sin apartar la vista de lo que causa su terror.

Era tan cándida la pobre Lisbeth y estaba tan aturdida por el pánico, que ni siquiera hizo el movimiento instintivo de levantar las manos para proteger su cabeza: se limitó a dirigir el brazo izquierdo hacia el asesino, como si quisiera apartarlo. El hacha cayó de pleno sobre el cráneo, hendió la parte superior del hueso frontal y casi llegó al occipucio. Lisbeth se desplomó. Raskolnikof perdió por completo la cabeza, se apoderó del envoltorio, después lo dejó caer y corrió al vestíbulo.

Su terror iba en aumento, sobre todo después de aquel segundo crimen que no había proyectado, y sólo pensaba en huir. Si en aquel momento hubiese sido capaz de ver las cosas más claramente, de advertir las dificultades, el horror y lo absurdo de su situación; si hubiese sido capaz de prever los obstáculos que tenía que salvar y los crímenes que aún habría podido cometer para salir de aquella casa y volver a la suya, acaso habría renunciado a la lucha y se habría entregado, pero no por cobardía, sino por el horror que le inspiraban sus crímenes. Esta sensación de horror aumentaba por momentos. Por nada del mundo habría vuelto al lado del arca, y ni siquiera a las dos habitaciones interiores.

Sin embargo, poco a poco iban acudiendo a su mente otros pensamientos. Incluso llegó a caer en una especie de delirio. A veces se olvidaba de las cosas esenciales y fijaba su atención en los detalles más superfluos. Sin embargo, como dirigiera una mirada a la cocina y viese que debajo de un banco había un cubo con agua, se le ocurrió lavarse las manos y limpiar el hacha. Sus manos estaban manchadas de sangre, pegajosas. Introdujo el hacha en el cubo; después cogió un trozo de jabón que había en un plato agrietado sobre el alféizar de la ventana y se lavó.

Seguidamente sacó el hacha del cubo, limpió el hierro y estuvo lo menos tres minutos frotando el mango, que había recibido salpicaduras de sangre. Lo secó todo con un trapo puesto a secar en una cuerda tendida a través de la cocina, y luego examinó detenidamente el hacha junto a la ventana. Las huellas acusadoras habían desaparecido, pero el mango estaba todavía húmedo.

Después de colgar el hacha del nudo corredizo, debajo de su gabán, inspeccionó sus pantalones, su americana, sus botas, tan minuciosamente como le permitió la escasa luz que había en la cocina.

A simple vista, su indumentaria no presentaba ningún indicio sospechoso. Sólo las botas estaban manchadas de sangre. Mojó un trapo y las lavó. Pero sabía que no veía bien y que tal vez no percibía manchas perfectamente visibles.

Luego quedó indeciso en medio de la cocina, presa de un pensamiento angustioso: se decía que tal vez se había vuelto loco, que no se hallaba en disposición de razonar ni de defenderse, que sólo podía ocuparse en cosas que le conducían a la perdición.

"¡Señor! ¡Dios mío! Es preciso huir, huir…". Y corrió al vestíbulo. Entonces sintió el terror más profundo que había sentido en toda su vida. Permaneció un momento inmóvil, como si no pudiera dar crédito a sus ojos: la puerta del piso, la que daba a la escalera, aquella a la que había llamado hacía unos momentos, la puerta por la cual había entrado, estaba entreabierta, y así había estado durante toda su estancia en el piso…Sí, había estado abierta. La vieja se había olvidado de cerrarla, o tal vez no fue olvido, sino precaución… Lo chocante era que él había visto a Lisbeth dentro del piso… ¿Cómo no se le ocurrió pensar que si había entrado sin llamar, la puerta tenía que estar abierta? ¡No iba a haber entrado filtrándose por la pared!

Se arrojó sobre la puerta y echó el cerrojo.

"Acabo de hacer otra tontería. Hay que huir, hay que huir…".

Descorrió el cerrojo, abrió la puerta y aguzó el oído. Así estuvo un buen rato. Se oían gritos lejanos. Sin duda llegaban del portal. Dos fuertes voces cambiaban injurias.

"¿Qué hará ahí esa gente?".

Esperó. Al fin las voces dejaron de oírse, cesaron de pronto. Los que disputaban debían de haberse marchado.

Ya se disponía a salir, cuando la puerta del piso inferior se abrió estrepitosamente, y alguien empezó a bajar la escalera canturreando.

"Pero ¿por qué harán tanto ruido?", pensó.

Cerró de nuevo la puerta, y de nuevo esperó. Al fin todo quedó sumido en un profundo silencio. No se oía ni el rumor más leve. Pero ya iba a bajar, cuando percibió ruido de pasos. El ruido venía de lejos, del principio de la escalera seguramente. Andando el tiempo, Raskolnikof recordó perfectamente que, apenas oyó estos pasos, tuvo el presentimiento de que terminarían en el cuarto piso, de que aquel hombre se dirigía a casa de la vieja. ¿De dónde nació este presentimiento? ¿Acaso el ruido de aquellos pasos tenía alguna particularidad significativa? Eran lentos, pesados, regulares…

Los pasos llegaron al primer piso. Siguieron subiendo. Eran cada vez más perceptibles. Llegó un momento en que incluso se oyó un jadeo asmático…Ya estaba en el tercer piso… "¡Viene aquí, viene aquí…!". Raskolnikof quedó petrificado. Le parecía estar viviendo una de esas pesadillas en que nos vemos perseguidos por enemigos implacables que están a punto de alcanzarnos y asesinarnos, mientras nosotros nos sentimos como clavados en el suelo, sin poder hacer movimiento alguno para defendernos.

Las pisadas se oían ya en el tramo que terminaba en el cuarto piso. De pronto, Raskolnikof salió de aquel pasmo que le tenía inmóvil, volvió al interior del departamento con paso rápido y seguro, cerró la puerta y echó el cerrojo, todo procurando no hacer ruido.

El instinto lo guiaba. Una vez bien cerrada la puerta, se quedó junto a ella, encogido, conteniendo la respiración.

El desconocido estaba ya en el rellano. Se encontraba frente a Raskolnikof, en el mismo sitio desde donde el joven había tratado de percibir los ruidos del interior hacía un rato, cuando sólo la puerta lo separaba de la vieja.

El visitante respiró varias veces profundamente.

"Debe de ser un hombre alto y grueso", pensó Raskolnikof llevando la mano al mango del hacha. Verdaderamente, todo aquello parecía un mal sueño. El desconocido tiró violentamente del cordón de la campanilla.

Cuando vibró el sonido metálico, al visitante le pareció oír que algo se movía dentro del piso, y durante unos segundos escuchó atentamente. Volvió a llamar, volvió a escuchar y, de pronto, sin poder contener su impaciencia, empezó a sacudir la puerta, asiendo firmemente el tirador.

Raskolnikof miraba aterrado el cerrojo, que se agitaba dentro de la hembrilla, dando la impresión de que iba a saltar de un momento a otro. Un siniestro horror se apoderó de él.

Tan violentas eran las sacudidas, que se comprendían los temores de Raskolnikof. Momentáneamente concibió la idea de sujetar el cerrojo, y con él la puerta, pero desistió al comprender que el otro podía advertirlo. Perdió por completo la serenidad; la cabeza volvía a darle vueltas. "Voy a caer", se dijo. Pero en aquel momento oyó que el desconocido empezaba a hablar, y esto le devolvió la calma.

—¿Estarán durmiendo o las habrán estrangulado? —murmuró—. ¡El diablo las lleve! A las dos: a Alena Ivanovna, la vieja bruja, y a Lisbeth Ivanovna, la belleza idiota… ¡Abrid de una vez, mujerucas…! Están durmiendo, no me cabe duda.

Estaba desesperado. Tiró del cordón lo menos diez veces más y tan fuerte como pudo. Se veía claramente que era un hombre enérgico y que conocía la casa.

En este momento se oyeron, ya muy cerca, unos pasos suaves y rápidos. Evidentemente, otra persona se dirigía al piso cuarto. Raskolnikof no oyó al nuevo visitante hasta que estaban llegando al descansillo.

—No es posible que no haya nadie —dijo el recién llegado con voz sonora y alegre, dirigiéndose al primer visitante, que seguía haciendo sonar la campanilla—. Buenas tardes, Koch.

"Un hombre joven, a juzgar por su voz", se dijo Raskolnikof inmediatamente.

—No sé qué demonios ocurre —repuso Koch—. Hace un momento casi echo abajo la puerta… ¿Y usted de qué me conoce?

—¡Qué mala memoria! Anteayer le gané tres partidas de billar, una tras otra, en el Gambrinus.

—¡Ah, sí!

—¿Y dice usted que no están? ¡Qué raro! Hasta me parece imposible. ¿Adónde puede haber ido esa vieja? Tengo que hablar con ella.

—Yo también tengo que hablarle, amigo mío.

—¡Qué le vamos a hacer! —exclamó el joven—. Nos tendremos que ir por donde hemos venido. ¡Y yo que creía que saldría de aquí con dinero!

—¡Claro que nos tendremos que marchar! Pero ¿por qué me citó? Ella misma me dijo que viniera a esta hora. ¡Con la caminata que me he dado para venir de mi casa aquí! ¿Dónde diablo estará? No lo comprendo. Esta bruja decrépita no se mueve nunca de casa, porque apenas puede andar. ¡Y, de pronto, se le ocurre marcharse a dar un paseo!

—¿Y si preguntáramos al portero?

—¿Para qué?

—Para saber si está en casa o cuándo volverá.

—¡Preguntar, preguntar…! ¡Pero si no sale nunca! Volvió a sacudir la puerta.

—¡Es inútil! ¡No hay más solución que marcharse!

—¡Oiga! —exclamó de pronto el joven—. ¡Fíjese bien! La puerta cede un poco cuando se tira.

—Bueno, ¿y qué?

—Esto demuestra que no está cerrada con llave, sino con cerrojo. ¿Lo oye resonar cuando se mueve la puerta?

—¿Y qué?

—Pero ¿no comprende? Esto prueba que una de ellas está en la casa. Si hubieran salido las dos, habrían cerrado con llave por fuera; de ningún modo habrían podido echar el cerrojo por dentro… ¿Lo oye, lo oye? Hay que estar en casa para poder echar el cerrojo, ¿no comprende? En fin, que están y no quieren abrir.

—¡Sí! ¡Claro! ¡No cabe duda! —exclamó Koch, asombrado—. Pero ¿qué demonio estarán haciendo?

Y empezó a sacudir la puerta furiosamente.

—¡Déjelo! Es inútil —dijo el joven—. Hay algo raro en todo esto. Ha llamado usted muchas veces, ha sacudido violentamente la puerta, y no abren. Esto puede significar que las dos están desvanecidas o…

—¿O qué?

—Lo mejor es que vayamos a avisar al portero para que vea lo que ocurre.

—Buena idea.

Los dos se dispusieron a bajar.

—No —dijo el joven—; usted quédese aquí. Iré yo a buscar al portero.

—¿Por qué he de quedarme?

—Nunca se sabe lo que puede ocurrir.

—Bien, me quedaré.

—Óigame: estoy estudiando para juez de instrucción. Aquí hay algo que no está claro; esto es evidente…, ¡evidente!

Después de decir esto en un tono lleno de vehemencia, el joven empezó a bajar la escalera a grandes zancadas.

Cuando se quedó solo, Koch llamó una vez más, discretamente, y luego, pensativo, empezó a sacudir la puerta para convencerse de que el cerrojo estaba echado. Seguidamente se inclinó, jadeante, y aplicó el ojo a la cerradura. Pero no pudo ver nada, porque la llave estaba puesta por dentro.

En pie ante la puerta, Raskolnikof asía fuertemente el mango del hacha. Era presa de una especie de delirio. Estaba dispuesto a luchar con aquellos hombres si conseguían entrar en el departamento. Al oír sus golpes y sus comentarios, más de una vez había estado a punto de poner término a la situación hablándoles a través de la puerta. A veces le dominaba la tentación de insultarlos, de burlarse de ellos, e incluso deseaba que entrasen en el piso.

"¡Que acaben de una vez!", pensaba.

—Pero ¿dónde se habrá metido ese hombre? —murmuró el de fuera.

Habían pasado ya varios minutos y nadie subía. Koch empezaba a perder la calma.

—Pero ¿dónde se habrá metido ese hombre? —gruñó.

Al fin, agotada su paciencia, se fue escaleras abajo con su paso lento, pesado, ruidoso.

"¿Qué hacer, Dios mío?".

Raskolnikof descorrió el cerrojo y entreabrió la puerta. No se percibía el menor ruido. Sin más vacilaciones, salió, cerró la puerta lo mejor que pudo y empezó a bajar. Inmediatamente —sólo había bajado tres escalones— oyó gran alboroto más abajo. ¿Qué hacer? No había ningún sitio donde esconderse…Volvió a subir a toda prisa.

—¡Eh, tú! ¡Espera!

El que profería estos gritos acababa de salir de uno de los pisos inferiores y corría escaleras abajo, no ya al galope, sino en tromba.

—¡Mitri, Mitri, Miiitri! —vociferaba hasta desgañitarse—. ¿Te has vuelto loco? ¡Así vayas a parar al infierno!

Los gritos se apagaron; los últimos habían llegado ya de la entrada. Todo volvió a quedar en silencio. Pero, transcurridos apenas unos segundos, varios hombres que conversaban a grandes voces empezaron a subir tumultuosamente la escalera. Eran tres o cuatro. Raskolnikof reconoció la sonora voz del joven de antes.

Comprendiendo que no los podía eludir, se fue resueltamente a su encuentro.

"¡Sea lo que Dios quiera! Si me paran, estoy perdido, y si me dejan pasar, también, pues luego se acordarán de mí".

El encuentro parecía inevitable. Ya sólo les separaba un piso. Pero, de pronto…, ¡la salvación! Unos escalones más abajo, a su derecha, vio un piso abierto y vacío. Era el departamento del segundo, donde trabajaban los pintores. Como si lo hubiesen hecho adrede, acababan de salir. Seguramente fueron ellos los que bajaron la escalera corriendo y alborotando. Los techos estaban recién pintados. En medio de una de las habitaciones había todavía una cubeta, un bote de pintura y un pincel. Raskolnikof se introdujo en el piso furtivamente y se escondió en un rincón. Tuvo el tiempo justo. Los hombres estaban ya en el descansillo. No se detuvieron: siguieron subiendo hacia el cuarto sin dejar de hablar a voces. Raskolnikof esperó un momento. Después salió de puntillas y se lanzó velozmente escaleras abajo.

Nadie en la escalera; nadie en el portal. Salió rápidamente y dobló hacia la izquierda.

Sabía perfectamente que aquellos hombres estarían ya en el departamento de la vieja, que les habría sorprendido encontrar abierta la puerta que hacía unos momentos estaba cerrada; que estarían examinando los cadáveres; que en seguida habrían deducido que el criminal se hallaba en el piso cuando ellos llamaron, y que acababa de huir. Y tal vez incluso sospechaban que se había ocultado en el departamento vacío cuando ellos subían.

Sin embargo, Raskolnikof no se atrevía a apresurar el paso; no se atrevía aunque tendría que recorrer aún un centenar de metros para llegar a la primera esquina.

"Si entrara en un portal —se decía— y me escondiese en la escalera…No, sería una equivocación… ¿Debo tirar el hacha? ¿Y si tomara un coche? ¡Tampoco, tampoco…!".

Las ideas se le embrollaban en el cerebro. Al fin vio una callejuela y penetró en ella más muerto que vivo. Era evidente que estaba casi salvado. Allí corría menos riesgo de infundir sospechas. Además, la estrecha calle estaba llena de transeúntes, entre los que él era como un grano de arena,

Pero la tensión de ánimo le había debilitado de tal modo que apenas podía andar. Gruesas gotas de sudor resbalaban por su semblante; su cuello estaba empapado.

—¡Vaya merluza, amigo! —le gritó una voz cuando desembocaba en el canal.

Había perdido por completo la cabeza; cuanto más andaba, más turbado se sentía.

Al llegar al malecón y verlo casi vacío, el miedo de llamar la atención le sobrecogió, y volvió a la callejuela. Aunque estaba a punto de caer desfallecido, dio un rodeo para llegar a su casa.

Cuando cruzó la puerta, aún no había recobrado la presencia de ánimo. Ya en la escalera, se acordó del hacha. Aún tenía que hacer algo importantísimo: dejar el hacha en su sitio sin llamar la atención.

Raskolnikof no estaba en situación de comprender que, en vez de dejar el hacha en el lugar de donde la había cogido, era preferible deshacerse de ella, arrojándola, por ejemplo, al patio de cualquier casa.

Sin embargo, todo salió a pedir de boca. La puerta de la garita estaba cerrada, pero no con llave. Esto parecía indicar que el portero estaba allí. Sin embargo, Raskolnikof había perdido hasta tal punto la facultad de razonar, que se fue hacia la garita y abrió la puerta.

Si en aquel momento hubiese aparecido el portero y le hubiera preguntado: "¿Qué desea?", él, seguramente, le habría devuelto el hacha con el gesto más natural.

Pero la garita estaba vacía como la vez anterior, y Raskolnikof pudo dejar el hacha debajo del banco, entre los leños, exactamente como la encontró.

Inmediatamente subió a su habitación, sin encontrar a nadie en la escalera.

La puerta del departamento de la patrona estaba cerrada.

Ya en su aposento, se echó vestido en el diván y quedó sumido en una especie de inconsciencia que no era la del sueño. Si alguien hubiese entrado entonces en el aposento, Raskolnikof, sin duda, se habría sobresaltado y habría proferido un grito. Su cabeza era un hervidero de retazos de ideas, pero él no podía captar ninguno, por mucho que se empeñaba en ello.

PARTE 2
CAPÍTULO 1

Raskolnikof permaneció largo tiempo acostado. A veces, salía a medias de su letargo y se percataba de que la noche estaba muy avanzada, pero no pensaba en levantarse. Cuando el día apuntó, él seguía tendido de bruces en el diván, sin haber logrado sacudir aquel sopor que se había adueñado de todo su ser.

De la calle llegaron a su oído gritos estridentes y aullidos ensordecedores. Estaba acostumbrado a oírlos bajo su ventana todas las noches a eso de las dos. Esta vez el escándalo lo despertó. "Ya salen los borrachos de las tabernas —se dijo—. Deben de ser más de las dos".

Y dio tal salto, que parecía que le habían arrancado del diván.

"¿Ya las dos? ¿Es posible?".

Se sentó y, de pronto, acudió a su memoria todo lo ocurrido.

En los primeros momentos creyó volverse loco. Sentía un frío glacial, pero esta sensación procedía de la fiebre que se había apoderado de él durante el sueño. Su temblor era tan intenso, que en la habitación resonaba el castañeteo de sus dientes. Un vértigo horrible le invadió. Abrió la puerta y estuvo un momento escuchando. Todo dormía en la casa. Paseó una mirada de asombro sobre sí mismo y por todo cuanto le rodeaba. Había algo que no comprendía.

¿Cómo era posible que se le hubiera olvidado pasar el pestillo de la puerta? Además, se había acostado vestido e incluso con el sombrero, que se le había caído y estaba allí, en el suelo, al lado de su almohada.

"Si alguien entrara, creería que estoy borracho, pero...".

Corrió a la ventana. Había bastante claridad. Se inspeccionó cuidadosamente de pies a cabeza. Miró y remiró sus ropas. ¿Ninguna huella? No, así no podía verse. Se desnudó, aunque seguía temblando por efecto de la fiebre, y volvió a examinar sus ropas con gran atención. Pieza por pieza, las miraba por el derecho y por el revés, temeroso de que le hubiera pasado algo por alto. Todas las prendas, hasta la más insignificante, las examinó tres veces.

Lo único que vio fue unas gotas de sangre coagulada en los desflecados bordes de los bajos del pantalón. Con un cortaplumas cortó estos flecos.

Se dijo que ya no tenía nada más que hacer. Pero de pronto se acordó de que la bolsita y todos los objetos que la tarde anterior había cogido del arca de la vieja estaban todavía en sus bolsillos. Aún no había pensado en sacarlos para esconderlos; no se le había ocurrido ni siquiera cuando había examinado las ropas.

En fin, manos a la obra. En un abrir y cerrar de ojos vació los bolsillos sobre la mesa y luego los volvió del revés para convencerse de que no había quedado nada en ellos. Acto seguido se lo llevó todo a un rincón del cuarto, donde el papel estaba roto y despegado a trechos de la pared. En una de las bolsas que el papel formaba introdujo el montón de menudos paquetes. «Todo arreglado», se dijo alegremente. Y se quedó mirando con gesto estúpido la grieta del papel, que se había abierto todavía más.

De súbito se estremeció de pies a cabeza.

—¡Señor! ¡Dios mío! —murmuró, desesperado—. ¿Qué he hecho? ¿Qué me ocurre? ¿Es eso un escondite? ¿Es así como se ocultan las cosas?

Sin embargo, hay que tener en cuenta que Raskolnikof no había pensado para nada en aquellas joyas. Creía que sólo se apoderaría de dinero, y esto explica que no tuviera preparado ningún escondrijo. "¿Pero por qué me he alegrado? —se preguntó—. ¿No es un disparate esconder así las cosas? No cabe duda de que estoy perdiendo la razón".

Sintiéndose en el límite de sus fuerzas, se sentó en el diván. Otra vez recorrieron su cuerpo los escalofríos de la fiebre. Maquinalmente se apoderó de su destrozado abrigo de estudiante, que tenía al alcance de la mano, en una silla, y se cubrió con él. Pronto cayó en un sueño que tenía algo de delirio.

Perdió por completo la noción de las cosas; pero al cabo de cinco minutos se despertó, se levantó de un salto y se arrojó con un gesto de angustia sobre sus ropas.

"¿Cómo puedo haberme dormido sin haber hecho nada? El nudo corredizo está todavía en el sitio en que lo cosí. ¡Haber olvidado un detalle tan importante, una prueba tan evidente!". Arrancó el cordón, lo deshizo e introdujo las tiras de tela debajo de su almohada, entre su ropa interior.

"Me parece que esos trozos de tela no pueden infundir sospechas a nadie. Por lo menos, así lo creo", se dijo de pie en medio de la habitación.

Después, con una atención tan tensa que resultaba dolorosa, empezó a mirar en todas direcciones para asegurarse de que no se le había olvidado nada. Ya se sentía torturado por la convicción de que todo le abandonaba, desde la memoria a la más simple facultad de razonar.

"¿Es esto el comienzo del suplicio? Sí, lo es".

Los flecos que había cortado de los bajos del pantalón estaban todavía en el suelo, en medio del cuarto, expuestos a las miradas del primero que llegase.

—Pero ¿qué me pasa? —exclamó, confundido.

En este momento le asaltó una idea extraña: pensó que acaso sus ropas estaban llenas de manchas de sangre y que él no podía verlas debido a la merma de sus facultades. De pronto se acordó de que la bolsita estaba manchada también. "Hasta en mi bolsillo debe de haber sangre, ya que estaba húmeda cuando me la guardé". Inmediatamente volvió del revés el bolsillo y vio que, en efecto, había algunas manchas en el forro. Un suspiro de alivio salió de lo más hondo de su pecho y pensó, triunfante: "La razón no me ha abandonado completamente: no he perdido la memoria ni la facultad de reflexionar, puesto que he caído en este detalle. Ha sido sólo un momento de debilidad mental producido por la fiebre". Y arrancó todo el forro del bolsillo izquierdo del pantalón.

En este momento, un rayo de sol iluminó su bota izquierda, y Raskolnikof descubrió, a través de un agujero del calzado, una mancha acusadora en el calcetín. Se quitó la bota y comprobó que, en efecto, era una mancha de sangre: toda la puntera del calcetín estaba manchada… "Pero ¿qué hacer? ¿Dónde tirar los calcetines, los flecos, el bolsillo…?":

En pie en medio de la habitación, con aquellas piezas acusadoras en las manos, se preguntaba:

"¿Debo de echarlo todo en la estufa? No hay que olvidar que las investigaciones empiezan siempre por las estufas. ¿Y si lo quemara aquí mismo…? Pero ¿cómo, si no tengo cerillas? lo mejor es que me lo lleve y lo tire en cualquier parte. Sí, en cualquier parte y ahora mismo". Y mientras hacía mentalmente esta afirmación, se sentó de nuevo en el diván. Luego, en vez de poner en práctica sus propósitos, dejó caer la cabeza en la almohada. Volvía a sentir escalofríos. Estaba helado. De nuevo se echó encima su abrigo de estudiante.

Varias horas estuvo tendido en el diván. De vez en cuando pensaba: "Sí, hay que ir a tirar todo esto en cualquier parte, para no pensar más en ello. Hay que ir inmediatamente". Y más de una vez se agitó en el diván con el propósito de levantarse, pero no le fue posible. Al fin un golpe violento dado en la puerta le sacó de su marasmo.

—¡Abre si no te has muerto! —gritó Nastasia sin dejar de golpear la puerta con el puño—. Siempre está tumbado. Se pasa el día durmiendo como un perro. ¡Como lo que es! ¡Abre ya! ¡Son más de las diez!

—Tal vez no esté —dijo una voz de hombre.

"La voz del portero —se dijo al punto Raskolnikof—. ¿Qué querrá de mí?".

Se levantó de un salto y quedó sentado en el diván. El corazón le latía tan violentamente, que le hacía daño.

—Y echado el pestillo —observó Nastasia—. Por lo visto, tiene miedo de que se lo lleven… ¿Quieres levantarte y abrir de una vez?

"¿Qué querrán? ¿Qué hace aquí el portero? ¡Se ha descubierto todo, no cabe duda! ¿Debo abrir o hacerme el sordo? ¡Así cojan la peste!".

Se levantó a medias, tendió el brazo y tiró del pestillo. La habitación era tan estrecha, que podía abrir la puerta sin dejar el diván.

No se había equivocado: eran Nastasia y el portero.

La sirvienta le dirigió una mirada extraña. Raskolnikof miraba al portero con desesperada osadía. Éste presentaba al joven un papel gris, doblado y burdamente lacrado.

—Esto han traído de la comisaría.

—¿De qué comisaría?

—De la comisaría de policía. ¿De qué comisaría ha de ser?

—Pero ¿qué quiere de mí la policía?

—¿Yo qué sé? Es una citación y tiene que ir.

Miró fijamente a Raskolnikof, pasó una mirada por el aposento y se dispuso a marcharse.

—Tienes cara de enfermo —dijo Nastasia, que no quitaba ojo a Raskolnikof. Al oír estas palabras, el portero volvió la cabeza, y la sirvienta le dijo—: Tiene fiebre desde ayer.

Raskolnikof no contestó. Tenía aún el pliego en la mano, sin abrirlo.

—Quédate acostado —dijo Nastasia, compadecida, al ver que Raskolnikof se disponía a levantarse—. Si estás enfermo, no vayas. No hay prisa.

Tras una pausa, preguntó:

—¿Qué tienes en la mano?

Raskolnikof siguió la mirada de la sirvienta y vio en su mano derecha los flecos del pantalón, los calcetines y el bolsillo. Había dormido así. Más tarde recordó que en las vagas vigilias que interrumpían su sueño febril apretaba todo aquello fuertemente con la mano y que volvía a dormirse sin abrirla.

—¡Recoges unos pingajos y duermes con ellos como si fueran un tesoro!

Se echó a reír con su risa histérica. Raskolnikof se apresuró a esconder debajo del gabán el triple cuerpo del delito y fijó en la doméstica una mirada retadora.

Aunque en aquellos momentos fuera incapaz de discurrir con lucidez, se dio cuenta de que estaba recibiendo un trato muy distinto al que se da a una persona a la que van a detener.

Pero… ¿por qué le citaba la policía?

—Debes tomar un poco de té. Voy a traértelo. ¿Quieres? Ha sobrado.

—No, no quiero té —balbuceó—. Voy a ver qué quiere la policía. Ahora mismo voy a presentarme.

—¡Pero si no podrás ni bajar la escalera!

—He dicho que voy.

—Allá tú.

Salió detrás del portero. Inmediatamente, Raskolnikof se acercó a la ventana y examinó a la luz del día los calcetines y los flecos.

"Las manchas están, pero apenas se ven: el barro y el roce de la bota las ha esfumado. El que no lo sepa, no las verá. Por lo tanto y afortunadamente, Nastasia no las ha podido ver: estaba demasiado lejos".

Entonces abrió el pliego con mano temblorosa. Hubo de leerlo y releerlo varias veces para comprender lo que decía. Era una citación redactada en la forma corriente, en la que se le indicaba que debía presentarse aquel mismo día, a las nueve y media, en la comisaría del distrito.

"¡Qué cosa más rara! —se dijo mientras se apoderaba de él una dolorosa ansiedad—. No tengo nada que ver con la policía, y me cita precisamente hoy. ¡Señor, que termine esto cuanto antes!»

Iba a arrodillarse para rezar, pero, en vez de hacerlo, se echó a reír. No se reía de los rezos, sino de sí mismo. Empezó a vestirse rápidamente.

"Si he de morir, ¿qué le vamos a hacer?". Y se dijo inmediatamente:

"He de ponerme los calcetines. El polvo de las calles cubrirá las manchas".

Apenas se hubo puesto el calcetín ensangrentado, se lo quitó con un gesto de horror e inquietud. Pero en seguida recordó que no tenía otros, y se lo volvió a poner, echándose de nuevo a reír.

"¡Bah! esto no son más que prejuicios. Todo es relativo en este mundo: los hábitos, las apariencias…, todo, en fin".

Sin embargo, temblaba de pies a cabeza.

"Ya está; ya lo tengo puesto y bien puesto". Pronto pasó de la hilaridad a la desesperación.

"¡Esto es superior a mis fuerzas!". Las piernas le temblaban.

—¿De miedo? —barbotó.

Todo le daba vueltas; le dolía la cabeza a consecuencia de la fiebre.

"¡Esto es una celada! Quieren atraerme, cogerme desprevenido —pensó mientras se dirigía a la escalera—. Lo peor es que estoy aturdido, que puedo decir lo que no debo".

Ya en la escalera, recordó que las joyas robadas estaban aún donde las había puesto, detrás del papel despegado y roto de la pared de la habitación.

"Tal vez hagan un registro aprovechando mi ausencia".

Se detuvo un momento, pero era tal la desesperación que le dominaba, era su desesperación tan cínica, tan profunda, que hizo un gesto de impotencia y continuó su camino.

"¡Con tal que todo termine rápidamente…!".

El calor era tan insoportable como en los días anteriores. Hacía tiempo que no había caído ni una gota de agua. Siempre aquel polvo aquellos montones de cal y de ladrillos que obstruían las calles. Y el hedor de las tiendas llenas de suciedad, y de las tabernas, y aquel hervidero de borrachos, buhoneros, coches de alquiler…

El fuerte sol le cegó y le produjo vértigos. Los ojos le dolían hasta el extremo de que no podía abrirlos. (Así les ocurre en los días de sol a todos los que tienen fiebre.)

Al llegar a la esquina de la calle que había tomado el día anterior dirigió una mirada furtiva y angustiosa a la casa…y volvió en seguida los ojos.

"Si me interrogan, tal vez confiese", pensaba mientras se iba acercando a la comisaría.

La comisaría se había trasladado al cuarto piso de una casa nueva situada a unos trescientos metros de su alojamiento. Raskolnikof había ido una vez al antiguo local de la policía, pero de esto hacía mucho tiempo.

Al cruzar la puerta vio a la derecha una escalera, por la que bajaba un mujik con un cuaderno en la mano.

"Debe de ser un ordenanza. Por lo tanto, esa escalera conduce a la comisaría".

Y, aunque no estaba seguro de ello, empezó a subir. No quería preguntar a nadie.

"Entraré, me pondré de rodillas y lo confesaré todo", pensaba mientras se iba acercando al cuarto piso.

La escalera, pina y dura, rezumaba suciedad. Las cocinas de los cuatro pisos daban a ella y sus puertas estaban todo el día abiertas de par en par. El calor era asfixiante. Se veían subir y bajar ordenanzas con sus carpetas debajo del brazo, agentes y toda suerte de individuos de ambos sexos que tenían algún asunto en la comisaría. La puerta de las oficinas estaba abierta. Raskolnikof entró y se detuvo en la antesala, donde había varios mujiks. El calor era allí tan insoportable como en la escalera. Además, el local estaba recién pintado y se desprendía de él un olor que daba náuseas.

Después de haber esperado un momento, el joven pasó a la pieza contigua. Todas las habitaciones eran reducidas y bajas de techo. La impaciencia le impedía seguir esperando y le impulsaba a avanzar. Nadie le prestaba la menor atención. En la segunda dependencia trabajaban varios escribientes que no iban mucho mejor vestidos que él. Todos tenían un aspecto extraño. Raskolnikof se dirigió a uno de ellos.

—¿Qué quieres?

El joven le mostró la citación.

—¿Es usted estudiante? —preguntó otro, tras haber echado una ojeada al papel.

—Sí, estudiaba.

El escribiente lo observó sin ningún interés. Era un hombre de cabellos enmarañados y mirada vaga. Parecía dominado por una idea fija.

"Por este hombre no me enteraré de nada. Todo le es indiferente", pensó Raskolnikof.

—Vaya usted al secretario —dijo el escribiente, señalando con el dedo la habitación del fondo.

Raskolnikof se dirigió a ella. Esta pieza, la cuarta, era sumamente reducida y estaba llena de gente. Las personas que había en ella iban un poco mejor vestidas que las que el joven acababa de ver. Entre ellas había dos mujeres. Una iba de luto y vestía pobremente. Estaba sentada ante el secretario y escribía lo que él le dictaba. La otra era de formas opulentas y cara colorada. Vestía ricamente y llevaba en el pecho un broche de gran tamaño. Estaba aparte y parecía esperar algo. Raskolnikof presentó el papel al secretario. Éste le dirigió una ojeada y dijo:

—¡Espere!

Después siguió dictando a la dama enlutada.

El joven respiró. "No me han llamado por lo que yo creía", se dijo. Y fue recobrándose poco a poco.

Luego pensó: "La menor torpeza, la menor imprudencia puede perderme... Es lástima que no circule más aire aquí. Uno se ahoga. La cabeza me da más vueltas que nunca y soy incapaz de discurrir".

Sentía un profundo malestar y temía no poder vencerlo. Trataba de fijar su pensamiento en cuestiones indiferentes, pero no lo conseguía. Sin embargo, el secretario le interesaba vivamente. Se dedicó a estudiar su fisonomía. Era un joven de unos veintidós años, pero su rostro, cetrino y lleno de movilidad, le hacía parecer menos joven. Iba vestido a la última moda. Una raya que era una obra de arte dividía en dos sus cabellos, brillantes de cosmético. Sus dedos, blancos y perfectamente cuidados, estaban cargados de sortijas. En su chaleco pendían varias cadenas de oro. Con gran desenvoltura, cambió unas palabras en francés con un extranjero que se hallaba cerca de él.

—Siéntese, Luisa Ivanovna —dijo después a la gruesa, colorada y ricamente ataviada señora, que permanecía en pie, como si no se atreviera a sentarse, aunque tenía una silla a su lado.

—Ich danke —respondió Luisa Ivanovna en voz baja.

Se sentó con un frufrú de sedas. Su vestido, azul pálido guarnecido de blancos encajes, se hinchó en torno de ella como un globo y llenó casi la mitad de la pieza, a la vez que un exquisito perfume se esparcía por la habitación. Pero ella parecía avergonzada de ocupar tanto espacio y oler tan bien. Sonreía con una expresión de temor y timidez y daba muestras de intranquilidad.

Al fin la dama enlutada se levantó, terminado el asunto que la había llevado allí.

En este momento entró ruidosamente un oficial, con aire resuelto y moviendo los hombros a cada paso. Echó sobre la mesa su gorra, adornada con una escarapela, y se sentó en un sillón. La dama lujosamente ataviada se apresuró a levantarse apenas le vio, y empezó a saludarle con un ardor extraordinario, y aunque él no le prestó la menor atención, ella no osó volver a sentarse en su presencia. Este personaje era el ayudante del comisario de policía. Ostentaba unos grandes bigotes rojizos que sobresalían horizontalmente por los dos lados de su cara. Sus facciones, extremadamente finas, sólo expresaban cierto descaro.

Miró a Raskolnikof al soslayo e incluso con una especie de indignación. Su aspecto era por demás miserable, pero su actitud no tenía nada de modesta.

Raskolnikof cometió la imprudencia de sostener con tanta osadía aquella mirada, que el funcionario se sintió ofendido.

—¿Qué haces aquí tú? —exclamó éste, asombrado sin duda de que semejante desharrapado no bajara los ojos ante su mirada fulgurante.

—He venido porque me han llamado —repuso Raskolnikof—. He recibido una citación.

—Es ese estudiante al que se reclama el pago de una deuda —se apresuró a decir el secretario, levantando la cabeza de sus papeles—. Aquí está —y presentó un cuaderno a Raskolnikof, señalándole lo que debía leer.

"¿Una deuda…? ¿Qué deuda? —pensó Raskolnikof—. El caso es que ya estoy seguro de que no se me llama por…aquello".

Se estremeció de alegría. De súbito experimentó un alivio inmenso, indecible, un bienestar inefable.

—Pero ¿a qué hora le han dicho que viniera? —le gritó el ayudante, cuyo mal humor había ido en aumento—. Le han citado a las nueve y media, y son ya más de las once.

—No me han entregado la citación hasta hace un cuarto de hora —repuso Raskolnikof en voz no menos alta. Se había apoderado de él una cólera repentina y se entregaba a ella con cierto placer—. ¡Bastante he hecho con venir enfermo y con fiebre!

—¡No grite, no grite!

—Yo no grito; estoy hablando como debo. Usted es el que grita. Soy estudiante y no tengo por qué tolerar que se dirijan a mí en ese tono.

Esta respuesta irritó de tal modo al oficial, que no pudo contestar en seguida: sólo sonidos inarticulados salieron de sus contraídos labios. Después saltó de su asiento.

—¡Silencio! ¡Está usted en la comisaría! Aquí no se admiten insolencias.

—¡También usted está en la comisaría! —replicó Raskolnikof—, y, no contento con proferir esos gritos, está fumando, lo que es una falta de respeto hacia todos nosotros.

Al pronunciar estas palabras experimentaba un placer indescriptible.

El secretario presenciaba la escena con una sonrisa. El fogoso ayudante pareció dudar un momento.

—¡Eso no le incumbe a usted! —respondió al fin con afectados gritos—. Lo que ha de hacer es prestar la declaración que se le pide. Enséñele el documento, Alejandro Grigorevitch. Se ha presentado una denuncia contra usted. ¡Usted no paga sus deudas! ¡Buen pájaro está hecho!

Pero Raskolnikof ya no le escuchaba: se había apoderado ávidamente del papel y trataba, con visible impaciencia, de hallar la clave del enigma. Una y otra vez leyó el documento, sin conseguir entender ni una palabra.

—Pero ¿qué es esto? —preguntó al secretario.

—Un efecto comercial cuyo pago se le reclama. Ha de entregar usted el importe de la deuda, más las costas, la multa, etcétera, o declarar por escrito en qué fecha podrá hacerlo. Al mismo tiempo, habrá de comprometerse a no salir de la capital, y también a no vender ni empeñar nada de lo que posee hasta que haya pagado su deuda. Su acreedor, en cambio, tiene entera libertad para poner en venta los bienes de usted y solicitar la aplicación de la ley.

—¡Pero si yo no debo nada a nadie!

—Ese punto no es de nuestra incumbencia. A nosotros se nos ha remitido un efecto protestado de ciento quince rublos, firmado por usted hace nueve meses en favor de la señora Zarnitzine, viuda de un asesor escolar, efecto que esta señora ha enviado al consejero Tchebarof en pago de una cuenta. En vista de ello, nosotros le hemos citado a usted para tomarle declaración.

—¡Pero si esa señora es mi patrona!

—¡Y eso qué importa!

El secretario le miraba con una sonrisa de superioridad e indulgencia, como a un novicio que empieza a aprender a costa suya lo que significa ser deudor. Era como si le dijese: "¿Eh? ¿Qué te ha parecido?",

Pero ¿qué importaban en aquel momento a Raskolnikof las reclamaciones de su patrona? ¿Valía la pena que se inquietara por semejante asunto, y ni siquiera que le prestara la menor atención? Estaba allí leyendo, escuchando, respondiendo, incluso preguntando, pero todo lo hacía maquinalmente. Todo su ser estaba lleno de la felicidad de sentirse a salvo, de haberse librado del temor que hacía unos instantes lo sobrecogía. Por el momento, había expulsado de su mente el análisis de su situación, todas las preocupaciones y previsiones temerosas. Fue un momento de alegría absoluta, animal.

Pero de pronto se desencadenó una tormenta en el despacho. El ayudante del comisario, todavía bajo los efectos de la afrenta que acababa de sufrir y deseoso de resarcirse, empezó de improviso a poner de vuelta y media a la dama del lujoso vestido, la cual, desde que le había visto entrar, no cesaba de mirarle con una sonrisa estúpida.

—Y tú, bribona —le gritó a pleno pulmón, después de comprobar que la señora de luto se había marchado ya—, ¿qué ha pasado en tu casa esta noche? Dime: ¿qué ha pasado? Habéis despertado a todos los vecinos con vuestros gritos, vuestras risas y vuestras borracheras. Por lo visto, te has empeñado en ir a la cárcel. Te lo ha advertido lo menos diez veces. La próxima vez te lo diré de otro modo. ¡No haces caso! ¡Eres una ramera incorregible!

Raskolnikof se quedó tan estupefacto al ver tratar de aquel modo a la elegante dama, que se le cayó el papel que tenía en la mano. Sin embargo, no tardó en comprender el porqué de todo aquello, y la cosa le pareció sobremanera divertida. Desde este momento escuchó con interés y haciendo esfuerzos por contener la risa. Su tensión nerviosa era extraordinaria.

—Bueno, bueno, Ilia Petrovitch…—empezó a decir el secretario, pero en seguida se dio cuenta de que su intervención sería inútil: sabía por experiencia que cuando el impetuoso oficial se disparaba, no había medio humano de detenerle.

En cuanto a la bella dama, la tempestad que se había desencadenado sobre ella empezó por hacerla temblar, pero —cosa extraña— a medida que las invectivas iban lloviendo sobre su cabeza, su cara iba mostrándose más amable, y más encantadora la sonrisa que dirigía al oficial. Multiplicaba las reverencias y esperaba impaciente el momento en que su censor le permitiera hablar.

—En mi casa no hay escándalos ni pendencias, señor capitán —se apresuró a decir tan pronto como le fue posible (hablaba el ruso fácilmente, pero con notorio acento alemán)—. Ni el menor escándalo —ella decía "echkándalo"—. Lo que ocurrió fue que un caballero llegó embriagado a mi casa…Se lo voy a contar todo, señor capitán. La culpa no fue mía. Mi casa es una casa seria, tan seria como yo, señor capitán. Yo no quería "echkándalos". …Él vino como una cuba y pidió tres botellas —la alemana decía "potellas"—. Después levantó las piernas y empezó a tocar el piano con los pies, cosa que está fuera de lugar en una casa seria como la mía. Y acabó por romper el piano, lo cual no me parece ni medio bien. Así se lo dije, y él cogió la botella y empezó a repartir botellazos a derecha e izquierda. Entonces llamé al portero, y cuando Karl llegó, él se fue hacia Karl y le dio un puñetazo en un ojo. También recibió Enriqueta. En cuanto a mí, me dio cinco bofetadas. En vista de esta forma de conducirse, tan impropia de una casa seria, señor capitán, yo empecé a protestar a gritos, y él abrió la ventana que da al canal y empezó a gruñir como un cerdo. ¿Comprende, señor capitán? ¡Se puso a hacer el cerdo en la ventana! Entonces, Karl empezó a tirarle de los faldones del frac para apartarlo de la ventana y…, se lo confieso, señor capitán…, se le quedó un faldón en las manos. Entonces empezó a gritar diciendo que man muss pagarle quince rublos de indemnización, y yo, señor capitán, le di cinco rublos por seis Rock. Como usted ve, no es un cliente deseable. Le doy mi palabra, señor capitán, de que todo el escándalo lo armó él. Y, además, me amenazó con contar en los periódicos toda la historia de mi vida.

—Entonces, ¿es escritor?

—Sí, señor, y un cliente sin escrúpulos que se permite, aun sabiendo que está en una casa digna…

—Bueno, bueno; siéntate. Ya te he dicho mil veces…

—Ilia Petrovitch…—repitió el secretario, con acento significativo.

El ayudante del comisario le dirigió una rápida mirada y vio que sacudía ligeramente la cabeza.

—En fin, mi respetable Luisa Ivanovna —continuó el oficial—, he aquí mi última palabra en lo que a ti concierne. Como se produzca un nuevo escándalo en tu digna casa, te haré enchiquerar, como soléis decir los de tu noble clase. ¿Has entendido…? ¿De modo que el escritor, el literato, aceptó cinco rublos por su faldón en tu digna casa? ¡Bien por los escritores! —dirigió a Raskolnikof una mirada despectiva—. Hace dos días, un señor literato comió en una taberna y pretendió no pagar. Dijo al tabernero que le compensaría hablando de él en su próxima sátira. Y también hace poco, en un barco de recreo, otro escritor insultó groseramente a la respetable familia, madre a hija, de un consejero de Estado. Y a otro lo echaron a puntapiés de una pastelería. Así son todos esos escritores, esos estudiantes, esos charlatanes…En fin, Luisa Ivanovna, ya puedes marcharte. Pero ten cuidado, porque no te perderé de vista. ¿Entiendes?

Luisa Ivanovna empezó a saludar a derecha e izquierda calurosamente, y así, haciendo reverencias, retrocedió hasta la puerta. Allí tropezó con un gallardo oficial, de cara franca y simpática, encuadrada por dos soberbias patillas, espesas y rubias. Era el comisario en persona: Nikodim Fomitch. Al verle, Luisa Ivanovna se apresuró a inclinarse por última vez hasta casi tocar el suelo y salió del despacho con paso corto y saltarín.

—Eres el rayo, el trueno, el relámpago, la tromba, el huracán —dijo el comisario dirigiéndose amistosamente a su ayudante—. Te han puesto nervioso y tú te has dejado llevar de los nervios. Desde la escalera lo he oído.

—No es para menos —replicó en tono indiferente Ilia Petrovitch llevándose sus papeles a otra mesa, con su característico balanceo de hombros

—. Juzgue usted mismo. Ese señor escritor, mejor dicho, estudiante, es decir, antiguo estudiante, no paga sus deudas, firma pagarés y se niega a dejar la habitación que tiene alquilada. Por todo ello se le denuncia, y he aquí que este señor se molesta porque enciendo un cigarrillo en su presencia. ¡Él, que sólo comete villanías! Ahí lo tiene usted. Mírelo; mire qué aspecto tan respetable tiene.

—La pobreza no es un vicio, mi buen amigo —respondió el comisario—.

Todos sabemos que eres inflamable como la pólvora. Algo en su modo de ser te habrá ofendido y no has podido contenerte. Y usted tampoco —añadió dirigiéndose amablemente a Raskolnikof—. Pero usted no le conoce. Es un hombre excelente, créame, aunque explosivo como la pólvora. Sí, una verdadera pólvora: se enciende, se inflama, arde y todo pasa: entonces sólo queda un corazón de oro. En el regimiento le llamaban el "teniente Pólvora".

—¡Ah, qué regimiento aquél! —exclamó Ilia Petrovitch, conmovido por los halagos de su jefe aunque seguía enojado.

Raskolnikof experimentó de súbito el deseo de decir a todos algo desagradable.

—Escúcheme, capitán —dijo con la mayor desenvoltura, dirigiéndose al comisario—. Póngase en mi lugar. Estoy dispuesto a presentarle mis excusas si en algo le he ofendido, pero hágase cargo: soy un estudiante enfermo y pobre, abrumado por la miseria —así lo dijo: «abrumado»—. Tuve que dejar la universidad, porque no podía atender a mis necesidades. Pero he de recibir dinero: me lo enviarán mi madre y mi hermana, que residen en el distrito de ***. Entonces pagaré. Mi patrona es una buena mujer, pero está tan indignada al ver que he perdido los alumnos que tenía y que no le pago desde hace cuatro meses, que ni siquiera me da mi ración de comida. En cuanto a su reclamación, no la comprendo. Me exige que le pague en seguida. ¿Acaso puedo hacerlo? Juzguen ustedes mismos.

—Todo eso no nos incumbe —volvió a decir el secretario.

—Permítame, permítame. Estoy completamente de acuerdo con usted, pero permítame que les dé ciertas explicaciones.

Raskolnikof seguía dirigiéndose al comisario y no al secretario. También procuraba atraerse la atención de Ilia Petrovitch, que, afectando una actitud desdeñosa, pretendía demostrarle que no le escuchaba, sino que estaba absorto en el examen de sus papeles.

—Permítame explicarle que hace tres años, desde que llegué de mi provincia, soy huésped de esa señora, y que al principio…, no tengo por qué ocultarlo…, al principio le prometí casarme con su hija. Fue una promesa simplemente verbal. Yo no estaba enamorado, pero la muchacha no me disgustaba…Yo era entonces demasiado joven…Mi patrona me abrió un amplio crédito, y empecé a llevar una vida…No tenía la cabeza bien sentada.

—Nadie le ha dicho que refiera esos detalles íntimos, señor —le interrumpió secamente Ilia Petrovitch, con una satisfacción mal disimulada—. Además, no tenemos tiempo para escucharlos.

Para Raskolnikof fue muy difíci seguir hablando, pero lo hizo fogosamente.

—Permítame, permítame explicar, sólo a grandes rasgos, cómo ha ocurrido todo esto, aunque esté de acuerdo con usted en que mis palabras son inútiles… Hace un año murió del tifus la muchacha y yo seguí hospedándome en casa de la señora Zarnitzine. Y cuando mi patrona se trasladó a la casa donde ahora habita, me dijo amistosamente que tenía entera confianza en mí; pero que desearía que le firmase un pagaré de ciento quince rublos, cantidad que, según mis cálculos, le debía…Permítame…Ella me aseguró que, una vez en posesión del documento, seguiría concediéndome un crédito ilimitado y que jamás, jamás…, repito sus palabras…, pondría el pagaré en circulación. Y ahora que no tengo lecciones ni dinero para comer, me exige que le pague…Es inexplicable.

—Esos detalles patéticos no nos interesan, señor —dijo Ilia Petrovitch con ruda franqueza—. Usted ha de limitarse a prestar la declaración y a firmar el compromiso escrito que se le exige. La historia de sus amores y todas esas tragedias y lugares comunes no nos conciernen en absoluto.

—No hay que ser tan duro —murmuró el comisario, yendo a sentarse en su mesa y empezando a firmar papeles. Parecía un poco avergonzado.

—Escriba usted —dijo el secretario a Raskolnikof.

—¿Qué he de escribir? —preguntó ásperamente el denunciado.

—Lo que yo le dicte.

Raskolnikof creyó advertir que el joven secretario se mostraba más desdeñoso con él después de su confesión; pero, cosa extraña, a él ya no le importaban lo más mínimo los juicios ajenos sobre su persona. Este cambio de actitud se había producido en Raskolnikof súbitamente, en un abrir y cerrar de ojos. Si hubiese reflexionado, aunque sólo hubiera sido un minuto, se habría asombrado, sin duda, de haber podido hablar como lo había hecho con aquellos funcionarios, a los que incluso obligó a escuchar sus confidencias. ¿A qué se debería su nuevo y repentino estado de ánimo? Si en aquel momento apareciese la habitación llena no de empleados de la policía, sino de sus amigos más íntimos, no habría sabido qué decirles, no habría encontrado una sola palabra sincera y amistosa en el gran vacío que se había hecho en su alma. Le había invadido una lúgubre impresión de infinito y terrible aislamiento. No era el bochorno de haberse entregado a tan efusivas confidencias ante Ilia Petrovitch, ni la actitud jactanciosa y triunfante del oficial, lo que había producido semejante revolución en su ánimo. ¡Qué le importaba ya su bajeza!

¡Qué le importaban las arrogancias, los oficiales, las alemanas, las diligencias, las comisarías…! Aunque le hubiesen condenado a morir en la hoguera, no se habría inmutado. Es más: apenas habría escuchado la sentencia. Algo nuevo, jamás sentido y que no habría sabido definir, se había producido en su interior. Comprendía, sentía con todo su ser que ya no podría conversar sinceramente con nadie, hacer confidencia alguna, no sólo a los empleados de la comisaría, sino ni siquiera a sus parientes más próximos: a su madre, a su hermana… Nunca había experimentado una sensación tan extraña ni tan cruel, y el hecho de que él se diera cuenta de que no se trataba de un sentimiento razonado, sino de una sensación, la más espantosa y torturante que había tenido en su vida, aumentaba su tormento.

El secretario de la comisaría empezó a dictarle la fórmula de declaración utilizada en tales casos. "No siéndome posible pagar ahora, prometo saldar mi deuda en… (tal fecha). Igualmente, me comprometo a no salir de la capital, a no vender mis bienes, a no regalarlos…".

—¿Qué le pasa que apenas puede escribir? La pluma se le cae de las manos —dijo el secretario, observando a Raskolnikof atentamente—. ¿Está usted enfermo?

—Sí…Me ha dado un mareo…Continúe.

—Ya está. Puede firmar.

El secretario tomó la hoja de manos de Raskolnikof y se volvió hacia los que esperaban.

Raskolnikof entregó la pluma, pero, en vez de levantarse, apoyó los codos en la mesa y hundió la cabeza entre las manos. Tenía la sensación de que le estaban barrenando el cerebro. De súbito le acometió un pensamiento incomprensible: levantarse, acercarse al comisario y referirle con todo detalle el episodio de la vieja; luego llevárselo a su habitación y mostrarle las joyas escondidas detrás del papel de la pared. Tan fuerte fue este impulso que se levantó dispuesto a llevar a cabo el propósito, pero de pronto se dijo: "¿No será mejor que lo piense un poco, aunque sea un minuto…? No, lo mejor es no pensarlo y quitarse de encima cuanto antes esta carga".

Pero se detuvo en seco y quedó clavado en el sitio. El comisario hablaba acaloradamente con Ilia Petrovitch. Raskolnikof le oyó decir:

—Es absurdo. Habrá que ponerlos en libertad a los dos. Todo contradice semejante acusación. Si hubiesen cometido el crimen, ¿con qué fin habrían ido a buscar al portero? ¿Para delatarse a sí mismos? ¿Para desorientar? No, es un ardid demasiado peligroso. Además, a Pestriakof, el estudiante, le vieron los dos porteros y una tendera ante la puerta en el momento en que llegó. Iba acompañado de tres amigos que le dejaron pero en cuya presencia preguntó al portero en qué piso vivía la vieja. ¿Habría hecho esta pregunta si hubiera ido a la casa con el propósito que se le atribuye? En cuanto a Koch, estuvo media hora en la orfebrería de la planta baja antes de subir a casa de la vieja. Eran exactamente las ocho menos cuarto cuando subió. Reflexionemos…

—Permítame. ¿Qué explicación puede darse a la contradicción en que han incurrido? Afirman que llamaron, que la puerta estaba cerrada. Sin embargo, tres minutos después, cuando vuelven a subir con el portero, la puerta está abierta.

—Ésa es la cuestión principal. No cabe duda de que el asesino estaba en el piso y había echado el cerrojo. Seguro que lo habrían atrapado si Koch no hubiese cometido la tontería de abandonar la guardia para bajar en busca de su amigo. El asesino aprovechó ese momento para deslizarse por la escalera y escapar ante sus mismas narices. Koch está aterrado; no cesa de santiguarse y decir que si se hubiese quedado junto a la puerta del piso, el asesino se habría arrojado sobre él y le habría abierto la cabeza de un hachazo. Va a hacer cantar un Tedeum…

—¿Y nadie ha visto al asesino?

—¿Cómo quiere usted que lo vieran? —dijo el secretario, que desde su puesto estaba atento a la conversación—. Esa casa es un arca de Noé.

—La cosa no puede estar más clara —dijo el comisario, en un tono de convicción.

—Por el contrario, está oscurísima —replicó Ilia Petrovitch.

Raskolnikof cogió su sombrero y se dirigió a la puerta. Pero no llegó a ella…

Cuando volvió en sí, se vio sentado en una silla. Alguien le sostenía por el lado derecho. A su izquierda, otro hombre le presentaba un vaso amarillento lleno de un líquido del mismo color. El comisario, Nikodim Fomitch, de pie ante él, le miraba fijamente. Raskolnikof se levantó.

—¿Qué le ha pasado? ¿Está enfermo? —le preguntó el comisario secamente.

—Apenas podía sostener la pluma hace un momento, cuando escribía su declaración —observó el secretario, volviendo a sentarse y empezando de nuevo a hojear papeles.

—¿Hace mucho tiempo que está usted enfermo? —gritó Ilia Petrovitch desde su mesa, donde también estaba hojeando papeles. Se había acercado como todos los demás, a Raskolnikof y le había examinado durante su desvanecimiento. Cuando vio que volvía en sí, se apresuró a regresar a su puesto.

—Desde anteayer —balbuceó Raskolnikof.

—¿Salió usted ayer?

—Sí.

—¿Aun estando enfermo?

—Sí.

—¿A qué hora?

—De siete a ocho.

—Permítame que le pregunte dónde estuvo.

—En la calle.

—He aquí una contestación clara y breve.

Raskolnikof había dado estas respuestas con voz dura y entrecortada. Estaba pálido como un lienzo. Sus grandes ojos, negros y ardientes, no se abatían ante la mirada de Ilia Petrovitch.

—Apenas puede tenerse en pie, y tú todavía…—empezó a decir el comisario.

—No se preocupe —repuso Ilia Petrovitch con acento enigmático.

Nikodim Fomitch iba a decir algo más, pero su mirada se encontró casualmente con la del secretario, que estaba fija en él, y esto fue suficiente para que se callara. Se hizo un silencio general, repentino y extraño.

—Ya no le necesitamos —dijo al fin Ilia Petrovitch—. Puede usted marcharse.

Raskolnikof se fue. Apenas hubo salido, la conversación se reanudó entre los policías con gran vivacidad. La voz del comisario se oía más que las de sus compañeros. Parecía hacer preguntas.

Ya en la calle, Raskolnikof recobró por completo la calma.

"Sin duda, van a hacer un registro, y en seguida —se decía mientras se encaminaba a su alojamiento—. ¡Los muy canallas! Sospechan de mí".

Y el terror que le dominaba poco antes volvió a apoderarse de él enteramente.

CAPÍTULO 2

¿Y si el registro se ha efectuado ya? También podría ser que me encontrase con la policía en casa.

Pero en su habitación todo estaba en orden y no había nadie. Nastasia no había tocado nada.

"Señor, ¿cómo habré podido dejar las joyas ahí?".

Corrió al rincón, introdujo la mano detrás del papel, retiró todos los objetos y fue echándolos en sus bolsillos. En total eran ocho piezas: dos cajitas que contenían pendientes o algo parecido (no se detuvo a mirarlo); cuatro pequeños estuches de tafilete; una cadena de reloj envuelta en un trozo de papel de periódico, y otro envoltorio igual que, al parecer, contenía una condecoración. Raskolnikof repartió todo esto por sus bolsillos, procurando que no abultara demasiado, cogió también la bolsita y salió de la habitación, dejando la puerta abierta de par en par.

Avanzaba con paso rápido y firme. Estaba rendido, pero conservaba la lucidez mental. Temía que la policía estuviera ya tomando medidas contra él; que al cabo de media hora, o tal vez sólo de un cuarto, hubiera decidido seguirle. Por lo tanto, había que apresurarse a hacer desaparecer aquellos objetos reveladores. No debía cejar en este propósito mientras le quedara el menor residuo de fuerzas y de sangre fría... ¿A dónde ir...? Este punto estaba ya resuelto. "Arrojaré las cosas al canal y el agua se las tragará, de modo que no quedará ni rastro de este asunto". Así lo había decidido la noche anterior, en medio de su delirio, e incluso había intentado varias veces levantarse para llevar a cabo cuanto antes la idea.

Sin embargo, la ejecución de este plan presentaba grandes dificultades. Durante más de media hora se limitó a errar por el malecón del canal, inspeccionando todas las escaleras que conducían al agua. En ninguna podía llevar a la práctica su propósito. Aquí había un lavadero lleno de lavanderas, allí varias barcas amarradas a la orilla. Además, el malecón estaba repleto de transeúntes. Se le podía ver desde todas partes, y a quien lo viera le extrañaría que un hombre bajara las escaleras expresamente para echar una cosa al agua. Por añadidura, los estuches podían quedar flotando, y entonces todo el mundo los vería. Lo peor era que las personas con que se cruzaba le miraban de un modo singular, como si él fuera lo único que les interesara. "¿Por qué me mirarán así? —se decía—. ¿O todo será obra de mi imaginación?".

Al fin pensó que acaso sería preferible que se dirigiera al Neva. En sus malecones había menos gente. Allí llamaría menos la atención, le sería más fácil tirar las joyas y —detalle importantísimo— estaría más lejos de su barrio.

De pronto se preguntó, asombrado, por qué habría estado errando durante media hora ansiosamente por lugares peligrosos, cuando se le ofrecía una solución tan clara. Había perdido media hora entera tratando de poner en práctica un plan insensato forjado en un momento de desvarío. Cada vez era más propenso a distraerse, su memoria vacilaba, y él se daba cuenta de ello. Había que apresurarse.

Se dirigió al Neva por la avenida V***. Pero por el camino tuvo otra idea.

¿Por qué ir al Neva? ¿Por qué arrojar los objetos al agua? ¿No era preferible ir a cualquier lugar lejano, a las islas, por ejemplo, buscar un sitio solitario en el interior de un bosque y enterrar las cosas al pie de un árbol, anotando cuidadosamente el lugar donde se hallaba el escondite? Aunque sabía que en aquel momento era incapaz de razonar lógicamente, la idea le pareció sumamente práctica.

Pero estaba escrito que no había de llegar a las islas. Al desembocar en la plaza que hay al final de la avenida V*** vio a su izquierda la entrada de un gran patio protegido por altos muros. A la derecha había una pared que parecía no haber estado pintada nunca y que pertenecía a una casa de altura considerable. A la izquierda, paralela a esta pared, corría una valla de madera que penetraba derechamente unos veinte pasos en el patio y luego se desviaba hacia la izquierda. Esta empalizada limitaba un terreno desierto y cubierto de materiales. Al fondo del patio había un cobertizo cuyo techo rebasaba la altura de la valla. Este cobertizo debía de ser un taller de carpintería, de guarnicionería o algo similar. Todo el suelo del patio estaba cubierto de un negro polvillo de carbón.

"He aquí un buen sitio para tirar las joyas —pensó—. Después se va uno, y asunto concluido".

Advirtiendo que no había nadie, penetró en el patio. Cerca de la puerta, ante la empalizada, había uno de esos canalillos que suelen verse en los edificios donde hay talleres. En la valla, sobre el canal, alguien había escrito con tiza y con las faltas de rigor: "Proivido acer aguas menores". Desde luego, Raskolnikof no pensaba llamar la atención deteniéndose allí. Pensó: "Podría tirarlo todo aquí, en cualquier parte, y marcharme".

Miró nuevamente en todas direcciones y se llevó la mano al bolsillo. Pero en ese momento vio cerca del muro exterior, entre la puerta y el pequeño canal, una enorme piedra sin labrar, que debía de pesar treinta kilos largos. Del otro lado del muro, de la calle, llegaba el rumor de la gente, siempre abundante en aquel lugar. Desde fuera nadie podía verle, a menos que se asomara al patio. Sin embargo, esto podía suceder; por lo tanto, había que obrar rápidamente.

Se inclinó sobre la piedra, la cogió con ambas manos por la parte de arriba, reunió todas sus fuerzas y consiguió darle la vuelta. En el suelo apareció una cavidad. Raskolnikof vació en ella todo lo que llevaba en los bolsillos. La bolsita fue lo último que depositó. Sólo el fondo de la cavidad quedó ocupado. Volvió a rodar la piedra y ésta quedó en el sitio donde antes estaba. Ahora sobresalía un poco más; pero Raskolnikof arrastró hasta ella un poco de tierra con el pie y todo quedó como si no se hubiera tocado.

Salió y se dirigió a la plaza. De nuevo una alegría inmensa, casi insoportable, se apoderó momentáneamente de él. No había quedado ni rastro.

"¿Quién podrá pensar en esa piedra? ¿A quién se le ocurrirá buscar debajo? Seguramente está ahí desde que construyeron la casa, y Dios sabe el tiempo que permanecerá en ese sitio todavía. Además, aunque se encontraran las joyas, ¿quién pensaría en mí? Todo ha terminado. Ha desaparecido hasta la última prueba". Se echó a reír. Sí, más tarde recordó que se echó a reír con una risita nerviosa, muda, persistente. Aún se reía cuando atravesó la plaza. Pero su hilaridad cesó repentinamente cuando llegó al bulevar donde días atrás había encontrado a la jovencita embriagada.

Otros pensamientos acudieron a su mente. Le aterraba la idea de pasar ante el banco donde se había sentado a reflexionar cuando se marchó la muchacha. El mismo temor le infundía un posible nuevo encuentro con el gendarme bigotudo al que había entregado veinte kopeks. "¡El diablo se lo lleve!".

Siguió su camino, lanzando en todas direcciones miradas coléricas y distraídas. Todos sus pensamientos giraban en torno a un solo punto, cuya importancia reconocía. Se daba perfecta cuenta de que por primera vez desde hacía dos meses se enfrentaba a solas y abiertamente con el asunto.

"¡Que se vaya todo al diablo! —se dijo de pronto, en un arrebato de cólera—. El vino está escanciado y hay que beberlo. El demonio se lleve a la vieja y a la nueva vida… ¡Qué estúpido es todo esto, Señor! ¡Cuántas mentiras he dicho hoy! ¡Y cuántas bajezas he cometido! ¡En qué miserables vulgaridades he incurrido para atraerme la benevolencia del detestable Ilia Petrovitch! Pero, ¡bah!, qué importa. Me río de toda esa gente y de las torpezas que yo haya podido cometer. No es esto lo que debo pensar ahora…".

De súbito se detuvo; acababa de plantearsele un nuevo problema, tan inesperado como sencillo, que le dejó atónito. "Si, como crees, has procedido en todo este asunto como un hombre inteligente y no como un imbécil, si perseguías una finalidad claramente determinada, ¿cómo se explica que no hayas dirigido ni siquiera una ojeada al interior de la bolsita, que no te hayas preocupado de averiguar lo que ha producido ese acto por el que has tenido que afrontar toda suerte de peligros y horrores? Hace un momento estabas dispuesto a arrojar al agua esa bolsa, esas joyas que ni siquiera has mirado… ¿Qué explicación puedes dar a esto?".

Todas estas preguntas tenían un sólido fundamento. Lo sabía desde antes de hacérselas. La noche en que había resuelto tirarlo todo al agua había tomado esta decisión sin vacilar, como si hubiese sido imposible obrar de otro modo. Sí, sabía todas estas cosas y recordaba hasta los menores detalles. Sabía que todo había de ocurrir como estaba ocurriendo; lo sabía desde el momento mismo en que había sacado los estuches del arca sobre la cual estaba inclinado…Sí, lo sabía perfectamente.

"La causa de todo es que estoy muy enfermo —se dijo al fin sombríamente—. Me torturo y me hiero a mí mismo. Soy incapaz de dirigir mis actos. Ayer, anteayer y todos estos días no he hecho más que martirizarme…Cuando esté curado, ya no me atormentaré. Pero ¿y si no me curo nunca? ¡Señor, qué harto estoy de toda esta historia…!".

Mientras así reflexionaba, proseguía su camino. Anhelaba librarse de estas preocupaciones, pero no sabía cómo podría conseguirlo. Una sensación nueva se apoderó de él con fuerza irresistible, y su intensidad aumentaba por momentos. Era un desagrado casi físico, un desagrado pertinaz, rencoroso, por todo lo que encontraba en su camino, por todas las cosas y todas las personas que lo rodeaban. Le repugnaban los transeúntes, sus caras, su modo de andar, sus menores movimientos. Sentía deseos de escupirles a la cara, estaba dispuesto a morder a cualquiera que le hablase.

Al llegar al malecón del Pequeño Neva, en Vasilievski Ostrof, se detuvo en seco cerca del puente.

"May vive en esa casa —pensó—. Pero ¿qué significa esto? Mis pies me han traído maquinalmente a la vivienda de Rasumikhine. Lo mismo me ocurrió el otro día. Esto es verdaderamente chocante. ¿He venido expresamente o estoy aquí por obra del azar? Pero esto poco importa. El caso es que dije que vendría a casa de Rasumikhine "al día siguiente". Pues bien, ya he venido. ¿Acaso tiene algo de particular que le haga una visita?".

Subió al quinto piso. En él habitaba Rasumikhine.

Se hallaba éste escribiendo en su habitación. Él mismo fue a abrir. No se habían visto desde hacía cuatro meses. Llevaba una bata vieja, casi hecha jirones. Sus pies sólo estaban protegidos por unas pantuflas. Tenía revuelto el cabello. No se había afeitado ni lavado. Se mostró asombrado al ver a Raskolnikof.

—¿De dónde sales? —exclamó mirando a su amigo de pies a cabeza. Después lanzó un silbido—. ¿Tan mal te van las cosas? Evidentemente, hermano, nos aventajas a todos en elegancia —añadió, observando los andrajos de su camarada—. Siéntate; pareces cansado.

Y cuando Raskolnikof se dejó caer en el diván turco, tapizado de una tela vieja y rozada (un diván, entre paréntesis, peor que el suyo), Rasumikhine advirtió que su amigo parecía no encontrarse bien.

—Tú estás enfermo, muy enfermo. ¿Te has dado cuenta? Intentó tomarle el pulso, pero Raskolnikof retiró la mano.

—¡Bah! ¿Para qué? —dijo—. He venido porque…me he quedado sin lecciones…, y yo quisiera…No, no me hacen falta para nada las lecciones.

Rasumikhine le observaba atentamente.

—¿Sabes una cosa, amigo? Estás delirando.

—Nada de eso; yo no deliro —replicó Raskolnikof levantándose.

Al subir a casa de Rasumikhine no había tenido en cuenta que iba a verse frente a frente con su amigo, y una entrevista, con quienquiera que fuese, le parecía en aquellos momentos lo más odioso del mundo. Apenas hubo franqueado la puerta del piso, sintió una cólera ciega contra Rasumikhine.

—¡Adiós! —exclamó dirigiéndose a la puerta.

—¡Espera, hombre, espera! ¿Estás loco?

—¡Déjame! —dijo Raskolnikof retirando bruscamente la mano que su amigo le había cogido.

—Entonces, ¿a qué diablos has venido? Has perdido el juicio. Esto es una ofensa para mí. No consentiré que te vayas así.

—Bien, escucha. He venido a tu casa porque no conozco a nadie más que a ti para que me ayude a volver a empezar. Tú eres mejor que todos los demás, es decir, más inteligente, más comprensivo…Pero ahora veo que no necesito nada, ¿entiendes?, absolutamente nada…No me hacen falta los servicios ni la simpatía de los demás…Estoy solo y me basto a mí mismo…Esto es todo. Déjame en paz.

—¡Pero escucha un momento, botarate! ¿Es que te has vuelto loco? Puedes hacer lo que quieras, pero yo tampoco tengo lecciones y me río de eso. Estoy en tratos con el librero Kheruvimof, que es una magnífica lección en su género. Yo no lo cambiaría por cinco lecciones en familias de comerciantes. Ese hombre publica libritos sobre ciencias naturales, pues esto se vende como el pan. Basta buscar buenos títulos. Me has llamado imbécil más de una vez, pero estoy seguro de que hay otros más tontos que yo. Mi editor, que es poco menos que analfabeto, quiere seguir la corriente de la moda, y yo, naturalmente, le animo…Mira, aquí hay dos pliegos y medio de texto alemán. Puro charlatanismo, a mi juicio. Dicho en dos palabras, la cuestión que estudia el autor es la de si la mujer es un ser humano. Naturalmente, él opina que sí y su labor consiste en demostrarlo elocuentemente. Kheruvimof considera que este folleto es de actualidad en estos momentos en que el feminismo está de moda, y yo me encargo de traducirlo. Podrá convertir en seis los dos pliegos y medio de texto alemán. Le pondremos un título ampuloso que llene media página y se venderá a cincuenta kopeks el ejemplar. Será un buen negocio. Se me paga la traducción a seis rublos el pliego, o sea quince rublos por todo el trabajo. Ya he cobrado seis por adelantado. Cuando terminemos este folleto traduciremos un libro sobre las ballenas, y para después ya hemos elegido unos cuantos chismes de Les Confessions. También los traduciremos. Alguien ha dicho a Kheruvimof que Rousseau es una especie de Radiscev. Naturalmente, yo no he protestado. ¡Que se vayan al diablo…! Bueno, ¿quieres traducir el segundo pliego del folleto

Es la mujer un ser humano? Si quieres, coge inmediatamente el pliego, plumas, papel (todos estos gastos van a cargo del editor), y aquí tienes tres rublos: como yo he recibido seis adelantados por toda la traducción, a ti te corresponden tres. Cuando hayas traducido el pliego, recibirás otros tres. Pero que te conste que no tienes nada que agradecerme. Por el contrario, apenas te he visto entrar, he pensado en tu ayuda. En primer lugar, yo no estoy muy fuerte en ortografía, y en segundo, mis conocimientos del alemán son más que deficientes. Por eso me veo obligado con frecuencia a inventar, aunque me consuelo pensando que la obra ha de ganar con ello. Es posible que me equivoque...Bueno, ¿aceptas?

Raskolnikof cogió en silencio el pliego de texto alemán y los tres rublos y se marchó sin pronunciar palabra. Rasumikhine le siguió con una mirada de asombro. Cuando llegó a la primera esquina, Raskolnikof volvió repentinamente sobre sus pasos y subió de nuevo al alojamiento de su amigo. Ya en la habitación, dejó el pliego y los tres rublos en la mesa y volvió a marcharse, sin desplegar los labios.

Rasumikhine perdió al fin la paciencia.

—¡Decididamente, te has vuelto loco! —vociferó—. ¿Qué significa esta comedia? ¿Quieres volverme la cabeza del revés? ¿Para qué demonio has venido?

—No necesito traducciones —murmuró Raskolnikof sin dejar de bajar la escalera.

—Entonces, ¿qué es lo que necesitas? —le gritó Rasumikhine desde el rellano.

Raskolnikof siguió bajando en silencio.

—Oye, ¿dónde vives? No obtuvo respuesta.

—¡Vete al mismísimo infierno!

Pero Raskolnikof estaba ya en la calle. Iba por el puente de Nicolás, cuando una aventura desagradable le hizo volver en sí momentáneamente. Un cochero cuyos caballos estuvieron a punto de arrollarlo le dio un fuerte latigazo en la espalda después de haberle dicho a gritos tres o cuatro veces que se apartase. Este latigazo despertó en él una ira ciega. Saltó hacia el pretil (sólo Dios sabe por qué hasta entonces había ido por medio de la calzada) rechinando los dientes. Todos los que estaban cerca se echaron a reír.

—¡Bien hecho!

—¡Estos granujas!

—Conozco a estos bribones. Se hacen el borracho, se meten bajo las ruedas y uno tiene que pagar daños y perjuicios.

—Algunos viven de eso.

Aún estaba apoyado en el pretil, frotándose la espalda, ardiendo de ira, siguiendo con la mirada el coche que se alejaba, cuando notó que alguien le ponía una moneda en la mano. Volvió la cabeza y vio a una vieja cubierta con un gorro y calzada con borceguíes de piel de cabra, acompañada de una joven —su hija sin duda— que llevaba sombrero y una sombrilla verde.

—Toma esto, hermano, en nombre de Cristo.

Él tomó la moneda y ellas continuaron su camino. Era una pieza de veinte kopeks. Se comprendía que, al ver su aspecto y su indumentaria, le hubieran tomado por un mendigo. La generosa ofrenda de los veinte kopeks se debía, sin duda, a que el latigazo había despertado la compasión de las dos mujeres.

Apretando la moneda con la mano, dio una veintena de pasos más y se detuvo de cara al río y al Palacio de Invierno. En el cielo no había ni una nube, y el agua del Neva —cosa extraordinaria— era casi azul. La cúpula de la catedral de San Isaac (aquél era precisamente el punto de la ciudad desde donde mejor se veía) lanzaba vivos reflejos. En el transparente aire se distinguían hasta los menores detalles de la ornamentación de la fachada.

El dolor del latigazo iba desapareciendo, y Raskolnikof, olvidándose de la humillación sufrida. Una idea, vaga pero inquietante, le dominaba. Permanecía inmóvil, con la mirada fija en la lejanía. Aquel sitio le era familiar. Cuando iba a la universidad tenía la costumbre de detenerse allí, sobre todo al regresar (lo había hecho más de cien veces), para contemplar el maravilloso panorama. En aquellos momentos experimentaba una sensación imprecisa y confusa que le llenaba de asombro. Aquel cuadro esplendoroso se le mostraba frío, algo así como ciego y sordo a la agitación de la vida…Esta triste y misteriosa impresión que invariablemente recibía le desconcertaba, pero no se detenía a analizarla: siempre dejaba para más adelante la tarea de buscarle una explicación…

Ahora recordaba aquellas incertidumbres, aquellas vagas sensaciones, y este recuerdo, a su juicio, no era puramente casual. El simple hecho de haberse detenido en el mismo sitio que antaño, como si hubiese creído que podía tener los mismos pensamientos e interesarse por los mismos espectáculos que entonces, e incluso que hacía poco, le parecía absurdo, extravagante y hasta algo cómico, a pesar de que la amargura oprimía su corazón. Tenía la impresión de que todo este pasado, sus antiguos pensamientos e intenciones, los fines que había perseguido, el esplendor de aquel paisaje que tan bien conocía, se había hundido hasta desaparecer en un abismo abierto a sus pies... Le parecía haber echado a volar y ver desde el espacio como todo aquello se esfumaba.

Al hacer un movimiento maquinal, notó que aún tenía en su mano cerrada la pieza de veinte kopeks. Abrió la mano, estuvo un momento mirando fijamente la moneda y luego levantó el brazo y la arrojó al río.

Inmediatamente emprendió el regreso a su casa. Tenía la impresión de que había cortado, tan limpiamente como con unas tijeras, todos los lazos que le unían a la humanidad, a la vida...

Caía la noche cuando llegó a su alojamiento. Por lo tanto, había estado vagando durante más de seis horas. Sin embargo, ni siquiera recordaba por qué calles había pasado. Se sentía tan fatigado como un caballo después de una carrera. Se desnudó, se tendió en el diván, se echó encima su viejo sobretodo y se quedó dormido inmediatamente.

La oscuridad era ya completa cuando le despertó un grito espantoso. ¡Qué grito, Señor...! Y después...Jamás había oído Raskolnikof gemidos, aullidos, sollozos, rechinar de dientes, golpes, como los que entonces oyó. Nunca habría podido imaginarse un furor tan bestial.

Se levantó aterrado y se sentó en el diván, trastornado por el horror y el miedo. Pero los golpes, los lamentos, las invectivas eran cada vez más violentos. De súbito, con profundo asombro, reconoció la voz de su patrona. La viuda lanzaba ayes y alaridos. Las palabras salían de su boca anhelantes; debía de suplicar que no le pegasen más, pues seguían golpeándola brutalmente. Esto sucedía en la escalera. La voz del verdugo no era sino un ronquido furioso; hablaba con la misma rapidez, y sus palabras, presurosas y ahogadas, eran igualmente ininteligibles.

De pronto, Raskolnikof empezó a temblar como una hoja. Acababa de reconocer aquella voz. Era la de Ilia Petrovitch. Ilia Petrovitch estaba allí tundiendo a la patrona. La golpeaba con los pies, y su cabeza iba a dar contra los escalones; esto se deducía claramente del sonido de los golpes y de los gritos de la víctima.

Todo el mundo se conducía de un modo extraño. La gente acudía a la escalera, atraída por el escándalo, y allí se aglomeraba. Salían vecinos de todos los pisos. Se oían exclamaciones, ruidos de pasos que subían o bajaban, portazos...

"¿Pero por qué le pegan de ese modo? ¿Y por qué lo consienten los que lo ven?", se preguntó Raskolnikof, creyendo haberse vuelto loco.

Pero no, no se había vuelto loco, ya que era capaz de distinguir los diversos ruidos…

Por lo tanto, pronto subirían a su habitación. "Porque, seguramente, todo esto es por lo de ayer… ¡Señor, Señor…!".

Intentó pasar el pestillo de la puerta, pero no tuvo fuerzas para levantar el brazo. Por otra parte, ¿para qué? El terror helaba su alma, la paralizaba…Al fin, aquel escándalo que había durado diez largos minutos se extinguió poco a poco. La patrona gemía débilmente. Ilia Petrovitch seguía profiriendo juramentos y amenazas. Después, también él enmudeció y ya no se le volvió a oír.

"¡Señor! ¿Se habrá marchado? No, ahora se va. Y la patrona también, gimiendo, hecha un mar de lágrimas…".

Un portazo. Los inquilinos van regresando a sus habitaciones. Primero lanzan exclamaciones, discuten, se interpelan a gritos; después sólo cambian murmullos. Debían de ser muy numerosos; la casa entera debía de haber acudido.

"¿Qué significa todo esto, Señor? ¿Para qué, en nombre del cielo, habrá venido este hombre aquí?".

Raskolnikof, extenuado, volvió a echarse en el diván. Pero no consiguió dormirse. Habría transcurrido una media hora, y era presa de un horror que no había experimentado jamás, cuando, de pronto, se abrió la puerta y una luz iluminó el aposento. Apareció Nastasia con una bujía y un plato de sopa en las manos. La sirvienta lo miró atentamente y, una vez segura de que no estaba dormido, depositó la bujía en la mesa y luego fue dejando todo lo demás: el pan, la sal, la cuchara, el plato.

—Seguramente no has comido desde ayer. Te has pasado el día en la calle aunque ardías de fiebre.

—Oye, Nastasia: ¿por qué le han pegado a la patrona? Ella lo miró fijamente.

—¿Quién le ha pegado?

—Ha sido hace poco…, cosa de una media hora…En la escalera…Ilia Petrovitch, el ayudante del comisario de policía, le ha pegado. ¿Por qué? ¿A qué ha venido…?

Nastasia frunció las cejas y le observó en silencio largamente. Su inquisitiva mirada turbó a Raskolnikof e incluso llegó a atemorizarle.

—¿Por qué no me contestas, Nastasia? —preguntó con voz débil y acento tímido.

—Esto es la sangre —murmuró al fin la sirvienta, como hablando consigo misma.

—¿La sangre? ¿Qué sangre? —balbuceó él, palideciendo y retrocediendo hacia la pared.

Nastasia seguía observándole.

—Nadie le ha pegado a la patrona —dijo con voz firme y severa. Él se quedó mirándola, sin respirar apenas.

—Lo he oído perfectamente —murmuró con mayor apocamiento aún—. No estaba dormido; estaba sentado en el diván, aquí mismo...lo he estado oyendo un buen rato...El ayudante del comisario ha venido...Todos los vecinos han salido a la escalera...

—Aquí no ha venido nadie. Es la sangre lo que te ha trastornado. Cuando la sangre no circula bien, se cuaja en el hígado y uno delira...Bueno, ¿vas a comer o no?

Raskolnikof no contestó. Nastasia, inclinada sobre él, seguía observándole atentamente y no se marchaba.

—Dame agua, Nastasiuchka.

Ella se fue y reapareció al cabo de dos minutos con un cantarillo. Pero en este punto se interrumpieron los pensamientos de Raskolnikof. Pasado algún tiempo, se acordó solamente de que había tomado un sorbo de agua fresca y luego vertido un poco sobre su pecho. Inmediatamente perdió el conocimiento.

CAPÍTULO 3

Sin embargo, no estuvo por completo inconsciente durante su enfermedad: era el suyo un estado febril en el que cierta lucidez se mezclaba con el delirio. Andando el tiempo, recordó perfectamente los detalles de este período. A veces le parecía ver varias personas reunidas alrededor de él. Se lo querían llevar. Hablaban de él y disputaban acaloradamente. Después se veía solo: inspiraba horror y todo el mundo le había dejado. De vez en cuando, alguien se atrevía a entreabrir la puerta y le miraba y le amenazaba. Estaba rodeado de enemigos que le despreciaban y se mofaban de él. Reconocía a Nastasia y veía a otra persona a la que estaba seguro de conocer, pero que no recordaba quién era, lo que le llenaba de angustia hasta el punto de hacerle llorar. A veces le parecía estar postrado desde hacía un mes; otras, creía que sólo llevaba enfermo un día. Pero el...suceso lo había olvidado completamente. Sin embargo, se decía a cada momento que había olvidado algo muy importante que debería recordar, y se atormentaba haciendo desesperados esfuerzos de memoria. Pasaba de los arrebatos de cólera a los de terror. Se incorporaba en su lecho y trataba de huir, pero siempre había alguien cerca que le sujetaba vigorosamente. Entonces él caía nuevamente en el diván, agotado, inconsciente. Al fin volvió en sí.

Eran las diez de la mañana. El sol, como siempre que hacía buen tiempo, entraba a aquella hora en la habitación, trazaba una larga franja luminosa en la pared de la derecha e iluminaba el rincón inmediato a la puerta. Nastasia estaba a su cabecera. Cerca de ella había un individuo al que Raskolnikof no conocía y que le observaba atentamente. Era un mozo que tenía aspecto de cobrador. La patrona echó una mirada al interior por la entreabierta puerta. Raskolnikof se incorporó.

—¿Quién es, Nastasia? —preguntó, señalando al mozo.

—¡Ya ha vuelto en sí! —exclamó la sirvienta.

—¡Ya ha vuelto en sí! —repitió el desconocido.

Al oír estas palabras, la patrona cerró la puerta y desapareció. Era tímida y procuraba evitar los diálogos y las explicaciones. Tenía unos cuarenta años, era gruesa y fuerte, de ojos oscuros, cejas negras y aspecto agradable. Mostraba esa bondad propia de las personas gruesas y perezosas y era exageradamente pudorosa.

—¿Quién es usted? —preguntó Raskolnikof al supuesto cobrador.

Pero en este momento la puerta se abrió y dio paso a Rasumikhine, que entró en la habitación inclinándose un poco, por exigencia de su considerable estatura.

—¡Esto es un camarote! —exclamó—. Estoy harto de dar cabezadas al techo. ¡Y a esto llaman habitación…! ¡Bueno, querido; ya has recobrado la razón, según me ha dicho Pachenka!

—Acaba de recobrarla —dijo la sirvienta.

—Acaba de recobrarla —repitió el mozo como un eco, con cara risueña.

—¿Y usted quién es? —le preguntó rudamente Rasumikhine—. Yo me llamo Vrasumivkine y no Rasumikhine, como me llama todo el mundo. Soy estudiante, hijo de gentilhombre, y este señor es amigo mío. Ahora diga quién es usted.

—Soy un empleado de la casa Chelopaief y he venido para cierto asunto.

—Entonces, siéntese.

Al decir esto, Rasumikhine cogió una silla y se sentó al otro lado de la mesa.

—Has hecho bien en volver en ti —siguió diciendo—. Hace ya cuatro días que no te alimentas: lo único que has tomado ha sido unas cucharadas de té. Te he mandado a Zosimof dos veces. ¿Te acuerdas de Zosimof? Te ha reconocido detenidamente y ha dicho que no tienes nada grave: sólo un trastorno nervioso a consecuencia de una alimentación deficiente. «Falta de comida —dijo—. Esto es lo único que tiene. Todo se arreglará.» Está hecho un tío ese Zosimof. Es ya un médico excelente...Bueno —dijo dirigiéndose al mozo—, no quiero hacerle perder más tiempo. Haga el favor de explicarme el motivo de su visita...Has de saber, Rodia, que es la segunda vez que la casa Chelopaief envía un empleado. Pero la visita anterior la hizo otro. ¿Quién es el que vino antes que usted?

—Sin duda, usted se refiere al que vino anteayer. Se llama Alexis Simonovitch y, en efecto, es otro empleado de la casa.

—Es un poco más comunicativo que usted, ¿no le parece?

—Desde luego, y tiene más capacidad que yo.

—¡Laudable modestia! Bien; usted dirá.

—Se trata —dijo el empleado, dirigiéndose a Raskolnikof— de que, atendiendo a los deseos de su madre, Atanasio Ivanovitch Vakhruchine, de quien usted, sin duda, habrá oído hablar más de una vez, le ha enviado cierta cantidad por mediación de nuestra oficina. Si está usted en posesión de su pleno juicio le entregaré treinta y cinco rublos que nuestra casa ha recibido de Atanasio Ivanovitch, el cual ha efectuado el envío por indicación de su madre. Sin duda, ya estaría usted informado de esto.

—Sí, sí..., ya recuerdo...Vakhruchine... —murmuró Raskolnikof, pensativo.

—¿Oye usted? —exclamó Rasumikhine—. Conoce a Vakhruchine. Por lo tanto, está en su cabal juicio. Por otra parte, advierto que también usted es un hombre capacitado. Continúe. Da gusto oír hablar con sensatez.

—Pues sí, ese Vakhruchine que usted recuerda es Atanasio Ivanovitch, el mismo que ya otra vez, atendiendo a los deseos de su madre, le envió dinero de este mismo modo. Atanasio Ivanovitch no se ha negado a prestarle este servicio y ha informado del asunto a Simón Simonovitch, rogándole le haga entrega de treinta y cinco rublos. Aquí están.

—Emplea usted expresiones muy acertadas. Yo adoro también a esa madre. Y ahora juzgue usted mismo: ¿está o no en posesión de sus facultades mentales?

—Le advierto que eso está fuera de mi incumbencia. Aquí se trata de que me eche una firma.

—Se la echará. ¿Es un libro donde ha de firmar?

—Sí, aquí lo tiene.

—Traiga…Vamos, Rodia; un pequeño esfuerzo. Incorpórate; yo te sostendré. Coge la pluma y pon tu nombre. En nuestros días, el dinero es la más dulce de las mieles.

—No vale la pena —dijo Raskolnikof rechazando la pluma.

—¿Qué es lo que no vale la pena?

—Firmar. No quiero firmar.

—¡Ésa es buena! En este caso, la firma es necesaria.

—Yo no necesito dinero.

—¿Que no necesitas dinero? Hermano, eso es una solemne mentira. Sé muy bien que el dinero te hace falta…Le ruego que tenga un poco de paciencia. Esto no es nada…Tiene sueños de grandeza. Estas cosas le ocurren incluso cuando su salud es perfecta. Usted es un hombre de buen sentido. Entre los dos le ayudaremos, es decir, le llevaremos la mano, y firmará. ¡Hala, vamos!

—Puedo volver a venir.

—No, no. ¿Para qué tanta molestia…? ¡Usted es un hombre de buen sentido…! ¡Vamos, Rodia; no entretengas a este señor! ¡Ya ves que está esperando!

Y se dispuso a coger la mano de su amigo.

—Deja —dijo Raskolnikof—. Firmaré.

Cogió la pluma y firmó en el libro. El empleado entregó el dinero y se marchó.

—¡Bravo! Y ahora, amigo, ¿quieres comer?

—Sí.

—¿Hay sopa, Nastasia?

—Sí; ayer sobró.

—¿Está hecha con pasta de sopa y patatas?

—Sí.

—Lo sabía. Tráenos también té.

—Bien.

Raskolnikof contemplaba esta escena con profunda sorpresa y una especie de inconsciente pavor. Decidió guardar silencio y esperar el desarrollo de los acontecimientos.

"Me parece que no deliro —pensó—. Todo esto tiene el aspecto de ser real".

Dos minutos después llegó Nastasia con la sopa y anunció que en seguida les serviría el té. Con la sopa había traído no sólo dos cucharas y dos platos, sino, cosa que no ocurría desde hacía mucho tiempo, el cubierto completo, con sal, pimienta, mostaza para la carne…Hasta estaba limpio el mantel.

—Nastasiuchka, Prascovia Pavlovna nos haría un bien si nos mandara dos botellitas de cerveza. Sería un buen final.

—¡Sabes cuidarte! —rezongó la sirvienta. Y salió a cumplir el encargo.

Raskolnikof seguía observando lo que ocurría en su presencia, con inquieta atención y fuerte tensión de ánimo. Entre tanto, Rasumikhine se había instalado en el diván, junto a él. Le rodeó el cuello con su brazo izquierdo tan torpemente como lo habría hecho un oso y, aunque tal ayuda era innecesaria, empezó a llevar a la boca de Raskolnikof, con la mano derecha, cucharadas de sopa, después de soplar sobre ellas para enfriarlas. Sin embargo, la sopa estaba apenas tibia. Raskolnikof sorbió ávidamente una, dos, tres cucharadas. Entonces, súbitamente, Rasumikhine se detuvo y dijo que, para darle más, tenía que consultar a Zosimof.

En esto llegó Nastasia con las dos botellas de cerveza.

—¿Quieres té, Rodia? —preguntó Rasumikhine.

—Sí.

—Corre en busca del té, Nastasia; pues, en lo que concierne a esta pócima, me parece que podemos pasar por alto las reglas de la facultad… ¡Ah! ¡Llegó la cerveza!

Se sentó a la mesa, acercó a él la sopa y el plato de carne y empezó a devorar con tanto apetito como si no hubiera comido en tres días.

—Ahora, amigo Rodia, como aquí, en tu habitación, todos los días —masculló con la boca llena—. Ha sido cosa de Pachenka, tu amable patrona. Yo, como es natural, no le llevo la contraria. Pero aquí llega Nastasia con el té.

¡Qué lista es esta muchacha! ¿Quieres cerveza, Nastenka?

—No gaste bromas.

—¿Y té?

—¡Hombre, eso…!

—Sírvete…No, espera. Voy a servirte yo. Déjalo todo en la mesa.

Inmediatamente se posesionó de su papel de anfitrión y llenó primero una taza y después otra. Seguidamente dejó su almuerzo y fue a sentarse de nuevo en el diván. Otra vez rodeó la cabeza del enfermo con un brazo, la levantó y empezó a dar a su amigo cucharaditas de té, sin olvidarse de soplar en ellas con tanto esmero como si fuera éste el punto esencial y salvador del tratamiento.

Raskolnikof aceptaba en silencio estas solicitudes. Se sentía lo bastante fuerte para incorporarse, sentarse en el diván, sostener la cucharilla y la taza, e incluso andar, sin ayuda de nadie; pero, llevado de una especie de astucia, misteriosa e instintiva, se fingía débil, e incluso algo idiotizado, sin dejar de tener bien agudizados la vista y el oído.

Pero llegó un momento en que no pudo contener su mal humor: después de haber tomado una decena de cucharaditas de té, libertó su cabeza con un brusco movimiento, rechazó la cucharilla y dejó caer la cabeza en la almohada (ahora dormía con verdaderas almohadas rellenas de plumón y cuyas fundas eran de una blancura inmaculada). Raskolnikof observó este detalle y se sintió vivamente interesado.

—Es necesario que Pachenka nos envíe hoy mismo la frambuesa en dulce para prepararle un jarabe —dijo Rasumikhine volviendo a la mesa y reanudando su interrumpido almuerzo.

—¿Pero de dónde sacará las frambuesas? —preguntó Nastasia, que mantenía un platillo sobre la palma de su mano, con todos los dedos abiertos, y vertía el té en su boca, gota a gota haciéndolo pasar por un terrón de azúcar que sujetaba con los labios.

—Pues las sacará, sencillamente, de la frutería, mi querida Nastasia…No puedes figurarte, Rodia, las cosas que han pasado aquí durante tu enfermedad. Cuando saliste corriendo de mi casa como un ladrón, sin decirme dónde vivías, decidí buscarte hasta dar contigo, para vengarme. En seguida empecé las investigaciones. ¡Lo que corrí, lo que interrogué…! No me acordaba de tu dirección actual, o tal vez, y esto es lo más probable, nunca la supe. De tu antiguo domicilio, lo único que recordaba era que estaba en el edificio Kharlamof, en las Cinco Esquinas… ¡Me harté de buscar! Y al fin resultó que no estaba en el edificio Kharlamof, sino en la casa Buch. ¡Nos armamos a veces unos líos con los nombres…! Estaba furioso. Al día siguiente se me ocurrió ir a las oficinas de empadronamiento, y cuál no sería mi sorpresa al ver que al cabo de dos minutos me daban tu dirección actual. Estás inscrito.

—¿Inscrito yo?

—¡Claro! En cambio, no pudieron dar las señas del general Kobelev, que solicitaron mientras yo estaba allí. En fin, abreviemos. Apenas llegué allí, se me informó de todo lo que te había ocurrido, de todo absolutamente. Sí, lo sé todo. Se lo puedes preguntar a Nastasia. He trabado conocimiento con el comisario Nikodim Fomitch, me han presentado a Ilia Petrovitch, y conozco al portero, y al secretario Alejandro Grigorevitch Zamiotof. Finalmente, cuento con la amistad de Pachenka. Nastasia es testigo.

—La has engatusado.

Y, al decir esto, la sirvienta sonreía maliciosamente.

—Debes echar el azúcar en el té en vez de beberlo así, Nastasia Nikiphorovna.

—¡Oye, mal educado! —replicó Nastasia. Pero en seguida se echó a reír de buena gana. Cuando se hubo calmado continuó—: Soy Petrovna y no Nikiphorovna.

—Lo tendré presente...Pues bien, amigo Rodia, dicho en dos palabras, yo me propuse cortar de cuajo, utilizando medios heroicos, cuantos prejuicios existían acerca de mi persona, pues es el caso que Pachenka tuvo conocimiento de mis veleidades...Por eso no esperaba que fuese tan... complaciente. ¿Qué opinas tú de todo esto?

Raskolnikof no contestó: se limitó a seguir fijando en él una mirada llena de angustia.

—Sí, está incluso demasiado bien informada —dijo Rasumikhine, sin que le afectara el silencio de Raskolnikof y como si asintiera a una respuesta de su amigo—. Conoce todos los detalles.

—¡Qué frescura! —exclamó Nastasia, que se retorcía de risa oyendo las genialidades de Rasumikhine.

—El mal está, querido Rodia, en que desde el principio seguiste una conducta equivocada. Procediste con ella con gran torpeza. Esa mujer tiene un carácter lleno de imprevistos. En fin, ya hablaremos de esto en mejor ocasión. Pero es incomprensible que hayas llegado a obligarla a retirarte la comida... ¿Y qué decir del pagaré? Sólo no estando en tu juicio pudiste firmarlo. ¡Y ese proyecto de matrimonio con Natalia Egorovna...! Ya ves que estoy al corriente de todo...Pero advierto que estoy tocando un punto delicado... Perdóname; soy un asno...Y, ya que hablamos de esto, ¿no opinas que Prascovia Pavlovna es menos necia de lo que parece a primera vista?

—Sí —respondió Raskolnikof entre dientes y volviendo la cabeza, pues había comprendido que era más prudente dar la impresión de que aceptaba el diálogo.

—¿Verdad que sí? —exclamó Rasumikhine, feliz ante el hecho de que Raskolnikof le hubiera contestado—. Pero esto no quiere decir que sea inteligente. No, ni mucho menos. Tiene un carácter verdaderamente raro. A mí me desorienta a veces, palabra. No cabe duda de que ya ha cumplido los cuarenta, y dice que tiene treinta y seis, aunque bien es verdad que su aspecto autoriza el embuste. Por lo demás, te juro que yo sólo puedo juzgarla desde un punto de vista intelectual, puramente metafísico, por decirlo así. Pues nuestras relaciones son las más singulares del mundo. Yo no las comprendo…En fin, volvamos a nuestro asunto. Cuando ella vio que dejabas la universidad, que no dabas lecciones, que ibas mal vestido, y, por otra parte, cuando ya no te pudo considerar como persona de la familia, puesto que su hija había muerto, la inquietud se apoderó de ella. Y tú, para acabar de echarlo a perder, empezaste a vivir retirado en tu rincón. Entonces ella decidió que te fueras de su casa. Ya hacía tiempo que esta idea rondaba su imaginación. Y te hizo firmar ese pagaré que, según le aseguraste, pagaría tu madre…

—Esto fue una vileza mía —declaró Raskolnikof con voz clara y vibrante—. Mi madre está poco menos que en la miseria. Mentí para que siguiera dándome habitación y comida.

—Es un proceder muy razonable. Lo que te echó todo a perder fue la conducta del señor Tchebarof, consejero y hombre de negocios. Sin su intervención, Pachenka no habría dado ningún paso contra ti: es demasiado tímida para eso. Pero el hombre de negocios no conoce la timidez, y lo primero que hizo fue preguntar: "¿Es solvente el firmante del efecto?". Contestación: "Sí, pues tiene una madre que con su pensión de ciento veinte rublos pagará la deuda de su Rodienka, aunque para ello haya de quedarse sin comer; y también tiene una hermana que se vendería como esclava por él". En esto se basó el señor Tchebarof…Pero ¿por qué te alteras? Conozco toda la historia. Comprendo que te expansionaras con Prascovia Pavlovna cuando veías en ella a tu futura suegra, pero…, te lo digo amistosamente, ahí está el quid de la cuestión. El hombre honrado y sensible se entrega fácilmente a las confidencias, y el hombre de negocios las recoge para aprovecharse. En una palabra, ella endosó el pagaré a Tchebarof, y éste no vaciló en exigir el pago. Cuando me enteré de todo esto, me propuse, obedeciendo a la voz de mi conciencia, arreglar el asunto un poco a mi modo, pero, entre tanto, se estableció entre Pachenka y yo una corriente de buena armonía, y he puesto fin al asunto atacándolo en sus raíces, por decirlo así. Hemos hecho venir a Tchebarof, le hemos tapado la boca con una pieza de diez rublos y él nos ha devuelto el pagaré. Aquí lo tienes; tengo el honor de devolvértelo. Ahora solamente eres deudor de palabra. Tómalo.

Rasumikhine depositó el documento en la mesa. Raskolnikof le dirigió una mirada y volvió la cabeza sin desplegar los labios. Rasumikhine se molestó.

—Ya veo, querido Rodia, que vuelves a las andadas. Confiaba en distraerte y divertirte con mi charla, y veo que no consigo sino irritarte.

—¿Eres tú el que no conseguía reconocer durante mi delirio? —preguntó Raskolnikof, tras un breve silencio y sin volver la cabeza.

—Sí, mi presencia incluso te horrorizaba. El día que vine acompañado de Zamiotof te produjo verdadero espanto.

—¿Zamiotof, el secretario de la comisaría? ¿Por qué lo trajiste?

Para hacer estas preguntas, Raskolnikof se había vuelto con vivo impulso hacia Rasumikhine y le miraba fijamente.

—Pero ¿qué te pasa? Te has turbado. Deseaba conocerte. ¡Habíamos hablado tanto de ti! Por él he sabido todas las cosas que te he contado. Es un excelente muchacho, Rodia, y más que excelente…, dentro de su género, claro es. Ahora somos muy amigos; nos vemos casi todos los días. Porque, ¿sabes una cosa? Me he mudado a este barrio. Hace poco. Oye, ¿te acuerdas de Luisa Ivanovna?

—¿He hablado durante mi delirio?

—¡Ya lo creo!

—¿Y qué decía?

—Pues ya lo puedes suponer: esas cosas que dice uno cuando no está en su juicio…Pero no perdamos tiempo. Hablemos de nuestro asunto.

Se levantó y cogió su gorra.

—¿Qué decía?

—¡Mira que eres testarudo! ¿Acaso temes haber revelado algún secreto? Tranquilízate: no has dicho ni una palabra de tu condesa. Has hablado mucho de un bulldog, de pendientes, de cadenas de reloj, de la isla Krestovsky, de un portero…Nikodim Fomitch e Ilia Petrovitch estaban también con frecuencia en tus labios. Además, parecías muy preocupado por una de tus botas, seriamente preocupado. No cesabas de repetir, gimoteando: "Dádmela; la quiero". El mismo Zamiotof empezó a buscarla por todas partes, y no le importó traerte esa porquería con sus manos, blancas, perfumadas y llenas de sortijas. Cuando recibiste esa asquerosa bota te calmaste. La tuviste en tus manos durante veinticuatro horas. No fue posible quitártela. Todavía debe de estar en el revoltijo de tu ropa de cama. También reclamabas unos bajos de pantalón deshilachados. ¡Y en qué tono tan lastimero los pedías! Había que oírte.

Hicimos todo lo posible por averiguar de qué bajos se trataba. Pero no hubo medio de entenderte…Y vamos ya a nuestro asunto. Aquí tienes tus treinta y cinco rublos. Tomo diez, y dentro de un par de horas estaré de vuelta y te explicaré lo que he hecho con ellos. He de pasar por casa de Zosimof. Hace rato que debería haber venido, pues son más de las once…Y tú, Nastenka, no te olvides de subir frecuentemente durante mi ausencia, para ver si quiere agua o alguna otra cosa. El caso es que no le falte nada…A Pachenka ya le daré las instrucciones oportunas al pasar.

—Siempre le llama Pachenka, el muy bribón —dijo Nastasia apenas hubo salido el estudiante.

Acto seguido abrió la puerta y se puso a escuchar. Pero muy pronto, sin poder contenerse, se fue a toda prisa escaleras abajo. Sentía gran curiosidad por saber lo que Rasumikhine decía a la patrona. Pero lo cierto era que el joven parecía haberla subyugado.

Apenas cerró Nastasia la puerta y se fue, el enfermo echó a sus pies la cubierta y saltó al suelo. Había esperado con impaciencia angustiosa, casi convulsiva, el momento de quedarse solo para poder hacer lo que deseaba. Pero ¿qué era lo que deseaba hacer? No conseguía acordarse.

"Señor: sólo quisiera saber una cosa. ¿Lo saben todo o lo ignoran todavía? Tal vez están aleccionados y no dan a entender nada porque estoy enfermo. Acaso me reserven la sorpresa de aparecer un día y decirme que lo saben todo desde hace tiempo y que sólo callaban porque…Pero ¿qué iba yo a hacer? Lo he olvidado. Parece hecho adrede. Lo he olvidado por completo. Sin embargo, estaba pensando en ello hace apenas un minuto…".

Permanecía en pie en medio de la habitación y miraba a su alrededor con un gesto de angustia. Luego se acercó a la puerta, la abrió, aguzó el oído…No, aquello no estaba allí…De súbito creyó acordarse y, corriendo al rincón donde el papel de la pared estaba desgarrado, introdujo su mano en el hueco y hurgó…Tampoco estaba allí. Entonces se fue derecho a la estufa, la abrió y buscó entre las cenizas.

¡Allí estaban los bajos deshilachados del pantalón y los retales del forro del bolsillo! Por lo tanto, nadie había buscado en la estufa. Entonces se acordó de la bota de que Rasumikhine acababa de hablarle. Ciertamente estaba allí, en el diván, cubierta apenas por la colcha, pero era tan vieja y estaba tan sucia de barro, que Zamiotof no podía haber visto nada sospechoso en ella.

"Zamiotof…, la comisaría… ¿Por qué me habrán citado? ¿Dónde está la citación…? Pero ¿qué digo? ¡Si fue el otro día cuando tuve que ir…! También entonces examiné la bota… ¿Para qué habrá venido Zamiotof? ¿Por qué lo habrá traído Rasumikhine?".

Estaba extenuado. Volvió a sentarse en el diván.

"¿Pero qué me sucede? ¿Estoy delirando todavía o todo esto es realidad? Yo creo que es realidad… ¡Ahora me acuerdo de una cosa! ¡Huir, hay que huir, y cuanto antes…! Pero ¿adónde? Además ¿dónde está mi ropa? No tengo botas tampoco…Ya sé: me las han quitado, las han escondido…Pero ahí está mi abrigo. Sin duda se ha librado de las investigaciones…Y el dinero está sobre la mesa, afortunadamente… ¡Y el pagaré…! Cogeré el dinero y me iré a alquilar otra habitación, donde no puedan encontrarme…Sí, pero ¿y la oficina de empadronamiento? Me descubrirán. Rasumikhine daría conmigo…Es mejor irse lejos, fuera del país, a América…Desde allí me reiré de ellos… Cogeré el pagaré: en América me será útil… ¿Qué más me llevaré…? Creen que estoy enfermo y que no me puedo marchar… ¡Ja, ja, ja…! He leído en sus ojos que lo saben todo…Lo que me inquieta es tener que bajar esta escalera… Porque puede estar vigilada la salida, y entonces me daría de manos a boca con los agentes…Pero ¿qué hay allí? ¡Caramba, té! ¡Y cerveza, media botella de cerveza fresca!".

Cogió la botella, que contenía aún un buen vaso de cerveza, y se la bebió de un trago. Experimentó una sensación deliciosa, pues el pecho le ardía. Pero un minuto después ya se le había subido la bebida a la cabeza. Un ligero y no desagradable estremecimiento le recorrió la espalda. Se echó en el diván y se cubrió con la colcha. Sus pensamientos, ya confusos e incoherentes, se enmarañaban cada vez más. Pronto se apoderó de él una dulce somnolencia. Apoyó voluptuosamente la cabeza en la almohada, se envolvió con la colcha que había sustituido a la vieja y destrozada manta, lanzó un débil suspiro y se sumió en un profundo y saludable sueño.

Le despertó un ruido de pasos, abrió los ojos y vio a Rasumikhine, que acababa de abrir la puerta y se había detenido en el umbral, vacilante. Raskolnikof se levantó inmediatamente y se quedó mirándole con la expresión del que trata de recordar algo. Rasumikhine exclamó:

—¡Ya veo que estás despierto…! Bueno, aquí me tienes… Y gritó, asomándose a la escalera:

—¡Nastasia, sube el paquete!

Luego añadió, dirigiéndose a Raskolnikof:

—Te voy a presentar las cuentas.

—¿Qué hora es? —preguntó el enfermo, paseando a su alrededor una mirada inquieta.

—Has echado un buen sueño, amigo. Deben de ser las seis de la tarde. Has dormido más de seis horas.

—¡Seis horas durmiendo, Señor…!

—No hay ningún mal en ello. Por el contrario, el sueño es beneficioso. ¿Acaso tenías algún negocio urgente? ¿Una cita? Para eso siempre hay tiempo. Hace ya tres horas que estoy esperando que te despiertes. He pasado dos veces por aquí y seguías durmiendo. También he ido dos veces a casa de Zosimof. No estaba…Pero no importa: ya vendrá…Además, he tenido que hacer algunas cosillas. Hoy me he mudado de domicilio, llevándome a mi tío con todo lo demás…, pues has de saber que tengo a mi tío en casa. Bueno, ya hemos hablado bastante de cosas inútiles. Vamos a lo que interesa. Trae el paquete, Nastasia… ¿Y tú cómo estás, amigo mío?

—Me siento perfectamente. Ya no estoy enfermo…Oye, Rasumikhine: ¿hace mucho tiempo que estás aquí?

—Ya te he dicho que hace tres horas que estoy esperando que te despiertes.

—No, me refiero a antes.

—¿Cómo a antes?

—¿Desde cuándo vienes aquí?

—Ya te lo he dicho. ¿Lo has olvidado?

Raskolnikof quedó pensativo. Los acontecimientos de la jornada se le mostraban como a través de un sueño. Todos sus esfuerzos de memoria resultaban infructuosos. Interrogó a Rasumikhine con la mirada.

—Sí, lo has olvidado —dijo Rasumikhine—. Ya me había parecido a mí que no estabas en tus cabales cuando te hablé de eso…Pero el sueño te ha hecho bien. De veras: tienes mejor cara. Ya verás como recobras la memoria en seguida. Entre tanto, echa una mirada aquí, grande hombre.

Y empezó a deshacer aquel paquete que, al parecer, era para él cosa importante.

—Te aseguro, mi fraternal amigo, que era esto lo que más me interesaba. Pues es preciso convertirte en lo que se llama un hombre. Empecemos por arriba. ¿Ves esta gorra? —preguntó sacando del paquete una bastante bonita, pero ordinaria y que no debía de haberle costado mucho—. Permíteme que te la pruebe.

—No, ahora no; después —rechazó Raskolnikof, apartando a su amigo con un gesto de impaciencia.

—No, amigo Rodia; debes obedecer; después sería demasiado tarde. Ten en cuenta que, como la he comprado a ojo, no podría dormir esta noche preguntándome si te vendría bien o no.

Se la probó y lanzó un grito triunfal.

—¡Te está perfectamente! Cualquiera diría que está hecha a la medida. El cubrecabezas, amigo mío, es lo más importante de la vestimenta. Mi amigo Tolstakof se descubre cada vez que entra en un lugar público donde todo el mundo permanece cubierto. La gente atribuye este proceder a sentimientos serviles, cuando lo único cierto es que está avergonzado de su sombrero, que es un nido de polvo. ¡Es un hombre tan tímido…! Oye, Nastenka, mira estos dos cubrecabezas y dime cuál prefieres, si este palmón —cogió de un rincón el deformado sombrero de su amigo, al que llamaba palmón por una causa que sólo él conocía— o esta joya… ¿Sabes lo que me ha costado, Rodia? A ver si lo aciertas… ¿A ti qué te parece, Nastasiuchka? —preguntó a la sirvienta, en vista de que su amigo no contestaba.

—Pues no creo que te haya costado menos de veinte kopeks.

—¿Veinte kopeks, calamidad? —exclamó Rasumikhine, indignado—. Hoy por veinte kopeks ni siquiera a ti se lo podría comprar… ¡Ochenta kopeks…! Pero la he comprado con una condición: la de que el año que viene, cuando ya esté vieja, te darán otra gratis. Palabra de honor que éste ha sido el trato… Bueno, pasemos ahora a los Estados Unidos, como llamábamos a esta prenda en el colegio. He de advertirte que estoy profundamente orgulloso del pantalón.

Y extendió ante Raskolnikof unos pantalones grises de una frágil tela estival.

—Ni una mancha, ni un boquete; aunque usados, están nuevos. El chaleco hace juego con el pantalón, como exige la moda. Bien mirado, debemos felicitarnos de que estas prendas no sean nuevas, pues así son más suaves, más flexibles…Ahora otra cosa, amigo Rodia. A mi juicio, para abrirse paso en el mundo hay que observar las exigencias de las estaciones. Si uno no pide espárragos en invierno, ahorra unos cuantos rublos. Y lo mismo pasa con la ropa. Estamos en pleno verano: por eso he comprado prendas estivales. Cuando llegue el otoño necesitarás ropa de más abrigo. Por lo tanto, habrás de dejar ésta, que, por otra parte, estará hecha jirones…Bueno, adivina lo que han costado estas prendas. ¿Cuánto te parece? ¡Dos rublos y veinticinco kopeks! Además, no lo olvides, en las mismas condiciones que la gorra: el año próximo te lo cambiarán gratuitamente. El trapero Fediaev no vende de otro modo.

Dice que el que va a comprarle una vez no ha de volver jamás, pues lo que compra le dura toda la vida…Ahora vamos con las botas. ¿Qué te parecen? Ya se ve que están usadas, pero durarán todavía lo menos dos meses. Están confeccionadas en el extranjero. Un secretario de la Embajada de Inglaterra se deshizo de ellas la semana pasada en el mercado. Sólo las había llevado seis días, pero necesitaba dinero. He dado por ellas un rublo y medio. No son caras, ¿verdad?

—Pero ¿y si no le vienen bien? —preguntó Nastasia.

—¿No venirle bien estas botas? Entonces, ¿para qué me he llevado esto? —replicó Rasumikhine, sacando del bolsillo una agujereada y sucia bota de Raskolnikof—. He tomado mis precauciones. Las he medido con esta porquería. He procedido en todo concienzudamente. En cuanto a la ropa interior, me he entendido con la patrona. Ante todo, aquí tienes tres camisas de algodón con el plastrón de moda…Bueno, ahora hagamos cuentas: ochenta kopeks por la gorra, dos rublos veinticinco por los pantalones y el chaleco, uno cincuenta por las botas, cinco por la ropa interior (me ha hecho un precio por todo, sin detallar), dan un total de nueve rublos y cincuenta y cinco kopeks. O sea que tengo que devolverte cuarenta y cinco kopeks. Y ya estás completamente equipado, querido Rodia, pues tu gabán no sólo está en buen uso todavía, sino que conserva un sello de distinción. ¡He aquí la ventaja de vestirse en Charmar! En lo que concierne a los calcetines, tú mismo te los comprarás. Todavía nos quedan veinticinco buenos rublos. De Pachenka y de tu hospedaje no te has de preocupar: tienes un crédito ilimitado. Y ahora, querido, habrás de permitirnos que te mudemos la ropa interior. Esto es indispensable, pues en tu camisa puede cobijarse el microbio de la enfermedad.

—Déjame —le rechazó Raskolnikof. Seguía encerrado en una actitud sombría y había escuchado con repugnancia el alegre relato de su amigo.

—Es preciso, amigo Rodia —insistió Rasumikhine—. No pretendas que haya gastado en balde las suelas de mis zapatos…Y tú, Nastasiuchka, no te hagas la pudorosa y ven a ayudarme.

Y, a pesar de la resistencia de Raskolnikof, consiguió mudarle la ropa.

El enfermo dejó caer la cabeza en la almohada y guardó silencio durante más de dos minutos. "No quieren dejarme en paz, pensaba".

Al fin, con la mirada fija en la pared, preguntó:

—¿Con qué dinero has comprado todo eso?

—¿Que con qué dinero? ¡Vaya una pregunta! Pues con el tuyo. Un empleado de una casa comercial de aquí ha venido a entregártelo hoy, por orden de Vakhruchine. Es tu madre quien te lo ha enviado. ¿Tampoco de esto te acuerdas?

—Sí, ahora me acuerdo —repuso Raskolnikof tras un largo silencio de sombría meditación.

Rasumikhine le observó con una expresión de inquietud.

En este momento se abrió la puerta y entró en la habitación un hombre alto y fornido. Su modo de presentarse evidenciaba que no era la primera vez que visitaba a Raskolnikof.

—¡Al fin tenemos aquí a Zosimof! —exclamó Rasumikhine.

CAPÍTULO 4

Zosimof era, como ya hemos dicho, alto y grueso. Tenía veintisiete años, una cara pálida, carnosa y cuidadosamente rasurada, y el cabello liso. Llevaba lentes y en uno de sus dedos, hinchados de grasa, un anillo de oro. Vestía un amplio, elegante y ligero abrigo y un pantalón de verano. Toda la ropa que llevaba tenía un sello de elegancia y era cómoda y de superior calidad. Su camisa era de una blancura irreprochable, y la cadena de su reloj, gruesa y maciza. En sus maneras había cierta flemática lentitud y una desenvoltura que parecía afectada. Ejercía una tenaz vigilancia sobre sí mismo, pero su presunción hallaba a cada momento el modo de delatarse. Entre sus conocidos cundía la opinión de que era un hombre difícil de tratar, pero todos reconocían su capacidad como médico.

—He pasado dos veces por tu casa, querido Zosimof —exclamó Rasumikhine—. Como ves, el enfermo ha vuelto en sí.

—Ya lo veo, ya lo veo —dijo Zosimof. Y preguntó a Raskolnikof, mirándole atentamente—: ¿Qué, cómo van esos ánimos?

Acto seguido se sentó en el diván, a los pies del enfermo, mejor dicho, se recostó cómodamente.

—Continúa con su melancolía —dijo Rasumikhine—. Hace un momento le ha faltado poco para echarse a llorar sólo porque le hemos mudado la ropa interior.

—Me parece muy natural, si no tenía ganas de mudarse. La muda podía esperar…El pulso es completamente normal…Un poco de dolor de cabeza, ¿eh?

—Estoy bien, estoy perfectamente —repuso Raskolnikof, irritado.

Al decir esto se había incorporado repentinamente, con los ojos centelleantes. Pero pronto volvió a dejar caer la cabeza en la almohada, quedando de cara a la pared. Zosimof le observaba con mirada atenta.

—Muy bien, la cosa va muy bien —dijo en tono negligente—. ¿Ha comido algo hoy?

Rasumikhine le explicó lo que había comido y le preguntó qué se le podía dar.

—Eso tiene poca importancia…Té, sopa…Nada de setas ni de cohombros, por supuesto…Ni carnes fuertes…

Cambió una mirada con Rasumikhine y continuó:

—Pero, como ya he dicho, eso tiene poca importancia…Nada de pociones, nada de medicamentos. Ya veremos si mañana…El caso es que hoy hubiéramos podido…En fin, lo importante es que todo va bien.

—Mañana por la tarde me lo llevaré a dar un paseo —dijo Rasumikhine—.

Iremos a los jardines Iusupof y luego al Palacio de Cristal.

—Mañana tal vez no convenga todavía…Aunque un paseo cortito…En fin, ya veremos.

—Lo que me contraría es que hoy estreno un nuevo alojamiento cerca de aquí y quisiera que estuviese con nosotros, aunque fuera echado en un diván… Tú sí que vendrás, ¿eh? —preguntó de improviso a Zosimof—. No lo olvides; tienes que venir.

—Procuraré ir, pero hasta última hora me será imposible. ¿Has organizado una fiesta?

—No, simplemente una reunión íntima. Habrá arenques, vodka, té, un pastel.

—¿Quién asistirá?

—Camaradas, gente joven, nuevas amistades en su mayoría. También estará un tío mío, ya viejo, que ha venido por asuntos de negocio a Petersburgo. Nos vemos una vez cada cinco años.

—¿A qué se dedica?

—Ha pasado su vida vegetando como jefe de correos en una pequeña población. Tiene una modesta remuneración y ha cumplido ya los sesenta y cinco. No vale la pena hablar de él, aunque te aseguro que lo aprecio. También vendrá Porfirio Simonovitch, juez de instrucción y antiguo alumno de la Escuela de Derecho. Creo que tú lo conoces.

—¿Es también pariente tuyo?

—¡Bah, muy lejano…! Pero ¿qué te pasa? Pareces disgustado. ¿Serás capaz de no venir porque un día disputaste con él?

—Eso me importa muy poco.

—¡Mejor que mejor! También asistirán algunos estudiantes, un profesor, un funcionario, un músico, un oficial, Zamiotof...

—¿Zamiotof? Te agradeceré que me digas lo que tú o él —indicó al enfermo con un movimiento de cabeza— tenéis que ver con ese Zamiotof.

—¡Ya salió aquello! Los principios...Tú estás sentado sobre tus principios como sobre muelles, y no te atreves a hacer el menor movimiento. Mi principio es que todo depende del modo de ser del hombre. Lo demás me importa un comino. Y Zamiotof es un excelente muchacho.

—Pero no demasiado escrupuloso en cuanto a los medios para enriquecerse.

—Admitamos que sea así. Eso a mí no me importa. ¿Qué importancia tiene? —exclamó Rasumikhine con una especie de afectada indignación—. ¿Acaso he alabado yo este rasgo suyo? Yo sólo digo que es un buen hombre en su género. Además, si vamos a juzgar a los hombres aplicándoles las reglas generales, ¿cuántos quedarían verdaderamente puros? Apostaría cualquier cosa a que si se mostraran tan exigentes conmigo, resultaría que no valgo un bledo...ni aunque te englobaran a ti con mi persona.

—No exageres: yo daría dos bledos por ti.

—Pues a mí me parece que tú no vales más de uno...Bueno, continúo. Zamiotof no es todavía más que un muchacho, y yo le tiro de las orejas. Siempre es mejor tirar que rechazar. Si rechazas a un hombre, no podrás obligarlo a enmendarse, y menos si se trata de un muchacho. Debemos ser muy comprensivos con estos mozalbetes...Pero vosotros, estúpidos progresistas, vivís en las nubes. Despreciáis a la gente y no veis que así os perjudicáis a vosotros mismos...Y te voy a decir una cosa: Zamiotof y yo tenemos entre manos un asunto que nos interesa a los dos por igual.

—Me gustaría saber qué asunto es ése.

—Se trata del pintor, de ese pintor de brocha gorda. Conseguiremos que lo pongan en libertad. No será difícil, porque el asunto está clarísimo. Nos bastará presionar un poco para que quede la cosa resuelta.

—No sé a qué pintor te refieres.

—¿No? ¿Es posible que no té haya hablado de esto...? Se trata de la muerte de la vieja usurera. Hay un pintor mezclado en el suceso.

—Ya tenía noticias de ese asunto. Me enteré por los periódicos. Por eso sólo me interesó hasta cierto punto. Bueno, explícame.

—También asesinaron a Lisbeth —dijo de pronto Nastasia dirigiéndose a Raskolnikof. (Se había quedado en la habitación, apoyada en la pared, escuchando el diálogo).

—¿Lisbeth? —murmuró Raskolnikof, con voz apenas perceptible.

—Sí, Lisbeth, la vendedora de ropas usadas. ¿No la conocías? Venía a esta casa. Incluso arregló una de tus camisas.

Raskolnikof se volvió hacia la pared. Escogió del empapelado, de un amarillo sucio, una de las numerosas florecillas aureoladas de rayitas oscuras que había en él y se dedicó a examinarla atentamente. Observó los pétalos.

¿Cuántos había? Y todos los trazos, hasta los menores dentículos de la corola. Sus miembros se entumecían, pero él no hacía el menor movimiento. Su mirada permanecía obstinadamente fija en la menuda flor.

—Bueno, ¿qué me estabas diciendo de ese pintor? —preguntó Zosimof, interrumpiendo con viva impaciencia la palabrería de Nastasia, que suspiró y se detuvo.

—Que se sospecha que es el autor del asesinato —dijo Rasumikhine, acalorado.

—¿Hay cargos contra él?

—Sí, y, fundándose en ellos, se le ha detenido. Pero, en realidad, estos cargos no son tales cargos, y esto es lo que pretendemos demostrar. La policía sigue ahora una falsa pista, como la siguió al principio con…, ¿cómo se llaman…? Koch y Pestriakof…Por muy poco que le afecte a uno el asunto, uno no puede menos de sublevarse ante una investigación conducida tan torpemente. Es posible que Pestriakof pase dentro de un rato por mi casa…A propósito, Rodia. Tú debes de estar enterado de todo esto, pues ocurrió antes de tu enfermedad, precisamente la víspera del día en que te desmayaste en la comisaría cuando se estaba hablando de ello.

—¿Quieres que te diga una cosa, Rasumikhine? —dijo Zosimof—. Te estoy observando desde hace un momento y veo que te alteras con una facilidad asombrosa.

—¡Qué importa! Eso no cambia en nada la cuestión —exclamó Rasumikhine dando un puñetazo en la mesa—. Lo más indignante de este asunto no son los errores de esa gente: uno puede equivocarse; las equivocaciones conducen a la verdad. Lo que me saca de mis casillas es

que, aún equivocándose, se creen infalibles. Yo aprecio a Porfirio, pero…
¿Sabes lo que les desorientó al principio? Que la puerta estaba cerrada,
y cuando Koch y Pestriakof volvieron a subir con el portero, la
encontraron abierta. Entonces dedujeron que Pestriakof y Koch eran los
asesinos de la vieja. Así razonan.

—No te acalores. Tenían que detenerlos…De ese Koch tengo
noticias. Al parecer, compraba a la vieja los objetos que no se
desempeñaban.

—No es un sujeto recomendable. También compraba pagarés. ¡Que
el diablo se lo lleve! lo que me pone fuera de mí es la rutina, la anticuada
e innoble rutina de esa gente. Éste era el momento de renunciar a los
viejos procedimientos y seguir nuevos sistemas. Los datos psicológicos
bastarían para darles una nueva pista. Pero ellos dicen: "Nos atenemos a
los hechos". Sin embargo, los hechos no son lo único que interesa. El
modo de interpretarlos influye en un cincuenta por ciento como mínimo
en el éxito de las investigaciones.

—¿Y tú sabes interpretar los hechos?

—Lo que te puedo decir es que cuando uno tiene la íntima convicción
de que podría ayudar al esclarecimiento de la verdad, le es imposible
contenerse… ¿Conoces los detalles del suceso?

—Estoy esperando todavía la historia de ese pintor de paredes.

—¡Ah, sí! Pues escucha. Al día siguiente del crimen, por la mañana,
cuando la policía sólo pensaba aún en Koch y Pestriakof (a pesar de que
éstos habían dado toda clase de explicaciones convincentes sobre sus
pasos), he aquí que se produce un hecho inesperado. Un campesino
llamado Duchkhine, que tiene una taberna frente a la casa del crimen, se
presentó en la comisaría y entrega un estuche que contiene un par de
pendientes de oro. A continuación refiere la siguiente historia:

"—Anteayer, un poco después de las ocho de la noche (hora que
coincide con la del suceso), Nicolás, un pintor de oficio que frecuenta mi
establecimiento, me trajo estos pendientes y me pidió que le prestara dos
rublos, dejándome la joya en prenda.

"—¿De dónde has sacado esto? —le pregunté.

"Él me contestó que se los había encontrado en la calle, y yo no le
hice más preguntas. Le di un rublo. Pensé que si yo no hacía la operación,
se aprovecharía otro, que Nicolás se bebería el dinero de todas formas y
que era preferible que la joya quedara en mis manos, pues estaba
decidido a entregarla a la policía si me enteraba de que era un objeto
robado, al venir alguien a reclamarla".

—Naturalmente —dijo Rasumikhine—, esto era un cuento tártaro. Duchkhine mentía descaradamente, pues le conozco y sé que cuando aceptó de Nicolás esos pendientes que valen treinta rublos no fue precisamente para entregarlos a la policía. Si lo hizo fue por miedo. Pero esto poco importa. Dejemos que Duchkhine siga hablando.

"Conozco a Nicolás Demetiev desde mi infancia, pues nació, como yo, en el distrito de Zaraisk, gobierno de Riazán. No es un alcohólico, pero le gusta beber a veces. Yo sabía que él estaba pintando unas habitaciones en la casa de enfrente, con Mitri, que es paisano suyo. Apenas tuvo en sus manos el rublo, se bebió dos vasitos, pagó, se echó el cambio al bolsillo y se fue. Mitri no estaba con él entonces. A la mañana siguiente me enteré de que Alena Ivanovna y su hermana Lisbeth habían sido asesinadas a hachazos. Las conocía y sabía que la vieja prestaba dinero sobre los objetos de valor. Por eso tuve ciertas sospechas acerca de estos pendientes. Entonces me dirigí a la casa y empecé a investigar con el mayor disimulo, como si no me importara la cosa. Lo primero que hice fue preguntar:

"—¿Está Nicolás?

"Y Mitri me explicó que Nicolás no había ido al trabajo, que había vuelto a su casa bebido al amanecer, que había estado en ella no más de diez minutos y que había vuelto a marcharse. Mitri no le había vuelto a ver y estaba terminando solo el trabajo.

"El departamento donde trabajaban los dos pintores está en el segundo piso y da a la misma escalera que las habitaciones de las víctimas.

"Hechas estas averiguaciones y sin decir ni una palabra a nadie, reuní cuantos datos me fue posible acerca del asesinato y volví a mi casa sin que mis sospechas se hubieran desvanecido.

"A la mañana siguiente, o sea dos después del crimen —continuó Duchkhine—, apareció Nicolás en mi establecimiento. Había bebido, pero no demasiado, de modo que podía comprender lo que se le decía. Se sentó en un banco sin pronunciar palabra. En aquel momento sólo había en la taberna otro cliente, que dormía en un banco, y mis dos muchachos.

"—¿Has visto a Mitri? —pregunté a Nicolás.

"—No, no lo he visto —repuso.

"—Entonces, ¿no has venido por aquí?

"—No, no he venido desde anteayer.

"—¿Dónde has pasado esta noche?

"—En las Arenas, en casa de los Kolomensky.

"Entonces le pregunté:

"—¿De dónde sacaste los pendientes que me trajiste anteanoche?

"—Me los encontré en la acera —respondió con un tonillo sarcástico y sin mirarme.

"—¿Te has enterado de que aquella noche y a aquella hora ocurrió tal y tal cosa en la casa donde trabajabas?

"—No, no sabía nada de eso.

"Había escuchado mis últimas palabras con los ojos muy abiertos. De pronto se pone blanco como la cal, coge su gorro, se levanta…Yo intento detenerle.

"—Espera, Nicolás. ¿No quieres tomar nada?

"Y digo por señas a uno de mis muchachos que se sitúe en la puerta. Yo, entre tanto, salgo de detrás del mostrador. Pero él adivina mis intenciones y se planta de un salto en la calle. Inmediatamente echa a correr y desaparece tras la primera esquina. Desde este momento, ya no me cupo duda de que era culpable".

—Lo mismo creo yo —dijo Zosimof.

—Espera, escucha el final…Naturalmente, la policía empezó a buscar a Nicolás por todas partes. Se detuvo a Duchkhine y se registró su casa. En la vivienda de Mitri y en casa de los Kolomensky no quedó nada por mirar y revolver. Al fin, anteayer se detuvo a Nicolás en una posada próxima a la Barrera. Al llegar a la posada, Nicolás se había quitado una cruz de plata que colgaba de su cuello y la había entregado al dueño de la posada para que se la cambiara por vodka. Se le dio la bebida. Unos minutos después, una campesina que volvía de ordeñar a las vacas vio en una cochera vecina, mirando por una rendija, a un hombre que evidentemente iba a ahorcarse. Habla colgado una cuerda del techo y, después de hacer un nudo corredizo en el otro extremo, se había subido a un montón de leña y se disponía a pasar la cabeza por el nudo corredizo. La mujer empezó a gritar con todas sus fuerzas y acudió gente.

"—¡Vaya unos pasatiempos que té buscas!

"—Llevadme a la comisaría. Allí lo contaré todo.

"Se atendió a su demanda y se le condujo a la comisaría correspondiente, que es la de nuestro barrio. En seguida empezó el interrogatorio de rigor.

"—¿Quién es usted y qué edad tiene?

"—Tengo veintidós años y soy…, etcétera.

"Pregunta:

"—Mientras trabajaba usted con Mitri en tal casa, ¿no vio a nadie en la escalera a tal hora?

"Respuesta:

"—Subía y bajaba bastante gente, pero yo no me fijé en nadie.

"—¿Y no oyó usted ningún ruido?

"—No oí nada de particular.

"—¿Sabía usted que tal día y a tal hora mataron y desvalijaron a la vieja del cuarto piso y a su hermana?

"—No lo sabía en absoluto. Me lo dijo Atanasio Pavlovitch anteayer en su taberna.

"—¿De dónde sacó los pendientes?

"—Me los encontré en la calle.

"—¿Por qué no fue a trabajar al día siguiente con su compañero Mitri?

"—Tenía ganas de divertirme.

"—¿A dónde fue?

"—De un lado a otro.

"—¿Por qué huyó usted de la taberna de Duchkhine?

"—Tenía miedo.

"—¿De qué?

"—De que me condenaran.

"—¿Cómo explica usted ese temor si tenía la conciencia tranquila?"

—Aunque parezca mentira, Zosimof —continuó Rasumikhine—, se le hizo esta pregunta y con estas mismas palabras. Lo sé de buena fuente… ¿Qué te parece? Dime: ¿qué te parece?

—Las pruebas son abrumadoras.

—Yo no té hablo de las pruebas, sino de la pregunta que se le hizo, del concepto que tiene de su deber esa gente, esos policías…En fin, dejemos esto…Desde luego, presionaron al detenido de tal modo, que acabó por declarar:

"—No fue en la calle donde encontré los pendientes, sino en el piso donde trabajaba con Mitri.

"—¿Cómo se produjo el hallazgo?

"—Lo voy a explicar. Mitri y yo estuvimos todo el día trabajando y, cuando nos íbamos a marchar, Mitri cogió un pincel empapado de pintura y me lo pasó por la cara. Después echó a correr escaleras abajo y yo fui tras él, bajando los escalones de cuatro en cuatro y lanzando juramentos. Cuando llegué a la entrada, tropecé con el portero y con unos señores que estaban con él y que no recuerdo cómo eran. El portero empezó a insultarme, el segundo portero hizo lo mismo; luego salió de la garita la mujer del primer portero y se sumó a los insultos. Finalmente, un caballero que en aquel momento entraba en la casa acompañado de una señora nos puso también de vuelta y media porque no los dejábamos pasar. Cogí a Mitri del pelo, lo derribé y empecé a atizarle. Él, aunque estaba debajo, consiguió también asirme por el pelo y noté que me devolvía los golpes. Pero todo era broma. Al fin, Mitri consiguió libertarse y echó a correr por la calle. Yo le perseguí, pero, al ver que no le podía alcanzar, volví al piso donde trabajábamos para poner en orden las cosas que habíamos dejado de cualquier modo. Mientras las arreglaba, esperaba a Mitri. Creía que volvería de un momento a otro. De pronto, en un rincón del vestíbulo, detrás de la puerta, piso una cosa. La recojo, quito el papel que la envuelve y veo un estuche, y en el estuche los pendientes"

—¿Detrás de la puerta? ¿Has dicho detrás de la puerta? —preguntó de súbito Raskolnikof, fijando en Rasumikhine una mirada llena de espanto. Seguidamente, haciendo un gran esfuerzo, se incorporó y apoyó el codo en el diván.

—Sí, ¿y qué? ¿Por qué te pones así? ¿Qué té ha pasado? preguntó Rasumikhine levantándose de su asiento.

—No, nada —balbuceó Raskolnikof penosamente, dejando caer la cabeza en la almohada y volviéndose de nuevo hacia la pared.

Hubo un momento de silencio.

—Debía de estar medio dormido, ¿verdad? —preguntó Rasumikhine, dirigiendo a Zosimof una mirada interrogadora.

El doctor movió negativamente la cabeza.

—Bueno —dijo—, continúa. ¿Qué ocurrió después?

—¿Después? Pues ocurrió que, apenas vio los pendientes, se olvidó de su trabajo y de Mitri, cogió su gorro y corrió a la taberna de Duchkhine. Éste le dio, como ya sabemos, un rublo, y Nicolás le mintió diciendo que se había encontrado los pendientes en la calle. Luego se fue a divertirse. En lo que concierne al crimen, mantiene sus primeras declaraciones.

"—Yo no sabía nada —insiste—, no supe nada hasta dos días después.

"—¿Y por qué se ocultó?

"—Por miedo.

"—¿Por qué quería ahorcarse?

"—Por temor.

"—¿Temor de qué?

"—De que me condenaran.

Y esto es todo —terminó Rasumikhine—. ¿Qué conclusiones crees que han sacado?".

—No sé qué decirte. Existe una sospecha, discutible tal vez pero fundada. No podían dejar en libertad a tu pintor de fachadas.

—¡Pero es que le atribuyen el asesinato! ¡No les cabe la menor duda!

—Óyeme. No te acalores. Has de convenir que si el día y a la hora del crimen, unos pendientes que estaban en el arca de la víctima pasaron a manos de Nicolás, es natural que se le pregunte cómo se los procuró. Es un detalle importante para la instrucción del sumario.

—¿Que cómo se los procuró? —exclamó Rasumikhine—. Pero ¿es posible que tú, doctor en medicina y, por lo tanto, más obligado que nadie a estudiar la naturaleza humana, y que has podido profundizar en ella gracias a tu profesión, no hayas comprendido el carácter de Nicolás basándote en los datos que te he dado? ¿Es posible que no estés convencido de que sus declaraciones en los interrogatorios que ha sufrido son la pura verdad? Los pendientes llegaron a sus manos exactamente como él ha dicho: pisó el estuche y lo recogió.

—Podrá decir la pura verdad; pero él mismo ha reconocido que mintió la primera vez.

—Oye, escúchame con atención. El portero, Koch, Pestriakof, el segundo portero, la mujer del primero, otra mujer que estaba en aquel momento en la portería con la portera, el consejero Krukof, que acababa de bajar de un coche y entraba en la casa con una dama cogida a su brazo; todas estas personas, es decir, ocho, afirman que Nicolás tiró a Mitri al suelo y lo mantuvo debajo de él, golpeándole, mientras Mitri cogía a su camarada por el pelo y le devolvía los golpes con creces. Están ante la puerta y dificultan el paso. Se les insulta desde todas partes, y ellos, como dos chiquillos (éstas son las palabras de los testigos), gritan, disputan, lanzan carcajadas, se hacen guiños y se persiguen por la calle. Como verdaderos chiquillos, ¿comprendes? Ten en cuenta que arriba hay dos cadáveres que todavía conservan calor en el cuerpo; sí, calor; no estaban todavía fríos cuando los encontraron…Supongamos que los autores del crimen son los dos pintores, o que sólo lo ha cometido Nicolás, y que han robado, forzando la cerradura del arca, o simplemente participado en el robo. Ahora, admitido esto, permíteme una pregunta. ¿Se puede concebir la indiferencia, la tranquilidad de espíritu que demuestran esos gritos, esas risas, esa riña infantil en personas que acaban de cometer un crimen y están ante la misma casa en que lo han cometido? ¿Es esta conducta compatible con el hacha, la sangre, la astucia criminal y la prudencia que forzosamente han de acompañar a semejante acto? Cinco o diez minutos después de haber cometido el asesinato (no puede haber transcurrido más tiempo, ya que los cuerpos no se han enfriado todavía), salen del piso, dejando la puerta abierta y, aun sabiendo que sube gente a casa de la vieja, se ponen a juguetear ante la puerta de la casa, en vez de huir a toda prisa, y ríen y llaman la atención de la gente, cosa que confirman ocho testigos… ¡Qué absurdo!

—Sin duda, todo esto es extraño, incluso parece imposible, pero…

—¡No hay pero que valga! Yo reconozco que el hecho de que se encontraran los pendientes en manos de Nicolás poco después de cometerse el crimen constituye un grave cargo contra él. Sin embargo, este hecho queda explicado de un modo plausible en las declaraciones del acusado y, por lo tanto, es discutible. Además, hay que tener en cuenta los hechos que son favorables a Nicolás, y más aún cuando se da el caso de que estos hechos están fuera de duda. ¿Tú qué crees? Dado el carácter de nuestra jurisprudencia, ¿son capaces los jueces de considerar que un hecho fundado únicamente en una imposibilidad psicológica, en un estado de alma, por decirlo así, puede aceptarse como indiscutible y suficiente para destruir todos los cargos materiales, sean cuales fueren? No, no lo admitirán jamás. Han encontrado el estuche en sus manos y él quería ahorcarse, cosa que, a su juicio, no habría ocurrido si él no se hubiera sentido culpable…Ésta es la cuestión fundamental; esto es lo que me indigna, ¿comprendes?

—Sí, ya veo que estás indignado. Pero oye, tengo que hacerte una pregunta. ¿Hay pruebas de que esos pendientes se sacaron del arca de la vieja?

—Sí —repuso Rasumikhine frunciendo las cejas—. Koch reconoció la joya y dijo quién la había empeñado. Esta persona confirmó que los pendientes le pertenecían.

—Lamentable. Otra pregunta. ¿Nadie vio a Nicolás mientras Koch y Pestriakof subían al cuarto piso, con lo que quedaría probada la coartada?

—Desgraciadamente, nadie lo vio —repuso Rasumikhine, malhumorado—. Ni siquiera Koch y Pestriakof los vieron al subir. Claro que su testimonio no valdría ya gran cosa. "Vimos —dicen— que el piso estaba abierto y nos pareció que trabajaban en él, pero no prestamos atención a este detalle y no podríamos decir si los pintores estaban o no allí en aquel momento".

—¿Así, la inculpabilidad de Nicolás descansa enteramente en las risas y en los golpes que cambió con su camarada…? En fin, admitamos que esto constituye una prueba importante en su favor. Pero dime: ¿cómo puedes explicar el proceso del hallazgo de los pendientes, si admites que el acusado dice la verdad, o sea que los encontró en el departamento donde trabajaba?

—¿Que cómo puedo explicarlo? Del modo más sencillo. La cosa está perfectamente clara. Por lo menos, el camino que hay que seguir para llegar a la verdad se nos muestra con toda claridad, y es precisamente esa joya la que lo indica. Los pendientes se le cayeron al verdadero culpable. Éste estaba arriba, en el piso de la vieja, mientras Koch y Pestriakof llamaban a la puerta. Koch cometió la tontería de bajar a la entrada poco después que su compañero. Entonces el asesino sale del piso y empieza a bajar la escalera, ya que no tiene otro camino para huir. A fin de no encontrarse con el portero, Koch y Pestriakof, ha de esconderse en el piso vacío que Nicolás y Mitri acaban de abandonar. Permanece oculto detrás de la puerta mientras los otros suben al piso de las víctimas, y, cuando el ruido de los pasos se aleja, sale de su escondite y baja tranquilamente. Es el momento en que Mitri y Nicolás echan a correr por la calle. Todos los que estaban ante la puerta se han dispersado. Tal vez alguien le viera, pero nadie se fijó en él. ¡Entraba y salía tanta gente por aquella puerta! El estuche se le cayó del bolsillo cuando estaba oculto detrás de la puerta, y él no lo advirtió porque tenía otras muchas cosas en que pensar en aquel momento. Que el estuche estuviera allí demuestra que el asesino se escondió en el piso vacío. He aquí explicado todo el misterio.

—Ingenioso, amigo Rasumikhine, diabólicamente ingenioso, incluso demasiado ingenioso.

—¿Por qué demasiado?

—Porque todo es tan perfecto, porque los detalles están tan bien trabados, que uno cree hallarse ante una obra teatral.

Rasumikhine abrió la boca para protestar, pero en este momento se abrió la puerta, y los jóvenes vieron aparecer a un visitante al que ninguno de ellos conocía.

CAPÍTULO 5

Era un caballero de cierta edad, movimientos pausados y fisonomía reservada y severa. Se detuvo en el umbral y paseó a su alrededor una mirada de sorpresa que no trataba de disimular y que resultaba un tanto descortés.

"¿Dónde me he metido?", parecía preguntarse. Observaba la habitación, estrecha y baja de techo como un camarote, con un gesto de desconfianza y una especie de afectado terror.

Su mirada conservó su expresión de asombro al fijarse en Raskolnikof, que seguía echado en el mísero diván, vestido con ropas no menos miserables, y que le miraba como los demás.

Después el visitante observó atentamente la barba inculta, los cabellos enmarañados y toda la desaliñada figura de Rasumikhine, que, a su vez y sin moverse de su sitio, le miraba con una curiosidad impertinente.

Durante más de un minuto reinó en la estancia un penoso silencio, pero al fin, como es lógico, la cosa cambió.

Comprendiendo sin duda —pues ello saltaba a la vista— que su arrogancia no imponía a nadie en aquella especie de camarote de trasatlántico, el caballero se dignó humanizarse un poco y se dirigió a Zosimof cortésmente pero con cierta rigidez.

—Busco a Rodion Romanovitch Raskolnikof, estudiante o ex estudiante —dijo, articulando las palabras sílaba a sílaba.

Zosimof inició un lento ademán, sin duda para responder, pero Rasumikhine, aunque la pregunta no iba dirigida a él, se anticipó.

—Ahí lo tiene usted, en el diván —dijo—. ¿Y usted qué desea?

La naturalidad con que estas palabras fueron pronunciadas pareció ablandar al presuntuoso caballero, que incluso se volvió hacia Rasumikhine. Pero en seguida se contuvo y, con un rápido movimiento, fijó de nuevo la mirada en Zosimof.

—Ahí tiene usted a Raskolnikof —repuso el doctor, indicando al enfermo con un movimiento de cabeza. Después lanzó un gran bostezo y, seguidamente y con gran lentitud, sacó del bolsillo de su chaleco un enorme reloj de oro, que consultó y volvió a guardarse, con la misma calma.

Raskolnikof, que en aquel momento estaba echado boca arriba, no quitaba ojo al recién llegado y seguía encerrado en su silencio. Ahora se veía su semblante, pues ya no contemplaba la florecilla del empapelado.

Estaba pálido y en su expresión se leía un extraordinario sufrimiento. Era como si el enfermo acabara de salir de una operación o de experimentar terribles torturas…Sin embargo, el visitante desconocido le inspiraba un interés creciente, que primero fue sorpresa, en seguida desconfianza y finalmente temor.

Cuando Zosimof dijo: "Ahí tiene usted a Raskolnikof", éste se levantó con un movimiento tan repentino, que tuvo algo de salto, y manifestó, con voz débil y entrecortada pero agresiva:

—Si, yo soy Raskolnikof. ¿Qué desea usted?

El visitante le observó atentamente y repuso, en un tono lleno de dignidad:

—Soy Piotr Petrovitch Lujine. Tengo motivos para creer que mi nombre no le será enteramente desconocido.

Pero Raskolnikof, que esperaba otra cosa, se limitó a mirar a su interlocutor con gesto pensativo y estúpido, sin contestarle y como si aquélla fuera la primera vez que oía semejante nombre.

—¿Es posible que todavía no le hayan hablado de mí? —exclamó Piotr Petrovitch, un tanto desconcertado.

Por toda respuesta, Raskolnikof se dejó caer poco a poco sobre la almohada. Enlazó sus manos debajo de la nuca y fijó su mirada en el techo. Lujine dio ciertas muestras de inquietud. Zosimof y Rasumikhine le observaban con una curiosidad creciente que acabó de desconcertarle.

—Yo creía…, yo suponía… —balbuceó— que una carta que se cursó hace diez días, tal vez quince…

—Pero oiga, ¿por qué se queda en la puerta? —le interrumpió Rasumikhine—. Si tiene usted algo que decir, entre y siéntese. Nastasia y usted no caben en el umbral. Nastasiuchka, apártate y deja pasar al señor. Entre; aquí tiene una silla; pase por aquí.

Echó atrás su silla de modo que entre sus rodillas y la mesa quedó un estrecho pasillo, y, en una postura bastante incómoda, esperó a que pasara el visitante. Lujine comprendió que no podía rehusar y llegó, no sin dificultad, al asiento que se le ofrecía. Cuando estuvo sentado, fijó en Rasumikhine una mirada llena de inquietud.

—No esté usted violento —dijo éste levantando la voz—. Hace cinco días que Rodia está enfermo. Durante tres ha estado delirando. Hoy ha recobrado el conocimiento y ha comido con apetito. Aquí tiene usted a su médico, que lo acaba de reconocer. Yo soy un camarada suyo, un exestudiante como él, y ahora hago el papel de enfermero. Por lo tanto, no haga caso de nosotros: siga usted conversando con él como si no estuviéramos.

—Muy agradecido, pero ¿no le parece a usted —se dirigía a Zosimof— que mi conversación y mi presencia pueden fatigar al enfermo?

—No —repuso Zosimof—. Por el contrario, su charla le distraerá. Y volvió a lanzar un bostezo.

—¡Oh! Hace ya bastante tiempo que ha vuelto en sí: esta mañana —dijo Rasumikhine, cuya familiaridad respiraba tanta franqueza y simpatía, que Piotr Petrovitch empezó a sentirse menos cohibido. Además, hay que tener presente que el impertinente y desharrapado joven se había presentado como estudiante.

—Su madre…—comenzó a decir Lujine.

Rasumikhine lanzó un ruidoso gruñido. Lujine le miró con gesto interrogante.

—No, no es nada. Continúe.

—Su madre empezó a escribirle antes de que yo me pusiera en camino. Ya en Petersburgo, he retrasado adrede unos cuantos días mi visita para asegurarme de que usted estaría al corriente de todo. Y ahora veo, con la natural sorpresa…

—Ya estoy enterado, ya estoy enterado —replicó de súbito Raskolnikof, cuyo semblante expresaba viva irritación—. Es usted el novio, ¿verdad? Bien, pues ya ve que lo sé.

Piotr Petrovitch se sintió profundamente herido por la aspereza de Raskolnikof, pero no lo dejó entrever. Se preguntaba a qué obedecía aquella actitud. Hubo una pausa que duró no menos de un minuto. Raskolnikof, que para contestarle se había vuelto ligeramente hacia él, empezó de súbito a examinarlo fijamente, con cierta curiosidad, como si no hubiese tenido todavía tiempo de verle o como si de pronto hubiese descubierto en él algo que le llamara la atención. Incluso se incorporó en el diván para poder observarlo mejor.

Sin duda, el aspecto de Piotr Petrovitch tenía un algo que justificaba el calificativo de novio que acababa de aplicársele tan gentilmente. Desde luego, se veía claramente, e incluso demasiado, que Piotr Petrovitch había aprovechado los días que llevaba en la capital para embellecerse, en previsión de la llegada de su novia, cosa tan inocente como natural. La satisfacción, acaso algo excesiva, que experimentaba ante su feliz transformación podía perdonársele en atención a las circunstancias. El traje del señor Lujine acababa de salir de la sastrería.

Su elegancia era perfecta, y sólo en un punto permitía la crítica: el de ser demasiado nuevo. Todo en su indumentaria se ajustaba al plan establecido, desde el elegante y flamante sombrero, al que él prodigaba toda suerte de cuidados y tenía entre sus manos con mil precauciones, hasta los maravillosos guantes de color lila, que no llevaba puestos, sino que se contentaba con tenerlos en la mano. En su vestimenta predominaban los tonos suaves y claros. Llevaba una ligera y coquetona americana habanera, pantalones claros, un chaleco del mismo color, una fina camisa recién salida de la tienda y una encantadora y pequeña corbata de batista con listas de color de rosa. Lo más asombroso era que esta elegancia le sentaba perfectamente. Su fisonomía, fresca e incluso hermosa, no representaba los cuarenta y cinco años que ya habían pasado por ella. La encuadraban dos negras patillas que se extendían elegantemente a ambos lados del mentón, rasurado cuidadosamente y de una blancura deslumbrante. Su cabello se mantenía casi enteramente libre de canas, y un hábil peluquero había conseguido rizarlo sin darle, como suele ocurrir en estos casos, el ridículo aspecto de una cabeza de marido alemán. Lo que pudiera haber de desagradable y antipático en aquella fisonomía grave y hermosa no estaba en el exterior.

Después de haber examinado a Lujine con impertinencia, Raskolnikof sonrió amargamente, dejó caer la cabeza sobre la almohada y continuó contemplando el techo.

Pero el señor Lujine parecía haber decidido tener paciencia y fingía no advertir las rarezas de Raskolnikof.

—Lamento profundamente encontrarle en este estado —dijo para reanudar la conversación—. Si lo hubiese sabido, habría venido antes a verle. Pero usted no puede imaginarse las cosas que tengo que hacer. Además, he de intervenir en un debate importante del Senado. Y no hablemos de esas ocupaciones cuya índole puede usted deducir: espero a su familia, es decir, a su madre y a su hermana, de un momento a otro.

Raskolnikof hizo un movimiento y pareció que iba a decir algo. Su semblante dejó entrever cierta agitación. Piotr Petrovitch se detuvo y esperó un momento, pero, viendo que Raskolnikof no desplegaba los labios, continuó:

—Sí, las espero de un momento a otro. Ya les he encontrado un alojamiento provisional.

—¿Dónde? —preguntó Raskolnikof con voz débil.

—Cerca de aquí, en el edificio Bakaleev.

—Eso está en el bulevar Vosnesensky —interrumpió entonces Rasumikhine—. El comerciante Iuchine alquila dos pisos amueblados. Yo he ido a verlos.

—Sí, son departamentos amueblados…

—Aquello es un verdadero infierno, sucio, pestilente y, además, un lugar nada recomendable. Allí han ocurrido las cosas más viles. Sólo el diablo sabe qué vecindario es aquél. Yo mismo fui allí atraído por un asunto escandaloso. Por lo demás, los departamentos se alquilan a buen precio.

—Como es natural, yo no pude procurarme todos esos informes, pues acababa de llegar a Petersburgo —dijo Piotr Petrovitch, un tanto molesto—; pero, sea como fuere, las dos habitaciones que he alquilado son muy limpias. Además, hay que tener en cuenta que todo esto es provisional…Yo tengo ya contratado nuestro definitivo…, mejor dicho, nuestro futuro hogar —añadió volviéndose hacia Raskolnikof—. Sólo falta arreglarlo, y ya lo estoy haciendo. Yo mismo tengo ahora una habitación amueblada bastante reducida. Está a dos pasos de aquí, en casa de la señora de Lipevechsel. Vivo con un joven que es amigo mío: Andrés Simonovitch Lebeziatnikof. Él es precisamente el que me ha indicado la casa Bakaleev.

—¿Lebeziatnikof? —preguntó Raskolnikof, pensativo, como si este nombre le hubiese recordado algo.

—Sí, Andrés Simonovitch Lebeziatnikof. Está empleado en un ministerio. ¿Le conoce usted?

—No…, no —repuso Raskolnikof.

—Perdone, pero su exclamación me ha hecho suponer que lo conocía. Fui tutor suyo hace ya tiempo. Es un joven simpatiquísimo, que está al corriente de todas las ideas. A mí me gusta tratar con gente joven. Así se entera uno de las novedades que corren por el mundo.

Piotr Petrovitch miró a sus oyentes con la esperanza de percibir en sus semblantes un signo de aprobación.

—¿A qué clase de novedades se refiere? —preguntó Rasumikhine.

—A las de tipo más serio, es decir, más fundamental —repuso Piotr Petrovitch, al que el tema parecía encantar—. Hacía ya diez años que no había venido a Petersburgo. Todas las reformas sociales, todas las nuevas ideas han llegado a provincias, pero para darse exacta cuenta de estas cosas, para verlo todo, hay que estar en Petersburgo. Yo creo que el mejor modo de informarse de estas cuestiones es observar a las generaciones jóvenes…Y créame que estoy encantado.

—¿De qué?

—Es algo muy complejo. Puedo equivocarme, pero creo haber observado una visión más clara, un espíritu más crítico, por decirlo así, una actividad más razonada.

—Es verdad —dijo Zosimof entre dientes.

—No digas tonterías —replicó Rasumikhine—. El sentido de los negocios no nos llueve del cielo, sino que sólo lo podemos adquirir mediante un difícil aprendizaje. Y nosotros hace ya doscientos años que hemos perdido el hábito de la actividad…De las ideas —continuó, dirigiéndose a Piotr Petrovitch— puede decirse que flotan aquí y allá. Tenemos cierto amor al bien, aunque este amor sea, confesémoslo, un tanto infantil. También existe la honradez, aunque desde hace algún tiempo estemos plagados de bandidos. Pero actividad, ninguna en absoluto.

—No estoy de acuerdo con usted —dijo Lujine, visiblemente encantado—. Cierto que algunos se entusiasman y cometen errores, pero debemos ser indulgentes con ellos. Esos arrebatos y esas faltas demuestran el ardor con que se lanzan al empeño, y también las dificultades, puramente materiales, verdad es, con que tropiezan. Los resultados son modestos, pero no debemos olvidar que los esfuerzos han empezado hace poco. Y no hablemos de los medios que han podido utilizar. A mi juicio, no obstante, se han obtenido ya ciertos resultados. Se han difundido ideas nuevas que son excelentes; obras desconocidas aún, pero de gran utilidad, sustituyen a las antiguas producciones de tipo romántico y sentimental. La literatura cobra un carácter de madurez.

Prejuicios verdaderamente perjudiciales han caído en el ridículo, han muerto…En una palabra, hemos roto definitivamente con el pasado, y esto, a mi juicio, constituye un éxito.

—Ha dado suelta a la lengua sólo para lucirse —gruñó inesperadamente Raskolnikof.

—¿Cómo? —preguntó Lujine, que no había entendido. Pero Raskolnikof no le contestó.

—Todo eso es exacto —se apresuró a decir Zosimof.

—¿Verdad? —exclamó Piotr Petrovitch dirigiendo al doctor una mirada amable. Después se volvió hacia Rasumikhine con un gesto de triunfo y superioridad (sólo faltaba que le llamase «joven») y le dijo—: Convenga usted que todo se ha perfeccionado, o, si se prefiere llamarlo así, que todo ha progresado, por lo menos en los terrenos de las ciencias y la economía.

—Eso es un lugar común.

—No, no es un lugar común. Le voy a poner un ejemplo. Hasta ahora se nos ha dicho: "Ama a tu prójimo". Pues bien, si pongo este precepto en práctica, ¿qué resultará? —Piotr Petrovitch hablaba precipitadamente—. Pues resultará que dividiré mi capa en dos mitades, daré una mitad a mi prójimo y los dos nos quedaremos medio desnudos. Un proverbio ruso dice que el que persigue varias liebres a la vez no caza ninguna. La ciencia me ordena amar a mi propia persona más que a nada en el mundo, ya que aquí abajo todo descansa en el interés personal. Si te amas a ti mismo, harás buenos negocios y conservarás tu capa entera. La economía política añade que cuanto más se elevan las fortunas privadas en una sociedad o, dicho en otros términos, más capas enteras se ven, más sólida es su base y mejor su organización. Por lo tanto, trabajando para mí solo, trabajo, en realidad, para todo el mundo, pues contribuyo a que mi prójimo reciba algo más que la mitad de mi capa, y no por un acto de generosidad individual y privada, sino a consecuencia del progreso general. La idea no puede ser más sencilla. No creo que haga falta mucha inteligencia para comprenderla. Sin embargo, ha necesitado mucho tiempo para abrirse camino entre los sueños y las quimeras que la ahogaban.

—Perdóneme —le interrumpió Rasumikhine—. Yo pertenezco a la categoría de los imbéciles. Dejemos ese asunto. Mi intención al dirigirle la palabra no era despertar su locuacidad. Tengo los oídos tan llenos de toda esa palabrería que no ceso de escuchar desde hace tres años, de todas esas trivialidades, de todos esos lugares comunes, que me sonroja no sólo hablar de ello, sino también que se hable delante de mí. Usted se ha apresurado a alardear ante nosotros de sus teorías, y no se lo censuro. Yo sólo deseaba saber quién es usted, pues en estos últimos tiempos se han introducido en los negocios públicos tantos intrigantes, y esos desaprensivos han ensuciado de tal modo cuanto ha pasado por sus manos, que han formado a su alrededor un verdadero lodazal. Y no hablemos más de este asunto.

—Caballero —exclamó Lujine, herido en lo más vivo y adoptando una actitud llena de dignidad—, ¿quiere usted decir con eso que también yo...?

—¡De ningún modo! ¿Cómo podría yo permitirme...? En fin, basta ya...

Y después de cortar así el diálogo, Rasumikhine se apresuró a reanudar con Zosimof la conversación que había interrumpido la entrada de Piotr Petrovitch.

Éste tuvo el buen sentido de aceptar la explicación del estudiante, y adoptó la firme resolución de marcharse al cabo de dos minutos.

—Ya hemos trabado conocimiento —dijo a Raskolnikof—. Espero que, una vez esté curado, nuestras relaciones serán más íntimas, debido a las circunstancias que ya conoce usted. Le deseo un rápido restablecimiento.

Raskolnikof ni siquiera dio muestras de haberle oído, y Piotr Petrovitch se puso en pie.

—Seguramente —dijo Zosimof a Rasumikhine—, el asesino es uno de sus deudores.

—Seguramente —repitió Rasumikhine—. Porfirio no revela a nadie sus pensamientos pero sólo interroga a los que tenían algo empeñado en casa de la vieja.

—¿Los interroga? —exclamó Raskolnikof.

—Sí, ¿por qué?

—No, por nada.

—Pero ¿cómo sabe quiénes son? —preguntó Zosimof.

—Koch ha indicado algunos. Los nombres de otros figuraban en los papeles que envolvían los objetos, y otros, en fin, se han presentado espontáneamente al enterarse de lo ocurrido.

—El culpable debe de ser un profesional de gran experiencia. ¡Qué resolución, qué audacia!

—Pues no —replicó Rasumikhine—. En eso, tú y todo el mundo estáis equivocados. Yo estoy seguro de que es un inexperto, de que éste es su primer crimen. Si nos imaginamos un plan bien urdido y un criminal experimentado, nada tiene explicación. Para que la tenga, hay que suponer que es un principiante y admitir que sólo la suerte le ha permitido escapar. ¿Qué no podrá hacer el azar? Es muy posible que no previera ningún obstáculo. ¿Y cómo lleva a cabo el robo? Busca en la caja donde la vieja guardaba sus trapos, coge unos cuantos objetos que no valen más de treinta rublos y se llena con ellos los bolsillos. Sin embargo, en el cajón superior de la cómoda se ha encontrado una caja que contenía más de mil quinientos rublos en metálico y cierta cantidad de billetes. Ni siquiera supo robar. Lo único que supo hacer fue matar. ¡Lo dicho: un principiante! Perdió la cabeza, y si no lo han descubierto no lo debe a su destreza, sino al azar.

—¿Hablan ustedes del asesinato de esa vieja prestamista? —intervino Lujine, dirigiéndose a Zosimof. Con el sombrero en las manos se disponía a despedirse, pero deseaba decir todavía algunas cosas profundas. Quería dejar buen recuerdo en aquellos jóvenes. La vanidad podía en él más que la razón.

—Sí. ¿Ha oído usted hablar de ese crimen?

—¿Cómo no? Ha ocurrido en las cercanías de la casa donde me hospedo.

—¿Conoce usted los detalles?

—Los detalles, no, pero este asunto me interesa por la cuestión general que plantea. Dejemos a un lado el aumento incesante de la criminalidad durante los últimos cinco años en las clases bajas. No hablemos tampoco de la sucesión ininterrumpida de incendios provocados y actos de pillaje. Lo que me asombra es que la criminalidad crezca de modo parecido en las clases superiores. Un día nos enteramos de que un exestudiante ha asaltado el coche de correos en la carretera. Otro, que hombres cuya posición los sitúa en las altas esferas fabrican moneda falsa. En Moscú se descubre una banda de falsificadores de billetes de la lotería, uno de cuyos jefes era un profesor de historia universal. Además, se da muerte a un secretario de embajada por una oscura cuestión de dinero…Si la vieja usurera ha sido asesinada por un hombre de la clase media (los mujiks no tienen el hábito de empeñar joyas), ¿cómo explicar este relajamiento moral en la clase más culta de nuestra ciudad?

—Los fenómenos económicos han producido transformaciones que… — comenzó a decir Zosimof.

—¿Cómo explicarlo? —le interrumpió Rasumikhine—. Pues precisamente por esa falta de actividad razonada.

—¿Qué quiere usted decir?

—¿Qué respondió ese profesor de historia universal cuando le interrogaron? «Cada cual se enriquece a su modo. Yo también he querido enriquecerme Lo más rápidamente posible.» No recuerdo las palabras que empleó, pero sé que quiso decir "ganar dinero rápidamente y sin esfuerzo". El hombre se acostumbra a vivir sin esfuerzo, a andar por el camino llano, a que le pongan la comida en la boca. Hoy cada uno se muestra como realmente es.

—Pero la moral, las leyes…

—¿Qué le sorprende? —preguntó repentinamente Raskolnikof—. Todo esto es la aplicación de sus teorías.

—¿De mis teorías?

—Sí, la conclusión lógica de los principios que acaba usted de exponer es que se puede incluso asesinar.

—Un momento, un momento…—exclamó Lujine.

—No estoy de acuerdo —dijo Zosimof.

Raskolnikof estaba pálido y respiraba con dificultad. Su labio superior temblaba convulsivamente.

—Todo tiene su medida —dijo Lujine con arrogancia—. Una idea económica no ha sido nunca una incitación al crimen, y suponiendo…

—¿Acaso no es cierto —le interrumpió Raskolnikof con voz trémula de cólera, pero llena a la vez de un júbilo hostil— que usted dijo a su novia, en el momento en que acababa de aceptar su petición, que lo que más le complacía de ella era su pobreza, pues lo mejor es casarse con una mujer pobre para poder dominarla y recordarle el bien que se le ha hecho?

—Pero…—exclamó Lujine, trastornado por la cólera—. ¡Oh, qué modo de desnaturalizar mi pensamiento! Perdóneme, pero puedo asegurarle que las noticias que han llegado a usted sobre este punto no tienen la menor sombra de fundamento. Ya sé dónde está el origen del mal…Por lo menos, lo supongo… Se lo diré francamente. Me pareció que su madre, pese a sus excelentes prendas, poseía un espíritu un tanto exaltado y propenso a las novelerías. Sin embargo, estaba muy lejos de creer que pudiera interpretar mis palabras con tanta inexactitud y que, al citarlas, alterase de tal modo su sentido. Además…

—¡Óigame! —bramó el joven, levantando la cabeza de la almohada y fijando en Lujine una mirada ardiente—. ¡Escuche!

—Usted dirá.

Lujine pronunció estas palabras en un tono de reto. A ellas siguió un silencio que duró varios segundos.

—Pues lo que quiero que sepa es que si usted se permite decir una palabra más contra mi madre, lo echo escaleras abajo.

—¡Pero Rodia! —exclamó Rasumikhine.

—¡Si, escaleras abajo!

Lujine había palidecido y se mordía los labios.

—Óigame, señor —comenzó a decir, haciendo un gran esfuerzo por dominarse—: la acogida que usted me ha dispensado me ha demostrado claramente y desde el primer momento su enemistad hacia mí, y si he prolongado la visita ha sido solamente para acabar de cerciorarme.

Habría perdonado muchas cosas a un enfermo, a un pariente; pero, después de lo ocurrido, ¡ni pensarlo!

—¡Yo no estoy enfermo! —exclamó Raskolnikof.

—¡Peor que peor!

—¡Váyase al diablo!

Lujine no había esperado esta invitación. Se deslizaba ya entre la silla y la mesa. Esta vez, Rasumikhine se levantó para dejarlo pasar. Lujine no se dignó mirarle y salió sin ni siquiera saludar a Zosimof, que desde hacía unos momentos le estaba diciendo por señas que dejara al enfermo tranquilo. Al verle alejarse con la cabeza baja, era fácil comprender que no olvidaría la terrible ofensa recibida.

—¡Vaya un modo de conducirse! —dijo Rasumikhine al enfermo, sacudiendo la cabeza con un gesto de preocupación.

—¡Déjame! ¡Dejadme todos! —gritó Raskolnikof en un arrebato de ira—.

¿Me dejaréis de una vez, verdugos? No creáis que os temo. Ahora ya no temo a nadie, ¡a nadie! ¡Marchaos! ¡Quiero estar solo! ¿Lo oís? ¡Solo!

—Vámonos —dijo Zosimof a Rasumikhine.

—Pero ¿lo vamos a dejar así?

—Vámonos.

Rasumikhine reflexionó un momento. Después siguió a Zosimof. Cuando estuvieron en la escalera, el doctor dijo:

—Si no le hubiésemos obedecido, habría sido peor. No hay que irritarlo.

—Pero ¿qué tiene?

—Le convendría una impresión fuerte que le sacara de sus pensamientos. Ahora habría sido capaz de todo…Algo le preocupa profundamente. Es una obsesión que te corroe y te exaspera. Eso es lo que más me inquieta.

—Tal vez este señor Piotr Petrovitch tenga algo que ver con ello. De la conversación que ha sostenido con él se desprende que se va a casar con la hermana de Rodia y que nuestro amigo se ha enterado de ello poco antes de su enfermedad.

—Sí, es el diablo el que lo ha traído, pues su visita lo ha echado todo a perder. Y ¿has observado que, aunque parece indiferente a todo, hay una cosa que le saca de su mutismo? Ese crimen…Oír hablar de él le pone fuera de sí.

—Lo he notado en seguida —respondió Rasumikhine—. Presta atención y se inquieta. Precisamente se puso enfermo el día en que oyó hablar de ese asunto en la comisaría. Incluso se desvaneció.

—Ven esta noche a mi casa. Quiero que me cuentes detalladamente todo eso. Me interesa mucho. Yo también tengo algo que contarte. Volveré a verle dentro de media hora. Por el momento no hay que temer ningún trastorno cerebral grave.

—Gracias por todo. Ahora voy a ver a Pachenka. Diré a Nastasia que lo vigile.

Cuando sus amigos se fueron, Raskolnikof dirigió una mirada llena de angustiosa impaciencia hasta Nastasia, pero ella no parecía dispuesta a marcharse.

—¿Te traigo ya el té? —preguntó.

—Después. Ahora quiero dormir. Vete.

Se volvió hacia la pared con un movimiento convulsivo, y Nastasia salió del aposento.

CAPÍTULO 6

Apenas se hubo marchado la sirvienta, Raskolnikof se levantó, echó el cerrojo, deshizo el paquete de las prendas de vestir comprado por Rasumikhine y empezó a ponérselas. Aunque parezca extraño, se había serenado de súbito. La frenética excitación que hacía unos momentos le dominaba y el pánico de los últimos días habían desaparecido. Era éste su primer momento de calma, de una calma extraña y repentina. Sus movimientos, seguros y precisos, revelaban una firme resolución. "Hoy, de hoy no pasa", murmuró.

Se daba cuenta de su estado de debilidad, pero la extrema tensión de ánimo a la que debía su serenidad le comunicaba una gran serenidad en sí mismo y parecía darle fuerzas. Por lo demás, no temía caerse en la calle. Cuando estuvo enteramente vestido con sus ropas nuevas, permaneció un momento contemplando el dinero que Rasumikhine había dejado en la mesa. Tras unos segundos de reflexión, se lo echó al bolsillo. La cantidad ascendía a veinticinco rublos. Cogió también lo que a su amigo le había sobrado de los diez rublos destinados a la compra de las prendas de vestir y, acto seguido, descorrió el cerrojo. Salió de la habitación y empezó a bajar la escalera. Al pasar por el piso de la patrona dirigió una mirada a la cocina, cuya puerta estaba abierta. Nastasia daba la espalda a la escalera, ocupada en avivar el fuego del samovar. No oyó nada. En lo que menos pensaba era en aquella fuga.

Momentos después ya estaba en la calle. Eran alrededor de las ocho y el sol se había puesto. La atmósfera era asfixiante, pero él aspiró ávidamente el polvoriento aire, envenenado por las emanaciones pestilentes de la ciudad. Sintió un ligero vértigo, pero sus ardientes ojos y todo su rostro, descarnado y lívido, expresaron de súbito una energía salvaje. No llevaba rumbo fijo, y ni siquiera pensaba en ello. Sólo pensaba en una cosa: que era preciso poner fin a todo aquello inmediatamente y de un modo definitivo, y que si no lo conseguía no volvería a su casa, pues no quería seguir viviendo así. Pero ¿cómo lograrlo? Del modo de «terminar», como él decía, no tenía la menor idea. Sin embargo, procuraba no pensar en ello; es más, rechazaba este pensamiento, porque le torturaba. Sólo tenía un sentimiento y una idea: que era necesario que todo cambiara, fuera como fuere y costara lo que costase. "Sí, cueste lo que cueste", repetía con una energía desesperada, con una firmeza indómita.

Dejándose llevar de una arraigada costumbre, tomó maquinalmente el camino de sus paseos habituales y se dirigió a la plaza del Mercado Central. A medio camino, ante la puerta de una tienda, en la calzada, vio a un joven que ejecutaba en un pequeño órgano una melodía sentimental. Acompañaba a una jovencita de unos quince años, que estaba de pie junto a él, en la acera, y que vestía como una damisela. Llevaba miriñaque, guantes, mantilla y un sombrero de paja con una pluma de un rojo de fuego, todo ello viejo y ajado. Estaba cantando una romanza con una voz cascada, pero fuerte y agradable, con la esperanza de que le arrojaran desde la tienda una moneda de dos kopeks. Raskolnikof se detuvo junto a los dos o tres papanatas que formaban el público, escuchó un momento, sacó del bolsillo una moneda de cinco kopeks y la puso en la mano de la muchacha. Ésta interrumpió su nota más aguda y patética como si le hubiesen cortado la voz.

—¡Basta! —gritó a su compañero. Y los dos se trasladaron a la tienda siguiente.

—¿Le gustan las canciones callejeras? —preguntó de súbito Raskolnikof a un transeúnte de cierta edad que había escuchado a los músicos ambulantes y tenía aspecto de paseante desocupado.

El desconocido le miró con un gesto de asombro.

—A mí —continuó Raskolnikof, que parecía hablar de cualquier cosa menos de canciones— me gusta oír cantar al son del órgano en un atardecer otoñal, frío, sombrío y húmedo, húmedo sobre todo; uno de esos atardeceres en que todos los transeúntes tienen el rostro verdoso y triste, y especialmente cuando cae una nieve aguda y vertical que el viento no desvía. ¿Comprende? A través de la nieve se percibe la luz de los faroles de gas…

—No sé…, no sé…Perdone —balbuceó el paseante, tan alarmado por las extrañas palabras de Raskolnikof como por su aspecto. Y se apresuró a pasar a la otra acera.

El joven continuó su camino y desembocó en la plaza del Mercado, precisamente por el punto donde días atrás el matrimonio de comerciantes hablaba con Lisbeth. Pero la pareja no estaba. Raskolnikof se detuvo al reconocer el lugar, miró en todas direcciones y se acercó a un joven que llevaba una camisa roja y bostezaba a la puerta de un almacén de harina.

—En esa esquina montan su puesto un comerciante y su mujer, que tiene aspecto de campesina, ¿verdad?

—Aquí vienen muchos comerciantes —respondió el joven, midiendo a Raskolnikof con una mirada de desdén.

—¿Cómo se llama?

—Como le pusieron al bautizarlo.

—¿Eres tal vez de Zaraisk? ¿De qué provincia? El mozo volvió a mirar a Raskolnikof.

—Alteza, mi familia no es de ninguna provincia, sino de un distrito. Mi hermano, que es el que viaja, entiende de esas cosas. Pero yo, como tengo que quedarme aquí, no sé nada. Espero de la misericordia de su alteza que me perdone.

—¿Es un figón lo que hay allí arriba?

—Una taberna. Hay un billar e incluso algunas princesas. Es un lugar muy chic.

Raskolnikof atravesó la plaza. En uno de sus ángulos se apiñaba una multitud de mujiks. Se introdujo en lo más denso del grupo y empezó a mirar atentamente las caras de unos y otros. Pero los campesinos no le prestaban la menor atención. Todos hablaban a gritos, divididos en pequeños grupos.

Después de reflexionar un momento, prosiguió su camino en dirección al bulevar V***. Pronto dejó la plaza y se internó en una calleja que, formando un recodo, conduce a la calle de Sadovaya. Había recorrido muchas veces aquella callejuela. Desde hacía algún tiempo, una fuerza misteriosa le impulsaba a deambular por estos lugares cuando la tristeza le dominaba, con lo que se ponía más triste aún. Esta vez entró en la callejuela inconscientemente. Llegó ante un gran edificio donde todo eran figones y establecimientos de bebidas. De ellos salían continuamente mujeres destocadas y vestidas con negligencia (como quien no ha de alejarse de su casa), y formaban grupos aquí y allá, en la acera, y especialmente al borde de las escaleras que conducían a los tugurios de mala fama del subsuelo.

En uno de estos antros reinaba un estruendo ensordecedor. Se tocaba la guitarra, se cantaba y todo el mundo parecía divertirse. Ante la entrada había un nutrido grupo de mujeres. Unas estaban sentadas en los escalones, otras en la acera y otras, en fin, permanecían de pie ante la puerta, charlando. Un soldado, bebido, con el cigarrillo en la boca, erraba en torno de ellas, lanzando juramentos. Al parecer no se acordaba del sitio adonde quería dirigirse. Dos individuos desarrapados cambiaban insultos. Y, en fin, se veía un borracho tendido cuan largo era en medio de la calle.

Raskolnikof se detuvo junto al grupo principal de mujeres. Éstas platicaban con voces desgarradas. Vestían ropas de Indiana, llevaban la cabeza descubierta y calzado de cabritilla. Unas pasaban de los cuarenta; otras apenas habían cumplido los diecisiete. Todas tenían los ojos hinchados.

El canto y todos los ruidos que salían del tugurio subterráneo cautivaron a Raskolnikof. Entre las carcajadas y el alegre bullicio se oía una fina voz de falsete que entonaba una bella melodía, mientras alguien danzaba furiosamente al son de una guitarra, marcando el compás con los talones. Raskolnikof, inclinado hacia el sótano, escuchaba, con semblante triste y soñador.

"Mi hombre, amor mío, no me pegues sin razón", cantaba la voz aguda. El oyente mostraba un deseo tan ávido de captar hasta la última sílaba de esta canción, que se diría que aquello era para él cuestión de vida o muerte.

"¿Y si entrase? —pensó—. Se ríen. Es la embriaguez. ¿Y si yo me embriagase también?".

—¿No entra usted, caballero? —le preguntó una de las mujeres.

Su voz era clara y todavía fresca. Parecía joven y era la única del grupo que no inspiraba repugnancia.

Raskolnikof levantó la cabeza y exclamó mientras la miraba:

—¡Qué bonita eres!

Ella sonrió. El cumplido la había emocionado.

—Usted también es un guapo mozo —dijo.

—Demasiado delgado —dijo otra de aquellas mujeres, con voz cavernosa—. Seguro que acaba de salir del hospital.

—Parecen damas de la alta sociedad, pero esto no les impide tener la nariz chata —dijo de súbito un alegre mujik que pasaba por allí con la blusa desabrochada y el rostro ensanchado por una sonrisa—. ¡Esto alegra el corazón!

—En vez de hablar tanto, entra.

—Te obedezco, amor mío.

Dicho esto, entró…, y se fue rodando escaleras abajo. Raskolnikof continuó su camino.

—¡Oiga, señor! —le gritó la muchacha apenas vio que echaba a andar.

—¿Qué? Ella se turbó.

—Me encantaría pasar unas horas con usted, caballero; pero me siento cohibida en su presencia. Deme seis kopeks para beberme un vaso, amable señor.

Raskolnikof buscó en su bolsillo y sacó todo lo que había en él: tres monedas de cinco kopeks.

—¡Oh! ¡Qué príncipe tan generoso!

—¿Cómo te llamas?

—Llámame Duklida.

—¡Es vergonzoso! —exclamó una de las mujeres del grupo, sacudiendo la cabeza con un gesto de desesperación—. No comprendo cómo se puede mendigar de este modo. Sólo de pensarlo, me muero de vergüenza.

Raskolnikof miró con curiosidad a la mujer que había hablado así. Representaba unos treinta años. Estaba picada de viruelas y salpicada de equimosis. Tenía el labio superior un poco hinchado. Había expresado su desaprobación en un tono de grave serenidad.

"¿Dónde he leído yo —pensaba Raskolnikof al alejarse— que un condenado a muerte decía, una hora antes de la ejecución de la sentencia, que antes que morir preferiría pasar la vida en una cumbre, en una roca escarpada donde tuviera el espacio justo para colocar los pies, una roca rodeada de precipicios o perdida en medio del océano sin fin, en una perpetua soledad, aunque esta vida durara mil años o fuera eterna? Vivir, vivir sea como fuere. El caso es vivir…—y añadió al cabo de un momento—: El hombre es cobarde, y cobarde el que le reprocha esta cobardía".

Desembocó en otra calle.

"¡Mira, el Palacio de Cristal! Rasumikhine me hablaba de él no hace mucho. Pero ¿qué es lo que yo quería hacer? ¡Ah, sí! Leer…Zosimof ha dicho que leyó en la prensa…".

—¿Me dará los periódicos? —preguntó entrando en un salón de té espacioso, bastante limpio y que estaba casi vacío.

Sólo había dos o tres clientes tomando el té y, en un departamento algo lejano, un grupo de cuatro personas que bebían champán. Raskolnikof creyó reconocer a Zamiotof entre ellas, pero la distancia le impedía asegurar que fuese él.

"¡Bah, qué importa!", pensó.

—¿Quiere usted vodka? —preguntó el camarero.

—Tráeme té y los periódicos, los atrasados, los de estos últimos cinco días. Te daré propina.

—Gracias, señor. Aquí tiene los de hoy, de momento. ¿Quiere vodka también?

El camarero le trajo el té y los demás periódicos. Raskolnikof se sentó y empezó a leer los títulos… Izler… Izler… Los Aztecas… Izler… Bartola… Massimo…Los Aztecas… Izler. Ojeó los sucesos: un hombre que se había caído por una escalera, un comerciante ebrio que había muerto abrasado, un incendio en el barrio de las Arenas, otro incendio en el nuevo barrio de Petersburgo, otro en este mismo barrio… Izler… Izler… Massimo…

"¡Aquí está!".

Había encontrado al fin lo que buscaba, y empezó a leer. Las líneas danzaban ante sus ojos. Sin embargo, leyó el suceso hasta el fin de la información y buscó nuevas noticias sobre el hecho en los números siguientes. Sus manos temblaban de impaciencia al pasar las páginas…

De pronto, alguien se sentó a su lado y él le dirigió una mirada. Era Zamiotof, Zamiotof en persona, con la misma indumentaria que llevaba en la comisaría. Lucía sus anillos, sus cadenas, sus cabellos negros, rizados, abrillantados y partidos por una raya perfecta. Llevaba su maravilloso chaleco, su americana un tanto gastada y su camisa no del todo nueva. Parecía de excelente humor, pues sonreía afectuosamente. El champán había coloreado su cetrino rostro.

—Pero ¿usted aquí? —dijo con un gesto de asombro y con el tono que habría adoptado para dirigirse a un viejo camarada—. Pero si Rasumikhine me dijo ayer que estaba usted todavía delirando. ¡Qué cosa tan rara! ¿Sabe que estuve en su casa?

Raskolnikof había presentido que el secretario de la comisaría se acercaría a él. Dejó los periódicos y se encaró con Zamiotof. En sus labios se percibía una sonrisa irónica que dejaba traslucir cierta irritación.

—Ya sé que vino usted —respondió—; ya me lo han dicho…Usted me buscó la bota… ¿Sabe que tiene subyugado a Rasumikhine? Dice que estuvieron ustedes dos en casa de Luisa Ivanovna, aquella a la que usted intentaba defender el otro día. Ya sabe lo que quiero decir. Usted hacía señas al "teniente Pólvora" y él no lo entendía. ¿Se acuerda usted? Sin embargo, no hacía falta ser un lince para comprenderlo. La cosa no podía estar más clara.

—¡Qué charlatán!

—¿Se refiere al "teniente Pólvora"?

—No, a su amigo Rasumikhine.

—¡Vaya, vaya, señor Zamiotof! ¡Para usted es la vida! Usted tiene entrada libre y gratuita en lugares encantadores. ¿Quién le ha invitado a champán ahora mismo?

—¿Invitado…? Hemos bebido champán. Pero ¿a santo de qué tenían que invitarme?

—Para corresponder a algún favor. Ustedes sacan provecho de todo. Raskolnikof se echó a reír.

—No se enfade, no se enfade —añadió, dándole una palmada en la espalda—. Se lo digo sin malicia alguna, amistosamente, por pura diversión, como decía de los puñetazos que dio a Mitri el pintor que detuvieron ustedes por el asunto de la vieja.

—¿Cómo sabe usted que dijo eso?

—Yo sé muchas cosas, tal vez más que usted, sobre ese asunto…

—¡Qué raro está usted…! No me cabe duda de que está todavía enfermo. No debió salir de casa.

—¿De modo que le parece que estoy raro?

—Sí. ¿Qué estaba leyendo?

—Los periódicos.

—Sólo hablan de incendios.

—Yo no leía los incendios.

Miró a Zamiotof con una expresión extraña. Una sonrisa irónica volvió a torcer sus labios.

—No —repitió—, yo no leía las noticias de los incendios —y añadió, guiñándole un ojo—: Confiese, querido amigo, que arde usted en deseos de saber lo que estaba leyendo.

—Se equivoca usted. Le he hecho esa pregunta por decir algo. ¿Es que no puede uno preguntar…? Pero ¿qué le sucede?

—Óigame: usted es un hombre culto, ¿verdad? Usted debe de haber leído mucho.

—He seguido seis cursos en el Instituto —repuso Zamiotof, un tanto orgulloso.

—¡Seis cursos! ¡Ah, querido amigo! Lleva una raya perfecta, sortijas…, en fin, que es usted un hombre rico… ¡Y qué linda presencia!

Raskolnikof soltó una carcajada en la misma cara de su interlocutor, el cual retrocedió, no porque se sintiera ofendido, sino a causa de la sorpresa.

—¡Qué extraño está usted! —dijo, muy serio, Zamiotof—. Yo creo que aún desvaría.

—¿Desvariar yo? Te equivocas, hijito…Así, ¿cree usted que estoy extraño? Y se pregunta usted por qué, ¿no?

—Sí.

—Y desea usted saber lo que he leído, lo que he buscado en estos periódicos…Mire, mire cuántos números he pedido…Esto es sospechoso, ¿verdad?

—Pero, ¿qué dice usted?

—Usted cree que ha atrapado al pájaro en el nido.

—¿Qué pájaro?

—Después se lo diré. Ahora le voy a participar…, mejor dicho, a confesar…, no, tampoco…, ahora voy a prestar declaración y usted tomará nota. ¡Ésta es la expresión! Pues bien, declaro que he estado buscando y rebuscando…—hizo un guiño, seguido de una pausa— que he venido aquí a leer los detalles relacionados con la muerte de la vieja usurera.

Las últimas palabras las dijo en un susurro y acercando tanto su cara a la de Zamiotof, que casi llegó a tocarla.

El secretario se quedó mirándole fijamente, sin moverse y sin retirar la cabeza. Más tarde, al recordar este momento, Zamiotof se preguntaba, extrañado, cómo podían haber estado mirándose así, sin decirse nada, durante un minuto.

—¿Qué me importa a mí lo que usted estuviera leyendo? —exclamó de pronto, desconcertado y molesto por aquella extraña actitud—. ¿Por qué cree usted que me ha de importar? ¿Qué tiene de particular que usted estuviera leyendo ese suceso?

Pero Raskolnikof, en voz baja como antes y sin hacer caso de las exclamaciones de Zamiotof, siguió diciendo:

—Me refiero a esa vieja de la que hablaban ustedes en la comisaría, ¿se acuerda?, cuando me desmayé… ¿Comprende usted ya?

—Pero ¿qué he de comprender? ¿Qué quiere usted decir? —preguntó Zamiotof, inquieto.

El semblante grave e inmóvil de Raskolnikof cambió de expresión repentinamente, y el ex estudiante se echó a reír con la misma risa nerviosa e incontenible que le había acometido momentos antes. De súbito le pareció que volvía a vivir intensamente las escenas turbadoras del crimen…Estaba detrás de la puerta con el hacha en la mano; el cerrojo se movía ruidosamente; al otro lado de la puerta, dos hombres la sacudían, tratando de forzarla y lanzando juramentos; y él se sentía dominado por el deseo de insultarlos, de hacerles hablar, de mofarse de ellos, de echarse a reír, con risa estrepitosa a grandes carcajadas…

—O está usted loco, o…—dijo Zamiotof.

Se detuvo ante la idea que de súbito le había asaltado.

—¿O qué…? Acabe, dígalo.

—No —replicó Zamiotof—. ¡Es tan absurdo…!

Los dos guardaron silencio. Raskolnikof, tras su repentino arrebato de hilaridad, quedó triste y pensativo. Se acodó en la mesa y apoyó la cabeza en las manos. Parecía haberse olvidado de la presencia de Zamiotof. Hubo un largo silencio.

—¿Por qué no se toma el té? —dijo Zamiotof—. Se va a enfriar

—¿Qué…? ¿El té…? ¡Ah, sí!

Raskolnikof tomó un sorbo, se echó a la boca un trozo de pan, fijó la mirada en Zamiotof y pareció ahuyentar sus preocupaciones. Su semblante recobró la expresión burlona que tenía hacía un momento. Después, Raskolnikof siguió tomándose el té.

—Actualmente, los crímenes se multiplican —dijo Zamiotof—. Hace poco leí en las Noticias de Moscú que habían detenido en esta ciudad a una banda de monederos falsos. Era una detestable organización que se dedicaba a fabricar billetes de Banco.

—Ese asunto ya es viejo —repuso con toda calma Raskolnikof—. Hace ya más de un mes que lo leí en la prensa. Así, ¿usted cree que esos falsificadores son unos bandidos?

—A la fuerza han de serlo.

—¡Bah! Son criaturas, chiquillos inconscientes, no verdaderos bandidos. Se reúnen cincuenta para un negocio. Esto es un disparate.

Aunque no fueran más que tres, cada uno de ellos habría de tener más confianza en los otros que en sí mismo, pues bastaría que cualquiera de ellos diera suelta a la lengua en un momento de embriaguez, para que todo se fuera abajo. ¡Chiquillos inconscientes, no lo dude! Envían a cualquiera a cambiar los billetes en los bancos. ¡Confiar una operación de esta importancia al primero que llega! Además, admitamos que esos muchachos hayan tenido suerte y que hayan logrado ganar un millón cada uno. ¿Y después? ¡Toda la vida dependiendo unos de otros! ¡Es preferible ahorcarse! Esa banda ni siquiera supo poner en circulación los billetes. Uno va a cambiar billetes grandes en un banco. Le entregan cinco mil rublos y él los recibe con manos temblorosas. Cuenta cuatro mil, y el quinto millar se lo echa al bolsillo tal como se lo han dado, a toda prisa, pensando solamente en huir cuanto antes. Así da lugar a que sospechen de él. Y todo el negocio se va abajo por culpa de ese imbécil. ¡Es increíble!

—¿Increíble que sus manos temblaran? Pues yo lo comprendo perfectamente; me parece muy natural. Uno no es siempre dueño de sí mismo. Hay cosas que están por encima de las fuerzas humanas.

—Pero ¡temblar sólo por eso!

—¿De modo que usted se cree capaz de hacer frente con serenidad a una situación así? Pues yo no lo seria. ¡Por ganarse cien rublos ir a cambiar billetes falsos! ¿Y adónde? A un banco, cuyo personal es gente experta en el descubrimiento de toda clase de ardides. No, yo habría perdido la cabeza. ¿Usted no?

Raskolnikof volvió a sentir el deseo de tirar de la lengua al secretario de la comisaría. Una especie de escalofrió le recorría la espalda.

—Yo habría procedido de modo distinto —manifestó—. Le voy a explicar cómo me habría comportado al cambiar el dinero. Yo habría contado los mil primeros rublos lo menos cuatro veces, examinando los billetes por todas partes. Después, el segundo fajo. De éste habría contado la mitad y entonces me habría detenido. Del montón habría sacado un billete de cincuenta rublos y lo habría mirado al trasluz, y después, antes de volver a colocarlo en el fajo, lo habría vuelto a examinar de cerca, como si temiese que fuera falso. Entonces habría empezado a contar una historia. "Tengo miedo, ¿sabe? Un pariente mío ha perdido de este modo el otro día veinticinco rublos". Ya con el tercer millar en la mano, diría: "Perdone: me parece que no he contado bien el segundo fajo, que me he equivocado al llegar a la séptima centena". Después de haber vuelto a contar el segundo millar, contaría el tercero con la misma calma, y luego los otros dos. Cuando ya los hubiera contado todos, habría sacado un billete del segundo millar y otro del quinto, por ejemplo, y habría rogado que me los cambiasen. Habría fastidiado al empleado de tal modo, que él sólo habría pensado en librarse de mí. Finalmente, me habría dirigido a la salida. Pero, al abrir la puerta… "¡Ah, perdone!" y habría vuelto sobre mis pasos para hacer una pregunta. Así habría procedido yo.

—¡Es usted terrible! —exclamó Zamiotof entre risas—. Afortunadamente, eso no son más que palabras. Si usted se hubiera visto en el trance, habría obrado de modo muy distinto a como dice. Créame: no sólo usted o yo, sino ni el más ducho y valeroso aventurero habría sido dueño de sí en tales circunstancias. Pero no hay que ir tan lejos. Tenemos un ejemplo en el caso de la vieja asesinada en nuestro barrio. El autor del hecho ha de ser un bribón lleno de coraje, ya que ha cometido el crimen durante el día, y puede decirse que ha sido un milagro que no lo hayan detenido. Pues bien, sus manos temblaron. No pudo consumar el robo. Perdió la calma: los hechos lo demuestran.

Raskolnikof se sintió herido.

—¿De modo que los hechos lo demuestran? Pues bien, pruebe a atraparlo —dijo con mordaz ironía.

—No le quepa duda de que daremos con él.

—¿Ustedes? ¿Que ustedes darán con él? ¡Ustedes qué han de dar! Ustedes sólo se preocupan de averiguar si alguien derrocha el dinero. Un hombre que no tenía un cuarto empieza de pronto a tirar el dinero por la ventana. ¿Cómo no ha de ser el culpable? Teniendo esto en cuenta, un niño podría engañarlos por poco que se lo propusiera.

—El caso es que todos hacen lo mismo —repuso Zamiotof—. Después de haber demostrado tanta destreza como astucia al cometer el crimen, se dejan coger en la taberna. Y es que no todos son tan listos como usted. Usted, naturalmente, no iría a una taberna.

Raskolnikof frunció las cejas y miró a su interlocutor fijamente.

—¡Oh usted es insaciable! —dijo, malhumorado—. Usted quiere saber cómo obraría yo si me viese en un caso así.

—Exacto —repuso Zamiotof en un tono lleno de gravedad y firmeza.

Desde hacía unos momentos, su semblante revelaba una profunda seriedad.

—¿Es muy grande ese deseo?

—Mucho.

—Pues bien, he aquí cómo habría procedido yo.

Al decir esto, Raskolnikof acercó nuevamente su cara a la de Zamiotof y le miró tan fijamente, que esta vez el secretario no pudo evitar un estremecimiento.

—He aquí cómo habría procedido yo. Habría cogido las joyas y el dinero y, apenas hubiera dejado la casa, me habría dirigido a un lugar apartado, cercado de muros y desierto; un solar o algo parecido. Ante todo, habría buscado una piedra de gran tamaño, de unas cuarenta libras por lo menos, una de esas piedras que, terminada la construcción de un edificio, suelen quedar en algún rincón, junto a una pared. Habría levantado la piedra y entonces habría quedado al descubierto un hoyo. En este hoyo habría depositado las joyas y el dinero; luego habría vuelto a poner la piedra en su sitio y acercado un poco de tierra con el pie en torno alrededor. Luego me habría marchado y habría estado un año, o dos, o tres, sin volver por allí… ¡Y ya podrían ustedes buscar al culpable!

—¡Está usted loco! —exclamó Zamiotof.

Lo había dicho también en voz baja y se había apartado de Raskolnikof. Éste palideció horriblemente y sus ojos fulguraban. Su labio superior temblaba convulsivamente. Se acercó a Zamiotof tanto como le fue posible y empezó a mover los labios sin pronunciar palabra. Así estuvo treinta segundos. Se daba perfecta cuenta de lo que hacía, pero no podía dominarse. La terrible confesión temblaba en sus labios, como días atrás el cerrojo en la puerta, y estaba a punto de escapársele.

—¿Y si yo fuera el asesino de la vieja y de Lisbeth? —preguntó, e inmediatamente volvió a la realidad.

Zamiotof le miró con ojos extraviados y se puso blanco como un lienzo.

Esbozó una sonrisa.

—¿Es posible? —preguntó en un imperceptible susurro. Raskolnikof fijó en él una mirada venenosa.

—Confiese que se lo ha creído —dijo en un tono frío y burlón—. ¿Verdad que sí? ¡Confiéselo!

—Nada de eso —replicó vivamente Zamiotof—. No lo creo en absoluto. Y ahora menos que nunca.

—¡Ha caído usted, muchacho! ¡Ya le tengo! Usted no ha dejado de creerlo, por poco que sea, puesto que dice que ahora lo cree menos que nunca.

—No, no —exclamó Zamiotof, visiblemente confundido—. Yo no lo he creído nunca. Ha sido usted, confiéselo, el que me ha atemorizado para inculcarme esta idea.

—Entonces, ¿no lo cree usted? ¿Es que no se acuerda de lo que hablaron ustedes cuando salí de la comisaría? Además, ¿por qué el "teniente Pólvora" me interrogó cuando recobré el conocimiento?

Se levantó, cogió su gorra y gritó al camarero:

—¡Eh! ¿Cuánto le debo?

—Treinta kopeks —dijo el muchacho, que acudió a toda prisa.

—Toma. Y veinte de propina. ¡Mire, mire cuánto dinero! —continuó, mostrando a Zamiotof su temblorosa mano, llena de billetes—. Billetes rojos y azules, veinticinco rublos en billetes. ¿De dónde los he sacado? Y estas ropas nuevas, ¿cómo han llegado a mi poder? Usted sabe muy bien que yo no tenía un kopek. Lo sabe porque ha interrogado a la patrona. De esto no me cabe duda. ¿Verdad que la ha interrogado…? En fin, basta de charla… ¡Hasta más ver…! ¡Encantado!

Y salió del establecimiento, presa de una sensación nerviosa y extraña, en la que había cierto placer desesperado. Por otra parte, estaba profundamente abatido y su semblante tenía una expresión sombría. Parecía hallarse bajo los efectos de una crisis reciente. Una fatiga creciente le iba agotando. A veces recobraba de súbito las fuerzas por obra de una violenta excitación, pero las perdía inmediatamente, tan pronto como pasaba la acción de este estimulante ficticio.

Al quedarse solo, Zamiotof no se movió de su asiento. Allí estuvo largo rato, pensativo. Raskolnikof había trastornado inesperadamente todas sus ideas sobre cierto punto y fijado definitivamente su opinión.

"Ilia Petrovitch es un imbécil", se dijo.

Apenas puso los pies en la calle, Raskolnikof se dio de manos a boca con Rasumikhine, que se disponía a entrar en el salón de té. Estaban a un paso de distancia el uno del otro, y aún no se habían visto. Cuando al fin se vieron, se miraron de pies a cabeza. Rasumikhine estaba estupefacto. Pero, de súbito, la ira, una ira ciega, brilló en sus ojos.

—¿Conque estabas aquí? —vociferó—. ¡El hombre ha saltado de la cama y se ha escapado! ¡Y yo buscándote! ¡Hasta debajo del diván, hasta en el granero! He estado a punto de pegarle a Nastasia por culpa tuya… ¡Y miren ustedes de dónde sale…! Rodia, ¿qué quiere decir esto? Di la verdad.

—Pues esto quiere decir que estoy harto de todos vosotros, que quiero estar solo —repuso con toda calma Raskolnikof.

—¡Pero si apenas puedes tenerte en pie, tienes los labios blancos como la cal y ni fuerzas te quedan para respirar! ¡Estúpido! ¿Qué haces en el Palacio de Cristal? ¡Dímelo!

—Déjame en paz —dijo Raskolnikof, tratando de pasar por el lado de su amigo.

Esta tentativa enfureció a Rasumikhine, que apresó por un hombro a Raskolnikof.

—¿Que te deje después de lo que has hecho? No sé cómo te atreves a decir una cosa así. ¿Sabes lo que voy a hacer? A cogerte debajo del brazo como un paquete, llevarte a casa y encerrarte.

—Óyeme, Rasumikhine —empezó a decir Raskolnikof en voz baja y con perfecta calma—: ¿es que no te das cuenta de que tu protección me fastidia? ¿Qué interés tienes en sacrificarte por una persona a la que molestan tus sacrificios e incluso se burla de ellos? Dime: ¿por qué viniste a buscarme cuando me puse enfermo? ¡Pero si entonces la muerte habría sido una felicidad para mí! ¿No lo he demostrado ya claramente que tu ayuda es para mí un martirio, que ya estoy harto? No sé qué placer se puede sentir torturando a la gente. Y te aseguro que todo esto perjudica a mi curación, pues estoy continuamente irritado. Hace poco, Zosimof se ha marchado para no mortificarme. ¡Déjame tú también, por el amor de Dios! ¿Con qué derecho pretendes retenerme a la fuerza? ¿No ves que ya he recobrado la razón por completo? Te agradeceré que me digas cómo he de suplicarte, para que me entiendas, que me dejes tranquilo, que no te sacrifiques por mí. ¡Dime que soy un ingrato, un ser vil, pero déjame en paz, déjame, por el amor de Dios!

Había pronunciado las primeras palabras en voz baja, feliz ante la idea del veneno que iba a derramar sobre su amigo, pero acabó por expresarse con una especie de delirante frenesí. Se ahogaba como en su reciente escena con Lujine.

Rasumikhine estuvo un momento pensativo. Después soltó el brazo de su amigo.

—¡Vete al diablo! —dijo con un gesto de preocupación.

Se había colmado su paciencia. Pero, apenas dio un paso Raskolnikof, le llamó, en un arranque repentino.

—¡Espera! ¡Escucha! Quiero decirte que tú y todos los de tu calaña, desde el primero hasta el último, sois unos vanidosos y unos charlatanes. Cuando sufrís una desgracia u os acecha un peligro, lo incubáis como incuba la gallina sus huevos, y ni siquiera en este caso os encontráis a vosotros mismos. No hay un átomo de vida personal, original, en vosotros. Es agua clara, no sangre, lo que corre por vuestras venas. Ninguno de vosotros me inspiráis confianza. Lo primero que os preocupa en todas las circunstancias es no pareceros a ningún otro ser humano.

Raskolnikof se dispuso a girar sobre sus talones. Rasumikhine le gritó, más indignado todavía:

—¡Escúchame hasta el final! Ya sabes que hoy estreno una nueva habitación. Mis invitados deben de estar ya en casa, pero he dejado allí a mi tío para que los atienda. Pues bien, si tú no fueras un imbécil, un verdadero imbécil, un idiota de marca mayor, un simple imitador de gentes extranjeras… Oye, Rodia; yo reconozco que eres una persona inteligente, pero idiota a pesar de todo…Pues, si no fueses un imbécil, vendrías a pasar la velada en nuestra compañía en vez de gastar las suelas de tus botas yendo por las calles de un lado a otro. Ya que has salido sin deber, sigue fuera de casa…Tendrás un buen sillón; se lo pediré a la patrona…Un té modesto…Compañía agradable…Si lo prefieres, podrás estar echado en el diván: no por eso dejarás de estar con nosotros. Zosimof está invitado. ¿Vendrás?

—No.

—¡No lo creo! —gritó Rasumikhine, impaciente—. Tú no puedes saber que no irás. No puedes responder de tus actos y, además, no entiendes nada… Yo he renegado de la sociedad mil veces y luego he vuelto a ella a toda prisa…Te sentirás avergonzado de tu conducta y volverás al lado de tus semejantes…Edificio Potchinkof, tercer piso. ¡No lo olvides!

—Si continúas así, un día te dejarás azotar por pura caridad.

—¿Yo? Le cortaré las orejas al que muestre tales intenciones. Edificio Potchinkof, número cuarenta y siete, departamento del funcionario Babuchkhine…

—No iré, Rasumikhine.

Y Raskolnikof dio media vuelta y empezó a alejarse.

—Pues yo creo que sí que vendrás, porque lo conozco… ¡Oye! ¿Está aquí Zamiotof?

—Sí.

—¿Habéis hablado?

—Sí.

—¿De qué…? ¡Bueno, no me lo digas si no quieres! ¡Vete al diablo! Potchinkof, cuarenta y siete, Babuchkhine. ¡No lo olvides!

Raskolnikof llegó a la Sadovaya, dobló la esquina y desapareció. Rasumikhine le había seguido con la vista. Estaba pensativo. Al fin se encogió de hombros y entró en el establecimiento. Ya en la escalera, se detuvo.

—¡Que se vaya al diablo! —murmuró—. Habla como un hombre cuerdo y, sin embargo...Pero ¡qué imbécil soy! ¿Acaso los locos no suelen hablar como personas sensatas? Esto es lo que me parece que teme Zosimof —y se llevó el dedo a la sien— ¿Y qué ocurrirá si...? No se le puede dejar solo. Es capaz de tirarse al río...He hecho una tontería: no debí dejarlo.

Echó a correr en busca de Raskolnikof. Pero éste había desaparecido sin dejar rastro. Rasumikhine regresó al Palacio de Cristal para interrogar cuanto antes a Zamiotof.

Raskolnikof se había dirigido al puente de ***. Se internó en él, se acodó en el pretil y su mirada se perdió en la lejanía. Estaba tan débil, que le había costado gran trabajo llegar hasta allí. Sentía vivos deseos de sentarse o de tenderse en medio de la calle. Inclinado sobre el pretil, miraba distraído los reflejos sonrosados del sol poniente, las hileras de casas oscurecidas por las sombras crepusculares y a la orilla izquierda del río, el tragaluz de una lejana buhardilla, incendiado por un último rayo de sol. Luego fijó la vista en las aguas negras del canal y quedó absorto, en atenta contemplación. De pronto, una serie de círculos rojos empezaron a danzar ante sus ojos; las casas, los transeúntes, los malecones, empezaron también a danzar y girar. De súbito se estremeció. Una figura insólita, horrible, que acababa de aparecer ante él, le impresionó de tal modo, que no llegó a desvanecerse. Había notado que alguien acababa de detenerse cerca de él, a su derecha. Se volvió y vio una mujer con un pañuelo en la cabeza. Su rostro, amarillento y alargado, aparecía hinchado por la embriaguez. Sus hundidos ojos le miraron fijamente, pero, sin duda, no le vieron, porque no veían nada ni a nadie. De improviso, puso en el pretil el brazo derecho, levantó la pierna del mismo lado, saltó la baranda y se arrojó al canal.

El agua sucia se agitó y cubrió el cuerpo de la suicida, pero sólo momentáneamente, pues en seguida reapareció y empezó a deslizarse al suave impulso de la corriente. Su cabeza y sus piernas estaban sumergidas: únicamente su espalda permanecía a flote, con la blusa hinchada sobre ella como una almohada.

—¡Se ha ahogado! ¡Se ha ahogado! —gritaban de todas partes.

Acudía la gente; las dos orillas se llenaron de espectadores; la multitud de curiosos aumentaba en torno a Raskolnikof y le prensaba contra el pretil.

—¡Señor, pero si es Afrosiniuchka! —dijo una voz quejumbrosa—. ¡Señor, sálvala! ¡Hermanos, almas generosas, salvadla!

—¡Una barca! ¡Una barca! —gritó otra voz entre la muchedumbre.

Pero no fue necesario. Un agente de la policía bajó corriendo las escaleras que conducían al canal, se quitó el uniforme y las botas y se arrojó al agua. Su tarea no fue difícil. El cuerpo de la mujer, arrastrado por la corriente, había llegado tan cerca de la escalera, que el policía pudo asir sus ropas con la mano derecha y con la izquierda aferrarse a un palo que le tendía un compañero.

Sacaron del canal a la víctima y la depositaron en las gradas de piedra. La mujer volvió muy pronto en sí. Se levantó, lanzó varios estornudos y empezó a escurrir sus ropas, con gesto estúpido y sin pronunciar palabra.

—¡Virgen Santa! —gimoteó la misma voz de antes, esta vez al lado de Afrosiniuchka—. Se ha puesto a beber, a beber…Hace poco intentó ahorcarse, pero la descolgaron a tiempo. Hoy me he ido a hacer mis cosas, encargando a mi hija de vigilarla, y ya ven ustedes lo que ha ocurrido. Es vecina nuestra, ¿saben?, vecina nuestra. Vive aquí mismo, dos casas después de la esquina…

La multitud se fue dispersando. Los agentes siguieron atendiendo a la víctima. Uno de ellos mencionó la comisaría.

Raskolnikof asistía a esta escena con una extraña sensación de indiferencia, de embrutecimiento. Hizo una mueca de desaprobación y empezó a gruñir:

—Esto es repugnante…Arrojarse al agua no vale la pena…No pasará nada…Es tonto ir a la comisaría…Zamiotof no está allí. ¿Por qué…? Las comisarías están abiertas hasta las diez.

Se volvió de espaldas al pretil, se apoyó en él y lanzó una mirada en todas direcciones.

"¡Bueno, vayamos!", se dijo. Y, dejando el puente, se dirigió a la comisaría. Tenía la sensación de que su corazón estaba vacío, y no quería reflexionar. Ya ni siquiera sentía angustia: un estado de apatía había reemplazado a la exaltación con que había salido de casa resuelto a terminar de una vez.

"Desde luego, esto es una solución —se decía, mientras avanzaba lentamente por la calzada que bordeaba el canal—. Sí, terminaré porque quiero terminar…Pero ¿es esto, realmente, una solución…? El espacio justo para poner los pies… ¡Vaya un final! Además, ¿se puede decir que esto sea un verdadero final…? ¿Debo contarlo todo o no…? ¡Demonio, qué rendido estoy! ¡Si pudiese sentarme o echarme aquí mismo…! Pero

¡qué vergüenza hacer una cosa así! ¡Se le ocurre a uno cada estupidez…!".

Para dirigirse a la comisaría tenía que avanzar derechamente y doblar a la izquierda por la segunda travesía. Inmediatamente encontraría lo que buscaba.

Pero, al llegar a la primera esquina, se detuvo, reflexionó un momento y se internó en la callejuela. Luego recorrió dos calles más, sin rumbo fijo, con el deseo inconsciente de ganar unos minutos. Iba con la mirada fija en el suelo. De súbito experimentó la misma sensación que si alguien le hubiera murmurado unas palabras al oído. Levantó la cabeza y advirtió que estaba a la puerta de "aquella" casa, la casa a la que no había vuelto desde "aquella" tarde.

Un deseo enigmático e irresistible se apoderó de él. Raskolnikof cruzó la entrada y se creyó obligado a subir al cuarto piso del primer cuerpo de edificio, situado a la derecha. La escalera era estrecha, empinada y oscura. Raskolnikof se detenía en todos los rellanos y miraba con curiosidad a su alrededor. Al llegar al primero, vio que en la ventana faltaba un cristal.

"Entonces estaba", se dijo. Y poco después: «Éste es el departamento del segundo donde trabajaban Nikolachka y Mitri. Ahora está cerrado y la puerta pintada. Sin duda ya está habitado.» Luego el tercer piso, y en seguida el cuarto… "¡Éste es!". Raskolnikof tuvo un gesto de estupor: la puerta del piso estaba abierta y en el interior había gente, pues se oían voces. Esto era lo que menos esperaba. El joven vaciló un momento; después subió los últimos escalones y entró en el piso.

Lo estaban remozando, como habían hecho con el segundo. En él había dos empapeladores trabajando, cosa que le sorprendió sobremanera. No podría explicar el motivo, pero se había imaginado que encontraría el piso como lo dejó aquella tarde. Incluso esperaba, aunque de un modo impreciso, encontrar los cadáveres en el entarimado. Pero, en vez de esto, veía paredes desnudas, habitaciones vacías y sin muebles…Cruzó la habitación y se sentó en la ventana.

Los dos obreros eran jóvenes, pero uno mayor que el otro. Estaban pegando en las paredes papeles nuevos, blancos y con florecillas de color malva, para sustituir al empapelado anterior, sucio, amarillento y lleno de desgarrones. Esto desagradó profundamente a Raskolnikof. Miraba los nuevos papeles con gesto hostil: era evidente que aquellos cambios le contrariaban. Al parecer, los empapeladores se habían retrasado. De aquí que se apresurasen a enrollar los restos del papel para volver a sus casas. Sin prestar apenas atención a la entrada de Raskolnikof, siguieron conversando. Él se cruzó de brazos y se dispuso a escucharlos.

El de más edad estaba diciendo:

—Vino a mi casa al amanecer, cuando estaba clareando, ¿comprendes?, y llevaba el vestido de los domingos. "¿A qué vienen esas miradas tiernas?", le pregunté. Y ella me contestó: "Quiero estar sometida a tu voluntad desde este momento, Tite Ivanovitch...". Ya ves. Y, como te digo, iba la mar de emperifollada: parecía un grabado de revista de modas.

—¿Y qué es una revista de modas? —preguntó el más joven, con el deseo de que su compañero le instruyera.

—Pues una revista de modas, hijito, es una serie de figuras pintadas. Todas las semanas las reciben del extranjero nuestros sastres. Vienen por correo y sirven para saber cómo hay que vestir a las personas, tanto a las del sexo masculino como a las del sexo femenino. El caso es que son dibujos, ¿entiendes?

—¡Dios mío, qué cosas se ven en este Piter! —exclamó el joven, entusiasmado—. Excepto a Dios, aquí se encuentra todo.

—Todo, excepto eso, amigo —terminó el mayor con acento sentencioso.

Raskolnikof se levantó y pasó a la habitación contigua, aquella en donde había estado el arca, la cama y la cómoda. Sin muebles le pareció ridículamente pequeña. El papel de las paredes era el mismo. En un rincón se veía el lugar ocupado anteriormente por las imágenes santas. Después de echar una ojeada por toda la pieza, volvió a la ventana. El obrero de más edad se quedó mirándole.

—¿Qué desea usted? —le preguntó de pronto.

En vez de contestarle, Raskolnikof se levantó, pasó al vestíbulo y empezó a tirar del cordón de la campanilla. Era la misma; la reconoció por su sonido de hojalata. Tiró del cordón otra vez, y otra, aguzó el oído mientras trataba de recordar. La atroz impresión recibida el día del crimen volvió a él con intensidad creciente. Se estremecía cada vez que tiraba del cordón, y hallaba en ello un placer cuya violencia iba en aumento.

—Pero ¿qué quiere usted? ¿Y quién es? —le preguntó el empapelador de más edad, yendo hacia él.

Raskolnikof volvió a la habitación.

—Quiero alquilar este departamento —repuso—, y es natural que desee verlo.

—De noche no se miran los pisos. Además, ha de subir acompañado del portero.

—Veo que han lavado el suelo. ¿Van a pintarlo? ¿Queda alguna mancha de sangre?

—¿De qué sangre?

—Aquí mataron a la vieja y a su hermana. Allí había un charco de sangre.

—Pero ¿quién es usted? —exclamó, ya inquieto, el empapelador.

—¿Yo?

—Sí.

—¿Quieres saberlo? Ven conmigo a la comisaría. Allí lo diré. Los dos trabajadores se miraron con expresión interrogante.

—Ya es hora de que nos vayamos —dijo el mayor—. Incluso nos hemos retrasado. Vámonos, Aliochka. Tenemos que cerrar.

—Entonces, vamos —dijo Raskolnikof con un gesto de indiferencia. Fue el primero en salir. Después empezó a bajar lentamente la escalera.

—¡Hola, portero! —exclamó cuando llegó a la entrada.

En la puerta había varias personas mirando a la gente que pasaba: los dos porteros, una mujer, un burgués en bata y otros individuos. Raskolnikof se fue derecho a ellos.

—¿Qué desea? —le preguntó uno de los porteros.

—¿Has estado en la comisaría?

—De allí vengo. ¿Qué desea usted?

—¿Están todavía los empleados?

—Sí.

—¿Está el ayudante del comisario?

—Hace un momento estaba. Pero ¿qué desea? Raskolnikof no contestó; quedó pensativo.

—Ha venido a ver el piso —dijo el empapelador de más edad.

—¿Qué piso?

—El que nosotros estamos empapelando. Ha dicho que por qué han lavado la sangre, que allí se ha cometido un crimen y que él ha venido para alquilar una habitación. Casi rompe el cordón de la campanilla a fuerza de tirones. Después ha dicho: "Vamos a la comisaría; allí lo contaré todo". Y ha bajado con nosotros.

El portero miró atentamente a Raskolnikof. En sus ojos había una mezcla de curiosidad y recelo.

—Bueno, pero ¿quién es usted?

—Soy Rodion Romanovitch Raskolnikof, exestudiante, y vivo en la calle vecina, edificio Schill, departamento catorce. Pregunta al portero: me conoce.

Raskolnikof hablaba con indiferencia y estaba pensativo. Miraba obstinadamente la oscura calle, y ni una sola vez dirigió la vista a su interlocutor.

—Diga: ¿para qué ha subido al piso?

—Quería verlo.

—Pero si en él no hay nada que ver…

—Lo más prudente sería llevarlo a la comisaría —dijo de pronto el burgués.

Raskolnikof le miró por encima del hombro, lo observó atentamente y dijo, sin perder la calma ni salir de su indiferencia:

—Vamos.

—Sí, hay que llevarlo —insistió el burgués con vehemencia—. ¿A qué ha ido allá arriba? No cabe duda de que tiene algún peso en la conciencia.

—A lo mejor dice esas cosas porque está bebido —dijo el empapelador en voz baja.

—Pero ¿qué quiere usted? —exclamó de nuevo el portero, que empezaba a enfadarse de verdad—. ¿Con qué derecho viene usted a molestarnos?

—¿Es que tienes miedo de ir a la comisaría? —le preguntó Raskolnikof en son de burla.

—Es un vagabundo —opinó la mujer.

—¿Para qué discutir? —dijo el otro portero, un corpulento mujik que llevaba la blusa desabrochada y un manojo de llaves pendiente de la cintura—. ¡Hala, fuera de aquí…! Desde luego, es un vagabundo… ¿Has oído? ¡Largo!

Y cogiendo a Raskolnikof por un hombro, lo echó a la calle.

Raskolnikof se tambaleó, pero no llegó a caer. Cuando hubo recobrado el equilibrio, los miró a todos en silencio y continuó su camino.

—Es un bribón —dijo el empapelador.

—Hoy cualquiera se puede convertir en un bribón —dijo la mujer.

—Aunque no sea nada más que un granuja, debimos llevarlo a la comisaría.

—Lo mejor es no mezclarse en estas cosas —opinó el corpulento mujik—. Desde luego, es un granuja. Estos tipos le enredan a uno de modo que luego no sabe cómo salir.

"¿Voy o no voy?", se preguntó Raskolnikof deteniéndose en medio de una callejuela y mirando a un lado y a otro, como si esperase un consejo.

Pero ninguna voz turbó el profundo silencio que le rodeaba. La ciudad parecía tan muerta como las piedras que pisaba, pero muerta solamente para él, solamente para él...

De súbito, distinguió a lo lejos, a unos doscientos metros aproximadamente, al final de una calle, un grupo de gente que vociferaba. En medio de la multitud había un coche del que partía una luz mortecina.

"¿Qué será?".

Dobló a la derecha y se dirigió al grupo. Se aferraba al menor incidente que pudiera retrasar la ejecución de su propósito, y, al darse cuenta de ello, sonrió. Su decisión era irrevocable: transcurridos unos momentos, todo aquello habría terminado para él.

CAPÍTULO 7

En medio de la calle había una elegante calesa con un tronco de dos vivos caballos grises de pura sangre. El carruaje estaba vacío. Incluso el cochero había dejado el pescante y estaba en pie junto al coche, sujetando a los caballos por el freno. Una nutrida multitud se apiñaba alrededor del vehículo, contenida por agentes de la policía. Uno de éstos tenía en la mano una linterna encendida y dirigía la luz hacia abajo para iluminar algo que había en el suelo, ante las ruedas. Todos hablaban a la vez. Se oían suspiros y fuertes voces. El cochero, aturdido, no cesaba de repetir:

—¡Qué desgracia, Señor, qué desgracia!

Raskolnikof se abrió paso entre la gente, y entonces pudo ver lo que provocaba tanto alboroto y curiosidad. En la calzada yacía un hombre ensangrentado y sin conocimiento. Acababa de ser arrollado por los caballos. Aunque iba miserablemente vestido, llevaba ropas de burgués. La sangre fluía de su cabeza y de su rostro, que estaba hinchado y lleno de morados y heridas. Evidentemente, el accidente era grave.

—¡Señor! —se lamentaba el cochero—. ¡Bien sabe Dios que no he podido evitarlo! Si hubiese ido demasiado de prisa..., si no hubiese gritado...Pero iba poco a poco, a una marcha regular: todo el mundo lo

174

ha visto. Y es que un hombre borracho no ve nada: esto lo sabemos todos. Lo veo cruzar la calle vacilando. Parece que va a caer. Le grito una vez, dos veces, tres veces. Después retengo los caballos, y él viene a caer precisamente bajo las herraduras. ¿Lo ha hecho expresamente o estaba borracho de verdad? Los caballos son jóvenes, espantadizos, y han echado a correr. Él ha empezado a gritar, y ellos se han lanzado a una carrera aún más desenfrenada. Así ha ocurrido la desgracia.

—Es verdad que el cochero ha gritado más de una vez y muy fuerte —dijo una voz.

—Tres veces exactamente —dijo otro—. Todo el mundo le ha oído.

Por otra parte, el cochero no parecía muy preocupado por las consecuencias del accidente. El elegante coche pertenecía sin duda a un señor importante y rico que debía de estar esperándolo en alguna parte. Esta circunstancia había provocado la solicitud de los agentes. Era preciso conducir al herido al hospital, pero nadie sabía su nombre.

Raskolnikof consiguió situarse en primer término. Se inclinó hacia delante y su rostro se iluminó súbitamente: había reconocido a la víctima.

—¡Yo lo conozco! ¡Yo lo conozco! —exclamó, abriéndose paso a codazos entre los que estaban delante de él—. Es un antiguo funcionario: el consejero titular Marmeladof. Vive cerca de aquí, en el edificio Kozel. ¡Llamen en seguida a un médico! Yo lo pago. ¡Miren!

Sacó dinero del bolsillo y lo mostró a un agente. Era presa de una agitación extraordinaria.

Los agentes se alegraron de conocer la identidad de la víctima. Raskolnikof dio su nombre y su dirección e insistió con vehemencia en que transportaran al herido a su domicilio. No habría mostrado más interés si el atropellado hubiera sido su padre.

—El edificio Kozel —dijo— está aquí mismo, tres casas más abajo. Kozel es un acaudalado alemán. Sin duda estaba bebido y trataba de llegar a su casa. Es un alcohólico…Tiene familia: mujer, hijos…Llevarlo al hospital sería una complicación. En el edificio Kozel debe de haber algún médico. ¡Yo lo pagaré! ¡Yo lo pagaré! En su casa le cuidarán. Si le llevan al hospital, morirá por el camino.

Incluso deslizó con disimulo unas monedas en la mano de uno de los agentes. Por otra parte, lo que él pedía era muy explicable y completamente legal. Había que proceder rápidamente. Se levantó al herido y almas caritativas se ofrecieron para transportarlo. El edificio Kozel estaba a unos treinta pasos del lugar donde se había producido el accidente. Raskolnikof cerraba la marcha e indicaba el camino, mientras sostenía la cabeza del herido con grandes precauciones.

—¡Por aquí! ¡Por aquí! Hay que llevar mucho cuidado cuando subamos la escalera. Hemos de procurar que su cabeza se mantenga siempre alta. Viren un poco… ¡Eso es…! ¡Yo pagaré…! No soy un ingrato…

En esos momentos, Catalina Ivanovna se entregaba a su costumbre, como siempre que disponía de un momento libre, de ir y venir por su reducida habitación, con los brazos cruzados sobre el pecho, tosiendo y hablando en voz alta.

Desde hacía algún tiempo, le gustaba cada vez más hablar con su hija mayor, Polenka, niña de diez años que, aunque incapaz de comprender muchas cosas, se daba perfecta cuenta de que su madre tenía gran necesidad de expansionarse. Por eso fijaba en ella sus grandes e inteligentes ojos y se esforzaba por aparentar que todo lo comprendía. En aquel momento, la niña se dedicaba a desnudar a su hermanito, que había estado malucho todo el día, para acostarlo. El niño estaba sentado en una silla, muy serio, esperando que le quitaran la camisa para lavarla durante la noche. Silencioso e inmóvil, había juntado y estirado sus piernecitas y, con los pies levantados, exhibiendo los talones, escuchaba lo que decían su madre y su hermana. Tenía los labios proyectados hacia fuera y los ojos muy abiertos. Su gesto de atención e inmovilidad era el propio de un niño bueno cuando se le está desnudando para acostarlo. Una niña menor que él, vestida con auténticos andrajos, esperaba su turno de pie junto al biombo. La puerta que daba a la escalera estaba abierta para dejar salir el humo de tabaco que llegaba de las habitaciones vecinas y que a cada momento provocaba en la pobre tísica largos y penosos accesos de tos. Catalina Ivanovna parecía haber adelgazado sólo en unos días, y las siniestras manchas rojas de sus mejillas parecían arder con un fuego más vivo.

—Tal vez no me creas, Polenka —decía mientras medía con sus pasos la habitación—, pero no puedes imaginarte la atmósfera de lujo y magnificencia que había en casa de mis padres y hasta qué extremo este borracho me ha hundido en la miseria. También a vosotros os perderá. Mi padre tenía en el servicio civil un grado que correspondía al de coronel. Era ya casi gobernador; sólo tenía que dar un paso para llegar a serlo, y todo el mundo le decía:

"Nosotros le consideramos ya como nuestro gobernador, Iván Mikhailovitch".

—Cuando…—empezó a toser—. ¡Maldita sea! —exclamó después de escupir y llevándose al pecho las crispadas manos—. Pues cuando…Bueno, en el último baile ofrecido por el mariscal de la nobleza, la princesa Bezemelny, al verme… (ella fue la que me bendijo más tarde, en mi matrimonio con tu papá, Polia), pues bien, la princesa preguntó: "¿No es ésa la encantadora muchacha que bailó la danza del chal en la fiesta de clausura del Instituto…?". Hay que coser esta tela, Polenka. Mira qué boquete. Debiste coger la aguja y zurcirlo como yo te he enseñado, pues si se deja para mañana…—de nuevo tosió—, mañana…—volvió a toser—, ¡mañana el agujero será mayor! —gritó, a punto de ahogarse—. El paje, el príncipe Chtchegolskoi, acababa de llegar de Petersburgo…Había bailado la mazurca conmigo y estaba dispuesto a pedir mi mano al día siguiente. Pero yo, después de darle las gracias en términos expresivos, le dije que mi corazón pertenecía desde hacía tiempo a otro. Este otro era tu padre, Polia. El mío estaba furioso… ¿Ya está? Dame esa camisa.

¿Y las medias…? Lida —señaló dirigiéndose a la niña más pequeña—, esta noche dormirás sin camisa…Pon con ella las medias: lo lavaremos todo a la vez… ¡Y ese desharrapado, ese borracho, sin llegar! Su camisa está sucia y destrozada…Preferiría lavarlo todo junto, para no fatigarme dos noches seguidas… ¡Señor! ¿Más todavía? —exclamó, volviendo a toser y viendo que el vestíbulo estaba lleno de gente y que varias personas entraban en la habitación, transportando una especie de fardo—. ¿Qué es eso, Señor? ¿Qué traen ahí?

—¿Dónde lo ponemos? —preguntó el agente, dirigiendo una mirada en torno de él, cuando introdujeron en la pieza a Marmeladof, ensangrentado e inanimado.

—En el diván; ponedlo en el diván —dijo Raskolnikof—. Aquí. La cabeza a este lado.

—¡Él ha tenido la culpa! ¡Estaba borracho! —gritó una voz entre la multitud.

Catalina Ivanovna estaba pálida como una muerta y respiraba con dificultad. La diminuta Lidotchka lanzó un grito, se arrojó en brazos de Polenka y se apretó contra ella con un temblor convulsivo.

Después de haber acostado a Marmeladof, Raskolnikof corrió hacia Catalina Ivanovna.

—¡Por el amor de Dios, cálmese! —dijo con vehemencia—. ¡No se asuste! Atravesaba la calle y un coche le ha atropellado. No se inquiete;

pronto volverá en sí. Lo han traído aquí porque lo he dicho yo. Yo estuve ya una vez en esta casa, ¿recuerda? ¡Volverá en sí! ¡Yo lo pagaré todo!

—¡Esto tenía que pasar! —exclamó Catalina Ivanovna, desesperada y abalanzándose sobre su marido.

Raskolnikof se dio cuenta en seguida de que aquella mujer no era de las que se desmayan por cualquier cosa. En un abrir y cerrar de ojos apareció una almohada debajo de la cabeza de la víctima, detalle en el que nadie había pensado. Catalina Ivanovna empezó a quitar ropa a su marido y a examinar las heridas. Sus manos se movían presurosas, pero conservaba la serenidad y se había olvidado de sí misma. Se mordía los trémulos labios para contener los gritos que pugnaban por salir de su boca.

Entre tanto, Raskolnikof envió en busca de un médico. Le habían dicho que vivía uno en la casa de al lado.

—He enviado a buscar un médico —dijo a Catalina Ivanovna—. No se inquiete usted; yo lo pago. ¿No tiene agua? Deme también una servilleta, una toalla, cualquier cosa, pero pronto. Nosotros no podemos juzgar hasta qué extremo son graves las heridas…Está herido, pero no muerto; se lo aseguro… Ya veremos qué dice el doctor.

Catalina Ivanovna corrió hacia la ventana. Allí había una silla desvencijada y, sobre ella, una cubeta de barro llena de agua. La había preparado para lavar por la noche la ropa interior de su marido y de sus hijos. Este trabajo nocturno lo hacía Catalina Ivanovna dos veces por semana cuando menos, e incluso con más frecuencia, pues la familia había llegado a tal grado de miseria, que ninguno de sus miembros tenía más de una muda. Y es que Catalina Ivanovna no podía sufrir la suciedad y, antes que verla en su casa, prefería trabajar hasta más allá del límite de sus fuerzas. Lavaba mientras todo el mundo dormía. Así podía tender la ropa y entregarla seca y limpia a la mañana siguiente a su esposo y a sus hijos.

Levantó la cubeta para llevársela a Raskolnikof, pero las fuerzas le fallaron y poco faltó para que cayera. Entre tanto, Raskolnikof había encontrado un trapo y, después de sumergirlo en el agua de la cubeta, lavó la ensangrentada cara de Marmeladof. Catalina Ivanovna permanecía de pie a su lado, respirando con dificultad. Se oprimía el pecho con las crispadas manos.

También ella tenía gran necesidad de cuidarse. Raskolnikof empezaba a decirse que tal vez había sido un error llevar al herido a su casa.

—Polia —exclamó Catalina Ivanovna—, corre a casa de Sonia y dile que a su padre le ha atropellado un coche y que venga en seguida. Si no estuviese en casa, dejas el recado a los Kapernaumof para que se lo den tan pronto como llegue. Anda, ve. Toma; ponte este pañuelo en la cabeza.

Entre tanto, la habitación se había ido llenando de curiosos de tal modo, que ya no cabía en ella ni un alfiler. Los agentes se habían marchado. Sólo había quedado uno que trataba de hacer retroceder al público hasta el rellano de la escalera. Pero, al mismo tiempo, los inquilinos de la señora Lipevechsel habían dejado sus habitaciones para aglomerarse en el umbral de la puerta interior y, al fin, irrumpieron en masa en la habitación del herido.

Catalina Ivanovna se enfureció.

—¿Es que ni siquiera podéis dejar morir en paz a una persona? —gritó a la muchedumbre de curiosos—. Esto es para vosotros un espectáculo, ¿verdad?

¡Y venís con el cigarrillo en la boca! —exclamó mientras empezaba a toser—. Sólo os falta haber venido con el sombrero puesto… ¡Allí veo uno que lo lleva! ¡Respetad la muerte! ¡Es lo menos que podéis hacer!

La tos ahogó sus palabras, pero lo que ya había dicho produjo su efecto.

Por lo visto, los habitantes de la casa la temían. Los vecinos se marcharon uno tras otro con ese extraño sentimiento de íntima satisfacción que ni siquiera el hombre más compasivo puede menos de experimentar ante la desgracia ajena, incluso cuando la víctima es un amigo estimado.

Una vez habían salido todos, se oyó decir a uno de ellos, tras la puerta ya cerrada, que para estos casos estaban los hospitales y que no había derecho a turbar la tranquilidad de una casa.

—¡Pretender que no hay derecho a morir! —exclamó Catalina Ivanovna.

Y corrió hacia la puerta con ánimo de fulminar con su cólera a sus convecinos. Pero en el umbral se dio de manos a boca con la dueña de la casa en persona, la señora Lipevechsel, que acababa de enterarse de la desgracia y acudía para restablecer el orden en el departamento. Esta señora era una alemana que siempre andaba con enredos y chismes.

—¡Ah, Señor! ¡Dios mío! —exclamó golpeando sus manos una contra otra—. Su marido borracho. Atropellamiento por caballo. Al hospital, al hospital. Lo digo yo, la propietaria.

—¡Óigame, Amalia Ludwigovna! Debe usted pensar las cosas antes de decirlas —comenzó Catalina Ivanovna con altivez (le hablaba siempre en este tono, con objeto de que aquella mujer no olvidara en ningún momento su elevada condición, y ni siquiera ahora pudo privarse de semejante placer)—. Sí, Amalia Ludwigovna…

—Ya le he dicho más de una vez que no me llamo Amalia Ludwigovna. Yo soy Amal Iván.

—Usted no es Amal Iván, sino Amalia Ludwigovna, y como yo no formo parte de su corte de viles aduladores, tales como el señor Lebeziatnikof, que en este momento se está riendo detrás de la puerta —se oyó, en efecto, una risita socarrona detrás de la puerta y una voz que decía: "Se van a agarrar de las greñas"—, la seguiré llamando Amalia Ludwigovna. Por otra parte, a decir verdad, no sé por qué razón le molesta que le den este nombre. Ya ve usted lo que le ha sucedido a Simón Zaharevitch. Está muriéndose. Le ruego que cierre esa puerta y no deje entrar a nadie. Que le permitan tan sólo morir en paz. De lo contrario, yo le aseguro que mañana mismo el gobernador general estará informado de su conducta. El príncipe me conoce desde casi mi infancia y se acuerda perfectamente de Simón Zaharevitch, al que ha hecho muchos favores. Todo el mundo sabe que Simón Zaharevitch ha tenido numerosos amigos y protectores. Él mismo, consciente de su debilidad y cediendo a un sentimiento de noble orgullo, se ha apartado de sus amistades. Sin embargo, hemos encontrado apoyo en este magnánimo joven —señalaba a Raskolnikof—, que posee fortuna y excelentes relaciones y al que Simón Zaharevitch conocía desde su infancia. Y le aseguro a usted, Amalia Ludwigovna…

Todo esto fue dicho con precipitación creciente, pero un acceso de tos puso de pronto fin a la elocuencia de Catalina Ivanovna. En este momento, el moribundo recobró el conocimiento y lanzó un gemido. Su esposa corrió hacia él. Marmeladof había abierto los ojos y miraba con expresión inconsciente a Raskolnikof, que estaba inclinado sobre él. Su respiración era lenta y penosa; la sangre teñía las comisuras de sus labios, y su frente estaba cubierta de sudor. No reconoció al joven; sus ojos empezaron a errar febrilmente por toda la estancia. Catalina Ivanovna le dirigió una mirada triste y severa, y las lágrimas fluyeron de sus ojos.

—¡Señor, tiene el pecho hundido! ¡Cuánta sangre! ¡Cuánta sangre! —exclamó en un tono de desesperación—. Hay que quitarle las ropas. Vuélvete un poco, Simón Zaharevitch, si te es posible.

Marmeladof la reconoció.

—Un sacerdote —pidió con voz ronca.

Catalina Ivanovna se fue hacia la ventana, apoyó la frente en el cristal y exclamó, desesperada:

—¡Ah, vida tres veces maldita!

—Un sacerdote —repitió el moribundo, tras una breve pausa.

—¡Silencio! —le dijo Catalina Ivanovna.

Él, obediente, se calló. Sus ojos buscaron a su mujer con una expresión tímida y ansiosa. Ella había vuelto junto a él y estaba a su cabecera. El herido se calmó, pero sólo momentáneamente. Pronto sus ojos se fijaron en la pequeña Lidotchka, su preferida, que temblaba convulsivamente en un rincón y le miraba sin pestañear, con una expresión de asombro en sus grandes ojos.

Marmeladof emitió unos sonidos imperceptibles mientras señalaba a la niña, visiblemente inquieto. Era evidente que quería decir algo.

—¿Qué quieres? —le preguntó Catalina Ivanovna.

—Va descalza, va descalza —murmuró el herido, fijando su mirada casi inconsciente en los desnudos piececitos de la niña.

—¡Calla! —gritó Catalina Ivanovna, irritada—. Bien sabes por qué va descalza.

—¡Bendito sea Dios! ¡Aquí está el médico! —exclamó Raskolnikof alegremente.

Entró el doctor, un viejecito alemán, pulcramente vestido, que dirigió en torno de él una mirada de desconfianza. Se acercó al herido, le tomó el pulso, examinó atentamente su cabeza y después, con ayuda de Catalina Ivanovna, le desabrochó la camisa, empapada en sangre. Al descubrir su pecho, pudo verse que estaba todo magullado y lleno de heridas. A la derecha tenía varias costillas rotas; a la izquierda, en el lugar del corazón, se veía una extensa mancha de color amarillo negruzco y aspecto horrible. Esta mancha era la huella de una violenta patada del caballo. El semblante del médico se ensombreció. El agente de policía le había explicado ya que aquel hombre había quedado prendido a la rueda de un coche y que el vehículo le había llevado a rastras unos treinta pasos.

—Es inexplicable —dijo el médico en voz baja a Raskolnikof— que no haya quedado muerto en el acto.

—En definitiva, ¿cuál es su opinión?

—Morirá dentro de unos instantes.

—Entonces, ¿no hay esperanza?

—Ni la más mínima…Está a punto de lanzar su último suspiro…Tiene en la cabeza una herida gravísima…Se podría intentar una sangría, pero, ¿para qué, si no ha de servir de nada? Dentro de cinco o seis minutos como máximo, habrá muerto.

—Le ruego que pruebe a sangrarlo.

—Lo haré, pero ya le he dicho que no producirá ningún efecto, absolutamente ninguno.

En esto se oyó un nuevo ruido de pasos. La multitud que llenaba el vestíbulo se apartó y apareció un sacerdote de cabellos blancos. Venía a dar la extremaunción al moribundo. Le seguía un agente de la policía. El doctor le cedió su puesto, después de haber cambiado con él una mirada significativa. Raskolnikof rogó al médico que no se marchara todavía. El doctor accedió, encogiéndose de hombros.

Se apartaron todos del herido. La confesión fue breve. El moribundo no podía comprender nada. Lo único que podía hacer era emitir confusos e inarticulados sonidos.

Catalina Ivanovna se llevó a Lidotchka y al niño a un rincón —el de la estufa— y allí se arrodilló con ellos. La niña no hacía más que temblar. El pequeñuelo, descansando con la mayor tranquilidad sobre sus desnudas rodillitas, levantaba su diminuta mano y hacía grandes signos de la cruz y profundas reverencias. Catalina Ivanovna se mordía los labios y contenía las lágrimas. Ella también rezaba y entre tanto, arreglaba de vez en cuando la camisa de su hijito. Luego echó sobre los desnudos hombros de la niña un pañuelo que sacó de la cómoda sin moverse de donde estaba.

Los curiosos habían abierto de nuevo las puertas de comunicación. En el vestíbulo se hacinaba una multitud cada vez más compacta de espectadores. Todos los habitantes de la casa estaban allí reunidos, pero ninguno pasaba del umbral. La escena no recibía más luz que la de un cabo de vela.

En este momento, Polenka, la niña que había ido en busca de su hermana, se abrió paso entre la multitud. Entró en la habitación, jadeando a causa de su carrera, se quitó el pañuelo de la cabeza, buscó a su madre con la vista, se acercó a ella y le dijo:

—Ya viene. La he encontrado en la calle. Su madre la hizo arrodillar a su lado.

En esto, una muchacha se deslizó tímidamente y sin ruido a través de la muchedumbre. Su aparición en la estancia, entre la miseria, los harapos, la muerte y la desesperación, ofreció un extraño contraste. Iba vestida pobremente, pero en su barata vestimenta había ese algo de elegancia chillona propio de cierta clase de mujeres y que revela a primera vista su condición.

Sonia se detuvo en el umbral y, con los ojos desorbitados, empezó a pasear su mirada por la habitación. Su semblante tenía la expresión de la persona que no se da cuenta de nada. No pensaba en que su vestido de seda, procedente de una casa de compraventa, estaba fuera de lugar en aquella habitación, con su cola desmesurada, su enorme miriñaque, que ocupaba toda la anchura de la puerta, y sus llamativos colores. No pensaba en sus botines, de un tono claro, ni en su sombrilla, que había cogido a pesar de que en la oscuridad de la noche no tenía utilidad alguna, ni en su ridículo sombrero de paja, adornado con una pluma de un rojo vivo. Bajo este sombrero, ladinamente inclinado, se percibía una carita pálida, enfermiza, asustada, con la boca entreabierta y los ojos inmovilizados por el terror.

Sonia tenía dieciocho años. Era menuda, delgada, rubia y muy bonita; sus azules ojos eran maravillosos. Miraba fijamente el lecho del herido y al sacerdote, sin alientos, como su hermanita, a causa de la carrera. Al fin algunas palabras murmuradas por los curiosos debieron de sacarla de su estupor. Entonces bajó los ojos, cruzó el umbral y se detuvo cerca de la puerta.

El moribundo acababa de recibir la extremaunción. Catalina Ivanovna se acercó al lecho de su esposo. El sacerdote se apartó y antes de retirarse se creyó en el deber de dirigir unas palabras de consuelo a Catalina Ivanovna.

—¿Qué será de estas criaturas? —le interrumpió ella, con un gesto de desesperación, mostrándole a sus hijos.

—Dios es misericordioso. Confíe usted en la ayuda del Altísimo.

—¡Sí, sí! Misericordioso, pero no para nosotros.

—Es un pecado hablar así, señora, un gran pecado —dijo el pope sacudiendo la cabeza.

—¿Y esto no es un pecado? —exclamó Catalina Ivanovna, señalando al agonizante.

—Acaso los que involuntariamente han causado su muerte ofrezcan a usted una indemnización, para reparar, cuando menos, los perjuicios materiales que le han ocasionado al privarla de su sostén.

—¡No me comprende usted! —exclamó Catalina Ivanovna con una mezcla de irritación y desaliento—. ¿Por qué me han de indemnizar? Ha sido él el que, en su inconsciencia de borracho, se ha arrojado bajo las patas de los caballos. Por otra parte, ¿de qué sostén habla usted? Él no era un sostén para nosotros, sino una tortura. Se lo bebía todo. Se llevaba el dinero de la casa para malgastarlo en la taberna. Se bebía nuestra sangre. Su muerte ha sido para nosotros una ventura, una economía.

—Hay que perdonar al que muere. Esos sentimientos son un pecado, señora, un gran pecado.

Mientras hablaba con el pope, Catalina Ivanovna no cesaba de atender a su marido. Le enjugaba el sudor y la sangre que manaban de su cabeza, le arreglaba las almohadas, le daba de beber, todo ello sin dirigir ni una mirada a su interlocutor. La última frase del sacerdote la llenó de ira.

—Padre, eso son palabras y nada más que palabras… ¡Perdonar…! Si no le hubiesen atropellado, esta noche habría vuelto borracho, llevando sobre su cuerpo la única camisa que tiene, esa camisa vieja y sucia, y se habría echado en la cama bonitamente para roncar, mientras yo habría tenido que estar trajinando toda la noche. Habría tenido que lavar sus harapos y los de los niños; después, ponerlos a secar en la ventana, y, finalmente, apenas apuntara el día, los habría tenido que remendar. ¡Así habría pasado yo la noche! No, no quiero oír hablar de perdón…Además, ya le he perdonado.

Un violento ataque de tos le impidió continuar. Escupió en su pañuelo y se lo mostró al sacerdote con una mano mientras con la otra se apretaba el pecho convulsivamente. El pañuelo estaba manchado de sangre.

El sacerdote bajó la cabeza y nada dijo.

Marmeladof agonizaba. No apartaba los ojos de Catalina Ivanovna, que se había inclinado nuevamente sobre él. El moribundo quería decir algo a su esposa y movía la lengua, pero de su boca no salían sino sonidos inarticulados. Catalina Ivanovna, comprendiendo que quería pedirle perdón, le gritó con acento imperioso:

—¡Calla! No hace falta que digas nada. Ya sé lo que quieres decirme.

El agonizante renunció a hablar, pero en este momento su errante mirada se dirigió a la puerta y descubrió a Sonia. Marmeladof no había advertido aún su presencia, pues la joven estaba arrodillada en un rincón oscuro.

—¿Quién es? ¿Quién es? —preguntó ansiosamente, con voz ahogada y ronca, indicando con los ojos, que expresaban una especie de horror, la puerta donde se hallaba su hija. Al mismo tiempo intentó incorporarse.

—¡Quieto! ¡Quieto! —exclamó Catalina Ivanovna.

Pero él, con un esfuerzo sobrehumano, consiguió incorporarse y permanecer unos momentos apoyado sobre sus manos. Entonces observó a su hija con amarga expresión, fijos y muy abiertos los ojos. Parecía no reconocerla. Jamás la había visto vestida de aquel modo. Allí estaba Sonia, insignificante, desesperada, avergonzada bajo sus oropeles, esperando humildemente que le llegara el turno de decir adiós a su padre. De súbito, el rostro de Marmeladof expresó un dolor infinito.

—¡Sonia, hija mía, perdóname! —exclamó.

Y al intentar tender sus brazos hacia ella, perdió su punto de apoyo y cayó pesadamente del diván, quedando con la faz contra el suelo. Todos se apresuraron a recogerlo y a depositarlo nuevamente en el diván. Pero aquello era ya el fin. Sonia lanzó un débil grito, abrazó a su padre y quedó como petrificada, con el cuerpo inanimado entre sus brazos. Así murió Marmeladof.

—¡Tenía que suceder! —exclamó Catalina Ivanovna mirando al cadáver de su marido—. ¿Qué haré ahora? ¿Cómo te enterraré? ¿Y cómo daré de comer mañana a mis hijos?

Raskolnikof se acercó a ella.

—Catalina Ivanovna —le dijo—, la semana pasada, su difunto esposo me contó la historia de su vida y todos los detalles de su situación. Le aseguro que hablaba de usted con la veneración más entusiasta. Desde aquella noche en que vi cómo les quería a todos ustedes, a pesar de sus flaquezas, y, sobre todo, cómo la respetaba y la amaba a usted, Catalina Ivanovna, me consideré amigo suyo. Permítame, pues, que ahora la ayude a cumplir sus últimos deberes con mi difunto amigo. Tenga…, veinticinco rublos. Tal vez este dinero pueda serle útil…Y yo…, en fin, ya volveré…Sí, volveré seguramente mañana…Adiós. Ya nos veremos.

Salió a toda prisa de la habitación, se abrió paso vivamente entre la multitud que obstruía el rellano de la escalera, y se dio de manos a boca con Nikodim Fomitch, que había sido informado del accidente y había decidido realizar personalmente las diligencias de rigor. No se habían visto desde la visita de Raskolnikof a la comisaría, pero Nikodim Fomitch lo reconoció al punto.

—¿Usted aquí? —exclamó.

—Sí —repuso Raskolnikof—. Han venido un médico y un sacerdote. No le ha faltado nada. No moleste demasiado a la pobre viuda: está enferma del pecho. Reconfórtela si le es posible…Usted tiene buenos sentimientos, no me cabe duda —y, al decir esto, le miraba irónicamente.

—Va usted manchado de sangre —dijo Nikodim Fomitch, al ver, a la luz del mechero de gas, varias manchas frescas en el chaleco de Raskolnikof.

—Sí, la sangre ha corrido sobre mí. Todo mi cuerpo está cubierto de sangre.

Dijo esto con un aire un tanto extraño. Después sonrió, saludó y empezó a bajar la escalera.

Iba lentamente, sin apresurarse, inconsciente de la fiebre que le abrasaba, poseído de una única e infinita sensación de nueva y potente vida que fluía por todo su ser. Aquella sensación sólo podía compararse con la que experimenta un condenado a muerte que recibe de pronto el indulto.

Al llegar a la mitad de la escalera fue alcanzado por el pope, que iba a entrar en su casa. Raskolnikof se apartó para dejarlo pasar. Cambiaron un saludo en silencio. Cuando llegaba a los últimos escalones, Raskolnikof oyó unos pasos apresurados a sus espaldas. Alguien trataba de darle alcance. Era Polenka. La niña corría tras él y le gritaba:

—¡Oiga, oiga!

Raskolnikof se volvió. Polenka siguió bajando y se detuvo cuando sólo la separaba de él un escalón. Un rayo de luz mortecina llegaba del patio. Raskolnikof observó la escuálida pero linda carita que le sonreía y le miraba con alegría infantil. Era evidente que cumplía encantada la comisión que le habían encomendado.

—Escuche: ¿cómo se llama usted…? ¡Ah!, ¿y dónde vive? —preguntó precipitadamente, con voz entrecortada.

Él apoyó sus manos en los hombros de la niña y la miró con una expresión de felicidad. Ni él mismo sabía por qué se sentía tan profundamente complacido al contemplar a Polenka así.

—¿Quién te ha enviado?

—Mi hermana Sonia —respondió la niña, sonriendo más alegremente aún que antes.

—Lo sabía, estaba seguro de que te había mandado Sonia.

—Y mamá también. Cuando mi hermana me estaba dando el recado, mamá se ha acercado y me ha dicho: "¡Corre, Polenka!".

—¿Quieres mucho a Sonia?

—La quiero más que a nadie —repuso la niña con gran firmeza. Y su sonrisa cobró cierta gravedad.

—¿Y a mí? ¿Me querrás?

La niña, en vez de contestarle, acercó a él su carita, contrayendo y adelantando los labios para darle un beso. De súbito, aquellos bracitos delgados como cerillas rodearon el cuello de Raskolnikof fuertemente, muy fuertemente, y Polenka, apoyando su infantil cabecita en el hombro del joven, rompió a llorar, apretándose cada vez más contra él.

—¡Pobre papá! —exclamó poco después, alzando su rostro bañado en lágrimas, que secaba con sus manos—. No se ven más que desgracias —añadió inesperadamente, con ese aire especialmente grave que adoptan los niños cuando quieren hablar como las personas mayores.

—¿Os quería vuestro padre?

—A la que más quería era a Lidotchka —dijo Polenka con la misma gravedad y ya sin sonreír—, porque es la más pequeña y está siempre enferma. A ella le traía regalos y a nosotras nos enseñaba a leer, y también la gramática y el catecismo —añadió con cierta arrogancia—. Mamá no decía nada, pero nosotros sabíamos que esto le gustaba, y papá también lo sabía; y ahora mamá quiere que aprenda francés, porque dice que ya tengo edad para empezar a estudiar.

—¿Y las oraciones? ¿Las sabéis?

—¡Claro! Hace ya mucho tiempo. Yo, como soy ya mayor, rezo bajito y sola, y Kolia y Lidotchka rezan en voz alta con mamá. Primero dicen la oración a la Virgen, después otra: «Señor, perdona a nuestro otro papá y bendícelo.» Porque nuestro primer papá se murió, y éste era el segundo, y nosotros rezábamos también por el primero.

—Poletchka, yo me llamo Rodion. Nómbrame también alguna vez en tus oraciones… "Y también a tu siervo Rodion…". Basta con esto.

—Toda mi vida rezaré por usted —respondió calurosamente la niña.

Y de pronto se echó a reír, se arrojó sobre Raskolnikof y otra vez le rodeó el cuello con los brazos.

Raskolnikof le dio su nombre y su dirección y le prometió volver al día siguiente. La niña se separó de él entusiasmada. Ya eran más de las diez cuando el joven salió de la casa. Cinco minutos después se hallaba en el puente, en el lugar desde donde la mujer se había arrojado al agua.

"¡Basta! —se dijo en tono solemne y enérgico—. ¡Atrás los espejismos, los vanos terrores, los espectros…! La vida está conmigo… ¿Acaso no la he sentido hace un momento? Mi vida no ha terminado con la de la vieja. Que Dios la tenga en la gloria. ¡Ya era hora de que descansara! Hoy empieza el reinado de la razón, de la luz, de la voluntad, de la energía…Pronto se verá…".

Lanzó esta exclamación con arrogancia, como desafiando a algún poder oculto y maléfico.

"¡Y pensar que estaba dispuesto a contentarme con la plataforma rocosa rodeada de abismos!

"Estoy muy débil, pero me siento curado…Yo sabía que esto había de suceder, lo he sabido desde el momento en que he salido de casa…A propósito: el edificio Potchinkof está a dos pasos de aquí. Iré a casa de Rasumikhine. Habría ido aunque hubiese tenido que andar mucho más… Dejémosle ganar la apuesta y divertirse. ¿Qué importa eso…? ¡Ah!, hay que tener fuerzas, fuerzas…Sin fuerzas no puede uno hacer nada. Y estas fuerzas hay que conseguirlas por la fuerza. Esto es lo que ellos no saben".

Pronunció estas últimas palabras con un gesto de resolución, pero arrastrando penosamente los pies. Su orgullo crecía por momentos. Un gran cambio en el modo de ver las cosas se estaba operando en el fondo de su ser. Pero ¿qué había ocurrido? Sólo un suceso extraordinario había podido producir en su alma, sin que él lo advirtiera, semejante cambio. Era como el náufrago que se aferra a la más endeble rama flotante. Estaba convencido de que podía vivir, de que «su vida no había terminado con la de la vieja». Era un juicio tal vez prematuro, pero él no se daba cuenta.

"Sin embargo —recordó de pronto—, he encargado que recen por el siervo Rodion. Es una medida de precaución muy atinada".

Y se echó a reír ante semejante puerilidad. Estaba de un humor excelente.

Le fue fácil encontrar la habitación de Rasumikhine, pues el nuevo inquilino ya era conocido en la casa y el portero le indicó inmediatamente dónde estaba el departamento de su amigo. Aún no había llegado a la mitad de la escalera y ya oyó el bullicio de una reunión numerosa y animada. La puerta del piso estaba abierta y a oídos de Raskolnikof llegaron fuertes voces de gente que discutía. La habitación de Rasumikhine era espaciosa. En ella había unas quince personas. Raskolnikof se detuvo en el vestíbulo. Dos sirvientes de la patrona estaban muy atareados junto a dos grandes samovares rodeados de botellas, fuentes y platos llenos de entremeses y pastelillos procedentes de casa de la dueña del piso. Raskolnikof preguntó por Rasumikhine, que acudió al punto con gran alegría. Se veía inmediatamente que Rasumikhine había bebido sin tasa y, aunque de ordinario no había medio de embriagarle, era evidente que ahora estaba algo mareado.

—Escucha —le dijo con vehemencia Raskolnikof—. He venido a decirte que has ganado la apuesta y que, en efecto, nadie puede predecir lo que hará. En cuanto a entrar, no me es posible: estoy tan débil, que me parece que voy a caer de un momento a otro. Por lo tanto, adiós. Ven a verme mañana.

—¿Sabes lo que voy a hacer? Acompañarte a tu casa. Cuando tú dices que estás débil…

—¿Y tus invitados…? Oye, ¿quién es ese de cabello rizado que acaba de asomar la cabeza?

—¿Ése? ¡Cualquiera sabe! Tal vez un amigo de mi tío…O alguien que ha venido sin invitación…Dejaré a los invitados con mi tío. Es un hombre extraordinario. Es una pena que no puedas conocerle…Además, ¡que se vayan todos al diablo! Ahora se burlan de mí. Necesito refrescarme. Has llegado oportunamente, querido. Si tardas diez minutos más, me pego con alguien, palabra de honor. ¡Qué cosas tan absurdas dicen! No te puedes imaginar lo que es capaz de inventar la mente humana. Pero ahora pienso que sí que te lo puedes imaginar. ¿Acaso no mentimos nosotros? Dejémoslos que mientan: no acabarán con las mentiras…Espera un momento: voy a traerte a Zosimof.

Zosimof se precipitó sobre Raskolnikof ávidamente. Su rostro expresaba una profunda curiosidad, pero esta expresión se desvaneció muy pronto.

—Debe ir a acostarse inmediatamente —dijo, después de haber examinado a su paciente—, y tomará usted, antes de irse a la cama, uno de estos sellos que le he preparado. ¿Lo tomará?

—Como si quiere usted que tome dos. El sello fue ingerido en el acto.

—Haces bien en acompañarlo a casa —dijo Zosimof a Rasumikhine—. Ya veremos cómo va la cosa mañana. Pero por hoy no estoy descontento. Observo una gran mejoría. Esto demuestra que no hay mejor maestro que la experiencia.

—¿Sabes lo que me ha dicho Zosimof en voz baja ahora mismo, cuando salíamos? —murmuró Rasumikhine apenas estuvieron en la calle—. No te lo diré todo, querido: son cosas de imbéciles…Pues Zosimof me ha dicho que charlase contigo por el camino y te tirase de la lengua para después contárselo a él todo. Cree que tú…que tú estás loco, o que te falta poco para estarlo. ¿Te has fijado? En primer lugar, tú eres tres veces más inteligente que él; en segundo, como no estás loco, puedes burlarte de esta idea disparatada, y, finalmente, ese fardo de carne especializado en cirugía está obsesionado desde hace algún tiempo por las enfermedades mentales. Pero algo le ha hecho cambiar radicalmente el juicio que había formado sobre ti, y es la conversación que has tenido con Zamiotof.

—Por lo visto, Zamiotof te lo ha contado todo.

—Todo. Y ha hecho bien. Esto me ha aclarado muchas cosas. Y a Zamiotof también…Sí, Rodia…, el caso es…Hay que reconocer que estoy un poco chispa…, ¡pero no importa…! El caso es que…Tenían cierta sospecha, ¿comprendes…?, y ninguno de ellos se atrevía a expresarla, ¿comprendes…?, porque era demasiado absurda…Y cuando han detenido a ese pintor de paredes, todo se ha disipado definitivamente. ¿Por qué serán tan estúpidos…? Por poco le pego a Zamiotof aquel día…Pero que quede esto entre nosotros, querido; no dejes ni siquiera entrever que sabes nada del incidente. He observado que es muy susceptible. La cosa ocurrió en casa de Luisa…Pero hoy…, hoy todo está aclarado. El principal responsable de este absurdo fue Ilia Petrovitch, que no hacía más que hablar de tu desmayo en la comisaría. Pero ahora está avergonzado de su suposición, pues yo sé que…

Raskolnikof escuchaba con avidez. Rasumikhine hablaba más de lo prudente bajo la influencia del alcohol.

—Yo me desmayé —dijo Raskolnikof— porque no pude resistir el calor asfixiante que hacía allí, ni el olor a pintura.

—No hace falta buscar explicaciones. ¡Qué importa el olor a pintura! Tú llevabas enfermo todo un mes; Zosimof así lo afirma… ¡Ah! No puedes imaginarte la confusión de ese bobo de Zamiotof. "Yo no valgo —ha dicho— ni el dedo meñique de ese hombre". Es decir, del tuyo. Ya sabes, querido, que él da a veces pruebas de buenos sentimientos. La lección que ha recibido hoy en el Palacio de Cristal ha sido el colmo de la maestría. Tú has empezado por atemorizarlo, pero atemorizarlo hasta producirle escalofríos. Le has llevado casi a admitir de nuevo esa monstruosa estupidez, y luego, de pronto, le has sacado la lengua…Ha sido perfecto. Ahora se siente apabullado, pulverizado. Eres un maestro, palabra, y ellos han recibido lo que merecen. ¡Qué lástima que yo no haya estado allí! Ahora él te estaba esperando en mi casa con ávida impaciencia. Porfirio también está deseoso de conocerte.

—¿También Porfirio…? Pero dime: ¿por qué me han creído loco?

—Tanto como loco, no…Yo creo, querido, que he hablado demasiado…A él le llamó la atención que a ti sólo te interesara este asunto…Ahora ya comprende la razón de este interés…porque conoce las circunstancias…y el motivo de que entonces te irritara. Y ello, unido a ese principio de enfermedad…Estoy un poco borracho, querido, pero el diablo sabe que a Zosimof le ronda una idea por la cabeza…Te repito que sólo piensa en enfermedades mentales…Tú no debes hacerle caso.

Los dos permanecieron en silencio durante unos segundos.

—Óyeme, Rasumikhine —dijo Raskolnikof—: quiero hablarte francamente. Vengo de casa de un difunto, que era funcionario…He dado a la familia todo mi dinero. Además, me ha besado una criatura de un modo que, aunque verdaderamente hubiera matado yo a alguien…Y también he visto a otra criatura que llevaba una pluma de un rojo de fuego…Pero estoy divagando…Me siento muy débil…Sostenme…Ya llegamos.

—¿Qué te pasa? ¿Qué tienes? —preguntó Rasumikhine, inquieto.

—La cabeza se me va un poco, pero no se trata de esto. Es que me siento triste, muy triste…, sí, como una damisela… ¡Mira! ¿Qué es eso? ¡Mira, mira…!

—¿Adónde?

—Pero ¿no lo ves? ¡Hay luz en mi habitación! ¿No la ves por la rendija?

Estaban en el penúltimo tramo, ante la puerta de la patrona, y desde allí se podía ver, en efecto, que en la habitación de Raskolnikof había luz.

—¡Qué raro! ¿Será Nastasia? —dijo Rasumikhine.

—Nunca sube a mi habitación a estas horas. Seguro que hace ya un buen rato que está durmiendo…Pero no me importa lo más mínimo. Adiós; buenas noches.

—¿Cómo se te ha ocurrido que pueda dejarte? Te acompañaré hasta tu habitación. Entraremos juntos.

—Eso ya lo sé. Pero quiero estrecharte aquí la mano y decirte adiós.

Vamos, dame la mano y digámonos adiós.

—Pero ¿qué demonios te pasa, Rodia?

—Nada. Vamos. Lo verás por tus propios ojos.

Empezaron a subir los últimos escalones, mientras Rasumikhine no podía menos de pensar que Zosimof tenía tal vez razón.

"A lo mejor, lo he trastornado con mi charla", se dijo.

Ya estaban cerca de la puerta, cuando, de súbito, oyeron voces en la habitación.

—Pero ¿qué pasa? —exclamó Rasumikhine.

Raskolnikof cogió el picaporte y abrió la puerta de par en par. Y cuando hubo abierto, se quedó petrificado. Su madre y su hermana estaban sentadas en el diván. Le esperaban desde hacía hora y media. ¿Cómo se explicaba que Raskolnikof no hubiera pensado ni remotamente que podía encontrarse con ellas, siendo así que aquel mismo día le habían anunciado dos veces su inminente llegada a Petersburgo?

Durante la hora y media de espera, las dos mujeres no habían cesado de hacer preguntas a Nastasia, que estaba aún ante ellas y las había informado de todo cuanto sabía acerca de Raskolnikof. Estaban aterradas desde que la sirvienta les había dicho que el huésped había salido de casa enfermo y seguramente bajo los efectos del delirio.

—Señor..., ¿qué será de él?

Y lloraban las dos. Habían sufrido lo indecible durante la larga espera.

Un grito de alegría acogió a Raskolnikof. Las dos mujeres se arrojaron sobre él. Pero él permanecía inmóvil, petrificado, como si repentinamente le hubieran arrancado la vida. Un pensamiento súbito, insoportable, lo había fulminado. Raskolnikof no podía levantar los brazos para estrecharlas entre ellos. No podía, le era materialmente imposible.

Su madre y su hermana, en cambio, no cesaban de abrazarlo, de estrujarlo, de llorar, de reír...Él dio un paso, vaciló y rodó por el suelo, desvanecido.

Gran alarma, gritos de horror, gemidos. Rasumikhine, que se había quedado en el umbral, entró presuroso en la habitación, levantó al enfermo con sus atléticos brazos y, en un abrir y cerrar de ojos, lo depositó en el diván.

—¡No es nada, no es nada! —gritaba a la hermana y a la madre—. Un simple mareo. El médico acaba de decir que está muy mejorado y que se curará por completo...Traigan un poco de agua...Miren, ya recobra el conocimiento.

Atenazó la mano de Dunetchka tan vigorosamente como si pretendiera triturársela y obligó a la joven a inclinarse para comprobar que, efectivamente, su hermano volvía en sí.

Tanto la hermana como la madre miraban a Rasumikhine con tierna gratitud, como si tuviesen ante sí a la misma Providencia. Sabían por Nastasia lo que había sido para Rodia, durante toda la enfermedad, aquel "avispado joven", como Pulquería Alejandrovna Raskolnikof le llamó aquella misma noche en una conversación íntima que sostuvo con su hija Dunia.

PARTE 3
CAPÍTULO 1

Raskolnikof se levantó y quedó sentado en el diván. Con un leve gesto indicó a Rasumikhine que suspendiera el torrente de su elocuencia desordenada y las frases de consuelo que dirigía a su hermana y a su madre. Después, cogiendo a las dos mujeres de la mano, las observó en silencio, alternativamente, por espacio de dos minutos cuando menos. Esta mirada inquietó profundamente a la madre: había en ella una sensibilidad tan fuerte, que resultaba dolorosa. Pero, al mismo tiempo, había en aquellos ojos una fijeza de insensatez. Pulqueria Alejandrovna se echó a llorar. Avdotia Romanovna estaba pálida y su mano temblaba en la de Rodia.

—Volved a vuestro alojamiento…con él —dijo Raskolnikof con voz entrecortada y señalando a Rasumikhine—. Ya hablaremos mañana. ¿Hace mucho que habéis llegado?

—Esta tarde, Rodia —repuso Pulqueria Alejandrovna—. El tren se ha retrasado. Pero oye, Rodia: no te dejaré por nada del mundo; pasaré la noche aquí, cerca de…

—¡No me atormentéis! —la interrumpió el enfermo, irritado.

—Yo me quedaré con él —dijo al punto Rasumikhine—, y no te dejaré solo ni un segundo. Que se vayan al diablo mis invitados. No me importa que les sepa mal. Allí estará mi tío para atenderlos.

—¿Cómo podré agradecérselo? —empezó a decir Pulqueria Alejandrovna estrechando las manos de Rasumikhine.

Pero su hijo la interrumpió:

—¡Basta, basta! No me martiricéis. No puedo más.

—Vámonos, mamá. Salgamos aunque sólo sea un momento —murmuró Dunia, asustada—. No cabe duda de que nuestra presencia te mortifica.

—¡Que no pueda quedarme a su lado después de tres años de separación! —gimió Pulqueria Alejandrovna, bañada en lágrimas.

—Esperad un momento —dijo Raskolnikof—. Como me interrumpís, pierdo el hilo de mis ideas. ¿Habéis visto a Lujine?

—No, Rodia; pero ya sabe que hemos llegado. Ya nos hemos enterado de que Piotr Petrovitch ha tenido la atención de venir a verte hoy —dijo con cierta cortedad Pulqueria Alejandrovna.

—Sí, ha sido muy amable…Oye, Dunia, he dicho a ese hombre que lo iba a tirar por la escalera y lo he mandado al diablo.

—¡Oh Rodia! ¿Por qué has hecho eso? Seguramente tú…No creerás que… —balbuceó Pulqueria Alejandrovna, aterrada.

Pero una mirada dirigida a Dunia le hizo comprender que no debía continuar. Avdotia Romanovna miraba fijamente a su hermano y esperaba sus explicaciones. Las dos mujeres estaban enteradas del incidente por Nastasia, que lo había contado a su modo, y se hallaban sumidas en una amarga perplejidad.

—Dunia —dijo Raskolnikof, haciendo un gran esfuerzo—, no quiero que se lleve a cabo ese matrimonio. Debes romper mañana mismo con Lujine y que no vuelva a hablarse de él.

—¡Dios mío! —exclamó Pulqueria Alejandrovna.

—Piensa lo que dices, Rodia; —replicó Avdotia Romanovna, con una cólera que consiguió ahogar en seguida—. Sin duda, tu estado no lo permite… Estás fatigado —terminó con acento cariñoso.

—¿Crees que deliro? No: tú te quieres casar con Lujine por mí. Y yo no acepto tu sacrificio. Por lo tanto, escríbele una carta diciéndole que rompes con él. Dámela a leer mañana, y asunto concluido.

—Yo no puedo hacer eso —replicó la joven, ofendida—. ¿Con qué derecho…?

—Tú también pierdes la calma, Dunetchka —dijo la madre, aterrada y tratando de hacer callar a su hija—. Mañana hablaremos. Ahora lo que debemos hacer es marcharnos.

—No estaba en su juicio —exclamó Rasumikhine con una voz que denunciaba su embriaguez—. De lo contrario, no se habría atrevido a hacer una cosa así. Mañana habrá recobrado la razón. Pero hoy lo ha echado de aquí. El otro, como es natural, se ha indignado…Estaba aquí discurseando y exhibiendo su sabiduría y se ha marchado con el rabo entre piernas.

—O sea ¿que es verdad? —dijo Dunia, afligida—. Vamos, mamá…Buenas noches, Rodia.

—No olvides lo que te he dicho, Dunia —dijo Raskolnikof reuniendo sus últimas fuerzas—. Yo no deliro. Ese matrimonio es una villanía. Yo puedo ser un infame, pero tú no debes serlo. Basta con que haya uno. Pero, por infame que yo sea, renegaría de ti. O Lujine o yo…Ya os podéis marchar.

—O estás loco o eres un déspota —gruñó Rasumikhine. Raskolnikof no le contestó, acaso porque ya no le quedaban fuerzas.

Se había echado en el diván y se había vuelto de cara a la pared, completamente extenuado. Avdotia Romanovna miró atentamente a Rasumikhine. Sus negros ojos centellearon, y Rasumikhine se estremeció bajo aquella mirada. Pulqueria Alejandrovna estaba perpleja.

—No puedo marcharme —murmuró a Rasumikhine, visiblemente desesperada—. Me quedaré aquí, en cualquier rincón. Acompañe a Dunia.

—Con eso no hará sino empeorar las cosas —respondió Rasumikhine, también en voz baja y fuera de sí—. Salgamos a la escalera. Nastasia, alúmbranos. Le juro —continuó a media voz cuando hubieron salido— que ha estado a punto de pegarnos al doctor y a mí. ¿Comprende usted? ¡Incluso al doctor! Éste ha cedido por no irritarle, y se ha marchado. Yo me he ido al piso de abajo, a fin de vigilarle desde allí. Pero él ha procedido con gran habilidad y ha logrado salir sin que yo le viese. Y si ahora se empeña usted en seguir irritándole, se irá igualmente, o intentará suicidarse.

—¡Oh! ¿Qué dice usted?

—Por otra parte, Avdotia Romanovna no puede permanecer sola en ese fonducho donde se hospedan ustedes. Piense que están en uno de los lugares más bajos de la ciudad. Ese bribón de Piotr Petrovitch podía haberles buscado un alojamiento más conveniente… ¡Ah! Estoy un poco achispado, ¿sabe? Por eso empleo palabras demasiado…expresivas. No haga usted demasiado caso.

—Iré a ver a la patrona —dijo Pulqueria Alejandrovna— y le suplicaré que nos dé a Dunia y a mí un rincón cualquiera para pasar la noche. No puedo dejarlo así, no puedo.

Hablaban en el rellano, ante la misma puerta de la patrona. Nastasia permanecía en el último escalón, con una luz en la mano. Rasumikhine daba muestras de gran agitación. Media hora antes, cuando acompañaba a Raskolnikof, estaba muy hablador (se daba perfecta cuenta de ello), pero fresco y despejado, a pesar de lo mucho que había bebido. Ahora sentía una especie de exaltación: el vino ingerido parecía actuar de nuevo en él, y con redoblado efecto. Había cogido a las dos mujeres de la mano y les hablaba con una vehemencia y una desenvoltura extraordinarias. Casi a cada palabra, sin duda para mostrarse más convincente, les apretaba la mano hasta hacerles daño, y devoraba a Avdotia Romanovna con los ojos del modo más impúdico. A veces, sin poder soportar el dolor, las dos mujeres libraban sus dedos de la presión de las enormes y huesudas manos; pero él no se daba cuenta y seguía martirizándolas con sus apretones. Si en aquel momento ellas le hubieran pedido que se arrojara de cabeza por la escalera, él lo habría hecho sin discutir ni vacilar. Pulqueria Alejandrovna no dejaba de advertir que Rasumikhine era un hombre algo extravagante y que le apretaba demasiado enérgicamente la mano, pero la actitud y el estado de su hijo la tenían tan trastornada, que no quería prestar atención a los extraños modales de aquel joven que había sido para ella la Providencia en persona.

Avdotia Romanovna, aun compartiendo las inquietudes de su madre respecto a Rodia, y aunque no fuera de temperamento asustadizo, estaba sorprendida e incluso atemorizada al ver fijarse en ella las miradas ardorosas del amigo de su hermano, y sólo la confianza sin límites que le habían infundido los relatos de Nastasia acerca de aquel joven le permitía resistir a la tentación de huir arrastrando con ella a su madre.

Además, comprendía que no podían hacer tal cosa en aquellas circunstancias. Y, por otra parte, su intranquilidad desapareció al cabo de diez minutos. Rasumikhine, fuera cual fuere el estado en que se encontrase, se manifestaba tal cual era desde el primer momento, de modo que quien lo trataba sabía en el acto a qué atenerse.

—De ningún modo deben ustedes ir a ver a la patrona —exclamó Rasumikhine dirigiéndose a Pulqueria Alejandrovna—. Lo que usted pretende es un disparate. Por muy madre de él que usted sea, lo exasperaría quedándose aquí, y sabe Dios las consecuencias que eso podría tener. Escuchen; he aquí lo que he pensado hacer: Nastasia se quedará con él un momento, mientras yo las llevo a ustedes a su casa, pues dos mujeres no pueden atravesar solas las calles de Petersburgo…En seguida, en una carrera, volveré aquí, y un cuarto de hora después les doy mi palabra de honor más sagrada de que iré a informarlas de cómo va la cosa, de si duerme, de cómo está, etcétera…Luego, óiganme bien, iré en un abrir y cerrar de ojos de la casa de ustedes a la mía, donde he dejado algunos invitados, todos borrachos, por cierto. Entonces cojo a Zosimof, que es el doctor que asiste a Rodia y que ahora está en mi casa…Pero él no está bebido. Nunca está bebido. Lo traeré a ver a Rodia, y de aquí lo llevaré inmediatamente a casa de ustedes. Así, ustedes recibirán noticias dos veces en el espacio de una hora: primero noticias mías y después noticias del doctor en persona. ¡Del doctor! ¿Qué más pueden pedir? Si la cosa va mal, yo les juro que voy a buscarlas y las traigo aquí; si la cosa va bien, ustedes se acuestan y ¡a dormir se ha dicho…! Yo pasaré la noche aquí, en el vestíbulo. Él no se enterará. Y haré que Zosimof se quede a dormir en casa de la patrona: así lo tendremos a mano…Porque, díganme: ¿a quién necesita más Rodia en estos momentos: a ustedes o al doctor? No cabe duda de que el doctor es más útil para él, mucho más útil…Por lo tanto, vuélvanse a casa. Además, ustedes no pueden quedarse en el piso de la patrona. Yo puedo, pero ustedes no: ella no lo querrá, porque…porque es una necia. Tendría celos de Avdotia Romanovna, celos a causa de mi persona, ya lo saben. Y, a lo mejor, también tendría celos de usted, Pulqueria Alejandrovna. Pero de su hija no me cabe la menor duda de que los tendría. Es una mujer muy rara…Bien es verdad que también yo soy un estúpido… ¡Pero no me importa…! Bueno, vamos. Porque me creen, ¿verdad? Díganme: ¿me creen o no me creen?

—Vamos, mamá —dijo Avdotia Romanovna—. Hará lo que dice. Es el salvador de Rodia, y si el doctor ha prometido pasar aquí la noche, ¿qué más podemos pedir?

—¡Ah! Usted me comprende porque es un ángel —exclamó Rasumikhine en una explosión de entusiasmo—. Vámonos. Nastasia, entra en la habitación con la luz y no te muevas de su lado. Dentro de un cuarto de hora estoy de vuelta.

Pulqueria Alejandrovna, aunque no del todo convencida, no hizo la menor objeción. Rasumikhine las cogió a las dos del brazo y se las llevó escaleras abajo. La madre de Rodia no estaba muy segura de que el joven cumpliera lo prometido. «Sin duda es listo y tiene buenos sentimientos. Pero ¿se puede confiar en la palabra de un hombre que se halla en semejante estado?

—Ya entiendo: ustedes creen que estoy bebido —dijo el joven, adivinando los pensamientos de las dos mujeres y mientras daba tales zancadas por la acera, que ellas a duras penas podían seguirle, cosa que él no advertía—. Eso es absurdo…Quiero decir que, aunque esté borracho perdido, esto no importa en absoluto. Estoy borracho, sí, pero no de bebida. Lo que me ha trastornado ha sido la llegada de ustedes: me ha producido el mismo efecto que si me dieran un golpe en la cabeza…Sin embargo, esto no excluye mi responsabilidad…No me hagan caso, pues soy indigno de ustedes completamente indigno…Y tan pronto como las haya dejado en casa, me acercaré al canal y me echaré dos cubos de agua en la cabeza. Entonces se me pasará todo… ¡Si ustedes supieran cuánto las quiero a las dos! No se enfaden, no se rían…De la última persona de quien deben ustedes burlarse es de mí. Yo soy amigo de él. Tenía el presentimiento de que sucedería lo que ha sucedido. El año pasado ya lo presentí… Pero no, no pude presentirlo el año pasado, porque, al verlas a ustedes, he tenido la impresión de que me caían del cielo… Yo no dormiré esta noche…Ese Zosimof temía que Rodia perdiera la razón. Por eso les he dicho que no deben contrariarle.

—Pero ¿qué dice usted? —exclamó la madre.

—¿De veras ha dicho eso el doctor? —preguntó Avdotia Romanovna, aterrada.

—Lo ha dicho, pero no es verdad. No, no lo es. Incluso le ha dado unos sellos; yo lo he visto. Cuando se los daba, ya debían de haber llegado ustedes…Por cierto que habría sido preferible que llegasen mañana…Hemos hecho bien en marcharnos…Dentro de una hora, como les he dicho, el mismo Zosimof irá a darles noticias…Y él no estará bebido, y yo tampoco lo estaré entonces…Pero ¿saben por qué he bebido tanto? Porque esos malditos me han obligado a discutir… ¡Y eso que me había jurado a mí mismo no tomar parte jamás en discusiones…! Pero ¡dicen unas cosas tan absurdas…! He estado a punto de pegarles. He dejado a mi tío en mi lugar para que los atienda… Aunque no lo crean ustedes, son partidarios de la impersonalidad. No hay que ser jamás uno mismo. Y a esto lo consideran el colmo del progreso. Si los disparates que dicen fueran al menos originales…Pero no…

—Óigame —dijo tímidamente Pulqueria Alejandrovna. Pero con esta interrupción no consiguió sino enardecer más todavía a Rasumikhine.

—No, no son originales —prosiguió el joven, levantando más aún la voz—. ¿Y qué creen ustedes: que yo les detesto porque dicen esos absurdos? Pues no: me gusta que se equivoquen. En esto radica la superioridad del hombre sobre los demás organismos. Así llega uno a la verdad. Yo soy un hombre, y lo soy precisamente porque me equivoco. Nadie llega a una verdad sin haberse equivocado catorce veces, o ciento catorce, y esto es, acaso, un honor para el género humano. Pero no sabemos ser originales ni siquiera para equivocarnos. Un error original acaso valga más que una verdad insignificante. La verdad siempre se encuentra; en cambio, la vida puede enterrarse para siempre. Tenemos abundantes ejemplos de ello. ¿Qué hacemos nosotros en la actualidad? Todos, todos sin excepción, nos hallamos, en lo que concierne a la ciencia, la cultura, el pensamiento, la invención, el ideal, los deseos, el liberalismo, la razón, la experiencia y todo lo demás, en una clase preparatoria del instituto, y nos contentamos con vivir con el espíritu ajeno… ¿Tengo razón o no la tengo? Díganme: ¿tengo razón?

Rasumikhine dijo esto a grandes voces, sacudiendo y apretando las manos de las dos mujeres.

—¿Qué sé yo, Dios mío? —exclamó la pobre Pulqueria Alejandrovna. Y Avdotia Romanovna repuso gravemente:

—Ha dicho usted muchas verdades, pero yo no estoy de acuerdo con usted en todos los puntos.

Apenas había terminado de pronunciar estas palabras, lanzó un grito de dolor provocado por un apretón de manos demasiado enérgico.

Rasumikhine exclamó, en el colmo del entusiasmo:

—¡Ha reconocido usted que tengo razón! Después de esto, no puedo menos de declarar que es usted un manantial de bondad, de buen juicio, de pureza y de perfección. Deme su mano, ¡démela…! Y usted deme también la suya. Quiero besarlas. Ahora mismo y de rodillas.

Y se arrodilló en medio de la acera, afortunadamente desierta a aquella hora.

—¡Basta, por favor! ¿Qué hace usted? —exclamó, alarmada, Pulqueria Alejandrovna.

—¡Levántese, levántese! —dijo Dunia, entre divertida e inquieta.

—Por nada del mundo me levantaré si no me dan ustedes la mano…Así. Esto es suficiente. Ahora ya puedo levantarme. Sigamos nuestro camino…Yo soy un pobre idiota indigno de ustedes, un miserable borracho. Pero inclinarse ante ustedes constituye un deber para todo hombre que no sea un bruto rematado. Por eso me he inclinado yo…Bueno, aquí tienen su casa. Después de ver esto, uno ha de pensar que Rodion ha hecho bien en poner a Piotr Petrovitch en la calle. ¿Cómo se habrá atrevido a traerlas a un sitio semejante?

¡Es bochornoso! Ustedes no saben la gentuza que vive aquí. Sin embargo, usted es su prometida. ¿Verdad que es su prometida? Pues bien, después de haber visto esto, yo me atrevo a decirle que su prometido es un granuja.

—Escuche, señor Rasumikhine —comenzó a decir Pulqueria Alejandrovna—. Se olvida usted…

—Sí, sí; tiene usted razón —se excusó el estudiante—; me he olvidado de algo que no debí olvidar, y estoy verdaderamente avergonzado. Pero usted no debe guardarme rencor porque haya hablado así, pues he sido franco. No crea que lo he dicho por…No, no; eso sería una vileza…Yo no lo he dicho para… No, no me atrevo a decirlo…Cuando ese hombre vino a ver a Rodia, comprendimos muy pronto que no era de los nuestros. Y no porque se hubiera hecho rizar el pelo en la peluquería, ni porque alardease de sus buenas relaciones, sino porque es mezquino e interesado, porque es falso y avaro como un judío. ¿Creen ustedes que es inteligente? Pues se equivocan: es un necio de pies a cabeza. ¿Acaso es ése el marido que le conviene…? ¡Dios santo! Óiganme —dijo, deteniéndose de pronto, cuando subían la escalera—: en mi casa todos están borrachos, pero son personas de nobles sentimientos, y a pesar de los absurdos que decimos (pues yo los digo también), llegaremos un día a la verdad, porque vamos por el buen camino. En cambio, Piotr Petrovitch…, en fin, su camino es diferente. Hace un momento he insultado a mis amigos, pero los aprecio. Los aprecio a todos, incluso a Zamiotof. No es que sienta por él un gran cariño, pero sí cierto afecto: es una criatura. Y también aprecio a esa mole de Zosimof, pues es honrado y conoce su oficio… En fin, basta de esta cuestión. El caso es que allí todo se dice y todo se perdona. ¿Estoy yo también perdonado aquí? ¿Sí? Pues adelante…Este pasillo lo conozco yo. He estado aquí otras veces. Allí, en el número tres, hubo un día un escándalo. ¿Dónde se alojan ustedes? ¿En el número ocho? Pues cierren bien la puerta y no abran a nadie…Volveré dentro de un cuarto de hora con noticias, y dentro de media hora con Zosimof. Bueno, me voy. Buenas noches.

—Dios mío, ¿adónde hemos venido a parar? —preguntó, ya en la habitación, Pulqueria Alejandrovna a su hija.

—Tranquilízate, mamá —repuso Dunia, quitándose el sombrero y la mantilla—. Dios nos ha enviado a este hombre, aunque lo haya sacado de una orgía. Se puede confiar en él, te lo aseguro. Además, ¡ha hecho ya tanto por mi hermano!

—¡Ay, Dunetchka! Sabe Dios si volverá. No sé cómo he podido dejar a Rodia…Nunca habría creído que lo encontraría en tal estado. Cualquiera diría que no se ha alegrado de vernos.

Las lágrimas llenaban sus ojos.

—Eso no, mamá. No has podido verlo bien, porque no hacías más que llorar. Lo que ocurre es que está agotado por una grave enfermedad. Eso explica su conducta.

—¡Esa enfermedad, Dios mío…! ¿Cómo terminará todo esto…? Y ¡en qué tono te ha hablado!

Al decir esto, la madre buscaba tímidamente la mirada de su hija, deseosa de leer en su pensamiento. Sin embargo, la tranquilizaba la idea de que Dunia defendía a su hermano, lo que demostraba que le había perdonado.

—Estoy segura de que mañana será otro —añadió para ver qué contestaba su hija.

—Pues a mí no me cabe duda —afirmó Dunia— de que mañana pensará lo mismo que hoy.

Pulqueria Alejandrovna renunció a continuar el diálogo: la cuestión le parecía demasiado delicada.

Dunia se acercó a su madre y la rodeó con sus brazos. Y la madre estrechó apasionadamente a la hija contra su pecho.

Después, Pulqueria Alejandrovna se sentó y desde este momento esperó febrilmente la vuelta de Rasumikhine. Entre tanto observaba a su hija, que, pensativa y con los brazos cruzados, iba de un lado a otro del aposento. Así procedía siempre Avdotia Romanovna cuando tenía alguna preocupación. Y su madre jamás turbaba sus meditaciones.

No cabía duda de que Rasumikhine se había comportado ridículamente al mostrar aquella súbita pasión de borracho ante la aparición de Dunia, pero los que vieran a la joven ir y venir por la habitación con paso maquinal, cruzados los brazos, triste y pensativa, habrían disculpado fácilmente al estudiante.

Avdotia Romanovna era extraordinariamente hermosa, alta, esbelta, pero sin que esta esbeltez estuviera reñida con el vigor físico. Todos sus movimientos evidenciaban una firmeza que no afectaba lo más mínimo a su gracia femenina. Se parecía a su hermano. Su cabello era de un castaño claro; su tez, pálida, pero no de una palidez enfermiza, sino todo lo contrario; su figura irradiaba lozanía y juventud; su boca, demasiado pequeña y cuyo labio inferior, de un rojo vivo, sobresalía, lo mismo que su mentón, era el único defecto de aquel maravilloso rostro, pero este defecto daba al conjunto de la fisonomía cierta original expresión de energía y arrogancia. Su semblante era, por regla general, más grave que alegre, pero, en compensación, adquiría un encanto incomparable las contadas veces que Dunia sonreía, o reía con una risa despreocupada, juvenil, gozosa…

No era extraño que el fogoso, honesto y sencillo Rasumikhine, aquel gigante accidentalmente borracho, hubiera perdido la cabeza apenas vio a aquella mujer superior a todas las que había visto hasta entonces. Además, el azar había querido que viera por primera vez a Dunia en un momento en que la angustia, por un lado, y la alegría de reunirse con su hermano, por otro, la transfiguraban. Todo esto explica que, al advertir que el labio de Avdotia Romanovna temblaba de indignación ante las acusaciones de Rodia, Rasumikhine hubiera mentido en defensa de la joven.

El estudiante no había mentido al decir, en el curso de su extravagante charla de borracho, que la patrona de Raskolnikof, Praskovia Pavlovna, tendría celos de Dunia y, seguramente, también de Pulqueria Alejandrovna, la cual, pese a sus cuarenta y tres años, no había perdido su extraordinaria belleza. Por otra parte, parecía más joven de lo que era, como suele ocurrir a las mujeres que saben conservar hasta las proximidades de la vejez un alma pura, un espíritu lúcido y un corazón inocente y lleno de ternura. Digamos entre paréntesis que no hay otro medio de conservarse hermosa hasta una edad avanzada. Su cabello empezaba a encanecer y a aclararse; hacía tiempo que sus ojos estaban cercados de arrugas; sus mejillas se habían hundido a causa de los desvelos y los sufrimientos, pero esto no empañaba la belleza extraordinaria de aquella fisonomía. Su rostro era una copia del de Dunia, sólo que con veinte años más y sin el rasgo del labio inferior saliente. Pulqueria Alejandrovna tenía un corazón tierno, pero su sensibilidad no era en modo alguno sensiblería. Tímida por naturaleza, se sentía inclinada a ceder, pero hasta cierto punto: podía admitir muchas cosas opuestas a sus convicciones, mas había un punto de honor y de principios en los que ninguna circunstancia podía impulsarla a transigir.

Veinte minutos después de haberse marchado Rasumikhine se oyeron en la puerta dos discretos y rápidos golpes. Era el estudiante, que estaba de vuelta.

—No entro, pues el tiempo apremia —dijo apresuradamente cuando le abrieron—. Duerme a pierna suelta y con perfecta tranquilidad. Quiera Dios que su sueño dure diez horas. Nastasia está a su lado y le he ordenado que no lo deje hasta que yo vuelva. Ahora voy por Zosimof para que le eche un vistazo. Luego vendrá a informarlas y ustedes podrán acostarse, cosa que buena falta les hace, pues bien se ve que están agotadas.

Y se fue corriendo por el pasillo.

—¡Qué joven tan avispado…y tan amable! —exclamó Pulqueria Alejandrovna, complacida.

—Yo creo que es una excelente persona —dijo Dunia calurosamente y reanudando sus paseos por la habitación.

Alrededor de una hora después, volvieron a oírse pasos en el corredor y de nuevo golpearon la puerta. Esta vez las dos mujeres habían esperado con absoluta confianza la segunda visita de Rasumikhine, cuya palabra ya no ponían en duda. En efecto, era él y le acompañaba Zosimof. Éste no había vacilado en dejar la reunión para ir a ver al enfermo. Sin embargo, Rasumikhine había tenido que insistir para que accediera a visitar a las dos mujeres: no se fiaba de su amigo, cuyo estado de embriaguez era evidente. Pero pronto se tranquilizó, e incluso se sintió halagado, al ver que, en efecto, se le esperaba como a un oráculo. Durante los diez minutos que duró su visita consiguió devolver la confianza a Pulqueria Alejandrovna. Mostró gran interés por el enfermo, pero habló en un tono reservado y austero, muy propio de un médico de veintisiete años llamado a una consulta de extrema gravedad. Ni se permitió la menor digresión, ni mostró deseo alguno de entablar relaciones más íntimas y amistosas con las dos mujeres. Como apenas entró advirtiera la belleza deslumbrante de Avdotia Romanovna, procuró no prestarle la menor atención y dirigirse exclusivamente a la madre. Todo esto le proporcionaba una extraordinaria satisfacción.

Manifestó que había encontrado al enfermo en un estado francamente satisfactorio. Según sus observaciones, la enfermedad se debía no sólo a las condiciones materiales en que su paciente había vivido durante mucho tiempo, sino a otras causas de índole moral. Se trataba, por decirlo así, del complejo resultado de diversas influencias: inquietudes, cuidados, ideas, etc. Al advertir, sin demostrarlo, que Avdotia Romanovna le escuchaba con suma atención, Zosimof se extendió sobre el tema con profunda complacencia. Pulquería Alejandrovna le preguntó, inquieta, por «ciertos síntomas de locura» y el doctor repuso, con una sonrisa llena de franqueza y serenidad que se había exagerado el sentido de sus palabras. Sin duda, el enfermo daba muestras de estar dominado por una idea fija, algo así como una monomanía. Él, Zosimof, estaba entonces enfrascado en el estudio de esta rama de la medicina.

—Pero no debemos olvidar —añadió— que el enfermo ha estado hasta hoy bajo los efectos del delirio…La llegada de su familia ejercerá sobre él, seguramente, una influencia saludable, siempre que se tenga en cuenta que hay que evitarle nuevas emociones.

Con estas palabras, dichas en un tono significativo, dio por terminada su visita. Acto seguido se levantó, se despidió con una mezcla de circunspección y cordialidad y se retiró acompañado de un raudal de bendiciones, acciones de gracias y efusivas manifestaciones de gratitud. Avdotia Romanovna incluso le tendió su delicada mano, sin que él hubiera hecho nada por provocar este gesto, y el doctor salió, encantado de la visita y más encantado aún de sí mismo.

—Mañana hablaremos. Ahora acuéstense inmediatamente —ordenó Rasumikhine mientras se iba con Zosimof—. Mañana, a primera hora, vendré a darles noticias.

—¡Qué encantadora muchacha esa Avdotia Romanovna! —dijo calurosamente Zosimof cuando estuvieron en la calle.

Al oír esto, Rasumikhine se arrojó repentinamente sobre Zosimof y le atenazó el cuello con las manos.

—¿Encantadora? ¿Has dicho encantadora? Como te atreves a… ¿Comprendes…? ¿Comprendes lo que quiero decir…? ¿Me has entendido…?

Y lo echó contra la pared, sin dejar de zarandearle.

—¡Déjame demonio…! ¡Maldito borracho! —gritó Zosimof debatiéndose.

Y cuando Rasumikhine le hubo soltado, se quedó mirándole fijamente y lanzó una carcajada. Rasumikhine permaneció ante él, con los brazos caídos y el semblante pensativo y triste.

—Desde luego, soy un asno —dijo con trágico acento—. Pero tú eres tan asno como yo.

—Eso no, amigo; yo no soy un asno: yo no pienso en tonterías como tú. Continuaron su camino en silencio, y ya estaban cerca de la morada de Raskolnikof, cuando Rasumikhine, que daba muestras de gran preocupación, rompió el silencio.

—Escucha —dijo a Zosimof—, tú no eres una mala persona, pero tienes una hermosa colección de defectos. Estás corrompido. Eres débil, sensual, comodón, y no sabes privarte de nada. Es un camino lamentable que conduce al cieno. Eres tan blando, tan afeminado, que no comprendo cómo has podido llegar a ser médico y, sobre todo, un médico que cumple con su deber. ¡Un doctor que duerme en lecho de plumas y se levanta por la noche para ir a visitar a un enfermo…! Dentro de dos o tres años no harás tales sacrificios… Pero, en fin, esto poco importa. Lo que quiero decirte es lo siguiente: tú dormirás esta noche en el departamento de la patrona (he obtenido, no sin trabajo, su consentimiento) y yo en la cocina. Esto es para ti una ocasión de trabar más estrecho conocimiento con ella…No, no pienses mal. No quiero decir eso, ni remotamente…

—¡Pero si yo no pienso nada!

—Esa mujer, querido, es el pudor personificado; una mezcla de discretos silencios, timidez, castidad invencible y, al mismo tiempo, hondos suspiros. Su sensibilidad es tal, que se funde como la cera. ¡Líbrame de ella, por lo que más quieras, Zosimof! Es bastante agraciada. Me harías un favor que te lo agradecería con toda el alma. ¡Te juro que te lo agradecería!

Zosimof se echó a reír de buena gana.

—Pero ¿para qué la quiero yo?

—Te aseguro que no te ocasionará ninguna molestia. Lo único que tienes que hacer es hablarle, sea de lo que sea: te sientas a su lado y hablas. Como eres médico, puedes empezar por curarla de una enfermedad cualquiera. Te juro que no te arrepentirás…Esa mujer tiene un clavicordio. Yo sé un poco de música y conozco esa cancioncilla rusa que dice "Derramo lágrimas amargas". Ella adora las canciones sentimentales. Así empezó la cosa. Tú eres un maestro del teclado, un Rubinstein. Te aseguro que no te arrepentirás.

—Pero oye: ¿le has hecho alguna promesa…?, ¿le has firmado algún papel…?, ¿le has propuesto el matrimonio?

—Nada de eso, nada en absoluto…No, esa mujer no es lo que tú crees. Porque Tchebarof ha intentado…

—Entonces, la plantas y en paz.

—Imposible.

—¿Por qué?

—Pues…porque es imposible, sencillamente…Uno se siente atado, ¿no comprendes?

—Lo que no entiendo es tu empeño en atraértela, en ligarla a ti.

—Yo no he intentado tal cosa, ni mucho menos. Es ella la que me ha puesto las ligaduras, aprovechándose de mi estupidez. Sin embargo, le da lo mismo que el ligado sea yo o seas tú: el caso es tener a su lado un pretendiente…Es…es…No sé cómo explicarte…Mira; yo sé que tú dominas las matemáticas. Pues bien; háblale del cálculo integral. Te doy mi palabra de que no lo digo en broma; te juro que el tema le es indiferente. Ella te mirará y suspirará. Yo le he estado hablando durante dos días del Parlamento prusiano (llega un momento en que no sabe uno de qué hablarle), y lo único que ella hacía era suspirar y sudar. Pero no le hables de amor, pues podría acometerla una crisis de timidez. Limítate a hacerle creer que no puedes separarte de ella. Esto será suficiente…Estarás como en tu casa, exactamente como en tu casa;

leerás, te echarás, escribirás...Incluso podrás arriesgarte a darle un beso..., pero un beso discreto.

—Pero ¿a santo de qué he de hacer yo todo eso?

—¡Nada, que no consigo que me entiendas...! Oye: vosotros formáis una pareja perfectamente armónica. Hace ya tiempo que lo vengo pensando...Y si tu fin ha de ser éste, ¿qué importa que llegue antes o después? Te parecerá que vives sobre plumas; es ésta una vida que se apodera de uno y te subyuga; es el fin del mundo, el ancla, el puerto, el centro de la tierra, el paraíso. Crêpes suculentos, sabrosos pasteles de pescado, el samovar por la tarde, tiernos suspiros, tibios batines y buenos calentadores. Es como si estuvieses muerto y, al mismo tiempo, vivo, lo que representa una doble ventaja. Bueno, amigo mío; empiezo a decir cosas absurdas. Ya es hora de irse a dormir. Escucha: yo me despierto varias veces por la noche. Cuando me despierte, iré a echar un vistazo a Rodia. Por lo tanto, no te alarmes si me oyes subir. Sin embargo, si el corazón te lo manda, puedes ir a echarle una miradita. Y si vieras algo anormal..., delirio o fiebre, por ejemplo..., debes despertarme. Pero esto no sucederá.

CAPÍTULO 2

A la mañana siguiente eran más de las siete cuando Rasumikhine se despertó. En su vida había estado tan preocupado y sombrío. Su primer sentimiento fue de profunda perplejidad. Jamás había podido suponer que se despertaría un día de semejante humor. Recordaba hasta los más ínfimos detalles de los incidentes de la noche pasada y se daba cuenta de que le había sucedido algo extraordinario, de que había recibido una impresión muy diferente de las que le eran familiares. Además, comprendía que el sueño que se había forjado era completamente irrealizable, tanto, que se sintió avergonzado de haberle dado cabida en su mente, y se apresuró a expulsarlo de ella, para dedicar su pensamiento a otros asuntos, a los deberes más razonables que le había legado, por decirlo así, la maldita jornada anterior.

Lo que más le abochornaba era recordar hasta qué extremo se había mostrado innoble, pues, además de estar ebrio, se había aprovechado de la situación de la muchacha para criticar ante ella, llevado de un sentimiento de celos torpe y mezquino, al hombre que era su prometido, ignorando los lazos de afecto que existían entre ellos y, en realidad, sin saber nada de aquel hombre. Por otra parte, ¿con qué derecho se había permitido juzgarle y quién le había pedido que se erigiera en juez? ¿Acaso una criatura como Avdotia Romanovna podía entregarse a un hombre indigno sólo por el dinero? No, no cabía duda de que Piotr Petrovitch poseía alguna cualidad. ¿El alojamiento? Él no podía saber lo que era aquella casa. Les había buscado hospedaje; por lo tanto, había cumplido su deber. ¡Ah, qué miserable era todo aquello, y qué inadmisible la razón con que intentaba justificarse: su estado de embriaguez! Esta excusa le envilecía más aún. La verdad está en la bebida; por lo tanto, bajo la influencia del alcohol, él había revelado toda la vileza de su corazón deleznable y celoso.

¿Podía permitirse un hombre como él concebir tales sueños? ¿Qué era él, en comparación con una joven como Avdotia Romanovna? ¿Cómo podía compararse con ella el borracho charlatán y grosero de la noche anterior? Imposible imaginar nada más vergonzoso y cómico a la vez que una unión entre dos seres tan dispares.

Rasumikhine enrojeció ante estas ideas. Y, de pronto, como hecho adrede, se acordó de que la noche pasada había dicho en el rellano de la escalera que la patrona tendría celos de Avdotia Romanovna…Este pensamiento le resultó tan intolerable, que dio un fuerte puñetazo en la estufa de la cocina. Tan violento fue el golpe, que se hizo daño en la mano y arrancó un ladrillo.

—Ciertamente —balbuceó a media voz un minuto después profundamente avergonzado—, estas torpezas ya no se pueden evitar ni reparar. Por lo tanto, es inútil pensar en ello…Lo más prudente será que me presente en silencio, cumpla mis deberes sin desplegar los labios y…que me excuse con el mutismo…Naturalmente, todo está perdido.

Sin embargo, dedicó un cuidado especial a su indumentaria. Examinó su traje. No tenía más que uno, pero se lo habría puesto aunque tuviera otros. Sí, se lo habría puesto expresamente. Sin embargo, exhibir cínicamente una descuidada suciedad habría sido un acto de mal gusto. No tenía derecho a mortificar con su aspecto a otras personas, y menos a unas personas que le necesitaban y le habían rogado que fuera a verlas.

Cepilló cuidadosamente su traje. Su ropa interior estaba presentable, como de costumbre (Rasumikhine era intransigente en cuanto a la limpieza de la ropa interior). Procedió a lavarse concienzudamente. Nastasia le dio jabón y él lo utilizó para el cuello, la cabeza y —esto sobre todo— las manos. Pero cuando llegó el momento de decidir si debía afeitarse (Praskovia Pavlovna poseía excelentes navajas de afeitar heredadas de su difunto esposo, el señor Zarnitzine), se dijo que no lo haría, y se lo dijo incluso con cierta aspereza.

"No, me mostraré tal cual soy. Podrían suponer que me he afeitado para… Sí, seguro que lo pensarían…No, no me afeitaré por nada del mundo. Y menos teniendo el convencimiento de que soy un grosero, un mal educado, un… Admitamos que me considero, cosa que en cierto modo es verdad, un hombre honrado, o poco menos. ¿Puedo enorgullecerme de esta honradez? Todo el mundo debe ser honrado y más que honrado…Además (bien lo recuerdo), yo tuve aquellas cosillas…, no deshonrosas, desde luego, pero… ¡Y qué ideas me asaltan a veces…! ¿Cómo poner al lado de todo esto a Avdotia Romanovna…?

¡Bueno, que se vaya al diablo…! Me importa un comino…Haré cuanto esté en mi mano para mostrarme tan grosero y desagradable como me sea posible, y no me importa lo que puedan pensar".

En esto apareció Zosimof. Había pasado la noche en el salón de Praskovia Pavlovna y se disponía a volver a su casa. Rasumikhine le dijo que Raskolnikof dormía a pierna suelta. Zosimof dispuso que no se le despertara y prometió volver a las once.

—Pero veremos si lo encuentro aquí —añadió—. ¡Demonio de hombre! ¡Un paciente que no obedece al médico! ¡Estudie usted una carrera para esto! ¿Sabes si irá a ver a su madre y a su hermana, o si ellas vendrán aquí?

—Creo que vendrán ellas —repuso Rasumikhine, que había comprendido la finalidad de la pregunta—. Sin duda, tendrán que hablar de asuntos de familia. Por lo cual, me marcharé. Tú, como eres el médico, tienes más derechos que yo.

—Yo soy el médico, pero no el confesor. Vendré sólo un momento. No puedo dedicarme exclusivamente a ellas: tengo mucho trabajo.

—Estoy preocupado por una cosa —dijo Rasumikhine pensativo y con cara sombría—. Ayer, como estaba bebido, no pude poner freno a mi lengua y dije mil estupideces. Una de ellas fue que tú temías que los síntomas que Rodion presentaba fueran un anuncio de…demencia. Así se lo manifesté al mismo Rodia.

—Y también a su hermana y a su madre, ¿no?

—Sí…Yo sé que esto fue una idiotez y que merecería que me abofetearan. Pero, entre nosotros, ¿has pensado en ello seriamente?

—¡Seriamente…seriamente…! Tú mismo me lo describiste como un maniático cuando me trajiste a su casa…Y ayer lo trastornamos con nuestra conversación sobre el pintor de paredes. ¡Buen tema para tratarlo con un hombre cuya locura puede haber sido provocada por este suceso…! Si hubiese sabido exactamente lo que había pasado en la comisaría, si hubiese estado enterado del detalle de que un canalla le había herido con sus sospechas, habría evitado semejante conversación. Estos maníacos hacen un océano de una gota de agua y toman por realidades los disparates que imaginan. Ahora, gracias a lo que nos contó anoche en tu casa Zamiotof, ya comprendo muchas cosas. Sí. Conozco el caso de un hombre de cuarenta años, afectado de hipocondría, que un día no pudo soportar las travesuras cotidianas de un niño de ocho años y lo estranguló. Y ahora nos enfrentamos con un hombre reducido a la miseria y que se ve en el trance de sufrir las insolencias de un policía. Añadamos a esto la enfermedad que le minaba y el efecto de la grave sospecha. Piensa que se trata de un caso de hipocondría en último grado, de un sujeto orgulloso en extremo: ahí tenemos la base del mal… ¡Bueno, que se vaya todo al diablo! ¡Ah!, a propósito: ese Zamiotof es un gran muchacho, pero ha cometido una torpeza contando todo esto. Es un charlatán incorregible.

—Pero ¿a quién lo ha contado? A ti y a mí.

—Y a Porfirio.

—¡Bah! No hay ningún mal en que Porfirio lo sepa.

—Oye: ¿tienes alguna influencia sobre la madre y la hermana? Habría que recomendarles que hoy fueran prudentes con él.

—Ya se las arreglarán —repuso Rasumikhine, visiblemente contrariado.

—¿Por qué atacaría tan furiosamente a ese Lujine? Es un hombre acomodado y que no parece desagradar a las mujeres…No andan bien de dinero, ¿verdad?

—¡Esto es todo un interrogatorio! —exclamó Rasumikhine fuera de sí—. ¿Cómo puedo yo saber lo que ellos tienen en el pensamiento? Pregúntaselo a ellas: tal vez te lo digan.

—¡Qué arranques de brutalidad tienes a veces! Por lo visto, todavía no se te ha pasado del todo la borrachera. Adiós. Da las gracias de mi parte a Praskovia Pavlovna por su hospitalidad. Se ha encerrado en su habitación y no ha respondido a mis buenos días. Esta mañana se ha levantado a las siete y ha hecho que le entraran el samovar al dormitorio. No he tenido el honor de verla.

A las nueve en punto llegó Rasumikhine a la pensión Bakaleev. Las dos mujeres le esperaban desde hacía un buen rato con impaciencia febril. Se habían levantado a las siete y media. El estudiante entró en la casa con cara sombría, saludó torpemente y esta torpeza le hizo enrojecer. Pero ocurrió algo que no tenía previsto. Pulqueria Alejandrovna se arrojó sobre él, le cogió las manos y poco faltó para que se las besara. Rasumikhine dirigió una tímida mirada a Avdotia Romanovna. Pero aquel altivo rostro expresaba un reconocimiento tan profundo y una simpatía tan afectuosa (en vez de las miradas burlonas y llenas de un desprecio mal disimulado que esperaba recibir), que su confusión no tuvo límites. Sin duda se habría sentido menos violento si le hubieran acogido con reproches. Afortunadamente, tenía un tema de conversación obligado y se apresuró a echar mano de él.

Cuando se enteró de que su hijo seguía durmiendo y las cosas no podían ir mejor, Pulqueria Alejandrovna manifestó que lo celebraba de veras, pues deseaba conferenciar con Rasumikhine sobre cuestiones urgentes antes de ir a ver a Rodia.

Acto seguido preguntó al visitante si había tomado el té, y, ante su respuesta negativa, la madre y la hija le invitaron a tomarlo con ellas, ya que le habían esperado para desayunarse.

Avdotia Romanovna hizo sonar la campanilla y acudió un desastrado sirviente. Se le encargó el té, y cómo lo serviría, que las dos mujeres se sonrojaron. Rasumikhine estuvo a punto de echar pestes de la pensión, pero se acordó de Lujine, se sintió avergonzado y nada dijo. Incluso se alegró cuando las preguntas de Pulqueria Alejandrovna empezaron a caer sobre él como una granizada. Interrogado e interrumpido a cada momento, estuvo tres cuartos de hora dando explicaciones. Contó cuanto sabía de la vida de Rodion Romanovitch durante el año último, y terminó con un relato detallado de la enfermedad de su amigo. Pasó por alto todo aquello que no convenía referir, como, por ejemplo, la escena de la comisaría, con todas sus consecuencias. Las dos mujeres le escucharon con ávida atención. Sin embargo, cuando él creyó que había dado todos los detalles susceptibles de interesarlas y, por lo tanto, consideraba cumplida su misión, advirtió que ellas no opinaban así y que habían escuchado su largo relato simplemente como un preámbulo.

—Dígame —dijo vivamente Pulqueria Alejandrovna—, ¿qué juzga usted…? ¡Oh, perdón…! No conozco todavía su nombre.

—Dmitri Prokofitch.

—Pues bien, Dmitri Prokofitch; yo quisiera saber…cuáles son las opiniones de Rodia, sus ideas, en estos momentos…Es decir…, compréndame…¡Oh!, no sé cómo decírselo…Mire, yo quisiera saber qué es lo que le gusta y lo que no le gusta…, y si siempre está tan irritado como anoche…, y cuáles son sus deseos, mejor dicho, sus sueños y ambiciones…, y qué es lo que más influye en su ánimo en estos momentos…En una palabra, yo quisiera saber…

—Pero, mamá —le interrumpió Dunia—, ¿quién puede responder a ese torrente de preguntas?

—¡Es verdad, Dios mío! ¡Es que estaba tan lejos de esperar encontrarlo así!

—Sin embargo —dijo Rasumikhine—, esos cambios son muy naturales. Yo no tengo madre, pero sí un tío que viene todos los años a verme. Y siempre me encuentra transformado, incluso físicamente…Bueno, lo importante es que han ocurrido muchas cosas durante los tres años que han estado ustedes sin ver a Rodion. Yo lo conozco desde hace año y medio. Ha sido siempre un hombre taciturno, sombrío y soberbio. Últimamente (o tal vez esto empezó antes de lo que suponemos) se ha convertido en un ser receloso y neurasténico. No es amigo de revelar sus sentimientos: prefiere mortificar a sus semejantes a mostrarse amable y expansivo con ellos. A veces se limita a aparecer frío e insensible, pero hasta tal extremo, que resulta inhumano. Es como si poseyese dos caracteres distintos y los fuera alternando. En ciertos momentos se muestra profundamente taciturno. Da la impresión de estar siempre atareado, lo que, de ser verdad, explicaría que todo el mundo le moleste, pero es lo cierto que está horas y horas acostado y sin hacer nada. No le gustan las ironías, y no porque carezca de mordacidad, sino porque sin duda le parece que no puede perder el tiempo en semejantes frivolidades. Lo que interesa a los demás, a él le es indiferente. Tiene una elevada opinión de sí mismo, a mi entender no sin razón… ¿Qué más…? ¡Ah, sí! Creo que la llegada de ustedes ejercerá sobre él una acción saludable.

—¡Quiera Dios que sea así! —exclamó Pulqueria Alejandrovna, consternada por las revelaciones de Rasumikhine acerca del carácter de su Rodia.

Al fin el joven osó mirar más francamente a Avdotia Romanovna. Mientras hablaba, le había dirigido miradas al soslayo, pero rápidas y furtivas. A veces, la joven permanecía sentada ante la mesa, escuchándolo atentamente; a veces, se levantaba y empezaba a dar sus acostumbrados paseos por la habitación, con los brazos cruzados, cerrada la boca, pensativa, haciendo de vez en cuando una pregunta, pero sin detenerse. También ella tenía la costumbre de no escuchar hasta el final a quien le hablaba. Llevaba un vestido sencillo y ligero, y en el cuello un pañuelo blanco. Rasumikhine dedujo de diversos detalles que tanto ella como su madre vivían en la mayor pobreza. Si Avdotia Romanovna hubiese ido ataviada como una reina, es muy probable que Rasumikhine no se hubiera sentido cohibido ante ella. Sin embargo, tal vez porque la veía tan modestamente vestida y se imaginaba su vida de privaciones, estaba atemorizado y vigilaba atentamente sus propios gestos y palabras, lo que aumentaba su timidez de hombre que desconfía de sí mismo.

—Nos ha dado usted —dijo Avdotia Romanovna con una sonrisa— interesantes detalles acerca del carácter de mi hermano, y lo ha hecho con toda imparcialidad. Eso está muy bien; pero yo creía que usted lo admiraba…Sin duda, como usted supone, debe de haber alguna mujer en todo esto —añadió, pensativa.

—Yo no he dicho tal cosa…, aunque tal vez tenga usted razón. Sin embargo…

—¿Qué?

—Que él no ama a nadie y tal vez no sienta amor jamás —afirmó Rasumikhine.

—Es decir, que lo considera usted incapaz de amar.

—¿Sabe usted, Avdotia Romanovna, que se parece extraordinariamente, e incluso me atrevería a decir que en todo, a su hermano? —dijo Rasumikhine sin pensarlo.

Pero en seguida se acordó del juicio que acababa de expresar sobre tal hermano, y enrojeció hasta las orejas. La joven no pudo menos de echarse a reír al advertirlo.

—Es muy posible que estéis los dos equivocados en vuestro juicio sobre Rodia —dijo Pulqueria Alejandrovna, un tanto ofendida—. No hablo del presente, Dunetchka. Lo que Piotr Petrovitch nos dice en su carta y lo que tú y yo hemos sospechado acaso no sea verdad; pero usted, Dmitri Prokofitch, no puede imaginarse hasta qué extremo llega Rodia en sus fantasías y en sus caprichos…No he tenido con él un momento de tranquilidad, ni cuando era un chiquillo de quince años. Todavía le creo capaz de hacer algo que a nadie puede pasarle por la imaginación…Sin ir más lejos, hace año y medio me dio un disgusto de muerte con su decisión de casarse con la hija de su patrona, esa señora…, ¿cómo se llama…?, Zarnitzine.

—¿Conoce usted los detalles de esa historia? —preguntó Avdotia Romanovna.

—¿Cree usted —continuó con vehemencia Pulqueria Alejandrovna— que habrían podido detenerle mis lágrimas, mis súplicas, mi falta de salud, mi muerte, nuestra miseria, en fin? No, él habría pasado sobre todos los obstáculos con la mayor tranquilidad del mundo.

—Él no me ha dicho ni una sola palabra sobre este asunto —dijo prudentemente Rasumikhine—, pero yo he sabido algo por la viuda de Zarnitzine, la cual por cierto no es nada habladora. Y lo que esa señora me ha dicho es bastante extraño.

—¿Qué le ha dicho? —preguntaron las dos mujeres a la vez.

—¡Oh! Nada de particular. Lo que he sabido es que ese matrimonio, que estaba irrevocablemente decidido y que sólo la muerte de la prometida pudo impedir, no era del agrado de la señora Zarnitzine…Supe, además, que la novia era una mujer fea y enfermiza…, una joven extraña, aunque dotada de ciertas prendas. Sin duda, las debía de poseer, pues, de otro modo, no se habría comprendido que Rodia…Además, la muchacha no tenía dote…Sin embargo, él no se habría casado por interés…Es muy difícil formular un juicio.

—Estoy segura de que esa joven tenía alguna cualidad —observó lacónicamente Avdotia Romanovna.

—Que Dios me perdone, pero me alegré de su muerte, pues no sé para cuál de los dos habría sido más funesto ese matrimonio —dijo Pulqueria Alejandrovna.

Acto seguido, tímidamente, con visibles vacilaciones y dirigiendo furtivas miradas a Dunia, que no ocultaba su descontento, empezó a interrogar al joven sobre la escena que se había desarrollado el día anterior entre Rodia y Lujine. Este incidente parecía causarle profunda inquietud, e incluso verdadero terror.

Rasumikhine refirió detalladamente la disputa, añadiendo sus propios comentarios. Acusó sin rodeos a Raskolnikof de haber insultado a Piotr Petrovitch deliberadamente y no mencionó el detalle de que la enfermedad que padecía su amigo podía disculpar su conducta.

—Había planeado todo esto antes de su enfermedad —concluyó.

—Yo pienso como usted —dijo Pulqueria Alejandrovna, desesperada.

Pero, al mismo tiempo, estaba profundamente sorprendida al ver que aquella mañana Rasumikhine hablaba de Piotr Petrovitch con la mayor moderación e incluso con cierto respeto. Avdotia Romanovna parecía no menos asombrada por este hecho. Pulqueria Alejandrovna no pudo contenerse.

—Así, ¿es ésa su opinión sobre Piotr Petrovitch?

—No puedo tener otra del futuro esposo de su hija —respondió Rasumikhine con calurosa firmeza—. Y no lo digo por pura cortesía sino porque...porque la mejor recomendación para ese hombre es que Avdotia Romanovna lo haya elegido por esposo...Si ayer llegué a injuriarle fue porque estaba ignominiosamente embriagado...y como loco; sí, como loco, completamente fuera de mí...Y hoy me siento profundamente avergonzado.

Enrojeció y se detuvo. Avdotia Romanovna se ruborizó también, pero no dijo nada. No había pronunciado una sola palabra desde que había empezado a oír hablar de Lujine.

Pero Pulqueria Alejandrovna se sentía un tanto desconcertada al faltarle la ayuda de su hija. Finalmente, manifestó, vacilando y dirigiendo continuas miradas a la joven, que había ocurrido algo que la trastornaba profundamente.

—Verá usted, Dmitri Prokofitch —comenzó a decir. Pero se detuvo y preguntó a su hija—: Debo hablar con toda franqueza a Dmitri Prokofitch,

¿verdad, Dunetchka?

—Desde luego, mamá —respondió sin vacilar Avdotia Romanovna.

—Pues es el caso...—continuó inmediatamente Pulqueria Alejandrovna, como si le hubiesen quitado una montaña de encima al autorizarla a participar su dolor—. En las primeras horas de esta mañana hemos recibido una carta de Piotr Petrovitch, en respuesta a la que le enviamos nosotras ayer anunciándole nuestra llegada. Él nos había prometido acudir a la estación a recibirnos, pero no le fue posible y nos envió a una especie de criado que nos condujo aquí. Este hombre nos dijo que Piotr Petrovitch vendría a vernos esta mañana. Pero, en vez de venir, nos ha enviado esta carta...Lo mejor será que la lea usted. Hay en ella un punto que me preocupa especialmente. Usted mismo verá de qué punto se trata, Dmitri Prokofitch, y me dará su sincera opinión. Usted conoce mejor que nosotros el carácter de Rodia y podrá aconsejarnos. Le advierto que Dunetchka tomó una decisión inmediatamente, pero yo no sé todavía qué hacer. Por eso le estaba esperando.

Rasumikhine desdobló la carta. Vio que estaba fechada el día anterior y leyó lo siguiente:

"Señora: deseo informarle de que razones imprevistas me han impedido ir a recibirlas a la estación. Ésta es la razón de que les enviara en mi lugar a un hombre que por su desenvoltura, me pareció indicado para el caso. Los asuntos que exigen mi presencia en el Senado me privarán igualmente del honor de visitarlas mañana por la mañana. Por otra parte, no quiero poner ninguna traba a la entrevista que habrán de celebrar, usted con su hijo, y Avdotia Romanovna con su hermano. Por lo tanto, no tendré el honor de visitarlas hasta mañana, a las ocho en punto de la noche, y les ruego encarecidamente que me eviten encontrarme con Rodion Romanovitch, que me insultó del modo más grosero cuando ayer, al saber que estaba enfermo, fui a visitarle. Esto aparte, es indispensable que hable con usted, con toda seriedad, de cierto punto sobre el que deseo conocer su opinión. Me permito advertirla de que si, a pesar de mi ruego, encuentro a Rodion Romanovitch al lado de ustedes, me veré obligado a marcharme inmediatamente y que en este caso la responsabilidad será exclusivamente de usted. Si le digo esto es porque sé positivamente que Rodion Romanovitch está en disposición de salir a la calle y, por lo tanto, puede ir a casa de ustedes. Sí, sé que su hijo, que tan enfermo parecía cuando le visité, dos horas después recobró repentinamente la salud. Y puedo asegurarlo porque lo vi con mis propios ojos en casa de un borracho que acababa de ser atropellado por un coche y que murió poco después. Por cierto que Rodion Romanovitch entregó veinticinco rublos "para el entierro" a la hija del difunto, joven cuya mala conducta es del dominio público. Esto me sorprendió sobremanera, pues no ignoro lo mucho que le ha costado a usted conseguir ese dinero.

"Le ruego que salude en mi nombre, con toda devoción, a Avdotia Romanovna y que acepte el respeto más sincero de su fiel servidor.

LUJINE".

—¿Qué debo hacer, Dmitri Prokofitch? —exclamó Pulqueria Alejandrovna casi con lágrimas en los ojos— ¿Cómo voy a decir a Rodia que no venga? Él nos pidió insistentemente que rompiéramos con Piotr Petrovitch, y he aquí ahora que Piotr Petrovitch me prohíbe que vea a mi hijo…Pero si yo le digo a Rodia esto, él es capaz de venir exprofeso. ¿Y qué ocurrirá entonces?

—Haga usted lo que Avdotia Romanovna juzgue más conveniente —repuso Rasumikhine en el acto y sin la menor vacilación.

—¡Dios mío! —exclamó la madre. ¡Cualquiera sabe lo que ella opina! Dice lo que hay que hacer, pero sin explicar el motivo. Su parecer es que conviene…, no que conviene, sino que es indispensable…que Rodia venga a las ocho y se encuentre con Piotr Petrovitch…Mi intención era no decirle nada de esta carta y procurar, con la ayuda de usted, evitar que viniese… ¡Se irrita tan fácilmente…! En lo referente a ese alcohólico que ha muerto, no sé de quién se trata, y tampoco quién es esa hija a la que Rodia ha entregado un dinero que…

—Que has logrado a costa de tantos sacrificios —terminó Avdotia Romanovna.

—Ayer su estado no era normal —dijo Rasumikhine, pensativo—. Sería interesante saber lo que hizo ayer en la taberna…En efecto, me habló de un muerto y de una joven, cuando le acompañaba a su casa; pero no comprendí ni una palabra. Ayer también estaba yo…

—Lo mejor, mamá, será que vayamos ahora mismo a casa de Rodia. Allí veremos lo que conviene hacer. Además, ya es hora de que nos marchemos. ¡Más de las diez! —exclamó la joven después de echar una ojeada al precioso reloj de oro guarnecido de esmaltes que pendía de su cuello, prendido a una fina cadena de estilo veneciano. Esta joya contrastaba singularmente con el resto de su atavío. "Un regalo de su prometido", pensó Rasumikhine.

—Sí, Dunetchka, ya es hora —dijo Pulqueria Alejandrovna, aturdida e inquieta—; ya es hora de que nos vayamos. Al ver que no llegamos, podría creer que estamos disgustadas con él por la escena de anoche. ¡Dios mío, Dios mío…!

Mientras hablaba se ponía apresuradamente el sombrero y la mantilla. Dunetchka se compuso también. Sus guantes estaban no solamente desgastados, sino agujereados, como pudo ver Rasumikhine. Sin embargo, esta evidente pobreza daba a las dos damas un aire de especial dignidad, como es corriente en las personas que saben llevar vestidos humildes. Rasumikhine contemplaba a Avdotia Romanovna con veneración y se sentía orgulloso ante la idea de acompañarla. Y pensaba que la reina que se arreglaba las medias en la prisión debía de tener más majestad en ese momento que cuando aparecía en espléndidas fiestas y magníficos desfiles.

—¡Dios mío! —exclamó Pulqueria Alejandrovna—. Nunca me habría imaginado que pudiera causarme temor una entrevista con mi hijo, con mi querido Rodia. Pues la temo, Dmitri Prokofitch —añadió, dirigiendo al joven una tímida mirada.

—No debes inquietarte, mamá —dijo Dunia, abrazándola—. Ten confianza en él como la tengo yo.

—Confianza en él no me falta, hija —dijo la pobre mujer—. Pero no he dormido en toda la noche.

Salieron de la casa.

—¿Sabes lo que me ha pasado, Dunetchka? Que esta mañana, cuando empezaba, al fin, a quedarme dormida, la difunta Marfa Petrovna se me ha aparecido en sueños. Iba vestida de blanco. Se ha acercado a mí, me ha cogido de la mano y ha sacudido la cabeza con aire severo, como censurándome…

¿No te parece que esto es un mal presagio? ¡Dios mío! ¡Dios mío…! Oiga, Dmitri Prokofitch: ¿sabía usted que Marfa Petrovna murió?

—¿Marfa Petrovna? No sé quién es.

—Pues sí, murió de repente. Y figúrese que…

—¡Pero, mamá; si te ha dicho que no sabe quién es!

—¿De modo que no lo sabe? ¡Y yo que creía que estaba al corriente de todo! Perdóneme, Dmitri Prokofitch. Ando trastornada estos días. Le considero a usted como nuestra Providencia; por eso le creía informado de todo lo que nos concierne. Usted es para mí como una persona de la familia… No se enfade si le digo algo que no le guste… ¡Santo Dios! ¿Qué tiene usted en la mano derecha? ¡Está herido!

—Sí —gruñó Rasumikhine en un tono de íntima satisfacción.

—Soy tan expansiva a veces, que Dunia ha de frenarme. Pero, ¡Dios mío, en qué tabuco vive! ¿Se habrá despertado ya? Y esa mujer, su patrona, llama habitación a semejante tugurio…Oiga: ¿dice usted que no le gusta que le hablen demasiado? Entonces, tal vez le moleste yo, que… ¿Quiere darme algunos consejos, Dmitri Prokofitch? ¿Cómo debo comportarme con él? Ya ve usted que estoy completamente desorientada.

—No le haga demasiadas preguntas si lo ve usted triste. Y, sobre todo, no le hable de su salud: esto le molesta.

—¡Ah, Dmitri Prokofitch; qué duro es a veces ser madre! Ya entramos en la escalera… ¡Qué cosa tan horrible!

—Mamá, estás pálida. Cálmate —le dijo Dunia, acariciándola—. Te atormentas en balde, pues para él será una gran alegría volverte a ver —añadió con ojos resplandecientes.

—Iré yo delante —dijo Rasumikhine—, para asegurarme de que está despierto.

Las dos damas subieron lentamente detrás de Rasumikhine. Cuando llegaron al cuarto piso advirtieron que la puerta del departamento de la patrona estaba entreabierta y que a través de la abertura, desde la sombra, las miraban dos ojos negros. Cuando estos ojos se encontraron con los de ellas, la puerta se cerró tan ruidosamente, que Pulqueria Alejandrovna estuvo a punto de lanzar un grito de terror.

CAPÍTULO 3

Está mejor —les dijo Zosimof apenas las vio entrar. Zosimof estaba allí desde hacía diez minutos, sentado en el mismo ángulo del diván que ocupaba la víspera. Raskolnikof estaba sentado en el ángulo opuesto. Se hallaba completamente vestido, e incluso se había lavado y peinado, cosa que no había hecho desde hacía mucho tiempo.

El cuarto era tan reducido, que quedó lleno cuando entraron los visitantes.

Pero esto no impidió a Nastasia deslizarse tras ellos para escuchar.

Raskolnikof tenía buen aspecto en comparación con el de la víspera. Pero estaba muy pálido y su semblante expresaba un sombrío ensimismamiento. Su aspecto recordaba el de un herido o el de un hombre que acabara de experimentar un profundo dolor físico. Tenía las cejas fruncidas; los labios, contraídos; los ojos, ardientes. Hablaba poco y de mala gana, como a la fuerza, y sus gestos expresaban a veces una especie de inquietud febril. Sólo le faltaba un vendaje para parecer enteramente un herido.

Este sombrío y pálido semblante se iluminó momentáneamente al entrar la madre y la hermana. Pero la luz se extinguió muy pronto y sólo quedó el dolor. Zosimof, que examinaba a su paciente con un interés de médico joven, observó con asombro que desde la entrada de las dos mujeres el semblante del enfermo expresaba no alegría, sino una especie de estoicismo resignado. Raskolnikof daba la impresión de estar haciendo acopio de energías para soportar durante una o dos horas una tortura que no podía eludir. Cada palabra de la conversación que sostuvo seguidamente pareció ahondar una herida abierta en su alma. Pero, al mismo tiempo, mostró una sangre fría que asombró a Zosimof: el loco furioso de la víspera era dueño de sí mismo hasta el punto de poder disimular sus sentimientos.

—Sí; ya me doy cuenta de que estoy casi curado —dijo Raskolnikof, abrazando cariñosamente a su madre y a su hermana, lo que llenó de alegría a Pulqueria Alejandrovna—. Y no digo esto como te dije ayer —añadió, dirigiéndose a Rasumikhine, mientras le estrechaba la mano afectuosamente.

—Estoy incluso asombrado —dijo Zosimof alegremente, pues, en sus diez minutos de charla con el enfermo, éste había llegado a desconcertarle con su lucidez—. Si la cosa continúa así, dentro de tres o cuatro días estará curado por completo y habrá vuelto a su estado normal de un mes atrás…, o tal vez de dos o tres, pues hace mucho tiempo que llevaba la enfermedad en incubación… ¿No es así? Confiéselo. Y confiese también que tenía algún motivo para estar enfermo —añadió con una prudente sonrisa, como si temiera irritarlo.

—Es posible —respondió fríamente Raskolnikof.

—Digo esto —continuó Zosimof, cuya animación iba en aumento— porque su curación depende en gran parte de usted. Ahora que podemos hablar, desearía hacerle comprender que es indispensable que expulse usted, por decirlo así, las causas principales del mal. Sólo procediendo de este modo podrá usted curarse; en el caso contrario, las cosas irán de mal en peor. Cuáles son esas causas, lo ignoro; pero usted debe conocerlas. Usted es un hombre inteligente y puede observarse a sí mismo. Me parece que el principio de su enfermedad coincide con el término de sus actividades universitarias. Usted no es de los que pueden vivir sin ocupación: usted necesita trabajar, tener un objetivo y perseguirlo tenazmente.

—Sí, sí; tiene usted razón. Volveré a inscribirme en la universidad cuanto antes y entonces todo irá como sobre ruedas.

Zosimof, cuyos prudentes consejos obedecían al deseo de lucirse ante las damas, quedó profundamente decepcionado cuando, terminado su discurso, dirigió una mirada a su paciente y advirtió que su rostro expresaba una franca burla. Pero esta decepción se desvaneció muy pronto: Pulqueria Alejandrovna empezó a abrumar al doctor con sus expresiones de gratitud, especialmente por su visita nocturna.

—¿Cómo? ¿Ha ido a veros esta noche? —exclamó Raskolnikof, visiblemente agitado—. Entonces, no habréis dormido, no habréis descansado después del viaje…

—Eso no, Rodia: sólo estuvimos levantadas hasta las dos. Cuando estamos en casa, Dunia y yo no nos acostamos nunca más temprano.

—Yo tampoco sé cómo darle las gracias —dijo Raskolnikof a Zosimof, con semblante sombrío y bajando la cabeza—. Dejando aparte la cuestión de los honorarios, y perdone que aluda a este punto, no sé a qué debo ese especial interés que usted me demuestra. Francamente, no lo comprendo, y por eso…, por eso su bondad me abruma. Ya ve que le hablo con toda sinceridad.

—No se preocupe usted —repuso Zosimof sonriendo afectuosamente—. Imagínese que es mi primer paciente. Los médicos que empiezan sienten por sus primeros enfermos tanto afecto como si fuesen sus propios hijos. Algunos incluso los adoran. Y yo no tengo todavía una clientela abundante.

—Y no hablemos de ése —dijo Raskolnikof, señalando a Rasumikhine—.

No ha recibido de mí sino insultos y molestias, y...

—¡Qué tonterías dices! —exclamó Rasumikhine—. Por lo visto, hoy te has levantado sentimental.

Si hubiese sido más perspicaz, habría advertido que su amigo no estaba sentimental, sino todo lo contrario. Avdotia Romanovna, en cambio, se dio perfecta cuenta de ello. La joven observaba a su hermano con ávida atención.

—De ti, mamá, no quiero ni siquiera hablar —continuó Raskolnikof en el tono del que recita una lección aprendida aquella mañana—. Hoy puedo darme cuenta de lo que debiste sufrir ayer durante tu espera en esta habitación.

Dicho esto, sonrió y tendió repentinamente la mano a su hermana, sin desplegar los labios. Esta vez su sonrisa expresaba un sentimiento profundo y sincero.

Dunia, feliz y agradecida, se apoderó al punto de la mano de Rodia y la estrechó tiernamente. Era la primera demostración de afecto que recibía de él después de la querella de la noche anterior. El semblante de la madre se iluminó ante esta reconciliación muda pero sincera de sus hijos.

—Ésta es la razón de que le aprecie tanto —exclamó Rasumikhine con su inclinación a exagerar las cosas—. ¡Tiene unos gestos...!

"Posee un arte especial para hacer bien las cosas —fue el pensamiento de la madre—. Y ¡cuán nobles son sus impulsos! ¡Con qué sencillez y delicadeza ha puesto fin al incidente de ayer con su hermana! Le ha bastado tenderle la mano mientras le miraba afectuosamente... ¡Qué ojos tiene! Todo su rostro es hermoso. Incluso más que el de Dunetchka. ¡Pero, Dios mío, qué miserablemente vestido va! Vaska, el empleado de Atanasio Ivanovitch, viste mejor que él... ¡Ah, qué a gusto me arrojaría sobre él, lo abrazaría...y lloraría! Pero me da miedo..., sí, miedo. ¡Está tan extraño! ¡Tan finamente como habla, y yo me siento sobrecogida! Pero, en fin de cuentas, ¿qué es lo que temo de él?".

—¡Ah, Rodia! —dijo, respondiendo a las palabras de su hijo—. No te puedes imaginar cuánto sufrimos Dunia y yo ayer. Ahora que todo ha terminado y la felicidad ha vuelto a nosotros, puedo decirlo. Figúrate que vinimos aquí a toda prisa apenas dejamos el tren, para verte y abrazarte, y esa mujer… ¡Ah, mira, aquí está! Buenos días, Nastasia…Pues bien, Nastasia nos contó que tú estabas en cama, con alta fiebre; que acababas de marcharte, inconsciente, delirando, y que habían salido en tu busca. Ya puedes imaginarte nuestra angustia. Yo me acordé de la trágica muerte del teniente Potantchikof, un amigo de tu padre al que tú no has conocido. Huyó como tú, en un acceso de fiebre, y cayó en el pozo del patio. No se le pudo sacar hasta el día siguiente. El peligro que corrías se nos antojaba mucho mayor de lo que era en realidad. Estuvimos a punto de ir en busca de Piotr Petrovitch para pedirle ayuda…, pues estábamos solas, completamente solas —terminó con acento quejumbroso.

Se había detenido ante la idea de que todavía era peligroso hablar de Piotr Petrovitch, aunque todo estuviera ya arreglado felizmente.

—Sí, todo eso es muy enojoso —dijo Raskolnikof en un tono tan distraído e indiferente, que Dunetchka le miró sorprendida—. ¿Qué otra cosa quería deciros? —continuó, esforzándose por recordar—. ¡Ah, si! No creas, mamá, ni tú, Dunetchka, que yo no quería ir a veros sin que antes vinierais vosotras.

—¡Qué ocurrencia, Rodia! —exclamó Pulqueria Alejandrovna, asombrada.

"Nos habla como por pura cortesía —pensó Dunetchka—. Hace las paces y presenta sus excusas como si cumpliera una simple formalidad o dijese una lección aprendida de memoria".

—Acabo de levantarme y me preparaba para ir a veros, pero el estado de mi traje me lo ha impedido. Ayer me olvidé de decir a Nastasia que limpiara las manchas de sangre, y ahora mismo acabo de vestirme.

—¿Manchas de sangre? —preguntó Pulqueria Alejandrovna, aterrada.

—No tiene importancia, mamá; no te alarmes. Ayer, cuando salí de aquí delirando, me encontré de pronto ante un hombre que acababa de ser víctima de un atropello…Un funcionario. Por eso mis ropas estaban manchadas de sangre.

—¿Cuando estabas delirando? —dijo Rasumikhine—. Pues te acuerdas de todo.

—Es cierto —convino Raskolnikof, presa de una singular preocupación—. Me acuerdo de todo, y con los detalles más insignificantes. Sin embargo, no consigo explicarme por qué fui allí, ni por qué obré y hablé como lo hice.

—El fenómeno es conocido —observó Zosimof—. El acto se cumple a veces con una destreza y una habilidad extraordinarias, pero el principio que lo motiva adolece de cierta alteración y depende de diversas impresiones morbosas. Es algo así como un sueño.

"Al fin y al cabo, debo felicitarme de que me tomen por loco", pensó Raskolnikof.

—Pero las personas perfectamente sanas están en el mismo caso —observó Dunetchka, mirando a Zosimof con inquietud.

—La observación es muy justa —respondió el médico—. En este aspecto, todos solemos parecernos a los alienados. La única diferencia es que los verdaderos enfermos están un poco más enfermos que nosotros. Sólo sobre esta base podemos establecer distinciones. Hombres perfectamente sanos, perfectamente equilibrados, si usted prefiere llamarlos así, la verdad es que casi no existen: no se podría encontrar más de uno entre centenares de miles de individuos, e incluso este uno resultaría un modelo bastante imperfecto.

La palabra "alienado", lanzada imprudentemente por Zosimof en el calor de sus comentarios sobre su tema favorito, recorrió como una ráfaga glacial toda la estancia. Raskolnikof se mostraba absorto y distraído. En sus pálidos labios había una sonrisa extraña. Al parecer, seguía reflexionando sobre aquel punto que le tenía perplejo.

—Bueno, pero ¿ese hombre atropellado? —se apresuró a decir Rasumikhine—. Te he interrumpido cuando estabas hablando de él.

Raskolnikof se sobresaltó, como si lo despertasen repentinamente de un sueño.

—¿Cómo…? ¡Ah, sí! Me manché de sangre al ayudar a transportarlo a su casa…A propósito, mamá: cometí un acto imperdonable. Estaba loco, sencillamente. Todo el dinero que me enviaste lo di a la viuda para el entierro. Está enferma del pecho…Una verdadera desgracia…Tres huérfanos de corta edad…Hambrientos…No hay nada en la casa…Ha dejado otra hija…Yo creo que también tú les habrías dado el dinero si hubieses visto el cuadro… Reconozco que yo no tenía ningún derecho a obrar así, y menos sabiendo los sacrificios que has tenido que hacer para enviarme ese dinero. Está bien que se socorra a la gente. Pero hay que tener derecho a hacerlo. De lo contrario, Crevez chiens, si vous n'étes pas contents.

Lanzó una carcajada.

—¿Verdad, Dunia?

—No —repuso enérgicamente la joven.

—¡Bah! También tú estás llena de buenas intenciones —murmuró con sonrisa burlona y acento casi rencoroso—. Debí comprenderlo…Desde luego, eso es hermoso y tiene más valor…Si llegas a un punto que no te atreves a franquear, serás desgraciada, y si lo franqueas, tal vez más desgraciada todavía. Pero todo esto es pura palabrería —añadió, lamentando no haber sabido contenerse—. Yo sólo quería disculparme ante ti, mamá —terminó con voz entrecortada y tono tajante.

—No te preocupes, Rodia; estoy segura de que todo lo que tú haces está bien hecho —repuso la madre alegremente.

—No estés tan segura —repuso él, esbozando una sonrisa.

Se hizo el silencio. Toda esta conversación, con sus pausas, el perdón concedido y la reconciliación, se había desarrollado en una atmósfera no desprovista de violencia, y todos se habían dado cuenta de ello.

"Se diría que me temen", pensó Raskolnikof mirando furtivamente a su madre y a su hermana.

Efectivamente, Pulqueria Alejandrovna parecía sentirse más y más atemorizada a medida que se prolongaba el silencio.

"¡Tanto como creía amarlas desde lejos!", pensó Raskolnikof repentinamente.

—¿Sabes que Marfa Petrovna ha muerto, Rodia? —preguntó de pronto Pulqueria Alejandrovna.

—¿Qué Marfa Petrovna?

—¿Es posible que no lo sepas? Marfa Petrovna Svidrigailova. ¡Tanto como te he hablado de ella en mis cartas!

—¡Ah, sí! Ahora me acuerdo —dijo como si despertara de un sueño—. ¿De modo que ha muerto? ¿Cómo?

Esta muestra de curiosidad alentó a Pulqueria Alejandrovna, que respondió vivamente:

—Fue una muerte repentina. La desgracia ocurrió el mismo día en que te envié mi última carta. Su marido, ese monstruo, ha sido sin duda el culpable. Dicen que le dio una tremenda paliza.

—¿Eran frecuentes esas escenas entre ellos? —preguntó Raskolnikof dirigiéndose a su hermana.

—No, al contrario: él se mostraba paciente, e incluso amable con ella. En algunos casos era hasta demasiado indulgente. Así vivieron durante siete años. Hasta que un día, de pronto, perdió la paciencia.

—O sea que ese hombre no era tan terrible. De serlo, no habría podido comportarse con tanta prudencia durante siete años. Me parece, Dunetchka, que tú piensas así y lo disculpas.

—¡Oh, no! Es verdaderamente un hombre despiadado. No puedo imaginarme nada más horrible —repuso la joven con un ligero estremecimiento.

Luego frunció las cejas y quedó absorta.

—La escena tuvo lugar por la mañana —prosiguió precipitadamente Pulqueria Alejandrovna—. Después, Marfa Petrovna ordenó que le preparasen el coche, a fin de trasladarse a la ciudad después de comer, como hacía siempre en estos casos. Dicen que comió con excelente apetito.

—¿A pesar de los golpes?

—Ya se iba acostumbrando…Apenas terminó de comer, fue a bañarse; así se podría marchar en seguida…Seguía un tratamiento hidroterápico. En la finca hay un manantial de agua fría y ella se bañaba en él todos los días con regularidad. Apenas entró en el agua, sufrió un ataque de apoplejía.

—No es nada extraño —observó Zosimof.

—¿Y dices que la paliza había sido brutal?

—Eso no influyó —dijo Dunia. Raskolnikof exclamó, súbitamente irritado:

—No sé, mamá, por qué nos has contado todas esas tonterías.

—Es que no sabía de qué hablar, hijo mío —se le escapó decir a Pulqueria Alejandrovna.

—¿Es posible que todos me temáis? —dijo Raskolnikof, esbozando una sonrisa.

—Sí, te tememos —respondió Dunia con expresión severa y mirándole fijamente a los ojos—. Mamá incluso se ha santiguado cuando subíamos la escalera.

El semblante de Raskolnikof se alteró profundamente: parecía reflejar una agitación convulsiva.

Pulqueria Alejandrovna intervino, visiblemente aturdida:

—Pero ¿qué dices, Dunia? No te enfades, Rodia, te lo suplico…Bien es verdad que, desde que partimos, no cesé de pensar en la dicha de volver a verte y charlar contigo…Tan feliz me sentía con este pensamiento, que el largo viaje me pareció corto…Pero ¿qué digo? Ahora me siento verdaderamente feliz…Te equivocas, Dunia…Y mi alegría se debe a que te vuelvo a ver, Rodia.

—Basta, mamá —dijo él, molesto por tanta locuacidad, estrechando las manos de su madre, pero sin mirarla—. Ya habrá tiempo de charlar y comunicarnos nuestra alegría.

Pero al pronunciar estas palabras se turbó y palideció. Se sentía invadido por un frío de muerte al evocar cierta reciente impresión. De nuevo tuvo que confesarse que había dicho una gran mentira, pues sabía muy bien que no solamente no volvería a hablar a su madre ni a su hermana con el corazón en la mano, sino que ya no pronunciaría jamás una sola palabra espontánea ante nadie. La impresión que le produjo esta idea fue tan violenta, que casi perdió la conciencia de las cosas momentáneamente, y se levantó y se dirigió a la puerta sin mirar a nadie.

—Pero ¿qué te pasa? —le dijo Rasumikhine cogiéndole del brazo.

Raskolnikof se volvió a sentar y paseó una silenciosa mirada por la habitación. Todos le contemplaban con un gesto de estupor.

—Pero ¿qué os pasa que estáis tan fúnebres? —exclamó de súbito. ¡Decid algo! ¿Vamos a estar mucho tiempo así? ¡Ea, hablad! ¡Charlemos todos! No nos hemos reunido para estar mudos. ¡Vamos, hablemos!

—¡Bendito sea Dios! ¡Y yo que creía que no se repetiría el arrebato de ayer! —dijo Pulqueria Alejandrovna santiguándose.

—¿Qué te ha pasado, Rodia? —preguntó Avdotia Romanovna con un gesto de desconfianza.

—Nada —respondió el joven—: que me he acordado de una tontería. Y se echó a reír.

—Si es una tontería, lo celebro —dijo Zosimof levantándose—. Pues hasta a mí me ha parecido…Bueno, me tengo que marchar. Vendré más tarde… Supongo que le encontraré aquí.

Saludó y se fue.

—Es un hombre excelente —dijo Pulqueria Alejandrovna.

—Sí, un hombre excelente, instruido, perfecto —exclamó Raskolnikof precipitadamente y animándose de súbito—. No recuerdo dónde lo vi antes de mi enfermedad, pero sin duda lo vi en alguna parte…Y ahí tenéis otro hombre excelente —añadió señalando a Rasumikhine—. ¿Te ha sido simpático, Dunia? —preguntó de pronto. Y se echó a reír sin razón alguna.

—Mucho —respondió Dunia.

—¡No seas imbécil! —exclamó Rasumikhine poniéndose colorado y levantándose.

Pulqueria Alejandrovna sonrió y Raskolnikof soltó la carcajada.

—Pero ¿adónde vas?

—Tengo que hacer.

—Tú no tienes nada que hacer. De modo que te has de quedar. Tú te quieres marchar porque se ha ido Zosimof. Quédate… ¿Qué hora es, a todo esto? ¡Qué preciosidad de reloj, Dunia! ¿Queréis decirme por qué seguís tan callados? El único que habla aquí soy yo.

—Es un regalo de Marfa Petrovna —dijo Dunia.

—Un regalo de alto precio —añadió Pulqueria Alejandrovna.

—Pero es demasiado grande. Parece un reloj de hombre.

—Me gusta así.

"No es un regalo de su prometido", pensó Rasumikhine, alborozado.

—Yo creía que era un regalo de Lujine —dijo Raskolnikof.

—No, Lujine todavía no le ha regalado nada.

—¡Ah!, ¿no…? ¿Te acuerdas, mamá, de que estuve enamorado y quería casarme? —preguntó de pronto, mirando a su madre, que se quedó asombrada ante el giro imprevisto que Rodia había dado a la conversación, y también ante el tono que había empleado.

—Sí, me acuerdo perfectamente.

Y cambió una mirada con Dunia y otra con Rasumikhine.

—¡Bah! Hablando sinceramente, ya lo he olvidado todo. Era una muchacha enfermiza —añadió, pensativo y bajando la cabeza— y, además, muy pobre. También era muy piadosa: soñaba con la vida conventual. Un día, incluso se echó a llorar al hablarme de esto…Sí, sí; lo recuerdo, lo recuerdo perfectamente…Era fea…En realidad, no sé qué atractivo veía en ella…Yo creo que si hubiese sido jorobada o coja, la habría querido todavía más.

Quedó pensativo, sonriendo, y terminó:

—Aquello no tuvo importancia: fue una locura pasajera…

—No, no fue simplemente una locura pasajera —dijo Dunetchka, convencida.

Raskolnikof miró a su hermana atentamente, como si no hubiese comprendido sus palabras. Acaso ni siquiera las había oído. Luego se levantó, todavía absorto, fue a abrazar a su madre y volvió a su sitio.

—¿La amas aún? —preguntó Pulqueria Alejandrovna, enternecida.

—¿A ella? ¿Ahora…? Sí…Pero…No, no. Me parece que todo eso pasó en otro mundo… ¡Hace ya tanto tiempo que ocurrió…! Por otra parte, la misma impresión me produce todo cuanto me rodea.

Y los miró a todos atentamente.

—Vosotros sois un ejemplo: me parece estar viéndoos a una distancia de mil verstas…Pero ¿para qué diablos hablamos de estas cosas…? ¿Y por qué me interrogáis? —exclamó, irritado.

Después empezó a roerse las uñas y volvió a abismarse en sus pensamientos.

—¡Qué habitación tan mísera tienes, Rodia! Parece una tumba —dijo de súbito Pulqueria Alejandrovna para romper el penoso silencio—. Estoy segura de que este cuartucho tiene por lo menos la mitad de culpa de tu neurastenia.

—¿Esta habitación? —dijo Raskolnikof, distraído—. Sí, ha contribuido mucho. He reflexionado en ello…Pero ¡qué idea tan extraña acabas de tener, mamá! —añadió con una singular sonrisa.

Se daba cuenta de que aquella compañía, aquella madre y aquella hermana a las que volvía a ver después de tres años de separación, y aquel tono familiar, íntimo, de la conversación que mantenían, cuando su deseo era no pronunciar una sola palabra, estaban a punto de serle por completo insoportables.

Sin embargo, había un asunto cuya discusión no admitía dilaciones. Así acababa de decidirlo, levantándose. De un modo o de otro, debía quedar resuelto inmediatamente. Y experimentó cierta satisfacción al hallar un modo de salir de la violenta situación en que se encontraba.

—Tengo algo que decirte, Dunia —manifestó secamente y con grave semblante—. Te ruego que me excuses por la escena de ayer, pero considero un deber recordarte que mantengo los términos de mi dilema: Lujine o yo. Yo puedo ser un infame, pero no quiero que tú lo seas. Con un miserable hay suficiente. De modo que si te casas con Lujine, dejaré de considerarte hermana mía.

—¡Pero Rodia! ¿Otra vez las ideas de anoche? —exclamó Pulqueria Alejandrovna—. ¿Por qué lo crees infame? No puedo soportarlo. Lo mismo dijiste ayer.

—Óyeme, Rodia —repuso Dunetchka firmemente y en un tono tan seco como el de su hermano—, la discrepancia que nos separa procede de un error tuyo. He reflexionado sobre ello esta noche y he descubierto ese error. La causa de todo es que tú supones que yo me sacrifico por alguien. Ésa es tu equivocación. Yo me caso por mí, porque la vida me parece demasiado difícil. Desde luego, seré muy feliz si puedo ser útil a los míos, pero no es éste el motivo principal de mi determinación.

"Miente —se dijo Raskolnikof, mordiéndose los labios en un arranque de rabia—. ¡La muy orgullosa…! No quiere confesar su propósito de ser mi bienhechora. ¡Qué caracteres tan viles! Su amor se parece al odio. ¡Cómo los detesto a todos!".

—En una palabra —continuó Dunia—, me caso con Piotr Petrovitch porque de dos males he escogido el menor. Tengo la intención de cumplir lealmente todo lo que él espera de mí; por lo tanto, no te engaño. ¿Por qué sonríes?

Dunia enrojeció y un relámpago de cólera brilló en sus ojos.

—¿Dices que lo cumplirás todo? —preguntó Raskolnikof con aviesa sonrisa.

—Hasta cierto punto, Piotr Petrovitch ha pedido mi mano de un modo que me ha revelado claramente lo que espera de mí. Ciertamente, tiene una alta opinión de sí mismo, acaso demasiado alta; pero confío en que sabrá apreciarme a mí igualmente… ¿Por qué vuelves a reírte?

—¿Y tú por qué te sonrojas? Tú mientes, Dunia; mientes por obstinación femenina, para que no pueda parecer que te has dejado convencer por mí…Tú no puedes estimar a Lujine. Lo he visto, he hablado con él. Por lo tanto, te casas por interés, te vendes. De cualquier modo que la mires, tu decisión es una vileza. Me siento feliz de ver que todavía eres capaz de enrojecer.

—¡Eso no es verdad! ¡Yo no miento! —exclamó Dunetchka, perdiendo por completo la calma—. No me casaría con él si no estuviera convencida de que me aprecia; no me casaría sin estar segura de que es digno de mi estimación. Afortunadamente, tengo la oportunidad de comprobarlo muy pronto, hoy mismo. Este matrimonio no es una vileza como tú dices…Por otra parte, si tuvieses razón, si yo hubiese decidido cometer una bajeza de esta índole, ¿no sería una crueldad tu actitud? ¿Cómo puedes exigir de mí un heroísmo del que tú seguramente no eres capaz? Eso es despotismo, tiranía. Si yo causo la pérdida de alguien, no será sino de mí misma…Todavía no he matado a nadie… ¿Por qué me miras de ese modo…? ¡Estás pálido…! ¿Qué te pasa, Rodia…? ¡Rodia, querido Rodia!

—¡Señor! ¡Se ha desmayado! Tú tienes la culpa —exclamó Pulqueria Alejandrovna.

—No, no…, no ha sido nada…Se me ha ido un poco la cabeza, pero no me he desmayado…No piensas más que en eso… ¿Qué es lo que yo quería decir…? ¡Ah, sí! ¿De modo que esperas convencerte hoy mismo de que él te aprecia y es digno de tu estimación? ¿Es esto, no? ¿Es esto lo que has dicho…? ¿O acaso he entendido mal?

—Mamá, da a leer a Rodia la carta de Piotr Petrovitch —dijo Dunetchka.

Pulqueria Alejandrovna le entregó la carta con mano temblorosa. Raskolnikof se apoderó de ella con un gesto de viva curiosidad. Pero antes de abrirla dirigió a su hermana una mirada de estupor y dijo lentamente, como obedeciendo a una idea que le hubiera asaltado de súbito:

—No sé por qué me ha de preocupar este asunto…Cásate con quien quieras.

Parecía hablar consigo mismo, pero había levantado la voz y miraba a su hermana con un gesto de preocupación. Al fin, y sin que su semblante perdiera su expresión de estupor, desplegó la carta y la leyó dos veces atentamente. Pulqueria Alejandrovna estaba profundamente inquieta y todos esperaban algo parecido a una explosión.

—No comprendo absolutamente nada —dijo Rodia, pensativo, devolviendo la carta a su madre y sin dirigirse a nadie en particular—. Sabe pleitear, como es propio de un abogado, y cuando habla lo hace bastante bien. Pero escribiendo es un iletrado, un ignorante.

Sus palabras causaron general estupefacción. No era éste, ni mucho menos, el comentario que se esperaba.

—Todos los hombres de su profesión escriben así —dijo Rasumikhine con voz alterada por la emoción.

—¿Es que has leído la carta?

—Sí.

—Tenemos buenos informes de él, Rodia —dijo Pulqueria Alejandrovna, inquieta y confusa—. Nos los han dado personas respetables.

—Es el lenguaje de los leguleyos —dijo Rasumikhine—. Todos los documentos judiciales están escritos en ese estilo.

—Dices bien: es el estilo de los hombres de leyes, y también de los hombres de negocios. No es un estilo de persona iletrada, pero tampoco demasiado literario…En una palabra, es un estilo propio de los negocios.

—Piotr Petrovitch no oculta su falta de estudios —dijo Avdotia Romanovna, herida por el tono en que hablaba su hermano—. Es más: se enorgullece de deberlo todo a sí mismo.

—Desde luego, tiene motivos para estar orgulloso; no digo lo contrario. Al parecer, te ha molestado que esa carta me haya inspirado solamente una observación poco seria, y crees que persisto en esta actitud sólo para mortificarte. Por el contrario, en relación con este estilo he tenido una idea que me parece de cierta importancia para el caso presente. Me refiero a la frase con que Piotr Petrovitch advierte a nuestra madre que la responsabilidad será exclusivamente suya si desatiende su ruego. Estas palabras, en extremo significativas, contienen una amenaza. Lujine ha decidido marcharse si estoy yo presente. Esto quiere decir que, si no le obedecéis, está dispuesto a abandonaros a las dos después de haceros venir a Petersburgo. ¿Qué dices a esto? Estas palabras de Lujine ¿te ofenden como si vinieran de Rasumikhine, Zosimof o, en fin, de cualquiera de nosotros?

—No —repuso Dunetchka vivamente—, porque comprendo que se ha expresado con ingenuidad casi infantil y que es poco hábil en el manejo de la pluma. Tu observación es muy aguda, Rodia. Te confieso que ni siquiera la esperaba.

—Teniendo en cuenta que es un hombre de leyes, se comprende que no haya sabido decirlo de otro modo y haya demostrado una grosería que estaba lejos de su ánimo. Sin embargo, me veo obligado a desengañarte. Hay en esa carta otra frase que es una calumnia contra mí, y una calumnia de las más viles. Yo entregué ayer el dinero a esa viuda tísica y desesperada, no "con el pretexto de pagar el entierro", como él dice, sino realmente para pagar el entierro, y no a la hija, «cuya mala conducta es del dominio público" (yo la vi ayer por primera vez en mi vida), sino a la viuda en persona. En todo esto yo no veo sino el deseo de envilecerme a vuestros ojos a indisponerme con vosotras. Este pasaje está escrito también en lenguaje jurídico, por lo que revela claramente el fin perseguido y una avidez bastante cándida. Es un hombre inteligente, pero no basta ser inteligente para conducirse con prudencia…La verdad, no creo que ese hombre sepa apreciar tus prendas. Y conste que lo digo por tu bien, que deseo con toda sinceridad.

Dunetchka nada repuso. Ya había tomado su decisión: esperaría que llegase la noche.

—¿Qué piensas hacer, Rodia? —preguntó Pulqueria Alejandrovna, inquieta ante el tono reposado y grave que había adoptado su hijo.

—¿A qué te refieres?

—Ya has visto que Piotr Petrovitch dice que no quiere verte en nuestra casa esta noche, y que se marchará si…si te encuentra allí. ¿Qué harás, Rodia: vendrás o no?

—Eso no soy yo el que tiene que decirlo, sino vosotras. Lo primero que debéis hacer es preguntaros si esa exigencia de Piotr Petrovitch no os parece insultante. Sobre todo, es Dunia la que habrá de decidir si se siente o no ofendida. Yo —terminó secamente— haré lo que vosotras me digáis.

—Dunetchka ha resuelto ya la cuestión, y yo soy enteramente de su parecer —respondió al punto Pulqueria Alejandrovna.

—Lo que he decidido, Rodia, es rogarte encarecidamente que asistas a la entrevista de esta noche —dijo Dunia—. ¿Vendrás?

—Iré.

—También a usted le ruego que venga —añadió Dunetchka dirigiéndose a Rasumikhine—. ¿Has oído, mamá? He invitado a Dmitri Prokofitch.

—Me parece muy bien. Que todo se haga de acuerdo con tus deseos. Celebro tu resolución, porque detesto la ficción y la mentira. Que el asunto se ventile con toda franqueza. Y si Piotr Petrovitch se molesta, allá él.

CAPÍTULO 4

En ese momento, la puerta se abrió sin ruido y apareció una joven que paseó una tímida mirada por la habitación. Todos los ojos se fijaron en ella con tanta sorpresa como curiosidad. Raskolnikof no la reconoció en seguida. Era Sonia Simonovna Marmeladova. La había visto el día anterior —por primera vez—, pero en circunstancias y con un atavío que habían dejado en su memoria una imagen completamente distinta de ella. Ahora iba modestamente, incluso pobremente vestida y parecía muy joven, una muchachita de modales honestos y reservados y carita inocente y temerosa. Llevaba un vestido sumamente sencillo y un sombrero viejo y pasado de moda. Su mano empuñaba su sombrilla, único vestigio de su atavío del día anterior. Fue tal su confusión al ver la habitación llena de gente, que perdió por completo la cabeza, como si fuera verdaderamente una niña, y se dispuso a marcharse.

—¡Ah! ¿Es usted? —exclamó Raskolnikof, en el colmo de la sorpresa. Y de pronto también él se sintió turbado.

Recordó que su madre y su hermana habían leído en la carta de Lujine la alusión a una joven cuya mala conducta era del dominio público. Cuando acababa de protestar de la calumnia de Lujine contra él y de recordar que el día anterior había visto por primera vez a la muchacha, he aquí que ella misma se presentaba en su habitación. Se acordó igualmente de que no había pronunciado ni una sola palabra de protesta contra la expresión "cuya mala conducta es del dominio público". Todos estos pensamientos cruzaron su mente en plena confusión y con rapidez vertiginosa, y al mirar atentamente a aquella pobre y ultrajada criatura, la vio tan avergonzada, que se compadeció de ella. Y cuando la muchacha se dirigió a la puerta con el propósito de huir, en su ánimo se produjo súbitamente una especie de revolución.

—Estaba muy lejos de esperarla —le dijo vivamente, deteniéndola con una mirada—. Haga el favor de sentarse. Usted viene sin duda de parte de Catalina Ivanovna. No, ahí no; siéntese aquí, tenga la bondad.

Al entrar Sonia, Rasumikhine, que ocupaba una de las tres sillas que había en la habitación, se había levantado para dejarla pasar. Raskolnikof había empezado por indicar a la joven el extremo del diván que Zosimof había ocupado hacía un momento, pero al pensar en el carácter íntimo de este mueble que le servía de lecho cambió de opinión y ofreció a Sonia la silla de Rasumikhine.

—Y tú siéntate ahí —dijo a su amigo, señalándole el extremo del diván.

Sonia se sentó casi temblando y dirigió una tímida mirada a las dos mujeres. Se veía claramente que ni ella misma podía comprender de dónde había sacado la audacia necesaria para sentarse cerca de ellas. Y este pensamiento le produjo una emoción tan violenta, que se levantó repentinamente y, sumida en el mayor desconcierto, dijo a Raskolnikof, balbuceando:

—Sólo...sólo un momento. Perdóneme si he venido a molestarle. Vengo de parte de Catalina Ivanovna. No ha podido enviar a nadie más que a mí. Catalina Ivanovna le ruega encarecidamente que asista mañana a los funerales que se celebrarán en San Mitrofan...y que después venga a casa, a su casa, para la comida...Le suplica que le conceda este honor.

Dicho esto, perdió por completo la serenidad y enmudeció.

—Haré todo lo posible por...No, no faltaré —repuso Raskolnikof, levantándose y tartamudeando también—. Tenga la bondad de sentarse —dijo de pronto—. He de hablarle, si me lo permite. Ya veo que tiene usted prisa, pero le ruego que me conceda dos minutos.

Le acercó la silla, y Sonia se volvió a sentar. De nuevo la joven dirigió una mirada llena de angustiosa timidez a las dos señoras y seguidamente bajó los ojos. El pálido rostro de Raskolnikof se había teñido de púrpura. Sus facciones se habían contraído y sus ojos llameaban.

—Mamá —dijo con voz firme y vibrante—, es Sonia Simonovna Marmeladova, la hija de ese infortunado señor Marmeladof que ayer fue atropellado por un coche...Ya os he contado...

Pulqueria Alejandrovna miró a Sonia, entornando levemente los ojos con un gesto despectivo. A pesar del temor que le inspiraba la mirada fija y retadora de su hijo, no pudo privarse de esta satisfacción. Dunetchka se volvió hacia la pobre muchacha y la observó con grave estupor.

Al oír que Raskolnikof la presentaba, Sonia levantó los ojos, logrando tan sólo que su turbación aumentase.

—Quería preguntarle —dijo Rodia precipitadamente— cómo han ido hoy las cosas en su casa. ¿Las han molestado mucho? ¿Les ha interrogado la policía?

—No, todo se ha arreglado sin dificultad. No había duda sobre las causas de la muerte. Nos han dejado tranquilas. Sólo los vecinos nos han molestado con sus protestas.

—¿Sus protestas?

—Sí, el cadáver llevaba demasiado tiempo en casa y, con este calor, empezaba a oler. Hoy, a la hora de vísperas, lo trasladarán a la capilla del cementerio. Catalina Ivanovna se oponía al principio, pero al fin ha comprendido que había que hacerlo.

—¿O sea que hoy se lo llevarán?

—Sí, pero las exequias se celebrarán mañana. Catalina Ivanovna le suplica que asista a ellas y que luego vaya a su casa para participar en la comida de funerales.

—¡Hasta comida de funerales…!

—Una sencilla colación. También me ha encargado que le dé las gracias por la ayuda que nos ha prestado. Sin ella, nos habría sido imposible enterrar a mi padre.

Sus labios y su barbilla empezaron a temblar de súbito, pero contuvo el llanto y bajó nuevamente los ojos.

Mientras hablaba con ella, Raskolnikof la observaba atentamente. Era menuda y delgada, muy delgada, y pálida, de facciones irregulares y un poco angulosas, nariz pequeña y afilada y mentón puntiagudo. No podía decirse que fuera bonita, pero, en compensación, sus azules ojos eran tan límpidos y, al animarse, le daban tal expresión de candor y de bondad, que uno no podía menos de sentirse cautivado. Otro detalle característico de su rostro y de toda ella era que representaba menos edad aún de la que tenía. Parecía una niña, a pesar de sus dieciocho años, infantilidad que se reflejaba, de un modo casi cómico, en algunos de sus gestos.

—No comprendo cómo Catalina Ivanovna ha podido arreglarlo todo con tan escasos recursos, y menos, que todavía le haya sobrado para dar una colación —dijo Raskolnikof, deseoso de que la conversación no se interrumpiera.

—El ataúd es de los más modestos y toda la ceremonia será sumamente sencilla…O sea, que no le costará mucho. Entre ella y yo lo hemos calculado todo exactamente; por eso sabemos que quedará lo suficiente para dar la colación de funerales. Esto es muy importante para Catalina Ivanovna y no se la debe contrariar…Es un consuelo para ella…Ya sabe usted cómo es…

—Comprendo, comprendo…También mi habitación es muy pobre. Mi madre dice que parece una tumba.

—¡Y ayer nos entregó usted hasta su última moneda! —murmuró Sonetchka bajando de nuevo los ojos.

Otra vez sus labios y su barbilla empezaron a temblar. Apenas había entrado, le había llamado la atención la pobreza del aposento de Raskolnikof. Lo que acababa de decir se le había escapado involuntariamente.

Hubo un silencio. La mirada de Dunetchka se aclaró y Pulqueria Alejandrovna se volvió hacia Sonia con expresión afable.

—Como es natural, Rodia —dijo la madre, poniéndose en pie—, comeremos juntos…Vámonos, Dunetchka. Y tú, Rodia, deberías ir a dar un paseo, después descansar un rato y luego venir a reunirte con nosotras…lo antes posible. Sin duda te hemos fatigado.

—Iré, iré —se apresuró a contestar Raskolnikof, levantándose—. Además, tengo cosas que hacer.

—¿Qué quieres decir con eso? —exclamó Rasumikhine, mirando fijamente a Raskolnikof—. Supongo que no se te habrá pasado por la cabeza comer solo. Dime: ¿qué piensas hacer?

—Te aseguro que iré. Y tú quédate aquí un momento… ¿Podéis dejármelo para un rato, mamá? ¿Verdad que no lo necesitáis?

—¡No, no! Puede quedarse…Pero le ruego, Dmitri Prokofitch, que venga usted también a comer con nosotros.

—Yo también se lo ruego —dijo Dunia.

Rasumikhine asintió haciendo una reverencia. Estaba radiante. Durante un momento, todos parecieron dominados por una violencia extraña.

—Adiós, Rodia. Es decir, hasta luego: no me gusta decir adiós…Adiós, Nastasia. ¡Otra vez se me ha escapado!

Pulqueria Alejandrovna tenía intención de saludar a Sonia, pero no supo cómo hacerlo y salió de la habitación precipitadamente.

En cambio, Avdotia Romanovna, que parecía haber estado esperando su vez, al pasar ante Sonia detrás de su madre la saludó amable y gentilmente. Sonetchka perdió la calma y se inclinó con temeroso apresuramiento. Por su semblante pasó una sombra de amargura, como si la cortesía y la afabilidad de Avdotia Romanovna le hubieran producido una impresión dolorosa.

—Adiós, Dunia —dijo Raskolnikof, que había salido al vestíbulo tras ella—. Dame la mano.

—¡Pero si ya te la he dado! ¿No lo recuerdas? —dijo la joven, volviéndose hacia él, entre desconcertada y afectuosa.

—Es que quiero que me la vuelvas a dar.

Rodia estrechó fuertemente la mano de su hermana. Dunetchka le sonrió, enrojeció, libertó con un rápido movimiento su mano y siguió a su madre. También ella se sentía feliz.

—¡Todo ha salido a pedir de boca! —dijo Raskolnikof, volviendo al lado de Sonia, que se había quedado en el aposento, y mirándola con un gesto de perfecta calma, añadió—: Que el Señor dé paz a los muertos y deje vivir a los vivos. ¿No te parece, no te parece? Di, ¿no te parece?

Sonia advirtió, sorprendida, que el semblante de Raskolnikof se iluminaba súbitamente. Durante unos segundos, el joven la observó en silencio y atentamente. Todo lo que su difunto padre le había contado de ella acudió de pronto a su memoria…

—¡Dios mío! —exclamó Pulqueria Alejandrovna apenas llegó con su hija a la calle—. ¡A quien se le diga que me alegro de haber salido de esta casa…! ¡He respirado, Dunetchka! ¡Quién me había de decir, cuando estaba en el tren, que me alegraría de separarme de mi hijo!

—Piensa que está enfermo, mamá. ¿No lo ves? Acaso ha perdido la salud a fuerza de sufrir por nosotras. Hemos de ser indulgentes con él. Se le pueden perdonar muchas cosas, muchas cosas…

—Sin embargo, tú no has sido comprensiva —dijo amargamente Pulqueria Alejandrovna—. Hace un momento os observaba a los dos. Os parecéis como dos gotas de agua, y no tanto en lo físico como en lo moral. Los dos sois severos e irascibles, pero también arrogantes y nobles. Porque él no es egoísta, ¿verdad, Dunetchka…? Cuando pienso en lo que puede ocurrir esta noche en casa, se me hiela el corazón.

—No te preocupes, mamá: sólo sucederá lo que haya de suceder.

—Piensa en nuestra situación, Dunetchka. ¿Qué ocurrirá si Piotr Petrovitch renuncia a ese matrimonio? —preguntó indiscretamente.

—Sólo un hombre despreciable puede ser capaz de semejante acción — repuso Dunetchka con gesto brusco y desdeñoso.

Pulqueria Alejandrovna siguió hablando con su acostumbrada volubilidad.

—Hemos hecho bien en marcharnos. Rodia tenía que acudir urgentemente a una cita de negocios. Le hará bien dar un paseo, respirar el aire libre. En su habitación hay una atmósfera asfixiante. Pero ¿es posible encontrar aire respirable en esta ciudad? Las calles son como habitaciones sin ventana. ¡Qué ciudad, Dios mío! ¡Cuidado no te atropellen...! Mira, transportan un piano... Aquí la gente anda empujándose...Esa muchacha me inquieta.

—¿Qué muchacha?

—Esa Sonia Simonovna.

—¿Por qué te inquieta?

—Tengo un presentimiento, Dunia. ¿Me creerás si te digo que, apenas la he visto entrar, he sentido que es la causa principal de todo?

—¡Eso es absurdo! —exclamó Dunia, indignada—. Para los presentimientos eres única. Ayer la vio por primera vez. Ni siquiera la ha reconocido en el primer momento.

—Ya veremos quién tiene razón...Desde luego, esa joven me inquieta...He sentido verdadero miedo cuando me ha mirado con sus extraños ojos. He tenido que hacer un esfuerzo para no huir... ¡Y nos la ha presentado! Esto es muy significativo. Después de lo que Piotr Petrovitch nos dice de ella en la carta, nos la presenta...No me cabe duda de que está enamorado de ella.

—No hagas caso de lo que diga Lujine. También se ha hablado y escrito mucho sobre nosotras. ¿Es que lo has olvidado...? Estoy segura de que es una buena chica y de que todo lo que se cuenta de ella son estúpidas habladurías.

—¡Ojalá sea así!

—Y Piotr Petrovitch es un chismoso —exclamó súbitamente Dunetchka.

Pulqueria Alejandrovna se contuvo y en este punto terminó la conversación.

—Ven; tenemos que hablar —dijo Raskolnikof a Rasumikhine, llevándoselo junto a la ventana.

—Ya diré a Catalina Ivanovna que vendrá usted a los funerales —dijo Sonia precipitadamente y disponiéndose a marcharse.

—Un momento, Sonia Simonovna. No se trata de ningún secreto; de modo que usted no nos molesta lo más mínimo...Todavía tengo algo que decirle.

Se volvió de nuevo hacia Rasumikhine y continuó:

—Quiero hablarte de ése…, ¿cómo se llama…? ¡Ah, sí! Porfirio Petrovitch…Tú le conoces, ¿verdad?

—¿Cómo no lo he de conocer si somos parientes? Bueno, ¿de qué se trata? —preguntó con viva curiosidad.

—Creo que es él el que instruye el sumario de…de ese asesinato que comentabais ayer. ¿No?

—Sí, ¿y qué? —preguntó Rasumikhine, abriendo exageradamente los ojos.

—Tengo entendido que ha interrogado a todos los que tenían algún objeto empeñado en casa de la vieja. Yo también tenía algo empeñado…, muy poca cosa…, una sortija que me dio mi hermana cuando me vine a Petersburgo, y el reloj de plata de mi padre. Las dos cosas juntas sólo valen cinco o seis rublos, pero como recuerdos tienen un gran valor para mí. ¿Qué te parece que haga? No quisiera perder esos objetos, especialmente el reloj de mi padre. Hace un momento, temblaba al pensar que mi madre podía decirme que quería verlo, sobre todo cuando estábamos hablando del reloj de Dunetchka. Es el único objeto que nos queda de mi padre. Si lo perdiéramos, a mi madre le costaría una enfermedad. Ya sabes cómo son las mujeres. Dime, ¿qué debo hacer? Ya sé que hay que ir a la comisaría para prestar declaración. Pero si pudiera hablar directamente con Porfirio… ¿Qué te parece…? Así se solucionaría más rápidamente el asunto…Ya verás como, apenas nos sentemos a la mesa, mi madre me habla del reloj.

Rasumikhine dio muestras de una emoción extraordinaria.

—No tienes que ir a la policía para nada. Porfirio lo solucionará todo…Me has dado una verdadera alegría…Y ¿para qué esperar? Podemos ir inmediatamente. Lo tenemos a dos pasos de aquí. Estoy seguro de que lo encontraremos.

—De acuerdo: vamos.

—Se alegrará mucho de conocerte. ¡Le he hablado tantas veces de ti…! Ayer mismo te nombramos… ¿De modo que conocías a la vieja? ¡Estupendo…! ¡Ah! Nos habíamos olvidado de que está aquí Sonia Ivanovna.

—Sonia Simonovna —rectificó Raskolnikof—. Éste es mi amigo Rasumikhine, Sonia Simonovna; un buen muchacho…

—Si se han de marchar ustedes… —comenzó a decir Sonia, cuya confusión había aumentado al presentarle Rodia a Rasumikhine, hasta el punto de que no se atrevía a levantar los ojos hacia él.

—Vamos —decidió Raskolnikof—. Hoy mismo pasaré por su casa, Sonia Simonovna. Haga el favor de darme su dirección.

Dijo esto con desenvoltura pero precipitadamente y sin mirarla. Sonia le dio su dirección, no sin ruborizarse, y salieron los tres.

—No has cerrado la puerta —dijo Rasumikhine cuando empezaban a bajar la escalera.

—No la cierro nunca…Además, no puedo. Hace dos años que quiero comprar una cerradura.

Había dicho esto con aire de despreocupación. Luego exclamó, echándose a reír y dirigiéndose a Sonia:

—¡Feliz el hombre que no tiene nada que guardar bajo llave! ¿No cree usted?

Al llegar a la puerta se detuvieron.

—Usted va hacia la derecha, ¿verdad, Sonia Simonovna…? ¡Ah, oiga! ¿Cómo ha podido encontrarme? —preguntó en el tono del que dice una cosa muy distinta de la que iba a decir. Ansiaba mirar aquellos ojos tranquilos y puros, pero no se atrevía.

—Ayer dio usted su dirección a Poletchka.

—¿Poletchka? ¡Ah, sí; su hermanita! ¿Dice usted que le di mi dirección?

—Sí, ¿no se acuerda?

—Sí, sí; ya recuerdo.

—Yo había oído ya hablar de usted al difunto, pero no sabía su nombre. Creo que incluso mi padre lo ignoraba. Pero ayer lo supe, y hoy, al venir aquí, he podido preguntar por "el señor Raskolnikof". Yo no sabía que también usted vivía en una pensión. Adiós. Ya diré a Catalina Ivanovna…

Se sintió feliz al poderse marchar y se alejó a paso ligero y con la cabeza baja. Anhelaba llegar a la primera travesía para quedar al fin sola, libre de la mirada de los dos jóvenes, y poder reflexionar, avanzando lentamente y la mirada perdida en la lejanía, en todos los detalles, hasta los más mínimos, de su reciente visita. También deseaba repasar cada una de las palabras que había pronunciado. No había experimentado jamás nada parecido. Todo un mundo ignorado surgía confusamente en su alma.

De pronto se acordó de que Raskolnikof le había anunciado su intención de ir a verla aquel mismo día, y pensó que tal vez fuera aquella misma mañana.

—Si al menos no viniera hoy…—murmuró, con el corazón palpitante como un niño asustado—. ¡Señor! ¡Venir a mi casa, a mi habitación…! Allí verá…

Iba demasiado preocupada para darse cuenta de que la seguía un desconocido.

En el momento en que Raskolnikof, Rasumikhine y Sonia se habían detenido ante la puerta de la casa, conversando, el desconocido pasó cerca de ellos y se estremeció al cazar al vuelo casualmente estas palabras de Sonia:

—…he podido preguntar por el señor Raskolnikof.

Entonces dirigió a los tres, y especialmente a Raskolnikof, al que se había dirigido Sonia, una rápida pero atenta mirada, y después levantó la vista y anotó el número de la casa. Hizo todo esto en un abrir y cerrar de ojos y de modo que no fue advertido por nadie. Luego se alejó y fue acortando el paso, como quien quiere dar tiempo a que otro lo alcance. Había visto que Sonia se despedía de sus dos amigos y dedujo que se encaminaría a su casa.

"¿Dónde vivirá? —pensó—. Yo he visto a esta muchacha en alguna parte. Procuraré recordar".

Cuando llegó a la primera bocacalle, pasó a la esquina de enfrente y se volvió, pudiendo advertir que la muchacha había seguido la misma dirección que él sin darse cuenta de que la espiaban. La joven llegó a la travesía y se internó por ella, sin cruzar la calzada. El desconocido continuó su persecución por la acera opuesta, sin perder de vista a Sonia, y cuando habían recorrido unos cincuenta pasos, él cruzó la calle y la siguió por la misma acera, a unos cinco pasos de distancia.

Era un hombre corpulento, que representaba unos cincuenta años y cuya estatura superaba a la normal. Sus anchos y macizos hombros le daban el aspecto de un hombre cargado de espaldas. Iba vestido con una elegancia natural que, como todo su continente, denunciaba al gentilhombre. Llevaba un bonito bastón que resonaba en la acera a cada paso y unos guantes nuevos. Su amplio rostro, de pómulos salientes, tenía una expresión simpática, y su fresca tez evidenciaba que aquel hombre no residía en una ciudad. Sus tupidos cabellos, de un rubio claro, apenas empezaban a encanecer. Su poblada y hendida barba, todavía más clara que sus cabellos; sus azules ojos, de mirada fija y pensativa, y sus rojos labios, indicaban que era un hombre superiormente conservado y que parecía más joven de lo que era en realidad.

Cuando Sonia desembocó en el malecón, quedaron los dos solos en la acera. El desconocido había tenido tiempo sobrado para observar que la joven iba ensimismada. Sonia llegó a la casa en que vivía y cruzó el portal. Él entró tras ella un tanto asombrado. La joven se internó en el patio y luego en la escalera de la derecha, que era la que conducía a su habitación. El desconocido lanzó una exclamación de sorpresa y empezó a subir la misma escalera que Sonia. Sólo en este momento se dio cuenta la joven de que la seguían.

Sonia llegó al tercer piso, entró en un corredor y llamó en una puerta que ostentaba el número 9 y dos palabras escritas con tiza: "Kapernaumof, sastre".

—¡Qué casualidad! —exclamó el desconocido.

Y llamó a la puerta vecina, la señalada con el número 8. Entre ambas puertas había una distancia de unos seis pasos.

—¿De modo que vive usted en casa de Kapernaumof? —dijo el caballero alegremente—. Ayer me arregló un chaleco. Además, soy vecino de usted: vivo en casa de la señora Resslich Gertrudis Pavlovna. El mundo es un pañuelo.

Sonia le miró fijamente.

—Sí, somos vecinos —continuó el caballero, con desbordante jovialidad—. Estoy en Petersburgo desde hace sólo dos días. Para mí será un placer volver a verla.

Sonia no contestó. En este momento le abrieron la puerta, y entró en su habitación. Estaba avergonzada y atemorizada.

Rasumikhine daba muestras de gran agitación cuando iba en busca de Porfirio Petrovitch, acompañado de Rodia.

—Has tenido una gran idea, querido, una gran idea —dijo varias veces—. Y créeme que me alegro, que me alegro de veras.

"¿Por qué se ha de alegrar?", se preguntó Raskolnikof.

—No sabía que tú también empeñabas cosas en casa de la vieja. ¿Hace mucho tiempo de eso? Quiero decir que si hace mucho tiempo que has estado en esa casa por última vez.

"Es muy listo, pero también muy ingenuo", se dijo Raskolnikof.

—¿Cuándo estuve por última vez? —preguntó, deteniéndose como para recordar mejor—. Me parece que fue tres días antes del crimen…Te advierto que no quiero recoger los objetos en seguida —se apresuró a aclarar, como si este punto le preocupara especialmente—, pues no me queda más que un rublo después del maldito "desvarío" de ayer.

Y subrayó de un modo especial la palabra "desvarío".

—¡Comprendido, comprendido! —exclamó con vehemencia Rasumikhine y sin que se pudiera saber exactamente qué era lo que comprendía con tanto entusiasmo—. Esto explica que te mostraras entonces tan…impresionado…E incluso en tu delirio nombrabas sortijas y cadenas…Todo aclarado; ya se ha aclarado todo…

"Ya salió aquello. Están dominados por esta idea. Incluso este hombre que sería capaz de dejarse matar por mi se siente feliz al poder explicarse por qué hablaba yo de sortijas en mi delirio. Todo esto los ha confirmado en sus suposiciones".

—¿Crees que encontraremos a Porfirio? —preguntó Raskolnikof en voz alta.

—¡Claro que lo encontraremos! —repuso con vivacidad Rasumikhine—. Ya verás qué tipo tan interesante. Un poco brusco, eso sí, a pesar de ser un hombre de mundo. Bien es verdad que yo no le considero brusco porque carezca de mundología. Es inteligente, muy inteligente. Está muy lejos de ser un grosero, a pesar de su carácter especial. Es desconfiado, escéptico, cínico. Le gusta engañar, chasquear a la gente, y es fiel al viejo sistema de las pruebas materiales…Sin embargo, conoce a fondo su oficio. El año pasado desembrolló un caso de asesinato del que sólo existían ligeros indicios. Tiene grandes deseos de conocerte.

—¿Grandes deseos? ¿Por qué?

—Bueno, tal vez he exagerado…Oye; últimamente, es decir, desde que te pusiste enfermo, le he hablado mucho de ti. Naturalmente, él me escuchaba. Y cuando le dije que eras estudiante de Derecho y que no podías terminar tus estudios por falta de dinero, exclamó: "¡Es lamentable!". De esto deduzco… Mejor dicho, del conjunto de todos estos detalles…Ayer, Zamiotof…Oye, Rodia, cuando te llevé ayer a tu casa estaba embriagado y dije una porción de tonterías. Lamentaría que hubieras tomado demasiado en serio mis palabras.

—¿A qué te refieres? ¿A la sospecha de esos hombres de que estoy loco? Pues bien, tal vez no se equivoquen.

Y se echó a reír forzadamente.

—Si, si… ¡digo, no…! Lo cierto es que todo lo que dije anoche sobre esa cuestión y sobre todas eran divagaciones de borracho.

—Entonces, ¿para qué excusarse? ¡Si supieras cómo me fastidian todas estas cosas! —exclamó Raskolnikof con una irritación fingida en parte.

—Lo sé, lo sé. Lo comprendo perfectamente; te aseguro que lo comprendo.

Incluso me da vergüenza hablar de ello.

—Si te da vergüenza, cállate.

Los dos enmudecieron. Rasumikhine estaba encantado, y Raskolnikof se dio cuenta de ello con una especie de horror. Lo que su amigo acababa de decirle acerca de Porfirio Petrovitch no dejaba de inquietarle.

"Otro que me compadece —pensó, con el corazón agitado y palideciendo—. Ante éste tendré que fingir mejor y con más naturalidad que ante Rasumikhine. Lo más natural sería no decir nada, absolutamente nada...No, no; esto también podría parecer poco natural...En fin, dejémonos llevar de los acontecimientos...En seguida veremos lo que sucede... ¿He hecho bien en venir o no? La mariposa se arroja a la llama ella misma...El corazón me late con violencia...Mala cosa".

—Es esa casa gris —dijo Rasumikhine.

"Es de gran importancia saber si Porfirio está enterado de que estuve ayer en casa de esa bruja y de las preguntas que hice sobre la sangre. Es necesario que yo sepa esto inmediatamente, que yo lea la verdad en su semblante apenas entre en el despacho, al primer paso que dé. De lo contrario, no sabré cómo proceder, y ya puedo darme por perdido".

—¿Sabes lo que te digo? —preguntó de pronto a Rasumikhine con una sonrisa maligna—. Que he observado que toda la mañana te domina una gran agitación. De veras.

—¿Agitación? Nada de eso —repuso, mortificado, Rasumikhine.

—No lo niegues. Eso se ve a la legua. Hace un rato estabas sentado en el borde de la silla, cosa que no haces nunca, y parecías tener calambres en las piernas. A cada momento te sobresaltabas sin motivo, y unas veces tenías cara de hombre amargado y otras eras un puro almíbar. Te has sonrojado varias veces y te has puesto como la púrpura cuando te han invitado a comer.

—Todo eso son invenciones tuyas. ¿Qué quieres decir?

—A veces eres tímido como un colegial. Ahora mismo te has puesto colorado.

—¡Imbécil!

—Pero ¿a qué viene esa confusión? ¡Eres un Romeo! Ya contaré todo esto en cierto sitio. ¡Ja, ja, ja! ¡Cómo voy a hacer reír a mi madre! ¡Y a otra persona!

—Oye, oye…Hablemos en serio…Quiero saber…—balbuceó Rasumikhine, aterrado—. ¿Qué piensas contarles? Oye, querido… ¡Eres un majadero!

—Estás hecho una rosa de primavera… ¡Si vieras lo bien que esto te sienta! ¡Un Romeo de tan aventajada estatura! ¡Y cómo te has lavado hoy! Incluso te has limpiado las uñas. ¿Cuándo habías hecho cosa semejante? Que Dios me perdone, pero me parece que hasta te has puesto pomada en el pelo. A ver: baja un poco la cabeza.

—¡Imbécil!

Raskolnikof se reía de tal modo, que parecía no poder cesar de reír. La hilaridad le duraba todavía cuando llegaron a casa de Porfirio Petrovitch. Esto era lo que él quería. Así, desde el despacho le oyeron entrar en la casa riendo, y siguieron oyendo estas risas cuando los dos amigos llegaron a la antesala.

—¡Ojo con decir aquí una sola palabra, porque te hago papilla! —dijo Rasumikhine fuera de sí y atenazando con su mano el hombro de su amigo.

CAPÍTULO 5

Raskolnikof entró en el despacho con el gesto del hombre que hace descomunales esfuerzos para no reventar de risa. Le seguía Rasumikhine, rojo como la grana, cohibido, torpe y transfigurado por el furor del semblante. Su cara y su figura tenían en aquellos momentos un aspecto cómico que justificaba la hilaridad de su amigo. Raskolnikof, sin esperar a ser presentado, se inclinó ante el dueño de la casa, que estaba de pie en medio del despacho, mirándolos con expresión interrogadora, y cambió con él un apretón de manos. Pareciendo todavía que hacía un violento esfuerzo para no echarse a reír, dijo quién era y cómo se llamaba. Pero apenas se había mantenido serio mientras murmuraba algunas palabras, sus ojos miraron casualmente a Rasumikhine. Entonces ya no pudo contenerse y lanzó una carcajada que, por efecto de la anterior represión, resultó más estrepitosa que las precedentes.

El extraordinario furor que esta risa loca despertó en Rasumikhine prestó, sin que éste lo advirtiera, un buen servicio a Raskolnikof.

—¡Demonio de hombre! —gruñó Rasumikhine, con un ademán tan violento que dio un involuntario manotazo a un velador sobre el que había un vaso de té vacío. Por efecto del golpe, todo rodó por el suelo ruidosamente.

—No hay que romper los muebles, señores míos —exclamó Porfirio Petrovitch alegremente—. Esto es un perjuicio para el Estado.

Raskolnikof seguía riendo, y de tal modo, que se olvidó de que su mano estaba en la de Porfirio Petrovitch. Sin embargo, consciente de que todo tiene su medida, aprovechó un momento propicio para recobrar la seriedad lo más naturalmente posible. Rasumikhine, al que el accidente que su conducta acababa de provocar había sumido en el colmo de la confusión, miró un momento con expresión sombría los trozos de vidrio, después escupió, volvió la espalda a Porfirio y a Raskolnikof, se acercó a la ventana y, aunque no veía, hizo como si mirase al exterior. Porfirio Petrovitch reía por educación, pero se veía claramente que esperaba le explicasen el motivo de aquella visita.

En un rincón estaba Zamiotof sentado en una silla. Al aparecer los visitantes se había levantado, esbozando una sonrisa. Contemplaba la escena con una expresión en que el asombro se mezclaba con la desconfianza, y observaba a Raskolnikof incluso con una especie de turbación. La aparición inesperada de Zamiotof sorprendió desagradablemente al joven, que se dijo:

"Otra cosa en que hay que pensar".

Y manifestó en voz alta, con una confusión fingida:

—Le ruego que me perdone…

—Pero ¿qué dice usted? ¡Si estoy encantado! Ha entrado usted de un modo tan agradable…—repuso Porfirio Petrovitch, y añadió, indicando a Rasumikhine con un movimiento de cabeza—. Ése, en cambio, ni siquiera me ha dado los buenos días.

—Se ha indignado conmigo no sé por qué. Por el camino le he dicho que se parecía a Romeo y le he demostrado que mi comparación era justa. Esto es todo lo que ha habido entre nosotros.

—¡Imbécil! —exclamó Rasumikhine sin volver la cabeza.

—Debe de tener sus motivos para tomar en serio una broma tan inofensiva —comentó Porfirio echándose a reír.

—Oye, juez de instrucción… —empezó a decir Rasumikhine—. ¡Bah! ¡Que el diablo os lleve a todos!

Y se echó a reír de buena gana: había recobrado de súbito su habitual buen humor.

—¡Basta de tonterías! —dijo, acercándose alegremente a Porfirio Petrovitch—. Sois todos unos imbéciles…Bueno, vamos a lo que interesa. Te presento a mi amigo Rodion Romanovitch Raskolnikof, que ha oído hablar mucho de ti y deseaba conocerte. Además, quiere hablar contigo de cierto asuntillo… ¡Hombre, Zamiotof! ¿Cómo es que estás aquí? Esto prueba que conoces a Porfirio Petrovitch. ¿Desde cuándo?

"¿Qué significa todo esto?", se dijo, inquieto, Raskolnikof. Zamiotof se sentía un poco violento.

—Nos conocimos anoche en tu casa —respondió.

—No cabe duda de que Dios está en todas partes. Imagínate, Porfirio, que la semana pasada me rogó insistentemente que te lo presentase, y vosotros habéis trabado conocimiento prescindiendo de mí. ¿Dónde tienes el tabaco?

Porfirio Petrovitch iba vestido con ropa de casa: bata, camisa blanquísima y unas zapatillas viejas. Era un hombre de treinta y cinco años, de talla superior a la media, bastante grueso e incluso con algo de vientre. Iba perfectamente afeitado y no llevaba bigote ni patillas. Su cabello, cortado al rape, coronaba una cabeza grande, esférica y de abultada nuca. Su cara era redonda, abotagada y un poco achatada; su tez, de un amarillo fuerte, enfermizo. Sin embargo, aquel rostro denunciaba un humor agudo y un tanto burlón. Habría sido una cara incluso simpática si no lo hubieran impedido sus ojos, que brillaban extrañamente, cercados por unas pestañas casi blancas y unos párpados que pestañeaban de continuo. La expresión de esta mirada contrastaba extrañamente con el resto de aquella fisonomía casi afeminada y le prestaba una seriedad que no se percibía en el primer momento.

Apenas supo que Raskolnikof tenía que tratar cierto asunto con él, Porfirio Petrovitch le invitó a sentarse en el sofá. Luego se sentó él en el extremo opuesto al ocupado por Raskolnikof y le miró fijamente, en espera de que le expusiera la anunciada cuestión. Le miraba con esa atención tensa y esa gravedad extremada que pueden turbar a un hombre, especialmente cuando ese hombre es casi un desconocido y sabe que el asunto que ha de tratar está muy lejos de merecer la atención exagerada y aparatosa que se le presta. Sin embargo, Raskolnikof le puso al corriente del asunto con pocas y precisas palabras. Luego, satisfecho de sí mismo, halló la serenidad necesaria para observar atentamente a su interlocutor. Porfirio Petrovitch no apartó de él los ojos en ningún momento del diálogo, y Rasumikhine, que se había sentado frente a ellos, seguía con vivísima atención aquel cambio de palabras. Su mirada iba del juez de instrucción a su amigo y de su amigo al juez de instrucción sin el menor disimulo.

"¡Qué idiota!", exclamó mentalmente Raskolnikof.

—Tendrá que prestar usted declaración ante la policía —repuso Porfirio Petrovitch con acento perfectamente oficial—. Deberá usted manifestar que, enterado del hecho, es decir, del asesinato, ruega que se advierta al juez de instrucción encargado de este asunto que tales y cuales objetos son de su propiedad y que desea usted desempeñarlos. Además, ya recibirá una comunicación escrita.

—Pero lo que ocurre —dijo Raskolnikof, fingiéndose confundido lo mejor que pudo— es que en este momento estoy tan mal de fondos, que ni siquiera tengo el dinero necesario para rescatar esas bagatelas. Por eso me limito a declarar que esos objetos me pertenecen y que cuando tenga dinero…

—Eso no importa —le interrumpió Porfirio Petrovitch, que pareció acoger fríamente esta declaración de tipo económico—. Además, usted puede exponerme por escrito lo que me acaba de decir, o sea que, enterado de esto y aquello, se declara propietario de tales objetos y ruega…

—¿Puedo escribirle en papel corriente? —le interrumpió Raskolnikof, con el propósito de seguir demostrando que sólo le interesaba el aspecto práctico de la cuestión.

—Sí, el papel no importa.

Dicho esto, Porfirio Petrovitch adoptó una expresión francamente burlona. Incluso guiñó un ojo como si hiciera un signo de inteligencia a Raskolnikof. Acaso esto del signo fue simplemente una ilusión del joven, pues todo transcurrió en un segundo. Sin embargo, algo debía de haber en aquel gesto. Que le había guiñado un ojo era seguro. ¿Con qué intención? Eso sólo el diablo lo sabía.

"Este hombre sabe algo", pensó en el acto Raskolnikof. Y dijo en voz alta, un tanto desconcertado:

—Perdone que le haya molestado por tan poca cosa. Esos objetos sólo valen unos cinco rublos, pero como recuerdos tienen un gran valor para mí. Le confieso que sentí gran inquietud cuando supe…

—Eso explica que ayer te estremecieras al oírme decir a Zosimof que Porfirio estaba interrogando a los propietarios de los objetos empeñados — exclamó Rasumikhine con una segunda intención evidente.

Esto era demasiado. Raskolnikof no pudo contenerse y lanzó a su amigo una mirada furiosa. Pero en seguida se sobrepuso.

—Tú todo lo tomas a broma —dijo con una irritación que no tuvo que fingir—. Admito que me preocupan profundamente cosas que para ti no tienen importancia, pero esto no es razón para que me consideres egoísta e interesado, pues repito que esos dos objetos tan poco valiosos tienen un gran valor para mí. Hace un momento te he dicho que ese reloj de plata es el único recuerdo que tenemos de mi padre. Búrlate si quieres, pero mi madre acaba de llegar —manifestó dirigiéndose a Porfirio—, y si se enterase —continuó, volviendo a hablar a Rasumikhine y procurando que la voz le temblara— de que ese reloj se había perdido, su desesperación no tendría límites. Ya sabes cómo son las mujeres.

—¡Estás muy equivocado! ¡No me has entendido! Yo no he pensado nada de lo que dices, sino todo lo contrario —protestó, desolado, Rasumikhine.

"¿Lo habré hecho bien? ¿No habré exagerado? —pensó Raskolnikof, temblando de inquietud—. ¿Por qué habré dicho eso de ´Ya sabes cómo son las mujeres´?".

—¿De modo que su madre ha venido a verle? —preguntó Porfirio Petrovitch.

—Sí.

—¿Y cuándo ha llegado?

—Ayer por la tarde.

Porfirio no dijo nada: parecía reflexionar.

—Sus objetos no pueden haberse perdido —manifestó al fin, tranquilo y fríamente—. Hace tiempo que esperaba su visita.

Dicho esto, se volvió con toda naturalidad hacia Rasumikhine, que estaba echando sobre la alfombra la ceniza de su cigarrillo, y le acercó un cenicero. Raskolnikof se había estremecido, pero el juez instructor, atento al cigarrillo de Rasumikhine, no pareció haberlo notado.

—¿Dices que lo esperabas? —preguntó Rasumikhine a Porfirio Petrovitch—. ¿Acaso sabías que tenía cosas empeñadas?

Porfirio no le respondió, sino que habló a Raskolnikof directamente:

—Sus dos objetos, la sortija y el reloj, estaban en casa de la víctima, envueltos en un papel sobre el cual se leía el nombre de usted, escrito claramente con lápiz y, a continuación, la fecha en que la prestamista había recibido los objetos.

—¡Qué memoria tiene usted! —exclamó Raskolnikof iniciando una sonrisa.

Ponía gran empeño en fijar su mirada serenamente en los ojos del juez, pero no pudo menos de añadir:

—He hecho esta observación porque supongo que los propietarios de objetos empeñados son muy numerosos y lo natural sería que usted no los recordara a todos. Pero veo que me he equivocado: usted no ha olvidado ni siquiera uno…, y…y…

"¡Qué estúpido soy! ¿Qué necesidad tenía de decir esto?".

—Es que todos los demás se han presentado ya. Sólo faltaba usted —dijo Porfirio Petrovitch con un tonillo de burla casi imperceptible.

—No me sentía bien.

—Ya me enteré. También supe que algo le había trastornado profundamente. Incluso ahora está usted un poco pálido.

—Pues me encuentro admirablemente —replicó al punto Raskolnikof, en tono tajante y furioso.

Sentía hervir en él una cólera que no podía reprimir.

"Esta indignación me va a hacer cometer alguna tontería. Pero ¿por qué se obstinan en torturarme?".

—Dice que no se sentía bien —exclamó Rasumikhine—, y esto es poco menos que no decir nada. Pues lo cierto es que hasta ayer el delirio apenas le ha dejado…Puedes creerme, Porfirio: apenas se tiene en pie…Pues bien, ayer aprovechó un momento, unos minutos, en que Zosimof y yo le dejamos, para vestirse, salir furtivamente y marcharse a Dios sabe dónde. ¡Y esto en pleno delirio! ¿Has visto cosa igual? ¡Este hombre es un caso!

—¿En pleno delirio? ¡Qué locura! —exclamó Porfirio Petrovitch, sacudiendo la cabeza.

—¡Eso es mentira! ¡No crea usted ni una palabra…! Pero sobra esta advertencia, porque usted no lo ha creído, ni mucho menos —dejó escapar Raskolnikof, aturdido por la cólera.

Pero Porfirio no dio muestras de entender estas extrañas palabras.

—¿Cómo te habrías atrevido a salir si no hubieses estado delirando? —exclamó Rasumikhine, perdiendo la calma a su vez—: ¿Por qué saliste? ¿Con qué intención? ¿Y por qué lo hiciste a escondidas? Confiesa que no podías estar en tu juicio. Ahora que ha pasado el peligro, puedo hablarte francamente.

—Me fastidiaron insoportablemente —dijo Raskolnikof, dirigiéndose a Porfirio con una sonrisa burlona, insolente, retadora—. Hui para ir a alquilar una habitación donde no pudieran encontrarme. Y llevaba en el bolsillo una buena cantidad de dinero. El señor Zamiotof lo sabe porque lo vio. Por lo tanto, señor Zamiotof, le ruego que resuelva usted nuestra disputa. Diga: ¿estaba delirando o conservaba mi sano juicio?

De buena gana habría estrangulado a Zamiotof, tanto le irritaron su silencio y sus miradas equívocas.

—Me pareció —dijo al fin Zamiotof secamente— que hablaba usted como un hombre razonable; es más, como un hombre…prudente; sí, prudente. Pero también parecía usted algo exasperado.

—Y hoy —intervino Porfirio Petrovitch— Nikodim Fomitch me ha contado que le vio ayer, a hora muy avanzada, en casa de un funcionario que acababa de ser atropellado por un coche.

—¡Ahí tenemos otra prueba! —exclamó al punto Rasumikhine—. ¿No es cierto que te condujiste como un loco en casa de ese desgraciado? Entregaste todo el dinero a la viuda para el entierro. Bien que la socorrieras, que le dieses quince, hasta veinte rublos, con lo que te habrían quedado cinco para ti; pero no todo lo que tenías…

—A lo mejor, es que me he encontrado un tesoro. Esto justificaría mi generosidad. Ahí tienes al señor Zamiotof, que cree que, en efecto, me lo he encontrado…

Y añadió, dirigiéndose a Porfirio Petrovitch, con los labios temblorosos:

—Perdone que le hayamos molestado durante media hora con una charla tan inútil. Está usted abrumado, ¿verdad?

—¡Qué disparate! Todo lo contrario. Usted no sabe hasta qué extremo me interesa su compañía. Me encanta verle y oírle…Celebro de veras, puede usted creerme, que al fin se haya decidido a venir.

—Danos un poco de té —dijo Rasumikhine—. Tengo la garganta seca.

—Buena idea. Tal vez a estos señores les venga el té tan bien como a ti… ¿No quieres nada sólido antes?

—¡Hala! No te entretengas.

Porfirio Petrovitch fue a encargar el té.

La mente de Raskolnikof era un hervidero de ideas. El joven estaba furioso.

"Lo más importante es que ni disimulan ni se andan con rodeos. ¿Por qué, sin conocerme, has hablado de mí con Nikodim Fomitch, Porfirio Petrovitch? Esto demuestra que no ocultan que me siguen la pista como una jauría de sabuesos. Me están escupiendo en plena cara".

Y al pensar esto, temblaba de cólera.

"Pero llevad cuidado y no pretendáis jugar conmigo como el gato con el ratón. Esto no es noble, Porfirio Petrovitch, y yo no lo puedo permitir. Si seguís así, me levantaré y os arrojaré a la cara toda la verdad. Entonces veréis hasta qué punto os desprecio".

Respiraba penosamente.

"¿Pero y si me equivoco y todo esto no son más que figuraciones mías? Podría ser todo un espejismo, podría haber interpretado mal las cosas a causa de mi ignorancia. ¿Es que no voy a ser capaz de mantener mi bajo papel? Tal vez no tienen ninguna intención oculta…Las cosas que dicen son perfectamente normales…Sin embargo, se percibe tras ellas algo que… Cualquiera podría expresarse como ellos, pero sin duda bajo sus palabras se oculta una segunda intención… ¿Por qué Porfirio no ha nombrado francamente a la vieja? ¿Por qué Zamiotof ha dicho que yo me había expresado como un hombre ´prudente´? ¿Y a qué viene ese tono en que hablan? Sí, ese tono…Rasumikhine lo ha presenciado todo. ¿Por qué, pues, no le ha sorprendido nada de eso? Ese majadero no se da cuenta de nada…Vuelvo a sentir fiebre… ¿Me habrá guiñado el ojo Porfirio o habrá sido simplemente un tic? Sin duda, sería absurdo que me lo hubiera guiñado… ¿A santo de qué? ¿Quieren exasperarme…? ¿Me desprecian…? ¿Son suposiciones mías…? ¿Lo saben todo…? Zamiotof se muestra insolente… ¿No me equivocaré…? Debe de haber reflexionado durante la noche. Yo presentía que estaría aquí…Está en esta casa como en la suya. ¿Puede ser la primera vez que viene? Además, Porfirio no le trata como a un extraño, puesto que le vuelve la espalda. Están de acuerdo; sí, están de acuerdo sobre mí. Y lo más probable es que hayan hablado de mí antes de nuestra llegada… ¿Sabrán algo de mi visita a las habitaciones de la vieja? Es preciso averiguarlo cuanto antes. Cuando he dicho que había salido para alquilar una habitación, Porfirio no ha dado muestras de enterarse…He hecho muy bien en decir esto…Puede serme útil…Dirán que es una crisis de delirio… ¡Ja, ja, ja…! Ese Porfirio está al corriente con todo detalle de mis pasos en la tarde de ayer, pero ignoraba que había llegado mi madre…Esa bruja había anotado en el envoltorio la fecha del empeño…Pero se equivocan ustedes si creen que pueden manejarme a su antojo: ustedes no tienen pruebas, sino sólo vagas conjeturas. ¡Preséntenme hechos! Mi visita a casa de la vieja no prueba nada, pues es una consecuencia del estado de delirio en que me hallaba. Así lo diré si llega el caso…Pero ¿saben que estuve en esa casa? No me marcharé de aquí hasta que me entere… ¿Para qué habré venido…? Pero ya me estoy sulfurando: esto salta a la vista…Es evidente que tengo los nervios de punta…Pero tal vez esto sea lo mejor…Así puedo seguir desempeñando mi papel de enfermo…Ese hombre quiere irritarme, desconcertarme… ¿Por qué habré venido?".

Todos estos pensamientos atravesaron la mente de Raskolnikof con velocidad cósmica.

Porfirio Petrovitch llegó momentos después. Parecía de mejor humor.

—Todavía me duele la cabeza. Consecuencia de los excesos de anoche en tu casa —dijo a Rasumikhine alegremente, tono muy distinto del que había empleado hasta entonces—. Aún estoy algo trastornado.

—¿Resultó interesante la velada? Os dejé en el mejor momento. ¿Para quién fue la victoria?

—Para nadie. Finalmente salieron a relucir los temas eternos.

—Imagínate, Rodia, que la disputa había desembocado en esta cuestión: ¿existe el crimen…? Ya puedes suponer las tonterías que se dijeron.

—Yo no veo nada de extraordinario en ello —repuso Raskolnikof distraídamente—. Es una simple cuestión de sociología.

—La cuestión no se planteó en ese aspecto —observó Porfirio.

—Cierto: no se planteó exactamente así —reconoció Rasumikhine acalorándose, como era su costumbre—. Oye, Rodia, te ruego que nos escuches y nos des tu opinión. Me interesa. Yo hacía cuanto podía mientras te esperaba. Les había hablado a todos de ti y les había prometido tu visita…Los primeros en intervenir fueron los socialistas, que expusieron su teoría. Todos la conocemos: el crimen es una protesta contra una organización social defectuosa. Esto es todo, y no admiten ninguna otra razón, absolutamente ninguna.

—¡Gran error! —exclamó Porfirio Petrovitch, que se iba animando poco a poco y se reía al ver que Rasumikhine se embalaba cada vez más.

—No, no admiten otra causa —prosiguió Rasumikhine con su creciente exaltación—. No me equivoco. Te mostraré sus libros. Ya leerás lo que dicen: "Tal individuo se ha perdido a causa del medio.". Y nada más. Es su frase favorita. O sea que si la sociedad estuviera bien organizada, no se cometerían crímenes, pues nadie sentiría el deseo de protestar y todos los hombres llegarían a ser justos. No tienen en cuenta la naturaleza: la eliminan, no existe para ellos. No ven una humanidad que se desarrolla mediante una progresión histórica y viva, para producir al fin una sociedad normal, sino que suponen un sistema social que surge de la cabeza de un matemático y que, en un abrir y cerrar de ojos, organiza la sociedad y la hace justa y perfecta antes de que se inicie ningún proceso histórico. De aquí su odio instintivo a la historia. Dicen de ella que es un amasijo de horrores y absurdos, que todo lo explica de una manera absurda. De aquí también su odio al proceso viviente de la existencia. No hay necesidad de un alma viviente, pues ésta tiene sus exigencias; no obedece ciegamente a la mecánica; es desconfiada y retrógrada. El alma que ellos quieren puede apestar, estar hecha de caucho; es un alma muerta y sin voluntad; una esclava que no se rebelará nunca. Y la consecuencia de ello es que toda la teoría consiste en una serie de ladrillos sobrepuestos; en el modo de disponer los corredores y las piezas de un falansterio. Este falansterio se puede construir, pero no la naturaleza humana, que quiere vivir, atravesar todo el proceso de la vida antes de irse al cementerio. La lógica no basta para permitir este salto por encima de la naturaleza. La lógica sólo prevé tres casos, cuando hay un millón. Reducir todo esto a la única cuestión de la comodidad es la solución más fácil que puede darse al problema. Una solución de claridad seductora y que hace innecesaria toda reflexión: he aquí lo esencial. ¡Todo el misterio de la vida expuesto en dos hojas impresas…!

—Mirad como se exalta y vocifera. Habría que atarlo —dijo Porfirio Petrovitch entre risas—. Figúrese usted —añadió dirigiéndose a Raskolnikof—, esta misma música en una habitación y a seis voces. Esto fue la reunión de anoche. Además, nos había saturado previamente de ponche. ¿Comprende usted lo que sería aquello…? Por otra parte, estás equivocado: el medio desempeña un gran papel en la criminalidad. Estoy dispuesto a demostrártelo.

—Eso ya lo sé. Pero dime: pongamos el ejemplo del hombre de cuarenta años que deshonra a una niña de diez. ¿Es el medio el que le impulsa?

—Pues sí, se puede decir que es el medio el que le impulsa —repuso Porfirio Petrovitch adoptando una actitud especialmente grave—. Ese crimen se puede explicar perfectamente, perfectísimamente, por la influencia del medio.

Rasumikhine estuvo a punto de perder los estribos.

—Yo también te puedo probar a ti —gruñó— que tus blancas pestañas son una consecuencia del hecho de que el campanario de Iván el Grande mida treinta toesas de altura. Te lo demostraré progresivamente, de un modo claro, preciso e incluso con cierto matiz de liberalismo. Me comprometo a ello. Di: ¿quieres que te lo demuestre?

—Sí, vamos a ver cómo te las compones.

—¡Siempre con tus burlas! —exclamó Rasumikhine con un tono de desaliento—. No vale la pena hablar contigo. Te advierto, Rodia, que todo esto lo hace expresamente. Tú todavía no le conoces. Ayer sólo expuso su parecer para mofarse de todos. ¡Qué cosas dijo, Señor! ¡Y ellos encantados de tenerlo en la reunión…! Es capaz de estar haciendo este juego durante dos semanas enteras. El año pasado nos aseguró que iba a ingresar en un convento y estuvo afirmándolo durante dos meses. Últimamente se imaginó que iba a casarse y que todo estaba ya listo para la boda. Incluso se hizo un traje nuevo. Nosotros empezamos a creerlo y a felicitarle. Y resultó que la novia no existía y que todo era pura invención.

—Estás equivocado. Primero me hice el traje y entonces se me ocurrió la idea de gastaros la broma.

—¿De verdad es usted tan comediante? —preguntó con cierta indiferencia Raskolnikof.

—Le parece mentira, ¿verdad? Pues espere, que con usted voy a hacer lo mismo. ¡Ja, ja, ja…! No, no; le voy a decir la verdad. A propósito de todas esas historias de crímenes, de medios, de jovencitas, recuerdo un artículo de usted que me interesó y me sigue interesando. Se titulaba…creo que "El crimen", pero la verdad es que de esto no estoy seguro. Me recreé leyéndolo en La Palabra Periódica hace dos meses.

—¿Un artículo mío en La Palabra Periódica? —exclamó Raskolnikof, sorprendido—. Ciertamente, yo escribí un artículo hace unos seis meses, que fue cuando dejé la universidad. En él hablaba de un libro que acababa de aparecer. Pero lo llevé a La Palabra Hebdomadaria y no a La Palabra Periódica.

—Pues se publicó en La Palabra Periódica.

—La Palabra Hebdomadaria dejó de aparecer a poco de haber entregado yo mi artículo, y por eso no pudo publicarlo…

—Sí, pero, al desaparecer, este semanario quedó fusionado con La Palabra Periódica, y ello explica que su artículo se haya publicado en este último periódico. Así, ¿no estaba usted enterado?

En efecto, Raskolnikof no sabía nada de eso.

—Pues ha de cobrar su artículo. ¡Qué carácter tan extraordinario tiene usted! Vive tan aislado, que no se entera de nada, ni siquiera de las cosas que le interesan materialmente. Es increíble.

—Yo tampoco sabía nada —exclamó Rasumikhine—. Hoy mismo iré a la biblioteca a pedir ese periódico… ¿Dices que el artículo se publicó hace dos meses? ¿En qué día...? Bueno, ya lo encontraré... ¡No decir nada! ¡Es el colmo!

—¿Y usted cómo se ha enterado de que el artículo era mío? lo firmé con una inicial.

—Fue por casualidad. Conozco al redactor jefe, le vi hace poco, y como su artículo me había interesado tanto...

—Recuerdo que estudiaba en él el estado anímico del criminal mientras cometía el crimen.

—Sí, y ponía gran empeño en demostrar que el culpable, en esos momentos, es un enfermo. Es una tesis original, pero en verdad no es esta parte de su artículo la que me interesó especialmente, sino cierta idea que deslizaba al final. Es lamentable que se limitara usted a indicarla vaga y someramente...Si tiene usted buena memoria, se acordará de que insinuaba usted que hay seres que pueden, mejor dicho, que tienen pleno derecho a cometer toda clase de actos criminales, y a los que no puede aplicárseles la ley.

Raskolnikof sonrió ante esta pérfida interpretación de su pensamiento.

—¿Cómo, cómo? ¿El derecho al crimen? ¿Y sin estar bajo la influencia irresistible del miedo? —preguntó Rasumikhine, no sin cierto terror.

—Sin esa influencia —respondió Porfirio Petrovitch—. No se trata de eso. En el artículo que comentamos se divide a los hombres en dos clases: seres ordinarios y seres extraordinarios. Los ordinarios han de vivir en la obediencia y no tienen derecho a faltar a las leyes, por el simple hecho de ser ordinarios. En cambio, los individuos extraordinarios están autorizados a cometer toda clase de crímenes y a violar todas las leyes, sin más razón que la de ser extraordinarios. Es esto lo que usted decía, si no me equivoco.

—¡Es imposible que haya dicho eso! —balbuceó Rasumikhine.

Raskolnikof volvió a sonreír. Había comprendido inmediatamente la intención de Porfirio y lo que éste pretendía hacerle decir. Y, recordando perfectamente lo que había dicho en su artículo, aceptó el reto.

—No es eso exactamente lo que dije —comenzó en un tono natural y modesto—. Confieso, sin embargo, que ha captado usted mi modo de pensar, no ya aproximadamente, sino con bastante exactitud.

Y, al decir esto, parecía experimentar cierto placer.

—La inexactitud consiste en que yo no dije, como usted ha entendido, que los hombres extraordinarios están autorizados a cometer toda clase de actos criminales. Sin duda, un artículo que sostuviera semejante tesis no se habría podido publicar. Lo que yo insinué fue tan sólo que el hombre extraordinario tiene el derecho…, no el derecho legal, naturalmente, sino el derecho moral…, de permitir a su conciencia franquear ciertos obstáculos en el caso de que así lo exija la realización de sus ideas, tal vez beneficiosas para toda la humanidad…Dice usted que esta parte de mi artículo adolece de falta de claridad. Se la voy a explicar lo mejor que pueda. Me parece que es esto lo que usted desea, ¿no? Bien, vamos a ello. En mi opinión, si los descubrimientos de Kepler y Newton, por una circunstancia o por otra, no hubieran podido llegar a la humanidad sino mediante el sacrificio de una, o cien, o más vidas humanas que fueran un obstáculo para ello, Newton habría tenido el derecho, e incluso el deber, de sacrificar esas vidas, a fin de facilitar la difusión de sus descubrimientos por todo el mundo. Esto no quiere decir, ni mucho menos, que Newton tuviera derecho a asesinar a quien se le antojara o a cometer toda clase de robos. En el resto de mi artículo, si la memoria no me engaña, expongo la idea de que todos los legisladores y guías de la humanidad, empezando por los más antiguos y terminando por Licurgo, Solón, Mahoma, Napoleón, etcétera; todos, hasta los más recientes, han sido criminales, ya que al promulgar nuevas leyes violaban las antiguas, que habían sido observadas fielmente por la sociedad y transmitidas de generación en generación, y también porque esos hombres no retrocedieron ante los derramamientos de sangre (de sangre inocente y a veces heroicamente derramada para defender las antiguas leyes), por poca que fuese la utilidad que obtuvieran de ello.

"Incluso puede decirse que la mayoría de esos bienhechores y guías de la humanidad han hecho correr torrentes de sangre. Mi conclusión es, en una palabra, que no sólo los grandes hombres, sino aquellos que se elevan, por poco que sea, por encima del nivel medio, y que son capaces de decir algo nuevo, son por naturaleza, e incluso inevitablemente, criminales, en un grado variable, como es natural. Si no lo fueran, les sería difícil salir de la rutina. No quieren permanecer en ella, y yo creo que no lo deben hacer.

"Ya ven ustedes que no he dicho nada nuevo. Estas ideas se han comentado mil veces de palabra y por escrito. En cuanto a mi división de la humanidad en seres ordinarios y extraordinarios, admito que es un tanto arbitraria; pero no me obstino en defender la precisión de las cifras que doy. Me limito a creer que el fondo de mi pensamiento es justo. Mi opinión es que los hombres pueden dividirse, en general y de acuerdo con el orden de la misma naturaleza, en dos categorías: una inferior, la de los individuos ordinarios, es decir, el rebaño cuya única misión es reproducir seres semejantes a ellos, y otra superior, la de los verdaderos hombres, que se complacen en dejar oír en su medio "palabras nuevas. Naturalmente, las subdivisiones son infinitas, pero los rasgos característicos de las dos categorías son, a mi entender, bastante precisos. La primera categoría se compone de hombres conservadores, prudentes, que viven en la obediencia, porque esta obediencia los encanta. Y a mí me parece que están obligados a obedecer, pues éste es su papel en la vida y ellos no ven nada humillante en desempeñarlo. En la segunda categoría, todos faltan a las leyes, o, por lo menos, todos tienden a violarlas por todos sus medios.

"Naturalmente, los crímenes cometidos por estos últimos son relativos y diversos. En la mayoría de los casos, estos hombres reclaman, con distintas fórmulas, la destrucción del orden establecido, en provecho de un mundo mejor. Y, para conseguir el triunfo de sus ideas, pasan si es preciso sobre montones de cadáveres y ríos de sangre. Mi opinión es que pueden permitirse obrar así; pero…, que quede esto bien claro…, teniendo en cuenta la clase e importancia de sus ideas. Sólo en este sentido hablo en mi artículo del derecho de esos hombres a cometer crímenes. (Recuerden ustedes que nuestro punto de partida ha sido una cuestión jurídica.) Por otra parte, no hay motivo para inquietarse demasiado. La masa no les reconoce nunca ese derecho y los decapita o los ahorca, dicho en términos generales, con lo que cumple del modo más radical su papel conservador, en el que se mantiene hasta el día en que generaciones futuras de esta misma masa erigen estatuas a los ajusticiados y crean un culto en torno de ellos…, dicho en términos generales. Los hombres de la primera categoría son dueños del presente; los de la segunda del porvenir. La primera conserva el mundo, multiplicando a la humanidad; la segunda empuja al universo para conducirlo hacia sus fines. Las dos tienen su razón de existir. En una palabra, yo creo que todos tienen los mismos derechos. Vive donc la guerre éternelle…, hasta la Nueva Jerusalén, entiéndase".

—Entonces, ¿usted cree en la Nueva Jerusalén?

—Sí —respondió firmemente Raskolnikof.

Y pronunció estas palabras con la mirada fija en el suelo, de donde no la había apartado durante su largo discurso.

—¿Y en Dios? ¿Cree usted…? Perdone si le parezco indiscreto.

—Sí, creo —repuso Raskolnikof levantando los ojos y fijándolos en Porfirio.

—¿Y en la resurrección de Lázaro?

—Pues…sí. Pero ¿por qué me hace usted estas preguntas?

—¿Cree usted sin reservas?

—Sin reservas.

—Bien, bien…La cosa no tiene ninguna importancia. Simple curiosidad… Ahora, y perdone, permítame que vuelva a nuestro asunto. No siempre se ejecuta a esos criminales. Por el contrario, algunos…

—Conservan su vida, triunfantes. Sí, esto les sucede a algunos, y entonces…

—Son ellos los que ejecutan.

—Siempre que sea necesario, que es el caso más frecuente. Desde luego, su observación es muy sutil.

—Muchas gracias. Pero dígame: ¿cómo distinguir a esos hombres extraordinarios de los otros? ¿Presentan alguna característica especial al nacer? Mi opinión es que en este punto hay que observar la más rigurosa exactitud y alcanzar una gran precisión en la distinción de los dos tipos de hombre. Perdone mi inquietud, muy natural en un hombre práctico y bienintencionado, pero ¿no sería conveniente que esos hombres fueran vestidos de un modo especial o llevaran algún distintivo…? Porque suponga usted que un individuo perteneciente a una categoría cree formar parte de la otra y se lanza «a destruir todos los obstáculos que se le oponen, para decirlo con sus propias y felices palabras. Entonces…

—¡Oh! Eso ocurre con frecuencia. Es una observación que supera a la anterior en agudeza.

—Gracias.

—No hay de qué. Pero piense que semejante error es sólo posible en la primera categoría, es decir, en la de los hombres ordinarios, como yo les he calificado, tal vez equivocadamente. A pesar de su tendencia innata a la obediencia, muchos de ellos, llevados de un natural alocado que se encuentra incluso entre las vacas, se consideran hombres de vanguardia, destructores llamados a exponer ideas nuevas, y lo creen con toda sinceridad. Estos hombres no distinguen a los verdaderos innovadores y suelen despreciarlos, considerándolos espíritus mezquinos y atrasados. Pero me parece que no puede haber en ello ningún serio peligro, ya que nunca van muy lejos. Por lo tanto, la inquietud de usted no está justificada. A lo sumo, merecen que se les azote de vez en cuando para castigarlos por su desvío y hacerlos volver al redil. No hay necesidad de molestar a un verdugo, pues ellos mismos se aplican la sanción que merecen, ya que son personas de alta moralidad. A veces se administran el castigo unos a otros; a veces se azotan con sus propias manos. Se imponen penitencias públicas, lo que no deja de ser hermoso y edificante. Es la regla general. En una palabra, que no tiene usted por qué inquietarse.

—Bien; me ha tranquilizado usted, cuando menos por esta parte. Pero hay otra cosa que me inquieta. Dígame: ¿son muchos esos individuos que tienen derecho a estrangular a los otros, es decir, esos hombres extraordinarios? Desde luego, yo estoy dispuesto a inclinarme ante ellos, pero no me negará usted que uno no puede estar tranquilo ante la idea de que tal vez sean muy numerosos.

—¡Oh! No se preocupe tampoco por eso —dijo Raskolnikof sin cambiar de tono—. Son muy pocos, poquísimos, los hombres capaces de encontrar una idea nueva e incluso de decir algo nuevo. De lo que no hay duda es de que la distribución de los individuos en las categorías y subdivisiones que observamos en la especie humana está estrictamente determinada por alguna ley de la naturaleza. Esta ley está vedada todavía a nuestro conocimiento, pero yo creo que existe y que algún día se nos revelará. La enorme masa de individuos que forma lo que solemos llamar el rebaño, sólo vive para dar al mundo, tras largos esfuerzos y misteriosos cruces de razas, un hombre que, entre mil, posea cierta independencia, o un hombre entre diez mil, o entre cien mil, que eso depende del grado de elevación de la independencia (estas cifras son únicamente aproximadas). Sólo surge un hombre de genio entre millones de individuos, y millares de millones de hombres pasan sobre la corteza terrestre antes de que aparezca una de esas inteligencias capaces de cambiar la faz del mundo. Desde luego, yo no me he asomado a la retorta donde se elabora todo eso, pero no cabe duda de que esta ley existe, porque debe existir, porque en esto no interviene para nada el azar.

—¿Estáis bromeando? —exclamó Rasumikhine—. ¿Os burláis el uno del otro? Os estáis lanzando pulla tras pulla. Tú no hablas en serio, Rodia.

Raskolnikof no contestó a su amigo. Levantó hacia él su pálido y triste rostro, y Rasumikhine, al ver aquel semblante lleno de amargura, consideró inadecuado el tono cáustico, grosero y provocativo de Porfirio.

—Bien, querido —dijo el estudiante—. Si estáis hablando en serio, quiero decirte que tienes razón al afirmar que no hay nada nuevo en esas ideas, que todas se parecen a las que hemos oído exponer infinidad de veces. Pero yo veo algo original en tu artículo, algo que a mi entender te pertenece por completo, muy a pesar mío, y es ese derecho moral a derramar sangre que tú concedes con plena conciencia y excusas con tanto fanatismo…Me parece que ésta es la idea principal de tu artículo: la autorización moral a matar…, la cual, por cierto, me parece mucho más terrible que la autorización oficial y legal.

—Exacto: es mucho más terrible —observó Porfirio.

—Sin duda, tú te has dejado llevar hasta más allá del límite de tu idea. Eso es un error. Leeré tu artículo. Tú has dicho más de lo que querías decir…Tú no puedes opinar así…Leeré tu artículo.

—En mi artículo no hay nada de todo eso —dijo Raskolnikof—. Yo me limité a comentar superficialmente la cuestión.

—Lo cierto es —dijo Porfirio, que apenas podía mantenerse en su puesto de juez— que ahora comprendo casi enteramente sus puntos de vista sobre el crimen. Pero…Perdone que le importune tanto (estoy avergonzado de molestarle de este modo). Oiga: acaba usted de tranquilizarme respecto a los casos de error, esos casos de confusión entre las dos categorías; pero…sigo sintiendo cierta inquietud al pensar en el lado práctico de la cuestión. Si un hombre, un adolescente, sea el que fuere, se imagina ser un Licurgo, o un Mahoma (huelga decir que, en potencia, o sea para el futuro), y se lanza a destruir todos los obstáculos que encuentra en su camino…, se dirá que va a emprender una larga campaña y que para esta campaña necesita dinero… ¿Comprende…?

Al oír estas palabras, Zamiotof resolló en su rincón, pero Raskolnikof ni le miró siquiera.

—Admito —repuso tranquilamente— que esos casos deben presentarse. Los vanidosos, esos seres estúpidos, pueden caer en la trampa, y más aún si son demasiado jóvenes.

—Por eso se lo digo… ¿Y qué hay que hacer en ese caso? Raskolnikof sonrió mordazmente.

—¿Qué quiere usted que le diga? Eso no me afecta lo más mínimo. Así es y así será siempre…Fíjese usted en éste —e indicó con un gesto a Rasumikhine—. Hace un momento decía que yo disculpaba el asesinato. Pero ¿eso qué importa? La sociedad está bien protegida por las deportaciones, las cárceles, los presidios, los jueces. No tiene motivo para inquietarse. No tiene más que buscar al delincuente.

—¿Y si se le encuentra?

—Peor para él.

—Su lógica es irrefutable. Pero la conciencia está en juego.

—Eso no debe preocuparle.

—Es una cuestión que afecta a los sentimientos humanos.

—El que sufre reconociendo su error, recibe un castigo que se suma al del penal.

—Así —dijo Rasumikhine, malhumorado—, los hombres geniales, esos que tienen derecho a matar, ¿no han de sentir ningún remordimiento por haber derramado sangre humana…?

—No se trata de que deban o no deban sentirlo. Sólo sufrirán en el caso de que sus víctimas les inspiren compasión. El sufrimiento y el dolor van necesariamente unidos a un gran corazón y a una elevada inteligencia. Los verdaderos grandes hombres deben de experimentar, a mi entender, una gran tristeza en este mundo —añadió con un aire pensativo que contrastaba con el tono de la conversación.

Levantó los ojos y miró a los presentes con aire distraído. Después sonrió y cogió su gorra. Estaba sereno, por lo menos mucho más que cuando había llegado, y se daba cuenta de ello. Todos se levantaron. Porfirio Petrovitch dijo:

—Enfádese conmigo, insúlteme si quiere, pero no puedo remediarlo: tengo que hacerle otra pregunta…, aunque reconozco que estoy abusando de su paciencia. Quisiera exponerle cierta idea que se me acaba de ocurrir y que temo olvidar…

—Bien, usted dirá —dijo Raskolnikof, de pie, pálido y serio, frente al juez de instrucción.

—Pues se trata…No sé cómo explicarme…Es una idea tan extraña…De tipo psicológico, ¿sabe…? Verá. Yo creo que cuando estaba usted escribiendo su artículo tenía forzosamente que considerarse, por lo menos en cierto modo, como uno de esos hombres extraordinarios destinados a decir "palabras nuevas", en el sentido que usted ha dado a esta expresión… ¿No es así?

—Es muy posible —repuso desdeñosamente Raskolnikof. Rasumikhine hizo un movimiento.

—En ese caso, ¿sería usted capaz de decidirse, para salir de una situación económica apurada o para hacer un servicio a la humanidad, a dar el paso…, en fin, a matar para robar?

Y guiñó el ojo izquierdo, mientras sonreía en silencio, exactamente igual que antes.

—Si estuviera decidido a dar un paso así, tenga la seguridad de que no se lo diría a usted —repuso Raskolnikof con retadora arrogancia.

—Mi pregunta ha obedecido a una curiosidad puramente literaria. La he hecho con el único fin de comprender mejor el fondo de su artículo.

"¡Qué celada tan buena! —pensó Raskolnikof, asqueado—. La malicia está cosida con hilo blanco".

—Permítame aclararle —dijo secamente— que yo no me he creído jamás un Mahoma ni un Napoleón, ni ningún otro personaje de este género, y que, en consecuencia, no puedo decirle lo que haría en el caso contrario.

—Pues es raro, porque ¿quién no se cree hoy en Rusia un Mahoma o un Napoleón? —exclamó Porfirio, empleando de súbito un tono exageradamente familiar.

Incluso el acento que había empleado para pronunciar estas palabras era singularmente explícito.

De súbito, Zamiotof preguntó desde su rincón:

—¿No sería un futuro Napoleón el que mató a hachazos la semana pasada a Alena Ivanovna?

Raskolnikof seguía mirando a Porfirio Petrovitch con firme fijeza. No dijo nada. Rasumikhine había fruncido las cejas. Desde hacía un momento sospechaba algo que le hizo mirar furiosamente a un lado y a otro. Hubo un minuto de penoso silencio. Raskolnikof se dispuso a marcharse.

—¿Ya se va usted? —exclamó Porfirio Petrovitch con extrema amabilidad y tendiendo la mano al joven—. Estoy encantado de haberle conocido. En cuanto a su petición, puede estar tranquilo. Haga usted el requerimiento por escrito tal como le he indicado. Sin embargo, sería preferible que viniera a verme a la comisaría un día de éstos…, mañana, por ejemplo. A las once estaré allí. Lo arreglaremos todo y hablaremos. Como usted fue uno de los últimos que visitó aquella casa —añadió en tono amistoso—, tal vez pueda aclararnos algo.

—Lo que usted pretende es interrogarme en toda regla, ¿no es así? — preguntó rudamente Raskolnikof.

—Nada de eso. ¿Por qué? Por el momento, no hace falta. No me ha comprendido usted. Lo que ocurre es que yo aprovecho todas las ocasiones y he hablado ya con todos los que tenían allí algún objeto empeñado. Me han dado una serie de informes, y usted, siendo el último… ¡Ah! ¡Ahora que me acuerdo! —exclamó alegremente, dirigiéndose a Rasumikhine—. He estado a punto de olvidarme otra vez…El otro día no paraste de hablarme de Nikolachka. Pues bien, estoy convencido, completamente convencido de que ese joven es inocente

—se dirigía de nuevo a Raskolnikof—. Pero ¿qué puedo hacer yo? También he tenido que molestar a Mitri. En fin, he aquí lo que quería preguntarle. Cuando usted subía la escalera…, por cierto que creo que fue entre siete y ocho de la tarde, ¿no?

—Sí, entre siete y ocho —repuso Raskolnikof, que inmediatamente se arrepintió de haber dado esta contestación innecesaria.

—Bien, pues cuando subía usted la escalera entre siete y ocho, ¿no vio usted en el segundo piso, en un departamento cuya puerta estaba abierta…, recuerda usted…, no vio usted, repito, dos pintores, o por lo menos uno, trabajando? ¿Los vio usted? Esto es sumamente importante para ellos…

—¿Dos pintores? Pues no, no los vi —repuso Raskolnikof, fingiendo escudriñar en su memoria, mientras ponía todo su empeño en descubrir la trampa que se ocultaba en aquellas palabras—. No, no los vi. Y tampoco advertí que hubiese ninguna puerta abierta…Lo que recuerdo es que en el cuarto piso —continuó en tono triunfante, pues estaba seguro de haber sorteado el peligro— había un funcionario que estaba de mudanza…, precisamente el de la puerta que está frente a la de Alena Ivanovna…Sí, lo recuerdo perfectamente. Por cierto que unos soldados que transportaban un sofá me arrojaron contra la pared…Pero a los pintores no recuerdo haberlos visto. Y tampoco ningún departamento con la puerta abierta…No, no había ninguna abierta.

—Pero ¿qué significa esto? —dijo Rasumikhine a Porfirio, comprendiendo de súbito las intenciones del juez de instrucción—. Los pintores trabajaban allí el día del suceso y él estuvo en la casa tres días antes. ¿Por qué le haces estas preguntas?

—¡Pues es verdad! ¡Qué cabeza la mía! —exclamó Porfirio golpeándose la frente—. Este asunto acabará volviéndome loco —dijo en son de excusa dirigiéndose a Raskolnikof—. Es tan importante para nosotros saber si alguien vio allí, entre siete y ocho, a esos pintores, que me ha parecido que usted podría facilitarnos este dato. Ha sido una confusión.

—Hay que llevar cuidado —gruñó Rasumikhine.

Estas palabras las pronunció el estudiante cuando ya estaban en la antesala. Porfirio Petrovitch acompañó amablemente a los dos jóvenes hasta la puerta. Ambos salieron de la casa sombríos y cabizbajos y dieron algunos pasos en silencio. Raskolnikof respiró profundamente…

CAPÍTULO 6

No lo creo, no puedo creerlo —repetía Rasumikhine, rechazando con todas sus fuerzas las afirmaciones de Raskolnikof.

Se dirigían a la pensión Bakaleev, donde Pulqueria Alejandrovna y Dunia los esperaban desde hacía largo rato. Rasumikhine se detenía a cada momento, en el calor de la disputa. Una profunda agitación le dominaba, aunque sólo fuera por el hecho de que era la primera vez que hablaban francamente de aquel asunto.

—Tú no puedes creerlo —repuso Raskolnikof con una sonrisa fría y desdeñosa—; pero yo estaba atento al significado de cada una de sus palabras, mientras tú, siguiendo tu costumbre, no te fijabas en nada.

—Tú has prestado tanta atención porque eres un hombre desconfiado. Sin embargo, reconozco que Porfirio hablaba en un tono extraño. Y, sobre todo, ese ladino de Zamiotof…Tiene razón: había en él algo raro…Pero ¿por qué, Señor, por qué?

—Habrá reflexionado durante la noche.

—No; es todo lo contrario de lo que supones. Si les hubiera asaltado esa idea estúpida, lo habrían disimulado por todos los medios, habrían procurado ocultar sus intenciones, a fin de poder atraparte después con más seguridad. Intentar hacerlo ahora habría sido una torpeza y una insolencia.

—Si hubiesen tenido pruebas, verdaderas pruebas, o suposiciones nada más que algo fundadas, habrían procurado sin duda ocultar su juego para ganar la partida…O tal vez habrían hecho un registro en mi habitación hace ya tiempo…Pero no tienen ni una sola prueba. Lo único que tienen son conjeturas gratuitas, suposiciones sin fundamento. Por eso intentan desconcertarme con sus insolencias… ¿Obedecerá todo al despecho de Porfirio, que está furioso por no tener pruebas…? Tal vez persiga algún fin que es para nosotros un misterio…Parece inteligente…Es muy probable que haya intentado atemorizarme haciéndome creer que sabía algo…Es un hombre de carácter muy especial…En fin, no es nada agradable pretender hallar explicación a todas estas cuestiones… ¡Dejemos este asunto!

—Todo esto es ofensivo, muy ofensivo, ya lo sé; pero ya que estamos hablando sinceramente (y me congratulo de que sea así, pues esto me parece excelente), no vacilo en decirte con toda franqueza que hace ya tiempo que observé que habían concebido esta sospecha. Entonces era una idea vaga, imprecisa, insidiosa, tomada medio en broma, pero ni aun bajo esta forma tenían derecho a admitirla. ¿Cómo se han atrevido a acogerla? ¿Y qué es lo que ha dado cuerpo a esta sospecha? ¿Cuál es su origen…? ¡Si supieras la indignación que todo esto me ha producido…! Un pobre estudiante transfigurado por la miseria y la neurastenia, que incuba una grave enfermedad acompañada de desvarío, enfermedad que incluso puede haberse declarado ya (detalle importante); un joven desconfiado, orgulloso, consciente de su valía, y que acaba de pasar seis meses encerrado en su rincón, sin ver a nadie; que va vestido con andrajos y calzado con botas sin suelas…, este joven está en pie ante unos policías despiadados que le mortifican con sus insolencias. De pronto, a quemarropa, se le reclama el pago de un pagaré protestado. La pintura fresca despide un olor mareante, en la repleta sala hace un calor de treinta grados y la atmósfera es irrespirable. Entonces el joven oye hablar del asesinato de una persona a la que ha visto la víspera. Y para que no falte nada, tiene el estómago vacío. ¿Cómo no desvanecerse? ¡Que hayan basado todas sus sospechas en este síncope…! ¡El diablo les lleve! Comprendo que todo esto es humillante, pero yo, en tu lugar, me reiría de ellos, me reiría en sus propias narices. Es más: les escupiría en plena cara y les daría una serie de sonoras bofetadas. ¡Escúpeles, Rodia! ¡Hazlo…! ¡Es intolerable!

"Ha soltado su perorata como un actor consumado", se dijo Raskolnikof.

—¡Que les escupa! —exclamó amargamente—. Eso es muy fácil de decir. Mañana, nuevo interrogatorio. Me veré obligado a rebajarme a dar nuevas explicaciones. ¿Es que no me humillé bastante ayer ante Zamiotof en aquel café donde nos encontramos?

—¡Así se los lleve a todos el diablo! Mañana iré a ver a Porfirio, y te aseguro que esto se aclarará. Le obligaré a explicarme toda la historia desde el principio. En cuanto a Zamiotof…

"Al fin lo he conseguido", pensó Raskolnikof.

—¡Óyeme! —exclamó Rasumikhine, cogiendo de súbito a su amigo por un hombro—. Hace un momento divagabas. Después de pensarlo bien, te aseguro que divagabas. Has dicho que la pregunta sobre los pintores era un lazo. Pero reflexiona. Si tú hubieses tenido «eso» sobre la conciencia, ¿habrías confesado que habías visto a los pintores? No: habrías dicho que no habías visto nada, aunque esto hubiera sido una mentira. ¿Quién confiesa una cosa que le compromete?

—Si yo hubiese tenido «eso» sobre la conciencia, seguramente habría dicho que había visto a los pintores, y el piso abierto —dijo

Raskolnikof, dando muestras de mantener esta conversación con profunda desgana.

—Pero ¿por qué decir cosas que le comprometen a uno?

—Porque sólo los patanes y los incautos lo niegan todo por sistema. Un hombre avisado, por poco culto e inteligente que sea, confiesa, en la medida de lo posible, todos los hechos materiales innegables. Se limita a atribuirles causas diferentes y añadir algún pequeño detalle de su invención que modifica su significado. Porfirio creía seguramente que yo respondería así, que declararía haber visto a los pintores para dar verosimilitud a mis palabras, aunque explicando las cosas a mi modo. Sin embargo…

—Si tú hubieses dicho eso, él te habría contestado inmediatamente que no podía haber pintores en la casa dos días antes del crimen, y que, por lo tanto, tú habías ido allí el mismo día del suceso, de siete a ocho de la tarde.

—Eso es lo que él quería. Creía que yo no tendría tiempo de darme cuenta de ese detalle, que me apresuraría a responder del modo que juzgara más favorable para mí, olvidándome de que los pintores no podían estar allí dos días antes del crimen.

—Pero ¿es posible olvidar una cosa así?

—Es lo más fácil. Estas cuestiones de detalle constituyen el escollo de los maliciosos. El hombre más sagaz es el que menos sospecha que puede caer ante un detalle insignificante. Porfirio no es tan tonto como tú crees.

—Entonces, es un ladino.

Raskolnikof se echó a reír. Pero al punto se asombró de haber pronunciado sus últimas palabras con verdadera animación e incluso con cierto placer, él, que hasta entonces había sostenido la conversación como quien cumple una obligación penosa.

"Me parece que le voy tomando el gusto a estas cosas", pensó.

Pero de súbito se sintió dominado por una especie de agitación febril, como si una idea repentina e inquietante se hubiera apoderado de él. Este estado de ánimo llegó a ser muy pronto intolerable. Estaban ya ante la pensión Bakaleev.

—Entra tú solo —dijo de pronto Raskolnikof—. Yo vuelvo en seguida.

—¿Adónde vas, ahora que hemos llegado?

—Tengo algo que hacer. Es un asunto que no puedo dejar. Estaré de vuelta dentro de una media hora. Díselo a mi madre y a mi hermana.

—Espera, voy contigo.

—¿También tú te has propuesto perseguirme? —exclamó Raskolnikof con un gesto tan desesperado que Rasumikhine no se atrevió a insistir.

El estudiante permaneció un momento ante la puerta, siguiendo con mirada sombría a Raskolnikof, que se alejaba rápidamente en dirección a su domicilio. Al fin apretó los puños, rechinó los dientes y juró obligar a hablar francamente a Porfirio antes de que llegara la noche. Luego subió para tranquilizar a Pulqueria Alejandrovna, que empezaba a sentirse inquieta ante la tardanza de su hijo.

Cuando Raskolnikof llegó ante la casa en que habitaba tenía las sienes empapadas de sudor y respiraba con dificultad. Subió rápidamente la escalera, entró en su habitación, que estaba abierta, y la cerró. Inmediatamente, loco de espanto, corrió hacia el escondrijo donde había tenido guardados los objetos, introdujo la mano por debajo del papel y exploró hasta el último rincón del escondite. Nada, allí no había nada. Se levantó, lanzando un suspiro de alivio. Hacía un momento, cuando se acercaba a la pensión Bakaleev, le había asaltado de súbito el temor de que algún objeto, una cadena, un par de gemelos o incluso alguno de los papeles en que iban envueltos, y sobre los que había escrito la vieja, se le hubiera escapado al sacarlos, quedando en alguna rendija, para servir más tarde de prueba irrecusable contra él.

Permaneció un momento sumido en una especie de ensoñación mientras una sonrisa extraña, humilde e inconsciente erraba en sus labios. Al fin cogió su gorra y salió de la habitación en silencio. Las ideas se confundían en su cerebro. Así, pensativo, bajó la escalera y llegó al portal.

—¡Aquí lo tiene usted! —dijo una voz potente. Raskolnikof levantó la cabeza.

El portero, de pie en el umbral de la portería, señalaba a Raskolnikof y se dirigía a un individuo de escasa estatura, con aspecto de hombre del pueblo. Vestía una especie de hopalanda sobre un chaleco y, visto de lejos, se le habría tomado por una campesina. Su cabeza, cubierta con un gorro grasiento, se inclinaba sobre su pecho. Era tan cargado de espaldas, que parecía jorobado. Su rostro, fofo y arrugado, era el de un hombre de más de cincuenta años. Sus ojillos, cercados de grasa, lanzaban miradas sombrías.

—¿Qué pasa? —preguntó Raskolnikof acercándose al portero.

El desconocido empezó por dirigirle una mirada al soslayo; después lo examinó detenidamente, sin prisa; al fin, y sin pronunciar palabra, dio media vuelta y se marchó.

—¿Qué quería ese hombre? —preguntó Raskolnikof.

—Es un individuo que ha venido a preguntar si vivía aquí un estudiante que ha resultado ser usted, pues me ha dado su nombre y el de su patrona. En este momento ha bajado usted, yo le he señalado y él se ha ido. Eso es todo.

El portero parecía bastante asombrado, pero su perplejidad no duró mucho: después de reflexionar un instante, dio media vuelta y desapareció en la portería. Raskolnikof salió en pos del desconocido.

Apenas salió, lo vio por la acera de enfrente. Aquel hombre marchaba a un paso regular y lento, tenía la vista fija en el suelo y parecía reflexionar. Raskolnikof le alcanzó en seguida, pero de momento se limitó a seguirle. Al fin se colocó a su lado y le miró de reojo. El desconocido advirtió al punto su presencia, le dirigió una rápida mirada y volvió a bajar los ojos. Durante un minuto avanzaron en silencio.

—Usted ha preguntado por mí al portero, ¿no? —dijo Raskolnikof en voz baja.

El otro no respondió. Ni siquiera levantó la vista. Hubo un nuevo silencio.

—Viene a preguntar por mí y ahora se calla… ¿Por qué?

Raskolnikof hablaba con voz entrecortada. Las palabras parecían resistirse a salir de su boca.

Esta vez, el desconocido levantó la cabeza y dirigió al joven una mirada sombría y siniestra.

—Asesino —dijo de pronto, en voz baja pero clarísima.

Raskolnikof siguió a su lado. Sintió que las piernas le flaqueaban y vacilaban. Un escalofrío recorrió su espina dorsal. Su corazón dejó de latir como si se hubiera separado de su organismo. Dieron en silencio un centenar de pasos más. El desconocido no le miraba.

—Pero ¿qué dice usted? ¿Quién…quién es un asesino? —balbuceó al fin Raskolnikof, con voz apenas perceptible.

—Tú, tú eres un asesino —respondió el desconocido, articulando las palabras más claramente todavía.

Con una mirada triunfal y llena de odio, miró el rostro pálido y los ojos vidriosos de Raskolnikof. Entre tanto, habían llegado a una travesía. El desconocido dobló por ella y continuó su camino sin volverse. Raskolnikof se quedó clavado en el suelo, siguiendo al hombre con la vista. Éste se volvió para mirar al joven, que continuaba sin hacer el menor movimiento. La distancia no permitía distinguir sus rasgos, pero Raskolnikof creyó advertir que aquel hombre sonreía aún con su sonrisa glacial y llena de un odio triunfante.

Transido de espanto, temblándole las piernas, Raskolnikof volvió como pudo a su casa y subió a su habitación. Se quitó la gorra, la dejó sobre la mesa y permaneció inmóvil durante diez minutos. Al fin, ya en el límite de sus fuerzas, se dejó caer en el diván y se extendió penosamente, con un débil suspiro. Cerró los ojos y así estuvo una media hora.

No pensaba en nada concreto: sólo pasaban por su imaginación retazos de ideas, imágenes vagas que se hacinaban en desorden, rostros que había conocido en su infancia, fisonomías vistas una sola vez, casualmente, y que en otras circunstancias no habría podido recordar…Veía el campanario de la iglesia de V***, una mesa de billar y, junto a ella, de pie, un oficial desconocido…De un estanco instalado en un sótano salía un fuerte olor a tabaco…Una taberna, una escalera de servicio oscura como boca de lobo, cubiertas de cáscaras de huevo y toda clase de basuras caseras; el sonido de una campana dominical…Los objetos cambian de continuo y giran en torno de él como un frenético torbellino. Algunos le gustan e intenta atraparlos, pero al punto se desvanecen. Experimenta una ligera sensación de ahogo, pero en ella hay un algo agradable. Persiste el leve temblor que se ha apoderado de él, y tampoco esta sensación es ingrata…

En esto oyó los pasos presurosos de Rasumikhine, seguidos de su voz, y cerró los ojos para que lo creyera dormido.

Rasumikhine abrió la puerta y permaneció un momento en el umbral, indeciso. Luego entró silenciosamente y se acercó al diván con grandes precauciones.

—No lo despiertes; déjalo dormir todo lo que quiera —murmuró Nastasia—. Ya comerá más tarde.

—Tienes razón —repuso Rasumikhine.

Los dos salieron de puntillas y cerraron la puerta.

Transcurrió una media hora. De súbito, Raskolnikof empezó a abrir poco a poco los ojos. Después hizo un rápido movimiento y quedó boca arriba, con las manos enlazadas bajo la nuca.

"¿Quién es? ¿Quién será ese hombre que parece haber surgido de debajo de la tierra? ¿Dónde estaba y qué vio? ¡Ah!, de que lo vio todo no hay duda. Bien, pero ¿desde dónde presenció la escena? ¿Y por qué habrá esperado hasta este momento para dar señales de vida? ¿Cómo se las arreglaría para ver? Si parece imposible…Además —siguió reflexionando Raskolnikof, dominado por un terror glacial—, ahí está el estuche que Nicolás encontró detrás de la puerta… ¿Se podía esperar que ocurriera esto…? Pruebas…Basta equivocarme en una nimiedad para crear una prueba que va creciendo hasta alcanzar dimensiones gigantescas".

Con profundo pesar, notó que las fuerzas le abandonaban, que una extrema debilidad le invadía.

"Debí suponerlo —se dijo con amarga ironía—. No sé cómo me atreví a hacerlo. Yo me conocía, yo sabía de lo que era capaz. Sin embargo, empuñé el hacha y derramé sangre…Debí preverlo todo…Pero ¿acaso no lo había previsto?".

Se dijo esto último con verdadera desesperación. Después le asaltó un nuevo pensamiento.

"No, esos hombres están hechos de otro modo. Un auténtico conquistador, uno de esos hombres a los que todo se les permite, cañonea Tolón, organiza matanzas en París, olvida su ejército en Egipto, pierde medio millón de hombres en la campaña de Rusia, se salva en Vilna por verdadera casualidad, por una equivocación, y, sin embargo, después de su muerte se le levantan estatuas. Esto prueba que, en efecto, todo se les permite. Pero esos hombres están hechos de bronce, no de carne".

De pronto tuvo un pensamiento que le pareció divertido.

"Napoleón, las Pirámides, Waterloo por un lado, y por otro una vieja y enjuta usurera que tiene debajo de la cama un arca forrada de tafilete rojo… ¿Cómo admitir que puede haber una semejanza entre ambas cosas? ¿Cómo podría admitirlo un Porfirio Petrovitch, por ejemplo? Completamente imposible: sus sentimientos estéticos se oponen a ello… ¡Un Napoleón introducirse debajo de la cama de una vieja…! ¡Inconcebible!".

De vez en cuando experimentaba una exaltación febril y creía desvariar.

"La vieja no significa nada —se dijo fogosamente—. Esto tal vez sea un error, pero no se trata de ella. La vieja ha sido sólo un accidente. Yo quería salvar el escollo rápidamente, de un salto. No he matado a un ser humano, sino un principio. Y el principio lo he matado, pero el salto no lo he sabido dar. Me he quedado a la parte de aquí; lo único que he sabido ha sido matar. Y ni siquiera esto lo he hecho bien del todo, al parecer…Un principio… ¿Por qué ese idiota de Rasumikhine atacará a los socialistas? Son personas laboriosas, hombres de negocios que se preocupan por el bienestar general…Sin embargo, sólo se vive una vez, y yo no quiero esperar esa felicidad universal. Ante todo, quiero vivir. Si no sintiese este deseo, sería preferible no tener vida. Al fin y al cabo, lo único que he hecho ha sido negarme a pasar por delante de una madre hambrienta, con mi rublo bien guardado en el bolsillo, esperando la llegada de la felicidad universal. Yo aporto, por decirlo así, mi piedra al edificio común, y esto es suficiente para que me sienta en paz… ¿Por qué, por qué me dejasteis partir? Tengo un tiempo determinado de vida y quiero también… ¡Ah! Yo no soy más que un gusano atiborrado de estética. Sí, un verdadero gusano y nada más".

Al pensar esto estalló en una risa de loco. Y se aferró a esta idea y empezó a darle todas las vueltas imaginables, con un acre placer.

"Sí, lo soy, aunque sólo sea, primero, porque me llamo gusano a mí mismo, y segundo, porque llevo todo un mes molestando a la Divina Providencia al ponerla por testigo de que yo no hacía aquello para procurarme satisfacciones materiales, sino con propósitos nobles y grandiosos. ¡Ah!, y también porque decidí observar la más rigurosa justicia y la más perfecta moderación en la ejecución de mi plan. En primer lugar elegí el gusano más nocivo de todos, y, en segundo, al matarlo, estaba dispuesto a no quitarle sino el dinero estrictamente necesario para emprender una nueva vida. Nada más y nada menos (el resto iría a parar a los conventos, según la última voluntad de la vieja) …En fin, lo cierto es que soy un gusano, de todas formas —añadió rechinando los dientes—. Porque soy tal vez más vil e innoble que el gusano al que asesiné y porque yo presentía que, después de haberlo matado, me diría esto mismo que me estoy diciendo… ¿Hay nada comparable a este horror? ¡Cuánta villanía! ¡Cuánta bajeza…! ¡Qué bien comprendo al Profeta, montado en su caballo y empuñando el sable! ´¡Alá lo ordena! Sométete, pues, miserable y temblorosa criatura´. Tiene razón, tiene razón el Profeta cuando alinea sus tropas en la calle y mata indistintamente a los culpables y a los justos, sin ni siquiera dignarse darles una explicación. Sométete, pues, miserable y temblorosa criatura, y guárdate de tener voluntad. Esto no es cosa tuya… ¡Oh! Jamás, jamás perdonaré a la vieja".

Sus cabellos estaban empapados de sudor, temblaban sus resecos labios, su mirada se fijaba en el techo obstinadamente.

"Mi madre…mi hermana… ¡Cómo las quería…! ¿Por qué las odio ahora? Sí, las odio con un odio físico. No puedo soportar su presencia.

Hace unas horas, lo recuerdo perfectamente, me he acercado a mi madre y la he abrazado…Es horrible estrecharla entre mis brazos y pensar que si ella supiera… ¿Y si se lo contara todo…? Me quitaría un peso de encima…Ella debe de ser como yo".

Pensó esto último haciendo un gran esfuerzo, como si no le fuera fácil luchar con el delirio que le iba dominando.

"¡Oh, cómo odio a la vieja ahora! Creo que la volvería a matar si resucitara… ¡Pobre Lisbeth! ¿Por qué la llevaría allí el azar…? ¡Qué extraño es que piense tan poco en ella! Es como si no la hubiese matado… ¡Lisbeth…! ¡Sonia…! ¡Pobres y bondadosas criaturas de dulce mirada…! ¡Queridas criaturas…! ¿Por qué no lloran? ¿Por qué no gimen? Dan todo lo que poseen con una mirada resignada y dulce… ¡Sonia, dulce Sonia…!".

Perdió la conciencia de las cosas y se sintió profundamente asombrado de verse en la calle sin poder recordar cómo había salido. Ya era de noche. Las sombras se espesaban y la luna resplandecía con intensidad creciente, pero la atmósfera era asfixiante. Las calles estaban repletas de gente. Se percibía un olor a cal, a polvo, a agua estancada.

Raskolnikof avanzaba, triste y preocupado. Sabía perfectamente que había salido de casa con un propósito determinado, que tenía que hacer algo urgente, pero no se acordaba de qué. De pronto se detuvo y miró a un hombre que desde la otra acera le llamaba con la mano. Atravesó la calle para reunirse con él, pero el desconocido dio media vuelta y se alejó, con la cabeza baja, sin volverse, como si no le hubiera llamado.

"A lo mejor, me ha parecido que me llamaba y no ha sido así", se dijo Raskolnikof. Pero juzgó que debía alcanzarle. Cuando estaba a una decena de pasos de él lo reconoció súbitamente y se estremeció. Era el desconocido de poco antes, vestido con las mismas ropas y con su espalda encorvada. Raskolnikof lo siguió de lejos. El corazón le latía con violencia. Entraron en un callejón. El desconocido no se volvía.

"¿Sabrá que le sigo?", se preguntó Rodia.

El hombre encorvado entró por la puerta principal de un gran edificio. Raskolnikof se acercó a él y le miró con la esperanza de que se volviera y le llamase. En efecto, cuando el desconocido estuvo en el patio, se volvió y pareció indicarle que se acercara. Raskolnikof se apresuró a franquear el portal, pero cuando llegó al patio ya no vio a nadie. Por lo tanto, el hombre de la hopalanda había tomado la primera escalera. Raskolnikof corrió tras él. Efectivamente, se oían pasos lentos y regulares a la altura del segundo piso. Aquella escalera —cosa extraña— no era desconocida para Raskolnikof. Allí estaba la ventana del rellano del primer piso. Un rayo de luna misteriosa y triste se filtraba por los cristales. Y llegó al segundo piso.

"¡Pero si es aquí donde trabajaban los pintores!".

¿Cómo no habría reconocido antes la casa…? El ruido de los pasos del hombre que le precedía se extinguió.

2Por lo tanto, se ha detenido. Tal vez se haya ocultado en alguna parte… He aquí el tercer piso. ¿Debo seguir subiendo o no? ¡Qué silencio…!".

El ruido de sus propios pasos le daba miedo.

"¡Señor, qué oscuridad! El desconocido debe de estar oculto por aquí, en algún rincón… ¡Toma! La puerta que da al rellano está abierta de par en par".

Tras reflexionar un momento, entró. El vestíbulo estaba oscuro y vacío como una habitación desvalijada. Pasó a la sala lentamente, andando de puntillas. Toda ella estaba iluminada por una luna radiante. Nada había cambiado: allí estaban las sillas, el espejo, el sofá amarillo, los cuadros con sus marcos. Por la ventana se veía la luna, redonda y enorme, de un rojo cobrizo.

"Es la luna la que crea el silencio —pensó Raskolnikof—, la luna, que se ocupa en descifrar enigmas".

Estaba inmóvil, esperando. A medida que iba aumentando el silencio nocturno, los latidos de su corazón eran más violentos y dolorosos. ¡Qué calma tan profunda…! De pronto se oyó un seco crujido, semejante al que produce una astilla de madera al quebrarse. Después todo volvió a quedar en silencio. Una mosca se despertó y se precipitó contra los cristales, dejando oír su bordoneo quejumbroso. En este momento, Raskolnikof descubrió en un rincón, entre la cómoda y la ventana, una capa colgada en la pared.

"¿Qué hace esa capa aquí? —pensó—. Entonces no estaba".

Apartó la capa con cuidado y vio una silla, y en la silla, sentada en el borde y con el cuerpo doblado hacia delante, una vieja. Tenía la cabeza tan baja, que Raskolnikof no podía verle la cara. Pero no le cupo duda de que era ella… Permaneció un momento inmóvil. «Tiene miedo», pensó mientras desprendía poco a poco el hacha del nudo corredizo. Después descargó un hachazo en la nuca de la vieja, y otro en seguida. Pero, cosa extraña, ella no hizo el menor movimiento: se habría dicho que era de madera. Sintió miedo y se inclinó hacia delante para examinarla, pero ella bajó la cabeza más todavía. Entonces él se inclinó hasta tocar el suelo con su cabeza y la miró de abajo arriba. Lo que vio le llenó de espanto: la vieja reventaba de risa, de una risa silenciosa que trataba de ahogar, haciendo todos los esfuerzos imaginables.

De súbito le pareció que la puerta del dormitorio estaba entreabierta y que alguien se reía allí también. Creyó oír un cuchicheo y se enfureció. Empezó a golpear la cabeza de la vieja con todas sus fuerzas, pero a cada hachazo redoblaban las risas y los cuchicheos en la habitación vecina, y lo mismo podía decirse de la vieja, cuya risa había cobrado una violencia convulsiva. Raskolnikof intentó huir, pero el vestíbulo estaba lleno de gente. La puerta que daba a la escalera estaba abierta de par en par, y por ella pudo ver que también el rellano y los escalones estaban llenos de curiosos. Con las cabezas juntas, todos miraban, tratando de disimular. Todos esperaban en silencio. Se le oprimió el corazón. Las piernas se negaban a obedecerle; le parecía tener los pies clavados en el suelo…Intentó gritar y se despertó.

Tenía que hacer grandes esfuerzos para respirar, y aunque estaba bien despierto le parecía que su sueño continuaba. La causa de ello era que, en pie en el umbral de la habitación, cuya puerta estaba abierta de par en par, un hombre al que no había visto jamás le contemplaba atentamente.

Raskolnikof, que no había abierto los ojos del todo, se apresuró a volver a cerrarlos. Estaba echado boca arriba y no hizo el menor movimiento.

"¿Sigo soñando o ya estoy despierto?", se preguntó.

Y levantó los párpados casi imperceptiblemente para mirar al desconocido. Éste seguía en el umbral, observándole con la misma atención. De pronto entró cautelosamente en el aposento, cerró la puerta tras él con todo cuidado, se acercó a la mesa, estuvo allí un minuto sin apartar los ojos del joven y, sin hacer el menor ruido, se sentó en una silla, cerca del diván. Dejó su sombrero en el suelo, apoyó las manos sobre el puño del bastón y puso la barbilla sobre las manos.

Era evidente que se preparaba para una larga espera.

Raskolnikof le dirigió una mirada furtiva y pudo ver que el desconocido no era ya joven, pero sí de complexión robusta, y que llevaba barba, una barba espesa, rubia, que empezaba a blanquear.

Estuvieron así diez minutos. Había aún alguna claridad, pero el día tocaba a su fin. En la habitación reinaba el más profundo silencio. De la escalera no llegaba el menor ruido. Sólo se oía un moscardón que se había lanzado contra los cristales y que volaba junto a ellos, zumbando y golpeándolos obstinadamente. Al fin, este silencio se hizo insoportable. Raskolnikof se incorporó y quedó sentado en el diván.

—Bueno, ¿qué desea usted?

—Ya sabía yo que usted no estaba dormido de veras, sino que lo fingía —respondió el desconocido, sonriendo tranquilamente—. Permítame que me presente. Soy Arcadio Ivanovitch Svidrigailof...

PARTE 4
CAPÍTULO 1

Debo de estar soñando todavía —volvió a pensar Raskolnikof, contemplando al inesperado visitante con atención y desconfianza—. ¡Svidrigailof! ¡Qué cosa tan absurda!»

—No es posible —dijo en voz alta, dejándose llevar de su estupor. El visitante no mostró sorpresa alguna ante esta exclamación.

—He venido a verle —dijo— por dos razones. En primer lugar, deseaba conocerle personalmente, pues he oído hablar mucho de usted y en los términos más halagadores. En segundo lugar, porque confío en que no me negará usted su ayuda para llevar a cabo un proyecto relacionado con su hermana Avdotia Romanovna. Solo, sin recomendación alguna, sería muy probable que su hermana me pusiera en la puerta, en estos momentos en que está llena de prevenciones contra mí. En cambio, contando con la ayuda de usted, yo creo…

—No espere que le ayude —le interrumpió Raskolnikof.

—Permítame una pregunta. Hasta ayer no llegaron su madre y su hermana, ¿verdad?

Raskolnikof no contestó.

—Sí, sé que llegaron ayer. Y yo llegué anteayer. Pues bien, he aquí lo que quiero decirle, Rodion Romanovitch. Creo innecesario justificarme, pero permítame otra pregunta: ¿qué hay de criminal en mi conducta, siempre, claro es, que se miren las cosas imparcialmente y sin prejuicios? Usted me dirá que he perseguido en mi propia casa a una muchacha indefensa y que la he insultado con mis proposiciones deshonestas (ya ve usted que yo mismo me adelanto a enfrentarme con la acusación), pero considere usted que soy un hombre et nihil humanum…En una palabra, que soy susceptible de caer en una tentación, de enamorarme, pues esto no depende de nuestra voluntad. Admitido esto, todo se explica del modo más natural. La cuestión puede plantearse así: ¿soy un monstruo o una víctima? Yo creo que soy una víctima, pues cuando proponía al objeto de mi pasión que huyera conmigo a América o a Suiza alimentaba los sentimientos más respetuosos y sólo pensaba en asegurar nuestra felicidad común. La razón es esclava de la pasión, y era yo el primer perjudicado por ella…

—No se trata de eso —replicó Raskolnikof con un gesto de disgusto—. Esté usted equivocado o tenga razón, nos parece usted un hombre sencillamente detestable y no queremos ningún trato con usted. No quiero verle en mi casa. ¡Váyase!

Svidrigailof se echó a reír de buena gana.

—¡A usted no hay modo de engañarlo! —exclamó con franca alegría—. He querido emplear la astucia, pero estos procedimientos no se han hecho para usted.

—Sin embargo, sigue usted intentando embaucarme.

—¿Y qué? —exclamó Svidrigailof, riendo con todas sus fuerzas—. Son armas de bonne guerre, como suele decirse; una astucia de lo más inocente… Pero usted no me ha dejado acabar. Sea como fuere, yo le aseguro que no habría ocurrido nada desagradable de no producirse el incidente del jardín. Marfa Petrovna…

—Se dice —le interrumpió rudamente Raskolnikof— que a Marfa Petrovna la ha matado usted.

—¿Conque ya le han hablado de eso? En verdad, es muy comprensible. Pues bien, en cuanto a lo que acaba usted de decir, sólo puedo responderle que tengo la conciencia completamente tranquila sobre ese particular. Es un asunto que no me inspira ningún temor. Todas las formalidades en uso se han cumplido del modo más correcto y minucioso. Según la investigación médica, la muerte obedeció a un ataque de apoplejía producido por un baño tomado después de una copiosa comida en la que la difunta se había bebido una botella de vino casi entera. No se descubrió nada más…No, no es esto lo que me inquieta. Lo que yo me preguntaba mientras el tren me traía hacia aquí era si habría contribuido indirectamente a esta desgracia…con algún arranque de indignación, o algo parecido. Pero he llegado a la conclusión de que no puede haber ocurrido tal cosa.

Raskolnikof se echó a reír.

—Entonces, no tiene usted por qué preocuparse.

—¿De qué se ríe? Óigame: yo sólo le di dos latigazos tan flojos que ni siquiera dejaron señal…Le ruego que no me crea un cínico. Yo sé perfectamente que esto es innoble y…, etcétera; pero también sé que a Marfa Petrovna no le desagradó…mi arrebato, digámoslo así. El asunto relacionado con la hermana de usted estaba ya agotado, y Marfa Petrovna, no teniendo ningún asunto que ir llevando por las casas de la ciudad, se veía obligada a permanecer en casa desde hacía tres días. Ya había fastidiado a todo el mundo con la lectura de la carta (¿ha oído usted hablar de esa carta?). De pronto cayeron sobre ella, como enviados por el cielo, aquellos dos latigazos. Lo primero que hizo fue ordenar que preparasen el coche…Sin hablar de esos casos especiales en que las mujeres experimentan un gran placer en que las ofendan, a pesar de la indignación que simulan (casos que se presentan a veces), al hombre, en general, le gusta que lo humillen. ¿No lo ha observado usted? Pero esta particularidad es especialmente frecuente en las mujeres. Incluso se puede afirmar que es algo esencial en su vida.

Hubo un momento en que Raskolnikof pensó en levantarse e irse, para poner término a la conversación, pero cierta curiosidad y también cierto propósito le decidieron a tener paciencia.

—Le gusta manejar el látigo, ¿eh? —preguntó con aire distraído.

—No lo crea —respondió con toda calma Svidrigailof—. En lo que concierne a Marfa Petrovna, no disputaba casi nunca con ella. Vivíamos en perfecta armonía, y ella estaba satisfecha de mí. Sólo dos veces usé el látigo durante nuestros siete años de vida en común (dejando aparte un tercer caso bastante dudoso). La primera vez fue a los dos meses de casarnos, cuando llegamos a nuestra hacienda, y la segunda, en el caso que acabo de mencionar…Y usted me considera un monstruo, ¿no?, un retrógrado, un partidario de la esclavitud…A propósito, Rodion Romanovitch, ¿recuerda usted que hace algunos años, en el tiempo de nuestras felices asambleas municipales, se cubrió de oprobio a un terrateniente, cuyo nombre no recuerdo, culpable de haber azotado a una extranjera en un vagón de ferrocarril? ¿Se acuerda? Me parece que fue el mismo año en que se produjo "el más horrible incidente del siglo". Es decir, Las noches egipcias, las conferencias, ¿recuerda…? ¡Los ojos negros…! ¡Oh, tiempos maravillosos de nuestra juventud!, ¿dónde estáis…? Pues bien, he aquí mi opinión. Yo critico severamente a ese señor que fustigó a la extranjera, pues es un acto inicuo que uno no puede menos de censurar. Pero también debo decirle que algunas de esas extranjeras le soliviantan a uno de tal modo, que ni el hombre de ideas más avanzadas puede responder de sus actos. Nadie ha examinado la cuestión en este aspecto, pero estoy seguro de que ello es un error, pues mi punto de vista es perfectamente humano.

Al pronunciar estas palabras, Svidrigailof volvió a echarse a reír.

Raskolnikof comprendió que aquel hombre obraba con arreglo a un plan bien elaborado y que era un perillán de clase fina.

—Debe usted de llevar varios días sin hablar con nadie, ¿verdad? —preguntó el joven.

—Algo de eso hay. Pero dígame: ¿no le extraña a usted mi buen carácter?

—No, de lo que estoy asombrado es de que tenga usted demasiado buen carácter.

—Usted dice eso porque no me he dado por ofendido ante el tono grosero de sus preguntas, ¿no es verdad? Sí, no me cabe duda. Pero ¿por qué tenía que enfadarme? Usted me ha preguntado francamente, y yo le he respondido con franqueza —su acento rebosaba comprensión y simpatía—. Ahora —continuó, pensativo— nada me preocupa, porque ahora no hago absolutamente nada… Por lo demás, usted puede suponer que estoy tratando de ganarme su simpatía con miras interesadas, ya que mi mayor deseo es ver a su hermana, como le he confesado. Pero créame si le digo que estoy verdaderamente aburrido, sobre todo después de mi inactividad de estos tres últimos días. Por eso me he alegrado tanto de verle…No se enfade, Rodion Romanovitch, pero me parece usted un hombre muy extraño. Usted podrá decir que cómo se me ha ocurrido semejante cosa precisamente en este momento, pero es que yo no me refiero a ahora, sino a estos últimos tiempos…En fin, me callo; no quiero verle poner esa cara. No soy tan oso como usted cree.

Raskolnikof le dirigió una mirada sombría.

—Tal vez no lo sea usted nada. A mí me parece que es un hombre sumamente sociable, o, por lo menos, que sabe usted serlo cuando es preciso.

—Sin embargo, a mí no me preocupa la opinión ajena —repuso Svidrigailof en un tono seco y un tanto altivo—. Por otra parte, ¿por qué no adoptar los modales de una persona mal educada en un país donde esto tiene tantas ventajas, y sobre todo cuando uno se siente inclinado por temperamento a la mala educación? —terminó entre risas.

—Pues yo he oído decir que usted tiene aquí muchos conocidos y que no es eso que llaman «un hombre sin relaciones». Si no persigue usted ningún fin, ¿a qué ha venido a mi casa?

—Es cierto que tengo aquí conocidos —dijo el visitante, sin responder a la pregunta principal que se le acababa de dirigir—. Ya me he cruzado con algunos, pues llevo tres días paseando. Yo los he reconocido y ellos me han reconocido a mí, creo yo. Es natural que sea un hombre bien relacionado. Voy bien vestido y se me considera como hombre acomodado, pues, a pesar de la abolición de la servidumbre, nos quedan bosques y praderas fertilizados por nuestros ríos, que siguen proporcionándonos una renta. Pero no quiero reanudar mis antiguas relaciones; hace ya tiempo que estas amistades no me seducen. Ya hace tres días que voy vagando por aquí, y todavía no he visitado a nadie...Además, ¡esta ciudad...! ¿Ha observado usted cómo está edificada? Es una población de funcionarios y seminaristas. Verdaderamente, hay muchas cosas en que yo no me fijaba hace ocho años, cuando no hacía otra cosa que holgazanear e ir por esos círculos, por esos clubes, como el Dussaud. No volveré a visitar ninguno —continuó, fingiendo no darse cuenta de la muda interrogación del joven—. ¿Qué placer se puede experimentar en hacer fullerías?

—¡Ah! ¿Hacía usted trampas en el juego?

—Sí. Éramos un grupo de personas distinguidas que matábamos así el tiempo. Pertenecíamos a la mejor sociedad. Había entre nosotros poetas y capitalistas. ¿Ha observado usted que aquí, en Rusia, abundan los fulleros entre las personas de buen tono? Yo vivo ahora en el campo, pero estuve encarcelado por deudas. El acreedor era un griego de Nejin. Entonces conocí a Marfa Petrovna. Entró en tratos con mi acreedor, regateó, me liberó de mi deuda mediante la entrega de treinta mil rublos (yo sólo debía setenta mil), nos unimos en legítimo matrimonio y se me llevó al punto a sus propiedades, donde me guardó como un tesoro. Ella tenía cinco años más que yo y me adoraba. En siete años, yo no me moví de allí. Por cierto, que Marfa Petrovna conservó toda su vida el cheque que yo había firmado al griego con nombre falso, de modo que si yo hubiera intentado sacudirme el yugo, ella me habría hecho enchiquerar. Sí, no le quepa duda de que lo habría hecho. Las mujeres tienen estas contradicciones.

—De no existir ese pagaré, ¿la habría plantado usted?

—No sé qué decirle. Desde luego, ese documento no me preocupaba lo más mínimo. Yo no sentía deseos de ir a ninguna parte, y la misma Marfa Petrovna, viendo cómo me aburría, me propuso en dos ocasiones que hiciera un viaje al extranjero. Pero yo había ya salido anteriormente de Rusia y el viaje me había disgustado profundamente. Uno contempla un amanecer aquí o allá, o la bahía de Nápoles, o el mar, y se siente dominado por una profunda tristeza. Y lo peor es que uno experimenta una verdadera nostalgia. No, se está mejor en casa. Aquí, al menos, podemos acusar a los demás de todos los males y justificarnos a nuestros propios ojos. Tal vez me vaya al Polo Norte con una expedición, pues j'ai le vin mauvais y no quiero beber. Pero es que no puedo hacer ninguna otra cosa. Ya lo he intentado, pero nada. ¿Ha oído usted decir que Berg va a intentar el domingo una ascensión en globo en el parque Iusupof y que admite pasajeros?

—¿Pretende usted subir al globo?

—¿Yo? No, no...Lo he dicho por decir —murmuró Svidrigailof, pensativo.

"¿Será sincero?", pensó Raskolnikof.

—No, el pagaré no me preocupó en ningún momento —dijo Svidrigailof, volviendo al tema interrumpido—. Permanecía en el campo muy a gusto. Por otra parte, pronto hará un año que Marfa Petrovna, con motivo de mi cumpleaños, me entregó el documento, como regalo, añadiendo a él una importante cantidad...Pues era rica. "Ya ves cuánta es mi confianza en ti, Arcadio Ivanovitch", me dijo. Sí, le aseguro que me lo dijo así. ¿No lo cree? Yo cumplía a la perfección mis deberes de propietario rural. Se me conocía en toda la comarca. Hacía que me enviaran libros. Esto al principio mereció la aprobación de Marfa Petrovna. Después temió que tanta lectura me fatigara.

—Me parece que echa mucho de menos a Marfa Petrovna.

—¿Yo...? Tal vez...A propósito, ¿cree usted en apariciones?

—¿Qué clase de apariciones?

—¿Cómo que qué clase? lo que todo el mundo entiende por apariciones.

—¿Y usted? ¿Usted cree?

—Si y no. Si usted quiere, no, pour vous plaire...En resumen, que no lo puedo afirmar.

—¿Usted las ha tenido?

Svidrigailof le dirigió una mirada extraña.

—Marfa Petrovna tiene la atención de venir a visitarme —respondió torciendo la boca en una sonrisa indefinible.

—¿Es posible?

—Se me ha aparecido ya tres veces. La primera fue el mismo día de su entierro, o sea la víspera de mi salida para Petersburgo. La segunda, hace dos días, durante mi viaje, en la estación de Malaia Vichera, al amanecer, y la tercera, hace apenas dos horas, en la habitación en que me hospedo. Estaba solo.

—¿Despierto?

—Completamente despierto las tres veces. Aparece, me habla unos momentos y se va por la puerta, siempre por la puerta. Incluso me parece oírla marcharse.

—¿Por qué tendría yo la sensación de que habían de ocurrirle estas cosas? —dijo de súbito Raskolnikof, asombrándose de sus palabras apenas las había pronunciado. Estaba extraordinariamente emocionado.

—¿De veras ha pensado usted eso? —exclamó Svidrigailof, sorprendido—. ¿De veras? ¡Ah! Ya decía yo que entre nosotros existía cierta afinidad.

—Usted no ha dicho eso —replicó ásperamente Raskolnikof.

—¿No lo he dicho?

—No.

—Pues creía haberlo dicho. Cuando he entrado hace un momento y le he visto acostado, con los ojos cerrados y fingiendo dormir, me he dicho inmediatamente: «Es él mismo.»

—¿Qué quiere decir eso de «él mismo»? —exclamó Raskolnikof—. ¿A qué se refiere usted?

—Pues no lo sé —respondió Svidrigailof ingenuamente, desconcertado. Los dos guardaron silencio mientras se devoraban con los ojos.

—¡Todo eso son tonterías! —exclamó Raskolnikof, irritado—. ¿Qué le dice Marfa Petrovna cuando se le aparece?

—¿De qué me habla? De nimiedades. Y, para que vea usted lo que es el hombre, eso es precisamente lo que me molesta. La primera vez se me presentó cuando yo estaba rendido por la ceremonia fúnebre, el réquiem, la comida de funerales…Al fin pude aislarme en mi habitación, encendí un cigarro y me entregué a mis reflexiones. De pronto, Marfa Petrovna entró por la puerta y me dijo: "con tanto trajín, te has olvidado de subir la pesa del reloj del comedor". Y es que durante siete años me encargué yo de este trabajo, y cuando me olvidaba de él, ella me lo recordaba…Al día siguiente partí para Petersburgo. Al amanecer, llegué a la estación que antes le dije y me dirigí a la cantina. Había dormido mal y tenía el cuerpo dolorido y los ojos hinchados. Pedí café. De pronto, ¿sabe usted lo que vi? A Marfa Petrovna, que se sentó a mi lado con un juego de cartas en la mano. "¿Quieres que te prediga, Arcadio Ivanovitch —me preguntó—, cómo transcurrirá tu viaje?". Debo decirle que era una maestra en el arte de echar las cartas…Nunca me perdonaré haberme negado. Eché a correr, presa de pánico. Bien es verdad que la campana que llama a los viajeros al tren estaba ya sonando…Y hoy, cuando me hallaba en mi habitación, luchando por digerir la detestable comida de figón que acababa de echar a mi cuerpo, con un cigarro en la boca, ha entrado Marfa Petrovna, esta vez elegantemente ataviada con un flamante vestido verde de larga cola.

—Buenos días, Arcadio Ivanovitch. ¿Qué te parece mi vestido? Aniska no habría sido capaz de hacer una cosa igual.

"Aniska es una costurera de nuestra casa, que primero había sido sierva y que había hecho sus estudios en Moscú…Una bonita muchacha. Marfa Petrovna no cesa de dar vueltas ante mí. Yo contemplo el vestido, después la miro a ella a la cara, atentamente".

—¿Qué necesidad tienes de venir a consultarme estas bagatelas, Marfa Petrovna?

—¿Es que te molesta hasta que venga a verte?

—Oye, Marfa Petrovna —le digo para mortificarla—, voy a volver a casarme.

—Eso es muy propio de ti —me responde—. Pero no te hace ningún favor casarte cuando todavía está tan reciente la muerte de tu mujer. Aunque tu elección fuera acertada, sólo conseguirías atraerte las críticas de las personas respetables.

"Dicho esto, se ha marchado, y a mí me ha parecido oír el frufrú de su cola. ¡Qué cosas tan absurdas!, ¿verdad?".

—¿No me estará usted contando una serie de mentiras? —preguntó Raskolnikof.

—Miento muy pocas veces —repuso Svidrigailof, pensativo y sin que, al parecer, advirtiera lo grosero de la pregunta.

—Y antes de esto, ¿no había tenido usted apariciones?

—No…Mejor dicho, sólo una vez, hace seis años. Yo tenía un criado llamado Filka. Acababan de enterrarlo, cuando empecé a gritar, distraído:

"¡Filka, mi pipa!". Filka entró y se fue derecho al estante donde estaban alineados mis utensilios de fumador. Como habíamos tenido un fuerte altercado poco antes de su muerte, supuse que su aparición era una venganza. Le grité: "¿Cómo te atreves a presentarte ante mí vestido de ese modo? Se te ven los codos por los boquetes de las mangas. ¡Fuera de aquí, miserable!". Él dio media vuelta, se fue y no se me apareció nunca más. No dije nada de esto a Marfa Petrovna. Mi primera intención fue dedicarle una misa, pero después pensé que esto sería una puerilidad.

—Usted debe ir al médico.

—No necesito que usted me lo diga para saber que estoy enfermo, aunque ignoro de qué enfermedad. Sin embargo, yo creo que mi conducta es cinco veces más normal que la de usted. Mi pregunta no ha sido si usted cree que pueden verse apariciones, sino si opina que las apariciones existen.

—No, de ningún modo puedo creer eso —dijo Raskolnikof con cierta irritación.

—La gente —murmuró Svidrigailof como si hablara consigo mismo, inclinando la cabeza y mirando de reojo— suele decir: «Estás enfermo. Por lo tanto, todo eso que ves son alucinaciones.» Esto no es razonar con lógica rigurosa. Admito que las apariciones sólo las vean los enfermos; pero esto sólo demuestra que hay que estar enfermo para verlas, no que las apariciones no existan.

—Estoy seguro de que no existen —exclamó Raskolnikof con energía.

—¿Usted cree?

Observó al joven largamente. Después siguió diciendo:

—Bien, pero no me negará usted que se puede razonar como yo voy a hacerlo…Le ruego que me ayude…Las apariciones son algo así como fragmentos de otros mundos…, sus ambiciones. Un hombre sano no tiene motivo alguno para verlas, ya que es, ante todo, un hombre terrestre, es decir, material. Por lo tanto, sólo debe vivir para participar en el orden de la vida de aquí abajo. Pero, apenas se pone enfermo, apenas empieza a alterarse el orden normal, terrestre, de su organismo, la posible acción de otro mundo comienza a manifestarse en él, y a medida que se agrava su enfermedad, las relaciones con ese otro mundo se van estrechando, progresión que continúa hasta que la muerte le permite entrar de lleno en él. Si usted cree en una vida futura, nada le impide admitir este razonamiento.

—Yo no creo en la vida futura —replicó Raskolnikof. Svidrigailof estaba ensimismado.

—¿Y si no hubiera allí más que arañas y otras cosas parecidas? —preguntó de pronto.

"Está loco", pensó Raskolnikof.

—Nos imaginamos la eternidad —continuó Svidrigailof— como algo inmenso e inconcebible. Pero ¿por qué ha de ser así necesariamente? ¿Y si, en vez de esto, fuera un cuchitril, uno de esos cuartos de baño lugareños, ennegrecidos por el humo y con telas de araña en todos los rincones? Le confieso que así me la imagino yo a veces.

Raskolnikof experimentó una sensación de malestar.

—¿Es posible que no haya sabido usted concebir una imagen más justa, más consoladora? —preguntó.

—¿Más justa? ¡Quién sabe si mi punto de vista es el verdadero! Si dependiera de mí, ya me las compondría yo para que lo fuera —respondió Svidrigailof con una vaga sonrisa.

Ante esta absurda respuesta, Raskolnikof se estremeció, Svidrigailof levantó la cabeza, le miró fijamente y se echó a reír.

—Fíjese usted en un detalle y dígame si no es curioso —dijo—. Hace media hora, jamás nos habíamos visto, y ahora todavía nos miramos como enemigos, porque tenemos un asunto pendiente de solución. Sin embargo, lo dejamos todo a un lado para ponernos a filosofar. Ya le decía yo que éramos dos cabezas gemelas.

—Perdone —dijo Raskolnikof bruscamente—. Le ruego que me diga de una vez a qué debo el honor de su visita. Tengo que marcharme.

—Pues lo va usted a saber. Dígame: su hermana, Avdotia Romanovna, ¿se va a casar con Piotr Petrovitch Lujine?

—Le ruego que no mezcle a mi hermana en esta conversación, que ni siquiera pronuncie su nombre. Además, no comprendo cómo se atreve usted a nombrarla si verdaderamente es Svidrigailof.

—¿Cómo quiere usted que no la nombre si he venido expresamente para hablarle a ella?

—Bien. Hable, pero de prisa.

—No me cabe duda de que si ha tratado usted sólo durante media hora a mi pariente político el señor Lujine, o si ha oído hablar de él a alguna persona digna de crédito, ya tendrá formada su opinión sobre dicho señor. No es un partido conveniente para Avdotia Romanovna. A mi juicio, Avdotia Romanovna va a sacrificarse de un modo tan magnánimo como impremeditado por…por su familia. Fundándome en todo lo que había oído decir de usted, supuse que le encantaría que ese compromiso matrimonial se rompiera, con tal que ello no reportase ningún perjuicio a su hermana. Ahora que le conozco, estoy seguro de la exactitud de mi suposición.

—No sea usted ingenuo…, mejor dicho, desvergonzado.

—¿Cree usted acaso que obro impulsado por el interés? Puede estar tranquilo, Rodion Romanovitch: si fuera así, lo disimularía. No me crea tan imbécil. Respecto a este particular, voy a descubrirle una rareza psicológica. Hace un momento, al excusarme de haber amado a su hermana, le he dicho que yo había sido en este caso la primera víctima. Pues bien, le confieso que ahora no siento ningún amor por ella, lo cual me causa verdadero asombro, al recordar lo mucho que la amé.

—Lo que usted sintió —dijo Raskolnikof— fue un capricho de hombre libertino y ocioso.

—Ciertamente soy un hombre ocioso y libertino; pero su hermana posee tan poderosos atractivos, que no es nada extraño que yo no pudiera desistir. Sin embargo, todo aquello no fue más que una nube de verano, como ahora he podido ver.

—¿Hace mucho que se ha dado cuenta de eso?

—Ya hace tiempo que lo sospechaba, pero no me convencí hasta anteayer, en el momento de mi llegada a Petersburgo. Sin embargo, ya había llegado el tren a Moscú, y aún tenía el convencimiento de que venía aquí con objeto de desbancar a Lujine y obtener la mano de Avdotia Romanovna.

—Perdone, pero ¿no podría usted abreviar y explicarme el objeto de su visita? Tengo cosas urgentes que hacer.

—Con mucho gusto. He decidido emprender un viaje y quisiera arreglar ciertos asuntos antes de partir…Mis hijos se han quedado con su tía; son ricos y no me necesitan para nada. Además, ¿cree usted que yo puedo ser un buen padre? Para cubrir mis necesidades personales, sólo me he quedado con la cantidad que me regaló Marfa Petrovna el año pasado. Con ese dinero tengo suficiente…perdone, vuelvo al asunto. Antes de emprender este viaje que tengo en proyecto y que seguramente realizaré he decidido terminar con el señor Lujine. No es que le odie, pero él fue el culpable de mi último disgusto con Marfa Petrovna. Me enfadé cuando supe que este matrimonio había sido un arreglo de mi mujer. Ahora yo desearía que usted intercediera para que Avdotia Romanovna me concediera una entrevista, en la cual le explicaría, en su presencia si usted lo desea así, que su enlace con el señor Lujine no sólo no le reportaría ningún beneficio, sino que, por el contrario, le acarrearía graves inconvenientes. Acto seguido, me excusaría por todas las molestias que le he causado y le pediría permiso para ofrecerle diez mil rublos, lo que le permitiría romper su compromiso con Lujine, ruptura que de buena gana llevará a cabo (estoy seguro de ello) si se le presenta una ocasión.

—Realmente está usted loco —exclamó Raskolnikof, menos irritado que sorprendido—. ¿Cómo se atreve a hablar de ese modo?

—Ya sabía yo que pondría usted el grito en el cielo, pero quiero hacerle saber, ante todo, que, aunque no soy rico, puedo desprenderme perfectamente de esos diez mil rublos, es decir, que no los necesito. Si Avdotia Romanovna no los acepta, sólo Dios sabe el estúpido uso que haré de ellos. Por otra parte, tengo la conciencia bien tranquila, pues hago este ofrecimiento sin ningún interés. Tal vez no me crea usted, pero en seguida se convencerá, y lo mismo digo de Avdotia Romanovna. Lo único cierto es que he causado muchas molestias a su honorable hermana, y como estoy sinceramente arrepentido, deseo de todo corazón, no rescatar mis faltas, no pagar esas molestias, sino simplemente hacerle un pequeño servicio para que no pueda decirse que compré el privilegio de causarle solamente males. Si mi proposición ocultara la más leve segunda intención, no la habría hecho con esta franqueza, y tampoco me habría limitado a ofrecerle diez mil rublos, cuando le ofrecí bastante más hace cinco semanas. Además, es muy probable que me case muy pronto con cierta joven, lo que demuestra que no pretendo atraerme a Avdotia Romanovna. Y, para terminar, le diré que si se casa con Lujine, su hermana aceptará esta misma suma, sólo que de otra manera. En fin, Rodion Romanovitch, no se enfade usted y reflexione sobre esto con calma y sangre fría.

Svidrigailof había pronunciado estas palabras con un aplomo extraordinario.

—Basta ya —dijo Raskolnikof—. Su proposición es de una insolencia imperdonable.

—No estoy de acuerdo. Según ese criterio, en este mundo un hombre sólo puede perjudicar a sus semejantes y no tiene derecho a hacerles el menor bien, a causa de las estúpidas conveniencias sociales. Esto es absurdo. Si yo muriese y legara esta suma a su hermana, ¿se negaría ella a aceptarla?

—Es muy posible.

—Pues yo estoy seguro de que no la rechazaría. Pero no discutamos. Lo cierto es que diez mil rublos no son una cosa despreciable. En fin, fuera como fuere, le ruego que transmita nuestra conversación a Avdotia Romanovna.

—No lo haré.

—En tal caso, Rodion Romanovitch, me veré obligado a procurar tener una entrevista con ella, cosa que tal vez la moleste.

—Y si yo le comunico su proposición, ¿usted no intentará visitarla?

—Pues…no sé qué decirle. ¡Me gustaría tanto verla, aunque sólo fuera una vez!

—No cuente con ello.

—Pues es una lástima. Por otra parte, usted no me conoce. Podríamos llegar a ser buenos amigos.

—¿Usted cree?

—¿Por qué no? —exclamó Svidrigailof con una sonrisa. Se levantó y cogió su sombrero.

—¡Vaya! No quiero molestarle más. Cuando venía hacia aquí no tenía demasiadas esperanzas de…Sin embargo, su cara me había impresionado esta mañana.

—¿Dónde me ha visto usted esta mañana? —preguntó Raskolnikof con visible inquietud.

—Le vi por pura casualidad. Sin duda, usted y yo tenemos algo en común…Pero no se agite. No me gusta importunar a nadie. He tenido cuestiones con los jugadores de ventaja y no he molestado jamás al príncipe Svirbey, gran personaje y pariente lejano mío. Incluso he escrito pensamientos sobre la Virgen de Rafael en el álbum de la señora Prilukof. He vivido siete años con Marfa Petrovna sin moverme de su hacienda…Y antaño pasé muchas noches en la casa Viasemsky, de la plaza del Mercado…Además, tal vez suba en el globo de Berg.

—Permítame una pregunta. ¿Piensa usted emprender muy pronto su viaje?

—¿Qué viaje?

—El viaje de que me ha hablado usted hace un momento.

—¿Yo? ¡Ah, sí! Ahora lo recuerdo…Es un asunto muy complicado. ¡Si usted supiera el problema que acaba de remover!

Lanzó una risita aguda.

—A lo mejor, en vez de viajar, me caso. Se me han hecho proposiciones.

—¿Aquí?

—Sí.

—No ha perdido usted el tiempo.

—Sin embargo, desearía ver una sola vez a Avdotia Romanovna. Se lo digo en serio…Adiós, hasta la vista… ¡Ah, se me olvidaba! Dígale a su hermana que Marfa Petrovna le ha legado tres mil rublos. Esto es completamente seguro. Marfa Petrovna hizo testamento en mi presencia ocho días antes de morir. Avdotia Romanovna tendrá ese dinero en su poder dentro de unas tres semanas.

—¿Habla usted en serio?

—Sí. Dígaselo a su hermana…Bueno, disponga de mí. Me hospedo muy cerca de su casa.

Al salir, Svidrigailof se cruzó con Rasumikhine en el umbral.

CAPÍTULO 2

Eran cerca de las ocho. Los dos jóvenes se dirigieron a paso ligero al edificio Bakaleev, con el propósito de llegar antes que Lujine.

—¿Quién era ese señor que estaba contigo? —preguntó Rasumikhine apenas llegaron a la calle.

—Es Svidrigailof, ese hacendado que hizo la corte a mi hermana cuando la tuvo en su casa como institutriz. A causa de esta persecución, Marfa Petrovna, la esposa de Svidrigailof, echó a mi hermana de la casa. Esta señora pidió después perdón a Dunia, y ahora, hace unos días, ha muerto de repente. De ella hemos hablado hace un momento. No sé por qué temo tanto a ese hombre. Inmediatamente después del entierro de su mujer se ha venido a Petersburgo. Es un tipo muy extraño y parece abrigar algún proyecto misterioso. ¿Qué es lo que proyectará? Hay que proteger a Dunia contra él. Estaba deseando poder decírtelo.

—¿Protegerla? Pero ¿qué mal puede él hacer a Avdotia Romanovna? En fin, Rodia, te agradezco esta prueba de confianza. Puedes estar tranquilo, que protegeremos a tu hermana. ¿Dónde vive ese hombre?

—No lo sé.

—¿Por qué no se lo has preguntado? Ha sido una lástima. Pero te aseguro que me enteraré.

—¿Te has fijado en él? —preguntó Raskolnikof tras una pausa.

—Sí, lo he podido observar perfectamente.

—¿De veras lo has podido examinar bien? —insistió Raskolnikof.

—Sí, recuerdo todos sus rasgos. Reconocería a ese hombre entre mil, pues tengo buena memoria para las fisonomías.

Callaron nuevamente.

—Oye —murmuró Raskolnikof—, ¿sabes que...? Mira, estaba pensando que... ¿no habrá sido todo una ilusión?

—Pero ¿qué dices? No lo entiendo. Raskolnikof torció la boca en una sonrisa.

—Te lo diré claramente. Todos creeréis que me he vuelto loco, y a mí me parece que tal vez es verdad, que he perdido la razón y que, por lo tanto, lo que he visto ha sido un espectro.

—Pero ¿qué disparates estás diciendo?

—Sí, tal vez esté loco y todos los acontecimientos de estos últimos días sólo hayan ocurrido en mi imaginación.

—¡A ti te ha trastornado ese hombre, Rodia! ¿Qué te ha dicho? ¿Qué quería de ti?

Raskolnikof no le contestó. Rasumikhine reflexionó un instante.

—Bueno, te lo voy a contar todo —dijo—. He pasado por tu casa y he visto que estabas durmiendo. Entonces hemos comido y luego yo he visitado a Porfirio Petrovitch. Zamiotof estaba con él todavía. Intenté empezar en seguida mis explicaciones, pero no lo conseguí. No había medio de entrar en materia como era debido. Ellos parecían no comprender y, por otra parte, no mostraban la menor desazón. Al fin, me llevo a Porfirio junto a la ventana y empiezo a hablarle, sin obtener mejores resultados. Él mira hacia un lado, yo hacia otro. Finalmente le acerco el puño a la cara y le digo que le voy a hacer polvo. Él se limita a mirarme en silencio. Yo escupo y me voy. Así termina la escena. Ha sido una estupidez. Con Zamiotof no he cruzado una sola palabra…Yo temía haberte causado algún perjuicio con mi conducta; pero cuando bajaba la escalera he tenido un relámpago de lucidez. ¿Por qué tenemos que preocuparnos tú ni yo? Si a ti te amenazara algún peligro, tal inquietud se comprendería; pero ¿qué tienes tú que temer? Tú no tienes nada que ver con ese dichoso asunto y, por lo tanto, puedes reírte de ellos. Más adelante podremos reírnos en sus propias narices, y si yo estuviera en tu lugar, me divertiría haciéndoles creer que están en lo cierto. Piensa en su bochorno cuando se den cuenta de su tremendo error. No lo pensemos más. Ya les diremos lo que se merecen cuando llegue el momento. Ahora limitémonos a burlarnos de ellos.

—Tienes razón —dijo Raskolnikof.

Y pensó: "¿Qué dirás más adelante, cuando lo sepas todo…? Es extraño: nunca se me había ocurrido pensar qué dirá Rasumikhine cuando se entere".

Después de hacerse esta reflexión miró fijamente a su amigo. El relato de la visita a Porfirio Petrovitch no le había interesado apenas. ¡Se habían sumado tantos motivos de preocupación durante las últimas horas a los que tenía desde hacía tiempo!

En el pasillo se encontraron con Lujine. Había llegado a las ocho en punto y estaba buscando el número de la habitación de su prometida. Los tres cruzaron la puerta exterior casi al mismo tiempo, sin saludarse y sin mirarse siquiera. Los dos jóvenes entraron primero en la habitación. Piotr Petrovitch, siempre riguroso en cuestiones de etiqueta, se retrasó un momento en el vestíbulo para quitarse el sobretodo. Pulqueria Alejandrovna se dirigió inmediatamente a él, mientras Dunia saludaba a su hermano.

Piotr Petrovitch entró en la habitación y saludó a las damas con la mayor amabilidad, pero con una gravedad exagerada. Parecía, además, un tanto desconcertado. Pulqueria Alejandrovna, que también daba muestras de cierta turbación, se apresuró a hacerlos sentar a todos a la mesa redonda donde hervía el samovar. Dunia y Lujine quedaron el uno frente al otro, y Rasumikhine y Raskolnikof se sentaron de cara a Pulqueria Alejandrovna, aquél al lado de Lujine, y Raskolnikof junto a su hermana.

Hubo un momento de silencio. Lujine sacó con toda lentitud un pañuelo de batista perfumado y se sonó con aire de hombre amable pero herido en su dignidad y decidido a pedir explicaciones. Apenas había entrado en el vestíbulo, le había acometido la idea de no quitarse el gabán y retirarse, para castigar severamente a las dos damas y hacerles comprender la gravedad del acto que habían cometido. Pero no se había atrevido a tanto. Por otra parte, le gustaban las situaciones claras y deseaba despejar la siguiente incógnita: Pulqueria Alejandrovna y su hija debían de tener algún motivo para haber desatendido tan abiertamente su prohibición, y este motivo era lo primero que él necesitaba conocer. Después tendría tiempo de aplicar el castigo adecuado.

—Deseo que hayan tenido un buen viaje —dijo a Pulqueria Alejandrovna en un tono puramente formulario.

—Así ha sido, gracias a Dios, Piotr Petrovitch.

—Lo celebro de veras. ¿Y para usted no ha resultado fatigoso, Avdotia Romanovna?

—Yo soy joven y fuerte y no me fatigo —repuso Dunia—; pero mamá ha llegado rendida.

—¿Qué quieren ustedes? —dijo Lujine—. Nuestros trayectos son interminables, pues nuestra madre Rusia es vastísima…A mí me fue materialmente imposible ir a recibirlas, pese a mi firme propósito de hacerlo. Sin embargo, confío en que no tropezarían ustedes con demasiadas dificultades.

—Pues sí, Piotr Petrovitch —se apresuró a contestar Pulqueria Alejandrovna en un tono especial—, nos vimos verdaderamente apuradas, y si Dios no nos hubiera enviado a Dmitri Prokofitch, no sé qué habría sido de nosotras. Me refiero a este joven. Permítame que se lo presente: Dmitri Prokofitch Rasumikhine.

—¡Ah! ¿Es este joven? Ya tuve el placer de conocerlo ayer —murmuró Lujine lanzando al estudiante una mirada de reojo y enmudeciendo después con las cejas fruncidas.

Piotr Petrovitch era uno de esos hombres que, a costa de no pocos esfuerzos, se muestran amabilísimos en sociedad, pero que, a la menor contrariedad, pierde los estribos de tal modo, que más parecen patanes que distinguidos caballeros.

Hubo un nuevo silencio. Raskolnikof se encerraba en un obstinado mutismo. Avdotia Romanovna juzgaba que en aquellas circunstancias no le correspondía a ella romper el silencio. Rasumikhine no tenía nada que decir. En consecuencia, fue Pulqueria Alejandrovna la que tuvo que reanudar la conversación.

—¿Sabe usted que ha muerto Marfa Petrovna? —preguntó, echando mano de su supremo recurso.

—¿Cómo no? Me lo comunicaron en seguida. Es más, puedo informarla a usted de que Arcadio Ivanovitch Svidrigailof partió para Petersburgo inmediatamente después del entierro de su esposa. Lo sé de buena tinta.

—¿Cómo? ¿Ha venido a Petersburgo? —exclamó Dunetchka, alarmada y cambiando una mirada con su madre.

—Lo que usted oye. Y, dada la precipitación de este viaje y las circunstancias que lo han precedido, hay que suponer que abriga alguna intención oculta.

—¡Señor! ¿Es posible que venga a molestar a Dunetchka hasta aquí?

—Mi opinión es que no tienen ustedes motivo para inquietarse demasiado, ya que eludirán toda clase de relaciones con él. En lo que a mí concierne, estoy ojo avizor y pronto sabré adónde ha ido a parar.

—¡Ah, Piotr Petrovitch! —exclamó Pulqueria Alejandrovna—. Usted no se puede imaginar hasta qué punto me inquieta esa noticia. No he visto a ese hombre más que dos veces, pero esto ha bastado para que le considere un ser monstruoso. Estoy segura de que es el culpable de la muerte de Marfa Petrovna.

—Sobre este punto, nada se puede afirmar. Lo digo porque poseo informes exactos. No niego que los malos tratos de ese hombre hayan podido acelerar en cierto modo el curso normal de las cosas. En cuanto a su conducta y, en general, en cuanto a su índole moral, estoy de acuerdo con usted. Ignoro si ahora es rico y qué herencia habrá recibido de Marfa Petrovna, pero no tardaré en saberlo. Lo indudable es que, al vivir aquí, en Petersburgo, reanudará su antiguo género de vida, por pocos recursos que tenga para ello. Es un hombre depravado y lleno de vicios. Tengo fundados motivos para creer que Marfa Petrovna, que tuvo la desgracia de enamorarse de él, además de pagarle todas sus deudas, le prestó hace ocho años un extraordinario servicio de otra índole. A fuerza de gestiones y sacrificios, esa mujer consiguió ahogar en su origen un asunto criminal que bien podría haber terminado con la deportación del señor Svidrigailof a Siberia. Se trata de un asesinato tan monstruoso, que raya en lo increíble.

—¡Señor Señor! —exclamó Pulqueria Alejandrovna. Raskolnikof escuchaba atentamente.

—¿Dice usted que habla basándose en informes dignos de crédito? —preguntó severamente Avdotia Romanovna.

—Me limito a repetir lo que me confió en secreto Marfa Petrovna. Desde luego, el asunto está muy confuso desde el punto de vista jurídico. En aquella época habitaba aquí, e incluso parece que sigue habitando, una extranjera llamada Resslich que hacía pequeños préstamos y se dedicaba a otros trabajos. Entre esa mujer y el señor Svidrigailof existían desde hacía tiempo relaciones tan íntimas como misteriosas. La extranjera tenía en su casa a una parienta lejana, me parece que una sobrina, que tenía quince años, o tal vez catorce, y era sordomuda. Resslich odiaba a esta niña: apenas le daba de comer y la golpeaba bárbaramente. Un día la encontraron ahorcada en el granero. Cumplidas las formalidades acostumbradas, se dictaminó que se trataba de un suicidio. Pero cuando el asunto parecía terminado, la policía notificó que la chiquilla había sido violada por Svidrigailof. Cierto que todo esto estaba bastante confuso y que la acusación procedía de otra extranjera, una alemana cuya inmoralidad era notoria y cuyo testimonio no podía tenerse en cuenta. Al fin, la denuncia fue retirada, gracias a los esfuerzos y al dinero de Marfa Petrovna. Entonces todo quedó reducido a los rumores que circulaban; pero esos rumores eran muy significativos. Sin duda, Avdotia Romanovna, cuando estaba usted en casa de esos señores, oía hablar de aquel criado llamado Filka, que murió a consecuencia de los malos tratos que se le dieron en aquellos tiempos en que existía la esclavitud.

—Lo que yo oí decir fue que Filka se había suicidado.

—Eso es cierto y muy cierto; pero no cabe duda de que la causa del suicidio fueron los malos tratos y las sistemáticas vejaciones que Filka recibía.

—Eso lo ignoraba —respondió Dunia secamente—. Lo que yo supe sobre este particular fue algo sumamente extraño. Ese Filka era, al parecer, un neurasténico, una especie de filósofo de baja estofa. Sus compañeros decían de él que el exceso de lectura le había trastornado. Y se afirmaba que se había suicidado por librarse de las burlas más que de los golpes de su dueño. Yo siempre he visto que el señor Svidrigailof trataba a sus sirvientes de un modo humanitario. Por eso incluso le querían, aunque, te confieso, les oí acusarle de la muerte de Filka.

—Veo, Avdotia Romanovna, que se siente usted inclinada a justificarle — dijo Lujine, y torció la boca con una sonrisa equívoca—. De lo que no hay duda es de que es un hombre astuto que tiene una habilidad especial para conquistar el corazón de las mujeres. La pobre Marfa Petrovna, que acaba de morir en circunstancias extrañas, es buena prueba de ello. Mi única intención era ayudarlas a usted y a su madre con mis consejos, en previsión de las tentativas que ese hombre no dejará de renovar. Estoy convencido de que Svidrigailof volverá muy pronto a la cárcel por deudas. Marfa Petrovna no tuvo jamás la intención de legarle una parte importante de su fortuna, pues pensaba ante todo en sus hijos, y si le ha dejado algo, habrá sido una modesta suma, lo estrictamente necesario, una cantidad que a un hombre de sus costumbres no le permitirá vivir más de un año.

—No hablemos más del señor Svidrigailof, Piotr Petrovitch; se lo ruego —dijo Dunia—. Es un asunto que me pone nerviosa.

—Hace un rato ha estado en mi casa —dijo de súbito Raskolnikof, hablando por primera vez.

Todos se volvieron a mirarle, lanzando exclamaciones de sorpresa. Incluso Piotr Petrovitch dio muestras de emoción.

—Hace cosa de hora y media —continuó Raskolnikof—, cuando yo estaba durmiendo, ha entrado, me ha despertado y ha hecho su propia presentación. Se ha mostrado muy simpático y alegre. Confía en que llegaremos a ser buenos amigos. Entre otras cosas, me ha dicho que desea tener contigo una entrevista, Dunia, y me ha rogado que le ayude a obtenerla. Quiere hacerte una proposición y me ha explicado en qué consiste. Además, me ha asegurado formalmente que Marfa Petrovna, ocho días antes de morir, te legó tres mil rublos y que muy pronto recibirás esta suma.

—¡Dios sea loado! —exclamó Pulqueria Alejandrovna, santiguándose—. ¡Reza por ella, Dunia, reza por ella!

—Eso es cierto —no pudo menos de reconocer Lujine.

—Bueno, ¿y qué más? —preguntó vivamente Dunetchka.

—Después me ha dicho que no es rico, pues la hacienda pasa a poder de los hijos, que se han ido a vivir con su tía. También me ha hecho saber que se hospeda cerca de mi casa. Pero no sé dónde, porque no se lo he preguntado.

—Pero ¿qué proposición quiere hacer a Dunetchka? —preguntó, inquieta, Pulqueria Alejandrovna—. ¿Te lo ha explicado?

—Ya os he dicho que sí.

—Bien, ¿qué quiere proponerle?

—Ya hablaremos de eso después.

Y Raskolnikof empezó a beberse en silencio su taza de té. Piotr Petrovitch sacó el reloj y miró la hora.

—Un asunto urgente me obliga a dejarles —dijo, y añadió, visiblemente resentido y levantándose—: Así podrán ustedes conversar más libremente.

—No se vaya, Piotr Petrovitch —dijo Dunia—. Usted tenía la intención de dedicarnos la velada. Además, usted ha dicho en su carta que desea tener una explicación con mi madre.

—Eso es muy cierto, Avdotia Romanovna —dijo Lujine con acento solemne.

Se volvió a sentar, pero conservando el sombrero en sus manos, y continuó:

—En efecto, desearía aclarar con su madre y con usted ciertos puntos de gran importancia. Pero, del mismo modo que su hermano no quiere exponer ante mí las proposiciones del señor Svidrigailof, yo no puedo ni quiero hablar ante terceros de esos puntos de extrema gravedad. Por otra parte, ustedes no han tenido en cuenta el deseo que tan formalmente les he expuesto en mi carta.

Al llegar a este punto se detuvo con un gesto de dignidad y amargura.

—He sido exclusivamente yo la que ha decidido que no se tuviera en cuenta su deseo de que mi hermano no asistiera a esta reunión —dijo Dunia—. Usted nos dice en su carta que él le ha insultado, y yo creo que hay que poner en claro esta acusación lo antes posible, con objeto de reconciliarlos. Si Rodia le ha ofendido realmente, debe excusarse y lo hará.

Al oír estas palabras, Piotr Petrovitch se creció.

—Las ofensas que he recibido, Avdotia Romanovna, son de las que no se pueden olvidar, por mucho empeño que uno ponga en ello. En todas las cosas hay un límite que no se debe franquear, pues, una vez al otro lado, la vuelta atrás es imposible.

—Usted no ha comprendido mi intención, Piotr Petrovitch —replicó Dunia, con cierta impaciencia—. Entiéndame. Todo nuestro porvenir depende de la inmediata respuesta de esta pregunta: ¿pueden arreglarse las cosas o no se pueden arreglar? He de decirle con toda franqueza que no puedo considerar la cuestión de otro modo y que, si siente usted algún afecto por mí, debe comprender que es preciso que este asunto quede resuelto hoy mismo, por difícil que ello pueda parecer.

—Me sorprende, Avdotia Romanovna, que plantee usted la cuestión en esos términos —dijo Lujine con irritación creciente—. Yo puedo apreciarla y amarla, aunque no quiera a algún miembro de su familia. Yo aspiro a la felicidad de obtener su mano, pero no puedo comprometerme a aceptar deberes que son incompatibles con mi…

—Deseche esa vana susceptibilidad, Piotr Petrovitch —le interrumpió Dunia con voz algo agitada— y muéstrese como el hombre inteligente y noble que siempre he visto y que deseo seguir viendo en usted. Le he hecho una promesa de gran importancia: soy su prometida. Confíe en mí en este asunto y créame capaz de ser imparcial en mi fallo. El papel de árbitro que me atribuyo debe sorprender a mi hermano tanto como a usted. Cuando hoy, después de recibir su carta, he rogado insistentemente a Rodia que viniera a esta reunión, no le he dicho ni una palabra acerca de mis intenciones. Comprenda que si ustedes se niegan a reconciliarse, me veré obligada a elegir entre usted y él, ya que han llevado la cuestión a este extremo. Y ni quiero ni debo equivocarme en la elección. Acceder a los deseos de usted significa romper con mi hermano, y si escucho a mi hermano, tendré que reñir con usted. Por lo tanto, necesito y tengo derecho a conocer con toda exactitud los sentimientos que inspiro tanto a usted como a él. Quiero saber si Rodia es un verdadero hermano para mí, y si usted me aprecia ahora y sabrá amarme más adelante como marido.

—Sus palabras, Avdotia Romanovna —repuso Lujine, herido en su amor propio—, son sumamente significativas. E incluso me atrevo a decir que me hieren, considerando la posición que tengo el honor de ocupar respecto a usted. Dejando a un lado lo ofensivo que resulta para mí verme colocado al nivel de un joven…lleno de soberbia, usted admite la posibilidad de una ruptura entre nosotros. Usted ha dicho que él o yo, y con esto me demuestra que soy muy poco para usted…Esto es inadmisible para mí, dado el género de nuestras relaciones y el compromiso que nos une.

—¡Cómo! —exclamó Dunia enérgicamente—. ¡Comparo mi interés por usted con lo que hasta ahora más he querido en mi vida, y considera usted que no le estimo lo suficiente!

Raskolnikof tuvo una cáustica sonrisa. Rasumikhine estaba fuera de sí. Pero Piotr Petrovitch no parecía impresionado por el argumento: cada vez estaba más sofocado e intratable.

—El amor por el futuro compañero de toda la vida debe estar por encima del amor fraternal —repuso sentenciosamente—. No puedo admitir de ningún modo que se me coloque en el mismo plano...Aunque hace un momento me he negado a franquearme en presencia de su hermano acerca del objeto de mi visita, deseo dirigirme a su respetable madre para aclarar un punto de gran importancia y que yo considero especialmente ofensivo para mí... Su hijo —añadió dirigiéndose a Pulqueria Alejandrovna—, ayer, en presencia del señor Razudkine...Perdone si no es éste su nombre —dijo, inclinándose amablemente ante Rasumikhine—, pues no lo recuerdo bien...Su hijo —repitió volviendo a dirigirse a Pulqueria Alejandrovna— me ofendió desnaturalizando un pensamiento que expuse a usted y a su hija aquel día que tomé café con ustedes. Yo dije que, a mi juicio, una joven pobre y que tiene experiencia en la desgracia ofrece a su marido más garantía de felicidad que una muchacha que sólo ha conocido la vida fácil y cómoda. Su hijo ha exagerado deliberadamente y desnaturalizado hasta lo absurdo el sentido de mis palabras, atribuyéndome intenciones odiosas. Para ello se funda exclusivamente en las explicaciones que usted le ha dado por carta. Por esta razón, Pulqueria Alejandrovna, yo desearía que usted me tranquilizara demostrándome que estoy equivocado. Dígame, ¿en qué términos transmitió usted mi pensamiento a Rodion Romanovitch?

—No lo recuerdo —repuso Pulqueria Alejandrovna, llena de turbación—. Yo dije lo que había entendido. Por otra parte, ignoro cómo Rodia le habrá transmitido a usted mis palabras. Tal vez ha exagerado.

—Sólo pudo haberlo hecho inspirándose en la carta que usted le envió.

—Piotr Petrovitch —replicó dignamente Pulqueria Alejandrovna—. La prueba de que no hemos tomado sus palabras en mala parte es que estamos aquí.

—Bien dicho, mamá —aprobó Dunia.

—Entonces soy yo el que está equivocado —dijo Lujine, ofendido.

—Es que usted, Piotr Petrovitch —dijo Pulqueria Alejandrovna, alentada por las palabras de su hija—, no hace más que acusar a Rodia. Y no tiene en cuenta que en su carta nos dice acerca de él cosas que no son verdad.

—No recuerdo haber dicho ninguna falsedad en mi carta.

—Usted ha dicho —manifestó ásperamente Raskolnikof, sin mirar a Lujine—, que yo entregué ayer mi dinero no a la viuda del hombre atropellado, sino a su hija, siendo así que la vi ayer por primera vez. Usted se expresó de este modo con el deseo de indisponerme con mi familia, y para asegurarse de que conseguiría sus fines juzgó del modo más innoble a una muchacha a la que no conoce. Esto es una calumnia y una villanía.

—Perdone usted —dijo Lujine, temblando de cólera—, pero si en mi carta he hablado extensamente de usted ha sido únicamente atendiendo a los deseos de su madre y de su hermana, que me rogaron que las informara de cómo le había encontrado a usted y del efecto que me había producido. Por otra parte, le desafío a que me señale una sola línea falsa en el pasaje al que usted alude. ¿Negará que ha gastado su dinero y que en esa familia hay un miembro indigno?

—A mi juicio, usted, con todas sus cualidades, vale menos que el dedo meñique de esa desgraciada muchacha a la que ha arrojado usted la piedra.

—¿De modo que no vacilaría usted en introducirla en la sociedad de su hermana y de su madre?

—Ya lo he hecho. Hoy la he invitado a sentarse junto a ellas.

—¡Rodia! —exclamó Pulqueria Alejandrovna.

Dunetchka enrojeció, Rasumikhine frunció el entrecejo, Lujine sonrió altiva y despectivamente.

—Ya ve usted, Avdotia Romanovna, que es imposible toda reconciliación. Creo que podemos dar el asunto por terminado y no volver a hablar de él. En fin, me retiro para no seguir inmiscuyéndome en esta reunión de familia. Sin duda, tendrán ustedes secretos que comunicarse.

Se levantó y cogió su sombrero.

—Pero, antes de irme, permítanme que les diga que espero no volver a verme expuesto a encuentros y escenas como los que acabo de tener. Me dirijo exclusivamente a usted, Pulqueria Alejandrovna, ya que a usted y sólo a usted iba destinada mi carta.

Pulqueria Alejandrovna se estremeció ligeramente.

—Por lo visto, Piotr Petrovitch, se considera usted nuestro dueño absoluto. Ya le ha explicado Dunia por qué razón no hemos tenido en cuenta su deseo. Mi hija ha obrado con la mejor intención. En cuanto a su carta, no puedo menos de decirle que está escrita en un tono bastante imperioso. ¿Pretende usted obligarnos a considerar sus menores deseos como órdenes? Por el contrario, yo creo que debe usted tratarnos con los mayores miramientos, ya que hemos depositado toda nuestra confianza en usted, que lo hemos dejado todo por venir a Petersburgo y que, en consecuencia, estamos a su merced.

—Eso no es totalmente exacto, Pulqueria Alejandrovna, y menos ahora que ya sabe usted que Marfa Petrovna ha legado a su hija tres mil rublos, suma que llega con gran oportunidad, a juzgar por el tono en que me está usted hablando —añadió Lujine secamente.

—Esa observación —dijo Dunia, indignada— puede ser una prueba de que usted ha especulado con nuestra pobreza.

—Sea como fuere, ahora todo ha cambiado. Y me voy; no quiero seguir siendo un obstáculo para que su hermano les transmita las proposiciones secretas de Arcadio Ivanovitch Svidrigailof. Sin duda, esto es importantísimo para ustedes, e incluso sumamente agradable.

—¡Dios mío! —exclamó Pulqueria Alejandrovna.

Rasumikhine hacía inauditos esfuerzos para permanecer en su silla.

—¿No te da vergüenza soportar tanto insulto, Dunia? —preguntó Raskolnikof.

—Sí, Rodia; estoy avergonzada —y, pálida de ira, gritó a Lujine—: ¡Salga de aquí, Piotr Petrovitch!

Lujine no esperaba ni remotamente semejante reacción. Tenía demasiada confianza en sí mismo y contaba con la debilidad de sus víctimas. No podía dar crédito a sus oídos. Palideció y sus labios empezaron a temblar.

—Le advierto, Avdotia Romanovna, que si me marcho en estas condiciones puede tener la seguridad de que no volveré. Reflexione. Yo mantengo siempre mi palabra.

—¡Qué insolencia! —gritó Dunia, irritada—. ¡Pero si yo no quiero volverle a ver!

—¿Cómo se atreve a hablar así? —dijo Lujine, desconcertado, pues en ningún momento había creído en la posibilidad de una ruptura—. Tenga usted en cuenta que yo podría protestar.

—¡Usted no tiene ningún derecho a hablar así! —replicó vivamente Pulqueria Alejandrovna—. ¿Contra qué va a protestar? ¿Y con qué atribuciones? ¿Cree usted que puedo poner a mi hija en manos de un hombre como usted? ¡Váyase y déjenos en paz! Hemos cometido la equivocación de aceptar una proposición que no ha resultado nada decorosa. De ningún modo debí…

—No obstante, Pulqueria Alejandrovna —exclamó Lujine, exasperado—, usted me ató con una promesa que ahora retira. Y, además…, además, nuestro compromiso me ha obligado a…, en fin, a hacer ciertos gastos.

Esta última queja era tan propia del carácter de Lujine, que Raskolnikof, pese a la cólera que le dominaba, no pudo contenerse y se echó a reír.

En cambio, a Pulqueria Alejandrovna la hirió profundamente el reproche de Lujine.

—¿Gastos? ¿Qué gastos? ¿Se refiere usted, quizás, a la maleta que se encargó de enviar aquí? ¡Pero si consiguió usted que la transportaran gratuitamente! ¡Señor! ¡Pretender que nosotras le hemos atado! Mida bien sus palabras, Piotr Petrovitch. ¡Es usted el que nos ha tenido a su merced, atadas de pies y manos!

—Basta, mamá, basta —dijo Dunia en tono suplicante—. Piotr Petrovitch, tenga la bondad de marcharse.

—Ya me voy —repuso Lujine, ciego de cólera—. Pero permítame unas palabras, las últimas. Su madre parece haber olvidado que yo pedí la mano de usted cuando era el blanco de las murmuraciones de toda la comarca. Por usted desafié a la opinión pública y conseguí restablecer su reputación. Esto me hizo creer que podía contar con su agradecimiento. Pero ustedes me han abierto los ojos y ahora me doy cuenta de que tal vez fui un imprudente al despreciar a la opinión pública.

—¡Este hombre se ha empeñado en que le rompan la cabeza! —exclamó Rasumikhine, levantándose de un salto y disponiéndose a castigar al insolente.

—¡Es usted un hombre vil y malvado! —dijo Dunia.

—¡Quieto! —exclamó Raskolnikof reteniendo a Rasumikhine.

Después se acercó a Lujine, tanto que sus cuerpos casi se tocaban, y le dijo en voz baja pero con toda claridad:

—¡Salga de aquí, y ni una palabra más!

Piotr Petrovitch, cuyo rostro estaba pálido y contraído por la cólera, le miró un instante en silencio. Después giró sobre sus talones y se fue, sintiendo un odio mortal contra Raskolnikof, al que achacaba la culpa de su desgracia.

Pero mientras bajaba la escalera se imaginaba —cosa notable— que no estaba todo definitivamente perdido y que bien podía esperar reconciliarse con las dos damas.

CAPÍTULO 3

Lo más importante era que Lujine no había podido prever semejante desenlace. Sus jactancias se debían a que en ningún momento se había imaginado que dos mujeres solas y pobres pudieran desprenderse de su dominio. Este convencimiento estaba reforzado por su vanidad y por una ciega confianza en sí mismo. Piotr Petrovitch, salido de la nada, había adquirido la costumbre casi enfermiza de admirarse a sí mismo profundamente. Tenía una alta opinión de su inteligencia, de su capacidad, y, a veces, cuando estaba solo, llegaba incluso a admirar su propia cara en un espejo. Pero lo que más quería en el mundo era su dinero, adquirido por su trabajo y también por otros medios. A su juicio, esta fortuna le colocaba en un plano de igualdad con todas las personas superiores a él. Había sido sincero al recordar amargamente a Dunia que había pedido su mano a pesar de los rumores desfavorables que circulaban sobre ella. Y al pensar en lo ocurrido sentía una profunda indignación por lo que calificaba mentalmente de «negra ingratitud». Sin embargo, cuando contrajo el compromiso estaba completamente seguro de que aquellos rumores eran absurdos y calumniosos, pues ya los había desmentido públicamente Marfa Petrovna, eso sin contar con que hacía tiempo que el vecindario, en su mayoría, había rehabilitado a Dunia.

Lujine no habría negado que sabía todo esto en el momento de contraer el compromiso matrimonial, pero, aun así, seguía considerando como un acto heroico la decisión de elevar a Dunia hasta él. Cuando entró, días antes, en el aposento de Raskolnikof, lo hizo como un bienhechor dispuesto a recoger los frutos de su magnanimidad y esperando oír las palabras más dulces y aduladoras. Huelga decir que ahora bajaba la escalera con la sensación de hombre ofendido e incomprendido.

Dunia le parecía ya algo indispensable para su vida y no podía admitir la idea de renunciar a ella. Hacía ya mucho tiempo, años, que soñaba voluptuosamente con el matrimonio, pero se limitaba a reunir dinero y esperar. Su ideal, en el que pensaba con secreta delicia, era una muchacha pura y pobre (la pobreza era un requisito indispensable), bonita, instruida y noble, que conociera los contratiempos de una vida difícil, pues la práctica del sufrimiento la llevaría a renunciar a su voluntad ante él; y le miraría durante toda su vida como a un salvador, le veneraría, se sometería a él, le admiraría, vería en él el único hombre. ¡Qué deliciosas escenas concebía su imaginación en las horas de asueto sobre este anhelo aureolado de voluptuosidad! Y al fin vio que el sueño acariciado durante tantos años estaba a punto de realizarse. La belleza y la educación de Avdotia Romanovna le habían cautivado, y la difícil situación en que se hallaba había colmado sus ilusiones. Dunia incluso rebasaba el límite de lo que él había soñado. Veía en ella una muchacha altiva, noble, enérgica, incluso más culta que él (lo reconocía), y esta criatura iba a profesarle un reconocimiento de esclava, profundo, eterno, por su acto heroico; iba a rendirle una veneración apasionada, y él ejercería sobre ella un dominio absoluto y sin límites…

Precisamente poco antes de pedir la mano de Dunia había decidido ampliar sus actividades, trasladándose a un campo de acción más vasto, y así poder ir introduciéndose poco a poco en un mundo superior, cosa que ambicionaba apasionadamente desde hacía largo tiempo. En una palabra, había decidido probar suerte en Petersburgo. Sabía que las mujeres pueden ser una ayuda para conseguir muchas cosas. El encanto de una esposa adorable, culta y virtuosa al mismo tiempo podía adornar su vida maravillosamente, atraerle simpatías, crearle una especie de aureola…Y todo esto se había venido abajo. Aquella ruptura, tan inesperada como espantosa, le había producido el efecto de un rayo. Le parecía algo absurdo, una broma monstruosa. Él no había tenido tiempo para decir lo que quería; sólo había podido alardear un poco. Primero no había tomado la cosa en serio, después se había dejado llevar de su indignación, y todo había terminado en una gran ruptura. Amaba ya a Dunia a su modo, la gobernaba y la dominaba en su imaginación, y, de improviso…

No, era preciso poner remedio al mal, conseguir un arreglo al mismo día siguiente y, sobre todo, aniquilar a aquel jovenzuelo, a aquel granuja que había sido el causante del mal. Pensó también, involuntariamente y con una especie de excitación enfermiza, en Rasumikhine, pero la inquietud que éste le produjo fue pasajera.

—¡Compararme con semejante individuo…!

Al que más temía era a Svidrigailof…En resumidas cuentas, que tenía en perspectiva no pocas preocupaciones.

—No, he sido yo la principal culpable —decía Dunia, acariciando a su madre—. Me dejé tentar por su dinero, pero yo te juro, Rodia, que no creía que pudiera ser tan indigno. Si lo hubiese sabido, jamás me habría dejado tentar. No me lo reproches, Rodia.

—¡Dios nos ha librado de él, Dios nos ha librado de él! —murmuró Pulqueria Alejandrovna, casi inconscientemente. Parecía no darse bien cuenta de lo que acababa de suceder.

Todos estaban contentos, y cinco minutos después charlaban entre risas. Sólo Dunetchka palidecía a veces, frunciendo las cejas, ante el recuerdo de la escena que se acababa de desarrollar. Pulqueria Alejandrovna no podía imaginarse que se sintiera feliz por una ruptura que aquella misma mañana le parecía una desgracia horrible. Rasumikhine estaba encantado; no osaba manifestar su alegría, pero temblaba febrilmente como si le hubieran quitado de encima un gran peso. Ahora era muy dueño de entregarse por entero a las dos mujeres, de servirlas…Además, sabía Dios lo que podría suceder…Sin embargo, rechazaba, acobardado, estos pensamientos y temía dar libre curso a su imaginación. Raskolnikof era el único que permanecía impasible, distraído, incluso un tanto huraño. Él, que tanto había insistido en la ruptura con Lujine, ahora que se había producido, parecía menos interesado en el asunto que los demás. Dunia no pudo menos de creer que seguía disgustado con ella, y Pulqueria Alejandrovna lo miraba con inquietud.

—¿Qué tienes que decirnos de parte de Svidrigailof? —le preguntó Dunia.

—¡Eso, eso! —exclamó Pulqueria Alejandrovna. Raskolnikof levantó la cabeza.

—Está empeñado en regalarte diez mil rublos y desea verte una vez estando yo presente.

—¿Verla? ¡De ningún modo! —exclamó por su parte Pulqueria Alejandrovna—. ¡Además, tiene la osadía de ofrecerle dinero!

Entonces Raskolnikof refirió (secamente, por cierto) su diálogo con Svidrigailof, omitiendo todo lo relacionado con las apariciones de Marfa Petrovna, a fin de no ser demasiado prolijo. Le molestaba profundamente hablar más de lo indispensable.

—¿Y tú qué le has contestado? —preguntó Dunia.

—Yo he empezado por negarme a decirte nada de parte suya, y entonces él me ha dicho que se las arreglaría, fuera como fuera, para tener una entrevista contigo. Me ha asegurado que su pasión por ti fue una ilusión pasajera y que ahora no le inspiras nada que se parezca al amor. No quiere que te cases con Lujine. En general, hablaba de un modo confuso y contradictorio.

—¿Y tú qué opinas, Rodia? ¿Qué efecto te ha producido?

—Os confieso que no lo acabo de entender. Te ofrece diez mil rublos, y dice que no es rico. Afirma que está a punto de emprender un viaje, y al cabo de diez minutos se olvida de ello…De pronto me ha dicho que se quiere casar y que le buscan una novia…Sin duda, persigue algún fin, un fin indigno seguramente. Sin embargo, yo creo que no se habría conducido tan ingenuamente si hubiera abrigado algún mal propósito contra ti…Yo, desde luego, he rechazado categóricamente ese dinero en nombre tuyo. En una palabra, ese hombre me ha producido una impresión extraña, e incluso me ha parecido que presentaba síntomas de locura…Pero acaso sea una falsa apreciación mía, o tal vez se trate de una simple ficción. La muerte de Marfa Petrovna debe de haberle trastornado profundamente.

—¡Que Dios la tenga en la gloria! —exclamó Pulqueria Alejandrovna—. Siempre la tendré presente en mis oraciones. ¿Qué habría sido de nosotras, Dunia, sin esos tres mil rublos? ¡Dios mío, no puedo menos de creer que el cielo nos los envía! Pues has de saber, Rodia, que todo el dinero que nos queda son tres rublos, y que pensábamos empeñar el reloj de Dunia para no pedirle dinero a él antes de que nos lo ofreciera.

Dunia parecía trastornada por la proposición de Svidrigailof. Estaba pensativa.

—Algún mal propósito abriga contra mí —murmuró, como si hablara consigo misma y con un leve estremecimiento.

Raskolnikof advirtió este temor excesivo.

—Creo que tendré ocasión de volverle a ver —dijo a su hermana.

—¡Lo vigilaremos! —exclamó enérgicamente Rasumikhine—. ¡Me comprometo a descubrir sus huellas! No le perderé de vista. Cuento con el permiso de Rodia. Hace poco me ha dicho: "Vela por mi hermana". ¿Me lo permite usted, Avdotia Romanovna?

Dunia le sonrió y le tendió la mano, pero su semblante seguía velado por la preocupación. Pulqueria Alejandrovna le miró tímidamente, pero no intranquila, pues pensaba en los tres mil rublos.

Un cuarto de hora después se había entablado una animada conversación. Incluso Raskolnikof, aunque sin abrir la boca, escuchaba con atención lo que decía Rasumikhine, que era el que llevaba la voz cantante.

—¿Por qué han de regresar ustedes al pueblo? —exclamó el estudiante, dejándose llevar de buen grado del entusiasmo que se había apoderado de él—. ¿Qué harán ustedes en ese villorrio? Deben ustedes permanecer aquí todos juntos, pues son indispensables el uno al otro, no me lo negarán. Por lo menos, deben quedarse aquí una temporada. En lo que a mí concierne, acéptenme como amigo y como socio y les aseguro que montaremos un negocio excelente. Escúchenme: voy a exponerles mi proyecto con todo detalle. Es una idea que se me ha ocurrido esta mañana, cuando nada había sucedido todavía. Se trata de lo siguiente: yo tengo un tío (que ya les presentaré y que es un viejo tan simpático como respetable) que tiene un capital de mil rublos y vive de una pensión que le basta para cubrir sus necesidades. Desde hace dos años no cesa de insistir en que yo acepte sus mil rublos como préstamo con el seis por ciento de interés. Esto es un truco: lo que él desea es ayudarme. El año pasado yo no necesitaba dinero, pero este año voy a aceptar el préstamo. A estos mil rublos añaden ustedes mil de los suyos, y ya tenemos para empezar. Bueno, ya somos socios. ¿Qué hacemos ahora?

Rasumikhine empezó acto seguido a exponer su proyecto. Se extendió en explicaciones sobre el hecho de que la mayoría de los libreros y editores no conocían su oficio y por eso hacían malos negocios, y añadió que editando buenas obras se podía no sólo cubrir gastos, sino obtener beneficios. Ser editor constituía el sueño dorado de Rasumikhine, que llevaba dos años trabajando para casas editoriales y conocía tres idiomas, aunque seis días atrás había dicho a Raskolnikof que no sabía alemán, simple pretexto para que su amigo aceptara la mitad de una traducción y, con ella, los tres rublos de anticipo que le correspondían. Raskolnikof no se había dejado engañar.

—¿Por qué despreciar un buen negocio —exclamó Rasumikhine con creciente entusiasmo—, teniendo el elemento principal para ponerlo en práctica, es decir, el dinero? Sin duda tendremos que trabajar de firme, pero trabajaremos. Trabajará usted Avdotia Romanovna; trabajará su hermano y trabajaré yo. Hay libros que pueden producir buenas ganancias. Nosotros tenemos la ventaja de que sabemos lo que se debe traducir. Seremos traductores, editores y aprendices a la vez. Yo puedo ser útil a la sociedad porque tengo experiencia en cuestiones de libros. Hace dos años que ruedo por las editoriales, y conozco lo esencial del negocio. No es nada del otro mundo, créanme. ¿Por qué no aprovechar esta ocasión? Yo podría indicar a los editores dos o tres libros extranjeros que producirían cien rublos cada uno, y sé de otro cuyo título no daría por menos de quinientos rublos. A lo mejor aún vacilarían esos imbéciles. Respecto a la parte administrativa del negocio (papel, impresión, venta…), déjenla en mi mano, pues es cosa que conozco bien. Empezaremos por poco e iremos ampliando el negocio gradualmente. Desde luego, ganaremos lo suficiente para vivir.

Los ojos de Dunia brillaban.

—Su proposición me parece muy bien, Dmitri Prokofitch.

—Yo, como es natural —dijo Pulqueria Alejandrovna—, no entiendo nada de eso. Tal vez sea un buen negocio. Lo cierto es que el asunto me sorprende por lo inesperado. Respecto a nuestra marcha, sólo puedo decirle que nos vemos obligadas a permanecer aquí algún tiempo.

Y al decir esto último dirigió una mirada a Rodia.

—¿Tú qué opinas? —preguntó Dunia a su hermano.

—A mí me parece una excelente idea. Naturalmente, no puede improvisarse un gran negocio editorial, pero sí publicar algunos volúmenes de éxito seguro. Yo conozco una obra que indudablemente se vendería. En cuanto a la capacidad de Rasumikhine, podéis estar tranquilas, pues conoce bien el negocio…Además, tenéis tiempo de sobra para estudiar el asunto.

—¡Hurra! —gritó Rasumikhine—. Y ahora escuchen. En este mismo edificio hay un local independiente que pertenece al mismo propietario. Está amueblado, tiene tres habitaciones pequeñas y no es caro. Yo me encargaré de empeñarles el reloj mañana para que tengan dinero. Todo se arreglará. Lo importante es que puedan ustedes vivir los tres juntos. Así tendrán a Rodia cerca de ustedes…Pero oye, ¿adónde vas?

—¿Por qué te marchas, Rodia? —preguntó Pulqueria Alejandrovna con evidente inquietud.

—¡Y en este momento! —le reprochó Rasumikhine.

Dunia miraba a su hermano con una sorpresa llena de desconfianza. Él, con la gorra en la mano, se disponía a marcharse.

—¡Cualquiera diría que nos vamos a separar para siempre! —exclamó en un tono extraño—. No me enterréis tan pronto.

Y sonrió, pero ¡qué sonrisa aquélla!

—Sin embargo —dijo distraídamente—, ¡quién sabe si será la última vez que nos vemos!

Había dicho esto contra su voluntad, como reflexionando en voz alta.

—Pero ¿qué te pasa, Rodia? —preguntó ansiosamente su madre.

—¿Dónde vas? —preguntó Dunia con voz extraña.

—Me tengo que marchar —repuso.

Su voz era vacilante, pero su pálido rostro expresaba una resolución irrevocable.

—Yo quería deciros…—continuó—. He venido aquí para decirte, mamá, y a ti también, Dunia, que…debemos separarnos por algún tiempo…No me siento bien…Los nervios…Ya volveré…Más adelante…, cuando pueda. Pienso en vosotros y os quiero. Pero dejadme, dejadme solo. Esto ya lo tenía decidido, y es una decisión irrevocable. Aunque hubiera de morir, quiero estar solo. Olvidaos de mí: esto es lo mejor…No me busquéis. Ya vendré yo cuando sea necesario…, y, si no vengo, enviaré a llamaros. Tal vez vuelva todo a su cauce; pero ahora, si verdaderamente me queréis, renunciad a mí. Si no lo hacéis, llegaré a odiaros: esto es algo que siento en mí. Adiós.

—¡Dios mío! —exclamó Pulqueria Alejandrovna.

La madre, la hermana y Rasumikhine se sintieron dominados por un profundo terror.

—¡Rodia, Rodia, vuelve a nosotras! —exclamó la pobre mujer.

Él se volvió lentamente y dio un paso hacia la puerta. Dunia fue hacia él.

—¿Cómo puedes portarte así con nuestra madre, Rodia? —murmuró, indignada.

—Ya volveré, ya volveré a veros —dijo a media voz, casi inconsciente. Y se fue.

—¡Mal hombre, corazón de piedra! —le gritó Dunia.

—No es malo, es que está loco —murmuró Rasumikhine al oído de la joven, mientras le apretaba con fuerza la mano—. Es un alienado, se lo aseguro. Sería usted la despiadada si no fuera comprensiva con él.

Y dirigiéndose a Pulqueria Alejandrovna, que parecía a punto de caer, le dijo:

—En seguida vuelvo.

Salió corriendo de la habitación. Raskolnikof, que le esperaba al final del pasillo, le recibió con estas palabras:

—Sabía que vendrías…Vuelve al lado de ellas; no las dejes…Ven también mañana; no las dejes nunca…Yo tal vez vuelva…, tal vez pueda volver. Adiós.

Se alejó sin tenderle la mano.

—Pero ¿adónde vas? ¿Qué te pasa? ¿Qué te propones? ¡No se puede obrar de ese modo!

Raskolnikof se detuvo de nuevo.

—Te lo he dicho y te lo repito: no me preguntes nada, pues no te contestaré…No vengas a verme. Tal vez venga yo aquí…Déjame…, pero a ellas no las abandones… ¿Comprendes?

El pasillo estaba oscuro y ellos se habían detenido cerca de la lámpara. Se miraron en silencio. Rasumikhine se acordaría de este momento toda su vida.

La mirada ardiente y fija de Raskolnikof parecía cada vez más penetrante, y Rasumikhine tenía la impresión de que le taladraba el alma. De súbito, el estudiante se estremeció. Algo extraño acababa de pasar entre ellos. Fue una idea que se deslizó furtivamente; una idea horrible, atroz y que los dos comprendieron…Rasumikhine se puso pálido como un muerto.

—¿Comprendes ahora? —preguntó Raskolnikof con una mueca espantosa—. Vuelve junto a ellas —añadió. Y dio media vuelta y se fue rápidamente.

No es fácil describir lo que ocurrió aquella noche en la habitación de Pulqueria Alejandrovna cuando regresó Rasumikhine; los esfuerzos del joven para calmar a las dos damas, las promesas que les hizo. Les dijo que Rodia estaba enfermo, que necesitaba reposo; les aseguró que volverían a verle y que él iría a visitarlas todos los días; que Rodia sufría mucho y no convenía irritarle; que él, Rasumikhine, llamaría a un gran médico, al mejor de todos; que se celebraría una consulta…En fin, que, a partir de aquella noche, Rasumikhine fue para ellas un hijo y un hermano.

CAPÍTULO 4

Raskolnikof se fue derecho a la casa del canal donde habitaba Sonia. Era un viejo edificio de tres pisos pintado de verde. No sin trabajo, encontró al portero, del cual obtuvo vagas indicaciones sobre el departamento del sastre Kapernaumof. En un rincón del patio halló la entrada de una escalera estrecha y sombría. Subió por ella al segundo piso y se internó por la galería que bordeaba la fachada. Cuando avanzaba entre las sombras, una puerta se abrió de pronto a tres pasos de él. Raskolnikof asió el picaporte maquinalmente.

—¿Quién va? —preguntó una voz de mujer con inquietud.

—Soy yo, que vengo a su casa —dijo Raskolnikof.

Y entró seguidamente en un minúsculo vestíbulo, donde una vela ardía sobre una bandeja llena de abolladuras que descansaba sobre una silla desvencijada.

—¡Dios mío! ¿Es usted? —gritó débilmente Sonia, paralizada por el estupor.

—¿Es éste su cuarto?

Y Raskolnikof entró rápidamente en la habitación, haciendo esfuerzos por no mirar a la muchacha.

Un momento después llegó Sonia con la vela en la mano. Depositó la vela sobre la mesa y se detuvo ante él, desconcertada, presa de extraordinaria agitación. Aquella visita inesperada le causaba una especie de terror. De pronto, una oleada de sangre le subió al pálido rostro y de sus ojos brotaron lágrimas. Experimentaba una confusión extrema y una gran vergüenza en la que había cierta dulzura. Raskolnikof se volvió rápidamente y se sentó en una silla ante la mesa. Luego paseó su mirada por la habitación.

Era una gran habitación de techo muy bajo, que comunicaba con la del sastre por una puerta abierta en la pared del lado izquierdo. En la del derecho había otra puerta, siempre cerrada con llave, que daba a otro departamento. La habitación parecía un hangar. Tenía la forma de un cuadrilátero irregular y un aspecto destartalado. La pared de la parte del canal tenía tres ventanas. Este muro se prolongaba oblicuamente y formaba al final un ángulo agudo y tan profundo, que en aquel rincón no era posible distinguir nada a la débil luz de la vela. El otro ángulo era exageradamente obtuso.

La extraña habitación estaba casi vacía de muebles. A la derecha, en un rincón, estaba la cama, y entre ésta y la puerta había una silla. En el mismo lado y ante la puerta que daba al departamento vecino se veía una sencilla mesa de madera blanca, cubierta con un paño azul, y, cerca de ella, dos sillas de anea. En la pared opuesta, cerca del ángulo agudo, había una cómoda, también de madera blanca, que parecía perdida en aquel gran vacío. Esto era todo. El papel de las paredes, sucio y desgastado, estaba ennegrecido en los rincones. En invierno, la humedad y el humo debían de imperar en aquella habitación, donde todo daba una impresión de pobreza. Ni siquiera había cortinas en la cama.

Sonia miraba en silencio al visitante, ocupado en examinar tan atentamente y con tanto desenfado su aposento. Y de pronto empezó a temblar de pies a cabeza como si se hallara ante el juez y árbitro de su destino.

—He venido un poco tarde. ¿Son ya las once? —preguntó Raskolnikof sin levantar la vista hacia Sonia.

—Sí, sí, son las once ya —balbuceó la muchacha ansiosamente, como si estas palabras le solucionaran un inquietante problema—: El reloj de mi patrona acaba de sonar y yo he oído perfectamente las…

—Vengo a su casa por última vez —dijo Raskolnikof con semblante sombrío. Sin duda se olvidaba de que era también su primera visita—. Acaso no vuelva a verla más —añadió.

—¿Se va de viaje?

—No sé, no sé…Mañana, quizá…

—Así, ¿no irá usted mañana a casa de Catalina Ivanovna? —preguntó

Sonia con un ligero temblor en la voz.

—No lo sé…Quizá mañana por la mañana…Pero no hablemos de este asunto. He venido a decirle…

Alzó hacia ella su mirada pensativa y entonces advirtió que él estaba sentado y Sonia de pie.

—¿Por qué está de pie? Siéntese —le dijo, dando de pronto a su voz un tono bajo y dulce.

Ella se sentó. Él la miró con un gesto bondadoso, casi compasivo.

—¡Qué delgada está usted! Sus manos casi se transparentan. Parecen las manos de un muerto.

Se apoderó de una de aquellas manos, y ella sonrió.

—Siempre he sido así —dijo Sonia.

—¿Incluso cuando vivía en casa de sus padres?

—Sí.

—¡Claro, claro! —dijo Raskolnikof con voz entrecortada. Tanto en su acento como en la expresión de su rostro se había operado súbitamente un nuevo cambio.

Volvió a pasear su mirada por la habitación.

—Tiene usted alquilada esta pieza a Kapernaumof, ¿verdad?

—Sí.

—Y ellos viven detrás de esa puerta, ¿no?

—Sí; tienen una habitación parecida a ésta.

—¿Sólo una para toda la familia?

—Sí.

—A mí, esta habitación me daría miedo —dijo Rodia con expresión sombría.

—Los Kapernaumof son buenas personas, gente amable —dijo Sonia, dando muestras de no haber recobrado aún su presencia de ánimo—. Y estos muebles, y todo lo que hay aquí, es de ellos. Son muy buenos. Los niños vienen a verme con frecuencia.

—Son tartamudos, ¿verdad?

—Sí, pero no todos. El padre es tartamudo y, además, cojo. La madre…no es que tartamudee, pero tiene dificultad para hablar. Es muy buena. Él era esclavo. Tienen siete hijos. Sólo el mayor es tartamudo. Los demás tienen poca salud, pero no tartamudean…Ahora que caigo, ¿cómo se ha enterado usted de estas cosas?

—Su padre me lo contó todo…Por él supe lo que le ocurrió a usted…Me explicó que usted salió de casa a las seis y no volvió hasta las nueve, y que Catalina Ivanovna pasó la noche arrodillada junto a su lecho.

Sonia se turbó.

—Me parece —murmuró, vacilando— que hoy lo he visto.

—¿A quién?

—A mi padre. Yo iba por la calle y, al doblar una esquina cerca de aquí, lo he visto de pronto. Me pareció que venía hacia mí. Estoy segura de que era él. Yo me dirigía a casa de Catalina Ivanovna…

—No, usted iba…paseando.

—Sí —murmuró Sonia con voz entrecortada. Y bajó los ojos llenos de turbación.

—Catalina Ivanovna llegó incluso a pegarle cuando usted vivía con sus padres, ¿verdad?

—¡Oh no! ¿Quién se lo ha dicho? ¡No, no; de ningún modo!

Y al decir esto Sonia miraba a Raskolnikof como sobrecogida de espanto.

—Ya veo que la quiere usted.

—¡Claro que la quiero! —exclamó Sonia con voz quejumbrosa y alzando de pronto las manos con un gesto de sufrimiento—. Usted no la… ¡Ah, si usted supiera…! Es como una niña…Está trastornada por el dolor…Es inteligente y noble…y buena…Usted no sabe nada…nada…

Sonia hablaba con acento desgarrador. Una profunda agitación la dominaba. Gemía, se retorcía las manos. Sus pálidas mejillas se habían teñido de rojo y sus ojos expresaban un profundo sufrimiento. Era evidente que Raskolnikof acababa de tocar un punto sensible en su corazón. Sonia experimentaba una ardiente necesidad de explicar ciertas cosas, de defender a su madrastra. De súbito, su semblante expresó una compasión "insaciable", por decirlo así.

—¿Pegarme? Usted no sabe lo que dice. ¡Pegarme ella, Señor…! Pero, aunque me hubiera pegado, ¿qué? Usted no la conoce… ¡Es tan desgraciada! Está enferma…Sólo pide justicia…Es pura. Cree que la justicia debe reinar en la vida y la reclama… Ni por el martirio se lograría que hiciera nada injusto. No se da cuenta de que la justicia no puede imperar en el mundo y se irrita…

Se irrita como un niño, exactamente como un niño, créame…Es una mujer justa, muy justa.

—¿Y qué va a hacer usted ahora?

Sonia le dirigió una mirada interrogante.

—Ahora ha de cargar usted con ellos. Verdad es que siempre ha sido así. Incluso su difunto padre le pedía a usted dinero para beber…Pero ¿qué van a hacer ahora?

—No lo sé —respondió Sonia tristemente.

—¿Seguirán viviendo en la misma casa?

—No lo sé. Deben a la patrona y creo que ésta ha dicho hoy que va a echarlos a la calle. Y Catalina Ivanovna dice que no permanecerá allí ni un día más.

—¿Cómo puede hablar así? ¿Cuenta acaso con usted?

—¡Oh, no! Ella no piensa en eso…Nosotros estamos muy unidos; lo que es de uno, es de todos.

Sonia dio esta respuesta vivamente, con una indignación que hacía pensar en la cólera de un canario o de cualquier otro pájaro diminuto e inofensivo.

—Además, ¿qué quiere usted que haga? —continuó Sonia con vehemencia creciente—. ¡Si usted supiera lo que ha llorado hoy! Está trastornada, ¿no lo ha notado usted? Sí, puede usted creerme: tan pronto se inquieta como una niña, pensando en cómo se las arreglará para que mañana no falte nada en la comida de funerales, como empieza a retorcerse las manos, a llorar, a escupir sangre, a dar cabezadas contra la pared. Después se calma de nuevo. Confía mucho en usted. Dice que, gracias a su apoyo, se procurará un poco de dinero y volverá a su tierra natal conmigo. Se propone fundar un pensionado para muchachas nobles y confiarme a mí la inspección. Está persuadida de que nos espera una vida nueva y maravillosa, y me besa, me abraza, me consuela. Ella cree firmemente en lo que dice, cree en todas sus fantasías. ¿Quién se atreve a contradecirla? Hoy se ha pasado el día lavando, fregando, remendando la ropa, y, como está tan débil, al fin ha caído rendida en la cama. Esta mañana hemos salido a comprar calzado para Lena y Poletchka, pues el que llevan está destrozado, pero no teníamos bastante dinero: necesitábamos mucho más. ¡Eran tan bonitos los zapatos que quería…! Porque tiene mucho gusto, ¿sabe…? Y se ha echado a llorar en plena tienda, delante de los dependientes, al ver que faltaba dinero... ¡Qué pena da ver estas cosas!

—Ahora comprendo que lleve usted esta vida —dijo Raskolnikof, sonriendo amargamente.

—¿Es que usted no se compadece de ella? —exclamó Sonia—. Usted le dio todo lo que tenía, y eso que no sabía nada de lo que ocurre en aquella casa. ¡Dios mío, si usted lo supiera! ¡Cuántas veces, cuántas, la he hecho llorar...! La semana pasada mismo, ocho días antes de morir mi padre, fui mala con ella...Y así muchas veces...Ahora me paso el día acordándome de aquello, y ¡me da una pena!

Se retorcía las manos con un gesto de dolor.

—¿Dice usted que fue mala con ella?

—Sí, fui mala...Yo había ido a verlos —continuó llorando—, y mi pobre padre me dijo: "Léeme un poco, Sonia. Aquí está el libro". El dueño de la obra era Andrés Simonovitch Lebeziatnikof, que vive en la misma casa y nos presta muchas veces libros de esos que hacen reír. Yo le contesté: "No puedo leer porque tengo que marcharme...". Y es que no tenía ganas de leer. Yo había ido allí para enseñar a Catalina Ivanovna unos cuellos y unos puños bordados que una vendedora a domicilio llamada Lisbeth me había dado a muy buen precio. A Catalina Ivanovna le gustaron mucho, se los probó, se miró al espejo y dijo que eran preciosos, preciosos. Después me los pidió. "¡Oh Sonia! —me dijo—. ¡Regálamelos!". Me lo dijo con voz suplicante... ¿En qué vestido los habría puesto...? Y es que le recordaban los tiempos felices de su juventud. Se miraba en el espejo y se admiraba a sí misma. ¡Hace tanto tiempo que no tiene vestidos ni nada...! Nunca pide nada a nadie. Tiene mucho orgullo y prefiere dar lo que tiene, por poco que sea. Sin embargo, insistió en que le diera los cuellos y los puños; esto demuestra lo mucho que le gustaban. Y yo se los negué. "¿Para qué los quiere usted, Catalina Ivanovna?". Sí, así se lo dije. Ella me miró con una pena que partía el corazón...No era quedarse sin los cuellos y los puños lo que la apenaba, sino que yo no se los hubiera querido dar. ¡Ah, si yo pudiese reparar aquello, borrar las palabras que dije...!

—¿De modo que conocía usted a Lisbeth, esa vendedora que iba por las casas?

—Sí. ¿Usted también la conocía? —preguntó Sonia con cierto asombro.

—Catalina Ivanovna está en el último grado de la tisis, y se morirá, se morirá muy pronto —dijo Raskolnikof tras una pausa y sin contestar a la pregunta de Sonia.

—¡Oh, no, no!

Sonia le había cogido las manos, sin darse cuenta de lo que hacía, y parecía suplicarle que evitara aquella desgracia.

—Lo mejor es que muera —dijo Raskolnikof.

—¡No, no! ¿Cómo va a ser mejor? —exclamó Sonia, trastornada, llena de espanto.

—¿Y los niños? ¿Qué hará usted con ellos? No se los va a traer aquí.

—¡No sé lo que haré! ¡No sé lo que haré! —exclamó, desesperada, oprimiéndose las sienes con las manos.

Sin duda este pensamiento la había atormentado con frecuencia, y Raskolnikof lo había despertado con sus preguntas.

—Y si usted se pone enferma, incluso viviendo Catalina Ivanovna, y se la llevan al hospital, ¿qué sucederá? —siguió preguntando despiadadamente.

—¡Oh! ¿Qué dice usted? ¿Qué dice usted? ¡Eso es imposible! —exclamó Sonia con el rostro contraído, con una expresión de espanto indecible.

—¿Por qué imposible? —preguntó Raskolnikof con una sonrisa sarcástica—. Usted no es inmune a las enfermedades, ¿verdad? ¿Qué sería de ellos si usted se pusiera enferma? Se verían todos en la calle. La madre pediría limosna sin dejar de toser, después golpearía la pared con la cabeza como ha hecho hoy, y los niños llorarían. Al fin quedaría tendida en el suelo y se la llevarían, primero a la comisaría y después al hospital. Allí se moriría, y los niños…

—¡No, no! ¡Eso no lo consentirá Dios! —gritó Sonia con voz ahogada.

Le había escuchado con gesto suplicante, enlazadas las manos en una muda imploración, como si todo dependiera de él.

Raskolnikof se levantó y empezó a ir y venir por el aposento. Así transcurrió un minuto. Sonia estaba de pie, los brazos pendientes a lo largo del cuerpo, baja la cabeza, presa de una angustia espantosa.

—¿Es que usted no puede hacer economías, poner algún dinero a un lado? —preguntó Raskolnikof de pronto, deteniéndose ante ella.

—No —murmuró Sonia.

—No me extraña. ¿Lo ha intentado? —preguntó con una sonrisa burlona.

—Sí.

—Y no lo ha conseguido, claro. Es muy natural. No hace falta preguntar el motivo.

Y continuó sus paseos por la habitación. Hubo otro minuto de silencio.

—¿Es que no gana usted dinero todos los días? —preguntó Rodia. Sonia se turbó más todavía y enrojeció.

—No —murmuró con un esfuerzo doloroso.

—La misma suerte espera a Poletchka —dijo Raskolnikof de pronto.

—¡No, no! ¡Eso es imposible! —exclamó Sonia.

Fue un grito de desesperación. Las palabras de Raskolnikof la habían herido como una cuchillada.

—¡Dios no permitirá una abominación semejante!

—Permite otras muchas.

—¡No, no! ¡Dios la protegerá! ¡A ella la protegerá! —gritó Sonia fuera de sí.

—Tal vez no exista —replicó Raskolnikof con una especie de crueldad triunfante.

Seguidamente se echó a reír y la miró.

Al oír aquellas palabras se operó en el semblante de Sonia un cambio repentino, y sacudidas nerviosas recorrieron su cuerpo. Dirigió a Raskolnikof miradas cargadas de un reproche indefinible. Intentó hablar, pero de sus labios no salió ni una sílaba. De súbito se echó a llorar amargamente y ocultó el rostro entre las manos.

—Usted dice que Catalina Ivanovna está trastornada, pero usted no lo está menos —dijo Raskolnikof tras un breve silencio.

Transcurrieron cinco minutos. El joven seguía yendo y viniendo por la habitación sin mirar a Sonia. Al fin se acercó a ella. Los ojos le centelleaban. Apoyó las manos en los débiles hombros y miró el rostro cubierto de lágrimas. Lo miró con ojos secos, duros, ardientes, mientras sus labios se agitaban con un temblor convulsivo…De pronto se inclinó, bajó la cabeza hasta el suelo y le besó los pies. Sonia retrocedió horrorizada, como si tuviera ante sí a un loco. Y en verdad un loco parecía Raskolnikof.

—¿Qué hace usted? —balbuceó.

Se había puesto pálida y sentía en el corazón una presión dolorosa. Él se puso en pie.

—No me he arrodillado ante ti, sino ante todo el dolor humano —dijo en un tono extraño.

Y fue a acodarse en la ventana. Pronto volvió a su lado y añadió:

—Oye, hace poco he dicho a un insolente que valía menos que tu dedo meñique y que te había invitado a sentarte al lado de mi madre y de mi hermana.

—¿Eso ha dicho? —exclamó Sonia, aterrada—. ¿Y delante de ellas? ¡Sentarme a su lado! Pero si yo soy…una mujer sin honra. ¿Cómo se le ha ocurrido decir eso?

—Al hablar así, yo no pensaba en tu deshonra ni en tus faltas, sino en tu horrible martirio. Sin duda —continuó ardientemente—, eres una gran pecadora, sobre todo por haberte inmolado inútilmente. Ciertamente, eres muy desgraciada. ¡Vivir en el cieno y saber (porque tú lo sabes: basta mirarte para comprenderlo) que no te sirve para nada, que no puedes salvar a nadie con tu sacrificio…! Y ahora dime —añadió, iracundo—: ¿Cómo es posible que tanta ignominia, tanta bajeza, se compaginen en ti con otros sentimientos tan opuestos, tan sagrados? Sería preferible arrojarse al agua de cabeza y terminar de una vez.

—Pero ¿y ellos? ¿Qué sería de ellos? —preguntó Sonia levantando la cabeza, con voz desfallecida y dirigiendo a Raskolnikof una mirada impregnada de dolor, pero sin mostrar sorpresa alguna ante el terrible consejo.

Raskolnikof la envolvió en una mirada extraña, y esta mirada le bastó para descifrar los pensamientos de la joven. Comprendió que ella era de la misma opinión. Sin duda, en su desesperación, había pensado más de una vez en poner término a su vida. Y tan resueltamente había pensado en ello, que no le había causado la menor extrañeza el consejo de Raskolnikof. No había advertido la crueldad de sus palabras, del mismo modo que no había captado el sentido de sus reproches. Él se dio cuenta de todo ello y comprendió perfectamente hasta qué punto la habría torturado el sentimiento de su deshonor, de su situación infamante. ¿Qué sería lo que le había impedido poner fin a su vida? Y, al hacerse esta pregunta, Raskolnikof comprendió lo que significaban para ella aquellos pobres niños y aquella desdichada Catalina Ivanovna, tísica, medio loca y que golpeaba las paredes con la cabeza.

Sin embargo, vio claramente que Sonia, por su educación y su carácter, no podía permanecer indefinidamente en semejante situación. También se preguntaba cómo había podido vivir tanto tiempo sin volverse loca. Desde luego, comprendía que la situación de Sonia era un fenómeno social que estaba fuera de lo común, aunque, por desgracia, no era único ni extraordinario; pero ¿no era esto una razón más, unida a su educación y a su pasado, para que su primer paso en aquel horrible camino la hubiera llevado a la muerte? ¿Qué era lo que la sostenía? No el vicio, pues toda aquella ignominia sólo había manchado su cuerpo: ni la menor sombra de ella había llegado a su corazón. Esto se veía perfectamente; se leía en su rostro.

"Sólo tiene tres soluciones —siguió pensando Raskolnikof—: arrojarse al canal, terminar en un manicomio o lanzarse al libertinaje que embrutece el espíritu y petrifica el corazón".

Esta última posibilidad era la que más le repugnaba, pero Raskolnikof era joven, escéptico, de espíritu abstracto y, por lo tanto, cruel, y no podía menos de considerar que esta última eventualidad era la más probable.

"Pero ¿es esto posible? —siguió reflexionando—. ¿Es posible que esta criatura que ha conservado la pureza de alma termine por hundirse a sabiendas en ese abismo horrible y hediondo? ¿No será que este hundimiento ha empezado ya, que ella ha podido soportar hasta ahora semejante vida porque el vicio ya no le repugna…? No, no; esto es imposible —exclamó mentalmente, repitiendo el grito lanzado por Sonia hacía un momento—: lo que hasta ahora le ha impedido arrojarse al canal ha sido el temor de cometer un pecado, y también esa familia…Parece que no se ha vuelto loca, pero ¿quién puede asegurar que esto no es simple apariencia? ¿Puede estar en su juicio? ¿Puede una persona hablar como habla ella sin estar loca? ¿Puede una mujer conservar la calma sabiendo que va a su perdición, y asomarse a ese abismo pestilente sin hacer caso cuando se habla del peligro? ¿No esperará un milagro…? Sí, seguramente. Y todo esto, ¿no son pruebas de enajenación mental?".

Se aferró obstinadamente a esta última idea. Esta solución le complacía más que ninguna otra. Empezó a examinar a Sonia atentamente.

—¿Rezas mucho, Sonia? —le preguntó.

La muchacha guardó silencio. Él, de pie a su lado, esperaba una respuesta.

—¿Qué habría sido de mí sin la ayuda de Dios?

Había dicho esto en un rápido susurro. Al mismo tiempo, lo miró con ojos fulgurantes y le apretó la mano.

"No me he equivocado", se dijo Raskolnikof.

—Pero ¿qué hace Dios por ti? —siguió preguntando el joven.

Sonia permaneció en silencio un buen rato. Parecía incapaz de responder.

La emoción henchía su frágil pecho.

—¡Calle! No me pregunte. Usted no tiene derecho a hablar de estas cosas —exclamó de pronto, mirándole, severa e indignada.

"Es lo que he pensado, es lo que he pensado", se decía Raskolnikof.

—Dios todo lo puede —dijo Sonia, bajando de nuevo los ojos.

"Esto lo explica todo", pensó Raskolnikof. Y siguió observándola con ávida curiosidad.

Experimentaba una sensación extraña, casi enfermiza, mientras contemplaba aquella carita pálida, enjuta, de facciones irregulares y angulosas; aquellos ojos azules capaces de emitir verdaderas llamaradas y de expresar una pasión tan austera y vehemente; aquel cuerpecillo que temblaba de indignación. Todo esto le parecía cada vez más extraño, más ajeno a la realidad.

"Está loca, está loca", se repetía.

Sobre la cómoda había un libro. Raskolnikof le había dirigido una mirada cada vez que pasaba junto a él en sus idas y venidas por la habitación. Al fin cogió el volumen y lo examinó. Era una traducción rusa del Nuevo Testamento, un viejo libro con tapas de tafilete.

—¿De dónde has sacado este libro? —le preguntó desde el otro extremo de la habitación, cuando ella permanecía inmóvil cerca de la mesa.

—Me lo han regalado —respondió Sonia de mala gana y sin mirarle.

—¿Quién?

—Lisbeth.

"¡Lisbeth! ¡Qué raro!", pensó Raskolnikof.

Todo lo relacionado con Sonia le parecía cada vez más extraño. Acercó el libro a la bujía y empezó a hojearlo.

—¿Dónde está el capítulo sobre Lázaro? —preguntó de pronto.

Sonia no contestó. Tenía la mirada fija en el suelo y se había separado un poco de la mesa.

—Dime dónde están las páginas que hablan de la resurrección de Lázaro. Sonia le miró de reojo.

—Están en el cuarto Evangelio —repuso Sonia gravemente y sin moverse del sitio.

—Toma; busca ese pasaje y léemelo.

Dicho esto, Raskolnikof se sentó a la mesa, apoyó en ella los codos y el mentón en una mano y se dispuso a escuchar, vaga la mirada y sombrío el semblante.

"Dentro de quince días o de tres semanas —murmuró para sí— habrá que ir a verme a la séptima versta. Allí estaré, sin duda, si no me ocurre nada peor".

Sonia dio un paso hacia la mesa. Vacilaba. Había recibido con desconfianza la extraña petición de Raskolnikof. Sin embargo, cogió el libro.

—¿Es que usted no lo ha leído nunca? —preguntó, mirándole de reojo. Su voz era cada vez más fría y dura.

—Lo leí hace ya mucho tiempo, cuando era niño… Lee.

—¿Y no lo ha leído en la iglesia?

—Yo…yo no voy a la iglesia. ¿Y tú?

—Pues…no —balbuceó Sonia. Raskolnikof sonrió.

—Se comprende. No asistirás mañana a los funerales de tu padre, ¿verdad?

—Sí que asistiré. Ya fui la semana pasada a la iglesia para una misa de réquiem.

—¿Por quién?

—Por Lisbeth. La mataron a hachazos.

La tensión nerviosa de Raskolnikof iba en aumento. La cabeza empezaba a darle vueltas.

—Por lo visto, tenías amistad con Lisbeth.

—Sí. Era una mujer justa y buena…A veces venía a verme…Muy de tarde en tarde. No podía venir más…Leíamos y hablábamos…Ahora está con Dios. ¡Qué extraño parecía a Raskolnikof aquel hecho, y qué extrañas aquellas palabras novelescas! ¿De qué podrían hablar aquellas dos mujeres, aquel par de necias?

"Aquí corre uno el peligro de volverse loco: es una enfermedad contagiosa", se dijo.

—¡Lee! —ordenó de pronto, irritado y con voz apremiante.

Sonia seguía vacilando. Su corazón latía con fuerza. La desdichada no se atrevía a leer en presencia de Raskolnikof. El joven dirigió una mirada casi dolorosa a la pobre demente.

—¿Qué le importa esto? Usted no tiene fe —murmuró Sonia con voz entrecortada.

—¡Lee! —insistió Raskolnikof—. ¡Bien le leías a Lisbeth!

Sonia abrió el libro y buscó la página. Le temblaban las manos y la voz no le salía de la garganta. Intentó empezar dos o tres veces, pero no pronunció ni una sola palabra.

—"Había en Betania un hombre llamado Lázaro, que estaba enfermo…" —articuló al fin, haciendo un gran esfuerzo.

Pero inmediatamente su voz vibró y se quebró como una cuerda demasiado tensa. Sintió que a su oprimido pecho le faltaba el aliento. Raskolnikof comprendía en parte por qué se resistía Sonia a obedecerle, pero esta comprensión no impedía que se mostrara cada vez más apremiante y grosero. De sobra se daba cuenta del trabajo que le costaba a la pobre muchacha mostrarle su mundo interior. Comprendía que aquellos sentimientos eran su gran secreto, un secreto que tal vez guardaba desde su adolescencia, desde la época en que vivía con su familia, con su infortunado padre, con aquella madrastra que se había vuelto loca a fuerza de sufrir, entre niños hambrientos y oyendo a todas horas gritos y reproches. Pero, al mismo tiempo, tenía la seguridad de que Sonia, a pesar de su repugnancia, de su temor a leer, sentía un ávido, un doloroso deseo de leerle a él en aquel momento, sin importarle lo que después pudiera ocurrir… Leía todo esto en los ojos de Sonia y comprendía la emoción que la trastornaba…Sin embargo, Sonia se dominó, deshizo el nudo que tenía en la garganta y continuó leyendo el capítulo 11 del Evangelio según San Juan. Y llegó al versículo 19.

—"…Y gran número de judíos habían acudido a ver a Marta y a María para consolarlas de la muerte de su hermano. Habiéndose enterado de la llegada de Jesús, Marta fue a su encuentro, mientras María se quedaba en casa. Marta dijo a Jesús: Señor, si hubieras estado aquí, mi hermano no habría muerto; pero ahora yo sé que todo lo que pidas a Dios, Dios te lo dará…".

Al llegar a este punto, Sonia se detuvo para sobreponerse a la emoción que amenazaba ahogar su voz.

—"Jesús le dijo: Tu hermano resucitará. Marta le respondió: Yo sé que resucitará el día de la resurrección de los muertos. Jesús le dijo: Yo soy la resurrección y la vida; el que cree en mí, si está muerto, resucitará, y todo el que vive y cree en mí, no morirá eternamente. ¿Crees esto? Y ella dice…".

Sonia tomó aliento penosamente y leyó con energía, como si fuera ella la que hacía públicamente su profesión de fe:

—"…Sí, Señor; yo creo que tú eres el Cristo, el Hijo de Dios, que has venido al mundo…".

Sonia se detuvo, levantó momentáneamente los ojos hacia Raskolnikof y después continuó la lectura. El joven, acodado en la mesa, escuchaba sin moverse y sin mirar a Sonia. La lectora llegó al versículo 32.

—"...Cuando María llegó al lugar donde estaba Cristo y lo vio, cayó a sus pies y le dijo: Señor, si hubieras estado aquí, mi hermano no habría muerto. Y cuando Jesús vio que lloraba y que los judíos que iban con ella lloraban igualmente, se entristeció, se conmovió su espíritu y dijo: ¿Dónde lo pusisteis? Le respondieron: Señor, ven y mira. Entonces Jesús lloró y dijeron los judíos: Ved cómo le amaba. Y algunos de ellos dijeron: El que abrió los ojos al ciego, ¿no podía hacer que este hombre no muriera?...".

Raskolnikof se volvió hacia Sonia y la miró con emoción. Sí, era lo que él había sospechado. La joven temblaba febrilmente, como él había previsto. Se acercaba al momento del milagro y un sentimiento de triunfo se había apoderado de ella. Su voz había cobrado una sonoridad metálica y una firmeza nacida de aquella alegría y de aquella sensación de triunfo. Las líneas se entremezclaban ante sus velados ojos, pero ella podía seguir leyendo porque se dejaba llevar de su corazón. Al leer el último versículo —"El que abrió los ojos al ciego..."—, Sonia bajó la voz para expresar con apasionado acento la duda, la reprobación y los reproches de aquellos ciegos judíos que un momento después iban a caer de rodillas, como fulminados por el rayo, y a creer, mientras prorrumpían en sollozos...Y él, él que tampoco creía, él que también estaba ciego, comprendería y creería igualmente...Y esto iba a suceder muy pronto, en seguida...Así soñaba Sonia, y temblaba en la gozosa espera.

—"...Jesús, lleno de una profunda tristeza, fue a la tumba. Era una cueva tapada con una piedra. Jesús dijo: Levantad la piedra. Marta, la hermana del difunto, le respondió: Señor, ya huele mal, pues hace cuatro días que está en la tumba...".

Sonia pronunció con fuerza la palabra "cuatro".

—"...Jesús le dijo entonces: ¿No te he dicho que si tienes fe verás la gloria de Dios? Entonces quitaron la piedra de la cueva donde reposaba el muerto. Jesús levantó los ojos al cielo y dijo: Padre mío, te doy gracias por haberme escuchado. Yo sabía que Tú me escuchas siempre y sólo he hablado para que los que están a mi alrededor crean que eres Tú quien me ha enviado a la tierra. Habiendo dicho estas palabras, clamó con voz sonora: ¡Lázaro, sal! Y el muerto salió...—Sonia leyó estas palabras con voz clara y triunfante, y temblaba como si acabara de ver el milagro con sus propios ojos—...vendados los pies y las manos con cintas mortuorias y el rostro envuelto en un sudario. Jesús dijo: Desatadle y dejadle ir.

Entonces, muchos de los judíos que habían ido a casa de María y que habían visto el milagro de Jesús creyeron en él".

Ya no pudo seguir leyendo. Cerró el libro y se levantó.

—No hay nada más sobre la resurrección de Lázaro.

Dijo esto gravemente y en voz baja. Luego se separó de la mesa y se detuvo. Permanecía inmóvil y no se atrevía a mirar a Raskolnikof. Seguía temblando febrilmente. El cabo de la vela estaba a punto de consumirse en el torcido candelero y expandía una luz mortecina por aquella mísera habitación donde un asesino y una prostituta se habían unido para leer el Libro Eterno.

—He venido a hablarle de un asunto —dijo de súbito Raskolnikof con voz fuerte y enérgica. Seguidamente, velado el semblante por una repentina tristeza, se levantó y se acercó a Sonia. Ésta se volvió a mirarle y vio que su dura mirada expresaba una feroz resolución. El joven añadió—: Hoy he abandonado a mi familia, a mi madre y a mi hermana. Ya no volveré al lado de ellas: la ruptura es definitiva.

—¿Por qué ha hecho eso? —preguntó Sonia, estupefacta.

Su reciente encuentro con Pulqueria Alejandrovna y Dunia había dejado en ella una impresión imborrable aunque confusa, y la noticia de la ruptura la horrorizó.

—Ahora no tengo a nadie más que a ti —dijo Raskolnikof—. Vente conmigo. He venido por ti. Somos dos seres malditos. Vámonos juntos.

Sus ojos centelleaban.

"Tiene cara de loco", pensó Sonia.

—¿Irnos? ¿Adónde? —preguntó aterrada, dando un paso atrás.

—¡Yo qué sé! Yo sólo sé que los dos seguimos la misma ruta y que únicamente tenemos una meta.

Ella le miraba sin comprenderle. Ella sólo veía en él una cosa: que era infinitamente desgraciado.

—Nadie lo comprendería si les dijeras las cosas que me has dicho a mí. Yo, en cambio, lo he comprendido. Te necesito y por eso he venido a buscarte.

—No entiendo —balbuceó Sonia.

—Ya entenderás más adelante. Tú has obrado como yo. Tú también has cruzado la línea. Has atentado contra ti; has destruido una vida…, tu propia vida, verdad es, pero ¿qué importa? Habrías podido vivir con tu alma y tu razón y terminarás en la plaza del Mercado. No puedes con tu carga, y si permaneces sola, te volverás loca, del mismo modo que me volveré yo. Ya parece que sólo conservas a medias la razón. Hemos de seguir la misma ruta, codo a codo. ¡Vente!

—¿Por qué, por qué dice usted eso? —preguntó Sonia, emocionada, incluso trastornada por las palabras de Raskolnikof.

—¿Por qué? Porque no se puede vivir así. Por eso hay que razonar seriamente y ver las cosas como son, en vez de echarse a llorar como un niño y gritar que Dios no lo permitirá. ¿Qué sucederá si un día te llevan al hospital? Catalina Ivanovna está loca y tísica, y morirá pronto. ¿Qué será entonces de los niños? ¿Crees que Poletchka podrá salvarse? ¿No has visto por estos barrios niños a los que sus madres envían a mendigar? Yo sé ya dónde viven esas madres y cómo viven. Los niños de esos lugares no se parecen a los otros. Entre ellos, los rapaces de siete años son ya viciosos y ladrones.

—Pero ¿qué hacer, qué hacer? —exclamó Sonia, llorando desesperadamente mientras se retorcía las manos.

—¿Qué hacer? Cambiar de una vez y aceptar el sufrimiento. ¿Qué, no comprendes? Ya comprenderás más adelante…La libertad y el poder, el poder sobre todo…, el dominio sobre todos los seres pusilánimes…Sí, dominar a todo el hormiguero: he aquí el fin. Acuérdate de esto: es como un testamento que hago para ti. Acaso sea ésta la última vez que te hablo. Si no vengo mañana, te enterarás de todo. Entonces acuérdate de mis palabras. Quizá llegue un día, en el curso de los años, en que comprendas su significado. Y si vengo mañana, te diré quién mató a Lisbeth.

Sonia se estremeció.

—Entonces, ¿usted lo sabe? —preguntó, helada de espanto y dirigiéndole una mirada despavorida.

—Lo sé y te lo diré…Sólo te lo diré a ti. Te he escogido para esto. No vendré a pedirte perdón, sino sencillamente a decírtelo. Hace ya mucho tiempo que te elegí para esta confidencia: el mismo día en que tu padre me habló de ti, cuando Lisbeth vivía aún. Adiós. No me des la mano. Hasta mañana.

Y se marchó, dejando a Sonia la impresión de que había estado conversando con un loco. Pero ella misma sentía como si le faltara la razón. La cabeza le daba vueltas.

"¡Señor! ¿Cómo sabe quién ha matado a Lisbeth? ¿Qué significan sus palabras?".

Todo esto era espantoso. Sin embargo, no sospechaba ni remotamente la verdad.

"Debe de ser muy desgraciado…Ha abandonado a su madre y a su hermana. ¿Por qué? ¿Qué habrá ocurrido? ¿Qué intenciones tiene? ¿Qué significan sus palabras?".

Le había besado los pies y le había dicho…, le había dicho…que no podía vivir sin ella. Sí, se lo había dicho claramente.

"¡Señor, Señor…!".

Sonia estuvo toda la noche ardiendo de fiebre y delirando. Se estremecía, lloraba, se retorcía las manos; después caía en un sueño febril y soñaba con Poletchka, con Catalina Ivanovna, con Lisbeth, con la lectura del Evangelio, y con él, con su rostro pálido y sus ojos llameantes…Él le besaba los pies y lloraba… ¡Señor, Señor!

Tras la puerta que separaba la habitación de Sonia del departamento de la señora Resslich había una pieza vacía que correspondía a aquel compartimiento y que se alquilaba, como indicaba un papel escrito colgado en la puerta de la calle y otros papeles pegados en las ventanas que daban al canal. Sonia sabía que aquella habitación estaba deshabitada desde hacía tiempo. Sin embargo, durante toda la escena precedente, el señor Svidrigailof, de pie detrás de la puerta que daba al aposento de la joven, había oído perfectamente toda la conversación de Sonia con su visitante.

Cuando Raskolnikof se fue, Svidrigailof reflexionó un momento, se dirigió de puntillas a su cuarto, contiguo a la pieza desalquilada, cogió una silla y volvió a la habitación vacía para colocarla junto a la puerta que daba al dormitorio de Sonia. La conversación que acababa de oír le había parecido tan interesante, que había llevado allí aquella silla, pensando que la próxima vez, al día siguiente, por ejemplo, podría escuchar con toda comodidad, sin que turbara su satisfacción la molestia de permanecer de pie media hora.

CAPÍTULO 5

Cuando, al día siguiente, a las once en punto, Raskolnikof fue a ver al juez de instrucción, se extrañó de tener que hacer diez largos minutos de antesala. Este tiempo transcurrió, como mínimo, antes de que le llamaran, siendo así que él esperaba ser recibido apenas le anunciasen. Allí estuvo, en la sala de espera, viendo pasar personas que no le prestaban la menor atención. En la sala contigua trabajaban varios escribientes, y saltaba a la vista que ninguno de ellos tenía la menor idea de quién era Raskolnikof.

El visitante paseó por toda la estancia una mirada retadora, preguntándose si habría allí algún esbirro, algún espía encargado de vigilarle para impedir su fuga. Pero no había nada de esto. Sólo veía caras de funcionarios que reflejaban cuidados mezquinos, y rostros de otras personas que, como los funcionarios, no se interesaban lo más mínimo por él. Se podría haber marchado al fin del mundo sin llamar la atención de nadie. Poco a poco se iba convenciendo de que si aquel misterioso personaje, aquel fantasma que parecía haber surgido de la tierra y al que había visto el día anterior, lo hubiera sabido todo, lo hubiera visto todo, él, Raskolnikof, no habría podido permanecer tan tranquilamente en aquella sala de espera. Y ni habrían esperado hasta las once para verle, ni le habrían permitido ir por su propia voluntad. Por lo tanto, aquel hombre no había dicho nada…, porque tal vez no sabía nada, ni nada había visto (¿cómo lo habría podido ver?), y todo lo ocurrido el día anterior no había sido sino un espejismo agrandado por su mente enferma.

Esta explicación, que le parecía cada vez más lógica, ya se le había ocurrido el día anterior en el momento en que sus inquietudes, aquellas inquietudes rayanas en el terror, eran más angustiosas.

Mientras reflexionaba en todo esto y se preparaba para una nueva lucha, Raskolnikof empezó a temblar de pronto, y se enfureció ante la idea de que aquel temblor podía ser de miedo, miedo a la entrevista que iba a tener con el odioso Porfirio Petrovitch. Pensar que iba a volver a ver a aquel hombre le inquietaba profundamente. Hasta tal extremo le odiaba, que temía incluso que aquel odio le traicionase, y esto le produjo una cólera tan violenta, que detuvo en seco su temblor. Se dispuso a presentarse a Porfirio en actitud fría e insolente y se prometió a sí mismo hablar lo menos posible, vigilar a su adversario, permanecer en guardia y dominar su irascible temperamento. En este momento le llamaron al despacho de Porfirio Petrovitch.

El juez de instrucción estaba solo en aquel momento. En el despacho, de medianas dimensiones, había una gran mesa de escritorio, un armario y varias sillas. Todo este mobiliario era de madera amarilla y lo pagaba el Estado. En la pared del fondo había una puerta cerrada. Por lo tanto, debía de haber otras dependencias tras aquella pared. Cuando entró Raskolnikof, Porfirio cerró tras él la puerta inmediatamente y los dos quedaron solos. El juez recibió a su visitante con gesto alegre y amable; pero, poco después, Raskolnikof advirtió que daba muestras de cierta violencia. Era como si le hubieran sorprendido ocupado en alguna operación secreta.

Porfirio le tendió las dos manos.

—¡Ah! He aquí a nuestro respetable amigo en nuestros parajes. Siéntese, querido…Pero ahora caigo en que tal vez le disguste que le haya llamado "respetable" y "querido" así, tout court. Le ruego que no tome esto como una familiaridad. Siéntese en el sofá, haga el favor.

Raskolnikof se sentó sin apartar de él la vista. Las expresiones "nuestros parajes", "como una familiaridad", "tout court", amén de otros detalles, le parecían muy propios de aquel hombre.

"Sin embargo, me ha tendido las dos manos sin permitirme estrecharle ninguna: las ha retirado a tiempo", pensó Raskolnikof, empezando a desconfiar.

Se vigilaban mutuamente, pero, apenas se cruzaban sus miradas, las desviaban con la rapidez del relámpago.

—Le he traído este papel sobre el asunto del reloj. ¿Está bien así o habré de escribirlo de otro modo?

—¿Cómo? ¿El papel del reloj? ¡Ah, sí! ¡No se preocupe! Está muy bien — dijo Porfirio Petrovitch precipitadamente, antes de haber leído el escrito. Inmediatamente, lo leyó—. Sí, está perfectamente. No hace falta más.

Seguía expresándose con precipitación. Un momento después, mientras hablaban de otras cosas, lo guardó en un cajón de la mesa.

—Me parece —dijo Raskolnikof— que ayer mostró usted deseos de interrogarme…oficialmente…sobre mis relaciones con la mujer asesinada…

"¿Por qué habré dicho ´me parece´?"

Esta idea atravesó su mente como un relámpago.

"Pero ¿por qué me ha de inquietar tanto ese ´me parece´?", se dijo acto seguido.

Y de súbito advirtió que su desconfianza, originada tan sólo por la presencia de Porfirio, a las dos palabras y a las dos miradas cambiadas con él, había cobrado en dos minutos dimensiones desmesuradas. Esta disposición de ánimo era sumamente peligrosa. Raskolnikof se daba perfecta cuenta de ello. La tensión de sus nervios aumentaba, su agitación crecía…

"¡Malo, malo! A ver si hago alguna tontería".

—¡Ah, sí! No se preocupe…Hay tiempo —dijo Porfirio Petrovitch, yendo y viniendo por el despacho, al parecer sin objeto, pues ahora se dirigía a la mesa, e inmediatamente después se acercaba a la ventana, para volver en seguida al lado de la mesa. En sus paseos rehuía la mirada retadora de Raskolnikof, después de lo cual se detenía de pronto y le miraba a la cara fijamente. Era extraño el espectáculo que ofrecía aquel cuerpo rechoncho, cuyas evoluciones recordaban las de una pelota que rebotase de una a otra pared.

Porfirio Petrovitch continuó:

—Nada nos apremia. Tenemos tiempo de sobra... ¿Fuma usted? ¿Acaso no tiene tabaco? Tenga un cigarrillo...Aunque le recibo aquí, mis habitaciones están allí, detrás de ese tabique. El Estado corre con los gastos. Si no las habito es porque necesitan ciertas reparaciones. Por cierto que ya están casi terminadas. Es magnífico eso de tener una casa pagada por el Estado. ¿No opina usted así?

—En efecto, es una cosa magnífica —repuso Raskolnikof, mirándole casi burlonamente.

—Una cosa magnífica, una cosa magnífica —repetía Porfirio Petrovitch distraídamente—. ¡Sí, una cosa magnífica! —gritó, deteniéndose de súbito a dos pasos del joven.

La continua y estúpida repetición de aquella frase referente a las ventajas de tener casa gratuita contrastaba extrañamente, por su vulgaridad, con la mirada grave, profunda y enigmática que el juez de instrucción fijaba en Raskolnikof en aquel momento.

Esto no hizo sino acrecentar la cólera del joven, que, sin poder contenerse, lanzó a Porfirio Petrovitch un reto lleno de ironía e imprudente en extremo.

—Bien sé —empezó a decir con una insolencia que, evidentemente, le llenaba de satisfacción— que es un principio, una regla para todos los jueces, comenzar hablando de cosas sin importancia, o de cosas serias, si usted quiere, pero que no tienen nada que ver con el asunto que interesa. El objeto de esta táctica es alentar, por decirlo así, o distraer a la persona que interrogan, ahuyentando su desconfianza, para después, de improviso, arrojarles en pleno rostro la pregunta comprometedora. ¿Me equivoco? ¿No es ésta una regla, una costumbre rigurosamente observada en su profesión?

—Así... ¿usted cree que yo sólo le he hablado de la casa pagada por el Estado para...?

Al decir esto, Porfirio Petrovitch guiñó los ojos y una expresión de malicioso regocijo transfiguró su fisonomía. Las arrugas de su frente desaparecieron de pronto, sus ojos se empequeñecieron, sus facciones se dilataron. Entonces fijó su vista en los ojos de Raskolnikof y rompió a reír con una risa prolongada y nerviosa que sacudía todo su cuerpo. El joven se echó a reír también, con una risa un tanto forzada, pero cuando la hilaridad de Porfirio, al verle reír a él, se avivó hasta el punto de que su rostro se puso como la grana, Raskolnikof se sintió dominado por una contrariedad tan profunda, que perdió por completo la prudencia. Dejó de reír, frunció el entrecejo y dirigió al juez de instrucción una mirada de odio que ya no apartó de él mientras duró aquella larga y, al parecer, un tanto ficticia alegría. Por lo demás, Porfirio no se mostraba más prudente que él, ya que se había echado a reír en sus mismas narices y parecía importarle muy poco que a éste le hubiera sentado tan mal la cosa. Esta última circunstancia pareció extremadamente significativa al joven, el cual dedujo que todo había sucedido a medida de los deseos de Porfirio Petrovitch y que él, Raskolnikof, se había dejado coger en un lazo. Allí, evidentemente, había alguna celada, algún propósito que él no había logrado descubrir. La mina estaba cargada y estallaría de un momento a otro.

Echando por la calle de en medio, se levantó y cogió su gorra.

—Porfirio Petrovitch —dijo en un tono resuelto que dejaba traslucir una viva irritación—. Usted manifestó ayer el deseo de someterme a interrogatorio —subrayó con energía esta palabra—, y he venido a ponerme a su disposición. Si tiene usted que hacerme alguna pregunta, hágamela. En caso contrario, permítame que me retire. No puedo perder el tiempo; tengo cierto compromiso; me esperan para asistir al entierro de ese funcionario que murió atropellado por un coche y del cual ya ha oído usted hablar.

Inmediatamente se arrepintió de haber dicho esto último. Después continuó, con una irritación creciente:

—Ya estoy harto de todo esto, ¿sabe usted? Hace mucho tiempo que estoy harto…Ha sido una de las causas de mi enfermedad…En una palabra — añadió, levantando la voz al considerar que esta frase sobre su enfermedad no venía a cuento—, en una palabra: haga usted el favor de interrogarme o permítame que me vaya inmediatamente…Pero si me interroga, habrá de hacerlo con arreglo a las normas legales y de ningún otro modo…Y como veo que no decide usted nada, adiós. Por el momento, usted y yo no tenemos nada que decirnos.

—Pero ¿qué dice usted, hombre de Dios? ¿Sobre qué le tengo que interrogar? —exclamó al punto Porfirio Petrovitch, cambiando de tono y dejando de reír—. No se preocupe usted —añadió, reanudando sus paseos, para luego, de pronto, arrojarse sobre Raskolnikof y hacerlo sentar—. No hay prisa, no hay prisa. Además, esto no tiene ninguna importancia. Por el contrario, estoy encantado de que haya venido usted a verme. Le he recibido como a un amigo. En cuanto a esta maldita risa, perdóneme, mi querido Rodion Romanovitch...Se llama usted así, ¿verdad? Soy un hombre nervioso y me ha hecho mucha gracia la agudeza de su observación. A veces estoy media hora sacudido por la risa como una pelota de goma. Soy propenso a la risa por naturaleza. Mi temperamento me hace temer incluso la apoplejía... Pero siéntese, amigo mío, se lo ruego. De lo contrario, creeré que está usted enfadado.

Raskolnikof no desplegaba los labios. Se limitaba a escuchar y observar con las cejas fruncidas. Se sentó, pero sin dejar la gorra.

—Quiero decirle una cosa, mi querido Rodion Romanovitch; una cosa que le ayudará a comprender mi carácter —continuó Porfirio Petrovitch, sin cesar de dar vueltas por la habitación, pero procurando no cruzar su mirada con la de Raskolnikof—. Yo soy, ya lo ve usted, un solterón, un hombre nada mundano, desconocido y, por añadidura, acabado, embotado, y...y... ¿ha observado usted, Rodion Romanovitch, que aquí en Rusia, y sobre todo en los círculos petersburgueses, cuando se encuentran dos hombres inteligentes que no se conocen bien todavía, pero que se aprecian mutuamente, están lo menos media hora sin saber qué decirse? Permanecen petrificados y confusos el uno frente al otro. Ciertas personas tienen siempre algo de que hablar. Las damas, la gente de mundo, la de la alta sociedad, tienen siempre un tema de conversación, c'est de rigueur; pero las personas de la clase media, como nosotros, son tímidas y taciturnas...Me refiero a los que son capaces de pensar... ¿Cómo se explica usted esto, amigo mío? ¿Es que no tenemos el debido interés por las cuestiones sociales? No, no es esto. Entonces, ¿es por un exceso de honestidad, porque somos demasiado leales y no queremos engañarnos unos a otros...? No lo sé. ¿Usted qué opina...? Pero deje la gorra. Parece que esté usted a punto de marcharse, y esto me contraría, se lo aseguro, pues, en contra de lo que usted cree, estoy encantado...

Raskolnikof dejó la gorra, pero sin romper su mutismo. Con el entrecejo fruncido, escuchaba atentamente la palabrería deshilvanada de Porfirio Petrovitch.

"Dice todas estas cosas afectadas y ridículas para distraer mi atención".

—No le ofrezco café —prosiguió el infatigable Porfirio— porque el lugar no me parece adecuado...El servicio le llena a uno de obligaciones…Pero podemos pasar cinco minutos en amistosa compañía y distraernos un poco… No se moleste, mi querido amigo, por mi continuo ir y venir. Excúseme. Temo enojarle, pero necesito a toda costa el ejercicio. Me paso el día sentado, y es un gran bien para mí poder pasear durante cinco minutos… Mis hemorroides, ¿sabe usted…? Tengo el propósito de someterme a un tratamiento gimnástico. Se dice que consejeros de Estado e incluso consejeros privados no se avergüenzan de saltar a la comba. He aquí hasta dónde ha llegado la ciencia en nuestros días… En cuanto a las obligaciones de mi cargo, a los interrogatorios y todo ese formulismo del que usted me ha hablado hace un momento, le diré, mi querido Rodion Romanovitch, que a veces desconciertan más al magistrado que al declarante. Usted acaba de observarlo con tanta razón como agudeza. —Raskolnikof no había hecho ninguna observación de esta índole—. Uno se confunde. ¿Cómo no se ha de confundir, con los procedimientos que se siguen y que son siempre los mismos? Se nos han prometido reformas, pero ya verá como no cambian más que los términos. ¡Je, je, je! En lo que concierne a nuestras costumbres jurídicas, estoy plenamente de acuerdo con sus sutiles observaciones…Ningún acusado, ni siquiera el mujik más obtuso, puede ignorar que, al empezar nuestro interrogatorio, trataremos de ahuyentar su desconfianza (según su feliz expresión), a fin de asestarle seguidamente un hachazo en pleno cráneo (para utilizar su ingeniosa metáfora). ¡Je, je, je…! ¿De modo que usted creía que yo hablaba de mi casa pagada por el Estado para…? Verdaderamente, es usted un hombre irónico…No, no; no volveré a este asunto…Pero sí, pues las ideas se asocian y unas palabras llevan a otras palabras. Usted ha mencionado el interrogatorio según las normas legales. Pero ¿qué importan estas normas, que en más de un caso resultan sencillamente absurdas? A veces, una simple charla amistosa da mejores resultados. Estas normas no desaparecerán nunca, se lo digo para su tranquilidad; pero ¿qué son las normas, le pregunto yo? El juez de instrucción jamás debe dejarse maniatar por ellas. La misión del magistrado que interroga a un declarante es, dentro de su género, un arte, o algo parecido. ¡Je, je, je!

Porfirio Petrovitch se detuvo un instante para tomar alientos. Hablaba sin descanso y, generalmente, para no decir nada, para devanar una serie de ideas absurdas, de frases estúpidas, entre las que deslizaba de vez en cuando una palabra enigmática que naufragaba al punto en el mar de aquella palabrería sin sentido. Ahora casi corría por el despacho, moviendo aceleradamente sus gruesas y cortas piernas, con la mirada fija en el suelo, la mano derecha en la espalda y haciendo con la izquierda ademanes que no tenían relación alguna con sus palabras.

Raskolnikof se dio cuenta de pronto que un par de veces, al llegar junto a la puerta, se había detenido, al parecer para prestar atención.

"¿Esperará a alguien?".

—Tiene usted razón —continuó Porfirio Petrovitch alegremente y con una amabilidad que llenó a Raskolnikof de inquietud y desconfianza—. Tiene usted motivo para burlarse tan ingeniosamente como lo ha hecho de nuestras costumbres jurídicas. Se pretende que tales procedimientos (no todos, naturalmente) tienen por base una profunda filosofía. Sin embargo, son perfectamente ridículos y generalmente estériles, sobre todo si se siguen al pie de la letra las normas establecidas…Hemos vuelto, pues, a la cuestión de las normas. Bien; supongamos que yo sospecho que cierto señor es el autor de un crimen cuya instrucción se me ha confiado… Usted ha estudiado Derecho, ¿verdad, Rodion Romanovitch?

—Empecé.

—Pues bien, he aquí un ejemplo que podrá serle útil más adelante…Pero no crea que pretendo hacer de profesor con usted, que publica en los periódicos artículos tan profundos. No, yo sólo me tomo la libertad de exponerle un hecho a modo de ejemplo. Si yo considero a un individuo cualquiera como un criminal, ¿por qué, dígame, he de inquietarle prematuramente, incluso en el caso de que tenga pruebas contra él? A algunos me veo obligado a detenerlos inmediatamente, pero otros son de un carácter completamente distinto. ¿Por qué no he de dejar a mi culpable pasearse un poco por la ciudad? ¡Je, je…! Ya veo que usted no me acaba de comprender. Se lo voy a explicar más claramente. Si me apresuro a ordenar su detención, le proporciono un punto de apoyo moral, por decirlo así. ¿Se ríe usted?

Raskolnikof estaba muy lejos de reírse. Tenía los labios apretados, y su ardiente mirada no se apartaba de los ojos de Porfirio Petrovitch.

—Sin embargo —continuó éste—, tengo razón, por lo menos en lo que concierne a ciertos individuos, pues los hombres son muy diferentes unos de otros y nuestra única consejera digna de crédito es la práctica. Pero, desde el momento que tiene usted pruebas, me dirá usted… ¡Dios mío! Usted sabe muy bien lo que son las pruebas: tres de cada cuatro son dudosas. Y yo, a la vez que juez de instrucción, soy un ser humano y en consecuencia, tengo mis debilidades. Una de ellas es mi deseo de que mis diligencias tengan el rigor de una demostración matemática.

Quisiera que mis pruebas fueran tan evidentes como que dos y dos son cuatro, que constituyeran una demostración clara e indiscutible. Pues bien, si yo ordeno la detención del culpable antes de tiempo, por muy convencido que esté de su culpa, me privo de los medios de poder demostrarlo ulteriormente. ¿Por qué? Porque le proporciono, por decirlo así, una situación normal. Es un detenido, y como detenido se comporta: se retira a su caparazón, se me escapa…Se cuenta que en Sebastopol, inmediatamente después de la batalla de Alma, los defensores estaban aterrados ante la idea de un ataque del enemigo: no dudaban de que Sebastopol sería tomado por asalto. Pero cuando vieron cavar las primeras trincheras para comenzar un sitio normal, se tranquilizaron y se alegraron. Estoy hablando de personas inteligentes. "Tenemos lo menos para dos meses —se decían—, pues un asedio normal requiere mucho tiempo". ¿Otra vez se ríe usted? ¿No me cree? En el fondo, tiene usted razón; sí, tiene usted razón. Éstos no son sino casos particulares. Estoy completamente de acuerdo con usted en que acabo de exponerle un caso particular. Pero hay que hacer una observación sobre este punto, mi querido Rodion Romanovitch, y es que el caso general que responde a todas las formas y fórmulas jurídicas; el caso típico para el cual se han concebido y escrito las reglas, no existe, por la sencilla razón de que cada causa, cada crimen, apenas realizado, se convierte en un caso particular, ¡y cuán especial a veces!: un caso distinto a todos los otros conocidos y que, al parecer, no tiene ningún precedente.

Algunos resultan hasta cómicos. Supongamos que yo dejo a uno de esos señores en libertad. No lo mando detener, no lo molesto para nada. Él debe saber, o por lo menos suponer, que en todo momento, hora por hora, minuto por minuto, yo estoy al corriente de lo que hace, que conozco perfectamente su vida, que le vigilo día y noche. Le sigo por todas partes y sin descanso, y puede estar usted seguro de que, por poco que él se dé cuenta de ello, acabará por perder la cabeza. Y entonces él mismo vendrá a entregarse y, además, me proporcionará los medios de dar a mi sumario un carácter matemático. Esto no deja de tener cierto atractivo. Este sistema puede tener éxito con un burdo mujik, pero aún más con un hombre culto e inteligente. Pues hay en todo esto algo muy importante, amigo mío, y es establecer cómo puede haber procedido el culpable. No nos olvidemos de los nervios. Nuestros contemporáneos los tienen enfermos, excitados, en tensión… ¿Y la bilis? ¡Ah, los que tienen bilis…! Le aseguro que aquí hay una verdadera fuente de información. ¿Por qué, pues, me ha de inquietar ver a mi hombre ir y venir libremente?

Puedo dejarlo pasear, gozar del poco tiempo que le queda, pues sé que está en mi poder y que no se puede escapar... ¿Adónde iría? ¡Je, je, je! ¿Al extranjero, dice usted? Un polaco podría huir al extranjero, pero no él, y menos cuando se le vigila y están tomadas todas las medidas para evitar su evasión. ¿Huir al interior del país? Allí no encontrará más que incultos mujiks, gente primitiva, verdaderos rusos, y un hombre civilizado prefiere el presidio a vivir entre unos mujiks que para él son como extranjeros. ¡Je, je...! Por otra parte, todo esto no es sino la parte externa de la cuestión. ¡Huir! Esto es sólo una palabra. Él no huirá, no solamente porque no tiene adónde ir, sino porque me pertenece psicológicamente... ¡Je, je! ¿Qué me dice usted de la expresión? No huirá porque se lo impide una ley de la naturaleza. ¿Ha visto usted alguna vez una mariposa ante una bujía? Pues él girará incesantemente alrededor de mi persona como el insecto alrededor de la llama. La libertad ya no tendrá ningún encanto para él. Su inquietud irá en aumento; una sensación creciente de hallarse como enredado en una tela de araña le dominará; un terror indecible se apoderará de él. Y hará tales cosas, que su culpabilidad quedará tan clara como que dos y dos son cuatro. Para que así suceda, bastará proporcionarle un entreacto de suficiente duración. Siempre, siempre irá girando alrededor de mi persona, describiendo círculos cada vez más estrechos, y al fin, ¡plaf!, se meterá en mi propia boca y yo lo engulliré tranquilamente. Esto no deja de tener su encanto, ¿no le parece?

Raskolnikof no le contestó. Estaba pálido e inmóvil. Sin embargo, seguía observando a Porfirio con profunda atención.

"Me ha dado una buena lección —se dijo mentalmente, helado de espanto—. Esto ya no es el juego del gato y el ratón con que nos entretuvimos ayer. No me ha hablado así por el simple placer de hacer ostentación de su fuerza. Es demasiado inteligente para eso. Sin duda persigue otro fin, pero ¿cuál? ¡Bah! Todo esto es sólo un ardid para asustarme. ¡Eh, amigo! No tienes pruebas. Además, el hombre de ayer no existe. Lo que tú pretendes es desconcertarme, irritarme hasta el máximo, para asestarme al fin el golpe decisivo. Pero te equivocas; saldrás trasquilado... ¿Por qué hablará con segundas palabras? Pretende aprovecharse del mal estado de mis nervios...No, amigo mío, no te saldrás con la tuya. No sé lo que habrás tramado, pero te llevarás un chasco mayúsculo. Vamos a ver qué es lo que tienes preparado".

Y reunió todas sus fuerzas para afrontar valerosamente la misteriosa catástrofe que preveía. Experimentaba un ávido deseo de arrojarse sobre Porfirio Petrovitch y estrangularlo.

En el momento de entrar en el despacho del juez, ya había temido no poder dominarse. Sentía latir su corazón con violencia; tenía los labios resecos y espesa la saliva. Sin embargo, decidió guardar silencio para no pronunciar ninguna palabra imprudente. Comprendía que ésta era la mejor táctica que podía seguir en su situación, pues así no solamente no corría peligro de comprometerse, sino que tal vez conseguiría irritar a su adversario y arrancarle alguna palabra imprudente. Ésta era su esperanza por lo menos.

—Ya veo que no me ha creído usted —prosiguió Porfirio—. Usted supone que todo esto son bromas inocentes.

Se mostraba cada vez más alegre y no cesaba de dejar oír una risita de satisfacción, mientras de nuevo iba y venía por el despacho.

—Comprendo que lo haya tomado usted a broma. Dios me ha dado una figura que sólo despierta en los demás pensamientos cómicos. Tengo el aspecto de un bufón. Sin embargo, quiero decirle y repetirle una cosa, mi querido Rodion Romanovitch…Pero, ante todo, le ruego que me perdone este lenguaje de viejo. Usted es un hombre que está en la flor de la vida, e incluso en la primera juventud, y, como todos los jóvenes, siente un especial aprecio por la inteligencia humana. La agudeza de ingenio y las deducciones abstractas le seducen. Esto me recuerda los antiguos problemas militares de Austria, en la medida, claro es, de mis conocimientos sobre la materia. En teoría, los austriacos habían derrotado a Napoleón, e incluso le consideraban prisionero. Es decir, que en la sala de reuniones lo veían todo de color de rosa. Pero ¿qué ocurrió en la realidad? Que el general Mack se rindió con todo su ejército. ¡Je, je, je…! Ya veo, mi querido Rodion Romanovitch, que en su interior se está riendo de mí, porque el hombre apacible que soy en la vida privada echa mano, para todos sus ejemplos, de la historia militar. Pero ¿qué le vamos a hacer? Es mi debilidad. Soy un enamorado de las cosas militares, y mis lecturas predilectas son aquellas que se relacionan con la guerra… Verdaderamente, he equivocado mi carrera. Debí ingresar en el ejército. No habría llegado a ser un Napoleón, pero sí a conseguir el grado de comandante. ¡Je, je, je…! Bien; ahora voy a decirle sinceramente todo lo que pienso, mi querido amigo, acerca del "caso que nos interesa". La realidad y la naturaleza, señor mío, son cosas importantísimas y que reducen a veces a la nada el cálculo más ingenioso. Crea usted a este viejo, Rodion Romanovitch...

Y al pronunciar estas palabras, Porfirio Petrovitch, que sólo contaba treinta y cinco años, parecía haber envejecido: hasta su voz había cambiado, y se diría que se había arqueado su espalda.

—Además —continuó—, yo soy un hombre sincero... ¿Verdad que soy un hombre sincero? Dígame: ¿usted qué cree? A mí me parece que no se puede ir más lejos en la sinceridad. Yo le he hecho verdaderas confidencias sin exigir compensación alguna. ¡Je, je, je! En fin, volvamos a nuestro asunto. El ingenio es, a mi entender, algo maravilloso, un ornamento de la naturaleza, por decirlo así, un consuelo en medio de la dureza de la vida, algo que permite, al parecer, confundir a un pobre juez que, por añadidura, se ha dejado engañar por su propia imaginación, pues, al fin y al cabo, no es más que un hombre. Pero la naturaleza acude en ayuda de ese pobre juez, y esto es lo malo para el otro. Esto es lo que la juventud que confía en su ingenio y que "franquea todos los obstáculos", como usted ha dicho ingeniosamente, no quiere tener en cuenta.

"Supongamos que ese hombre miente...Me refiero al hombre desconocido de nuestro caso particular...Supongamos que miente, y de un modo magistral. Como es lógico, espera su triunfo, cree que va a recoger los frutos de su destreza; pero, de pronto, ¡crac!, se desvanece en el lugar más comprometedor para él. Vamos a suponer que atribuye el síncope a una enfermedad que padece o a la atmósfera asfixiante de la habitación, cosa frecuente en los locales cerrados. Pues bien, no por eso deja de inspirar sospechas...Su mentira ha sido perfecta, pero no ha pensado en la naturaleza y se encuentra como cogido en una trampa.

"Otro día, dejándose llevar de su espíritu burlón, trata de divertirse a costa de alguien que sospecha de él. Finge palidecer de espanto, pero he aquí que representa su papel con demasiada propiedad, que su palidez es demasiado natural, y esto será otro indicio. Por el momento, su interlocutor podrá dejarse engañar, pero, si no es un tonto, al día siguiente cambiará de opinión. Y el imprudente cometerá error tras error. Se meterá donde no le llaman para decir las cosas más comprometedoras, para exponer alegorías cuyo verdadero sentido nadie dejará de comprender. Incluso llegará a preguntar por qué no lo han detenido todavía. ¡Je, je, je...! Y esto puede ocurrir al hombre más sagaz, a un psicólogo, a un literato. La naturaleza es un espejo, el espejo más diáfano, y basta dirigir la vista a él. Pero ¿qué le sucede, Rodion

Romanovitch? ¿Le ahoga esta atmósfera tal vez? ¿Quiere que abra la ventana?".

—No se preocupe —exclamó Raskolnikof, echándose de pronto a reír—. Le ruego que no se moleste.

Porfirio se detuvo ante él, estuvo un momento mirándole y luego se echó a reír también. Entonces Raskolnikof, cuya risa convulsiva se había calmado, se puso en pie.

—Porfirio Petrovitch —dijo levantando la voz y articulando claramente las palabras, a pesar del esfuerzo que tenía que hacer para sostenerse sobre sus temblorosas piernas—, estoy seguro de que usted sospecha que soy el asesino de la vieja y de su hermana Lisbeth. Y quiero decirle que hace tiempo que estoy harto de todo esto. Si usted se cree con derecho a perseguirme y detenerme, hágalo. Pero no le permitiré que siga burlándose de mí en mi propia cara y torturándome como lo está haciendo.

Sus labios empezaron a temblar de pronto; sus ojos, a despedir llamaradas de cólera, y su voz, dominada por él hasta entonces, empezó a vibrar.

—¡No lo permitiré! —exclamó, descargando violentamente su puño sobre la mesa—. ¿Oye usted, Porfirio Petrovitch? ¡No lo permitiré!

—¡Señor! Pero ¿qué dice usted? ¿Qué le pasa? —dijo Porfirio Petrovitch con un gesto de vivísima inquietud—. ¿Qué tiene usted, mi querido Rodion Romanovitch?

—¡No lo permitiré! —gritó una vez más Raskolnikof.

—No levante tanto la voz. Nos pueden oír. Vendrán a ver qué pasa, y ¿qué les diremos? ¿No comprende?

Dijo esto en un susurro, como asustado y acercando su rostro al de Raskolnikof.

—No lo permitiré, no lo permitiré —repetía Rodia maquinalmente.

Sin embargo, había bajado también la voz. Porfirio se volvió rápidamente y corrió a abrir la ventana.

—Hay que airear la habitación. Y debe usted beber un poco de agua, amigo mío, pues está verdaderamente trastornado.

Ya se dirigía a la puerta para pedir el agua, cuando vio que había una garrafa en un rincón.

—Tenga, beba un poco —dijo, corriendo hacia él con la garrafa en la mano—. Tal vez esto le…

El temor y la solicitud de Porfirio Petrovitch parecían tan sinceros, que Raskolnikof se quedó mirándole con viva curiosidad. Sin embargo, no quiso beber.

—Rodion Romanovitch, mi querido amigo, se va usted a volver loco. ¡Beba, por favor! ¡Beba aunque sólo sea un sorbo!

Le puso a la fuerza el vaso en la mano. Raskolnikof se lo llevó a la boca y después, cuando se recobró, lo depositó en la mesa con un gesto de hastío.

—Ha tenido usted un amago de ataque —dijo Porfirio Petrovitch afectuosamente y, al parecer, muy turbado—. Se mortifica usted de tal modo, que volverá a ponerse enfermo. No comprendo que una persona se cuide tan poco. A usted le pasa lo que a Dmitri Prokofitch. Precisamente ayer vino a verme. Yo reconozco que está en lo cierto cuando me dice que tengo un carácter cáustico, es decir, malo. Pero ¡qué deducciones ha hecho, Señor! Vino cuando usted se marchó, y durante la comida habló tanto, que yo no pude hacer otra cosa que abrir los brazos para expresar mi asombro. "¡Qué ocurrencia! —pensaba—. ¡Señor! ¡Dios mío!". Le envió usted, ¿verdad...? Pero siéntese, amigo mío; siéntese, por el amor de Dios.

—Yo no lo envié —repuso Raskolnikof—, pero sabía que tenía que venir a su casa y por qué motivo.

—¿Conque lo sabía?

—Sí. ¿Qué piensa usted de ello?

—Ya se lo diré, pero antes quiero que sepa, mi querido Rodion Romanovitch, que estoy enterado de que usted puede jactarse de otras muchas hazañas. Mejor dicho, estoy al corriente de todo. Sé que fue usted a alquilar una habitación al anochecer, y que tiró del cordón de la campanilla, y que empezó a hacer preguntas sobre las manchas de sangre, lo que dejó estupefactos a los empapeladores y al portero. Comprendo su estado de ánimo, es decir, el estado de ánimo en que se hallaba aquel día pero no por eso deja de ser cierto que va usted a volverse loco, sin duda alguna, si sigue usted así. Acabará perdiendo la cabeza, ya lo verá. Una noble indignación hace hervir su sangre. Usted está irritado, en primer lugar contra el destino, después contra la policía. Por eso va usted de un lado a otro tratando de despertar sospechas en la gente. Quiere terminar cuanto antes, pues está usted harto de sospechas y comadreos estúpidos. ¿Verdad que no me equivoco, que he interpretado exactamente su estado de ánimo?

"Pero si sigue así, no será usted solo el que se volverá loco, sino que trastornará al bueno de Rasumikhine, y no me negará usted que no estaría nada bien hacer perder la cabeza a ese muchacho tan simpático. Usted está enfermo; él tiene un exceso de bondad, y precisamente esa bondad es lo que le expone a contagiarse. Cuando se haya tranquilizado usted un poco, mi querido amigo, ya le contaré…Pero siéntese, por el amor de Dios. Descanse un poco. Está usted blanco como la cal. Siéntese, haga el favor".

Raskolnikof obedeció. El temblor que le había asaltado se calmaba poco a poco y la fiebre se iba apoderando de él. Pese a su visible inquietud, escuchaba con profunda sorpresa las muestras de interés de Porfirio Petrovitch. Pero no daba fe a sus palabras, a pesar de que experimentaba una tendencia inexplicable a creerle. La alusión inesperada de Porfirio al alquiler de la habitación le había paralizado de asombro.

"¿Cómo se habrá enterado de esto y por qué me lo habrá dicho?".

—Durante el ejercicio de mi profesión —continuó inmediatamente Porfirio Petrovitch—, he tenido un caso análogo, un caso morboso. Un hombre se acusó de un asesinato que no había cometido. Era juguete de una verdadera alucinación. Exponía hechos, los refería, confundía a todo el mundo. Y todo esto, ¿por qué? Porque indirectamente y sin conocimiento de causa había facilitado la perpetración de un crimen. Cuando se dio cuenta de ello, se sintió tan apenado, se apoderó de él tal angustia, que se imaginó que era el asesino. Al fin, el Senado aclaró el asunto y el infeliz fue puesto en libertad, pero, de no haber intervenido el Senado, no habría habido salvación para él. Pues bien, amigo mío, también a usted se le puede trastornar el juicio si pone sus nervios en tensión yendo a tirar del cordón de una campanilla al anochecer y haciendo preguntas sobre manchas de sangre… En la práctica de mi profesión me ha sido posible estudiar estos fenómenos psicológicos. Lo que nuestro hombre siente es un vértigo parecido al que impulsa a ciertas personas a arrojarse por una ventana o desde lo alto de un campanario; una especie de atracción irresistible; una enfermedad, Rodion Romanovitch, una enfermedad y nada más que una enfermedad. Usted descuida la suya demasiado. Debe consultar a un buen médico y no a ese tipo rollizo que lo visita…Usted delira a veces, y ese mal no tiene más origen que el delirio…

Momentáneamente, Raskolnikof creyó ver que todo daba vueltas.

«¿Es posible que esté fingiendo? ¡No, no es posible!», se dijo, rechazando con todas sus fuerzas un pensamiento que —se daba perfecta cuenta de ello— amenazaba hacerle enloquecer de furor.

—En aquellos momentos, yo no estaba bajo los efectos del delirio, procedía con plena conciencia de mis actos —exclamó, pendiente de las reacciones de Porfirio Petrovitch, en su deseo de descubrir sus intenciones—. Conservaba toda mi razón, toda mi razón, ¿oye usted?

—Sí, lo oigo y lo comprendo. Ya lo dijo usted ayer, e insistió sobre este punto. Yo comprendo anticipadamente todo lo que usted puede decir. Óigame, Rodion Romanovitch, mi querido amigo: permítame hacerle una nueva observación. Si usted fuese el culpable o estuviese mezclado en este maldito asunto, ¿habría dicho que conservaba plenamente la razón? Yo creo que, por el contrario, usted habría afirmado, y se habría aferrado a su afirmación, que usted no se daba cuenta de lo que hacía. ¿No tengo razón? Dígame, ¿no la tengo?

El tono de la pregunta dejaba entrever una celada. Raskolnikof se recostó en el respaldo del sofá para apartarse de Porfirio, cuyo rostro se había acercado al suyo, y le observó en silencio, con una mirada fija y llena de asombro.

—Algo parecido puede decirse de la visita de Rasumikhine. Si usted fuese el culpable, habría dicho que él había venido a mi casa por impulso propio y habría ocultado que usted le había incitado a hacerlo. Sin embargo, usted ha dicho que Rasumikhine vino a verme porque usted lo envió.

Raskolnikof se estremeció. Él no había hecho afirmación semejante.

—Sigue usted mintiendo —dijo, esbozando una sonrisa de hastío y con voz lenta y débil—. Usted quiere demostrarme que lee en mi pensamiento, que puede predecir todas mis respuestas —añadió, dándose cuenta de que ya era incapaz de medir sus palabras—. Usted quiere asustarme; usted se está burlando de mí, sencillamente.

Mientras decía esto no apartaba la vista del juez de instrucción. De súbito, un terrible furor fulguró en sus ojos.

—Está diciendo una mentira tras otra —exclamó—. Usted sabe muy bien que la mejor táctica que puede seguir un culpable es sujetarse a la verdad tanto como sea posible…, declarar todo aquello que no pueda ocultarse. ¡No le creo a usted!

—¡Qué veleta es usted! —dijo Porfirio con una risita mordaz—. No hay medio de entenderse con usted. Está dominado por una idea fija. ¿No me cree? Pues yo creo que empieza usted a creerme. Con diez centímetros de fe me bastará para conseguir que llegue al metro y me crea del todo. Porque le tengo verdadero afecto y sólo deseo su bien.

Los labios de Raskolnikof empezaron a temblar.

—Sí, le tengo verdadero afecto —prosiguió Porfirio, apretando amistosamente el brazo del joven—, y no se lo volveré a repetir. Además, tenga en cuenta que su familia ha venido a verle. Piense en ella. Usted debería hacer todo lo posible para que su madre y su hermana se sintieran dichosas y, por el contrario, sólo les causa inquietudes…

—Eso no le importa. ¿Cómo se ha enterado usted de estas cosas? ¿Por qué me vigila y qué interés tiene en que yo lo sepa?

—Pero oiga usted, óigame, amigo mío: si sé todo esto es sólo por usted. Usted no se da cuenta de que, cuando está nervioso, lo cuenta todo, lo mismo a mí que a los demás. Rasumikhine me ha contado también muchas cosas interesantes…Cuando usted me ha interrumpido, iba a decirle que, a pesar de su inteligencia, su desconfianza le impide ver las cosas como son… Le voy a poner un ejemplo, volviendo a nuestro asunto. Lo del cordón de la campanilla es un detalle de valor extraordinario para un juez que está instruyendo un sumario. Y usted se lo refiere a este juez con toda franqueza, sin reserva alguna. ¿No deduce usted nada de esto? Si yo le creyera culpable, ¿habría procedido como lo he hecho? Por el contrario, habría procurado ahuyentar su desconfianza, no dejarle entrever que estaba al corriente de este detalle, para arrojarle al rostro, de súbito, la pregunta siguiente: "¿Qué hacia usted, entre diez y once, en las habitaciones de las víctimas? ¿Y por qué tiró del cordón de la campanilla y habló de las manchas de sangre? ¿Y por qué dijo a los porteros que le llevaran a la comisaría?". He aquí cómo habría procedido yo si hubiera abrigado la menor sospecha contra usted: le habría sometido a un interrogatorio en toda regla. Y habría dispuesto que se efectuara un registro en la habitación que tiene alquilada, y habría ordenado que le detuvieran… El hecho de que haya obrado de otro modo es buena prueba de que no sospecho de usted. Pero usted ha perdido el sentido de la realidad, lo repito, y es incapaz de ver nada.

Raskolnikof temblaba de pies a cabeza, y tan violentamente, que Porfirio Petrovitch no pudo menos de notarlo.

—No hace usted más que mentir —repitió resueltamente—. Ignoro lo que persigue con sus mentiras, pero sigue usted mintiendo. No hablaba así hace un momento; por eso no puedo equivocarme… ¡Miente usted!

—¿Que miento? —replicó Porfirio, acalorándose visiblemente, pero conservando su acento irónico y jovial y no dando, al parecer, ninguna importancia a la opinión que Raskolnikof tuviera de él—. ¿Cómo puede decir eso sabiendo cómo he procedido con usted? ¡Yo, el juez de instrucción, le he sugerido todos los argumentos psicológicos que podría usted utilizar: la enfermedad, el delirio, el amor propio excitado por el sufrimiento, la neurastenia, y esos policías…! ¡Je, je, je…! Sin embargo, dicho sea de paso, esos medios de defensa no tienen ninguna eficacia. Son armas de dos filos y pueden volverse contra usted. Usted dirá: "La enfermedad, el desvarío, la alucinación…No me acuerdo de nada". Y le contestarán: "Todo eso está muy bien, amigo mío; pero ¿por qué su enfermedad tiene siempre las mismas consecuencias, por qué le produce precisamente ese tipo de alucinación?". Esta enfermedad podía tener otras manifestaciones, ¿no le parece? ¡Je, je, je!

Raskolnikof le miró con despectiva arrogancia.

—En resumidas cuentas —dijo firmemente, levantándose y apartando a Porfirio—, yo quiero saber claramente si me puedo considerar o no al margen de toda sospecha. Dígamelo, Porfirio Petrovitch; dígamelo ahora mismo y sin rodeos.

—Ahora me sale con una exigencia. ¡Hasta tiene exigencias, Señor! —exclamó Porfirio Petrovitch con perfecta calma y cierto tonillo de burla—. Pero ¿a qué vienen esas preguntas? ¿Acaso sospecha alguien de usted? Se comporta como un niño caprichoso que quiere tocar el fuego. ¿Y por qué se inquieta usted de ese modo y viene a visitarnos cuando nadie le llama?

—¡Le repito —replicó Raskolnikof, ciego de ira— que no puedo soportar…!

—¿La incertidumbre? —le interrumpió Porfirio.

—¡No me saque de quicio! ¡No se lo puedo permitir! ¡De ningún modo lo permitiré! ¿Lo ha oído? ¡De ningún modo!

Y Raskolnikof dio un fuerte puñetazo en la mesa.

—¡Silencio! Hable más bajo. Se lo digo en serio. Procure reprimirse. No estoy bromeando.

Al decir esto Porfirio, su semblante había perdido su expresión de temor y de bondad. Ahora ordenaba francamente, severamente, con las cejas fruncidas y un gesto amenazador. Parecía haber terminado con las simples alusiones y los misterios y estar dispuesto a quitarse la careta. Pero esta actitud fue momentánea.

Raskolnikof se sintió interesado al principio; después, de súbito, notó que la ira le dominaba. Sin embargo, aunque su exasperación había llegado al límite, obedeció —cosa extraña— la orden de bajar la voz.

—No me dejaré torturar —murmuró en el mismo tono de antes. Pero advertía, con una mezcla de amargura y rencor, que no podía obrar de otro modo, y esta convicción aumentaba su cólera—. Deténgame —añadió—, regístreme si quiere; pero aténgase a las reglas y no juegue conmigo. ¡Se lo prohíbo!

—Nada de reglas —respondió Porfirio, que seguía sonriendo burlonamente y miraba a Raskolnikof con cierto júbilo—. Le invité a venir a verme como amigo.

—No quiero para nada su amistad, la desprecio. ¿Oye usted? Y ahora cojo mi gorra y me marcho. Veremos qué dice usted, si tiene intención de arrestarme.

Cogió su gorra y se dirigió a la puerta.

—¿No quiere ver la sorpresa que le he reservado? —le dijo Porfirio Petrovitch, con su irónica sonrisita y cogiéndole del brazo, cuando ya estaba ante la puerta. Parecía cada vez más alegre y burlón, y esto ponía a Raskolnikof fuera de sí.

—¿Una sorpresa? ¿Qué sorpresa? —preguntó Rodia, fijando en el juez de instrucción una mirada llena de inquietud.

—Una sorpresa que está detrás de esa puerta… ¡Je, je, je! Señalaba la puerta cerrada que comunicaba con sus habitaciones.

—Incluso la he encerrado bajo llave para que no se escape.

—¿Qué demonios se trae usted entre manos?

Raskolnikof se acercó a la puerta y trató de abrirla, pero no le fue posible.

—Está cerrada con llave y la llave la tengo yo —dijo Porfirio.

Y, en efecto, le mostró una llave que acababa de sacar del bolsillo.

—No haces más que mentir —gruñó Raskolnikof sin poder dominarse—. ¡Mientes, mientes, maldito polichinela!

Y se arrojó sobre el juez de instrucción, que retrocedió hasta la puerta, aunque sin demostrar temor alguno.

—¡Comprendo tu táctica! ¡Lo comprendo todo! —siguió vociferando Raskolnikof—. Mientes y me insultas para irritarme y que diga lo que no debo.

—¡Pero si usted no tiene nada que ocultar, mi querido Rodion Romanovitch! ¿Por qué se excita de ese modo? No grite más o llamo.

—¡Mientes, mientes! ¡No pasará nada! ¡Ya puedes llamar! Sabes que estoy enfermo y has pretendido exasperarme, aturdirme, para que diga lo que no debo. Éste ha sido tu plan. No tienes pruebas; lo único que tienes son míseras sospechas, conjeturas tan vagas como las de Zamiotof. Tú conocías mi carácter y me has sacado de mis casillas para que aparezcan de pronto los popes y los testigos. ¿Verdad que es éste tu propósito? ¿Qué esperas para hacerlos entrar? ¿Dónde están? ¡Ea! Diles de una vez que pasen.

—Pero ¿qué dice usted? ¡Qué ideas tiene, amigo mío! No se pueden seguir las reglas tan ciegamente como usted cree. Usted no entiende de estas cosas, querido. Las reglas se seguirán en el momento debido. Ya lo verá por sus propios ojos.

Y Porfirio parecía prestar atención a lo que sucedía detrás de la puerta del despacho.

En efecto, se oyeron ruidos procedentes de la pieza vecina.

—Ya vienen —exclamó Raskolnikof—. Has enviado por ellos…Los esperabas…Lo tenías todo calculado…Bien, hazlos entrar a todos; haz entrar a los testigos y a quien quieras…Estoy preparado.

Pero en ese momento ocurrió algo tan sorprendente, tan ajeno al curso ordinario de las cosas, que, sin duda, ni Porfirio Petrovitch ni Raskolnikof lo habrían podido prever jamás.

CAPÍTULO 6

He aquí el recuerdo que esta escena dejó en Raskolnikof. En la pieza inmediata aumentó el ruido rápidamente y la puerta se entreabrió.

—¿Qué pasa? —gritó Porfirio Petrovitch, contrariado—. Ya he advertido que…

Nadie contestó, pero fue fácil deducir que tras la puerta había varias personas que trataban de impedir el paso a alguien.

—¿Quieren decir de una vez qué pasa? —repitió Porfirio, perdiendo la paciencia.

—Es que está aquí el procesado Nicolás —dijo una voz.

—No lo necesito. Que se lo lleven.

Pero, acto seguido, Porfirio corrió hacia la puerta.

—¡Esperen! ¿A qué ha venido? ¿Qué significa este desorden?

—Es que Nicolás… —empezó a decir el mismo que había hablado antes.

Pero se interrumpió de súbito. Entonces, y durante unos segundos, se oyó el fragor de una verdadera lucha. Después pareció que alguien rechazaba violentamente a otro, y, seguidamente, un hombre pálido como un muerto irrumpió en el despacho.

El aspecto de aquel hombre era impresionante. Miraba fijamente ante sí y parecía no ver a nadie. Sus ojos tenían un brillo de resolución. Sin embargo, su semblante estaba lívido como el del condenado a muerte al que llevan a viva fuerza al patíbulo. Sus labios, sin color, temblaban ligeramente.

Era muy joven y vestía con la modestia de la gente del pueblo. Delgado, de talla media, cabello cortado al rape, rostro enjuto y finas facciones. El hombre al que acababa de rechazar entró inmediatamente tras él y le cogió por un hombro. Era un gendarme. Pero Nicolás consiguió desprenderse de él nuevamente.

Algunos curiosos se hacinaron en la puerta. Los más osados pugnaban por entrar. Todo esto había ocurrido en menos tiempo del que se tarda en describirlo.

—¡Fuera de aquí! ¡Espera a que te llamen! ¿Por qué lo han traído? —exclamó el juez, sorprendido e irritado.

De pronto, Nicolás se arrodilló.

—¿Qué haces? —exclamó Porfirio, asombrado.

—¡Soy culpable! ¡He cometido un crimen! ¡Soy un asesino! —dijo Nicolás con voz jadeante pero enérgica.

Durante diez segundos reinó en la estancia un silencio absoluto, como si todos los presentes hubieran perdido el habla. El gendarme había retrocedido: sin atreverse a acercarse a Nicolás, se había retirado hacia la puerta y allí permanecía inmóvil.

—¿Qué dices? —preguntó Porfirio cuando logró salir de su asombro.

—Yo…soy…un asesino —repitió Nicolás tras una pausa.

—¿Tú? —exclamó el juez de instrucción, dando muestras de gran desconcierto—. ¿A quién has matado?

Tras un momento de silencio, Nicolás respondió:

—A Alena Ivanovna y a su hermana Lisbeth Ivanovna. Las maté… con un hacha. No estaba en mi juicio —añadió.

Y guardó silencio, sin levantarse.

Porfirio Petrovitch estuvo un momento sumido en profundas reflexiones. Después, con un violento ademán, ordenó a los curiosos que se marcharan. Éstos obedecieron en el acto y la puerta se cerró tras ellos. Entonces, Porfirio dirigió una mirada a Raskolnikof, que permanecía de pie en un rincón y que observaba a Nicolás petrificado de asombro. El juez de instrucción dio un paso hacia él, pero, como cambiando de idea, se detuvo, mirándole. Después volvió los ojos hacia Nicolás, luego miró de nuevo a Raskolnikof y al fin se acercó al pintor con una especie de arrebato.

—Ya dirás si estabas o no en tu juicio cuando se lo pregunte —exclamó, irritado—. Nadie te ha preguntado nada sobre ese particular. Contesta a esto: ¿has cometido un crimen?

—Sí, soy un asesino; lo confieso —repuso Nicolás.

—¿Qué arma empleaste?

—Un hacha que llevaba conmigo.

—¡Con qué rapidez respondes! ¿Solo? Nicolás no comprendió la pregunta.

—Digo que si tuviste cómplices.

—No, Mitri es inocente. No tuvo ninguna participación en el crimen.

—No te precipites a hablar de Mitri…Sin embargo, habrás de explicarme cómo bajaste la escalera. Los porteros os vieron a los dos juntos.

—Corrí hasta alcanzar a Mitri. Me dije que de este modo no se sospecharía de mí —respondió Nicolás al punto, como quien recita una lección bien aprendida.

—La cosa está clara: repite una serie de palabras que ha estudiado —murmuró para sí el juez de instrucción.

En esto, su vista tropezó con Raskolnikof, de cuya presencia se había olvidado, tan profunda era la emoción que su escena con Nicolás le había producido.

Al ver a Raskolnikof volvió a la realidad y se turbó. Se fue hacia él, presuroso.

—Rodion Romanovitch, amigo mío, perdóneme…Ya ve usted que… Usted no tiene nada que hacer aquí…Yo soy el primer sorprendido, como puede usted ver…Váyase, se lo ruego…

Y le cogió del brazo, indicándole la puerta.

—Esto ha sido inesperado para usted, ¿verdad? —dijo Raskolnikof, que, dándose cuenta de todo, había cobrado ánimos.

—Tampoco usted lo esperaba, amigo mío. Su mano tiembla. ¡Je, je, je!

—También usted está temblando, Porfirio Petrovitch.

—Desde luego, no ha sido una sorpresa para mí.

Estaban ya junto a la puerta. Porfirio esperaba con impaciencia que se marchara Raskolnikof. El joven preguntó de pronto:

—Entonces, ¿no me muestra usted la sorpresa?

—¡Le están castañeteando los dientes y miren ustedes cómo habla! ¡Es usted un hombre cáustico! ¡Bueno, hasta la vista!

—Yo creo que sería mejor que nos dijéramos adiós.

—Será lo que Dios quiera, lo que Dios quiera —gruñó Porfirio con una sonrisa sarcástica.

Al cruzar la oficina, Raskolnikof advirtió que varios empleados le miraban fijamente. Al llegar a la antesala vio que, entre otras personas, estaban los dos porteros de la casa del crimen, aquellos a los que él había pedido días atrás que lo llevaran a la comisaría. De su actitud se deducía que esperaban algo. Apenas llegó a la escalera, oyó que le llamaba Porfirio Petrovitch. Se volvió y vio que el juez de instrucción corría hacia él, jadeante.

—Sólo dos palabras, Rodion Romanovitch. Este asunto terminará como Dios quiera, pero yo tendré que hacerle todavía, por pura fórmula, algunas preguntas. Nos volveremos a ver, ¿no?

Porfirio se había detenido ante él, sonriente.

—¿No? —repitió.

Al parecer, deseaba añadir algo, pero no dijo nada más.

—Perdóneme por mi conducta de hace un momento —dijo Raskolnikof, que había recobrado la presencia de ánimo y experimentaba un deseo irresistible de fanfarronear ante el magistrado—. He estado demasiado vehemente.

—No tiene importancia —repuso Porfirio con excelente humor—. También yo tengo un carácter bastante áspero; lo reconozco. Ya nos volveremos a ver, si Dios quiere.

—Y terminaremos de conocernos —dijo Raskolnikof.

—Sí —convino Porfirio, mirándole seriamente, con los ojos entornados—. Ahora va usted a una fiesta de cumpleaños, ¿no?

—No; a un entierro.

—¡Ah, sí! A un entierro…Cuídese, créame; cuídese.

—Yo no sé qué desearle —dijo Raskolnikof, que ya había empezado a bajar la escalera y se había vuelto de pronto—. Quisiera poderle desear grandes éxitos, pero ya ve usted que sus funciones resultan a veces bastante cómicas.

—¿Cómicas? —exclamó el juez de instrucción, que ya se disponía a volver a su despacho, pero que se había detenido al oír la réplica de Raskolnikof.

—Sí. Ahí tiene usted a ese pobre Nicolás, al que habrá atormentado usted con sus métodos psicológicos hasta hacerle confesar. Sin duda, usted le repetía a todas horas y en todos los tonos: "Eres un asesino, eres un asesino". Y ahora que ha confesado, empieza usted a torturarlo con esta otra canción: "Mientes; no eres un asesino, no has cometido ningún crimen; dices una lección aprendida de memoria". Después de esto, usted no puede negar que sus funciones resultan a veces bastante cómicas.

—¡Je, je, je! Ya veo que usted se ha dado cuenta de que he dicho a Nicolás que repetía palabras aprendidas de memoria.

—¡Claro que me he dado cuenta!

—¡Je, je! Es usted muy sutil. No se le escapa nada. Además, posee usted una perspicacia especial para captar los detalles cómicos. ¡Je, je! Me parece que era Gogol el escritor que se distinguía por esta misma aptitud.

—Sí, era Gogol.

—¿Verdad que sí? Bueno, hasta que tenga el gusto de volverle a ver.

Raskolnikof volvió inmediatamente a su casa. Estaba tan sorprendido, tan desconcertado ante todo lo que acababa de suceder, que, apenas llegó a su habitación, se dejó caer en el diván y estuvo un cuarto de hora tratando de serenarse y de recobrar la lucidez. No intentó explicarse la conducta de Nicolás: estaba demasiado confundido para ello. Comprendía que aquella confesión encerraba un misterio que él no conseguiría descifrar, por lo menos en aquellos momentos. Sin embargo, esta declaración era una realidad cuyas consecuencias veía claramente. No cabía duda de que aquella mentira acabaría por descubrirse, y entonces volverían a pensar en él. Mas, entre tanto, estaba en libertad y debía tomar sus precauciones ante el peligro que juzgaba inminente.

Pero ¿hasta qué punto estaba en peligro? La situación empezaba a aclararse. No pudo evitar un estremecimiento de inquietud al recordar la escena que se había desarrollado entre Porfirio y él. Claro que no podía prever las intenciones del juez de instrucción ni adivinar sus pensamientos, pero lo que había sacado en claro le permitía comprender el peligro que había corrido. Poco le había faltado para perderse irremisiblemente. El temible magistrado, que conocía la irritabilidad de su carácter enfermizo, se había lanzado a fondo, demasiado audazmente tal vez, pero casi sin riesgo. Sin duda, él, Raskolnikof, se había comprometido desde el primer momento, pero las imprudencias cometidas no constituían pruebas contra él, y toda su conducta tenía un valor muy relativo.

Pero ¿no se equivocaría en sus juicios? ¿Qué fin perseguía el juez de instrucción? ¿Sería verdad que le había preparado una sorpresa? ¿En qué consistiría? ¿Cómo habría terminado su entrevista con Porfirio si no se hubiese producido la espectacular aparición de Nicolás?

Porfirio no había disimulado su juego; táctica arriesgada, pero cuyo riesgo había decidido correr. Raskolnikof no dejaba de pensar en ello. Si el juez hubiera tenido otros triunfos, se los habría enseñado igualmente. ¿Qué sería aquella sorpresa que le reservaba? ¿Una simple burla o algo que tenía su significado? ¿Constituiría una prueba? ¿Contendría, por lo menos, alguna acusación…? ¿El desconocido del día anterior? ¿Cómo se explicaba que hubiera desaparecido de aquel modo? ¿Dónde estaría? Si Porfirio tenía alguna prueba, debía de estar relacionada con aquel hombre misterioso.

Raskolnikof estaba sentado en el diván, con los codos apoyados en las rodillas y la cara en las manos. Un temblor nervioso seguía agitando todo su cuerpo. Al fin se levantó, cogió la gorra, se detuvo un momento para reflexionar y se dirigió a la puerta.

Consideraba que, por lo menos durante todo aquel día, estaba fuera de peligro. De pronto experimentó una sensación de alegría y le acometió el deseo de trasladarse lo más rápidamente posible a casa de Catalina Ivanovna. Desde luego, era ya demasiado tarde para ir al entierro, pero llegaría a tiempo para la comida y vería a Sonia.

Volvió a detenerse para reflexionar y esbozó una sonrisa dolorosa.

—Hoy, hoy —murmuró—. Hoy mismo. Es necesario…

Ya se disponía a abrir la puerta, cuando ésta se abrió sin que él la tocase. Se estremeció y retrocedió rápidamente. La puerta se fue abriendo poco a poco, sin ruido, y de súbito apareció la figura del personaje del día anterior, del hombre que parecía haber surgido de la tierra.

El desconocido se detuvo en el umbral, miró en silencio a Raskolnikof y dio un paso hacia el interior del aposento.

Vestía exactamente igual que la víspera, pero su semblante y la expresión de su mirada habían cambiado. Parecía profundamente apenado. Tras unos segundos de silencio, lanzó un suspiro. Sólo le faltaba llevarse la mano a la mejilla y volver la cabeza para parecer una pobre mujer desolada.

—¿Qué desea usted? —preguntó Raskolnikof, paralizado de espanto.

El recién llegado no contestó. De pronto hizo una reverencia tan profunda, que su mano derecha tocó el suelo.

—¿Qué hace usted? —exclamó Raskolnikof.

—Me siento culpable —dijo el desconocido en voz baja.

—¿De qué?

—De pensar mal. Cruzaron una mirada.

—Yo no estaba tranquilo…Cuando llegó usted, el otro día, seguramente embriagado, y dijo a los porteros que lo llevaran a la comisaría, después de haber interrogado a los pintores sobre las manchas de sangre, me contrarió que no le hicieran caso por creer que estaba usted bebido. Esto me atormentó de tal modo, que no pude dormir. Y como me acordaba de su dirección, decidimos venir ayer a preguntar…

—¿Quién vino? —le interrumpió Raskolnikof, que empezaba a comprender.

—Yo. Por lo tanto, soy yo el que le insultó.

—Entonces, ¿vive usted en aquella casa?

—Sí, y estaba en el portal con otras personas. ¿No se acuerda? Hace ya mucho tiempo que vivo y trabajo en aquella casa. Tengo el oficio de peletero. Lo que más me inquieta es…

Raskolnikof se acordó de súbito de toda la escena de la antevíspera. Efectivamente, en el portal, además de los porteros, había varias personas, hombres y mujeres. Uno de los hombres había dicho que debían llevarle a la comisaría. No recordaba cómo era el que había manifestado este parecer —ni siquiera ahora podía reconocerle—, pero estaba seguro de haberse vuelto hacia él y haber respondido algo…

Se había aclarado el inquietante misterio del día anterior. Y lo más notable era que había estado a punto de perderse por un hecho tan insignificante. Aquel hombre únicamente podía haber revelado que él, Raskolnikof, había ido allí para alquilar una habitación y hecho ciertas preguntas sobre las manchas de sangre. Por consiguiente, esto era todo lo que Porfirio Petrovitch podía saber; es decir, que tenía conocimiento de su acceso de delirio, pero de nada más, a pesar de su «arma psicológica de dos filos». En resumidas cuentas, que no sabía nada positivo. De modo que, si no surgían nuevos hechos (y no debían surgir), ¿qué le podían hacer? Aunque llegaran a detenerle, ¿cómo podrían confundirle? Otra cosa que podía deducirse era que Porfirio acababa de enterarse de su visita a la vivienda de las víctimas. Antes de ver al peletero no sabía nada.

—¿Ha sido usted el que le ha contado hoy a Porfirio mi visita a aquella casa? —preguntó, obedeciendo a una idea repentina.

—¿Quién es Porfirio?

—El juez de instrucción.

—Sí, yo he sido. Como los porteros no fueron, he ido yo.

—¿Hoy?

—He llegado un momento antes que usted y lo he oído todo: sé cómo le han torturado.

—¿Dónde estaba usted?

—En la vivienda del juez, detrás de la puerta interior del despacho. Allí he estado durante toda la escena.

—Entonces, ¿era usted la sorpresa? Cuéntemelo todo. ¿Por qué estaba usted escondido allí?

—Pues verá —dijo el peletero—. En vista de que los porteros no querían ir a dar parte a la policía, con el pretexto de que era tarde y les pondrían de vuelta y media por haber ido a molestarlos a hora tan intempestiva, me indigné de tal modo, que no pude dormir, y ayer empecé a informarme acerca de usted. Hoy, ya debidamente informado, he ido a ver al juez de instrucción. La primera vez que he preguntado por él, estaba ausente. He vuelto una hora después y no me ha recibido. Al fin, a la tercera vez, me han hecho pasar a su despacho. Se lo he contado todo exactamente como ocurrió. Mientras me escuchaba, Porfirio Petrovitch iba y venía apresuradamente por el despacho, golpeándose el pecho con el puño. "¡Qué cosas he de hacer por vuestra culpa, cretinos! —exclamó—. Si hubiera sabido esto antes, lo habría hecho detener". En seguida salió precipitadamente del despacho, llamó a alguien y se puso a hablar con él en un rincón. Después volvió a mi lado y de nuevo empezó a hacerme preguntas y a insultarme. Mientras él me dirigía reproche tras reproche, yo se lo he contado todo. Le he dicho que usted se había callado cuando yo le acusé de asesino y que no me reconoció. Él ha vuelto a sus idas y venidas precipitadas y a darse golpes en el pecho, y cuando le han anunciado a usted, ha venido hacia mí y me ha dicho: "Pasa detrás de esa puerta y, oigas lo que oigas, no te muevas de ahí". Me ha traído una silla, me ha encerrado y me ha advertido: "Tal vez te llame". Pero cuando ha llegado Nicolás y le ha despedido a usted, en seguida me ha dicho a mí que me marchase, advirtiéndome que tal vez me llamaría para interrogarme de nuevo.

—¿Ha interrogado a Nicolás delante de ti?

—Me ha hecho salir inmediatamente después de usted, y sólo entonces ha empezado a interrogar a Nicolás.

El visitante se inclinó otra vez hasta tocar el suelo.

—Perdone mi denuncia y mi malicia.

—Que Dios lo perdone —dijo Raskolnikof.

El visitante se volvió a inclinar; aunque ya no tan profundamente, y se fue a paso lento.

"Ya no hay más que pruebas de doble sentido", se dijo Raskolnikof, y salió de su habitación reconfortado.

"Ahora, a continuar la lucha", se dijo con una agria sonrisa mientras bajaba la escalera. Se detestaba a sí mismo y se sentía humillado por su pusilanimidad.

PARTE 5
CAPÍTULO 1

Al día siguiente de la noche fatal en que había roto con Dunia y Pulqueria Alejandrovna, Piotr Petrovitch se despertó de buena mañana. Sus pensamientos se habían aclarado, y hubo de reconocer, muy a pesar suyo, que lo ocurrido la víspera, hecho que le había parecido fantástico y casi imposible entonces, era completamente real e irremediable. La negra serpiente del amor propio herido no había cesado de roerle el corazón en toda la noche. Lo primero que hizo al saltar de la cama fue ir a mirarse al espejo: temía haber sufrido un derrame de bilis.

Afortunadamente, no se había producido tal derrame. Al ver su rostro blanco, de persona distinguida, y un tanto carnoso, se consoló momentáneamente y tuvo el convencimiento de que no le sería difícil reemplazar a Dunia incluso con ventaja; pero pronto volvió a ver las cosas tal como eran, y entonces lanzó un fuerte salivazo, lo que arrancó una sonrisa de burla a su joven amigo y compañero de habitación Andrés Simonovitch Lebeziatnikof. Piotr Petrovitch, que había advertido esta sonrisa, la anotó en él debe, ya bastante cargado desde hacía algún tiempo, de Andrés Simonovitch.

Su cólera aumentó, y se dijo que no debió haber confiado a su compañero de hospedaje el resultado de su entrevista de la noche anterior. Era la segunda torpeza que su irritación y la necesidad de expansionarse le habían llevado a cometer. Para colmo de desdichas, el infortunio le persiguió durante toda la mañana. En el Senado tuvo un fracaso al debatirse su asunto. Un último incidente colmó su mal humor. El propietario del departamento que había alquilado con miras a su próximo matrimonio, departamento que había hecho reparar a costa suya, se negó en redondo a rescindir el contrato. Este hombre era extranjero, un obrero alemán enriquecido, y reclamaba el pago de los alquileres estipulados en el contrato de arrendamiento, a pesar de que Piotr Petrovitch le devolvía la vivienda tan remozada que parecía nueva. Además, el mueblista pretendía quedarse hasta el último rublo de la cantidad anticipada por unos muebles que Piotr Petrovitch no había recibido todavía.

"¡No voy a casarme sólo por tener los muebles!", exclamó para sí mientras rechinaba los dientes. Pero, al mismo tiempo, una última esperanza, una loca ilusión, pasó por su pensamiento. "¿Es verdaderamente irremediable el mal? ¿No podría intentarse algo todavía?". El seductor recuerdo de Dunetchka le atravesó el corazón como una aguja, y si en aquel momento hubiera bastado un simple deseo para matar a Raskolnikof, no cabe duda de que Piotr Petrovitch lo habría expresado.

"Otro error mío ha sido no darles dinero —siguió pensando mientras regresaba, cabizbajo, al rincón de Lebeziatnikof—. ¿Por qué demonio habré sido tan judío? Mis cálculos han fallado por completo. Yo creía que, dejándolas momentáneamente en la miseria, las preparaba para que luego vieran en mí a la providencia en persona. Y se me han escapado de las manos…Si les hubiera dado…, ¿qué diré yo?, unos mil quinientos rublos para el ajuar, para comprar esas telas y esos menudos objetos, esas bagatelas, en fin, que se venden en el bazar inglés, me habría conducido con más habilidad y el negocio me habría ido mejor. Ellas no me habrían soltado tan fácilmente. Por su manera de ser, después de la ruptura se habrían creído obligadas a devolverme el dinero recibido, y esto no les habría sido ni grato ni fácil. Además, habría entrado en juego su conciencia. Se habrían dicho que cómo podían romper con un hombre que se había mostrado tan generoso y delicado con ellas. En fin, que he cometido una verdadera pifia".

Y Piotr Petrovitch, con un nuevo rechinar de dientes, se llamó imbécil a sí mismo.

Después de llegar a esta conclusión, volvió a su alojamiento más irritado y furioso que cuando había salido. Sin embargo, al punto despertó su curiosidad el bullicio que llegaba de las habitaciones de Catalina Ivanovna, donde se estaba preparando la comida de funerales. El día anterior había oído decir algo de esta ceremonia. Incluso se acordó de que le habían invitado, aunque sus muchas preocupaciones le habían impedido prestar atención.

Se apresuró a informarse de todo, preguntando a la señora Lipevechsel, que, por hallarse ausente Catalina Ivanovna (estaba en el cementerio), se cuidaba de todo y correteaba en torno a la mesa, ya preparada para la colación. Así se enteró Piotr Petrovitch de que la comida de funerales sería un acto solemne. Casi todos los inquilinos, incluso algunos que ni siquiera habían conocido al difunto, estaban invitados. Andrés Simonovitch Lebeziatnikof se sentaría a la mesa, no obstante, su reciente disgusto con Catalina Ivanovna. A él, Piotr Petrovitch, se le esperaba como al huésped distinguido de la casa. Amalia Ivanovna había recibido una invitación en toda regla a pesar de sus diferencias con Catalina Ivanovna. Por eso ahora se preocupaba de la comida con visible satisfacción. Se había arreglado como para una gran solemnidad: aunque iba de luto, lucía orgullosamente un flamante vestido de seda.

Todos estos informes y detalles inspiraron a Piotr Petrovitch una idea que ocupaba su magín mientras regresaba a su habitación, mejor dicho, a la de Andrés Simonovitch Lebeziatnikof.

Andrés Simonovitch había pasado toda la mañana en su aposento, no sé por qué motivo. Entre éste y Piotr Petrovitch se habían establecido unas relaciones sumamente extrañas, pero fáciles de explicar. Piotr Petrovitch le odiaba, le despreciaba profundamente, casi desde el mismo día en que se había instalado en su habitación; pero, al mismo tiempo, le temía. No era únicamente la tacañería lo que le había llevado a hospedarse en aquella casa a su llegada a Petersburgo. Este motivo era el principal, pero no el único. Estando aún en su localidad provinciana, había oído hablar de Andrés Simonovitch, su antiguo pupilo, al que se consideraba como uno de los jóvenes progresistas más avanzados de la capital, e incluso como un miembro destacado de ciertos círculos, verdaderamente curiosos, que gozaban de extraordinaria reputación. Esto había impresionado a Piotr Petrovitch. Aquellos círculos todopoderosos que nada ignoraban, que despreciaban y desenmascaraban a todo el mundo, le infundían un vago terror. Claro que, al estar alejado de estos círculos, no podía formarse una idea exacta acerca de ellos. Había oído decir, como todo el mundo, que en Petersburgo había progresistas, nihilistas y toda suerte de enderezadores de entuertos, pero, como la mayoría de la gente, exageraba el sentido de estas palabras del modo más absurdo. Lo que más le inquietaba desde hacía ya tiempo, lo que le llenaba de una intranquilidad exagerada y continua, eran las indagaciones que realizaban tales partidos. Sólo por esta razón había estado mucho tiempo sin decidirse a elegir Petersburgo como centro de sus actividades.

Estas sociedades le inspiraban un terror que podía calificarse de infantil. Varios años atrás, cuando comenzaba su carrera en su provincia, había visto a los revolucionarios desenmascarar a dos altos funcionarios con cuya protección contaba. Uno de estos casos terminó del modo más escandaloso en contra del denunciado; el otro había tenido también un final sumamente enojoso. De aquí que Piotr Petrovitch, apenas llegado a Petersburgo, procurase enterarse de las actividades de tales asociaciones: así, en caso de necesidad, podría presentarse como simpatizante y asegurarse la aprobación de las nuevas generaciones. Para esto había contado con Andrés Simonovitch, y que se había adaptado rápidamente al lenguaje de los reformadores lo demostraba su visita a Raskolnikof.

Pero en seguida se dio cuenta de que Andrés Simonovitch no era sino un pobre hombre, una verdadera mediocridad. No obstante, ello no alteró sus convicciones ni bastó para tranquilizarle. Aunque todos los progresistas hubieran sido igualmente estúpidos, su inquietud no se habría calmado.

Aquellas doctrinas, aquellas ideas, aquellos sistemas (con los que Andrés Simonovitch le llenaba la cabeza) no le impresionaban demasiado. Sólo deseaba poder seguir el plan que se había trazado, y, en consecuencia, únicamente le interesaba saber cómo se producían los escándalos citados anteriormente y si los hombres que los provocaban eran verdaderamente todopoderosos. En otras palabras, ¿tendría motivos para inquietarse si se le denunciaba cuando emprendiera algún negocio? ¿Por qué actividades se le podía denunciar? ¿Quiénes eran los que atraían la atención de semejantes inspectores? Y, sobre todo, ¿podría llegar a un acuerdo con tales investigadores, comprometiéndolos, al mismo tiempo, en sus asuntos, si eran en verdad tan temibles? ¿Sería prudente intentarlo? ¿No se les podría incluso utilizar para llevar a cabo los propios proyectos? Piotr Petrovitch se habría podido hacer otras muchas preguntas como éstas…

Andrés Simonovitch era un hombrecillo enclenque, escrofuloso, que pertenecía al cuerpo de funcionarios y trabajaba en una oficina pública. Su cabello era de un rubio casi blanco y lucía unas pobladas patillas de las que se sentía sumamente orgulloso. Casi siempre tenía los ojos enfermos. En el fondo, era una buena persona, pero su lenguaje, de una presunción que rayaba en la pedantería, contrastaba grotescamente con su esmirriada figura. Se le consideraba como uno de los inquilinos más distinguidos de Amalia Ivanovna, ya que no se embriagaba y pagaba puntualmente el alquiler.

Pese a todas estas cualidades, Andrés Simonovitch era bastante necio. Su afiliación al partido progresista obedeció a un impulso irreflexivo. Era uno de esos innumerables pobres hombres, de esos testarudos ignorantes que se apasionan por cualquier tendencia de moda, para envilecerla y desacreditarla en seguida. Estos individuos ponen en ridículo todas las causas, aunque a veces se entregan a ellas con la mayor sinceridad.

Digamos además que Lebeziatnikof, a pesar de su buen carácter, empezaba también a no poder soportar a su huésped y antiguo tutor Piotr

Petrovitch: la antipatía había surgido espontánea y recíprocamente por ambas partes. Por poco perspicaz que fuera, Andrés Simonovitch se había dado cuenta de que Piotr Petrovitch no era sincero con él y le despreciaba secretamente; en una palabra, que tenía ante sí a un hombre distinto del que Lujine aparentaba ser. Había intentado exponerle el sistema de Fourier y la teoría de Darwin, pero Piotr Petrovitch le escuchaba con un gesto sarcástico desde hacía algún tiempo, y últimamente incluso le respondía con expresiones insultantes. En resumen, que Lujine se había dado cuenta de que Andrés Simonovitch era, además de un imbécil, un charlatán que no tenía la menor influencia en el partido. Sólo sabía las cosas por conductos sumamente indirectos, e incluso en su misión especial, la de la propaganda, no estaba muy seguro, pues solía armarse verdaderos enredos en sus explicaciones. Por consiguiente, no era de temer como investigador al servicio del partido.

Digamos de paso que Piotr Petrovitch, al instalarse en casa de Lebeziatnikof, sobre todo en los primeros días, aceptaba de buen grado los cumplimientos, verdaderamente extraños, de su patrón, o, por lo menos, no protestaba cuando Andrés Simonovitch le consideraba dispuesto a favorecer el establecimiento de una nueva commune en la calle de los Bourgeois, o a consentir que Dunetchka tuviera un amante al mes de casarse con ella, o a comprometerse a no bautizar a sus hijos. Le halagaban de tal modo las alabanzas, fuera cual fuere su condición, que no rechazaba estos cumplimientos.

Aquella mañana había negociado varios títulos y, sentado a la mesa, contaba los fajos de billetes que acababa de recibir. Andrés Simonovitch, que casi siempre andaba escaso de dinero, se paseaba por la habitación, fingiendo mirar aquellos papeles con una indiferencia rayana en el desdén. Desde luego, Piotr Petrovitch no admitía en modo alguno la sinceridad de esta indiferencia, y Lebeziatnikof, además de comprender esta actitud de Lujine se decía, no sin amargura, que aún se complacía en mostrarle su dinero para mortificarle, hacerle sentir su insignificancia y recordarle la distancia que los bienes de fortuna establecían entre ambos.

Andrés Simonovitch advirtió que aquella mañana su huésped apenas le prestaba atención, a pesar de que él había empezado a hablarle de su tema favorito: el establecimiento de una nueva commune.

Las objeciones y las lacónicas réplicas que lanzaba de vez en cuando Lujine sin interrumpir sus cuentas parecían impregnadas de una consciente ironía que se confundía con la falta de educación. Pero Andrés

Simonovitch atribuía estas muestras de mal humor al disgusto que le había causado su ruptura con Dunetchka, tema que ardía en deseos de abordar. Consideraba que podía exponer sobre esta cuestión puntos de vista progresistas que consolarían a su respetable amigo y prepararían el terreno para su posterior filiación al partido.

—¿Sabe usted algo de la comida de funerales que da esa viuda vecina nuestra? —preguntó Piotr Petrovitch, interrumpiendo a Lebeziatnikof en el punto más interesante de sus explicaciones.

—Pero ¿no se acuerda de que le hablé de esto ayer y le di mi opinión sobre tales ceremonias…? Además, la viuda le ha invitado a usted. Incluso habló usted con ella ayer.

—Es increíble que esa imbécil se haya gastado en una comida de funerales todo el dinero que le dio ese otro idiota: Raskolnikof. Me he quedado estupefacto al ver hace un rato, al pasar, esos preparativos, esas bebidas…Ha invitado a varias personas. El diablo sabrá por qué lo hace.

Piotr Petrovitch parecía haber abordado este asunto con una intención secreta. De pronto levantó la cabeza y exclamó:

—¡Cómo! ¿Dice que me ha invitado también a mí? ¿Cuándo? No recuerdo…No pienso ir… ¿Qué papel haría yo en esa casa? Yo sólo crucé unas palabras con esa mujer para decirle que, como viuda pobre de un funcionario, podría obtener en concepto de socorro una cantidad equivalente a un año de sueldo del difunto. ¿Me habrá invitado por eso? ¡Je, je!

—Yo tampoco pienso ir —dijo Lebeziatnikof.

—Sería el colmo que fuera usted. Después de haber dado una paliza a esa señora, comprendo que no se atreva a ir a su casa. ¡Je, je, je!

—¿Qué yo le di una paliza? ¿Quién se lo ha dicho? —exclamó Lebeziatnikof, turbado y enrojeciendo.

—Me lo contaron ayer: hace un mes o cosa así, usted golpeó a Catalina Ivanovna… ¡Así son sus convicciones! Usted dejó a un lado su feminismo por un momento. ¡Je, je, je!

Piotr Petrovitch, que parecía muy satisfecho después de lo que acababa de decir, volvió a sus cuentas.

—Eso son estúpidas calumnias —replicó Andrés Simonovitch, que temía que este incidente se divulgara—. Las cosas no ocurrieron así. ¡No, ni mucho menos! lo que le han contado es una verdadera calumnia. Yo no hice más que defenderme. Ella se arrojó sobre mí con las uñas preparadas. Casi me arranca una patilla…Yo considero que los hombres tenemos derecho a defendernos. Por otra parte, yo no toleraré jamás que se ejerza sobre mí la menor violencia…Esto es un principio…Lo contrario sería favorecer el despotismo. ¿Qué quería usted que hiciera: que me dejase golpear pasivamente? Yo me limité a rechazarla.

Lujine dejó escapar su risita sarcástica.

—¡Je, je, je!

—Usted quiere molestarme porque está de mal humor. Y dice usted cosas que no tienen nada que ver con la cuestión del feminismo. Usted no me ha comprendido. Yo me dije que si se considera a la mujer igual al hombre incluso en lo que concierne a la fuerza física (opinión que empieza a extenderse), la igualdad debía existir también en el campo de la contienda. Como es natural, después comprendí que no había lugar a plantear esta cuestión, ya que la sociedad futura estaría organizada de modo que las diferencias entre los seres humanos no existirían…Por lo tanto, es absurdo buscar la igualdad en lo que concierne a las riñas y a los golpes. Claro que no estoy ciego y veo que las querellas existen todavía…, pero, andando el tiempo no existirán, y si ahora existen… ¡Demonio! Uno pierde el hilo de sus ideas cuando habla con usted…Si no asisto a la comida de funerales no es por el incidente que estamos comentando, sino por principio, por no aprobar con mi presencia esa costumbre estúpida de celebrar la muerte con una comida… Cierto que habría podido acudir por diversión, para reírme…Y habría ido si hubiesen asistido popes; pero, por desgracia, no asisten.

—Es decir, que usted aceptaría la hospitalidad que le ofrece una persona y se sentaría a su mesa para burlarse de ella y escupirle, por decirlo así, si no he entendido mal.

—Nada de escupir. Se trata de una simple protesta. Yo procedo con vistas a una finalidad útil. Así puedo prestar una ayuda indirecta a la propaganda de las nuevas ideas y a la civilización, lo que representa un deber para todos. Y este deber tal vez se cumple mejor prescindiendo de los convencionalismos sociales. Puedo sembrar la idea, la buena semilla. De esta semilla germinarán hechos. ¿En qué ofendo a las personas con las que procedo así? Empezarán por sentirse heridas, pero después verán que les he prestado un servicio. He aquí un ejemplo: se ha reprochado a Terebieva, que ahora forma parte de la commune y que ha dejado a su familia para…entregarse libremente, que haya escrito una carta a sus padres diciéndoles claramente que no quería vivir ligada a los prejuicios y que iba a contraer una unión libre. Se dice que ha sido demasiado dura, que debía haber tenido piedad y haberse conducido con más diplomacia. Pues bien, a mí me parece que este modo de pensar es absurdo, que en este caso las fórmulas están de más y se impone una protesta clara y directa. Otro caso: Ventza ha vivido siete años con su marido y lo ha abandonado con sus dos hijos, enviándole una carta en la que le ha dicho francamente: "Me he dado cuenta de que no puedo ser feliz a tu lado. No te perdonaré jamás que me hayas engañado, ocultándome que hay otra organización social: la commune. Me ha informado de ello últimamente un hombre magnánimo, al que me he entregado y al que voy a seguir para fundar con él una commune. Te hablo así porque me parecería vergonzoso engañarte. Tú puedes hacer lo que quieras. No esperes que vuelva a tu lado: ya no es posible. Te deseo que seas muy feliz". Así se han de escribir estas cartas.

—Oiga: esa Terebieva, ¿no es aquella de la que usted me dijo que andaba por la tercera unión libre?

—Bien mirado, sólo era la segunda. Pero aunque fuese la cuarta o la decimoquinta, esto tiene muy poca importancia. Ahora más que nunca siento haber perdido a mi padre y a mi madre. ¡Cuántas veces he soñado en mi protesta contra ellos! Ya me las habría arreglado para provocar la ocasión de decirles estas cosas. Estoy seguro de que les habría convencido. Los habría anonadado. Créame que siento no tener a nadie a quien…

—Anonadar. ¡Je, je, je! En fin, dejemos esto. Oiga: ¿conoce usted a la hija del difunto, esa muchachita delgaducha? ¿Verdad que es cierto lo que se dice de ella?

—¡He aquí un asunto interesante! A mi entender, es decir, según mis convicciones personales, la situación de esa joven es la más normal de la mujer. ¿Por qué no? Es decir, distinguons. En la sociedad actual, ese género de vida no es normal, desde luego, pues se adopta por motivos forzosos, pero lo será en la sociedad futura, donde se podrá elegir libremente. Por otra parte, ella tenía perfecto derecho a entregarse. Estaba en la miseria. ¿Por qué no había de disponer de lo que constituía su capital, por decirlo así? Naturalmente, en la sociedad futura, el capital no tendría razón de ser, pero el papel de la mujer galante tomará otra significación y será regulado de un modo racional. En lo que concierne a Sonia Simonovna, yo considero sus actos en el momento actual como una viva protesta, una protesta simbólica contra el estado de la sociedad presente. Por eso siento por ella especial estimación, tanto, que sólo de verla experimento una gran alegría.

—Pues a mí me han dicho que usted la echó de la casa. Lebeziatnikof montó en cólera.

—¡Nueva calumnia! —bramó—. Las cosas no ocurrieron así, ni mucho menos. ¡No, no, de ningún modo! Catalina Ivanovna lo ha contado todo como le ha parecido, porque no ha comprendido nada. Yo no he buscado nunca los favores de Sonia Simonovna. Yo procuré únicamente ilustrarla del modo más desinteresado, esforzándome en despertar en ella el espíritu de protesta…Esto era todo lo que yo deseaba. Ella misma se dio cuenta de que no podía permanecer aquí.

—Supongo que la habrá invitado usted a formar parte de la commune.

—Permítame que le diga que usted todo lo toma a broma y que ello me parece lamentable. Usted no comprende nada. La commune no admite ciertas situaciones personales; precisamente se ha fundado para suprimirlas. El papel de esa joven perderá su antigua significación dentro de la commune: lo que ahora nos parece una torpeza, entonces nos parecerá un acto inteligente, y lo que ahora se considera una corrupción, entonces será algo completamente natural. Todo depende del medio, del ambiente. El medio lo es todo, y el hombre nada. En cuanto a Sonia Simonovna, mis relaciones con ella no pueden ser mejores, lo que demuestra que esa joven no me ha considerado jamás como enemigo. Verdad es que yo me esfuerzo por atraerla a nuestra agrupación, pero con intenciones completamente distintas a las que usted supone… ¿De qué se ríe? Nosotros tenemos el propósito de establecer nuestra propia commune sobre bases más sólidas que las precedentes; nosotros vamos más lejos que nuestros predecesores. Rechazamos muchas cosas. Si Dobroliubof saliera de la tumba, discutiría con él. En cuanto a Bielinsky, remacharé el clavo que él ha clavado. Entre tanto, sigo educando a Sonia Simonovna. Tiene un natural hermoso.

—Y usted se aprovecha de él, ¿no? ¡Je, je!

—De ningún modo; todo lo contrario.

—Dice que todo lo contrario. ¡Je, je! lo que es a usted, palabras no le faltan.

—Pero ¿por qué no me cree? ¿Por qué razón he de engañarle, dígame? Le aseguro que…, y yo soy el primer sorprendido…, ella se muestra conmigo extremadamente, casi morbosamente púdica.

—Y usted, naturalmente, sigue ilustrándola. ¡Je, je, je! Usted procura hacerle comprender que todos esos pudores son absurdos. ¡Je, je, je!

—¡De ningún modo, de ningún modo; se lo aseguro…! ¡Oh, qué sentido tan grosero y, perdóneme, tan estúpido da a la palabra "cultura"! Usted no comprende nada. ¡Qué poco avanzado está usted todavía, Dios mío! Nosotros deseamos la libertad de la mujer, y usted, usted sólo piensa en esas cosas… Dejando a un lado las cuestiones de la castidad y el pudor femeninos, que a mi entender son absurdos e inútiles, admito la reserva de esa joven para conmigo. Ella expresa de este modo su libertad de acción, que es el único derecho que puede ejercer. Desde luego, si ella viniera a decirme: "Te quiero", yo me sentiría muy feliz, pues esa muchacha me gusta mucho, pero en las circunstancias actuales nadie se muestra con ella más respetuoso que yo. Me limito a esperar y confiar.

—Sería más práctico que le hiciera usted un regalito. Estoy seguro de que no ha pensado en ello.

—Usted no comprende nada, se lo repito. La situación de esa muchacha le autoriza a pensar así, desde luego; pero no se trata de eso, no, de ningún modo. Usted la desprecia sin más ni más. Aferrándose a un hecho que le parece, erróneamente, despreciable, se niega a considerar humanamente a un ser humano. Usted no sabe cómo es esa joven. Lo que me contraría es que en estos últimos tiempos ha dejado de leer. Ya no me pide libros, como hacía antes. También me disgusta que, a pesar de toda su energía y de todo el espíritu de protesta que ha demostrado, dé todavía pruebas de cierta falta de resolución, de independencia, por decirlo así; de negación, si quiere usted, que le impide romper con ciertos prejuicios…, con ciertas estupideces. Sin embargo, esa muchacha comprende perfectamente muchas cosas. Por ejemplo se ha dado exacta cuenta de lo que supone la costumbre de besar la mano, mediante la cual el hombre ofende a la mujer, puesto que le demuestra que no la considera igual a él. He debatido esta cuestión con mis compañeros y he expuesto a la chica los resultados del debate. También me escuchó atentamente cuando le hablé de las asociaciones obreras de Francia. Ahora le estoy explicando el problema de la entrada libre en las casas particulares en nuestra sociedad futura.

—¿Qué es eso?

—En estos últimos tiempos se ha debatido la cuestión siguiente: un miembro de la commune, ¿tiene derecho a entrar libremente en casa de otro miembro de la commune, a cualquier hora y sea este miembro varón o mujer…? La respuesta a esta pregunta ha sido afirmativa.

—¿Aun en el caso de que ese hombre o esa mujer estén ocupados en una necesidad urgente? ¡Je, je, je!

Andrés Simonovitch se enfureció.

—¡No tiene usted otra cosa en la cabeza! ¡Sólo piensa en esas malditas necesidades! ¡Qué arrepentido estoy de haberle expuesto mi sistema y haberle hablado de esas necesidades prematuramente! ¡El diablo me lleve! ¡Ésa es la piedra de toque de todos los hombres que piensan como usted! Se burlan de una cosa antes de conocerla. ¡Y todavía pretenden tener razón! Adoptan el aire de enorgullecerse de no sé qué. Yo siempre he sido de la opinión de que estas cuestiones no pueden exponerse a los novicios más que al final, cuando ya conocen bien el sistema, en una palabra, cuando ya han sido convenientemente dirigidos y educados. Pero, en fin, dígame, se lo ruego, qué es lo que ve usted de vergonzoso y vil en…las letrinas, llamémoslas así. Yo soy el primero que está dispuesto a limpiar todas las letrinas que usted quiera, y no veo en ello ningún sacrificio. Por el contrario, es un trabajo noble, ya que beneficia a la sociedad, y desde luego superior al de un Rafael o un Pushkin, puesto que es más útil.

—Y más noble, mucho más noble. ¡Je, je, je!

—¿Qué quiere usted decir con eso de «más noble»? Yo no comprendo esas expresiones cuando se aplican a la actividad humana. Nobleza…, magnanimidad…Estos conceptos no son sino absurdas estupideces, viejas frases dictadas por los prejuicios y que yo rechazo. Todo lo que es útil a la humanidad es noble. Para mí sólo tiene valor una palabra: utilidad. Ríase usted cuanto quiera, pero es así.

Piotr Petrovitch se desternillaba de risa. Había terminado de contar el dinero y se lo había guardado, dejando sólo algunos billetes en la mesa. El tema de las letrinas, pese a su vulgaridad, había motivado más de una discusión entre Piotr Petrovitch y su joven amigo.

Lo gracioso del caso era que Andrés Simonovitch se enfadaba de verdad. Lujine no veía en ello sino un pasatiempo, y entonces sentía el deseo especial de ver a Lebeziatnikof encolerizado.

—Usted está tan nervioso y cizañero por su fracaso de ayer —se atrevió a decir Andrés Simonovitch, que, pese a toda su independencia y a sus gritos de protesta, no osaba enfrentarse abiertamente con Piotr Petrovitch, pues sentía hacia él, llevado sin duda de una antigua costumbre, cierto respeto.

—Dígame una cosa —replicó Lujine tono de grosero desdén—: ¿podría usted…? Mejor dicho, ¿tiene usted la suficiente confianza en esa joven para hacerla venir un momento? Me parece que ya han regresado todos del cementerio. Los he oído subir. Necesito ver un momento a esa muchacha.

—¿Para qué? —preguntó Andrés Simonovitch, asombrado.

—Tengo que hablarle. Me marcharé pronto de aquí y quisiera hacerle saber que…Pero, en fin; usted puede estar presente en la conversación. Esto será lo mejor, pues, de otro modo, sabe Dios lo que usted pensaría.

—Yo no pensaría absolutamente nada. No he dado a mi pregunta la menor importancia. Si usted tiene que tratar algún asunto con esa joven, nada más fácil que hacerla venir. Voy por ella, y puede estar usted seguro de que no les molestaré.

Efectivamente, al cabo de cinco minutos, Lebeziamikof llegaba con Sonetchka. La joven estaba, como era propio de ella, en extremo turbada y sorprendida. En estos casos, se sentía siempre intimidada: las caras nuevas le producían verdadero terror. Era una impresión de la infancia, que había ido acrecentándose con el tiempo.

Piotr Petrovitch le dispensó un cortés recibimiento, no exento de cierta jovial familiaridad, que parecía muy propia de un hombre serio y respetable como él que se dirigía a una persona tan joven y, en ciertos aspectos tan interesante. Se apresuró a instalarla cómodamente ante la mesa y frente a él. Cuando se sentó, Sonia paseó una mirada en torno de ella: sus ojos se posaron en Lebeziatnikof, después en el dinero que había sobre la mesa y finalmente en Piotr Petrovitch, del que ya no pudieron apartarse. Se diría que había quedado fascinada. Lebeziatnikof se dirigió a la puerta.

Piotr Petrovitch se levantó, dijo a Sonia por señas que no se moviese y detuvo a Andrés Simonovitch en el momento en que éste iba a salir.

—¿Está abajo Raskolnikof? —le preguntó en voz baja—. ¿Ha llegado ya?

—¿Raskolnikof? Sí, está abajo. ¿Por qué? Sí, lo he visto entrar. ¿Por qué lo pregunta?

—Le ruego que permanezca aquí y que no me deje solo con esta…señorita. El asunto que tenemos que tratar es insignificante, pero sabe Dios las conclusiones que podría extraer de nuestra entrevista esa gente…No quiero que Raskolnikof vaya contando por ahí… ¿Comprende lo que quiero decir?

—Comprendo, comprendo— dijo Lebeziatnikof con súbita lucidez—. Está usted en su derecho. Sus temores respecto a mí son francamente exagerados, pero…Tiene usted perfecto derecho a obrar así. En fin, me quedaré. Me iré al lado de la ventana y no los molestaré lo más mínimo. A mi juicio, usted tiene derecho a…

Piotr Petrovitch volvió al sofá y se sentó frente a Sonia. La miró atentamente, y su semblante cobró una expresión en extremo grave, incluso severa. "No vaya usted a imaginarse tampoco cosas que no son", parecía decir con su mirada. Sonia acabó de perder la serenidad.

—Ante todo, Sonia Simonovna, transmita mis excusas a su honorable madre…No me equivoco, ¿verdad? Catalina Ivanovna es su señora madre, ¿no es cierto?

Piotr Petrovitch estaba serio y amabilísimo. Evidentemente abrigaba las más amistosas relaciones respecto a Sonia.

—Sí —repuso ésta, presurosa y asustada—, es mi segunda madre.

—Pues bien, dígale que me excuse. Circunstancias ajenas a mi voluntad me impiden asistir al festín. Me refiero a esa comida de funerales a que ha tenido la gentileza de invitarme.

—Se lo voy a decir ahora mismo.

Y Sonetchka se puso en pie en el acto.

—Tengo que decirle algo más —le advirtió Piotr Petrovitch, sonriendo ante la ingenuidad de la muchacha y su ignorancia de las costumbres sociales—. Sólo quien no me conozca puede suponerme capaz de molestar a otra persona, de hacerle venir a verme, por un motivo tan fútil como el que le acabo de exponer y que únicamente tiene interés para mí. No, mis intenciones son otras.

Sonia se apresuró a volver a sentarse. Sus ojos tropezaron de nuevo con los billetes multicolores, pero ella los apartó en seguida y volvió a fijarlos en Lujine. Mirar el dinero ajeno le parecía una inconveniencia, sobre todo en la situación en que se hallaba…Se dedicó a observar los lentes de montura de oro que Piotr Petrovitch tenía en su mano izquierda, y después fijó su mirada en la soberbia sortija adornada con una piedra amarilla que el caballero ostentaba en el dedo central de la misma mano. Finalmente, no sabiendo adónde mirar, fijó la vista en la cara de Piotr Petrovitch. El cual, tras un majestuoso silencio, continuó:

—Ayer tuve ocasión de cambiar dos palabras con la infortunada Catalina Ivanovna, y esto me bastó para darme cuenta de que se halla en un estado… anormal, por decirlo así.

—Cierto: es un estado anormal —se apresuró a repetir Sonia.

—O, para decirlo más claramente, más exactamente, en un estado morboso.

—Sí, sí, más claramente…, morboso.

—Pues bien; llevado de un sentimiento humanitario y…y de compasión, por decirlo así, yo desearía serle útil, en vista de la posición extremadamente difícil en que forzosamente se ha de encontrar. Porque tengo entendido que es usted el único sostén de esa desventurada familia.

Sonia se levantó súbitamente.

—Permítame preguntarle —dijo— si usted le habló ayer de una pensión. Ella me dijo que usted se encargaría de conseguir que se la dieran. ¿Es eso verdad?

—¡No, no, ni remotamente! Eso es incluso absurdo en cierto sentido. Yo sólo le hablé de un socorro temporal que se le entregaría por su condición de viuda de un funcionario muerto en servicio, y le advertí que tal socorro sólo podría recibirlo si contaba con influencias. Por otra parte, me parece que su difunto padre no solamente no había servido tiempo suficiente para tener derecho al retiro, sino que ni siquiera prestaba servicio en el momento de su muerte. En resumen, que uno siempre puede esperar, pero que en este caso la esperanza tendría poco fundamento pues no existe el derecho de percibir socorro alguno… ¡Y ella soñaba ya con una pensión! ¡Je, je, je! ¡Qué imaginación posee esa señora!

—Sí, esperaba una pensión…, pues es muy buena y su bondad la lleva a creerlo todo…, y es…, sí, tiene usted razón…Con su permiso.

Sonia se dispuso a marcharse.

—Un momento. No he terminado todavía.

—¡Ah! Bien —balbuceó la joven.

—Siéntese, haga el favor.

Sonia, desconcertada, se sentó una vez más.

—Viendo la triste situación de esa mujer, que ha de atender a niños de corta edad, yo desearía, como ya le he dicho, serle útil en la medida de mis medios…Compréndame, en la medida de mis medios y nada más. Por ejemplo, se podría organizar una suscripción, o una rifa, o algo análogo, como suelen hacer en estos casos los parientes o las personas extrañas que desean acudir en ayuda de algún desgraciado. Esto es lo que quería decir. La cosa me parece posible.

—Sí, está muy bien…Dios se lo… —balbuceó Sonia sin apartar los ojos de Piotr Petrovitch.

—La cosa es posible, sí, pero…dejémoslo para más tarde, aunque hayamos de empezar hoy mismo. Nos volveremos a ver al atardecer, y entonces podremos establecer las bases del negocio, por decirlo así. Venga a eso de las siete. Confío en que Andrés Simonovitch querrá acompañarnos…Pero hay un punto que desearía tratar con usted previamente con toda seriedad. Por eso principalmente me he permitido llamarla, Sonia Simonovna. Yo creo que el dinero no debe ponerse en manos de Catalina Ivanovna. La comida de hoy es buena prueba de ello.

No teniendo, como quien dice, un pedazo de pan para mañana, ni zapatos que ponerse, ni nada, en fin, hoy ha comprado ron de Jamaica, e incluso creo que café y vino de Madeira, lo he visto al pasar. Mañana toda la familia volverá a estar a sus expensas y usted tendrá que procurarles hasta el último bocado de pan. Esto es absurdo. Por eso yo opino que la suscripción debe organizarse a espaldas de esa desgraciada viuda, para que sólo usted maneje el dinero. ¿Qué le parece?

—Pues…no sé…Ella es así sólo hoy…, una vez en la vida…Tenía en mucho poder honrar la memoria…Pero es muy inteligente. Además, usted puede hacer lo que le parezca, y yo le quedaré muy…muy…, y todos ellos también…Y Dios le…le…, y los huerfanitos…

Sonia no pudo terminar: se lo impidió el llanto.

—Entonces no se hable más del asunto. Y ahora tenga la bondad de aceptar para las primeras necesidades de su madre esta cantidad, que representa mi aportación personal. Es mi mayor deseo que mi nombre no se pronuncie para nada en relación con este asunto. Aquí tiene. Como mis gastos son muchos, aun sintiéndolo de veras, no puedo hacer más.

Y Piotr Petrovitch entregó a Sonia un billete de diez rublos después de haberlo desplegado cuidadosamente. Sonia lo tomó, enrojeció, se levantó de un salto, pronunció algunas palabras ininteligibles y se apresuró a retirarse. Piotr Petrovitch la acompañó con toda cortesía hasta la puerta. Ella salió de la habitación a toda prisa, profundamente turbada, y corrió a casa de Catalina Ivanovna, presa de extraordinaria emoción.

Durante toda esta escena, Andrés Simonovitch, a fin de no poner al diálogo la menor dificultad, había permanecido junto a la ventana, o había paseado en silencio por la habitación; pero cuando Sonia se hubo retirado, se acercó a Piotr Petrovitch y le tendió la mano con gesto solemne.

—Lo he visto todo y todo lo he oído —dijo, recalcando esta última palabra—. Lo que usted acaba de hacer es noble, es decir, humano. Ya he visto que usted no quiere que le den las gracias. Y aunque mis principios particulares me prohíben, lo confieso, practicar la caridad privada, pues no sólo es insuficiente para extirpar el mal, sino que, por el contrario, lo fomenta, no puedo menos de confesarle que su gesto me ha producido verdadera satisfacción. Sí, sí; su gesto me ha impresionado.

—¡Bah! No tiene importancia —murmuró Piotr Petrovitch un poco emocionado y mirando a Lebeziatnikof atentamente.

—Sí, sí que tiene importancia. Un hombre que como usted se siente ofendido, herido, por lo que ocurrió ayer, y que, no obstante, es capaz de interesarse por la desgracia ajena: un hombre así, aunque sus actos constituyan un error social, es digno de estimación. No esperaba esto de usted, Piotr Petrovitch, sobre todo teniendo en cuenta sus ideas, que son para usted una verdadera traba, ¡y cuán importante! ¡Ah, cómo le ha impresionado el incidente de ayer! —exclamó el bueno de Andrés Simonovitch, sintiendo que volvía a despertarse en él su antigua simpatía por Piotr Petrovitch—. Pero dígame: ¿por qué da usted tanta importancia al matrimonio legal, mi muy querido y noble Piotr Petrovitch? ¿Por qué conceder un puesto tan alto a esa legalidad? Pégueme si quiere, pero le confieso que me siento feliz, sí, feliz, de ver que ese compromiso se ha roto; de saber que es usted libre y de pensar que usted no está completamente perdido para la humanidad…Sí, me siento feliz: ya ve usted que le soy franco.

—Yo doy importancia al matrimonio legal porque no quiero llevar cuernos —repuso Lujine, que parecía preocupado por decir algo— y porque tampoco quiero educar hijos de los que no sería yo el padre, como ocurre con frecuencia en las uniones libres que usted predica.

—¿Los hijos? ¿Ha dicho usted los hijos? —exclamó Andrés Simonovitch, estremeciéndose como un caballo de guerra que oye el son del clarín—. Desde luego, es una cuestión social de la más alta importancia, estamos de acuerdo, pero que se resolverá mediante normas muy distintas de las que rigen ahora. Algunos llegan incluso a no considerarlos como tales, del mismo modo que no admiten nada de lo que concierne a la familia…Pero ya hablaremos de eso más adelante. Ahora analicemos tan sólo la cuestión de los cuernos. Le confieso que es mi tema favorito. Esta expresión baja y grosera difundida por Pushkin no figurará en los diccionarios del futuro. Pues, en resumidas cuentas, ¿qué es eso de los cuernos? ¡Oh, qué aberración! ¡Cuernos…! ¿Por qué? Eso es absurdo, no lo dude. La unión libre los hará desaparecer. Los cuernos no son sino la consecuencia lógica del matrimonio legal, su correctivo, por decirlo así…, un acto de protesta…Mirados desde este punto de vista, no tienen nada de humillantes. Si alguna vez…, aunque esto sea una suposición absurda…, si alguna vez yo contrajera matrimonio legal y llevara esos malditos cuernos, me sentiría muy feliz y diría a mi mujer: "Hasta este momento, amiga mía, me he limitado a quererte; pero ahora te respeto por el hecho de haber sabido protestar…". ¿Se ríe…? Eso prueba que no ha tenido usted valor para romper con los prejuicios… ¡El diablo me lleve…! Comprendo perfectamente el enojo que supone verse engañado cuando se está casado legalmente; pero esto no es sino una mísera consecuencia de una situación humillante y degradante para los dos cónyuges. Porque cuando a uno le ponen los cuernos con toda franqueza, como sucede en las uniones libres, se puede decir que no existen, ya que pierden toda su significación, e incluso el nombre de cuernos. Es más, en este caso, la mujer da a su compañero una prueba de estimación, ya que le considera incapaz de oponerse a su felicidad y lo bastante culto para no intentar vengarse del nuevo esposo… ¡El diablo me lleve…! Yo me digo a veces que si me casase, si me uniese a una mujer, legal o libremente, que eso poco importa, y pasara el tiempo sin que mi mujer tuviera un amante, se lo llevaría yo mismo y le diría: "Amiga mía, te amo de veras, pero lo que más me importa es merecer tu estimación". ¿Qué le parece? ¿Tengo razón o no la tengo?

Piotr Petrovitch sonrió burlonamente pero con gesto distraído. Su pensamiento estaba en otra parte, cosa que Lebeziatnikof no tardó en notar, además de leer la preocupación en su semblante.

Lujine parecía afectado y se frotaba las manos con aire pensativo. Andrés Simonovitch recordaría estos detalles algún tiempo después.

CAPÍTULO 2

No es fácil explicar cómo había nacido en el trastornado cerebro de Catalina Ivanovna la idea insensata de aquella comida. En ella había invertido la mitad del dinero que le había entregado Raskolnikof para el entierro de Marmeladof. Tal vez se creía obligada a honrar convenientemente la memoria del difunto, a fin de demostrar a todos los inquilinos, y sobre todo a Amalia Ivanovna, que él valía tanto como ellos, si no más, y que ninguno tenía derecho a adoptar un aire de superioridad al compararse con él. Acaso aquel proceder obedecía a ese orgullo que en determinadas circunstancias, y especialmente en las ceremonias públicas ineludibles para todas las clases sociales, impulsa a los pobres a realizar un supremo esfuerzo y sacrificar sus últimos recursos solamente para hacer las cosas tan bien como los demás y no dar pábulo a comadreos.

También podía ser que Catalina Ivanovna, en aquellos momentos en que su soledad y su infortunio eran mayores, experimentara el deseo de demostrar a aquella «pobre gente» que ella, como hija de un coronel y persona educada en una noble y aristocrática mansión, no sólo sabía vivir y recibir, sino que no había nacido para barrer ni para lavar por las noches la ropa de sus hijos. Estos arrebatos de orgullo y vanidad se apoderan a veces de las más míseras criaturas y cobran la forma de una necesidad furiosa e irresistible. Por otra parte, Catalina Ivanovna no era de esas personas que se aturden ante la desgracia. Los reveses de fortuna podían abrumarla, pero no abatir su moral ni anular su voluntad.

Tampoco hay que olvidar que Sonetchka afirmaba, y no sin razón, que no estaba del todo cuerda. Esto no era cosa probada, pero últimamente, en el curso de todo un año, su pobre cabeza había tenido que soportar pruebas especialmente rudas. En fin, también hay que tener en cuenta que, según los médicos, la tisis, en los períodos avanzados de su evolución, perturba las facultades mentales.

Las botellas no eran numerosas ni variadas. No se veía en la mesa vino de Madeira: Lujine había exagerado. Había, verdad es, otros vinos, vodka, ron, oporto, todo de la peor calidad, pero en cantidad suficiente. El menú, preparado en la cocina de Amalia Ivanovna, se componía, además del kutia ritual, de tres o cuatro platos, entre los que no faltaban los populares crêpes.

Además, se habían preparado dos samovares para los invitados que quisieran tomar té o ponche después de la comida.

Catalina Ivanovna se había encargado personalmente de las compras ayudada por un inquilino de la casa, un polaco famélico que habitaba, sólo Dios sabía por qué, en el departamento de la señora Lipevechsel y que desde el primer momento se había puesto a disposición de la viuda. Desde el día anterior había demostrado un celo extraordinario. A cada momento y por la cuestión más insignificante iba a ponerse a las órdenes de Catalina Ivanovna, y la perseguía hasta los Gostiny Dvor, llamándola pani comandanta. De aquí que, después de haber declarado que no habría sabido qué hacer sin este hombre, Catalina Ivanovna acabara por no poder soportarlo. Esto le ocurría con frecuencia: se entusiasmaba ante el primero que se presentaba a ella, lo adornaba con todas las cualidades imaginables, le atribuía mil méritos inexistentes, pero en los que ella creía de todo corazón, para sentirse de pronto desencantada y rechazar con palabras insultantes al mismo ante el cual se había inclinado horas antes con la más viva admiración. Era de natural alegre y bondadoso, pero sus desventuras y la mala suerte que la perseguía le hacían desear tan furiosamente la paz y el bienestar, que el menor tropiezo la ponía fuera de sí, y entonces, a las esperanzas más brillantes y fantásticas sucedían las maldiciones, y desgarraba y destruía todo cuanto caía en sus manos, y terminaba por dar cabezadas en las paredes.

Amalia Feodorovna adquirió una súbita y extraordinaria importancia a los ojos de Catalina Ivanovna y el puesto que ocupaba en su estimación se amplió considerablemente, tal vez por el solo motivo de haberse entregado en alma y vida a la organización de la comida de funerales. Se había encargado de poner la mesa, proporcionando la mantelería, la vajilla y todo lo demás, amén de preparar los platos en su propia cocina.

Catalina Ivanovna le había delegado sus poderes cuando tuvo que ir al cementerio, y Amalia Feodorovna se había mostrado digna de esta confianza. La mesa estaba sin duda bastante bien puesta. Cierto que los platos, los vasos, los cuchillos, los tenedores no hacían juego, porque procedían de aquí y de allá; pero a la hora señalada todo estaba a punto, y Amalia Feodorovna, consciente de haber desempeñado sus funciones a la perfección, se pavoneaba con un vestido negro y un gorro adornado con flamantes cintas de luto. Y así ataviada recibía a los invitados con una mezcla de satisfacción y orgullo.

Este orgullo, aunque legítimo, contrarió a Catalina Ivanovna, que pensó:

"¡Cualquiera diría que nosotros no habríamos podido poner la mesa sin su ayuda!". El gorro adornado con cintas nuevas le chocó también. "Esta estúpida alemana estará diciéndose que, por caridad, ha venido en socorro nuestro, pobres inquilinos. ¡Por caridad! ¡Habrase visto!". En casa del padre de Catalina Ivanovna, que era coronel y casi gobernador, se reunían a veces cuarenta personas en la mesa, y aquella Amalia Feodorovna, mejor dicho, Ludwigovna, no habría podido figurar entre ellas de ningún modo.

Catalina Ivanovna decidió no manifestar sus sentimientos en seguida, pero se prometió parar los pies aquel mismo día a aquella impertinente que sabe Dios lo que se habría creído. Por el momento se limitó a mostrarse fría con ella.

Otra circunstancia contribuyó a irritar a Catalina Ivanovna. Excepto el polaco, ningún inquilino había ido al cementerio. Pero en el momento de sentarse a la mesa acudió la gente más mísera e insignificante de la casa. Algunos incluso se presentaron vestidos de cualquier modo. En cambio, las personas un poco distinguidas parecían haberse puesto de acuerdo para no presentarse, empezando por Lujine, el más respetable de todos.

El mismo día anterior, por la noche, Catalina Ivanovna había explicado a todo el mundo, es decir, a Amalia Feodorovna, a Poletchka, a Sonia y al polaco, que Piotr Petrovitch era un hombre noble y magnánimo, y además rico y superiormente relacionado, que había sido amigo de su primer esposo y había frecuentado la casa de su padre. Y afirmó que le había prometido dar los pasos necesarios para que le asignaran una importante pensión. A propósito de esto hay que decir que cuando Catalina Ivanovna se hacía lenguas de la fortuna o las relaciones de alguien y se envanecía de ello, no lo hacía por interés personal, sino simplemente para realzar el prestigio de la persona que era objeto de sus alabanzas.

Como Lujine, y seguramente por seguir su ejemplo, faltaba aquel tunante de Lebeziatnikof. ¿Qué idea se habría forjado de sí mismo aquel hombre? Ella le había invitado solamente porque compartía la habitación de Piotr Petrovitch y habría sido un desaire no hacerlo. Tampoco habían acudido una gran señora y su hija, no ya demasiado joven, que vivían desde hacía sólo dos semanas en casa de la señora Lipevechsel, pero que habían tenido tiempo para quejarse más de una vez de los ruidos y los gritos procedentes de la habitación de los Marmeladof, sobre todo cuando el difunto llegaba bebido. Como es de suponer, Catalina Ivanovna había sido informada inmediatamente de ello por Amalia Ivanovna en persona, que, en el calor de sus disputas, había llegado a amenazarla con echarla a la calle con toda su familia por turbar —así lo decía a voz en grito— el reposo de unos inquilinos tan honorables que los Marmeladof no eran dignos ni siquiera de atarles los cordones de los zapatos.

Catalina Ivanovna había tenido especial interés en invitar a aquellas dos damas "a las que ni siquiera merecía atar los cordones de los zapatos", sobre todo porque le habían vuelto la cabeza desdeñosamente cada vez que se habían encontrado con ella. Catalina Ivanovna se decía que su invitación era un modo de demostrarles que era superior a ellas en sentimientos y que sabía perdonar las malas acciones. Por otra parte, las invitadas tendrían ocasión de convencerse de que ella no había nacido para vivir como vivía. Catalina Ivanovna tenía la intención de explicarles todo esto en la mesa, hablándoles también de las funciones de gobernador desempeñadas en otros tiempos por su padre. Y entonces, de paso, les diría que no había motivo para que le volviesen la cabeza cuando se cruzaban con ella y que tal proceder era sencillamente ridículo.

También faltaba un grueso teniente coronel (en realidad no era más que un capitán retirado), pero se supo que estaba enfermo y obligado a guardar cama desde el día anterior.

En fin, que sólo asistieron, además del polaco, un miserable empleadillo, de aspecto horrible, vestido con ropas grasientas, que despedía un olor nauseabundo y, por añadidura, era mudo como un poste; un viejecillo sordo y casi ciego que había sido empleado de correos y cuya pensión en casa de Amalia Ivanovna corría a cargo, desde tiempo inmemorial y sin que nadie supiera por qué, de un desconocido; un teniente retirado, o, mejor dicho, empleado de intendencia…

Este último entró del modo más incorrecto, lanzando grandes carcajadas.

¡Y sin chaleco!

Apareció otro invitado, que fue a sentarse a la mesa directamente, sin ni siquiera saludar a Catalina Ivanovna. Y, finalmente, se presentó un individuo en bata. Esto era demasiado, y Amalia Ivanovna lo hizo salir con ayuda del polaco. Éste había traído a dos compatriotas que nadie de la casa conocía, porque jamás habían vivido en ella.

Todo esto irritó profundamente a Catalina Ivanovna, que juzgó que no valía la pena haber hecho tantos preparativos. Por temor a que faltara espacio, había dispuesto los cubiertos de los niños no en la mesa común, que ocupaba casi toda la habitación, sino en un rincón sobre un baúl. Los dos más pequeños estaban sentados en una banqueta, y Poletchka, como niña mayor, había de cuidar de ellos, hacerles comer, sonarlos, etc.

Dadas las circunstancias, Catalina Ivanovna se creyó obligada a recibir a sus invitados con la mayor dignidad e incluso con cierta altanería. Les dirigió, especialmente a algunos, una mirada severa y los invitó desdeñosamente a sentarse a la mesa. Achacando, sin que supiera por qué, a Amalia Ivanovna la culpa de la ausencia de los demás invitados, empezó de pronto a tratarla con tanta descortesía, que la patrona no tardó en advertirlo y se sintió profundamente ofendida.

La comida comenzó bajo los peores auspicios. Al fin todo el mundo se sentó a la mesa. Raskolnikof había aparecido en el momento en que regresaban los que habían ido al cementerio. Catalina Ivanovna se mostró encantada de verle, en primer lugar porque, entre todos los presentes, él era la única persona culta (lo presentó a sus invitados diciendo que dos años después sería profesor de la universidad de Petersburgo), y en segundo lugar, porque se había excusado inmediatamente y en los términos más respetuosos de no haber podido asistir al entierro, pese a sus grandes deseos de no faltar.

Catalina Ivanovna se arrojó sobre él y lo sentó a su izquierda, ya que Amalia Ivanovna se había sentado a su derecha, e inmediatamente empezó a hablar con él en voz baja, a pesar del bullicio que había en la habitación y de sus preocupaciones de dueña de casa que quería ver bien servido a todo el mundo, y, además, pese a la tos que le desgarraba el pecho. Catalina Ivanovna confió a Raskolnikof su justa indignación ante el fracaso de la comida, indignación cortada a cada momento por las más incontenibles y mordaces burlas contra los invitados y especialmente contra la patrona.

—La culpable de todo es esa detestable lechuza, de ella y sólo de ella. Ya sabe usted de quién hablo.

Catalina Ivanovna le indicó a la patrona con un movimiento de cabeza y continuó:

—Mírela. Se da cuenta de que estamos hablando de ella, pero no puede oír lo que decimos: por eso abre tanto los ojos. ¡La muy lechuza! ¡Ja, ja, ja! —Un golpe de tos y continuó—: ¿Qué perseguirá con la exhibición de ese gorro? —Tosió de nuevo—. ¿Ha observado usted que pretende hacer creer a todo el mundo que me protege y me hace un honor asistiendo a esta comida? Yo le rogué que invitara a personas respetables, tan respetables como lo soy yo misma, y que diera preferencia a los que conocían al difunto. Y ya ve usted a quién ha invitado: a una serie de patanes y puercos. Mire ese de la cara sucia. Es una porquería viviente…Y a esos polacos nadie los ha visto nunca aquí. Yo no tengo la menor idea de quiénes son ni de dónde han salido… ¿Para qué demonio habrán venido? Mire qué quietecitos están… ¡Eh, pane! —gritó de pronto a uno de ellos—. ¿Ha comido usted crêpes? ¡Coma más! ¡Y beba cerveza! ¿Quiere vodka…? Fíjese: se levanta y saluda. Mire, mire…Deben de estar hambrientos los pobres diablos. ¡Que coman! Por lo menos, no arman bulla…Pero temo por los cubiertos de la patrona, que son de plata…Oiga, Amalia Ivanovna —dijo en voz bastante alta, dirigiéndose a la señora Lipevechsel—, sepa usted que si se diera el caso de que desaparecieran sus cubiertos, yo me lavaría las manos. Se lo advierto.

Y se echó a reír a carcajadas, mirando a Raskolnikof e indicando a la patrona con movimientos de cabeza. Parecía muy satisfecha de su ocurrencia.

—No se ha enterado, todavía no se ha enterado. Ahí está con la boca abierta. Mírela: parece una lechuza, una verdadera lechuza adornada con cintas nuevas… ¡Ja, ja, ja!

Esta risa terminó en un nuevo y terrible acceso de tos que duró varios minutos. Su pañuelo se manchó de sangre y el sudor cubrió su frente.

Mostró en silencio la sangre a Raskolnikof, y cuando hubo recobrado el aliento, empezó a hablar nuevamente con gran animación, mientras rojas manchas aparecían en sus pómulos.

—Óigame, yo le confié la misión delicadísima, sí, verdaderamente delicada, de invitar a esa señora y a su hija…Ya sabe usted a quién me refiero…Había que proceder con sumo tacto. Pues bien, ella cumplió el encargo de tal modo, que esa estúpida extranjera, esa orgullosa criatura, esa mísera provinciana, que, en su calidad de viuda de un mayor, ha venido a solicitar una pensión y se pasa el día dando la lata por los despachos oficiales, con un dedo de pintura en cada mejilla, ¡a los cincuenta y cinco años…!; esa cursi, no sólo no se ha dignado aceptar mi invitación, sino que ni siquiera ha juzgado necesario excusarse, como exige la más elemental educación. Tampoco comprendo por qué ha faltado Piotr Petrovitch…Pero ¿qué le habrá pasado a Sonia? ¿Dónde estará…? ¡Ah, ya viene…! ¿Qué te ha ocurrido, Sonia? ¿Dónde te has metido? Debiste arreglar las cosas de modo que pudieras acudir puntualmente a los funerales de tu padre…Rodion Romanovitch, hágale sitio a su lado… Siéntate, Sonia, y coge lo que quieras. Te recomiendo esta carne en gelatina. En seguida traerán los crêpes… ¿Ya están servidos los niños? ¿No te hace falta nada, Poletchka…? Pórtate bien, Lena; y tú, Kolia, no muevas las piernas de ese modo. Compórtate como un niño de buena familia… ¿Qué hay, Sonetchka?

Sonia se apresuró a transmitirle las excusas de Piotr Petrovitch, levantando la voz cuanto pudo, a fin de que todos la oyeran, y exagerando las expresiones de respeto de Lujine. Añadió que Piotr Petrovitch le había dado el encargo de decirle que vendría a verla tan pronto como le fuera posible para hablar de negocios, ponerse de acuerdo sobre los pasos que había de dar, etc.

Sonia sabía que estas palabras tranquilizarían a Catalina Ivanovna y, sobre todo, que serían un bálsamo para su amor propio. Se había sentado al lado de Raskolnikof y le había dirigido una mirada rápida y curiosa; pero durante el resto de la comida evitó mirarle y hablarle.

Al mismo tiempo que distraída, parecía estar atenta a descubrir el menor deseo en el semblante de su madrastra. Ninguna de las dos iba de luto, por no tener vestido negro. Sonia llevaba un trajecito pardo, y Catalina Ivanovna un vestido de indiana oscuro, a rayas, que era el único que tenía.

Las excusas de Piotr Petrovitch produjeron excelente impresión. Después de haber escuchado las palabras de Sonia con grave semblante,

Catalina Ivanovna se informó con la misma dignidad de la salud de Piotr Petrovitch. En seguida dijo a Raskolnikof, casi en voz alta, que habría sido verdaderamente chocante ver un hombre tan serio y respetable como Lujine en aquella extraña sociedad, y que se comprendía que no hubiera acudido, a pesar de los lazos de amistad que le unían a su familia.

—He aquí por qué le agradezco especialmente, Rodion Romanovitch, que no haya despreciado mi hospitalidad, aunque usted está en condiciones parecidas —añadió en voz lo bastante alta para que todos la oyeran—. Estoy segura de que sólo la gran amistad que le unía a mi pobre esposo ha podido inducirle a mantener su palabra.

Acto seguido recorrió las caras de todos los invitados con una mirada ceñuda, y de pronto, de un extremo a otro de la mesa, preguntó al viejo sordo si no quería más asado y si había bebido oporto. El viejecito no contestó y tardó un buen rato en comprender lo que le preguntaban, aunque sus vecinos habían empezado a zarandearlo para reírse a su costa. Él no hacía más que mirar confuso en todas direcciones, lo que llevaba al colmo la alegría general.

—¡Qué estúpido! —exclamó Catalina Ivanovna, dirigiéndose a Raskolnikof—. ¡Fíjese! ¿Por qué le habrán traído? En cuanto a Piotr Petrovitch, siempre he estado segura de él, y en verdad puede decirse —ahora se dirigía a Amalia Ivanovna y con un gesto tan severo que la patrona se sintió intimidada— que no se parece en nada a sus quisquillosas provincianas. Mi padre no las habría querido ni para cocineras, y si mi difunto esposo les hubiera hecho el honor de recibirlas, habría sido tan sólo por su excesiva bondad.

—¡Y cómo le gustaba beber! —exclamó de pronto el antiguo empleado de intendencia mientras vaciaba su décima copa de vodka—. ¡Tenía verdadera debilidad por la bebida!

Catalina Ivanovna se revolvió al oír estas palabras.

—Mi difunto marido tenía ciertamente ese defecto, nadie lo ignora, pero era un hombre de gran corazón que amaba y respetaba a su familia. Su desgracia fue que, llevado de su bondad excesiva, alternaba con todo el mundo, y sólo Dios sabe los desarrapados con que se reuniría para beber. Los individuos con que trataba valían menos que su dedo meñique. Figúrese usted, Rodion Romanovitch, que encontraron en su bolsillo un gallito de mazapán. Ni siquiera cuando estaba embriagado olvidaba a sus hijos.

—¿Un gaaallito? —exclamó el ex empleado de intendencia—. ¿Ha dicho usted un ga…gallito?

Catalina Ivanovna no se dignó contestar. Estaba pensativa. De pronto lanzó un suspiro.

Luego dijo, dirigiéndose a Raskolnikof:

—Usted creerá, sin duda, como cree todo el mundo, que yo era demasiado severa con él. Pues no. Él me respetaba, me respetaba profundamente. Tenía un hermoso corazón y yo le compadecía a veces. Cuando, sentado en su rincón, levantaba los ojos hacia mí, yo me conmovía de tal modo, que sentía la tentación de mostrarme cariñosa con él. Pero me retenía la idea de que inmediatamente empezaría a beber de nuevo. Tenía que ser rigurosa, pues éste era el único modo de frenarlo.

—Sí —dijo el de intendencia, apurando una nueva copa de vodka— había que tirarle de los pelos. Y muchas veces.

—Hay imbéciles —replicó vivamente Catalina Ivanovna —a los que no sólo habría que tirar del pelo, sino también que echarlos a la calle a escobazos…, y no me refiero al difunto precisamente.

Sus mejillas enrojecían cada vez más, la ahogaba la rabia y parecía a punto de estallar. Algunos invitados reían disimuladamente: al parecer, les divertía la escena. No faltaban los que incitaban al de intendencia, hablándole en voz baja: eran los eternos cizañeros.

—Per…mí…tame preguntarle a…quién se re…fiere usted —dijo el exempleado—. Pero no…, no vale la pena…La cosa no tiene importancia…Una viuda…Una pobre viuda…La per…perdono…No se hable más del asunto.

Y se bebió otra copa de vodka.

Raskolnikof escuchaba todo esto en silencio y con una expresión de disgusto. Sólo comía por no desairar a Catalina Ivanovna, limitándose a mordisquear los manjares con que ella le llenaba continuamente el plato. Toda su atención estaba concentrada en Sonia. Ésta temblaba, dominada por una inquietud creciente, pues presentía que la comida terminaría mal, y seguía con la vista, aterrada, los progresos de la exasperación de Catalina Ivanovna. Sabía muy bien que ella misma, Sonia, había sido la causa principal del insultante desaire con que las dos damas habían respondido a la invitación de su madrastra. Se había enterado por Amalia Ivanovna de que la madre incluso se había sentido ofendida y había preguntado a la patrona: "¿Cree usted que yo puedo sentar a mi hija junto a esa…señorita?". La joven sospechaba que su madrastra estaba enterada de ello, en cuyo caso este insulto la mortificaría más que una afrenta dirigida contra ella misma, contra sus hijos y contra la memoria de su padre. En fin, que Catalina Ivanovna, ante el terrible ultraje, no descansaría hasta haber dicho a aquellas provincianas que las dos eran unas…, etc., etc.

Para colmo de desdichas, uno de los invitados que se sentaba en el otro extremo de la mesa envió a Sonia un plato donde se veían dos corazones traspasados por una flecha, modelados con pan de centeno. Catalina Ivanovna, en un súbito arranque de cólera, manifestó a voz en grito que el autor de semejante broma era seguramente un asno borracho.

Amalia Ivanovna, presa también de los peores presentimientos acerca del desenlace de la comida y, por otra parte, herida profundamente por la aspereza con que la trataba Catalina Ivanovna, se propuso dar un giro a la atención general y, al mismo tiempo, hacerse valer a los ojos de todos los presentes. Para ello empezó a contar de pronto que un amigo suyo, que era farmacéutico y se llamaba Karl, había tomado una noche un simón cuyo cochero había intentado asesinarle.

—Y Karl le suplicó que no le matara, y se echó a llorar con las manos enlazadas. Tan aterrado estaba, que él también sintió su corazón traspasado.

Aunque esta historia le hizo sonreír, Catalina Ivanovna dijo que Amalia Ivanovna no debía contar anécdotas en ruso. La alemana se sintió profundamente ofendida y respondió que su Vater aus Berlin fue un hombre muy importante que paseaba todo el día las manos por los bolsillos.

La burlona Catalina Ivanovna no pudo contenerse y lanzó tal carcajada, que Amalia Ivanovna acabó por perder la paciencia y hubo de hacer un gran esfuerzo para no saltar.

—¿Ha oído usted a esa vieja lechuza? —siguió diciendo en voz baja Catalina Ivanovna a Raskolnikof—. Ha querido decir que su padre se paseaba con las manos en los bolsillos, y todo el mundo habrá creído que se estaba registrando los bolsillos a todas horas. ¡Ji, ji! ¿Ha observado usted, Rodion Romanovitch, que, por regla general, los extranjeros establecidos en Petersburgo, especialmente los alemanes, que llegan de Dios sabe dónde, son bastante menos inteligentes que nosotros? Dígame usted si no es una necedad contar una historia como esa del farmacéutico cuyo corazón estaba traspasado de espanto. El muy mentecato, en vez de echarse sobre el cochero y atarlo, enlaza las manos y llora y suplica… ¡Ah, qué mujer tan estúpida! Cree que esta historia es conmovedora y no se da cuenta de su necedad. A mi juicio, ese alcohólico que fue empleado de intendencia es más inteligente que ella. Cuando menos, se ve en seguida que está dominado por la bebida y que hasta el último destello de su lucidez ha naufragado en alcohol…En cambio, todos esos que están tan serios y callados…Pero fíjese cómo abre los ojos esa mujer. Está enojada… ¡Ja, ja, ja! Está que trina…

Catalina Ivanovna, con alegre entusiasmo, habló de otras mil cosas insignificantes, y de improviso anunció que tan pronto como obtuviera la pensión se retiraría a T***, su ciudad natal, para abrir un centro de enseñanza que se dedicaría a la educación de muchachas nobles. Aún no había hablado de este proyecto a Raskolnikof, y se lo expuso con todo detalle. Como por arte de magia, exhibió aquel diploma de que Marmeladof había hablado a Raskolnikof cuando le contó en una taberna que Catalina Ivanovna, al salir del pensionado, había bailado en presencia del gobernador y de otras personalidades la danza del chal. Podría creerse que Catalina Ivanovna utilizaba este diploma para demostrar su derecho a abrir un pensionado, pero su verdadero fin había sido otro: había pensado utilizarlo para confundir a aquellas provincianas endomingadas en el caso de que hubieran asistido a la comida de funerales, demostrándoles así que ella pertenecía a una de las familias más nobles, que era hija de un coronel y, en fin, que valía mil veces más que todas las advenedizas que en los últimos tiempos se habían multiplicado de un modo exorbitante.

El diploma dio la vuelta a la mesa. Los invitados lo pasaban de mano en mano, sin que Catalina Ivanovna se opusiera a ello, ya que aquel papel la presentaba en toutes lettres como hija de un consejero de la corte, de un caballero, lo que la autorizaba a considerarse hija de un coronel. Después, la viuda, inflamada de entusiasmo, empezó a hablar de la existencia tranquila y feliz que pensaba llevar en T***. Incluso se refirió a los profesores que llamaría para instruir a sus alumnas, citando al señor Mangot, viejo y respetable francés que le había enseñado a ella este idioma. Entonces estaba pasando los últimos años de su vida en T*** y no vacilaría en ingresar como profesor de su pensionado por un módico sueldo. Finalmente, anunció que Sonia la acompañaría y la ayudaría a dirigir el centro de enseñanza, lo cual produjo una risa ahogada en un extremo de la mesa.

Catalina Ivanovna fingió no haberla oído, pero, levantando de pronto la voz, empezó a enumerar las cualidades incontables que permitirían a Sonia Simonovna secundarla en su empresa. Ensalzó su dulzura, su paciencia, su abnegación, su nobleza de alma, su vasta cultura; dicho lo cual, le dio un golpecito cariñoso en la mejilla y se levantó para besarla, cosa que hizo dos veces. Sonia enrojeció y Catalina Ivanovna, hecha un mar de lágrimas, dijo de pronto que era una tonta que se dejaba impresionar demasiado por los acontecimientos y que, ya que la comida había terminado, iba a servir el té.

Entonces Amalia Ivanovna, molesta por el hecho de no haber podido pronunciar una sola palabra en la conversación precedente, y también al ver que nadie le prestaba atención, decidió arriesgarse nuevamente y, aunque dominada por cierta inquietud, hizo a Catalina Ivanovna la sabia observación de que debería prestar atención especialísima a la ropa interior de las alumnas (die Wasche) y de contratar una mujer para que se cuidara exclusivamente de ello (die Dame), y, en fin, que sería una medida prudente vigilar a las muchachas, de modo que no pudieran leer novelas por las noches. Catalina Ivanovna, que se hallaba bajo los efectos estimulantes de la animada ceremonia, le respondió ásperamente que sus observaciones eran desatinadas y que no entendía nada, que el cuidado de la Wasche incumbía al ama de llaves y no a la directora de un pensionado de muchachas nobles. En cuanto a la observación relacionada con la lectura de novelas, le parecía simplemente una inconveniencia. Todo esto equivalía a decirle que se callase.

De pronto, Amalia Ivanovna enrojeció y replicó agriamente que ella siempre había dado muestras de las mejores intenciones y que hacía ya bastante tiempo que no recibía Geld por el alquiler de la habitación de Catalina Ivanovna. Ésta le replicó que mentía al hablar de buenas intenciones, pues el mismo día anterior, cuando el difunto estaba todavía en el aposento, se había presentado para reclamarle con malos modos el dinero del alquiler. Entonces la patrona dijo que había invitado a las dos damas y que éstas no habían aceptado porque era nobles y no podían ir a casa de una mujer que no era noble. A lo cual repuso Catalina Ivanovna que, como ella no era nada, no estaba capacitada para juzgar a la verdadera nobleza. Amalia Ivanovna no pudo soportar esta insolencia y declaró que su Vater aus Berlin era un hombre muy importante que siempre iba con las manos en los bolsillos y haciendo "¡puaf, puaf!". Y para dar una idea más exacta de cómo era el tal Vater, la señora Lipevechsel se levantó, introdujo las dos manos en sus bolsillos, hinchó los carrillos y empezó a imitar el "¡puaf, puaf!" paterno, en medio de las risas de todos los inquilinos, cuya intención era alentarla, con la esperanza de asistir a una batalla entre las dos mujeres.

Catalina Ivanovna, incapaz de seguir conteniéndose, declaró a voz en grito que seguramente Amalia Ivanovna no había tenido nunca Vater, que era una vulgar finesa de Petersburgo, una borracha que había sido cocinera o algo peor.

La señora Lipevechsel se puso tan roja como un pimiento y replicó a grandes voces que era Catalina Ivanovna la que no había tenido Vater, pero que ella tenía un Vater aus Berlin que llevaba largos redingotes y siempre iba haciendo "¡puaf, puaf!".

Catalina Ivanovna respondió desdeñosamente que todo el mundo conocía su propio origen y que en su diploma se decía con caracteres de imprenta que era hija de un coronel, mientras que el padre de Amalia Ivanovna, en el caso de que existiera, debía de ser un lechero finés; pero que era más que probable que ella no tuviera padre, ya que nadie sabía aún cuál era su patronímico, es decir, si se llamaba Amalia Ivanovna o Amalia Ludwigovna.

Al oír estas palabras, la patrona, fuera de sí, empezó a golpear con el puño la mesa mientras decía a grandes gritos que ella era Ivanovna y no Ludwigovna, que su Vater se llamaba Johann y era bailío, cosa que no había sido jamás el Vater de Catalina Ivanovna.

Ésta se levantó en el acto y, con una voz cuya calma contrastaba con la palidez de su semblante y la agitación de su pecho, dijo a Amalia Ivanovna que si osaba volver a comparar, aunque sólo fuera una vez, a su miserable Vater con su padre, le arrancaría el gorro y se lo pisotearía.

Al oír esto, Amalia Ivanovna empezó a ir y venir precipitadamente por la habitación, gritando con todas sus fuerzas que ella era la dueña de la casa y que Catalina Ivanovna debía marcharse inmediatamente.

Acto seguido se arrojó sobre la mesa y empezó a recoger sus cubiertos de plata.

A esto siguió una confusión y un alboroto indescriptibles. Los niños se echaron a llorar. Sonia se abalanzó sobre su madrastra para intentar retenerla, pero cuando Amalia Ivanovna aludió a la tarjeta amarilla, la viuda rechazó a la muchacha y se fue derecha a la patrona con la intención de poner en práctica su amenaza.

En este momento se abrió la puerta y apareció en el umbral Piotr Petrovitch Lujine, que paseó una mirada atenta y severa por toda la concurrencia.

CAPÍTULO 3

Piotr Petrovitch —exclamó Catalina Ivanovna—, protéjame. Haga comprender a esta mujer estúpida que no tiene derecho a insultar a una noble dama abatida por el infortunio, y que hay tribunales para estos casos…Me quejaré ante el gobernador general en persona y ella tendrá que responder de sus injurias…En memoria de la hospitalidad que recibió usted de mi padre, defienda a estos pobres huérfanos.

—Permítame, señora, permítame —respondió Piotr Petrovitch, tratando de apartarla—. Yo no he tenido jamás el honor, y usted lo sabe muy bien, de tratar a su padre. Perdone, señora —alguien se echó a reír estrepitosamente—, pero no tengo la menor intención de mezclarme en sus continuas disputas con Amalia Ivanovna…Vengo aquí para un asunto personal. Deseo hablar inmediatamente con su hijastra Sonia Simonovna. Se llama así, ¿no es cierto? Permítame…

Y Piotr Petrovitch, pasando por el lado de Catalina Ivanovna, se dirigió al extremo opuesto de la habitación, donde estaba Sonia.

Catalina Ivanovna quedó clavada en el sitio, como fulminada. No comprendía por qué Piotr Petrovitch negaba que había sido huésped de su padre. Esta hospitalidad creada por su fantasía había llegado a ser para ella un artículo de fe. Por otra parte, le sorprendía el tono seco, altivo y casi desdeñoso con que le había hablado Lujine.

Ante la aparición de Piotr Petrovitch se había ido restableciendo el silencio poco a poco. Aun dejando aparte que la gravedad y la corrección de aquel hombre de negocios contrastaba con el aspecto desaliñado de los inquilinos de la señora Lipevechsel, todos ellos comprendían que sólo un motivo de excepcional importancia podía justificar la presencia de Lujine en aquel lugar y, en consecuencia, esperaban un golpe teatral.

Raskolnikof, que estaba al lado de Sonia, se apartó para dejar el paso libre a Piotr Petrovitch, el cual, al parecer, no advirtió su presencia.

Transcurrido un instante, apareció Lebeziatnikof, pero no entró en la habitación, sino que se quedó en el umbral. En su semblante se mezclaban la curiosidad y la sorpresa, y prestó atención a lo que allí se decía, demostrando un vivo interés, pero con el gesto del que nada comprende.

—Perdónenme que les interrumpa —dijo Piotr Petrovitch sin dirigirse a nadie particularmente—, pero me he visto obligado a venir por un asunto de gran importancia. Además, celebro poder hablar ante testigos. Amalia Ivanovna, le ruego que, en su calidad de propietaria de la casa, preste atención al diálogo que voy a mantener con Sonia Simonovna.

Y volviéndose hacia la joven, que daba muestras de profunda sorpresa y estaba atemorizada, continuó:

—Sonia Simonovna, inmediatamente después de su visita he advertido la desaparición de un billete de Banco de cien rublos que estaba sobre una mesa en la habitación de mi amigo Andrés Simonovitch Lebeziatnikof. Si usted sabe dónde está ese billete y me lo dice, le doy palabra de honor, en presencia de todos estos testigos, de que el asunto no pasará adelante. En el caso contrario, me veré obligado a tomar medidas más serias, y entonces no tendrá derecho a quejarse sino de usted misma.

Un gran silencio siguió a estas palabras. Incluso los niños dejaron de llorar.

Sonia, pálida como una muerta, miraba a Lujine sin poder pronunciar palabra. Daba la impresión de no haber comprendido. Transcurrieron unos segundos.

—Bueno, decídase —le dijo Piotr Petrovitch, mirándola fijamente.

—Yo no sé…, yo no sé nada —repuso Sonia con voz débil.

—¿De modo que no sabe usted nada?

Dicho esto, Lujine dejó pasar varios segundos más. Luego continuó, en tono severo:

—Piénselo bien, señorita. Le doy tiempo para que reflexione. Comprenda que si no estuviera completamente seguro de lo que digo, me guardaría mucho de acusarla tan formalmente como lo estoy haciendo. Tengo demasiada experiencia para exponerme a un proceso por difamación…Esta mañana he negociado varios títulos por un valor nominal de unos tres mil rublos. La suma exacta consta en mi cuaderno de notas. Al regresar a mi casa he contado el dinero: Andrés Simonovitch es testigo. Después de haber contado dos mil trescientos rublos, los he puesto en una cartera que me he guardado en el bolsillo. Sobre la mesa han quedado alrededor de quinientos rublos, entre los que había tres billetes de cien. Entonces ha llegado usted, llamada por mí, y durante todo el tiempo que ha durado su visita ha dado usted muestras de una agitación extraordinaria, hasta el extremo de que se ha levantado tres veces, en su prisa por marcharse, aunque nuestra conversación no había terminado. Andrés Simonovitch es testigo de que todo cuanto acabo de decir es exacto. Creo que no lo negará usted, señorita. La he mandado llamar por medio de Andrés Simonovitch con el exclusivo objeto de hablar con usted sobre la triste situación en que ha quedado su segunda madre, Catalina Ivanovna (cuya invitación me ha sido imposible atender), y tratar de la posibilidad de ayudarla mediante una rifa, una suscripción o algún otro procedimiento semejante… Le doy todos estos detalles, en primer lugar, para recordarle cómo han ocurrido las cosas, y en segundo, para que vea usted que lo recuerdo todo perfectamente…Luego he cogido de la mesa un billete de diez rublos y se lo he entregado, haciendo constar que era mi aportación personal y el primer socorro para su madrastra…Todo esto ha ocurrido en presencia de Andrés Simonovitch. Seguidamente la he acompañado hasta la puerta y he podido ver que estaba tan trastornada como cuando ha llegado. Cuando usted ha salido, yo he estado conversando durante unos diez minutos con Andrés Simonovitch. Finalmente, él se ha retirado y yo me he acercado a la mesa para recoger el resto de mi dinero, contarlo y guardarlo. Entonces, con profundo asombro, he visto que faltaba uno de los tres billetes. Comprenda usted, señorita. No puedo sospechar de Andrés Simonovitch. La simple idea de esta sospecha me parece un disparate. Tampoco es posible que me haya equivocado en mis cuentas, porque las he verificado momentos antes de llegar usted y he comprobado su exactitud. Comprenda que la agitación que usted ha demostrado, su prisa en marcharse, el hecho de que haya tenido usted en todo momento las manos sobre la mesa, y también, en fin, su situación social y los hábitos propios de ella, son motivos suficientes para que me vea obligado, muy a pesar mío y no sin cierto horror, a concebir contra usted sospechas, crueles sin duda pero legítimas. Quiero añadir y repetir que, por muy convencido que esté de su culpa, sé que corro cierto riesgo al acusarla. Sin embargo, no vacilo en hacerlo, y le diré por qué. Lo hago exclusivamente por su ingratitud. La llamo para hablar de una posible ayuda a su infortunada segunda madre, le entrego mi óbolo de diez rublos, y he aquí el pago que usted me da. No, esto no está nada bien. Necesita usted una lección. Reflexione. Le hablo como le hablaría su mejor amigo, y, en verdad, no puede usted tener en este momento otro amigo mejor, pues, si no lo fuese, procedería con todo rigor e inflexibilidad. Bueno, ¿qué dice usted?

—Yo no le he quitado nada —murmuró Sonia, aterrada—. Usted me ha dado diez rublos. Mírelos. Se los devuelvo.

Sacó el pañuelo del bolsillo, deshizo un nudo que había en él, sacó el billete de diez rublos que Lujine le había dado y se lo ofreció.

—¿Así —dijo Piotr Petrovitch en un tono de censura y sin tomar el billete —, persiste usted en negar que me ha robado cien rublos?

Sonia miró en todas direcciones y sólo vio semblantes terribles, burlones, severos o cargados de odio. Dirigió una mirada a Raskolnikof, que estaba en pie junto a la pared. El joven tenía los brazos cruzados y fijaba en ella sus ardientes ojos.

—¡Dios mío! —gimió Sonia.

—Amalia Ivanovna —dijo Lujine en un tono dulce, casi acariciador—, habrá que llamar a la policía, y le ruego que haga subir al portero para que esté aquí mientras llegan los agentes.

—Gott der barmherzige! —dijo la señora Lipevechsel—. Ya sabía yo que era una ladrona.

—¿Conque lo sabía usted? Entonces no cabe duda de que existen motivos para que usted haya pensado en ello. Honorable Amalia Ivanovna, le ruego que no olvide las palabras que acaba de pronunciar, por cierto ante testigos.

En este momento se alzaron rumores de todas partes. La concurrencia se agitaba.

—¿Pero qué dice usted? —exclamó de pronto Catalina Ivanovna, saliendo de su estupor y arrojándose sobre Lujine—. ¿Se atreve a acusarla de robo? ¡A ella, a Sonia! ¡Cobarde, canalla!

Se arrojó sobre Sonia y la rodeó con sus descarnados brazos.

—¡Sonia! ¿Cómo has podido aceptar diez rublos de este hombre? ¡Qué infeliz eres! ¡Dámelos, dámelos en seguida…! ¡Ahí los tiene!

Catalina Ivanovna se había apoderado del billete, lo estrujó y se lo tiró a Lujine a la cara. El papel, hecho una bola, fue a dar contra un ojo de Piotr Petrovitch y después cayó al suelo. Amalia Ivanovna se apresuró a recogerlo. Lujine se indignó.

—¡Cojan a esta loca!

En ese momento, varias personas aparecieron en el umbral, al lado de Lebeziatnikof. Entre ellas estaban las dos provincianas.

—¿Loca? ¿Loca yo? —gritó Catalina Ivanovna—. ¡Tú sí que eres un imbécil, un vil agente de negocios, un infame…! ¡Sonia quitarle dinero! ¡Sonia una ladrona! ¡Antes te lo daría que quitártelo, idiota!

Lanzó una carcajada histérica y, yendo de inquilino en inquilino y señalando a Lujine, exclamaba:

—¿Ha visto usted un imbécil semejante?

De pronto vio a Amalia Ivanovna y se detuvo.

—¡Y tú también, salchichera, miserable prusiana! ¡Tú también crees que es una ladrona…! ¿Cómo es posible? ¡Ella —dijo a Lujine— ha venido de tu habitación aquí, y de aquí no ha salido, granuja, más que granuja! ¡Todo el mundo ha visto que se ha sentado a la mesa y no se ha movido! ¡Se ha sentado al lado de Rodion Romanovitch…! ¡Regístrenla!

¡Como no ha ido a ninguna parte, si ha cogido el billete ha de llevarlo encima…! Busca, busca…Pero si no encuentras nada, amigo mío, tendrás que responder de tus injurias… ¡Iré a quejarme al emperador en persona, al zar misericordioso! Me arrojaré a sus pies, ¡y hoy mismo! Como soy huérfana, me dejarán entrar. ¿Crees que no me recibirá? Estás muy equivocado. Llegaré hasta él…Confiabas en la bondad y en la timidez de Sonia, ¿verdad? Seguro que contabas con eso. Pero yo no soy tímida y nos las vas a pagar. ¡Busca, regístrala! ¡Hala! ¿Qué esperas?

Catalina Ivanovna, ciega de rabia, sacudía a Lujine y lo arrastraba hacia Sonia.

—Lo haré, correré con esa responsabilidad…Pero cálmese, señora. Ya veo que usted no teme a nada ni a nadie. Esto…, esto se debía hacer en la comisaría…Aunque —prosiguió Lujine, balbuceando— hay aquí bastantes testigos…Estoy dispuesto a registrarla… Sin embargo, es una cuestión delicada, a causa de la diferencia de sexos… Si Amalia Ivanovna quisiera ayudarnos… Desde luego, no es así como se hacen estas cosas, pero hay casos en que…

—¡Hágala registrar por quien quiera! —vociferó Catalina Ivanovna—. Enséñale los bolsillos… ¡Mira, mira, monstruo! En éste no hay nada más que un pañuelo, como puedes ver. Ahora el otro. ¡Mira, mira! ¿Lo ves bien?

Y Catalina Ivanovna, no contenta con vaciar los bolsillos de Sonia, los volvió del revés uno tras otro. Pero apenas deshizo los pliegues que se habían formado en el forro del segundo, el de la derecha, saltó un papelito que, describiendo en el aire una parábola, cayó a los pies de Lujine. Todos lo vieron y algunos lanzaron una exclamación. Piotr Petrovitch se inclinó, cogió el papel con los dedos y lo desplegó: era un billete de cien rublos plegado en ocho dobles. Lujine lo hizo girar en su mano a fin de que todo el mundo lo viera.

—¡Ladrona! ¡Fuera de aquí! ¡La policía! ¡La policía! —exclamó la señora Lipevechsel—. ¡Deben mandarla a Siberia! ¡Fuera de aquí!

De todas partes salían exclamaciones. Raskolnikof no cesaba de mirar en silencio a Sonia; sólo apartaba los ojos de ella de vez en cuando para fijarlos en Lujine. Sonia estaba inmóvil, como hipnotizada. Ni siquiera podía sentir asombro. De pronto le subió una oleada de sangre a la cara, se la cubrió con las manos y lanzó un grito.

—¡Yo no he sido! ¡Yo no he cogido el dinero! ¡Yo no sé nada! —exclamó en un alarido desgarrador y, corriendo hacia Catalina Ivanovna.

Ésta le abrió el asilo inviolable de sus brazos y la estrechó convulsivamente contra su corazón.

—¡Sonia, Sonia! ¡Yo no lo creo; ya ves que yo no lo creo! —exclamó Catalina Ivanovna, rechazando la evidencia.

Y mecía en sus brazos a Sonia como si fuera una niña, y la estrechaba una y otra vez contra su pecho, o le cogía las manos y se las cubría de besos apasionados.

—¿Robar tú? ¡Qué imbéciles, Señor! ¡Necios, todos sois unos necios! —gritó, dirigiéndose a los presentes—. ¡No sabéis lo hermoso que es su corazón! ¿Robar ella…, ella? ¡Pero si sería capaz de vender hasta su último trozo de ropa y quedarse descalza para socorrer a quien lo necesitase! ¡Así es ella! ¡Se hizo extender la tarjeta amarilla para que mis hijos y yo no muriésemos de hambre! ¡Se vendió por nosotros! ¡Ah, mi querido difunto, mi pobre difunto! ¿Ves esto, pobre esposo mío? ¡Qué comida de funerales, Señor! ¿Por qué no la defiendes, Dios mío? ¿Y qué hace usted ahí, Rodion Romanovitch, sin decir nada? ¿Por qué no la defiende usted? ¿Es que también usted la cree culpable? ¡Todos vosotros juntos valéis menos que su dedo meñique! ¡Señor, Señor! ¿Por qué no la defiendes?

La desesperación de la infortunada Catalina Ivanovna produjo profunda y general emoción. Aquel rostro descarnado de tísica, contraído por el sufrimiento; aquellos labios resecos, donde la sangre se había coagulado; aquella voz ronca; aquellos sollozos, tan violentos como los de un niño, y, en fin, aquella demanda de auxilio, confiada, ingenua y desesperada a la vez, todo esto expresaba un dolor tan punzante, que era imposible permanecer indiferente ante él. Por lo menos Piotr Petrovitch dio muestras de compadecerse.

—Cálmese, señora, cálmese —dijo gravemente—. Este asunto no le concierne en lo más mínimo. Nadie piensa acusarla de premeditación ni de complicidad, y menos habiendo sido usted misma la que ha descubierto el robo al registrarle los bolsillos. Esto basta para demostrar su inocencia… Me siento inclinado a ser indulgente ante un acto en que la miseria puede haber sido el móvil que ha impulsado a Sonia Simonovna. Pero ¿por qué no quiere usted confesar, señorita? ¿Teme usted al deshonor? ¿Ha sido la primera vez? ¿Acaso ha perdido usted la cabeza? Todo esto es comprensible, muy comprensible…Sin embargo, ya ve usted a lo que se ha expuesto… Señores —continuó, dirigiéndose a la concurrencia—, dejándome llevar de un sentimiento de compasión y de simpatía, por decirlo así, estoy dispuesto todavía a perdonarlo todo, a pesar de los insultos que se me han dirigido.

Se volvió de nuevo hacia Sonia y añadió:

—Pero que esta humillación que hoy ha sufrido usted, señorita, le sirva de lección para el futuro. Daré el asunto por terminado y las cosas no pasarán de aquí.

Piotr Petrovitch miró de reojo a Raskolnikof, y las miradas de ambos se encontraron. Los ojos del joven llameaban.

Catalina Ivanovna, como si nada hubiera oído, seguía abrazando y besando a Sonia con frenesí. También los niños habían rodeado a la joven y la estrechaban con sus débiles bracitos.

Poletchka, sin comprender lo que sucedía, sollozaba desgarradoramente, apoyando en el hombro de Sonia su linda carita, bañada en lágrimas.

—¡Qué ruindad! —dijo de pronto una voz desde la puerta. Piotr Petrovitch se volvió inmediatamente.

—¡Qué ruindad! —repitió Lebeziatnikof sin apartar de él la vista.

Lujine se estremeció (todos recordarían este detalle más adelante), y Andrés Simonovitch entró en la habitación.

—¿Cómo ha tenido usted valor para invocar mi testimonio? —dijo acercándose a Lujine.

Piotr Petrovitch balbuceó:

—¿Qué significa esto, Andrés Simonovitch? No sé de qué me habla.

—Pues esto significa que usted es un calumniador. ¿Me entiende usted ahora?

Lebeziatnikof había pronunciado estas palabras con enérgica resolución y mirando duramente a Lujine con sus miopes ojillos. Estaba furioso. Raskolnikof no apartaba la vista de la cara de Andrés Simonovitch y le escuchaba con avidez, sin perder ni una sola de sus palabras.

Hubo un silencio. Piotr Petrovitch pareció desconcertado, sobre todo en los primeros momentos.

—Pero ¿qué le pasa? —balbuceó—. ¿Está usted en su juicio?

—Sí, estoy en mi juicio, y usted…, usted es un miserable… ¡Qué villanía! lo he oído todo, y si no he hablado hasta ahora ha sido para ver si comprendía por qué ha obrado usted así, pues le confieso que hay cosas que no tienen explicación para mí… ¿Por qué lo ha hecho usted? No lo comprendo.

—Pero ¿qué he hecho yo? ¿Quiere dejar de hablar en jeroglífico? ¿Es que ha bebido más de la cuenta?

—Usted, hombre vil, sí que es posible que se emborrache. Pero yo no bebo jamás ni una gota de vodka, porque mis principios me lo vedan…Sepan ustedes que ha sido él, él mismo, el que ha transmitido con sus propias manos el billete de cien rublos a Sonia Simonovna. Yo lo he visto, yo he sido testigo de este acto. Y estoy dispuesto a declarar bajo juramento. ¡El mismo, él mismo! —repitió Lebeziatnikof, dirigiéndose a todos.

—¿Está usted loco? —exclamó Lujine—. La misma interesada, aquí presente, acaba de afirmar ante testigos que sólo ha recibido de mi un billete de diez rublos. ¿Cómo puede usted decir que le he dado el otro billete?

—¡Lo he visto, lo he visto! —repitió Lebeziatnikof—. Y, aunque ello sea contrario a mis principios, estoy dispuesto a afirmarlo bajo juramento ante la justicia. Yo he visto cómo le introducía usted disimuladamente ese dinero en el bolsillo. En mi candidez, he creído que lo hacía usted por caridad. En el momento en que usted le decía adiós en la puerta, mientras le tendía la mano derecha, ha deslizado con la izquierda en su bolsillo un papel. ¡Lo he visto, lo he visto!

Lujine palideció.

—¡Eso es pura invención! —exclamó, en un arranque de insolencia—. Usted estaba entonces junto a la ventana. ¿Cómo es posible que desde tan lejos viera el papel? Su miopía le ha hecho ver visiones. Ha sido una alucinación y nada más.

—No, no he sufrido ninguna alucinación. A pesar de la distancia, me he dado perfecta cuenta de todo. En efecto, desde la ventana no he podido ver qué clase de papel era: en esto tiene usted razón. Sin embargo, cierto detalle me ha hecho comprender que el papelito era un billete de cien rublos, pues he visto claramente que, al mismo tiempo que entregaba a Sonia Simonovna el billete de diez rublos, cogía usted de la mesa otro de cien…Esto lo he visto perfectamente, porque entonces me hallaba muy cerca de usted, y recuerdo bien este detalle porque me ha sugerido cierta idea. Usted ha doblado el billete de cien rublos y lo ha mantenido en el hueco de la mano. Después he dejado de pensar en ello, pero cuando usted se ha levantado ha hecho pasar el billete de la mano derecha a la izquierda, con lo que ha estado a punto de caérsele. Entonces me he vuelto a fijar en él, pues de nuevo he tenido la idea de que usted quería socorrer a Sonia Simonovna sin que yo me enterase. Ya puede usted suponer la gran atención con que desde ese instante he seguido hasta sus menores movimientos. Así he podido ver cómo le ha deslizado usted el billete en el bolsillo. ¡Lo he visto, lo he visto, y estoy dispuesto a afirmarlo bajo juramento!

Lebeziatnikof estaba rojo de indignación. Las exclamaciones más diversas surgieron de todos los rincones de la estancia. La mayoría de ellas eran de asombro, pero algunas fueron proferidas en un tono de amenaza. Los concurrentes se acercaron a Piotr Petrovitch y formaron un estrecho círculo en torno de él. Catalina Ivanovna se arrojó sobre Lebeziatnikof.

—¡Andrés Simonovitch, qué mal le conocía a usted! ¡Defiéndala! Es huérfana. Dios nos lo ha enviado, Andrés Simonovitch, mi querido amigo.

Y Catalina Ivanovna, en un arrebato casi inconsciente, se arrojó a los pies del joven.

—¡Está loco! —exclamó Lujine, ciego de rabia—. Todo son invenciones suyas… ¡Que si se había olvidado y luego se ha vuelto a acordar…! ¿Qué significa esto? Según usted, yo he puesto intencionadamente estos cien rublos en el bolsillo de esta señorita. Pero ¿por qué? ¿Con qué objeto?

—Esto es lo que no comprendo. Pero le aseguro que he dicho la verdad. Tan cierto estoy de no equivocarme, miserable criminal, que en el momento en que le estrechaba la mano felicitándole, recuerdo que me preguntaba con qué fin habría regalado usted ese billete a hurtadillas, o, dicho de otro modo, por qué se ocultaba para hacerlo. Misterio. Me he dicho que tal vez quería usted ocultarme su buena acción al saber que soy enemigo por principio de la caridad privada, a la que considero como un paliativo inútil. He deducido, pues, que no quería usted que se supiera que entregaba a Sonia Simonovna una cantidad tan importante, y, además, que deseaba dar una sorpresa a la beneficiada… Todos sabemos que hay personas que se complacen en ocultar las buenas acciones… También me he dicho que tal vez quería usted poner a prueba a la muchacha, ver si volvía para darle las gracias cuando encontrara el dinero en su bolsillo. O, por el contrario, que deseaba usted eludir su gratitud, según el principio de que la mano derecha debe ignorar…, y otras mil suposiciones parecidas. Sólo Dios sabe las conjeturas que han pasado por mi cabeza… Decidí reflexionar más tarde a mis anchas sobre el asunto, pues no quería cometer la indelicadeza de dejarle entrever que conocía su secreto. De pronto me ha asaltado un temor: al no conocer su acto de generosidad, Sonia Simonovna podía perder el dinero sin darse cuenta. Por eso he tomado la determinación de venir a decirle que usted había depositado un billete de cien rublos en su bolsillo. Pero, al pasar, me he detenido en la habitación de las señoras Kobiliatnikof a fin de entregarles la "Ojeada general sobre el método positivo" y recomendarles especialmente el artículo de Piderit, y también el de Wagner. Finalmente, he llegado aquí y he podido presenciar el escándalo. Y dígame: ¿se me habría ocurrido pensar en todo esto, me habría hecho todas estas reflexiones si no le hubiera visto introducir el billete de cien rublos en el bolsillo de Sonia Simonovna?

Andrés Simonovitch terminó este largo discurso, coronado con una conclusión tan lógica, en un estado de extrema fatiga. El sudor corría por su frente. Por desgracia para él, le costaba gran trabajo expresarse en ruso, aunque no conocía otro idioma. Su esfuerzo oratorio le había agotado. Incluso parecía haber perdido peso. Sin embargo, su alegato verbal había producido un efecto extraordinario. Lo había pronunciado con tanto calor y convicción, que todos los oyentes le creyeron. Piotr Petrovitch advirtió que las cosas no le iban bien.

—¿Qué me importan a mí las estúpidas preguntas que hayan podido atormentarle? —exclamó—. Eso no constituye ninguna prueba. Todo lo que usted ha pensado puede ser obra de su imaginación. Y yo, señor, puedo decirle que miente usted. Usted miente y me calumnia llevado de un deseo de venganza personal. Usted no me perdona que haya rechazado el impío radicalismo de sus teorías sociales.

Pero este falso argumento, lejos de favorecerle, provocó una oleada de murmullos en contra de él.

—¡Eso es una mala excusa! —exclamó Lebeziatnikof—. Te digo en la cara que mientes. Llama a la policía y declararé bajo juramento. Un solo punto ha quedado en la oscuridad para mí: el motivo que te ha impulsado a cometer una acción tan villana. ¡Miserable! ¡Cobarde!

—Yo puedo explicar su conducta y, si es preciso, también prestaré juramento —dijo Raskolnikof con voz firme y destacándose del grupo.

Estaba sereno y seguro de sí mismo. Todos se dieron cuenta desde el primer momento de que conocía la clave del enigma y de que el asunto se acercaba a su fin.

—Ahora todo lo veo claro —dijo dirigiéndose a Lebeziatnikof—. Desde el principio del incidente me he olido que había en todo esto alguna innoble intriga. Esta sospecha se fundaba en ciertas circunstancias que sólo yo conozco y que ahora mismo voy a revelar a ustedes. En ellas está la clave del asunto. Gracias a su detallada exposición, Andrés Simonovitch, se ha hecho la luz en mi mente. Ruego a todo el mundo que preste atención. Este señor —señalaba a Lujine— pidió en fecha reciente la mano de una joven, hermana mía, cuyo nombre es Avdotia Romanovna Raskolnikof; pero cuando llegó a Petersburgo, hace poco, y tuvimos nuestra primera entrevista, discutimos, y de tal modo, que acabé por echarle de mi casa, escena que tuvo dos testigos, los cuales pueden confirmar mis palabras. Este hombre es todo maldad. Yo no sabía que se hospedaba en su casa, Andrés Simonovitch. Así se comprende que pudiera ver anteayer, es decir, el mismo día de nuestra disputa, que yo, como amigo del difunto, entregaba dinero a la viuda para que pudiera atender a los gastos del entierro. El señor Lujine escribió en seguida una carta a mi madre, en que le decía que yo había entregado dinero no a Catalina Ivanovna, sino a Sonia Simonovna. Además, hablaba de esta joven en términos en extremo insultantes, dejando entrever que yo mantenía relaciones íntimas con ella. Su finalidad, como ustedes pueden comprender, era indisponerme con mi madre y con mi hermana, haciéndoles creer que yo despilfarraba ignominiosamente el dinero que ellas se sacrificaban en enviarme. Ayer por la noche, en presencia de mi madre, de mi hermana y de él mismo, expuse la verdad de los hechos, que este hombre había falseado. Dije que había entregado el dinero a Catalina Ivanovna, a la que entonces no conocía aún, y añadí que Piotr Petrovitch Lujine, con todos sus méritos, valía menos que el dedo meñique de Sonia Simonovna, de la que hablaba tan mal. Él me preguntó entonces si yo sería capaz de sentar a Sonia Simonovna al lado de mi hermana, y yo le respondí que ya lo había hecho aquel mismo día. Furioso al ver que mi madre y mi hermana no reñían conmigo fundándose en sus calumnias, llegó al extremo de insultarlas groseramente. Se produjo la ruptura definitiva y lo pusimos en la puerta. Todo esto ocurrió anoche. Ahora les ruego a ustedes que me presten la mayor atención. Si el señor Lujine hubiera conseguido presentar como culpable a Sonia Simonovna, habría demostrado a mi familia que sus sospechas eran fundadas y que tenía razón para sentirse ofendido por el hecho de que permitiera a esta joven alternar con mi hermana, y, en fin, que, atacándome a mí, defendía el honor de su prometida. En una palabra, esto suponía para él un nuevo medio de indisponerme con mi familia, mientras él reconquistaba su estimación. Al mismo tiempo, se vengaba de mí, pues tenía motivos para pensar que la tranquilidad de espíritu y el honor de Sonia Simonovna me afectaban íntimamente. Así pensaba él, y esto es lo que yo he deducido. Tal es la explicación de su conducta: no es posible hallar otra.

Así, poco más o menos, terminó Raskolnikof su discurso, que fue interrumpido frecuentemente por las exclamaciones de la atenta concurrencia. Hasta el final su acento fue firme, sereno y seguro. Su tajante voz, la convicción con que hablaba y la severidad de su rostro impresionaron profundamente al auditorio.

—Sí, sí, eso es; no cabe duda de que es eso —se apresuró a decir Lebeziatnikof, entusiasmado—. Prueba de ello es que, cuando Sonia Simonovna ha entrado en la habitación, él me ha preguntado si estaba usted aquí, si yo le había visto entre los invitados de Catalina Ivanovna. Esta pregunta me la ha hecho en voz baja y después de llevarme junto a la ventana. O sea que deseaba que usted fuera testigo de todo esto. Sí, sí; no cabe duda de que es eso.

Lujine guardaba silencio y sonreía desdeñosamente. Pero estaba pálido como un muerto. Evidentemente, buscaba el modo de salir del atolladero. De buena gana se habría marchado, pero esto no era posible por el momento. Marcharse así habría representado admitir las acusaciones que pesaban sobre él y reconocer que había calumniado a Sonia Simonovna.

Por otra parte, los asistentes se mostraban sumamente excitados por las excesivas libaciones. El de intendencia, aunque era incapaz de forjarse una idea clara de lo sucedido, era el que más gritaba, y proponía las medidas más desagradables para Lujine.

La habitación estaba llena de personas embriagadas, pero también habían acudido huéspedes de otros aposentos, atraídos por el escándalo. Los tres polacos estaban indignadísimos y no cesaban de proferir en su lengua insultos contra Piotr Petrovitch, al que llamaban, entre otras cosas, pane ladak.

Sonia escuchaba con gran atención, pero no parecía acabar de comprender lo que pasaba: su estado era semejante al de una persona que acaba de salir de un desvanecimiento. No apartaba los ojos de Raskolnikof, comprendiendo que sólo él podía protegerla. La respiración de Catalina Ivanovna era silbante y penosa. Estaba completamente agotada. Pero era Amalia Ivanovna la que tenía un aspecto más grotesco, con su boca abierta y su cara de pasmo. Era evidente que no comprendía lo que estaba ocurriendo. Lo único que sabía era que Piotr Petrovitch se hallaba en una situación comprometida.

Raskolnikof intentó volver a hablar, pero en seguida renunció a ello al ver que los inquilinos se precipitaban sobre Lujine y, formando en torno de él un círculo compacto, le dirigían toda clase de insultos y amenazas. Pero Lujine no se amilanó. Comprendiendo que había perdido definitivamente la partida, recurrió a la insolencia.

—Permítanme, señores, permítanme. No se pongan así. Déjenme pasar — dijo mientras se abría paso—. No se molesten ustedes en intentar amedrentarme con sus amenazas. Tengan la seguridad de que no adelantarán nada, pues no soy de los que se asustan fácilmente. Por el contrario, les advierto que tendrán que responder de la cooperación que han prestado a un acto delictivo. La culpabilidad de la ladrona está más que probada, y presentaré la oportuna denuncia. Los jueces no están ciegos…ni bebidos. Por eso rechazarán el testimonio de dos impíos, de dos revolucionarios que me calumnian por una cuestión de venganza personal, como ellos mismos han tenido la candidez de reconocer. Permítanme, señores.

—No podría soportar ni un minuto más su presencia en mi habitación —le dijo Andrés Simonovitch—. Haga el favor de marcharse. No quiero ningún trato con usted. ¡Cuando pienso que he estado dos semanas gastando saliva para exponerle…!

—Andrés Simonovitch, recuerde que hace un rato le he dicho que me marchaba y usted trataba de retenerme. Ahora me limitaré a decirle que es usted un tonto de remate y que le deseo se cure de la cabeza y de los ojos. Permítanme, señores…

Y consiguió terminar de abrirse paso. Pero el de intendencia no quiso dejarle salir de aquel modo. Considerando que los insultos eran un castigo insuficiente para él, cogió un vaso de la mesa y se lo arrojó con todas sus fuerzas. Desgraciadamente, el proyectil fue a estrellarse contra Amalia Ivanovna, que empezó a proferir grandes alaridos, mientras el de intendencia, que había perdido el equilibrio al tomar impulso para el lanzamiento, caía pesadamente sobre la mesa.

Piotr Petrovitch logró llegar a su aposento, y, una hora después, había salido de la casa.

Antes de esta aventura, Sonia, tímida por naturaleza, se sentía más vulnerable que las demás mujeres, ya que cualquiera tenía derecho a ultrajarla. Sin embargo, había creído hasta entonces que podría contrarrestar la malevolencia a fuerza de discreción, dulzura y humildad. Pero esta ilusión se había desvanecido y su decepción fue muy amarga. Era capaz de soportarlo todo con paciencia y sin lamentarse, y el golpe que acababa de recibir no estaba por encima de sus fuerzas, pero en el primer momento le pareció demasiado duro. A pesar del triunfo de su inocencia en el asunto del billete, transcurridos los primeros instantes de terror, y al poder darse cuenta de las cosas, sintió que su corazón se oprimía dolorosamente ante la idea de su abandono y de su aislamiento en la vida. Sufrió una crisis nerviosa y, sin poder contenerse, salió de la habitación y corrió a su casa. Esta huida casi coincidió con la salida de Lujine.

Amalia Ivanovna, cuando recibió el proyectil destinado a Piotr Petrovitch en medio de las carcajadas de los invitados, montó en cólera y su indignación se dirigió contra Catalina Ivanovna, sobre la que se arrojó vociferando como si la hiciera responsable de todo lo ocurrido.

—¡Fuera de aquí en seguida! ¡Fuera!

Y, al mismo tiempo que gritaba, cogía todos los objetos de la inquilina que encontraba al alcance de la mano y los arrojaba al suelo. La pobre viuda, que se había tenido que echar en la cama, exhausta y rendida por el sufrimiento, saltó del lecho y se arrojó sobre la patrona. Pero las fuerzas eran tan desiguales, que Amalia Ivanovna la rechazó tan fácilmente como si luchara con una pluma.

—¡Es el colmo! ¡No contenta con calumniar a Sonia, ahora la toma conmigo! ¡Me echa a la calle el mismo día de los funerales de mi marido! ¡Después de haber recibido mi hospitalidad, me pone en medio del arroyo con mis pobres huérfanos! ¿Adónde iré?

Y la pobre mujer sollozaba, en el límite de sus fuerzas. De pronto sus ojos llamearon y gritó desesperadamente:

—¡Señor! ¿Es posible que no exista la justicia aquí abajo? ¿A quién defenderás si no nos defiendes a nosotros…? En fin, ya veremos. En la tierra hay jueces y tribunales. Presentaré una denuncia. Prepárate, desalmada… Poletchka, no dejes a los niños. Volveré en seguida. Si es preciso, esperadme en la calle. ¡Ahora veremos si hay justicia en este mundo!

Catalina Ivanovna se envolvió la cabeza en aquel trozo de paño verde de que había hablado Marmeladof, atravesó la multitud de inquilinos embriagados que se hacinaban en la estancia y, gimiendo y bañada en lágrimas, salió a la calle. Estaba resuelta a que le hicieran justicia en el acto y costara lo que costase. Poletchka, aterrada, se refugió con los niños en un rincón, junto al baúl. Rodeó con sus brazos a sus hermanitos y así esperó la vuelta de su madre. Amalia Ivanovna iba y venía por la habitación como una furia, rugiendo de rabia, lamentándose y arrojando al suelo todo lo que caía en sus manos.

Entre los inquilinos reinaba gran confusión: unos comentaban a grandes voces lo ocurrido, otros discutían y se insultaban y algunos seguían entonando canciones.

"Ha llegado el momento de marcharse —pensó Raskolnikof—. Vamos a ver qué dice ahora Sonia Simonovna".

Y se dirigió a casa de Sonia.

CAPÍTULO 4

Aunque llevaba su propia carga de miserias y horrores en el corazón, Raskolnikof había defendido valientemente y con destreza la causa de Sonia ante Lujine. Dejando aparte el interés que sentía por la muchacha y que le impulsaba a defenderla, había sufrido tanto aquella mañana, que había acogido con verdadera alegría la ocasión de ahuyentar aquellos pensamientos que habían llegado a serle insoportables.

Por otra parte, la idea de su inmediata entrevista con Sonia le preocupaba y le colmaba de una ansiedad creciente. Tenía que confesarle que había matado a Lisbeth. Presintiendo la tortura que esta declaración supondría para él, trataba de apartarla de su pensamiento. Cuando se había dicho, al salir de casa de Catalina Ivanovna: "Vamos a ver qué dice ahora Sonia Simonovna2, se hallaba todavía bajo los efectos del ardoroso y retador entusiasmo que le había producido su victoria sobre Lujine. Pero —cosa singular— cuando llegó al departamento de Kapernaumof, esta entereza de ánimo le abandonó de súbito y se sintió débil y atemorizado. Vacilando, se detuvo ante la puerta y se preguntó:

"¿Es necesario que revele que maté a Lisbeth?".

Lo extraño era que, al mismo tiempo que se hacía esta pregunta, estaba convencido de que le era imposible no sólo eludir semejante confesión, sino retrasarla un solo instante. No podía explicarse la razón de ello, pero sentía que era así y sufría horriblemente al darse cuenta de que no tenía fuerzas para luchar contra esta necesidad.

Para evitar que su tormento se prolongara se apresuró a abrir la puerta. Pero no franqueó el umbral sin antes observar a Sonia. Estaba sentada ante su mesita, con los codos apoyados en ella y la cara en las manos. Cuando vio a Raskolnikof, se levantó en el acto y fue hacia él como si lo estuviese esperando.

—¿Qué habría sido de mí sin usted? —le dijo con vehemencia, al encontrarse con él en medio de la habitación.

Al parecer, sólo pensaba en el servicio que le había prestado, y ansiaba agradecérselo. Luego adoptó una actitud de espera. Raskolnikof se acercó a la mesa y se sentó en la silla que ella acababa de dejar. Sonia permaneció en pie a dos pasos de él, exactamente como el día anterior.

—Bueno, Sonia —dijo Raskolnikof, y notó de pronto que la voz le temblaba—; ya se habrá dado usted cuenta de que la acusación se basaba en su situación y en los hábitos ligados a ella.

El rostro de Sonia tuvo una expresión de sufrimiento.

—Le ruego que no me hable como ayer. No, se lo suplico. Ya he sufrido bastante.

Y se apresuró a sonreír, por temor a que este reproche hubiera herido a Raskolnikof.

—He salido corriendo como una loca. ¿Qué ha pasado después? He estado a punto de volver, pero luego he pensado que usted vendría y…

Raskolnikof le explicó que Amalia Ivanovna había despedido a su familia y que Catalina Ivanovna se había marchado en busca de justicia no sabía adónde.

—¡Dios mío! —exclamó Sonia—. ¡Vamos, vamos en seguida! Y cogió apresuradamente el pañuelo de la cabeza.

—¡Siempre lo mismo! —exclamó Raskolnikof, indignado—. No piensa usted más que en ellos. Quédese un momento conmigo.

—Pero Catalina Ivanovna…

—Catalina Ivanovna no la olvidará: puede estar segura —dijo Raskolnikof, molesto—. Como ha salido, vendrá aquí, y si no la encuentra, se arrepentirá usted de haberse marchado.

Sonia se sentó, presa de una perplejidad llena de inquietud. Raskolnikof guardó silencio, con la mirada fija en el suelo. Parecía reflexionar.

—Tal vez Lujine no tenía hoy intención de hacerla detener, porque no le interesaba. Pero si la hubiese tenido y ni Lebeziatnikof ni yo hubiéramos estado allí, usted estaría ahora en la cárcel, ¿no es así?

—Sí —respondió Sonia con voz débil y sin poder prestar demasiada atención a lo que Raskolnikof le decía, tal era la ansiedad que la dominaba.

—Pues bien, habría sido muy fácil que yo no estuviera allí, y en cuanto a Lebeziatnikof, ha sido una casualidad que fuese.

Sonia no contestó.

—Y si la hubieran metido en la cárcel, ¿qué habría pasado? ¿Se acuerda de lo que le dije ayer?

Ella seguía guardando silencio. El esperó unos segundos. Después siguió diciendo, con una risa un tanto forzada:

—Creía que me iba usted a repetir que no le hablara de estas cosas… ¿Qué? —preguntó tras una breve pausa—. ¿Insiste usted en no abrir la boca? Sin embargo, necesitamos un tema de conversación. Por ejemplo, me gustaría saber cómo resolvería cierta cuestión…, como diría Lebeziatnikof —añadió, y notó que empezaba a perder la sangre fría—. No, no hablo en broma. Supongamos, Sonia, que usted conoce por anticipado todos los proyectos de Lujine y sabe que estos proyectos sumirían definitivamente en el infortunio a Catalina Ivanovna, a sus hijos y, por añadidura, a usted…, y digo «por añadidura» porque a usted sólo se la puede considerar como cosa aparte. Y supongamos también que, a consecuencia de esto, Poletchka haya de verse obligada a llevar una vida como la que usted lleva. Pues bien, si en estas circunstancias estuviera en su mano hacer que Lujine pereciera, con lo que salvaría a Catalina Ivanovna y a su familia, o dejar que Lujine viviera y llevase a cabo sus infames propósitos, ¿qué partido tomaría usted? Ésta es la pregunta que quiero que me conteste.

Sonia le miró con inquietud. Aquellas palabras, pronunciadas en un tono vacilante, parecían ocultar una segunda intención.

—Ya sabía yo que iba a hacerme una pregunta extraña —dijo la joven dirigiéndole una mirada penetrante.

—Eso poco importa. Diga: ¿qué decisión tomaría usted?

—¿A qué viene hacer esas preguntas absurdas? —repuso Sonia con un gesto de desagrado.

—Dígame: ¿dejaría usted que Lujine viviera y pudiese cometer sus desafueros? ¿Es que ni siquiera tiene valor para tomar una decisión en teoría?

—Yo no conozco las intenciones de la Divina Providencia. ¿Por qué me interroga sobre hechos que no existen? ¿A qué vienen esas preguntas inútiles? ¿Acaso es posible que la existencia de un hombre dependa de mi voluntad? ¿Cómo puedo erigirme en árbitro de los destinos humanos, de la vida y de la muerte?

—Si hace usted intervenir a la Providencia divina, no hablemos más —dijo Raskolnikof en tono sombrío.

Sonia respondió con acento angustiado:

—Dígame francamente qué es lo que desea de mí…Sólo oigo de usted alusiones. ¿Es que ha venido usted con el propósito de torturarme?

Sin poder contenerse, se echó a llorar. Él la miró tristemente, con una expresión de angustia. Hubo un largo silencio.

Al fin, Raskolnikof dijo en voz baja:

—Tienes razón, Sonia.

Se había producido en él un cambio repentino. Su ficticio aplomo y el tono insolente que afectaba momentos antes habían desaparecido. Hasta su voz parecía haberse debilitado.

—Te dije ayer que no vendría hoy a pedirte perdón, y he aquí que he comenzado esta conversación poco menos que excusándome. Al hablarte de Lujine y de la Providencia pensaba en mí mismo, Sonia, y me excusaba.

Trató de sonreír, pero sólo pudo esbozar una mueca de impotencia. Luego bajó la cabeza y ocultó el rostro entre las manos.

De súbito, una extraña y sorprendente sensación de odio hacia Sonia le traspasó el corazón. Asombrado, incluso aterrado de este descubrimiento inaudito, levantó la cabeza y observó atentamente a la joven. Vio que fijaba en él una mirada inquieta y llena de una solicitud dolorosa, y al advertir que aquellos ojos expresaban amor, su odio se desvaneció como un fantasma. Se había equivocado acerca de la naturaleza del sentimiento que experimentaba: lo que sentía era, simplemente, que el momento fatal había llegado.

Bajó de nuevo la cabeza y otra vez ocultó el rostro entre las manos. De pronto palideció, se levantó, miró a Sonia y sin pronunciar palabra, fue maquinalmente a sentarse en el lecho. Su impresión en aquel momento era exactamente la misma que había experimentado el día en que, de pie a espaldas de la vieja, había sacado el hacha del nudo corredizo, mientras se decía que no había que perder ni un segundo.

—¿Qué le ocurre? —preguntó Sonia, llena de turbación.

Raskolnikof no pudo pronunciar ni una palabra. Había pensado dar "la explicación" en circunstancias completamente distintas y no comprendía lo que estaba ocurriendo en su interior.

Sonia se acercó paso a paso, se sentó a su lado, en el lecho, y, sin apartar de él los ojos, esperó. Su corazón latía con violencia. La situación se hacía insoportable. Él volvió hacia la joven su rostro, cubierto de una palidez mortal. Sus contraídos labios eran incapaces de pronunciar una sola palabra. Entonces el pánico se apoderó de Sonia.

—¿Qué le pasa? —volvió a preguntarle, apartándose un poco de él.

—Nada, Sonia. No te asustes… Es una tontería…Sí, basta pensar en ello un instante para ver que es una tontería —murmuró como delirando—. No sé por qué he venido a atormentarte —añadió, mirándola—. En verdad, no lo sé. ¿Por qué? ¿Por qué? No ceso de hacerme esta pregunta, Sonia.

Tal vez se la había hecho un cuarto de hora antes, pero en aquel momento su debilidad era tan extrema que apenas se daba cuenta de que existía. Un continuo temblor agitaba todo su cuerpo.

—¡Cómo se atormenta usted! —se lamentó Sonia, mirándole.

—No es nada, no es nada…He aquí lo que te quería decir… Una sombra de sonrisa jugueteó unos segundos en sus labios.

—¿Te acuerdas de lo que quería decirte ayer? Sonia esperó, visiblemente inquieta.

—Cuando me fui, te dije que tal vez te decía adiós para siempre, pero que si volvía hoy te diría quién mató a Lisbeth.

De pronto, todo el cuerpo de Sonia empezó a temblar.

—Pues bien, he venido a decírtelo.

—Así, ¿hablaba usted en serio? —balbuceó Sonia haciendo un gran esfuerzo—. Pero ¿cómo lo sabe usted? —preguntó vivamente, como si acabara de volver en sí.

Apenas podía respirar. La palidez de su rostro aumentaba por momentos.

—El caso es que lo sé.

Sonia permaneció callada un momento.

—¿Lo han encontrado? —preguntó al fin, tímidamente.

—No, no lo han encontrado.

—Entonces, ¿cómo sabe usted quién es? —preguntó la joven tras un nuevo silencio y con voz casi imperceptible.

Él se volvió hacia ella y la miró fijamente, con una expresión singular.

—¿Lo adivinas?

Una nueva sonrisa de impotencia flotaba en sus labios. Sonia sintió que todo su cuerpo se estremecía.

—Pero usted me…—balbuceó ella con una sonrisa infantil—. ¿Por qué quiere asustarme?

—Para saber lo que sé —dijo Raskolnikof, cuya mirada seguía fija en la de ella, como si no tuviera fuerzas para apartarla—, es necesario que esté "ligado" a "él" …Él no tenía intención de matar a Lisbeth…La asesinó sin premeditación…Sólo quería matar a la vieja…y encontrarla sola…Fue a la casa…De pronto llegó Lisbeth…, y la mató a ella también.

Un lúgubre silencio siguió a estas palabras. Los dos jóvenes se miraban fijamente.

—Así, ¿no lo adivinas? —preguntó de pronto.

Tenía la impresión de que se arrojaba desde lo alto de una torre.

—No —murmuró Sonia con voz apenas audible.

—Piensa.

En el momento de pronunciar esta palabra, una sensación ya conocida por él le heló el corazón. Miraba a Sonia y creía estar viendo a Lisbeth. Conservaba un recuerdo imborrable de la expresión que había aparecido en el rostro de la pobre mujer cuando él iba hacia ella con el hacha en alto y ella retrocedía hacia la pared, como un niño cuando se asusta y, a punto de echarse a llorar, fija con terror la mirada en el objeto que provoca su espanto. Así estaba Sonia en aquel momento. Su mirada expresaba el mismo terror impotente. De súbito extendió el brazo izquierdo, apoyó la mano en el pecho de Raskolnikof, lo rechazó ligeramente, se puso en pie con un movimiento repentino y empezó a apartarse de él poco a poco, sin dejar de mirarle. Su espanto se comunicó al joven, que miraba a Sonia con el mismo gesto despavorido, mientras en sus labios se esbozaba la misma triste sonrisa infantil.

—¿Has comprendido ya? —murmuró.

—¡Dios mío! —gimió, horrorizada.

Luego, exhausta, se dejó caer en su lecho y hundió el rostro en la almohada.

Pero un momento después se levantó vivamente, se acercó a Raskolnikof, le cogió las manos, las atenazó con sus menudos y delgados dedos y fijó en él una larga y penetrante mirada.

Con esta mirada, Sonia esperaba captar alguna expresión que le demostrase que se había equivocado. Pero no, no cabía la menor duda: la simple suposición se convirtió en certeza.

Más adelante, cuando recordaba este momento, todo le parecía extraño, irreal. ¿De dónde le había venido aquella certeza repentina de no equivocarse? Porque en modo alguno podía decir que había presentido aquella confesión. Sin embargo, apenas le hizo él la confesión, a ella le pareció haberla adivinado.

—Basta, Sonia, basta. No me atormentes.

Había hecho esta súplica amargamente. No era así como él había previsto confesar su crimen: la realidad era muy distinta de lo que se había imaginado.

Sonia estaba fuera de sí. Saltó del lecho. De pie en medio de la habitación, se retorcía las manos. Luego volvió rápidamente sobre sus pasos y de nuevo se sentó al lado de Raskolnikof, tan cerca que sus cuerpos se rozaban. De pronto se estremeció como si la hubiera asaltado un pensamiento espantoso, lanzó un grito y, sin que ni ella misma supiera por qué, cayó de rodillas delante de Raskolnikof.

—¿Qué ha hecho usted? Pero ¿qué ha hecho usted? —exclamó, desesperada.

De pronto se levantó y rodeó fuertemente con los brazos el cuello del joven.

Raskolnikof se desprendió del abrazo y la contempló con una triste sonrisa.

—No lo comprendo, Sonia. Me abrazas y me besas después de lo que te acabo de confesar. No sabes lo que haces.

Ella no le escuchó. Gritó, enloquecida:

—¡No hay en el mundo ningún hombre tan desgraciado como tú! Y prorrumpió en sollozos.

Un sentimiento ya olvidado se apoderó del alma de Raskolnikof. No se pudo contener. Dos lágrimas brotaron de sus ojos y quedaron pendientes de sus pestañas.

—¿No me abandonarás, Sonia? —preguntó, desesperado.

—No, nunca, en ninguna parte. Te seguiré adonde vayas. ¡Señor, Señor! ¡Qué desgraciada soy…! ¿Por qué no te habré conocido antes? ¿Por qué no has venido antes? ¡Dios mío!

—Pero he venido.

—¡Ahora…! ¿Qué podemos hacer ahora? ¡Juntos, siempre juntos! —exclamó Sonia volviendo a abrazarle—. ¡Te seguiré al presidio!

Raskolnikof no pudo disimular un gesto de indignación. Sus labios volvieron a sonreír como tantas veces habían sonreído, con una expresión de odio y altivez.

—No tengo ningún deseo de ir a presidio, Sonia.

Tras los primeros momentos de piedad dolorosa y apasionada hacia el desgraciado, la espantosa idea del asesinato reapareció en la mente de la joven. El tono en que Raskolnikof había pronunciado sus últimas palabras le recordaron de pronto que estaba ante un asesino. Se quedó mirándole sobrecogida. No sabía aún cómo ni por qué aquel joven se había convertido en un criminal. Estas preguntas surgieron de pronto en su imaginación, y las dudas le asaltaron de nuevo. ¿Él un asesino? ¡Imposible!

—Pero ¿qué me pasa? ¿Dónde estoy? —exclamó profundamente sorprendida y como si le costara gran trabajo volver a la realidad—. Pero ¿cómo es posible que un hombre como usted cometiera…? Además, ¿por qué?

—Para robar, Sonia —respondió Raskolnikof con cierto malestar. Sonia se quedó estupefacta. De pronto, un grito escapó de sus labios.

—¡Estabas hambriento! ¡Querías ayudar a tu madre! ¿Verdad?

—No, Sonia, no —balbuceó el joven, bajando y volviendo la cabeza—. No estaba hambriento hasta ese extremo…Ciertamente, quería ayudar a mi madre, pero no fue eso todo…No me atormentes, Sonia.

Sonia se oprimía una mano con la otra.

—Pero ¿es posible que todo esto sea real? ¡Y qué realidad, Dios mío! ¿Quién podría creerlo? ¿Cómo se explica que usted se quede sin nada por socorrer a otros habiendo matado por robar…?

De pronto le asaltó una duda.

—¿Acaso ese dinero que dio usted a Catalina Ivanovna…, ese dinero, Señor, era…?

—No, Sonia —le interrumpió Raskolnikof—, ese dinero no procedía de allí. Tranquilízate. Me lo había enviado mi madre por medio de un agente de negocios y lo recibí durante mi enfermedad, el día mismo en que lo di… Rasumikhine es testigo, pues firmó el recibo en mi nombre…Ese dinero era mío y muy mío.

Sonia escuchaba con un gesto de perplejidad y haciendo grandes esfuerzos por comprender.

—En cuanto al dinero de la vieja, ni siquiera sé si tenía dinero —dijo en voz baja, vacilando—. Desaté de su cuello una bolsita de pelo de camello, que estaba llena, pero no miré lo que contenía…Sin duda no tuve tiempo…Los objetos: gemelos, cadenas, etc., los escondí, así como la bolsa, debajo de una piedra en un gran patio que da a la avenida V***. Todo está allí todavía.

Sonia le escuchaba ávidamente.

—Pero ¿por qué, si mató usted para robar, según dice…, por qué no cogió nada? —dijo la joven vivamente, aferrándose a una última esperanza.

—No lo sé. Todavía no he decidido si cogeré ese dinero o no —dijo Raskolnikof en el mismo tono vacilante. Después, como si volviera a la realidad, sonrió y siguió diciendo—: ¡Qué estúpido soy! ¡Contar estas cosas!

Entonces un pensamiento atravesó como un rayo la mente de Sonia. "¿Estará loco?". Pero desechó esta idea en seguida. "No, no lo está". Realmente, no comprendía nada.

Él exclamó, como en un destello de lucidez:

—Oye, Sonia, oye lo que voy a decirte.

Y continuó, subrayando las palabras y mirándola fijamente, con una expresión extraña pero sincera:

—Si el hambre fuese lo único que me hubiera impulsado a cometer el crimen, me sentiría feliz, sí, feliz. Pero ¿qué adelantarías —exclamó en seguida, en un arranque de desesperación—, qué adelantarías si yo te confesara que he obrado mal? ¿Para qué te serviría este inútil triunfo sobre mí? ¡Ah, Sonia! ¿Para esto he venido a tu casa?

Sonia quiso decir algo, pero no pudo.

—Si te pedí ayer que me siguieras es porque no tengo a nadie más que a ti.

—¿Seguirte…? ¿Para qué? —preguntó la muchacha tímidamente.

—No para robar ni matar, tranquilízate —respondió él con una sonrisa cáustica—. Somos distintos, Sonia. Sin embargo…Oye, Sonia, hace un momento que me he dado cuenta de lo que yo pretendía al pedirte que me siguieras. Ayer te hice la petición instintivamente, sin comprender la causa. Sólo una cosa deseo de ti, y por eso he venido a verte… ¡No me abandones! ¿Verdad que no me abandonarás?

Ella le cogió la mano, se la oprimió…

Un segundo después, Raskolnikof la miró con un dolor infinito y lanzó un grito de desesperación.

—¿Por qué te habré dicho todo esto? ¿Por qué te habré hecho esta confesión…? Esperas mis explicaciones, Sonia, bien lo veo; esperas que te lo cuente todo…Pero ¿qué puedo decirte? No comprenderías nada de lo que te dijera y sólo conseguiría que sufrieras por mí todavía más…Lloras, vuelves a abrazarme. Pero dime: ¿por qué? ¿Porque no he tenido valor para llevar yo solo mi cruz y he venido a descargarme en ti, pidiéndote que sufras conmigo, ya que esto me servirá de consuelo? ¿Cómo puedes amar a un hombre tan cobarde?

—¿Acaso no sufres tú también? —exclamó Sonia.

Otra vez se apoderó del joven un sentimiento de ternura.

—Sonia, yo soy un hombre de mal corazón. Tenlo en cuenta, pues esto explica muchas cosas. Precisamente porque soy malo he venido en tu busca. Otros no lo habrían hecho, pero yo…yo soy un miserable y un cobarde. En fin, no es esto lo que ahora importa. Tengo que hablarte de ciertas cosas y no me siento con fuerzas para empezar.

Se detuvo y quedó pensativo.

—Desde luego, no nos parecemos en nada; somos muy diferentes… ¿Por qué habré venido? Nunca me lo perdonaré.

—No, no; has hecho bien en venir —exclamó Sonia—. Es mejor que yo lo sepa todo, mucho mejor.

Raskolnikof la miró amargamente.

—Bueno, al fin y al cabo, ¡qué importa! —exclamó, decidido a hablar—. He aquí cómo ocurrieron las cosas. Yo quería ser un Napoleón: por eso maté. ¿Comprendes?

—No —murmuró Sonia, ingenua y tímidamente—. Pero no importa: habla, habla. —Y añadió, suplicante—: Haré un esfuerzo y comprenderé, lo comprenderé todo.

—¿Lo comprenderás? ¿Estás segura? Bien, ya veremos. Hizo una larga pausa para ordenar sus ideas.

—He aquí el asunto. Un día me planteé la cuestión siguiente: "¿Qué habría ocurrido si Napoleón se hubiese encontrado en mi lugar y no hubiera tenido, para tomar impulso en el principio de su carrera, ni Tolón, ni Egipto, ni el paso de los Alpes por el Mont Blanc, sino que, en vez de todas estas brillantes hazañas, sólo hubiera dispuesto de una detestable y vieja usurera, a la que tendría que matar para robarle el dinero…, en provecho de su carrera, entiéndase? ¿Se habría decidido a matarla no teniendo otra alternativa? ¿No se habría detenido al considerar lo poco que este acto tenía de heroico y lo mucho que ofrecía de criminal…?". Te confieso que estuve mucho tiempo torturándome el cerebro con estas preguntas, y me sentí avergonzado cuando comprendí repentinamente que no sólo no se habría detenido, sino que ni siquiera le habría pasado por el pensamiento la idea de que esta acción pudiera ser poco heroica. Ni siquiera habría comprendido que se pudiera vacilar. Por poco que hubiera sido su convencimiento de que ésta era para él la única salida, habría matado sin el menor escrúpulo. ¿Por qué había de tenerlo yo? Y maté, siguiendo su ejemplo…He aquí exactamente lo que sucedió. Te parece esto irrisorio, ¿verdad? Sí, te lo parece. Y lo más irrisorio es que las cosas ocurrieron exactamente así.

Pero Sonia no sentía el menor deseo de reír.

—Preferiría que me hablara con toda claridad y sin poner ejemplos —dijo con voz más tímida aún y apenas perceptible.

Raskolnikof se volvió hacia ella, la miró tristemente y la cogió de la mano.

—Tienes razón otra vez, Sonia. Todo lo que te he dicho es absurdo, pura charlatanería…La verdad es que, como sabes, mi madre está falta de recursos y que mi hermana, que por fortuna es una mujer instruida, se ha visto obligada a ir de un sitio a otro como institutriz. Todas sus esperanzas estaban concentradas en mí. Yo estudiaba, pero, por falta de medios, hube de abandonar la universidad. Aun suponiendo que hubiera podido seguir estudiando, en el mejor de los casos habría podido obtener dentro de diez o doce años un puesto como profesor de instituto o una plaza de funcionario con un sueldo anual de mil rublos —parecía estar recitando una lección aprendida de memoria—, pero entonces las inquietudes y las privaciones habrían acabado ya con la salud de mi madre. Para mi hermana, las cosas habrían podido ir todavía peor… ¿Y para qué verse privado de todo, dejar a la propia madre en la necesidad, presenciar el deshonor de una hermana? ¿Para qué todo esto? ¿Para enterrar a los míos y fundar una nueva familia destinada igualmente a perecer de hambre…? En fin, todo esto me decidió a apoderarme del dinero de la vieja para poder seguir adelante, para terminar mis estudios sin estar a expensas de mi madre. En una palabra, decidí emplear un método radical para empezar una nueva vida y ser independiente…Esto es todo. Naturalmente, hice mal en matar a la vieja…, ¡pero basta ya!

Al llegar al fin de su discurso bajó la cabeza: estaba agotado.

—¡No, no! —exclamó Sonia, angustiada—. ¡No es eso! ¡No es posible!

Tiene que haber algo más.

—Creas lo que creas, te he dicho la verdad.

—¡Pero qué verdad, Dios mío!

—Al fin y al cabo, Sonia, yo no he dado muerte más que a un vil y malvado gusano.

—Ese gusano era una criatura humana.

—Cierto, ya sé que no era gusano —dijo Raskolnikof, mirando a Sonia con una expresión extraña—. Además, lo que acabo de decir no es de sentido común. Tienes razón: son motivos muy diferentes los que me impulsaron a hacer lo que hice…Hace mucho tiempo que no había dirigido la palabra a nadie, Sonia, y por eso sin duda tengo ahora un tremendo dolor de cabeza.

Sus ojos tenían un brillo febril. Empezaba a desvariar nuevamente, y una sonrisa inquieta asomaba a sus labios. Bajo su animación ficticia se percibía una extenuación espantosa. Sonia comprendió hasta qué extremo sufría Raskolnikof. También ella sentía que una especie de vértigo la iba dominando… ¡Qué modo tan extraño de hablar! Sus palabras eran claras y precisas, pero…, pero ¿era aquello posible? ¡Señor, Señor…! Y se retorcía las manos, desesperada.

—No, Sonia, no es eso —dijo, levantando de súbito la cabeza, como si sus ideas hubiesen tomado un nuevo giro que le impresionaba y le reanimaba—. No, no es eso. Lo que sucede…, sí, esto es…, lo que sucede es que soy orgulloso, envidioso, perverso, vil, rencoroso y…, para decirlo todo ya que he comenzado…, propenso a la locura. Acabo de decirte que tuve que dejar la universidad. Pues bien, a decir verdad, podía haber seguido en ella. Mi madre me habría enviado el dinero de las matrículas y yo habría podido ganar lo necesario para comer y vestirme. Sí, lo habría podido ganar. Habría dado lecciones. Me las ofrecían a cincuenta kopeks. Así lo hace Rasumikhine. Pero yo estaba exasperado y no acepté. Sí, exasperado: ésta es la palabra. Me encerré en mi agujero como la araña en su rincón. Ya conoces mi tabuco, porque estuviste en él. Ya sabes, Sonia, que el alma y el pensamiento se ahogan en las habitaciones bajas y estrechas. ¡Cómo detestaba aquel cuartucho! Sin embargo, no quería salir de él. Pasaba días enteros sin moverme, sin querer trabajar. Ni siquiera me preocupaba la comida. Estaba siempre acostado. Cuando Nastasia me traía algo, comía. De lo contrario, no me alimentaba. No pedía nada. Por las noches no tenía luz, y prefería permanecer en la oscuridad a ganar lo necesario para comprarme una bujía.

"En vez de trabajar, vendí mis libros. Todavía hay un dedo de polvo en mi mesa, sobre mis cuadernos y mis papeles. Prefería pensar tendido en mi diván. Pensar siempre… Mis pensamientos eran muchos y muy extraños… Entonces empecé a imaginar… No, no fue así. Tampoco ahora cuento las cosas como fueron… Entonces yo me preguntaba continuamente: ´Ya que ves la estupidez de los demás, ¿por qué no buscas el modo de mostrarte más inteligente que ellos?´. Más adelante, Sonia, comprendí que esperar a que todo el mundo fuera inteligente suponía una gran pérdida de tiempo. Y después me convencí de que este momento no llegaría nunca, que los hombres no podían cambiar, que no estaba en manos de nadie hacerlos de otro modo. Intentarlo habría sido perder el tiempo. Sí, todo esto es verdad. Es la ley humana. La ley, Sonia, y nada más. Y ahora sé que quien es dueño de su voluntad y posee una inteligencia poderosa consigue fácilmente imponerse a los demás hombres; que el más osado es el que más razón tiene a los ojos ajenos; que quien desafía a los hombres y los desprecia conquista su respeto y llega a ser su legislador. Esto es lo que siempre se ha visto y lo que siempre se verá. Hay que estar ciego para no advertirlo.

Raskolnikof, aunque miraba a Sonia al pronunciar estas palabras, no se preocupaba por saber si ella le comprendía. La fiebre volvía a dominarle y era presa de una sombría exaltación (en verdad, hacía mucho tiempo que no había conversado con ningún ser humano). Sonia comprendió que aquella trágica doctrina constituía su ley y su fe.

—Entonces me convencí, Sonia —continuó el joven con ardor—, de que sólo posee el poder aquel que se inclina para recogerlo. Está al alcance de todos y basta atreverse a tomarlo. Entonces tuve una idea que nadie, ¡nadie!, había tenido jamás. Vi con claridad meridiana que era extraño que nadie hasta entonces, viendo los mil absurdos de la vida, se hubiera atrevido a sacudir el edificio en sus cimientos para destruirlo todo, para enviarlo todo al diablo… Entonces yo me atreví y maté…Yo sólo quería llevar a cabo un acto de audacia, Sonia. No quería otra cosa: eso fue exclusivamente lo que me impulsó.

—¡Calle, calle! —exclamó Sonia fuera de sí—. Usted se ha apartado de Dios, y Dios le ha castigado, lo ha entregado al demonio.

—Así, Sonia, ¿tú crees que cuando todas estas ideas acudían a mí en la oscuridad de mi habitación era que el diablo me tentaba?

—¡Calle, ateo! No se burle… ¡Señor, Señor! No comprende nada…

—Óyeme, Sonia; no me burlo. Estoy seguro de que el demonio me arrastró. Óyeme, óyeme —repitió con sombría obstinación—. Sé todo, absolutamente todo lo que tú puedas decirme. He pensado en todo eso y me lo he repetido mil veces cuando estaba echado en las tinieblas… ¡Qué luchas interiores he librado! Si supieras hasta qué punto me enojaban estas inútiles discusiones conmigo mismo. Mi deseo era olvidarlo todo y empezar una nueva vida. Pero especialmente anhelaba poner fin a mis soliloquios…No creas que fui a poner en práctica mis planes inconscientemente. No, lo hice todo tras maduras reflexiones, y eso fue lo que me perdió. Créeme que yo no sabía que el hecho de interrogarme a mí mismo acerca de mi derecho al poder demostraba que tal derecho no existía, puesto que lo ponía en duda. Y que preguntarme si el hombre era un gusano demostraba que no lo era para mí. Estas cosas sólo son aceptadas por el hombre que no se plantea tales preguntas y sigue su camino derechamente y sin vacilar. El solo hecho de que me preguntara: "¿Habría matado Napoleón a la vieja?" demostraba que yo no era un Napoleón…Sobrellevé hasta el final el sufrimiento ocasionado por estos desatinos y después traté de expulsarlos. Yo maté no por cuestiones de conciencia, sino por un impulso que sólo a mí me atañía. No quiero engañarme a mí mismo sobre este punto. Yo no maté por acudir en socorro de mi madre ni con la intención de dedicar al bien de la humanidad el poder y el dinero que obtuviera; no, no, yo sólo maté por mi interés personal, por mí mismo, y en aquel momento me importaba muy poco saber si sería un bienhechor de la humanidad o un vampiro de la sociedad, una especie de araña que caza seres vivientes con su tela. Todo me era indiferente. Desde luego, no fue la idea del dinero la que me impulsó a matar. Más que el dinero necesitaba otra cosa…Ahora lo sé…Compréndeme…Si tuviera que volver a hacerlo, tal vez no lo haría…Era otra la cuestión que me preocupaba y me impulsaba a obrar. Yo necesitaba saber, y cuanto antes, si era un gusano como los demás o un hombre, si era capaz de franquear todos los obstáculos, si osaba inclinarme para asir el poder, si era una criatura temerosa o si procedía como el que ejerce un derecho.

—¿Derecho a matar? —exclamó la joven, atónita.

—¡Calla, Sonia! —exclamó Rodia, irritado. A sus labios acudió una objeción, pero se limitó a decir—: No me interrumpas. Yo sólo quería decirte que el diablo me impulsó a hacer aquello y luego me hizo comprender que no tenía derecho a hacerlo, puesto que era un gusano como los demás. El diablo se burló de mí. Si estoy en tu casa es porque soy un gusano; de lo contrario, no te habría hecho esta visita…Has de saber que cuando fui a casa de la vieja, yo solamente deseaba hacer un experimento.

—Usted mató.

—Pero ¿cómo? No se asesina como yo lo hice. El que comete un crimen procede de modo muy distinto…Algún día lo contaré todo detalladamente… ¿Fue a la vieja a quien maté? No, me asesiné a mí mismo, no a ella, y me perdí para siempre…Fue el diablo el que mató a la vieja y no yo.

Y de pronto exclamó con voz desgarradora:

—¡Basta, Sonia, basta! ¡Déjame, déjame!

Raskolnikof apoyó los codos en las rodillas y hundió la cabeza entre sus manos, rígidas como tenazas.

—¡Qué modo de sufrir! —gimió Sonia.

—Bueno, ¿qué debo hacer? Habla —dijo el joven, levantando la cabeza y mostrando su rostro horriblemente descompuesto.

—¿Qué debes hacer? —exclamó la muchacha.

Se arrojó sobre él. Sus ojos, hasta aquel momento bañados en lágrimas, centellaron de pronto.

—¡Levántate!

Le había puesto la mano en el hombro. Él se levantó y la miró, estupefacto.

—Ve inmediatamente a la próxima esquina, arrodíllate y besa la tierra que has mancillado. Después inclínate a derecha e izquierda, ante cada persona que pase, y di en voz alta: "¡He matado!". Entonces Dios te devolverá la vida.

Temblando de pies a cabeza, le asió las manos convulsivamente y le miró con ojos de loca.

—¿Irás, irás? —le preguntó.

Raskolnikof estaba tan abatido, que tanta exaltación le sorprendió.

—¿Quieres que vaya a presidio, Sonia? —preguntó con acento sombrío—. ¿Pretendes que vaya a presentarme a la justicia?

—Debes aceptar el sufrimiento, la expiación, que es el único medio de borrar tu crimen.

—No, no iré a presentarme a la justicia, Sonia.

—¿Y tu vida qué? —exclamó la joven—. ¿Cómo vivirás? ¿Podrás vivir desde ahora? ¿Te atreverás a dirigir la palabra a tu madre…? ¿Qué será de ellas…? Pero ¿qué digo? Ya has abandonado a tu madre y a tu hermana. Bien sabes que las has abandonado… ¡Señor…! Él ya ha comprendido lo que esto significa… ¿Se puede vivir lejos de todos los seres humanos? ¿Qué va a ser de ti?

—No seas niña, Sonia —respondió dulcemente Raskolnikof—. ¿Quién es esa gente para juzgar mi crimen? ¿Qué podría decirles? Su autoridad es pura ilusión. Dan muerte a miles de hombres y ven en ello un mérito. Son unos bribones y unos cobardes, Sonia…No iré. ¿Qué quieres que les diga? ¿Que he escondido el dinero debajo de una piedra por no atreverme a quedármelo? —Y añadió, mientras sonría amargamente—: Se burlarían de mí. Dirían que soy un imbécil al no haber sabido aprovecharme. Un imbécil y un cobarde. No comprenderían nada, Sonia, absolutamente nada. Son incapaces de comprender. ¿Para qué ir? No, no iré. No seas niña, Sonia.

—Tu vida será un martirio —dijo la joven, tendiendo hacia él los brazos en una súplica desesperada.

—Tal vez me haya calumniado a mí mismo —dijo, absorto y con acento sombrío—. Acaso soy un hombre todavía, no un gusano, y me he precipitado al condenarme. Voy a intentar seguir luchando.

Y sonrió con arrogancia.

—¡Pero llevar esa carga de sufrimiento toda la vida, toda la vida…!

—Ya me acostumbraré —dijo Raskolnikof, todavía triste y pensativo. Pero un momento después exclamó:

—¡Bueno, basta de lamentaciones! Hay que hablar de cosas más importantes. He venido a decirte que me siguen la pista de cerca.

—¡Oh! —exclamó Sonia, aterrada.

—Pero ¿qué te pasa? ¿Por qué gritas? Quieres que vaya a presidio, y ahora te asustas. ¿De qué? Pero escucha: no me dejaré atrapar fácilmente. Les daré trabajo. No tienen pruebas. Ayer estuve verdaderamente en peligro y me creí perdido, pero hoy el asunto parece haberse arreglado. Todas las pruebas que tienen son armas de dos filos, de modo que los cargos que me hagan puedo presentarlos de forma que me favorezcan, ¿comprendes? Ahora ya tengo experiencia. Sin embargo, no podré evitar que me detengan. De no ser por una circunstancia imprevista, ya estaría encerrado. Pero aunque me encarcelen, habrán de dejarme en libertad, pues ni tienen pruebas ni las tendrán, te doy mi palabra, y por simples sospechas no se puede condenar a un hombre…Anda, siéntate…Sólo te he dicho esto para que estés prevenida…En cuanto a mi madre y a mi hermana, ya arreglaré las cosas de modo que no se inquieten ni sospechen la verdad…Por otra parte, creo que mi hermana está ahora al abrigo de la necesidad y, por lo tanto, también mi madre…Esto es todo. Cuento con tu prudencia. ¿Vendrás a verme cuando esté detenido?

—¡Sí, sí!

Allí estaban los dos, tristes y abatidos, como náufragos arrojados por el temporal a una costa desolada. Raskolnikof miraba a Sonia y comprendía lo mucho que lo amaba. Pero —cosa extraña— esta gran ternura produjo de pronto al joven una impresión penosa y amarga. Una sensación extraña y horrible. Había ido a aquella casa diciéndose que Sonia era su único refugio y su única esperanza. Había ido con el propósito de depositar en ella una parte de su terrible carga, y ahora que Sonia le había entregado su corazón se sentía infinitamente más desgraciado que antes.

—Sonia —le dijo—, será mejor que no vengas a verme cuando esté encarcelado.

Ella no contestó. Lloraba. Transcurrieron varios minutos.

De pronto, como obedeciendo a una idea repentina, Sonia preguntó:

—¿Llevas alguna cruz?

Él la miró sin comprender la pregunta.

—No, no tienes ninguna, ¿verdad? Toma, quédate ésta, que es de madera de ciprés. Yo tengo otra de cobre que fue de Lisbeth. Hicimos un cambio: ella me dio esta cruz y yo le regalé una imagen. Yo llevaré ahora la de Lisbeth y tú la mía. Tómala —suplicó—. Es una cruz, mi cruz…Desde ahora sufriremos juntos, y juntos llevaremos nuestra cruz.

—Bien, dame —dijo Raskolnikof.

Quería complacerla, pero de pronto, sin poderlo remediar, retiró la mano que había tendido.

—Más adelante, Sonia. Será mejor.

—Sí, será mejor —dijo ella, exaltada—. Te la pondrás cuando empiece tu expiación. Entonces vendrás a mí y la colgaré en tu cuello. Rezaremos juntos y después nos pondremos en marcha.

En este momento sonaron tres golpes en la puerta.

—¿Se puede pasar, Sonia Simonovna? —preguntó cortésmente una voz conocida.

Sonia corrió hacia la puerta, llena de inquietud. La abrió y la rubia cabeza de Lebeziatnikof apareció junto al marco.

CAPÍTULO 5

Lebeziatnikof daba muestras de una turbación extrema.

—Vengo por usted, Sonia Simonovna. Perdone… No esperaba encontrarlo aquí —dijo de pronto, dirigiéndose a Raskolnikof—. No es que vea nada malo en ello, entiéndame; es, sencillamente, que no lo esperaba.

Se volvió de nuevo hacia Sonia y exclamó:

—Catalina Ivanovna ha perdido el juicio. Sonia lanzó un grito.

—Por lo menos —dijo Lebeziatnikof— lo parece. Claro que…Pero es el caso que no sabemos qué hacer…Les contaré lo ocurrido. Después de marcharse ha vuelto. A mí me parece que le han pegado…Ha ido en busca del jefe de su marido y no lo ha encontrado: estaba comiendo en casa de otro general. Entonces ha ido al domicilio de ese general y ha exigido ver al jefe de su esposo, que estaba todavía a la mesa. Ya pueden ustedes figurarse lo que ha ocurrido. Naturalmente, la han echado, pero ella, según dice, ha insultado al general e incluso le ha arrojado un objeto a la cabeza. Esto es muy posible. Lo que no comprendo es que no la hayan detenido. Ahora está describiendo la escena a todo el mundo, incluso a Amalia Ivanovna, pero nadie la entiende, tanto grita y se debate…Dice que ya que todos la abandonan, cogerá a los niños y se irá con ellos a la calle a tocar el órgano y pedir limosna, mientras sus hijos cantan y bailan. Y que irá todos los días a pedir ante la casa del general, a fin de que éste vea a los niños de una familia de la nobleza, a los hijos de un funcionario, mendigando por las calles. Les pega y ellos lloran. Enseña a Lena a cantar aires populares y a los otros dos a bailar. Destroza sus ropas y les confecciona gorros de saltimbanqui. Como no tiene ningún instrumento de música, está dispuesta a llevarse una cubeta para golpearla a manera de tambor. No quiere escuchar a nadie. Ustedes no se pueden imaginar lo que es aquello.

Lebeziatnikof habría seguido hablando de cosas parecidas y en el mismo tono si Sonia, que le escuchaba anhelante, no hubiera cogido de pronto su sombrero y su chal y echado a correr. Raskolnikof y Lebeziatnikof salieron tras ella.

—No cabe duda de que se ha vuelto loca —dijo Andrés Simonovitch a Raskolnikof cuando estuvieron en la calle—. Si no lo he asegurado ha sido tan sólo para no inquietar demasiado a Sonia Simonovna. Desde luego, su locura es evidente. Dicen que a los tísicos se les forman tubérculos en el cerebro. Lamento no saber medicina. Yo he intentado explicar el asunto a la enfermera, pero ella no ha querido escucharme.

—¿Le ha hablado usted de tubérculos?

—No, no; si le hubiera hablado de tubérculos, ella no me habría comprendido. Lo que quiero decir es que, si uno consigue convencer a otro, por medio de la lógica, de que no tiene motivos para llorar, no llorará. Esto es indudable. ¿Acaso usted no opina así?

—Yo creo que si tuviera usted razón, la vida sería demasiado fácil.

—Permítame. Desde luego, Catalina Ivanovna no comprendería fácilmente lo que le voy a decir. Pero usted… ¿No sabe que en Paris se han realizado serios experimentos sobre el sistema de curar a los locos sólo por medio de la lógica? Un doctor francés, un gran sabio que ha muerto hace poco, afirmaba que esto es posible. Su idea fundamental era que la locura no implica lesiones orgánicas importantes, que sólo es, por decirlo así, un error de lógica, una falta de juicio, un punto de vista equivocado de las cosas. Contradecía progresivamente a sus enfermos, refutaba sus opiniones, y obtuvo excelentes resultados. Pero como al mismo tiempo utilizaba las duchas, no ha quedado plenamente demostrada la eficacia de su método…Por lo menos, esto es lo que opino yo.

Pero Raskolnikof ya no le escuchaba. Al ver que habían Llegado frente a su casa, saludó a Lebeziatnikof con un movimiento de cabeza y cruzó el portal. Andrés Simonovitch se repuso en seguida de su sorpresa y, tras dirigir una mirada a su alrededor, prosiguió su camino.

Raskolnikof entró en su buhardilla, se detuvo en medio de la habitación y se preguntó:

—¿Para qué habré venido?

Y su mirada recorría las paredes, cuyo amarillento papel colgaba aquí y allá en jirones…, y el polvo…, y el diván…

Del patio subía un ruido seco, incesante: golpes de martillo sobre clavos. Se acercó a la ventana, se puso de puntillas y estuvo un rato mirando con gran atención…El patio estaba desierto; Raskolnikof no vio a nadie. En el ala izquierda había varias ventanas abiertas, algunas adornadas con macetas, de las que brotaban escuálidos geranios. En la parte exterior se veían cuerdas con ropa tendida…Era un cuadro que estaba harto de ver. Dejó la ventana y fue a sentarse en el diván. Nunca se había sentido tan solo.

Experimentó de nuevo un sentimiento de odio hacia Sonia. Sí, la odiaba después de haberla atraído a su infortunio. ¿Por qué habría ido a hacerla llorar? ¿Qué necesidad tenía de envenenar su vida? ¡Qué cobarde había sido!

—Permaneceré solo —se dijo de pronto, en tono resuelto—, y ella no vendrá a verme a la cárcel.

Cinco minutos después levantó la cabeza y sonrió extrañamente. Acababa de pasar por su cerebro una idea verdaderamente singular. "Acaso sea verdad que estaría mejor en presidio".

Nunca sabría cuánto duró aquel desfile de ideas vagas.

De pronto se abrió la puerta y apareció Avdotia Romanovna. La joven se detuvo en el umbral y estuvo un momento observándole, exactamente igual que había hecho él al llegar a la habitación de Sonia. Después Dunia entró en el aposento y fue a sentarse en una silla frente a él, en el sitio mismo en que se había sentado el día anterior. Raskolnikof la miró en silencio, con aire distraído.

—No te enfades, Rodia —dijo Dunia—. Estaré aquí sólo un momento.

La joven estaba pensativa, pero su semblante no era severo. En su clara mirada había un resplandor de dulzura. Raskolnikof comprendió que era su amor a él lo que había impulsado a su hermana a hacerle aquella visita.

—Oye, Rodia: lo sé todo…, ¡todo! Me lo ha contado Dmitri Prokofitch. Me ha explicado hasta el más mínimo detalle. Te persiguen y te atormentan con las más viles y absurdas suposiciones. Dmitri Prokofitch me ha dicho que no corres peligro alguno y que no deberías preocuparte como te preocupas. En esto no estoy de acuerdo con él: comprendo tu indignación y no me extrañaría que dejara en ti huellas imborrables. Esto es lo que me inquieta. No te puedo reprochar que nos hayas abandonado, y ni siquiera juzgaré tu conducta. Perdóname si lo hice. Estoy segura de que también yo, si hubiera tenido una desgracia como la tuya, me habría alejado de todo el mundo. No contaré nada de todo esto a nuestra madre, pero le hablaré continuamente de ti y le diré que tú me has prometido ir muy pronto a verla. No te inquietes por ella: yo la tranquilizaré. Pero tú ten piedad de ella: no olvides que es tu madre. Sólo he venido a decirte —y Dunia se levantó— que si me necesitases para algo, aunque tu necesidad supusiera el sacrificio de mi vida, no dejes de llamarme. Vendría inmediatamente. Adiós.

Se volvió y se dirigió a la puerta resueltamente.

—¡Dunia! —la llamó su hermano, levantándose también y yendo hacia ella—. Ya habrás visto que Rasumikhine es un hombre excelente.

Un leve rubor apareció en las mejillas de Dunia.

—¿Por qué lo dices? —preguntó, tras unos momentos de espera.

—Es un hombre activo, trabajador, honrado y capaz de sentir un amor verdadero…Adiós, Dunia.

La joven había enrojecido vivamente. Después su semblante cobró una expresión de inquietud.

—¿Es que nos dejas para siempre, Rodia? Me has hablado como quien hace testamento.

—Adiós, Dunia.

Se apartó de ella y se fue a la ventana. Dunia esperó un momento, lo miró con un gesto de intranquilidad y se marchó llena de turbación.

Sin embargo, Rodia no sentía la indiferencia que parecía demostrar a su hermana. Durante un momento, al final de la conversación, incluso había deseado ardientemente estrecharla en sus brazos, decirle así adiós y contárselo todo. No obstante, ni siquiera se había atrevido a darle la mano.

"Más adelante, al recordar mis besos, podría estremecerse y decir que se los había robado".

Y se preguntó un momento después:

"Además, ¿tendría la entereza de ánimo necesaria para soportar semejante confesión? No, no la soportaría; las mujeres como ella no son capaces de afrontar estas cosas".

Sonia acudió a su pensamiento. Un airecillo fresco entraba por la ventana.

Declinaba el día. Cogió su gorra y se marchó.

No se sentía con fuerzas para preocuparse por su salud, ni experimentaba el menor deseo de pensar en ella. Pero aquella angustia continua, aquellos terrores, forzosamente tenían que producir algún efecto en él, y si la fiebre no le había abatido ya era precisamente porque aquella tensión de ánimo, aquella inquietud continua, le sostenían y le infundían una falsa animación.

Erraba sin rumbo fijo. El sol se ponía. Desde hacía algún tiempo, Raskolnikof experimentaba una angustia completamente nueva, no aguda ni demasiado penosa, pero continua e invariable. Presentía largos y mortales años colmados de esta fría y espantosa ansiedad. Generalmente era al atardecer cuando tales sensaciones cobraban una intensidad obsesionante.

Con estos estúpidos trastornos provocados por una puesta de sol —se dijo malhumorado— es imposible no cometer alguna tontería. Uno se siente capaz de ir a confesárselo todo no sólo a Sonia, sino a Dunia.»

Oyó que le llamaban y se volvió. Era Lebeziatnikof, que corría hacia él.

—Vengo de su casa. He ido a buscarle. Esa mujer ha hecho lo que se proponía: se ha marchado de casa con los niños. A Sonia Simonovna y a mí nos ha costado gran trabajo encontrarla. Golpea con la mano una sartén y obliga a los niños a cantar. Los niños lloran. Catalina Ivanovna se va parando en las esquinas y ante las tiendas. Los sigue un grupo de imbéciles. Venga usted.

—¿Y Sonia? —preguntó, inquieto, Raskolnikof, mientras echaba a andar al lado de Lebeziatnikof a toda prisa.

—Está completamente loca…Bueno, me refiero a Catalina Ivanovna, no a Sonia Simonovna. Ésta está trastornada, desde luego; pero Catalina Ivanovna está verdaderamente loca, ha perdido el juicio por completo. Terminarán por detenerla, y ya puede usted figurarse el efecto que esto le va a producir. Ahora está en el malecón del canal, cerca del puente de N, no lejos de casa de Sonia Simonovna, que está cerca de aquí.

En el malecón, cerca del puente y a dos pasos de casa de Sonia Simonovna, había una verdadera multitud, formada principalmente por chiquillos y rapazuelos. La voz ronca y desgarrada de Catalina Ivanovna llegaba hasta el puente. En verdad, el espectáculo era lo bastante extraño para atraer la atención de los transeúntes. Catalina Ivanovna, con su vieja bata y su chal de paño, cubierta la cabeza con un mísero sombrero de paja ladeado sobre una oreja, parecía presa de su verdadero acceso de locura. Estaba rendida y jadeante. Su pobre cara de tísica nunca había tenido un aspecto tan lamentable (por otra parte, los enfermos del pecho tienen siempre peor cara en la calle, en pleno día, que en su casa). Pero, a pesar de su debilidad, Catalina Ivanovna parecía dominada por una excitación que iba en continuo aumento. Se arrojaba sobre los niños, los reñía, les enseñaba delante de todo el mundo a bailar y cantar, y luego, furiosa al ver que las pobres criaturas no sabían hacer lo que ella les decía, empezaba a azotarlos.

A veces interrumpía sus ejercicios para dirigirse al público. Y cuando veía entre la multitud de curiosos alguna persona medianamente vestida, le decía que mirase a qué extremo habían llegado los hijos de una familia noble y casi aristocrática. Si oía risas o palabras burlonas, se encaraba en el acto con los insolentes y los ponía de vuelta y media. Algunos se reían, otros sacudían la cabeza, compasivos, y todos miraban con curiosidad a aquella loca rodeada de niños aterrados.

Lebeziatnikof debía de haberse equivocado en lo referente a la sartén. Por lo menos, Raskolnikof no vio ninguna. Catalina Ivanovna se limitaba a llevar el compás batiendo palmas con sus descarnadas manos cuando obligaba a Poletchka a cantar y a Lena y Kolia a bailar. A veces se ponía a cantar ella misma; pero pronto le cortaba el canto una tos violenta que la desesperaba. Entonces empezaba a maldecir de su enfermedad y a llorar. Pero lo que más la enfurecía eran las lágrimas y el terror de Lena y de Kolia.

Había intentado vestir a sus hijos como cantantes callejeros. Le había puesto al niño una especie de turbante rojo y blanco, con lo que parecía un turco. Como no tenía tela para hacer a Lena un vestido, se había limitado a ponerle en la cabeza el gorro de lana, en forma de casco, del difunto Simón

Zaharevitch, al que añadió como adorno una pluma de avestruz blanca que había pertenecido a su abuela y que hasta entonces había tenido guardada en su baúl como una reliquia de familia. Poletchka llevaba su vestido de siempre. Miraba a su madre con una expresión de inquietud y timidez y no se apartaba de ella. Procuraba ocultarle sus lágrimas; sospechaba que su madre no estaba en su juicio, y se sentía aterrada al verse en la calle, en medio de aquella multitud. En cuanto a Sonia, se había acercado a su madrastra y le suplicaba llorando que volviera a casa. Pero Catalina Ivanovna se mostraba inflexible.

—¡Basta, Sonia! —exclamó, jadeando y sin poder continuar a causa de la tos—. No sabes lo que me pides. Pareces una niña. Ya lo he dicho que no volveré a casa de esa alemana borracha. Que todo el mundo, que todo Petersburgo vea mendigar a los hijos de un padre noble que ha servido leal y fielmente toda su vida y que ha muerto, por decirlo así, en su puesto de trabajo.

Aquel trastornado cerebro había urdido esta fantasía, y Catalina Ivanovna creía en ella ciegamente.

—Que ese bribón de general vea esto. Además, tú no te das cuenta de una cosa, Sonia. ¿De dónde vamos a sacar ahora la comida? Ya te hemos explotado bastante y no quiero que esto continúe…

En esto vio a Raskolnikof y corrió hacia él.

—¿Es usted, Rodion Romanovitch? Haga el favor de explicarle a esta tonta que la resolución que he tomado es la más conveniente. Bien se da limosna a los músicos ambulantes. A nosotros nos reconocerán en seguida: verán que somos una familia noble caída en la miseria, y ese detestable general será expulsado del ejército: ya lo verá usted. Iremos todos los días a pedir bajo sus ventanas. Y cuando pase el emperador, me arrojaré a sus pies y le mostraré a mis hijos. "Protéjame, señor", le diré. Es un hombre misericordioso, un padre para los huérfanos, y nos protegerá, ya lo verá usted. Y ese detestable general…Lena, tenez—vous droite. Tú, Kolia, vas a volver a bailar en seguida. Pero ¿por qué lloras? ¿De qué tienes miedo, so tonto? Señor, ¿qué puedo hacer con ellos? Le hacen perder a una la paciencia, Rodion Romanovitch.

Y entre lágrimas (lo que no le impedía hablar sin descanso) mostraba a Raskolnikof sus desconsolados hijos.

El joven intentó convencerla de que volviera a su habitación, diciéndole (creía que levantaría su amor propio) que no debía ir por las calles como los organilleros, cuando estaba en vísperas de ser directora de un pensionado para muchachas nobles.

—¿Un pensionado? ¡Ja, ja, ja! ¡Ésa es buena! —exclamó Catalina Ivanovna, a la que acometió un acceso de tos en medio de su risa—. No, Rodion Romanovitch: ese sueño se ha desvanecido. Todo el mundo nos ha abandonado. Y ese general…Sepa usted, Rodion Romanovitch, que le arrojé a la cabeza un tintero que había en una mesa de la antecámara, al lado de la hoja donde han de poner su nombre los visitantes. No escribí el mío, le arrojé el tintero a la cabeza y me marché. ¡Cobardes! ¡Miserables…! Pero ahora me río de ellos. Me encargaré yo misma de la alimentación de mis hijos y no me humillaré ante nadie. Ya la hemos explotado bastante —señalaba a Sonia—. Poletchka, ¿cuánto dinero hemos recogido? A ver. ¿Cómo? ¿Dos kopeks nada más? ¡Qué gente tan miserable! No dan nada. Lo único que hacen es venir detrás de nosotros como idiotas. ¿De qué se reirá ese cretino? —señalaba a uno del grupo de curiosos—. De todo esto tiene la culpa Kolia, que no entiende nada. La saca a una de quicio… ¿Qué quieres, Poletchka? Háblame en francés, parle—moi français. Te he dado lecciones; sabes muchas frases. Si no hablas en francés, ¿cómo sabrá la gente que perteneces a una familia noble y que sois niños bien educados y no músicos ambulantes? Nosotros no cantaremos cancioncillas ligeras, sino hermosas romanzas. Bueno, vamos a ver qué cantamos ahora. Haced el favor de no interrumpirme… Oiga, Rodion Romanovitch nos hemos detenido aquí para escoger nuestro repertorio… Necesitamos un aire que pueda bailar Kolia… Ya comprenderá usted que no tenemos nada preparado. Primero hay que ensayar, y cuando ya podamos presentar un trabajo de conjunto, nos iremos a la avenida Nevsky, por donde pasa mucha gente distinguida, que se fijará en nosotros inmediatamente. Lena sabe esa canción que se llama La casita de campo, pero ya la conoce todo el mundo y resulta una lata. Necesitamos un repertorio de más calidad. Vamos, Polia, dame alguna idea; ayuda a tu madre… ¡Ah, esta memoria mía! ¡Cómo me falla! Si no me fallase, ya sabría yo lo que tenemos que cantar. Pues no es cosa de que cantemos El húsar apoyado en su sable… ¡Ah, ya sé! Cantaremos en francés Cinq sous. Vosotros sabéis esta canción porque os la he enseñado, y como es una canción francesa, la gente verá en seguida que pertenecéis a una familia noble y se conmoverá También podríamos cantar Marlborough s'en va —t—en guerre, que es una canción infantil que se canta en todas las casas aristocráticas para dormir a los niños.

"Marlborough s'en va—t—en guerre, ne sait quand reviendra". Había empezado a cantar, pero en seguida se interrumpió.

—No, es mejor que cantemos Cinq sous…Anda, Kolia: las manos en las caderas, y a moverse vivamente. Y tú, Lena, da vueltas también, pero en sentido contrario. Poletchka y yo cantaremos y batiremos palmas.

"Cinq sous, cinq sous Pour monter notre ménage". La acometió un acceso de dos.

—Poletchka —dijo sin cesar de toser—, arréglate el vestido. Las hombreras te cuelgan. Ahora vuestro porte debe ser especialmente digno y distinguido, a fin de que todo el mundo pueda ver que pertenecéis a la nobleza. Ya decía yo que tu corpiño debía ser más largo. Mira el resultado: esta niña es una caricatura… ¿Otra vez llorando? Pero ¿qué os pasa, estúpidos? Vamos, Kolia, empieza ya. ¡Anda! Animo. ¡Oh, qué criatura tan insoportable! ¡Cinq sous, cinq sous! ¿Ahora un soldado? ¿A qué vienes?

Era un gendarme, que se había abierto paso entre la muchedumbre. Pero, al mismo tiempo, se había acercado un señor de unos cincuenta años y aspecto imponente, que llevaba uniforme de funcionario y una condecoración pendiente de una cinta que rodeaba su cuello (lo cual produjo gran satisfacción a Catalina Ivanovna y causó cierta impresión al gendarme). El caballero, sin desplegar los labios, entregó a la viuda un billete de tres rublos, mientras su semblante reflejaba una compasión sincera. Catalina Ivanovna aceptó el obsequio y se inclinó ceremoniosamente.

—Muchas gracias, señor —dijo en un tono lleno de dignidad—. Las razones que nos han impulsado a…Toma el dinero, Poletchka. Ya ves que todavía hay en el mundo hombres generosos y magnánimos prestos a socorrer a una dama de la nobleza caída en el infortunio. Los huérfanos que ve ante usted, señor, son de origen noble, e incluso puede decirse que están emparentados con la más alta aristocracia…Ese miserable general estaba comiendo perdices…Empezó a golpear el suelo con el pie, contrariado por mi presencia, y yo le dije: "Excelencia, usted conocía a Simón Zaharevitch. Proteja a sus huérfanos. El mismo día de su entierro, su hija ha tenido que soportar las calumnias del más miserable de los hombres…". ¿Todavía está aquí este soldado?

Y gritó, dirigiéndose al funcionario:

—Protéjame, señor. ¿Por qué me acosa este soldado? Ya hemos tenido que librarnos de uno en la calle de los Burgueses… ¿Qué quieres de mí, imbécil?

—Está prohibido armar escándalo en la calle. Haga el favor de comportarse con más corrección.

—¡Tú sí que eres incorrecto! Yo no hago sino lo que hacen los músicos ambulantes. ¿Por qué te has de ensañar conmigo?

—Los músicos ambulantes necesitan un permiso. Usted no lo tiene y provoca escándalos en la vía pública. ¿Dónde vive usted?

—¿Un permiso? —exclamó Catalina Ivanovna—. ¡He enterrado hoy a mi marido! ¿Qué permiso puedo tener?

—Cálmese, señora —dijo el funcionario—. Venga, la acompañaré a su casa. Usted no es persona para estar entre esta gente. Está usted enferma…

—¡Señor, usted no conoce nuestra situación! —dijo Catalina Ivanovna—. Tenemos que ir a la avenida Nevsky… ¡Sonia, Sonia…! ¿Dónde estás? ¿También tú lloras? Pero ¿qué os pasa a todos…? Kolia, Lena, ¿adónde vais? —exclamó, súbitamente aterrada—. ¡Qué niños tan estúpidos! ¡Kolia, Lena! ¿Adónde vais?

Lo ocurrido era que los niños, ya asustados por la multitud que los rodeaba y por las extravagancias de su madre, habían sentido verdadero terror al ver acercarse al gendarme dispuesto a detenerlos y habían huido a todo correr.

La infortunada Catalina Ivanovna se había lanzado en pos de ellos, gimiendo y sollozando. Era desgarrador verla correr jadeando y entre sollozos. Sonia y Poletchka salieron en su persecución.

—¡Cógelos, Sonia! ¡Qué niños tan estúpidos e ingratos! ¡Detenlos, Polia! Todo lo he hecho por vosotros.

En su carrera tropezó con un obstáculo y cayó.

—¡Se ha herido! ¡Está cubierta de sangre! ¡Dios mío!

Y mientras decía esto, Sonia se había inclinado sobre ella.

La gente se apiñó en torno de las dos mujeres. Raskolnikof y Lebeziatnikof habían sido de los primeros en llegar, así como el funcionario y el gendarme.

—¡Qué desgracia! —gruñó este último, presintiendo que se hallaba ante un asunto enojoso.

Luego trató de dispersar a la multitud que se hacinaba en torno de él.

—¡Circulen, circulen!

—Se muere —dijo uno.

—Se ha vuelto loca —afirmó otro.

—¡Piedad para ella, Señor! —dijo una mujer santiguándose—. ¿Se ha encontrado a los niños? Sí, ahí vienen; los trae la niña mayor. ¡Qué desgracia, Dios mío!

Al examinar atentamente a Catalina Ivanovna se pudo ver que no se había herido, como creyera Sonia, sino que la sangre que teñía el pavimento salía de su boca.

—Yo sé lo que es eso —dijo el funcionario en voz baja a Raskolnikof y Lebeziatnikof—. Está tísica. La sangre empieza a salir y ahoga al enfermo. Yo he presenciado un caso igual en una parienta mía. De pronto echó vaso y medio de sangre. ¿Qué podemos hacer? Se va a morir.

—¡Llévenla a mi casa! —suplicó Sonia—. Vivo aquí mismo…Aquella casa, la segunda… ¡A mi casa, pronto…! Busquen un médico… ¡Señor!

Todo se arregló gracias a la intervención del funcionario. El gendarme incluso ayudó a transportar a Catalina Ivanovna. La depositaron medio muerta en la cama de Sonia. La hemorragia continuaba, pero la enferma se iba recobrando poco a poco.

En la habitación, además de Sonia, habían entrado Raskolnikof, Lebeziatnikof, el funcionario y el gendarme, que obligó a retirarse a algunos curiosos que habían llegado hasta la puerta. Apareció Poletchka con los fugitivos, que temblaban y lloraban. De casa de Kapernaumof llegaron también, primero el mismo sastre, con su cojera y su único ojo sano, y que tenía un aspecto extraño con sus patillas y cabellos tiesos; después su mujer, cuyo semblante tenía una expresión de espanto, y en pos de ellos algunos de sus niños, cuyas caras reflejaban un estúpido estupor. Entre toda esta multitud apareció de pronto el señor Svidrigailof. Raskolnikof le contempló con un gesto de asombro. No comprendía de dónde había salido: no recordaba haberlo visto entre la multitud.

Se habló de llamar a un médico y a un sacerdote. El funcionario murmuró al oído de Raskolnikof que la medicina no podía hacer nada en este caso, pero no por eso dejó de aprobar la idea de que se fuera a buscar un doctor. Kapernaumof se encargó de ello.

Entre tanto, Catalina Ivanovna se había reanimado un poco. La hemorragia había cesado. La enferma dirigió una mirada llena de dolor, pero penetrante, a la pobre Sonia, que, pálida y temblorosa, le limpiaba la frente con un pañuelo. Después pidió que la levantaran. La sentaron en la cama y le pusieron almohadas a ambos lados para que pudiera sostenerse.

—¿Dónde están los niños? —preguntó con voz trémula—. ¿Los has traído, Polia? ¡Los muy tontos! ¿Por qué habéis huido? ¿Por qué?

La sangre cubría aún sus delgados labios. La enferma paseó la mirada por la habitación.

—Aquí vives, ¿verdad, Sonia? No había venido nunca a tu casa, y al fin he tenido ocasión de verla.

Se quedó mirando a Sonia con una expresión llena de amargura.

—Hemos destrozado tu vida por completo…Polia, Lena, Kolia, venid… Aquí están, Sonia…Tómalos… Los pongo en tus manos… Yo he terminado ya… Se acabó la fiesta…Acostadme…Dejadme morir tranquila.

La tendieron en la cama.

—¿Cómo? ¿Un sacerdote? ¿Para qué? ¿Es que a alguno de ustedes les

sobra un rublo…? Yo no tengo pecados…Dios me perdonará…Sabe lo mucho que he sufrido en la vida…Y si no me perdona, ¿qué le vamos a hacer?

El delirio de la fiebre se iba apoderando de ella. Sus ideas eran cada vez más confusas. A cada momento se estremecía, miraba al círculo formado en torno del lecho, los reconocía a todos. Después volvía a hundirse en el delirio. Su respiración era silbante y penosa. Se oía en su garganta una especie de hervor.

—Yo le dije: «¡Excelencia…!» —exclamó, deteniéndose después de cada palabra para tomar aliento—. ¡Esa Amalia Ludwigovna…! ¡Lena, Kolia, las manos en las caderas…! Vivacidad, mucha vivacidad…Ligereza y elegancia…Un poco de taconeo… ¡A ver si lo hacéis con gracia…!

»Du hast Diamanten and Perlen.

»¿Qué viene después…? ¡Ah, sí!

»Du hast die schonsten Augen…Madchen, was willst du meher?

»¡Qué falso es esto! Was willst du meher…? Bueno, ¿qué más dijo el muy imbécil…? Ya, ya recuerdo lo que sigue…

»En los mediodías ardientes de los llanos del Daghestan…

»¡Ah, cómo me gustaba, como me encantaba esta romanza, Poletchka! Me la cantaba tu padre antes de casarnos… ¡Qué tiempos aquellos…! Esto es lo que debemos cantar…Pero ¿qué viene después…? Lo he olvidado…Ayúdame a recordar…

La dominaba una profunda agitación. Intentaba incorporarse…De pronto, con voz ronca, entrecortada, siniestra, deteniéndose para respirar después de cada palabra, con una creciente expresión de inquietud en el rostro, volvió a cantar:

«En los mediodías ardientes de los llanos del Daghestan…, con una bala en el pecho…»

De pronto rompió a llorar y exclamó con una especie de ronquido:

—¡Excelencia, proteja a los huérfanos en memoria del difunto Simón Zaharevitch, del que incluso puede decirse que era un aristócrata!

Tras un estremecimiento, volvió a su juicio, miró con un gesto de espanto a cuantos la rodeaban y se vio que hacía esfuerzos por recordar dónde estaba. En seguida reconoció a Sonia, pero se mostró sorprendida de verla a su lado.

—Sonia…, Sonia…—dijo dulcemente—, ¿también estás tú aquí? La levantaron de nuevo.

—¡Ha llegado la hora…! ¡Esto se acabó, desgraciada…! La bestia está rendida…, ¡muerta! —gritó con amarga desesperación, y cayó sobre la almohada.

Quedó adormecida, pero este sopor duró poco. Echó hacia atrás el amarillento y enjuto rostro, su boca se abrió, sus piernas se extendieron convulsivamente, lanzó un profundo suspiro y murió.

Sonia se arrojó sobre el cadáver, se abrazó a él, dejó caer su cabeza sobre el descarnado pecho de la difunta y quedó inmóvil, petrificada. Poletchka se echó sobre los pies de su madre y empezó a besarlos sollozando.

Kolia y Lena, aunque no comprendían lo que había sucedido, adivinaban que el acontecimiento era catastrófico. Se habían cogido de los hombros y se miraban en silencio. De pronto, los dos abrieron la boca y empezaron a llorar y a gritar.

Los dos llevaban aún sus vestidos de saltimbanqui: uno su turbante, el otro su gorro adornado con una pluma de avestruz.

No se sabe cómo, el diploma obtenido por Catalina Ivanovna en el internado apareció de pronto en el lecho, al lado del cadáver. Raskolnikof lo vio. Estaba junto a la almohada.

Rodia se dirigió a la ventana. Lebeziatnikof corrió a reunirse con él.

—Se ha muerto —murmuró.

—Rodion Romanovitch —dijo Svidrigailof acercándose a ellos—, tengo que decirle algo importante.

Lebeziatnikof se retiró en el acto discretamente. No obstante, Svidrigailof se llevó a Raskolnikof a un rincón más apartado. Rodia no podía ocultar su curiosidad.

—De todo esto, del entierro y de lo demás, me encargo yo. Ya sabe usted que tengo más dinero del que necesito. Llevaré a Poletchka y sus hermanitos a un buen orfelinato y depositaré mil quinientos rublos para cada uno. Así podrán llegar a la mayoría de edad sin que Sonia Simonovna tenga que preocuparse por su sostenimiento. En cuanto a ella, la retiraré de la prostitución, pues es una buena chica, ¿no le parece? Ya puede usted explicar a Avdotia Romanovna en qué gasto yo el dinero.

—¿Qué persigue usted con su generosidad? —preguntó Raskolnikof.

—¡Qué escéptico es usted! —exclamó Svidrigailof, echándose a reír—. Ya le he dicho que no necesito el dinero que en esto voy a gastar. Usted no admite que yo pueda proceder por un simple impulso de humanidad. Al fin y al cabo, esa mujer no era un gusano —señalaba con el dedo el rincón donde reposaba la difunta— como cierta vieja usurera. ¿No sería preferible que, en vez de ella, hubiera muerto Lujine, ya que así no podría cometer más infamias? Sin mi ayuda, Poletchka seguiría el camino de su hermana…

Su tono malicioso parecía lleno de reticencia, y mientras hablaba no apartaba la vista de Raskolnikof, el cual se estremeció y se puso pálido al oír repetir los razonamientos que había hecho a Sonia. Retrocedió vivamente y fijó en Svidrigailof una mirada extraña.

—¿Cómo sabe usted que yo he dicho eso? —balbuceó.

—Vivo al otro lado de ese tabique, en casa de la señora Resslich. Este departamento pertenece a Kapernaumof, y aquél, a la señora Resslich, mi antigua y excelente amiga. Soy vecino de Sonia Simonovna.

—¿Usted?

—Sí, yo —dijo Svidrigailof entre grandes carcajadas—. Le doy mi palabra de honor, querido Rodion Romanovitch, de que me ha interesado usted extraordinariamente. Le dije que seríamos buenos amigos. Pues bien, ya lo somos. Ya verá como soy un hombre comprensivo y tratable con el que se puede alternar perfectamente.

PARTE 6
CAPÍTULO 1

Empezó para Raskolnikof una vida extraña. Era como si una especie de neblina le hubiera envuelto y hundido en un fatídico y doloroso aislamiento. Cuando más adelante recordaba este período de su vida, comprendía que entonces su razón vacilaba a cada momento y que este estado, interrumpido por algunos intervalos de lucidez, se había prolongado hasta la catástrofe definitiva. Tenía el convencimiento de que había cometido muchos errores, sobre todo en las fechas y sucesión de los hechos. Por lo menos, cuando, andando el tiempo, recordó, y trató de poner en orden estos recursos, y después de explicarse lo sucedido, sólo gracias al testimonio de otras personas pudo conocer muchas de las cosas que pertenecían a aquel período de su propia vida. Confundía los hechos y consideraba algunos como consecuencia de otros que sólo existían en su imaginación. A veces le dominaba una angustia enfermiza y un profundo terror. Y también se acordaba de haber pasado minutos, horas y acaso días sumido en una apatía que sólo podía compararse con el estado de indiferencia de ciertos moribundos. En general, últimamente parecía preferir cerrar los ojos a su situación que darse cuenta exacta de ella. Así, ciertos hechos esenciales que se veía obligado a dilucidar le mortificaban, y, en compensación, descuidaba alegremente otras cuestiones cuyo olvido podía serle fatal, teniendo en cuenta su situación.

Svidrigailof le inquietaba de un modo especial. Incluso podía decirse que su pensamiento se había fijado e inmovilizado en él. Desde que había oído las palabras, claras y amenazadoras, que este hombre había pronunciado en la habitación de Sonia el día de la muerte de Catalina Ivanovna, las ideas de Raskolnikof habían tomado una dirección completamente nueva. Pero, a pesar de que este hecho imprevisto le inquietaba profundamente, no se apresuraba a poner las cosas en claro. A veces, cuando se encontraba en algún barrio solitario y apartado, solo ante una mesa de alguna taberna miserable, sin que pudiera comprender cómo había llegado allí, el recuerdo de Svidrigailof le asaltaba de pronto, y se decía, con febril lucidez, que debía tener con él una explicación cuanto antes. Un día en que se fue a pasear por las afueras, se imaginó que se había citado con Svidrigailof. Otra vez se despertó al amanecer en un matorral, sin saber por qué estaba allí.

En los dos o tres días que siguieron a la muerte de Catalina Ivanovna, Raskolnikof se había encontrado varias veces con Svidrigailof, casi siempre en la habitación de Sonia, a la que iba a visitar sin objeto alguno y para volverse a marchar en seguida. Se limitaba a cambiar rápidamente algunas palabras triviales, sin abordar el punto principal, como si se hubieran puesto de acuerdo tácitamente en dejar a un lado de momento esta cuestión. El cuerpo de Catalina Ivanovna estaba aún en el aposento. Svidrigailof se encargaba de todo lo relacionado con el entierro y parecía muy atareado. También Sonia estaba muy ocupada.

La última vez que se vieron, Svidrigailof enteró a Raskolnikof de que había arreglado felizmente la situación de los niños de la difunta. Gracias a ciertas personalidades que le conocían, había conseguido que admitieran a los huérfanos en excelentes orfelinatos, donde recibirían un trato especial, ya que había entregado una buena suma por cada uno de ellos.

Después dijo algunas palabras acerca de Sonia, prometió a Raskolnikof pasar pronto por su casa y le recordó que deseaba pedirle consejo sobre ciertos asuntos.

Esta conversación tuvo lugar en la entrada de la casa, al pie de la escalera.

Svidrigailof miraba fijamente a Raskolnikof. De pronto bajó la voz y le dijo:

—Pero ¿qué le pasa a usted, Rodion Romanovitch? Cualquiera diría que no está usted en su juicio. Usted escucha y mira con la expresión del hombre que no comprende nada. Hay que animarse. Tenemos que hablar, a pesar de que estoy muy ocupado tanto por asuntos propios como por ajenos…Oiga, Rodion Romanovitch —le dijo de pronto—, todos los hombres necesitamos aire, aire libre… Esto es indispensable.

Se apartó para dejar paso a un sacerdote y a un sacristán que venían a celebrar el oficio de difuntos. Svidrigailof lo había arreglado todo para que esta ceremonia se repitiese dos veces cada día a las mismas horas. Se marchó. Raskolnikof estuvo un momento reflexionando. Después siguió al sacerdote hasta el aposento de Sonia.

Se detuvo en el umbral. Comenzó el oficio, triste, grave, solemne. Las ceremonias fúnebres le inspiraban desde la infancia un sentimiento de terror místico. Hacía mucho tiempo que no había asistido a una misa de difuntos. La ceremonia que estaba presenciando era para él especialmente conmovedora e impresionante. Miró a los niños. Los tres estaban arrodillados junto al ataúd. Poletchka lloraba. Tras ella, Sonia rezaba, procurando ocultar sus lágrimas.

"En todos estos días —se dijo Raskolnikof— no me ha dirigido ni una palabra ni una mirada".

El sol iluminaba la habitación, y el humo del incienso se elevaba en densas volutas.

El sacerdote leyó:

—"Concédele, Señor, el descanso eterno".

Raskolnikof permaneció en el aposento hasta el final del oficio. El pope repartió sus bendiciones y salió, dirigiendo a un lado y a otro miradas de extrañeza.

Después, el joven se acercó a Sonia. Ella se apoderó de sus manos y apoyó en su hombro la cabeza. Esta demostración de amistad produjo a Raskolnikof un profundo asombro. ¿De modo que ella no experimentaba la menor repulsión, el menor horror hacia él? La mano de Sonia no temblaba lo más mínimo en la suya. Era el colmo de la abnegación: ésta era, por lo menos, la explicación que Raskolnikof daba a semejante detalle. Sonia no desplegó los labios. Raskolnikof le estrechó la mano y se fue.

Se habría sentido feliz si hubiera podido retirarse en aquel momento a un lugar verdaderamente solitario, incluso para siempre. Pero, por desgracia para él, en aquellos últimos días de su crisis, aunque estaba casi siempre solo, no tenía nunca la sensación de estarlo completamente.

A veces salía de la ciudad y se alejaba por la carretera. En una ocasión incluso se había internado en un bosque. Pero cuanto más solitario y apartado era el paraje, más claramente percibía Raskolnikof la presencia de algo semejante a un ser, cuya proximidad le aterraba menos que le abatía.

Por eso se apresuraba a volver a la ciudad y se mezclaba con la multitud. Entraba en las tabernas, en los figones; se iba a la plaza del Mercado, al mercado de las Pulgas. Así se sentía más tranquilo y más solo.

Una vez que entró en uno de estos figones, oyó que estaban cantando. Anochecía. Estuvo una hora escuchando, e incluso con gran satisfacción. Pero al fin una profunda agitación volvió a apoderarse de él y le asaltó una especie de remordimiento.

"Aquí estoy escuchando canciones —se dijo—. Pero ¿es esto lo que debo hacer?". Además, comprendió que no era éste su único motivo de inquietud. Había otra cuestión que debía resolverse inmediatamente, pero que no lograba identificar y que ni siquiera podía expresar con palabras. Lo sentía en su interior como una especie de torbellino.

"Más vale luchar —se dijo—: encontrarse cara a cara con Porfirio o Svidrigailof...Sí, recibir un reto: tener que rechazar un ataque...No cabe duda de que esto es lo mejor".

Después de hacerse estas reflexiones, salió precipitadamente del figón. En esto acudió a su pensamiento el recuerdo de su madre y de su hermana, y se apoderó de él un profundo terror. Fue ésta la noche en que se despertó al oscurecer en un matorral de la isla Kretovski. Estaba helado y temblaba de fiebre cuando tomó el camino de su alojamiento. Llegó ya muy avanzada la mañana. Tras varias horas de descanso, le desapareció la fiebre; pero cuando se levantó eran más de las dos de la tarde.

Se acordó de que era el día de los funerales de Catalina Ivanovna y se alegró de no haber asistido. Nastasia le trajo la comida y él comió y bebió con gran apetito, casi con glotonería. Tenía la cabeza despejada y gozaba de una calma que no había experimentado desde hacía tres días. Incluso se asombró de los terrores que le habían asaltado. La puerta se abrió y entró Rasumikhine.

—¡Ah, estás comiendo! Luego no estás enfermo.

Cogió una silla y se sentó frente a su amigo. Parecía muy agitado y no lo disimulaba. Habló con una indignación evidente, pero sin apresurarse ni levantar la voz. Era como si le impulsara una intención misteriosa.

—Escucha —dijo en tono resuelto—: el diablo os lleve a todos, y no quiero saber nada de vosotros, pues no entiendo absolutamente nada de vuestra conducta. No creas que he venido a interrogarte, pues no tengo el menor interés en averiguar nada. Si te tirase de la lengua, empezarías, a lo mejor, a contarme todos tus secretos, y yo no querría escucharlos: escupiría y me marcharía. He venido para aclarar, por mí mismo y definitivamente, si en verdad estás loco. Pues has de saber que algunos creen que lo estás. Y te confieso que me siento inclinado a compartir esta opinión, dado tu modo de obrar estúpido, bastante villano y perfectamente inexplicable, así como tu reciente conducta con tu madre y con tu hermana. ¿Qué hombre que no sea un monstruo, un canalla o un loco se habría portado con ellas como te has portado tú? En consecuencia, tú estás loco.

—¿Cuándo las has visto?

—Hace un rato. ¿Y tú? ¿Desde cuándo no las has visto? Dime, te lo ruego: ¿dónde has pasado el día? He estado tres veces aquí y no he conseguido verte. Tu madre está muy enferma desde ayer. Quería verte, y aunque tu hermana ha hecho todo lo posible por retenerla, ella no ha querido escucharla. Ha dicho que si estabas enfermo, si perdías la razón, sólo tu madre podía venir en tu ayuda. Por lo tanto, nos hemos venido hacia aquí los tres, pues, como comprenderás, no podíamos dejarla venir sola, y por el camino no hemos cesado de tratar de calmarla. Cuando hemos llegado aquí, tú no estabas. Mira, aquí se ha sentado, y sentada ha estado diez minutos, mientras nosotros permanecíamos de pie ante ella. Al fin se ha levantado y ha dicho: "Si sale, no puede estar enfermo. La razón es que me ha olvidado. No me parece bien que una madre vaya a buscar a su hijo para mendigar sus caricias". Cuando ha vuelto a su casa, ha tenido que acostarse. Ahora tiene fiebre. "Para su amiga sí que tiene tiempo", ha dicho. Se refería a Sonia Simonovna, de la que supone que es tu prometida o tu amante. No sabe si es una cosa a otra, y como yo tampoco lo sé, amigo mío, y deseaba salir de dudas, he ido en seguida a casa de esa joven… Al entrar, veo un ataúd, niños que lloran y a Sonia Simonovna probándoles vestidos de luto. Tú no estabas allí. Después de buscarte con los ojos, me he excusado, he salido y he ido a contar a Avdotia Romanovna los resultados de mis pesquisas. O sea que las suposiciones de tu madre han resultado inexactas, y puesto que no se trata de una aventura amorosa, la hipótesis más plausible es la de la locura. Pero ahora te encuentro comiendo con tanta avidez como si llevaras tres días en ayunas. Verdad es que los locos también comen, y que, además, no me has dicho ni una palabra; pero estoy seguro de que no estás loco. Eso es para mí tan indiscutible, que lo juraría a ojos cerrados. Así, que el diablo se os lleve a todos. Aquí hay un misterio, un secreto, y no estoy dispuesto a romperme la cabeza para resolver este enigma. Sólo he venido aquí —terminó, levantándose— para decirte lo que te he dicho y descargar mi conciencia. Ahora ya sé lo que tengo que hacer.

—¿Qué vas a hacer?

—¡A ti qué te importa!

—Vas a beber. Lleva cuidado.

—¿Cómo lo has adivinado?

—No es nada difícil.

Rasumikhine permaneció un momento en silencio.

—Tú eres muy inteligente y nunca has estado loco —exclamó con vehemencia—. Has dado en el clavo. Me voy a beber. Adiós.

Y dio un paso hacia la puerta.

—Hablé de ti a mi hermana, Rasumikhine. Me parece que fue anteayer. Rasumikhine se detuvo.

—¿De mí? ¿Dónde la viste?

Había palidecido ligeramente, y bastaba mirarle para comprender que su corazón había empezado a latir con violencia.

—Vino a verme. Se sentó ahí y estuvo hablando conmigo.

—¿Ella?

—Sí.

—Bueno, pero ¿qué le dijiste de mí?

—Le dije que eres una excelente persona, un hombre honrado y trabajador.

De tu amor no tuve que decirle nada, pues ella bien sabe que tú la quieres.

—¿Lo sabe?

—¡Pero, hombre…! Oye: me vaya yo donde me vaya y ocurra lo que ocurra, tú debes seguir siendo su providencia. Las pongo en tus manos, Rasumikhine. Te digo esto porque sé que la amas y estoy seguro de la pureza de tu amor. También sé que ella puede amarte, si no te ama ya. Ahora a ti te concierne decidir si debes irte a beber.

—Rodia…Mira…Oye… ¡Demonio! ¿Qué quieres decir con eso de que las pones en mis manos…? Bueno, si es un secreto, no me digas nada: yo lo descubriré. Estoy seguro de que todo eso son tonterías forjadas por tu imaginación. Por lo demás, eres una buena persona, un hombre excelente.

—Cuando me has interrumpido, te iba a decir que haces bien en renunciar a conocer mis secretos. No pienses en esto, no te preocupes. Todo se aclarará a su debido tiempo, y entonces ya no habrá secretos para ti. Ayer alguien me dijo que los hombres tenemos necesidad de aire, ¿lo oyes?, de aire. Ahora mismo voy a ir a preguntarle qué quería decir con eso.

Rasumikhine reflexionó febrilmente. De pronto tuvo una idea.

"Seguramente —pensó—, Raskolnikof es un conspirador político y está en vísperas de dar un golpe decisivo. No puede ser otra cosa…Y Dunia está enterada".

—Así —dijo recalcando las palabras—, Avdotia Romanovna viene a verte y tú vas ahora a ver a un hombre que dice que hace falta aire, que eso es lo primero…Por lo tanto, esa carta —terminó como si hablara consigo mismo— debe referirse a todo esto.

—¿Qué carta?

—Tu hermana ha recibido hoy una carta que parece haberla afectado. Yo diría incluso que la ha trastornado profundamente. Yo he intentado hablarle de ti, y ella me ha rogado que me callara. Luego me ha dicho que tal vez tuviéramos que separarnos muy pronto. Me ha dado las gracias calurosamente no sé por qué y luego se ha encerrado en su habitación.

—¿Dices que ha recibido una carta? —preguntó Raskolnikof, pensativo.

—Sí, una carta. ¿No lo sabías? Los dos guardaron silencio.

—Adiós, Rodia. Te confieso, amigo mío, que hubo un momento…Bueno, adiós…Sí, hubo un momento en que…Adiós, adiós; tengo que marcharme. En cuanto a eso de beber, no lo haré. Te equivocas si crees que eso es necesario.

Parecía tener mucha prisa, pero apenas hubo salido, volvió a entrar y dijo a Raskolnikof sin mirarle:

—Oye, ¿te acuerdas de aquel asesinato, de aquel asunto que Porfirio estaba encargado de instruir? Me refiero a la muerte de la vieja. Pues bien, ya se ha descubierto al asesino. Él mismo ha confesado y presentado toda clase de pruebas. Es uno de aquellos pintores que yo defendía con tanta seguridad, ¿te acuerdas? Aunque parezca mentira, todas aquellas escenas de risas y golpes que se desarrollaron mientras el portero subía con dos testigos no eran más que un truco destinado a desviar las sospechas. ¡Qué astucia, qué presencia de ánimo la de ese bribón! Verdaderamente, cuesta creerlo, pero él lo ha explicado todo, y su declaración es de las más completas. ¡Cómo me equivoqué! A mi juicio, ese hombre es un genio, el genio del disimulo y de la astucia, un maestro de la coartada, por decirlo así, y, teniendo esto en cuenta, no hay que asombrarse de nada. En verdad, personas así pueden existir. Que no haya podido mantener su papel hasta el fin y haya acabado por confesar es una prueba de la veracidad de sus declaraciones…Pero no comprendo cómo pude cometer tamaña equivocación. Estaba dispuesto a sostener en todos los terrenos la inocencia de esos hombres.

—Dime, por favor, ¿dónde te has enterado de todo eso y por qué te interesa tanto este asunto? —preguntó Raskolnikof, visiblemente afectado.

—¿Que por qué me interesa? ¡Vaya una pregunta! En cuanto al origen de mis informes, ha sido Porfirio, y otros, pero Porfirio especialmente, el que me lo ha explicado todo.

—¿Porfirio?

—Sí.

—Bueno, pero ¿qué te ha dicho? —preguntó Raskolnikof perdiendo la calma.

—Me lo ha explicado todo con gran claridad, procediendo según su método psicológico.

—¿Te ha explicado eso? ¿Él mismo te lo ha explicado?

—Sí, él mismo. Adiós. Tengo todavía algo que contarte, pero habrá de ser en otra ocasión, pues ahora tengo prisa. Hubo un momento en que creí… Bueno, ya te lo contaré en otro momento…Lo que quiero decirte es que ya no tengo necesidad de beber: tus palabras han bastado para emborracharme. Sí, Rodia, estoy embriagado, embriagado sin haber bebido…Bueno, adiós. Hasta pronto.

Se marchó.

"Es un conspirador político: estoy seguro, completamente seguro —se dijo con absoluta convicción Rasumikhine mientras bajaba la escalera—. Y ha complicado a su hermana en el asunto. Esta hipótesis es más que plausible, dado el carácter de Avdotia Romanovna. Los dos hermanos tienen entrevistas. Algunas de sus palabras, ciertas alusiones, me lo demuestran. Por otra parte, ésta es la única explicación que puede tener este embrollo. Y yo que creía… ¡Señor, lo que llegué a pensar…! Una verdadera aberración; me siento culpable ante él. Pero fue él mismo el que el otro día, en el pasillo, junto a la lámpara, me inspiró semejante insensatez… ¡Qué idea tan villana, tan burda, me asaltó! Mikolka ha hecho muy bien en confesar…Ahora todo lo ocurrido queda perfectamente explicado: la enfermedad de Rodia, su extraña conducta…Incluso en sus tiempos de estudiante se mostraba sombrío y huraño…Pero ¿qué significa esa carta? ¿Quién la envía? Hay todavía algo por aclarar…Ya lo averiguaré todo".

De pronto se acordó de lo que Rodia le había dicho de Dunetchka, y creyó que el corazón se le iba a paralizar. Entonces hizo un esfuerzo y echó a correr.

Apenas se hubo marchado Rasumikhine, Raskolnikof se levantó y se acercó a la ventana. Después dio algunos pasos y tropezó con una pared. Luego tropezó con otra. Parecía haberse olvidado de las reducidas dimensiones de su habitación. Al fin se dejó caer en el diván. Daba la impresión de que se había operado en él un cambio profundo y completo. De nuevo podía luchar: tenía una posible salida.

Sí, ahora podía tener una salida, un medio de poner fin a la espantosa situación que le asfixiaba y le tenía sumido en una especie de embrutecimiento desde la confesión de Mikolka en casa de Porfirio. A esto había seguido su escena con Sonia, cuyo desarrollo y desenlace no habían correspondido a sus previsiones ni a sus intenciones. Se había mostrado débil en el último momento. Había reconocido ante la muchacha, y con toda sinceridad, que no podía seguir llevando él solo una carga tan pesada…

¿Y Svidrigailof? Svidrigailof era para él un inquietante enigma, aunque esta inquietud tenía un matiz diferente. Tendría que luchar, pero seguramente encontraría un modo de deshacerse de él. Porfirio era otra cosa.

Así, pues, había sido el mismo Porfirio el que había demostrado a Rasumikhine la culpabilidad de Mikolka, procediendo por su método psicológico.

"Siempre está con su maldita psicología —se dijo Raskolnikof—. Porfirio no ha creído en ningún momento en la culpabilidad de Mikolka después de la escena que hubo entre nosotros y que no admite más que una explicación".

Raskolnikof había recordado en varias ocasiones retazos de aquella escena, pero no la escena entera, pues no habría podido soportar su recuerdo.

En aquella escena habían cambiado palabras y miradas que demostraban en Porfirio una seguridad tan absoluta y adquirida tan rápidamente, que no era posible que la confesión de Mikolka hubiera podido quebrantarla. ¡Pero qué situación la suya! El mismo Rasumikhine empezaba a sospechar. El incidente del corredor había dejado huellas en él.

"Entonces corrió a casa de Porfirio…Pero ¿por qué habrá querido ese hombre engañarle? ¿Por qué razón habrá intentado desviar sus sospechas hacia Mikolka? No, no puede haber hecho esto sin motivo. Abriga alguna intención, pero ¿cuál? Verdad es que desde entonces ha transcurrido mucho tiempo, y no he tenido noticias de Porfirio. Esto es tal vez mala señal".

Cogió la gorra y se dirigió a la puerta. Iba pensativo. Por primera vez desde hacía mucho tiempo se sentía en un estado de perfecto equilibrio.

"Hay que terminar con Svidrigailof a toda costa y lo antes posible. Sin duda está esperando que vaya a verle".

En este momento, en su agotado corazón brotó tal odio contra sus dos enemigos, Svidrigailof y Porfirio, que no habría vacilado en matar a cualquiera de ellos si los hubiese tenido a su merced. Por lo menos tuvo la impresión de que sería capaz de hacerlo algún día.

—Ya lo verán, ya lo verán —murmuró.

Pero apenas abrió la puerta se dio de manos a boca con Porfirio, que estaba en el vestíbulo.

El juez de instrucción venía a visitarle. Raskolnikof quedó estupefacto en el primer momento, pero se recobró rápidamente. Por extraño que pueda parecer, esta visita le extrañó muy poco y no le inquietó apenas.

Tras un ligero estremecimiento se puso en guardia.

"Esto puede ser el final —se dijo—. Pero ¿cómo habrá podido llegar tan en silencio que no lo he oído? ¿Habrá venido a espiarme?".

—No esperaba usted mi visita, ¿verdad, Rodion Romanovitch? —dijo alegremente Porfirio Petrovitch—. Hace mucho tiempo que quería venir a verle. Ahora, al pasar casualmente ante su casa, me he preguntado: «¿Por qué no subes un momento?» Ya veo que iba usted a salir; pero no tema, que sólo le distraeré el tiempo que dura un cigarrillo. Es decir, si usted me lo permite.

—¡Pues claro que sí! Siéntese, Porfirio Petrovitch, siéntese.

Y Raskolnikof ofreció una silla a su visitante, tan amable y sereno, que él mismo se habría sorprendido si se hubiera podido ver en aquel momento. No había quedado en él ni rastro de inquietud. Es el caso del hombre que cae en poder de un bandido y, después de pasar media hora de angustia mortal, recobra su sangre fría cuando nota la punta del puñal en la garganta.

Raskolnikof se sentó ante Porfirio Petrovitch y le miró a la cara. El juez de instrucción guiñó un ojo y encendió un cigarrillo.

"¡Vamos, habla! —le incitó Raskolnikof mentalmente—. ¿Por qué no empiezas de una vez?".

CAPÍTULO 2

¡Ah, estos cigarrillos! —dijo al fin Porfirio Petrovitch—. Son un veneno, un verdadero veneno. Tengo tos, se me irrita la garganta, padezco de asma. Como soy algo aprensivo, he ido a ver al doctor B***, que es un médico que está examinando a cada enfermo durante media hora como mínimo. Se ha echado a reír al verme, y, después de palparme y auscultarme cuidadosamente, me ha dicho: "El tabaco no le va nada bien. Tiene usted los pulmones dilatados". No lo dudo, pero ¿cómo dejar el tabaco? ¿Por qué otra cosa lo puedo sustituir? Yo no bebo: eso es lo malo… ¡Je, je, je! Toda mi desgracia viene de que no bebo. Pues todo es relativo en este mundo, Rodion Romanovitch, todo es relativo.

"Ya está de nuevo con sus tonterías", pensó Raskolnikof, contrariado.

Al punto le vino a la memoria su última entrevista con el juez de instrucción, y este recuerdo trajo a su ánimo todos sus anteriores sentimientos.

—Anteayer por la tarde estuve aquí, ¿no lo sabía usted? —continuó Porfirio Petrovitch, paseando una mirada por la habitación—. Estuve aquí dentro. Al pasar por esta calle se me ocurrió, como se me ha ocurrido hoy, hacerle una visita. La puerta estaba abierta de par en par. Esperé un momento y me volví a marchar sin ni siquiera ver a la sirvienta para darle mi nombre. ¿Nunca cierra usted la puerta?

El rostro de Raskolnikof aparecía cada vez más sombrío. Porfirio pareció adivinar los pensamientos que lo agitaban.

—He venido a darle una explicación, mi querido Rodion Romanovitch. Se la debo —dijo sonriendo y dándole una palmada en la rodilla.

Su semblante cobró de pronto una expresión seria y preocupada. Incluso pasó por él una sombra de tristeza, para gran asombro de Raskolnikof, que jamás había visto en él nada semejante ni le creía capaz de tales sentimientos.

—Hubo una escena extraña entre nosotros, Rodion Romanovitch, la última vez que nos vimos. Pero entonces…En fin, he aquí el asunto que me trae. He cometido errores con usted, bien lo sé. Ya recordará usted cómo nos separamos. Verdad es que los dos somos bastante nerviosos; pero no procedimos como personas bien educadas, aunque nuestros buenos modales son evidentes y me atrevería a decir que están por encima de todo. Estas cosas no se deben olvidar. ¿Recuerda usted hasta qué extremo llegamos? Rebasamos todos los límites.

"¿Adónde querrá ir a parar?2, se preguntaba Raskolnikof, asombrado y devorando a Porfirio con los ojos.

—Yo creo que lo mejor que podemos hacer es ser francos —continuó Porfirio Petrovitch, volviendo un poco la cabeza y bajando la vista, como si temiera turbar a su antigua víctima y quisiera demostrarle su desdén por los procedimientos y las celadas que había utilizado—. Estas sospechas, estas escenas, no deben repetirse. Si no hubiera sido por Mikolka, que llegó y puso fin a aquella escena, no sé cómo habrían terminado las cosas. Ese maldito papanatas estaba escondido detrás del tabique. Ya lo sabe usted, ¿verdad? Me enteré de que había venido a su casa inmediatamente después de aquella escena. Pero usted se equivocó en sus suposiciones. Yo no mandé a buscar a nadie aquel día y no había tomado medida alguna. Usted se preguntará por qué razón no lo hice. Pues…no sé cómo explicárselo. Me limité a citar a los porteros, a los que usted vio al pasar. Una idea, rápida como un relámpago, había acudido a mi imaginación. Yo estaba demasiado seguro de mí mismo, Rodion Romanovitch, y me decía que si lograba apresar un hecho, aunque fuera renunciando a todo lo demás, obtendría el resultado que deseaba.

"sted tiene un carácter en extremo irascible, Rodion Romanovitch, incluso demasiado. Es un rasgo predominante de su naturaleza, que yo me jacto de conocer, por lo menos en parte. Yo me dije que no es cosa corriente que un hombre nos arroje sin más ni más la verdad a la cara. Sin duda, esto puede hacerlo un hombre que esté fuera de sí, pero este caso es excepcional. Yo me hice este razonamiento: "Si pudiese arrancarle el hecho más insignificante, la más mínima confesión, con tal que fuera una prueba palpable, algo distinto, en fin, a estos hechos psicológicos…" Pues yo estaba seguro de que si un hombre es culpable, uno acaba siempre por arrancarle una prueba evidente. Di por descontado los resultados más sorprendentes. Dirigía mis golpes a su carácter, Rodion Romanovitch, a su carácter sobre todo. Le confieso que confiaba demasiado en usted mismo.

—Pero ¿por qué me cuenta usted todo esto? —gruñó Raskolnikof, sin darse cuenta del alcance de su pregunta.

"¿Me creerá acaso inocente?", se preguntó con el pensamiento.

—¿Que por qué le cuento todo esto? Yo he venido a darle una explicación. Considero que esto es un deber sagrado para mí. Quiero exponerle con todo detalle el proceso de mi aberración. Le sometí a usted a una verdadera tortura, Rodion Romanovitch, pero no soy un monstruo. Pues me hago cargo de lo que debe experimentar una persona desgraciada, orgullosa, altiva y poco paciente, sobre todo poco paciente, al verse sometida a una prueba semejante. Le aseguro que le considero como un hombre de noble corazón y, hasta cierto punto, como un hombre magnánimo, aunque no me sea posible compartir todas sus opiniones. Juzgo como un deber hacerle cierta declaración en el acto, pues no quiero que usted forme un juicio falso.

"Cuando empecé a conocerle, se despertó en mí una verdadera simpatía hacia usted. Esta confesión le hará tal vez reír. Pues bien, ríase:

tiene usted perfecto derecho. Sé que usted, en cambio, sintió desde el primer momento una viva antipatía hacia mí. Bien es verdad que yo no tengo nada que pueda hacerme simpático; pero, cualquiera que sea su opinión sobre mí, puedo asegurarle que deseo con todas mis fuerzas borrar la mala impresión que le produje, reparar mis errores y demostrarle que soy un hombre de buen corazón. Le estoy hablando sinceramente, créame.

Pronunciadas estas palabras, Porfirio Petrovitch se detuvo con un gesto lleno de dignidad, y Raskolnikof se sintió dominado por un nuevo terror. La idea de que el juez de instrucción le creía inocente le sobrecogía.

—No es necesario remontarse al origen de los acontecimientos —continuó Porfirio Petrovitch—. Creo que sería una rebusca inútil e imposible. Al principio circularon rumores sobre cuyo origen y naturaleza creo superfluo extenderme. Inútil también explicarle cómo se encontró su nombre enzarzado en todo esto. Lo que a mí me dio la señal de alarma fue un hecho completamente fortuito, del que tampoco le hablaré. El conjunto de rumores y circunstancias accidentales me llevaron a concebir ciertas ideas. Le confieso con toda franqueza (pues si uno quiere ser sincero debe serlo hasta el fin) que fui yo el primero que le mezclé a usted en este asunto. Las anotaciones de la vieja en los envoltorios de los objetos y otros mil detalles de la misma índole no significan nada independientemente; pero se podían contar hasta un centenar de hechos importantes. Tuve también ocasión de conocer hasta en sus más mínimos detalles el incidente de la comisaría. Me enteré de ello por un simple azar. Me lo refirió con gran lujo de pormenores la persona que había desempeñado en la escena el papel principal, con gran propiedad por cierto, aunque sin darse cuenta.

"Todos estos hechos se acumulan, mi querido Rodion Romanovitch. En estas condiciones, ¿cómo no adoptar una posición determinada? ´Así como cien conejos no hacen un caballo, cien presunciones no constituyen una prueba´, dice el proverbio inglés. Pero en este caso habla la razón, y las pasiones son algo muy distinto. Pruebe usted a luchar contra las pasiones. Al fin y al cabo, un juez de instrucción es un hombre y, por lo tanto, accesible a las pasiones.

"Además, pensé en el artículo que usted publicó en cierta revista, ¿recuerda usted? Hablamos de él en nuestra primera conversación. Entonces me mofé de él, pero lo hice con la intención de hacerle hablar. Porque, se lo repito, usted es un hombre poco paciente, Rodion

Romanovitch, y tiene los nervios echados a perder. En cuanto a su osadía, su orgullo, la seriedad de su carácter y sus sufrimientos, hacía ya tiempo que los había advertido. Conocía todos estos sentimientos y consideré que su artículo exponía ideas que no eran un secreto para nadie. Estaba escrito con mano febril y corazón palpitante en una noche de insomnio y era el producto de un alma rebosante de pasión reprimida. Pues bien, esta pasión y este entusiasmo contenidos de la juventud son peligrosos. Entonces me burlé de usted, pero ahora quiero decirle que, mirando las cosas como simple lector, me deleitó el juvenil ardor de su pluma. Esto no es más que humo, niebla, una cuerda que vibra entre brumas. Su artículo es absurdo y fantástico, pero ¡respira tanta sinceridad! Rezuma un insobornable y juvenil orgullo, y también osadía y desesperación. Es un artículo pesimista, pero este pesimismo le va bien. Entonces lo leí, después puse en orden sus ideas, y, al ordenarlas, me dije: "No creo que este hombre se limite a esto." Y ahora dígame: teniendo estos antecedentes, ¿cómo no había de dejarme influir por lo que sucedió después? Pero entonces no dije nada y ahora no me arriesgaré a hacer la menor afirmación. Entonces me limité a observar y ahora mi pensamiento es éste: "Tal vez toda esta historia es pura imaginación, un simple producto de mi fantasía. Un juez de instrucción no debe apasionarse de este modo. A mí sólo debe interesarme una cosa, y es que tengo a Mikolka." Usted podría decir que los hechos son los hechos y que empleo con usted mi psicología personal. Pero es preciso que lo mire todo en este caso, pues es una cuestión de vida o muerte.

"Usted se preguntará por qué le cuento todo esto. Pues se lo cuento para que pueda usted juzgar con conocimiento de causa y no considere un crimen mi conducta del otro día, tan cruel en apariencia. No, no fui cruel.

"Usted se estará preguntando también por qué no he venido a registrar su casa. Pues sepa usted que vine. ¡Je, je, je! Usted estaba enfermo, acostado en su diván. No vine como magistrado, es decir, oficialmente, pero vine. Esta habitación fue registrada a fondo cuanto tuve la primera sospecha. Me dije: "Ahora este hombre vendrá a verme, vendrá a mi casa, y no tardará mucho. Si es culpable, vendrá. Otro no lo haría, pero él sí." ¿Se acuerda usted de la palabrería de Rasumikhine? La provocamos nosotros para asustarle a usted: le pusimos al corriente de nuestras conjeturas, seguros de que vendría a contárselo a usted, pues Rasumikhine no es hombre que pueda disimular su indignación.

"El señor Zamiotof quedó impresionado ante su cólera y su osadía. ¡Decir a gritos en un establecimiento público: ´¡Yo he matado…!´. Esto es verdaderamente audaz y arriesgado. Yo me dije: ´Si este hombre es culpable, es un luchador enconado´. Esto es lo que pensaba. Y me dediqué a esperar…, le esperaba ansiosamente. A Zamiotof le aplastó usted, sencillamente. Y es que esta maldita psicología es un arma de dos filos:.. Bueno, pues cuando le estaba esperando, he aquí que Dios le envía. ¡Cómo se desbocó mi corazón cuando le vi aparecer! ¿Qué necesidad tenía usted de venir entonces? ¡Y aquella risa! No sé si se acordará, pero entró usted riéndose a carcajadas, y yo, a través de su risa, vi lo que ocurría en su interior, tan claramente como se ve a través de un cristal. Sin embargo, yo no habría prestado a esa risa la menor atención si no hubiese estado prevenido. Y entonces Rasumikhine…Y la piedra, aquella piedra, ya recordará usted, bajo la cual estaban ocultos los objetos…Porque habló usted de un huerto a Zamiotof, ¿verdad? Después, cuando empezamos a hablar de su artículo, creímos percibir un segundo sentido en cada una de sus palabras.

"He aquí, Rodion Romanovitch, cómo se fue formando mi convicción poco a poco. Pero cuando ya me sentía seguro, volví en mí y me pregunté qué me había ocurrido. Pues todo aquello podía explicarse de un modo diferente e incluso más natural…Un verdadero suplicio. ¡Cuánto mejor habría sido la prueba más insignificante! Cuando supe lo del cordón de la campanilla, me estremecí de pies a cabeza. ´Ya tengo la prueba´, me dije. Y ya no quise pensar en nada. En aquel momento habría dado mil rublos por verle con mis propios ojos dar cien pasos al lado de un hombre que le había llamado asesino y al que no se atrevió a responder una sola palabra.

"Y aquellos estremecimientos que le acometían… Y aquel cordón de una campanilla de que usted hablaba en su delirio…Después de esto, Rodion Romanovitch, ¿cómo puede usted extrañarse de que procediera con usted como lo hice? ¿Por qué vino usted a mi casa en aquel preciso momento? Era como si el demonio le hubiera impulsado. En verdad, si Mikolka no se hubiese interpuesto entre nosotros en aquel momento… ¿Se acuerda usted de la llegada de Mikolka? Fue como una chispa eléctrica. Pero ¿cómo lo recibí? No di la menor importancia a esta descarga, es decir, que no creí ni una sola de sus palabras. Es más, después de marcharse usted y de oír las razonables respuestas de Mikolka (pues sepa usted que me respondió de modo tan inteligente sobre ciertos puntos, que quedé asombrado), después de esto, yo permanecí tan firme en mis convicciones como una roca. ´Éste no dice una palabra de verdad´, pensé…Me refiero a Mikolka.

—Rasumikhine acaba de decirme que está usted seguro de su culpabilidad, que usted le ha asegurado…

No pudo terminar: le faltaba el aliento. Escuchaba con una turbación indescriptible a aquel hombre que había cambiado tan radicalmente de juicio. No podía dar crédito a sus oídos y buscaba ávidamente el sentido exacto de sus ambiguas palabras.

—¿Rasumikhine? —exclamó Porfirio Petrovitch, que parecía muy satisfecho de haber oído, al fin, decir algo a Raskolnikof—. ¡Je, je, je! De algún modo tenía que deshacerme de él, que es completamente ajeno a este asunto. Se presentó en mi casa descompuesto…En fin, dejémoslo aparte. Respecto a Mikolka, ¿quiere usted saber cómo es, o, por lo menos, la idea que yo me he forjado de él? Ante todo, es como un niño. No ha llegado aún a la mayoría de edad. Y no diré que sea un cobarde, pero sí que es impresionable como un artista. No, no se ría de mi descripción. Es ingenuo y en extremo sensible. Tiene un gran corazón y un carácter singular. Canta, baila y narra con tanto arte, que vienen a verle y oírle de las aldeas vecinas. Es un enamorado del estudio, aunque se ríe como un loco por cualquier cosa. Puede beber hasta perder el conocimiento, pero no porque sea un borracho, sino porque se deja llevar como un niño. No cree que cometiera un robo apropiándose el estuche que se encontró. "Lo cogí del suelo —dijo—. Por lo tanto, puedo quedarme con él". Pertenece a una secta cismática…, bueno, no tanto como cismática, y era un fanático. Pasó dos años con un ermitaño. Según cuentan sus camaradas de Zaraisk, era un devoto exaltado y quería retirarse también a una ermita. Pasaba noches enteras rezando y leyendo los libros santos antiguos. Petersburgo ha ejercido una gran influencia en él. Las mujeres, el vino…, ¿comprende? Es muy impresionable, y esto le ha hecho olvidar la religión. Me he enterado de que un artista se interesó por él y le daba lecciones. Así las cosas, llegó el desdichado asunto. El pobre chico perdió la cabeza y se puso una cuerda en el cuello. Un intento de evasión muy natural en un pueblo que tiene una idea tan lamentable de la justicia. Hay personas a las que la simple palabra ´juicio´ produce verdadero terror. ¿De quién es la culpa? Ya veremos lo que hacen los nuevos tribunales. Quiera Dios que todo vaya bien…

"Una vez en la cárcel, Mikolka ha vuelto a su anterior misticismo. Se ha acordado del ermitaño y ha abierto de nuevo la Biblia. ¿Sabe usted, Rodion Romanovitch, lo que es la expiación para ciertas personas? Es una simple sed de sufrimiento, y si este sufrimiento lo imponen las autoridades, mejor que mejor. Conocí a un preso que era un ejemplo de mansedumbre. Estuvo un año en la cárcel y todas las noches leía la Biblia. Y un día, sin motivo alguno, arrancó un trozo de hierro de la estufa y lo arrojó sobre un guardián, aunque tomando precauciones para no hacerle ningún daño. ¿Sabe usted la suerte que se reserva a un preso que ataca con un arma cualquiera a un guardián de la cárcel? Aquel hombre obró tan sólo llevado de su sed de expiación.

"Yo estoy seguro de que Mikolka siente una sed de expiación semejante. Mi convicción se funda en hechos positivos, pero él ignora que yo he descubierto las causas. ¿Qué? ¿No cree usted que en un pueblo como el nuestro puedan aparecer tipos extraordinarios? Pues se ven por todas partes. La influencia de la ermita ha vuelto a él con toda pujanza, sobre todo después del episodio del nudo corredizo en su cuello. Ya verá usted como acabará viniendo a confesármelo todo. ¿Lo cree usted capaz de sostener su papel hasta el fin? No, vendrá a abrirme su pecho, a retractarse de sus declaraciones…, y no tardará. Me ha interesado Mikolka y lo he estudiado a fondo. Reconozco, ¡je, je!, que en ciertos puntos ha conseguido dar un carácter de verosimilitud a sus declaraciones (sin duda las había preparado), pero otras están en contradicción absoluta con los hechos, sin que él tenga de ello la menor sospecha. No, mi querido Rodion Romanovitch, no es Mikolka el culpable. Estamos en presencia de un acto siniestro y fantástico. Este crimen lleva el sello de nuestro tiempo, de una época en que el corazón del hombre está trastornado; en que se afirma, citando autores, que la sangre purifica; en que sólo importa la obtención del bienestar material. Es el sueño de una mente ebria de quimeras y envenenada por una serie de teorías. El culpable ha desplegado en este golpe de ensayo una audacia extraordinaria, pero una audacia de tipo especial. Obró resueltamente, pero como quien se lanza desde lo alto de una torre o se deja caer rodando desde la cumbre de una montaña. Fue como si no se diera cuenta de lo que hacía. Se olvidó de cerrar la puerta al entrar, pero mató, mató a dos personas, obedeciendo a una teoría. Mató, pero no se apoderó del dinero, y lo que se llevó fue a esconderlo debajo de una piedra. No le bastó la angustia que había experimentado en el recibidor mientras oía los golpes que daban en la puerta, sino que, en su delirio, se dejó llevar de un deseo irresistible de volver a sentir el mismo terror, y fue a la casa para tirar del cordón de la campanilla…En fin, carguemos esto en la cuenta de la enfermedad. Pero hay otro detalle importante, y es que el asesino, a pesar de su crimen, se considera como una persona decente y desprecia a todo el mundo. Se cree algo así como un ángel infortunado. No, mi querido Rodion Romanovitch, Mikolka no es el culpable.

Estas palabras, después de las excusas que el juez había presentado, sorprendieron e impresionaron profundamente a Raskolnikof, que empezó a temblar de pies a cabeza.

—Pero…, entonces… —preguntó con voz entrecortada—, ¿quién es el asesino?

Porfirio Petrovitch se recostó en el respaldo de su silla. Su semblante expresaba el asombro del hombre al que acaban de hacer una pregunta insólita.

—¿Que quién es el asesino? —exclamó como no pudiendo dar crédito a sus oídos—. ¡Usted, Rodion Romanovitch! —Y añadió en voz baja y en un tono de profunda convicción—: Usted es el asesino.

Raskolnikof se puso en pie de un salto, permaneció así un momento y se volvió a sentar sin pronunciar palabra. Ligeras convulsiones sacudían los músculos de su cara.

—Sus labios vuelven a temblar como el otro día —dijo Porfirio Petrovitch en un tono de cierto interés—. Creo que no me ha comprendido usted, Rodion Romanovitch —añadió tras una pausa—. Ésta es la razón de su sorpresa. He venido para explicárselo todo, pues desde ahora quiero llevar este asunto con franqueza absoluta.

—Yo no soy el culpable —balbuceó Raskolnikof, defendiéndose como el niño al que sorprenden haciendo algo malo.

—Sí, es usted y sólo usted —replicó severamente el juez de instrucción.

Los dos callaron. Este silencio, en el que había algo extraño, se prolongó no menos de diez minutos.

Raskolnikof, con los codos en la mesa, se revolvía el cabello con las manos. Porfirio Petrovitch esperaba sin dar la menor muestra de impaciencia. De pronto, el joven dirigió al magistrado una mirada despectiva.

—Vuelve usted a su antigua táctica, Porfirio Petrovitch. ¿No se cansa usted de emplear siempre los mismos procedimientos?

—¿Procedimientos? ¿Qué necesidad tengo de emplearlos ahora? La cosa cambiaría si habláramos ante testigos. Pero estamos solos. Yo no he venido aquí a cazarle como una liebre. Que confiese usted o no en este momento, me importa muy poco. En ambos casos, mi convicción seguiría siendo la misma.

—Entonces, ¿por qué ha venido usted? —preguntó Raskolnikof sin ocultar su enojo—. Le repito lo que le dije el otro día: si usted me cree culpable, ¿por qué no me detiene?

—Bien; ésa, por lo menos, es una pregunta sensata y la contestaré punto por punto. En primer lugar, le diré que no me conviene detenerle en seguida.

—¿Qué importa que le convenga o no? Si está usted convencido, tiene el deber de hacerlo.

—Mi convicción no tiene importancia. Hasta este momento sólo se basa en hipótesis. ¿Por qué he de darle una tregua haciéndolo detener? Usted sabe muy bien que esto sería para usted un descanso, ya que lo pide. También podría traerle al hombre que le envié para confundirle. Pero usted le diría: «Eres un borracho. ¿Quién me ha visto contigo? Te miré simplemente como a un hombre embriagado, pues lo estabas.» ¿Y qué podría replicar yo a esto? Sus palabras tienen más verosimilitud que las del otro, que descansan únicamente en la psicología y, por lo tanto, sorprenderían, al proceder de un hombre inculto. En cambio, usted habría tocado un punto débil, pues ese bribón es un bebedor empedernido. Ya le he dicho otras veces que estos procedimientos psicológicos son armas de dos filos, y en este caso pueden obrar en su favor, sobre todo teniendo en cuenta que pongo en juego la única prueba que tengo contra usted hasta el momento presente. Pero no le quepa duda de que acabaré haciéndole detener. He venido para avisarlo; pero le confieso que no me servirá de nada. Además, he venido a su casa para…

—Hablemos de ese segundo objeto de su visita —dijo Raskolnikof, que todavía respiraba con dificultad.

—Pues este segundo objeto es darle una explicación a la que considero que tiene usted derecho. No quiero que me tenga por un monstruo, siendo así que, aunque usted no lo crea, mi deseo es ayudarle. Por eso le aconsejo que vaya a presentarse usted mismo a la justicia. Esto es lo mejor que puede hacer. Es lo más ventajoso para usted y para mí, pues yo me vería libre de este asunto. Ya ve que le soy franco. ¿Qué dice usted?

Raskolnikof reflexionó un momento.

—Oiga, Porfirio Petrovitch —dijo al fin—; usted ha confesado que no tiene contra mí más que indicios psicológicos y, sin embargo, aspira a la evidencia matemática. ¿Y si estuviera equivocado?

—No, Rodion Romanovitch, no estoy equivocado. Tengo una prueba. La obtuve el otro día como si el cielo me la hubiera enviado.

—¿Qué prueba?

—No se lo diré, Rodion Romanovitch. De todas formas, no tengo derecho a contemporizar. Mandaré detenerle. Reflexione. No me importa la resolución que usted pueda tomar ahora. Le he hablado en interés de usted. Le juro que le conviene seguir mis consejos.

Raskolnikof sonrió, sarcástico.

—Sus palabras son ridículas e incluso imprudentes. Aun suponiendo que yo fuera culpable, cosa que no admito de ningún modo, ¿para qué quiere usted que vaya a presentarme a la justicia? ¿No dice usted que la estancia en la cárcel sería un descanso para mí?

—Oiga, Rodion Romanovitch, no tome mis palabras demasiado al pie de la letra. Acaso no encuentre usted en la cárcel ningún reposo. En fin de cuentas, esto no es más que una teoría, y personal por añadidura. Por lo visto, soy una autoridad para usted. Por otra parte, quién sabe si le oculto algo. Usted no me puede exigir que le revele todos mis secretos. ¡Je, je!

"Pasemos a la segunda cuestión, al provecho que obtendría usted de una confesión espontánea. Este provecho es indudable. ¿Sabe usted que aminoraría considerablemente su pena? Piense en el momento en que haría usted su propia denuncia. Por favor, reflexione. Usted se presentaría cuando otro se ha acusado del crimen, trastornando profundamente el proceso. Y yo le juro ante Dios que me las compondría de modo que a la vista del tribunal gozara usted de todos los beneficios de su acto, el cual parecería completamente espontáneo. Le prometo que destruiríamos toda esa psicología y que reduciría usted a la nada todas las sospechas que pesan sobre usted, de modo que su crimen apareciese como la consecuencia de una especie de arrebato, cosa que en el fondo es cierta. Yo soy un hombre honrado, Rodion Romanovitch, y mantendré mi palabra.

Raskolnikof bajó la cabeza tristemente y quedó pensativo. Al fin sonrió de nuevo; pero esta vez su sonrisa fue dulce y melancólica.

—No me interesa —dijo como si no quisiera seguir hablando con Porfirio Petrovitch—. No necesito para nada su disminución de pena.

—¡Vaya! Esto es lo que me temía —exclamó Porfirio como a pesar suyo

—. Sospechaba que iba usted a desdeñar nuestra indulgencia.

Raskolnikof le miró con expresión grave y triste.

—No, no dé por terminada su existencia —continuó Porfirio—. Tiene usted ante sí muchos años de vida. No comprendo que no quiera usted una disminución de pena. Es usted un hombre difícil de contentar.

—¿Qué puedo ya esperar?

—La vida. ¿Por qué quiere usted hacer el profeta? ¿Qué puede usted prever? Busque y encontrará. Tal vez le esperaba Dios tras este recodo..: Por otra parte, no le condenarán a usted a cadena perpetua.

—Tendré a mi favor circunstancias atenuantes —dijo Raskolnikof con una sonrisa.

—Sin que usted se dé cuenta, es tal vez cierto orgullo de persona culta lo que le impide declararse culpable. Usted debería estar por encima de todo eso.

—Lo estoy: esas cosas sólo me inspiran desprecio —repuso Raskolnikof con gesto despectivo.

Después fue a levantarse, pero se volvió a sentar bajo el peso de una desesperación inocultable.

—Sí, no me cabe duda. Es usted desconfiado y cree que le estoy adulando burdamente, con una segunda intención. Pero dígame: ¿ha tenido usted tiempo de vivir lo bastante para conocer la vida? Inventa usted una teoría y después se avergüenza al ver que no conduce a nada y que sus resultados están desprovistos de toda originalidad. Su acción es baja, lo reconozco, pero usted no es un criminal irremisiblemente perdido. No, no; ni mucho menos. Me preguntará qué pienso de usted. Se lo diré: le considero como uno de esos hombres que se dejarían arrancar las entrañas sonriendo a sus verdugos si lograsen encontrar una fe, un Dios. Pues bien, encuéntrelo y vivirá. En primer lugar, hace ya mucho tiempo que necesita usted cambiar de aires. Y en segundo, el sufrimiento no es mala cosa. Sufra usted. Mikolka tiene tal vez razón al querer sufrir. Sé que es usted escéptico, pero abandónese sin razonar a la corriente de la vida y no se inquiete por nada: esa corriente le llevará a alguna orilla y usted podrá volver a ponerse en pie. ¿Qué orilla será ésta? Eso no lo puedo saber. Pero estoy convencido de que le quedan a usted muchos años de vida. Bien sé que usted se estará diciendo que no hago sino desempeñar mi papel de juez de instrucción, y que mis palabras le parecerán un largo y enojoso sermón, pero tal vez las recuerde usted algún día: sólo con esta esperanza le digo todo esto. En medio de todo, ha sido una suerte que no haya usted matado más que a esa vieja, pues con otra teoría habría podido usted hacer cosas cientos de millones de veces peores. Dé gracias a Dios por no haberlo permitido, pues Él tal vez, ¿quién sabe?, tiene algún designio sobre usted. Tenga usted coraje, no retroceda por pusilanimidad ante la gran misión que aún tiene que cumplir. Si es cobarde, luego se avergonzará usted. Ha cometido una mala acción: sea fuerte y haga lo que exige la justicia. Sé que usted no me cree, pero le aseguro que volverá a conocer el placer de vivir. En este momento sólo necesita aire, aire, aire…

Al oír estas palabras, Raskolnikof se estremeció.

—Pero ¿quién es usted —exclamó— para hacer el profeta? ¿Dónde está esa cumbre apacible desde la que se permite usted dejar caer sobre mí esas máximas llenas de una supuesta sabiduría?

—¿Quién soy? Un hombre acabado y nada más. Un hombre sensible y acaso capaz de sentir piedad, y que tal vez conoce un poco la vida…, pero completamente acabado. El caso de usted es distinto. Tiene usted ante sí una verdadera vida (¿quién sabe si todo lo ocurrido es en usted como un fuego de paja que se extingue rápidamente?). ¿Por qué, entonces, temer al cambio que se va a operar en su existencia? No es el bienestar lo que un corazón como el suyo puede echar de menos. ¿Y qué importa la soledad donde usted se verá largamente confinado? No es el tiempo lo que debe preocuparle, sino usted. Conviértase en un sol y todo el mundo lo verá. Al sol le basta existir, ser lo que es. ¿Por qué sonríe? ¿Por mi lenguaje poético? Juraría que usted cree que estoy utilizando la astucia para atraerme su confianza. A lo mejor tiene usted razón. ¡Je, je! No le pido que crea todas mis palabras, Rodion Romanovitch. Hará usted bien en no creerme nunca por completo. Tengo la costumbre de no ser jamás completamente sincero. Sin embargo, no olvide esto: el tiempo le dirá si soy un hombre vil o un hombre leal.

—¿Cuándo piensa usted mandar que me detengan?

—Puedo concederle todavía un día o dos de libertad. Reflexione, amigo mío, y ruegue a Dios. Esto es lo que le interesa, créame.

—¿Y si huyera? —preguntó Raskolnikof con una sonrisa extraña.

—No, usted no huirá. Un mujik huiría; un revolucionario de los de hoy, también, pues se le pueden inculcar ideas para toda la vida. Pero usted ha dejado de creer en su teoría. ¿Para qué ha de huir? ¿Qué ganaría usted huyendo? Y ¡qué vida tan horrible la del fugitivo! Para vivir hace falta una situación determinada, fija, y aire respirable. ¿Encontraría usted ese aire en la huida? Si huyese usted, volvería. Usted no puede pasar sin nosotros. Si lo hiciera encarcelar, para un mes o dos, por ejemplo, o tal vez para tres, un buen día, téngalo presente, vendría usted de pronto y confesaría. Vendría usted aun sin darse cuenta. Estoy seguro de que decidirá usted someterse a la expiación. Ahora no me cree usted, pero lo hará, porque la expiación es una gran cosa, Rodion Romanovitch. No se extrañe de oír hablar así a un hombre que ha engordado en el bienestar. El caso es que diga la verdad…, y no se burle usted. Estoy profundamente convencido de lo que acabo de decirle. Mikolka tiene razón. No, usted no huirá, Rodion Romanovitch.

Raskolnikof se levantó y cogió su gorra. Porfirio Petrovitch se levantó también.

—¿Va usted a dar una vuelta? La noche promete ser hermosa. Aunque a lo mejor hay tormenta…Lo cual sería tal vez preferible, porque así se refrescaría la atmósfera.

—Porfirio Petrovitch —dijo Raskolnikof en tono seco y vehemente—, que no le pase por la imaginación que le he hecho la confesión más mínima. Usted es un hombre extraño, y yo sólo le he escuchado por curiosidad. Pero no he confesado nada, absolutamente nada. No lo olvide.

—Entendido; no lo olvidaré…Está usted temblando…No se preocupe, amigo mío: se cumplirán sus deseos. Pasee usted, pero sin rebasar los límites…Ahora voy a hacerle un último ruego —añadió bajando la voz—. Es un punto un poco delicado pero importante. En el caso, a mi juicio sumamente improbable de que en estas cuarenta y ocho o cincuenta horas le asalte la idea de poner fin a todo esto de un modo poco común, en una palabra, quitándose la vida (y perdone esta absurda suposición), tenga la bondad de dejar escrita una nota; dos líneas, nada más que dos líneas, indicando el lugar donde está la piedra. Esto será lo más noble…En fin, hasta más ver. Que Dios le inspire.

Porfirio salió, bajando la cabeza para no mirar al joven. Éste se acercó a la ventana y esperó con impaciencia el momento en que, según sus cálculos, el juez de instrucción se hubiera alejado un buen trecho de la casa.

Entonces salió él a toda prisa.

CAPÍTULO 3

Quería ver cuanto antes a Svidrigailof. Ignoraba sus propósitos, pero aquel hombre tenía sobre él un poder misterioso. Desde que Raskolnikof se había dado cuenta de ello, la inquietud lo consumía. Además, había llegado el momento de tener una explicación con él.

Otra cuestión le atormentaba. Se preguntaba si Svidrigailof habría ido a visitar a Porfirio.

Raskolnikof suponía que no había ido: lo habría jurado. Siguió pensando en ello, recordó todos los detalles de la visita de Porfirio y llegó a la misma conclusión negativa. Svidrigailof no había visitado al juez, pero ¿tendría intención de hacerlo?

También respecto a este punto se inclinaba por la negativa. ¿Por qué? No lograba explicárselo. Pero, aunque se hubiera sentido capaz de hallar esta explicación, no habría intentado romperse la cabeza buscándola. Todo esto le atormentaba y le enojaba a la vez. Lo más sorprendente era que aquella situación tan crítica en que se hallaba le inquietaba muy poco. Le preocupaba otra cuestión mucho más importante, extraordinaria, también personal, pero distinta. Por otra parte, sentía un profundo desfallecimiento moral, aunque su capacidad de razonamiento era superior a la de los días anteriores. Además, después de lo sucedido, ¿valía la pena tratar de vencer nuevas dificultades, intentar, por ejemplo, impedir a Svidrigailof ir a casa de Porfirio, procurar informarse, perder el tiempo con semejante hombre?

¡Qué fastidioso era todo aquello!

Sin embargo, se dirigió apresuradamente a casa de Svidrigailof. ¿Esperaba de él algo nuevo, un consejo, un medio de salir de aquella insoportable situación? El que se está ahogando se aferra a la menor astilla. ¿Era el destino o un secreto instinto el que los aproximaba? Tal vez era simplemente que la fatiga y la desesperación le inspiraban tales ideas; acaso fuera preferible dirigirse a otro, no a Svidrigailof, al que sólo el azar había puesto en su camino.

¿A Sonia? ¿Con qué objeto se presentaría en su casa? ¿Para hacerla llorar otra vez? Además, Sonia le daba miedo. Representaba para él lo irrevocable, la decisión definitiva. Tenía que elegir entre dos caminos: el suyo o el de Sonia. Sobre todo en aquel momento, no se sentía capaz de afrontar su presencia. No, era preferible probar suerte con Svidrigailof. Aunque muy a su pesar, se confesaba que Svidrigailof le parecía en cierto modo indispensable desde hacía tiempo.

Sin embargo, ¿qué podía haber de común entre ellos? Incluso la perfidia de uno y otro eran diferentes. Por añadidura, Svidrigailof le era profundamente antipático. Tenía todo el aspecto de un hombre despejado, trapacero, astuto, y tal vez era un ser extremadamente perverso. Se contaban de él cosas verdaderamente horribles. Cierto que había protegido a los niños de Catalina Ivanovna, pero vaya usted a saber el fin que perseguía. Era un hombre pleno de segundas intenciones.

Desde hacía algunos días, otra idea turbaba a Raskolnikof, a pesar de sus esfuerzos por rechazarla para evitar el profundo sufrimiento que le producía. Pensaba que Svidrigailof siempre había girado, y seguía girando, alrededor de él. Además, aquel hombre había descubierto su secreto. Y, finalmente, había abrigado ciertas intenciones acerca de Dunia. Tal vez seguía alimentándolas. Y sin «tal vez»: era seguro. Ahora que conocía su secreto, bien podría utilizarlo como un arma contra Dunia.

Esta suposición le había quitado el sueño, pero nunca había aparecido en su mente con tanta nitidez como en aquellos momentos en que se dirigía a casa de Svidrigailof. Y le bastaba pensar en ello para ponerse furioso. Sin duda, todo iba a cambiar, incluso su propia situación. Debía confiar su secreto a Dunetchka y luego entregarse a la justicia para evitar que su hermana cometiese alguna imprudencia. ¿Y qué pensar de la carta que aquella mañana había recibido Dunia? ¿De quién podía recibir su hermana una carta en Petersburgo? ¿De Lujine? Rasumikhine era un buen guardián, pero no sabía nada de esto. Y Raskolnikof se dijo, contrariado, que tal vez fuera necesario confiarse también a su amigo.

"Sea como fuere, tengo que ir a ver a Svidrigailof cuanto antes —se dijo—. Afortunadamente, en este asunto los detalles tienen menos importancia que el fondo. Pero este hombre, si tiene la audacia de tramar algo contra Dunia, es capaz de…Y en este caso, yo…".

Raskolnikof estaba tan agotado por aquel mes de continuos sufrimientos, que no pudo encontrar más que una solución. «Y en este caso, yo lo mataré», se dijo, desesperado.

Un sentimiento angustioso le oprimía el corazón. Se detuvo en medio de la calle y paseó la mirada en torno de él. ¿Qué camino había tomado? Estaba en la avenida ***, a treinta o cuarenta pasos de la plaza del Mercado, que acababa de atravesar. El segundo piso de la casa que había a su izquierda estaba ocupado por una taberna. Tenía abiertas todas las ventanas y, a juzgar por las personas que se veían junto a ellas, el establecimiento debía de estar abarrotado. De él salían cantos, acompañados de una música de clarinete, violín y tambor. Se oían también voces y gritos de mujer.

Raskolnikof se disponía a desandar lo andado, sorprendido de verse allí, cuando, de pronto, distinguió en una de las últimas ventanas a

Svidrigailof, con la pipa en la boca y ante un vaso de té. El joven sintió una mezcla de asombro y horror. Svidrigailof le miró en silencio y —cosa que sorprendió a Raskolnikof todavía más profundamente— se levantó de pronto, como si pretendiera eclipsarse sin ser visto. Rodia fingió no verle, pero mientras parecía mirar a lo lejos distraído, le observaba con el rabillo del ojo. El corazón le latía aceleradamente. No se había equivocado: Svidrigailof deseaba pasar inadvertido. Se quitó la pipa de la boca y se dispuso a ocultarse, pero, al levantarse y apartar la silla, advirtió sin duda que Raskolnikof le espiaba. Se estaba repitiendo entre ellos la escena de su primera entrevista. Una sonrisa maligna se esbozó en los labios de Svidrigailof. Después la sonrisa se hizo más amplia y franca. Los dos se daban cuenta de que se vigilaban mutuamente. Al fin, Svidrigailof lanzó una carcajada.

—¡Eh! —le gritó—. ¡Suba en vez de estar ahí parado!

Raskolnikof subió a la taberna. Halló a su hombre en un gabinete contiguo al salón donde una nutrida clientela —pequeños burgueses, comerciantes, funcionarios— bebía té y escuchaba a las cantantes en medio de una infernal algarabía. En una pieza vecina se jugaba al billar. Svidrigailof tenía ante sí una botella de champán empezada y un vaso medio lleno. Estaban con él un niño que tocaba un organillo portátil y una robusta muchacha de frescas mejillas que llevaba una falda listada y un sombrero tirolés adornado con cintas. Esta joven era una cantante. Debía de tener unos dieciocho años, y, a pesar de los cantos que llegaban de la sala, entonaba una cancioncilla trivial con una voz de contralto algo ronca, acompañada por el organillo.

—¡Basta! —dijo Svidrigailof a los artistas al ver entrar a Raskolnikof.

La muchacha dejó de cantar en el acto y esperó en actitud respetuosa.

También respetuosa y gravemente acababa de cantar su vulgar cancioncilla.

—¡Felipe, un vaso! —pidió a voces Svidrigailof.

—Yo no bebo vino —dijo Raskolnikof.

—Como usted guste. Pero no he pedido un vaso para usted. Bebe, Katia. Hoy ya no lo volveré a necesitar. Toma.

Le sirvió un gran vaso de vino y le entregó un pequeño billete amarillo.

La muchacha apuró el vaso de un solo trago, como hacen todas las mujeres, tomó el billete y besó la mano de Svidrigailof, que aceptó con toda seriedad esta demostración de respeto servil. Acto seguido, la joven se retiró acompañada del organillero. Svidrigailof los había encontrado a los dos en la calle. Aún no hacía una semana que estaba en Petersburgo y ya parecía un antiguo cliente de la casa. Felipe, el camarero, le servía como a un parroquiano distinguido. La puerta que daba al salón estaba cerrada, y Svidrigailof se desenvolvía en aquel establecimiento como en casa propia. Seguramente pasaba allí el día. Aquel local era un antro sucio, innoble, inferior a la categoría media de esta clase de establecimientos.

—Iba a su casa —dijo Raskolnikof—, y, no sé por qué, he tomado la avenida *** al dejar la plaza del Mercado. No paso nunca por aquí. Doblo siempre hacia la derecha al salir de la plaza. Además, éste no es el camino de su casa. Apenas he doblado hacia este lado, le he visto a usted. Es extraño, ¿verdad?

—¿Por qué no dice usted, sencillamente, que esto es un milagro?

—Porque tal vez no es más que un azar.

—Aquí todo el mundo peca de lo mismo —replicó Svidrigailof echándose a reír—. Ni siquiera cuando se cree en un milagro hay nadie que se atreva a confesarlo. Incluso usted mismo ha dicho que se trata "tal vez" de un azar. ¡Qué poco valor tiene aquí la gente para mantener sus opiniones! No se lo puede usted imaginar, Rodion Romanovitch. No digo esto por usted, que tiene una opinión personal y la sostiene con toda franqueza. Por eso mismo me ha llamado la atención lo que ha dicho.

—¿Por eso sólo?

—Es más que suficiente.

Svidrigailof estaba visiblemente excitado, aunque no en extremo, pues sólo había bebido medio vaso de champán.

—Me parece que cuando usted vino a mi casa —observó Raskolnikof— no sabía aún que yo tenía eso que usted llama una opinión personal.

—Entonces nos preocupaban otras cosas. Cada cual tiene sus asuntos. En lo que concierne al milagro, debo decirle que parece haber pasado usted durmiendo estos días. Yo le di la dirección de esta casa. El hecho de que usted haya venido no tiene, pues, nada de extraordinario. Yo mismo le indiqué el camino que debía seguir y las horas en que podría encontrarme aquí. ¿No recuerda usted?

—No; lo había olvidado —repuso Raskolnikof, profundamente sorprendido.

—Lo creo. Se lo dije dos veces. La dirección se grabó en su cerebro sin que usted se diera cuenta, y ahora ha seguido este camino sin saber lo que hacía. Por lo demás, cuando le hablé de todo esto, yo no esperaba que usted se acordase. Usted no se cuida, Rodion Romanovitch... ¡Ah! Quiero decirle otra cosa. En Petersburgo hay mucha gente que va hablando sola por la calle. Uno se encuentra a cada paso con personas que están medio locas. Si tuviéramos verdaderos sabios, los médicos, los juristas y los filósofos podrían hacer aquí, cada uno en su especialidad, estudios sumamente interesantes. No hay ningún otro lugar donde el alma humana se vea sometida a influencias tan sombrías y extrañas. El mismo clima influye considerablemente. Por desgracia, Petersburgo es el centro administrativo de la nación y su influencia se extiende por todo el país. Pero no se trata precisamente de esto. Lo que quería decirle es que le he observado a usted varias veces en la calle. Usted sale de su casa con la cabeza en alto, y cuando ha dado unos veinte pasos la baja y se lleva las manos a la espalda. Basta mirarle para comprender que entonces usted no se da cuenta de nada de lo que ocurre en torno de su persona. Al fin empieza usted a mover los labios, es decir, a hablar solo. A veces dice cosas en voz alta, entre gestos y ademanes, o permanece un rato parado en medio de la calle sin motivo alguno. Piense que, así como le he visto yo, pueden verle otras personas, y esto sería un peligro para usted. En el fondo, poco me importa, pues no tengo la menor intención de curarle, pero ya me comprenderá...

—¿Sabe usted que me persiguen? —preguntó Raskolnikof dirigiéndole una mirada escrutadora.

—No, no lo sabía —repuso Svidrigailof con un gesto de asombro.

—Entonces, déjeme en paz.

—Bien: le dejaré en paz.

—Pero dígame: si es verdad que usted me ha citado dos veces aquí y esperaba mi visita, ¿por qué, hace un momento, al verme levantar los ojos hacia la ventana, ha intentado ocultarse? Lo he visto perfectamente.

—¡Je, je! ¿Y por qué usted el otro día, cuando entré en su habitación, se hizo el dormido, estando despierto y bien despierto?

—Podía...tener mis razones..., ya lo sabe usted.

—Y yo las mías..., que usted no sabrá nunca.

Raskolnikof había apoyado el codo del brazo derecho en la mesa y, con el mentón sobre la mano, observaba atentamente a su interlocutor. El aspecto de aquel rostro le había causado siempre un asombro profundo. En verdad, era un rostro extraño. Tenía algo de máscara. La piel era blanca y sonrosada; los labios, de un rojo vivo; la barba, muy rubia; el cabello, también rubio y además espeso. Sus ojos eran de un azul nítido, y su mirada, pesada e inmóvil. Aunque bello y joven —cosa sorprendente dada su edad—, aquel rostro tenía un algo profundamente antipático. Svidrigailof llevaba un elegante traje de verano. Su camisa, finísima, era de una blancura irreprochable. Una gran sortija con una valiosa piedra brillaba en su dedo.

—Ya que usted lo quiere, seguiremos hablando —dijo Raskolnikof, entrando en liza repentinamente y con impaciencia febril—. Por peligroso que sea usted y por poco que desee perjudicarme, no quiero andarme con rodeos ni con astucias. Le voy a demostrar ahora mismo que mi suerte me inspira menos temor del que cree usted. He venido a advertirle francamente que si usted abriga todavía contra mi hermana las intenciones que abrigó, y piensa utilizar para sus fines lo que ha sabido últimamente, le mataré sin darle tiempo a denunciarme para que me detengan. Puede usted creerme: mantendré mi palabra. Y ahora, si tiene algo que decirme (pues en estos últimos días me ha parecido que deseaba hablarme), dígalo pronto, pues no puedo perder más tiempo.

—¿A qué vienen esas prisas? —preguntó Svidrigailof, mirándole con una expresión de curiosidad.

—Todos tenemos nuestras preocupaciones —repuso Raskolnikof, sombrío e impaciente.

—Acaba de invitarme usted a hablar con franqueza —dijo Svidrigailof sonriendo—, y a la primera pregunta que le dirijo me contesta con una evasiva. Usted cree que yo lo hago todo con una segunda intención y me mira con desconfianza. Es una actitud que se comprende, dada su situación; pero, por mucho que sea mi deseo de estar en buenas relaciones con usted, no me tomaré la molestia de engañarle. No vale la pena. Por otra parte, no tengo nada de particular que decirle.

—Siendo así, ¿por qué ese empeño en verme? Pues usted está siempre dando vueltas a mi alrededor.

—Usted es un hombre curioso y resulta interesante observarlo. Me seduce lo que su situación tiene de fantástica. Además, es usted hermano de una mujer que me interesó mucho. Y, en fin, tiempo atrás me habló tanto de usted esa mujer, que llegué a la conclusión de que ejercía usted una fuerte influencia sobre ella. Me parece que son motivos suficientes. ¡Je, je! Sin embargo, le confieso que su pregunta me parece tan compleja, que me es difícil responderle. Ahora mismo, si usted ha venido a verme, no ha sido por ningún asunto determinado, sino con la esperanza de que yo le diga algo nuevo. ¿No es así? Confiéselo —le invitó Svidrigailof con una pérfida sonrisita—. Bien, pues se da el caso de que también yo, cuando el tren me traía a Petersburgo, alimentaba la esperanza de conocer cosas nuevas por usted, de sonsacarle algo.

—¿Qué me podía sonsacar?

—Pues ni yo mismo lo sé…Ya ve usted en qué miserable taberna paso los días. Aquí estoy muy a gusto, y, aunque no lo estuviera, en alguna parte hay que pasar el tiempo… ¡Esa pobre Katia…! ¿La ha visto usted…? Si al menos fuera un glotón o un gastrónomo… Pero no: eso es todo lo que puedo comer — y señalaba una mesita que había en un rincón, donde se veía un plato de hojalata con los restos de un mísero bistec—. A propósito, ¿ha comido usted? Yo he dado un bocado sin apetito. Vino no bebo: sólo champán, y nunca más de un vaso en toda una noche, lo que es suficiente para que me duela la cabeza. Si hoy he pedido una botella es porque necesito animarme: tengo que verme con una persona para tratar de ciertos asuntos, y quiero aparecer vehemente y resuelto. Por lo tanto, usted me encuentra de un humor especial. Si hace un momento he intentado esconderme como un colegial ha sido por terror a que su visita me impidiera atender al asunto de que le he hablado. Sin embargo —consultó su reloj—, tenemos aún un buen rato para hablar, pues no son más que las cuatro y media…Créame que en ciertos momentos siento no ser nada, nada absolutamente: ni propietario, ni padre de familia, ni ulano, ni fotógrafo, ni periodista. A veces resulta enojoso no tener ninguna profesión. Le aseguro que esperaba oír de su boca algo nuevo.

—Pero ¿quién es usted? ¿Y por qué ha venido a Petersburgo?

—¿Que quién soy? Ya lo sabe usted: un gentilhombre que sirvió dos años en la caballería. Después estuve otros dos vagando por Petersburgo. Luego me casé con Marfa Petrovna y me fui a vivir al campo. Aquí tiene usted mi biografía.

—Era usted jugador, ¿verdad?

—Jugador de ventaja.

—¿Hacía trampas?

—Sí.

—Alguien debió de abofetearle, ¿no?

—Sí. ¿Por qué lo dice?

—Porque entonces tuvo usted ocasión de batirse en duelo. Eso presta animación a la vida.

—No le digo lo contrario…, pero no estoy preparado para discusiones filosóficas. Ahora le voy a hacer una confesión: he venido a Petersburgo por las mujeres.

—¿Apenas enterrada Marfa Petrovna?

—Pues sí. ¿Qué importa? —respondió Svidrigailof sonriendo con una franqueza que desarmaba—. ¿Se escandaliza de oírme hablar así de las mujeres?

—¿Cómo no escandalizarme su libertinaje?

—¡Libertinaje, libertinaje...! Para responder a su primera pregunta, le hablaré de la mujer en general. Estoy dispuesto a charlar un rato. Dígame: ¿por qué he de huir de las mujeres siendo un gran amador? Esto es, al menos, una ocupación para mí.

—Entonces, ¿usted sólo ha venido aquí para ir de jarana?

—Admitamos que sea así. Sin duda, eso de la disipación le tiene obsesionado, pero le confieso que me gustan las preguntas directas. El libertinaje tiene, cuando menos, un carácter de continuidad fundado en la naturaleza y no depende de un capricho: es algo que arde en la sangre como un carbón siempre incandescente y que sólo se apaga con la edad, y aun así difícilmente, a fuerza de agua fría. Confiese que esto, en cierto modo, es una ocupación.

—Pero ¿qué tiene de divertido para usted esa vida? Es una enfermedad, y de las malas.

—Ya le veo venir. Admito que eso es una enfermedad como todas las inclinaciones exageradas, y en este caso uno rebasa siempre los límites de lo normal; pero tenga en cuenta que esto es cosa que cambia según los individuos. Desde luego, hay que reprimirse, aunque sólo sea por conveniencia; pero si yo no tuviera esta ocupación, acabaría por descerrajarme de un tiro en la cabeza. Bien sé que el hombre honrado tiene que aburrirse, pero aun así...

—¿Sería usted capaz de dispararse un balazo en la cabeza?

—¿A qué viene esa pregunta? —exclamó Svidrigailof con un gesto de contrariedad—. Le ruego que no hablemos de estas cosas —se apresuró a añadir, dejando su tono de jactancia.

Incluso su semblante había cambiado.

—No puedo remediarlo. Sé que esto es una debilidad vergonzosa pero temo a la muerte y no me gusta oír hablar de ella. ¿Sabe usted que soy un poco místico?

—Ya sé lo que quiere usted decir...El espectro de Marfa Petrovna... Dígame: se le aparece todavía.

—No me hable de eso —exclamó, irritado—. En Petersburgo no se me ha aparecido aún. ¡Que el diablo se lo lleve...! Hablemos de otra cosa…Además, no me sobra el tiempo. Aun sintiéndolo mucho, pronto tendremos que dejar nuestra charla…Pero aún tengo algo que decirle.

—Le espera una mujer, ¿verdad?

—Sí…Un caso extraordinario. Pura casualidad…Pero no es de esto de lo que quería hablarle.

—¿No le inquieta la bajeza de esta conducta? ¿Es que no tiene usted fuerza de voluntad suficiente para detenerse?

—Fuerza de voluntad… ¿Acaso la tiene usted? ¡Je, je, je! Me deja usted boquiabierto, Rodion Romanovitch, y eso que esperaba oírle decir algo parecido. ¡Que hable usted de disipación, de cuestiones morales! ¡Que haga usted el Schiller, el idealista! Desde luego, esos puntos de vista son muy naturales, y lo asombroso sería oír sustentar la opinión contraria, pero, teniendo en cuenta las circunstancias, la cosa resulta un poco rara… ¡Cuánto lamento que el tiempo me apremie! Me parece usted un hombre en extremo interesante. A propósito, ¿le gusta Schiller? A mí me encanta.

—Es usted un fanfarrón —repuso Raskolnikof con un gesto de repugnancia.

—Le aseguro que no lo soy, pero, aun admitiendo que lo fuera, ¿haría con ello algún mal a alguien? He vivido siete años en el campo con Marfa Petrovna. Por eso, cuando me he encontrado con un hombre inteligente como usted…, inteligente y, además, interesante…, es natural que me sienta feliz de charlar con él. Además, me he bebido el champán que me quedaba en el vaso y se me ha subido a la cabeza. Sin embargo, lo que más me trastorna es cierto acontecimiento del que no quiero hablar…Pero ¿dónde va usted? —preguntó, sorprendido.

Raskolnikof se había levantado. Se ahogaba, se sentía a disgusto en aquel ambiente y se arrepentía de haber entrado allí. Svidrigailof se le aparecía como el más despreciable malvado que pudiera haber en el mundo.

—Espere, espere un momento. Pida un vaso de té. No se marche. Le aseguro que no hablaré de cosas absurdas, es decir, de mí. Tengo que decirle una cosa… ¿Quiere usted que le cuente cómo una mujer se propuso salvarme, como usted diría? Es una cuestión que le interesará, pues esta mujer es su hermana. ¿Se lo cuento? Así emplearemos el tiempo de que aún dispongo.

—Hable, pero espero que…

—No se inquiete. Avdotia Romanovna no puede inspirar, ni siquiera a un hombre tan corrompido como yo, sino el respeto más profundo.

CAPÍTULO 4

Sin duda sabe usted…, sí, sí, lo sabe porque se lo conté yo mismo —dijo Svidrigailof, iniciando su relato—, que estuve en la cárcel por deudas, una deuda cuantiosa que me era absolutamente imposible pagar. No quiero entrar en detalles acerca de mi rescate por Marfa Petrovna. Ya sabe usted cómo puede trastornar el amor la cabeza a una mujer. Marfa Petrovna era una mujer honesta y bastante inteligente, aunque de una completa incultura. Esta mujer celosa y honesta, tras varias escenas llenas de violencia y reproches, cerró conmigo una especie de contrato que observó escrupulosamente durante todo el tiempo de nuestra vida conyugal. Ella era mayor que yo. Yo tuve la vileza, y también la lealtad, de decirle francamente que no podía comprometerme a guardarle una fidelidad absoluta. Estas palabras le enfurecieron, pero al mismo tiempo, mi ruda franqueza debió de gustarle. Sin duda pensó: "Esta confesión anticipada demuestra que no tiene el propósito de engañarme". Lo cual era importantísimo para una mujer celosa.

"Tras una serie de escenas de lágrimas, llegamos al siguiente acuerdo verbal:

"Primero. Yo me comprometía a no abandonar jamás a Marfa Petrovna, o sea a permanecer siempre a su lado, como corresponde a un marido.

"Segundo. Yo no podía salir de sus tierras sin su autorización.

"Tercero. No tendría jamás una amante fija.

"Cuarto. En compensación, Marfa Petrovna me permitiría cortejar a las campesinas, pero siempre con su consentimiento secreto y teniéndola al corriente de mis aventuras.

"Quinto. Prohibición absoluta de amar a una mujer de nuestro nivel social.

"Y sexto. Si, por desgracia, me enamorase profunda y seriamente, me comprometía a enterar de ello a Marfa Petrovna.

"En lo concerniente a este último punto, he de advertirle que Marfa Petrovna estaba muy tranquila. Era lo bastante inteligente para saber que yo era un libertino incapaz de enamorarme en serio. Sin embargo, la inteligencia y los celos no son incompatibles, y esto fue lo malo…Por otra parte, si uno quiere juzgar a los hombres con imparcialidad, debe desechar ciertas ideas preconcebidas y de tipo único y olvidar los hábitos que adquirimos de las personas que nos rodean. En fin, confío en poder contar al menos con su juicio.

"Tal vez haya oído usted contar cosas cómicas y ridículas sobre Marfa Petrovna. En efecto, tenía ciertas costumbres extrañas, pero le confieso sinceramente que siento verdadero remordimiento por las penas que le he causado. En fin, creo que esto es una oración fúnebre suficiente del más tierno de los maridos a la más afectuosa de las mujeres. Durante nuestros disgustos, yo guardaba silencio casi siempre, y este acto de galantería no dejaba de producir efecto. Ella se calmaba y sabía apreciarlo. En algunos casos incluso se sentía orgullosa de mí. Pero no pudo soportar a su hermana de usted.

¿Cómo se arriesgó a tomar como institutriz a una mujer tan hermosa? La única explicación es que, como mujer apasionada y sensible, se enamoró de ella. Sí, tal como suena; se enamoró... ¡Avdotia Romanovna! Desde el primer momento comprendí que su presencia sería una complicación, y, aunque usted no lo crea, decidí abstenerme incluso de mirarla. Pero fue ella la que dio el primer paso. Aunque le parezca mentira, al principio Marfa Petrovna llegó incluso a enfadarse porque yo no hablaba nunca de su hermana: me reprochaba que permaneciera indiferente a los elogios que me hacía de ella. No puedo comprender lo que pretendía. Como es natural, mi mujer contó a Avdotia Romanovna toda mi biografía. Tenía el defecto de poner a todo el mundo al corriente de nuestras intimidades y de quejarse de mí ante el primero que llegaba. ¿Cómo no había de aprovechar esta ocasión de hacer una nueva y magnífica amistad? Sin duda estaban siempre hablando de mí, y Avdotia Romanovna debía de conocer perfectamente los siniestros chismes que se me atribuían. Estoy seguro de que algunos de esos rumores llegaron hasta usted.

—Sí. Lujine incluso le ha acusado de causar la muerte de un niño. ¿Es eso verdad?

—Hágame el favor de no dar crédito a esas villanías —exclamó Svidrigailof con una mezcla de cólera y repugnancia—. Si usted desea conocer la verdad de todas esas historias absurdas, se las contaré en otra ocasión, pero ahora...

—También me han dicho que fue usted culpable de la muerte de uno de sus sirvientes...

—Le agradeceré que no siga por ese camino —dijo Svidrigailof, agitado.

—¿No es aquel que, después de muerto, le cargó la pipa? Conozco este detalle por usted mismo.

Svidrigailof le miró atentamente, y Rodia creyó ver brillar por un momento en sus ojos un relámpago de cruel ironía. Pero Svidrigailof repuso cortésmente:

—Sí, ese criado fue. Ya veo que todas esas historias le han interesado vivamente, y me comprometo a satisfacer su curiosidad en la primera ocasión. Creo que se me puede considerar como un personaje romántico. Ya comprenderá la gratitud que debo guardar a Marfa Petrovna por haber contado a su hermana tantas cosas enigmáticas e interesantes sobre mí. No sé qué impresión le producirían estas confidencias, pero apostaría cualquier cosa a que me favorecieron. A pesar de la aversión que su hermana sentía hacia mi persona, a pesar de mi actitud sombría y repulsiva, acabó por compadecerse del hombre perdido que veía en mí. Y cuando la piedad se apodera del corazón de una joven, esto es sumamente peligroso para ella. La asalta el deseo de salvar, de hacer entrar en razón, de regenerar, de conducir por el buen camino a un hombre, de ofrecerle, en fin, una vida nueva. Ya debe de conocer usted los sueños de esta índole.

"Enseguida me di cuenta de que el pájaro iba por impulso propio hacia la jaula, y adopté mis precauciones. No haga esas muecas, Rodion Romanovitch: ya sabe usted que este asunto no tuvo consecuencias importantes… ¡El diablo me lleve! ¡Cómo estoy bebiendo esta tarde…! Le aseguro que más de una vez he lamentado que su hermana no naciera en el siglo segundo o tercero de nuestra era. Entonces habría podido ser hija de algún modesto príncipe reinante, o de un gobernador, o de un procónsul en Asia Menor. No cabe duda de que habría engrosado la lista de los mártires y sonreído ante los hierros al rojo y toda clase de torturas. Ella misma habría buscado este martirio…Si hubiese venido al mundo en el siglo quinto, se habría retirado al desierto de Egipto, y allí habría pasado treinta años alimentándose de raíces, éxtasis y visiones. Es una mujer que anhela sufrir por alguien, y si se la privase de este sufrimiento, sería capaz, tal vez, de arrojarse por una ventana.

"He oído hablar de un joven llamado Rasumikhine, un muchacho inteligente, según dicen. A juzgar por su nombre, debe de ser un seminarista… Bien, que este joven cuide de su hermana.

"En resumen, que he conseguido comprenderla, de lo cual me enorgullezco. Pero entonces, es decir, en el momento de trabar conocimiento con ella, fui demasiado ligero y poco clarividente, lo que explica que me equivocara...¡El diablo me lleve! ¿Por qué será tan hermosa? Yo no tuve la culpa.

"La cosa empezó por un violento capricho sensual. Avdotia Romanovna es extraordinariamente, exageradamente púdica (no vacilo en afirmar que su recato es casi enfermizo, a pesar de su viva inteligencia, y que tal vez le perjudique). Así las cosas, una campesina de ojos negros, Paracha, vino a servir a nuestra casa. Era de otra aldea y nunca había trabajado para otros. Aunque muy bonita, era increíblemente tonta: las lágrimas, los gritos con que esta chica llenó la casa produjeron un verdadero escándalo.

Un día, después de comer, Avdotia Romanovna me llevó a un rincón del jardín y me exigió la promesa de que dejaría tranquila a la pobre Paracha. Era la primera vez que hablábamos a solas. Yo, como es natural, me apresuré a doblegarme a su petición e hice todo lo posible por aparecer conmovido y turbado; en una palabra, que desempeñé perfectamente mi papel. A partir de entonces tuvimos frecuentes conversaciones secretas, escenas en que ella me suplicaba con lágrimas en los ojos, sí, con lágrimas en los ojos, que cambiara de vida. He aquí a qué extremos llegan algunas muchachas en su deseo de catequizar. Yo achacaba todos mis errores al destino, me presentaba como un hombre ávido de luz, y, finalmente, puse en práctica cierto medio de llegar al corazón de las mujeres, un procedimiento que, aunque no engaña a nadie, es siempre de efecto seguro. Me refiero a la adulación. Nada hay en el mundo más difícil de mantener que la franqueza ni nada más cómodo que la adulación. Si en la franqueza se desliza la menor nota falsa, se produce inmediatamente una disonancia y, con ella, el escándalo. En cambio, la adulación, a pesar de su falsedad, resulta siempre agradable y es recibida con placer, un placer vulgar si usted quiere, pero que no deja de ser real.

Además, la lisonja, por burda que sea nos hace creer siempre que encierra una parte de verdad. Esto es así para todas las esferas sociales y todos los grados de la cultura. Incluso la más pura vestal es sensible a la adulación. De la gente vulgar no hablemos. No puedo recordar sin reírme cómo logré seducir a una damita que sentía verdadera devoción por su marido, sus hijos y su familia. ¡Qué fácil y divertido fue! El caso es que era verdaderamente virtuosa, por lo menos a su modo. Mi táctica consistió en humillarme ante ella e inclinarme ante su castidad. La adulaba sin recato y, apenas obtenía un apretón de mano o una mirada, me acusaba a mí mismo amargamente de habérselos arrancado a la fuerza y afirmaba que su resistencia era tal, que jamás habría logrado nada de ella sin mi desvergüenza y mi osadía. Le decía que, en su inocencia, no podía prever mis bribonadas, que había caído en la trampa sin darse cuenta, etcétera. En una palabra, que conseguí mis propósitos, y mi dama siguió convencida de su inocencia: atribuyó su caída a un simple azar.

No puede usted imaginarse cómo se enfureció cuando le dije que estaba completamente seguro de que ella había ido en busca del placer exactamente igual que yo.

La pobre Marfa Petrovna tampoco resistía a la adulación, y, si me lo hubiera propuesto, habría conseguido que pusiera su propiedad a mi nombre (estoy bebiendo demasiado y hablando más de la cuenta). No se enfade usted si le digo que Avdotia Romanovna no fue insensible a los elogios de que la colmaba. Pero fui un estúpido y lo eché a perder todo con mi impaciencia. Más de una vez la miré de un modo que no le gustó. Cierto fulgor que había en mis ojos la inquietaba y acabó por serle odioso. No entraré en detalles: sólo le diré que reñimos. También en esta ocasión me conduje estúpidamente: me reí de sus actividades conversionistas.

Paracha volvió a contar con mis atenciones, y otras muchas le siguieron. O sea que empecé a llevar una vida infernal. ¡Si hubiera usted visto, Rodion Romanovitch, aunque sólo hubiera sido una vez, los rayos que pueden lanzar los ojos de su hermana…!

No crea demasiado al pie de la letra mis palabras. Estoy embriagado. Acabo de beberme un vaso entero. Sin embargo, digo la verdad. El centelleo de aquella mirada me perseguía hasta en sueños. Llegué al extremo de no poder soportar el susurro de sus vestidos. Temí que me diera un ataque de apoplejía. Nunca hubiese creído que pudiera apoderarse de mí una locura semejante. Yo deseaba hacer las paces con ella, pero la reconciliación era imposible. Y ¿sabe usted lo que hice entonces? ¡A qué grado de estupidez puede conducir a un hombre el despecho! No tome usted ninguna determinación cuando está furioso, Rodion Romanovitch. Teniendo en cuenta que Avdotia Romanovna era pobre (¡Oh perdón!, no quería decir eso…, pero ¿qué importan las palabras si expresan nuestro pensamiento?), teniendo en cuenta que vivía de su trabajo y que tenía a su cargo a su madre y a usted (¿otra vez arruga usted las cejas?), decidí ofrecerle todo el dinero que poseía (en aquel momento podía reunir unos treinta mil rublos) y proponerle que huyera conmigo, a esta capital, por ejemplo. Una vez aquí, le habría jurado amor eterno y sólo habría pensado en su felicidad. Entonces estaba tan prendado de ella, que si me hubiera dicho: "Envenena, asesina a Marfa Petrovna", yo lo habría hecho, puede usted creerme. Pero todo esto terminó con el desastre que usted conoce, y ya puede usted figurarse a qué extremo llegaría mi cólera cuando me enteré de que Marfa Petrovna había hecho amistad con ese farsante de Lujine y amañado un matrimonio con su hermana, que no aventajaba en nada a lo que yo le ofrecía. ¿No lo cree usted así...? Dígame, responda... Veo que usted me ha escuchado con gran atención, interesante joven...".

Svidrigailof, impaciente, había dado un puñetazo en la mesa. Estaba congestionado. Raskolnikof comprendió que el vaso y medio de champán que se había bebido a pequeños sorbos le había transformado profundamente, y decidió aprovechar esta circunstancia para sonsacarle, pues aquel hombre le inspiraba gran desconfianza.

—Después de todo eso —dijo resueltamente, con el propósito de exasperarle—, no me cabe la menor duda de que ha venido aquí por mi hermana.

—Nada de eso —respondió Svidrigailof haciendo esfuerzos por serenarse

—. Ya le he dicho que... Además, su hermana no me puede ver.

—No lo dudo, pero no se trata de eso.

—¿De modo que está usted seguro de que no me puede soportar? —Svidrigailof le hizo un guiño y sonrió burlonamente—. Tiene usted razón: le soy antipático. Pero nunca se pueden poner las manos al fuego sobre lo que pasa entre marido y mujer o entre dos amantes. Siempre hay un rinconcito oculto que sólo conocen los interesados. ¿Está usted seguro de que Avdotia Romanovna me mira con repugnancia?

—Ciertas frases y consideraciones de su relato me demuestran que usted sigue abrigando infames propósitos sobre Dunia.

Svidrigailof no se mostró en modo alguno ofendido por el calificativo que Raskolnikof acababa de aplicar a sus propósitos, y exclamó con ingenuo temor:

—¿De veras se me han escapado frases y reflexiones que le han hecho pensar a usted eso?

—En este mismo momento está usted dejando entrever sus fines. ¿De qué se ha asustado? ¿Cómo explica usted esos repentinos temores?

—¿Que yo me he asustado? ¿Que tengo miedo? ¿Miedo de usted? Es usted el que puede temerme a mí, cher ami. ¡Qué tonterías! Por lo demás, estoy borracho, ya lo veo. Si bebiera un poco más podría cometer algún disparate.

¡Que se vaya al diablo la bebida! ¡Eh, traedme agua!

Cogió la botella de champán y la arrojó por la ventana sin contemplaciones. Felipe le trajo agua.

—Todo eso es absurdo —añadió, empapando una servilleta y aplicándosela a la frente—. En dos palabras puedo reducir a la nada sus suposiciones. ¿Sabe usted que voy a casarme?

—Ya me lo dijo.

—¡Ah!, ¿sí? Pues no me acordaba…Pero entonces nada podía afirmar, porque aún no había visto a mi prometida y sólo se trataba de una intención.

Ahora es cosa hecha. Si no fuera por la cita de que le he hablado, le llevaría a casa de mi novia. Pues me gustaría que usted me aconsejase… ¡Demonio! No dispongo más que de diez minutos. Mire usted mismo el reloj. El proceso de este matrimonio es sumamente interesante. Ya se lo contaré. ¿Adónde va usted? ¿Todavía quiere marcharse?

—No, ya no me quiero marchar.

—¿De modo que no quiere usted dejarme? Eso lo veremos. Le llevaré a casa de mi prometida, pero no ahora, sino en otra ocasión, pues nos tendremos que separar en seguida. Usted irá hacia la derecha y yo hacia la izquierda.

¿Conoce usted a esa señora llamada Resslich? Es la mujer en cuya casa me hospedo… ¿Me escucha? No, está usted pensando en otra cosa. Ya sabe usted que se acusa a esa señora de haber provocado este invierno el suicidio de una jovencita…Bueno, ¿me escucha usted o no…? En fin, es esa señora la que me ha arreglado este matrimonio. Me dijo: «Tienes aspecto de hombre preocupado. Has de buscarte una distracción.» Pues yo soy un hombre taciturno. ¿No me cree usted? Pues se equivoca. Yo no hago daño a nadie: vivo apartado en mi rincón. A veces pasan tres días sin que hable con nadie. Esa bribona de Resslich abriga sus intenciones. Confía en que yo me cansaré muy pronto de mi mujer y la dejaré plantada. Y entonces ella la lanzará a la… circulación, bien en nuestro mundo, bien en un ambiente más elevado. Me ha contado que el padre de la chica es un viejo sin carácter, un antiguo funcionario que está enfermo: hace tres años que no puede valerse de sus piernas y está inmóvil en su sillón. También tiene madre, una mujer muy inteligente. El hijo está empleado en una ciudad provinciana y no ayuda a sus padres. La hija mayor se ha casado y no da señales de vida. Los pobres viejos tienen a su cargo dos sobrinitos de corta edad. La hija menor ha tenido que dejar el instituto sin haber terminado sus estudios. Dentro de dos o tres meses cumplirá los dieciséis años y entonces estará en edad de casarse. Ésta es mi prometida. Una vez obtenidos estos informes, me presenté a la familia como un propietario viudo de buena casa, bien relacionado y rico. En cuanto a la diferencia de edades (ella dieciséis años y yo más de cincuenta), es un detalle sin importancia. Un hombre así es un buen partido, ¿no?, un partido tentador.

¡Si me hubiera usted visto hablar con los padres! Se habría podido pagar por presenciar ese espectáculo. En esto llega la chiquilla con un vestidito corto y semejante a un capullo que empieza a abrirse. Hace una reverencia y se pone tan encarnada como una peonía. Sin duda le habían enseñado la lección. No conozco sus gustos en materia de caras de mujer, pero, a mi juicio, la mirada infantil, la timidez, las lagrimitas de pudor de las jovencitas de dieciséis años valen más que la belleza. Por añadidura, es bonita como una imagen. Tiene el cabello claro y rizado como un corderito, una boquita de labios carnosos y purpúreos... ¡Un amor! Total, que trabamos conocimiento, yo dije que asuntos de familia me obligaban a apresurar la boda, y al día siguiente, es decir, anteayer, nos prometimos. Desde entonces, apenas llego, la siento en mis rodillas y ya no la dejo marcharse. Su cara enrojece como una aurora y yo no ceso de besarla. Su madre la ha aleccionado, sin duda, diciéndole que soy su futuro esposo y que lo que hago es normal. Conseguida esta comprensión, el papel de novio es más agradable que el de marido. Esto es lo que se llama la natura et la verita. ¡Ja, ja! He hablado dos veces con ella. La muchachita está muy lejos de ser tonta. Tiene un modo de mirarme al soslayo que me inflama la sangre. Tiene una carita que recuerda a la de la Virgen Sixtina de Rafael.

¿No le impresiona la expresión fantástica y alucinante que el pintor dio a esa Virgen? Pues el semblante de ella es parecido. Al día siguiente de nuestros esponsales le llevé regalos por valor de mil quinientos rublos: un aderezo de brillantes, otro de perlas, un neceser de plata para el tocador; en fin, tantas cosas, que la carita de Virgen resplandecía. Ayer, cuando la senté en mis rodillas, debí de mostrarme demasiado impulsivo, pues ella enrojeció vivamente y en sus ojos aparecieron dos lágrimas que trataba de ocultar.

Nos dejaron solos. Entonces ella rodeó mi cuello con sus bracitos (fue la primera vez que hizo esto por propio impulso), me besó y me juró ser una esposa obediente y fiel que dedicaría su vida entera a hacerme feliz y que todo lo sacrificaría por merecer mi cariño, y añadió que esto era lo único que deseaba y que para ella no necesitaba regalos. Convenga usted que oír estas palabras en boca de un ángel de dieciséis años, vestido de tul, de cabellos rizados y mejillas teñidas por un rubor virginal, es sumamente seductor... Confiéselo, confiéselo...Oiga..., oiga..., le llevaré a casa de mi novia..., pero no puedo hacerlo ahora mismo.

—Total, que esa monstruosa diferencia de edades aviva su sensualidad.

¿Es posible que usted piense seriamente en casarse en esas condiciones?

—¿Por qué no? Es cosa completamente decidida. Cada uno hace lo que puede en este mundo, y hacerse ilusiones es un medio de alegrar la vida... ¡Ja, ja! ¡Pero qué moralista es usted! Tenga compasión de mí, amigo mío. Soy un pecador. ¡Je, je, je!

—Ahora comprendo que se haya encargado usted de los hijos de Catalina Ivanovna. Tenía usted sus razones.

—Adoro a los niños, los adoro de veras —exclamó Svidrigailof, echándose a reír—. Sobre este particular puedo contarle un episodio sumamente curioso. El mismo día de mi llegada empecé a visitar antros. Estaba sediento de ellos después de siete años de rectitud. Ya habrá observado usted que no tengo ninguna prisa en volver a reunirme con mis antiguos amigos, y quisiera no verlos en mucho tiempo. Debo decirle que durante mi estancia en la propiedad de Marfa Petrovna me atormentaba con frecuencia el recuerdo de estos rincones misteriosos. ¡El diablo me lleve! El pueblo se entrega a la bebida; la juventud culta se marchita o perece en sus sueños irrealizables: se pierde en teorías monstruosas. Los demás se entregan a la disipación. He aquí el espectáculo que me ha ofrecido la ciudad a mi llegada. De todas partes se desprende un olor a podrido...

Fui a caer en eso que llaman un baile nocturno. No era más que una cloaca repugnante, como las que a mí me gustan. Se levantaban las piernas en un cancán desenfrenado, como jamás se había hecho en mis tiempos. ¡Es el progreso! De pronto veo una encantadora muchachita de trece años que está bailando con un apuesto joven. Otro joven los observa de cerca. Su madre estaba sentada junto a la pared, como espectadora. Ya puede usted suponer qué clase de baile era. La muchachita está avergonzada, enrojece; al fin se siente ofendida y se echa a llorar. El arrogante bailarín la obliga a dar una serie de vueltas, haciendo toda clase de muecas, y el público se echa a reír a carcajadas y empieza a gritar:

¡Bien hecho! ¡Así aprenderán a no traer niñas a un sitio como éste!" Esto a mí no me importa lo más mínimo. Me siento al lado de la madre y le digo que yo también soy forastero y que toda aquella gente me parece estúpida y grosera, incapaz de respetar a quien lo merece. Insinúo que soy un hombre rico y les propongo llevarlas en mi coche. Las acompaño a su casa y trabo conocimiento con ellas. Viven en un verdadero tugurio y han llegado de una provincia. Me dicen que consideran mi visita como un gran honor. Me entero de que no tienen un céntimo y han venido a hacer ciertas gestiones. Yo les ofrezco dinero y mis servicios. También me dicen que han entrado en el local nocturno por equivocación, pues creían que se trataba de una escuela de baile. Entonces yo les propongo contribuir a la educación de la muchacha dándole lecciones de francés y de baile. Ellas aceptan con entusiasmo, se consideran muy honradas, etcétera…, y yo sigo visitándolas.

¿Quiere usted que vayamos a verlas? Pero habrá de ser más tarde.

—¡Basta! No quiero seguir escuchando sus sucias y viles anécdotas, hombre ruin y corrompido.

—¡Ah, escuchemos al poeta! ¡Oh Schiller! ¿Dónde va a esconderse la virtud…? Mire, le contaré cosas como ésta sólo para oír sus gritos de indignación. Es para mí un verdadero placer.

—Lo creo. Hasta yo mismo me veo en ridículo en estos instantes —murmuró Raskolnikof, indignado.

Svidrigailof reía a mandíbula batiente. Al fin llamó a Felipe y, después de haber pagado su consumición, se levantó.

—Vámonos. Estoy bebido. Assez causé —exclamó—. He tenido un verdadero placer.

—Lo creo. ¿Cómo no ha de ser un placer para usted referir anécdotas escabrosas? Esto es una verdadera satisfacción para un hombre encenagado en el vicio y desgastado por la disipación, sobre todo cuando tiene un proyecto igualmente monstruoso y lo cuenta a un hombre como yo…Es una cosa que fustiga los nervios.

—Pues si es así —dijo Svidrigailof con cierto asombro—, si es así, a usted no le falta cinismo. Usted es capaz de comprender muchas cosas. Bueno, basta ya. Siento de veras no poder seguir hablando con usted. Pero ya volveremos a vernos…Tenga un poco de paciencia.

Salió de la taberna seguido de Raskolnikof. Su embriaguez se disipaba a ojos vistas. Parecía preocupado por asuntos importantes y su semblante se había nublado como si esperase algún grave acontecimiento. Su actitud ante Raskolnikof era cada vez más grosera e irónica. El joven se dio cuenta de este cambio y se turbó. Aquel hombre le inspiraba una gran desconfianza. Ajustó su paso al de él.

Estaban ya en la calle.

—Yo voy hacia la izquierda —dijo Svidrigailof—, y usted hacia la derecha. O al revés, si usted lo prefiere. El caso es que nos separemos. Adiós. Mon plaisir. Celebraré volver a verle.

Y tomó la dirección de la plaza del Mercado.

CAPÍTULO 5

Raskolnikof le alcanzó y se puso a su lado.

—¿Qué significa esto? —exclamó Svidrigailof—. Ya le he dicho a usted que…

—Esto significa que no le dejo a usted.

—¿Cómo?

Los dos se detuvieron y estuvieron un momento mirándose.

—Lo que usted me ha contado en su embriaguez me demuestra que, lejos de haber renunciado a sus odiosos proyectos contra mi hermana, se ocupa en ellos más que nunca. Sé que esta mañana ha recibido una carta. Usted puede haber encontrado una prometida en sus vagabundeos, pero esto no quiere decir nada. Necesito convencerme por mis propios ojos.

A Raskolnikof le habría sido difícil explicar qué era lo que quería ver por sí mismo.

—¿Quiere usted que llame a la policía?

—Llámela.

Se detuvieron de nuevo y se miraron a la cara. Al fin, el rostro de Svidrigailof cambió de expresión. Viendo que sus amenazas no intimidaban a Raskolnikof lo más mínimo, dijo de pronto, en el tono más amistoso y alegre:

—¡Es usted el colmo! Me he abstenido adrede de hablarle de su asunto, a pesar de que la curiosidad me devora. He dejado este tema para otro día. Pero usted es capaz de hacer perder la paciencia a un santo…Puede usted venir si quiere, pero le advierto que voy a mi casa sólo para un momento: el tiempo necesario para coger dinero. Luego cerraré la puerta y me iré a las Islas a pasar la noche. De modo que no adelantará nada viniendo conmigo.

—Tengo que ir a su casa. No a su habitación, sino a la de Sonia Simonovna: quiero excusarme por no haber asistido a los funerales.

—Haga usted lo que quiera. Pero le advierto que Sonia Simonovna no está en su casa. Ha ido a llevar a los huérfanos a una noble y anciana dama, conocida mía y que está al frente de varios orfelinatos. Me he captado a esta señora entregándole dinero para los tres niños de Catalina Ivanovna, más un donativo para las instituciones. Finalmente, le he contado la historia de Sonia Simonovna sin omitir detalle, y esto le ha producido un efecto del que no puede tener usted idea. Ello explica que Sonia Simonovna haya recibido una invitación para presentarse hoy mismo en el hotel donde se hospeda esa distinguida señora desde su regreso del campo.

—No importa.

—Haga usted lo que quiera, pero yo no iré con usted cuando salga de casa. ¿Para qué…? Óigame: estoy convencido de que usted desconfía de mí sólo porque he tenido la delicadeza de no hacerle preguntas enojosas…Usted ha interpretado erróneamente mi actitud. Juraría que es esto. Sea usted también delicado conmigo.

—¿Con usted, que escucha detrás de las puertas?

—¡Ya salió aquello! —exclamó Svidrigailof entre risas—. Le aseguro que me habría asombrado que no mencionara usted este detalle. ¡Ja, ja! Aunque comprendí perfectamente lo que usted había hecho, no entendí todo lo demás que dijo. Tal vez soy un hombre anticuado, incapaz de comprender ciertas cosas. Explíquemelo, por el amor de Dios. Ilústreme, enséñeme las ideas nuevas.

—Usted no pudo oír nada. Todo eso son invenciones suyas.

—Lo que quiero que me explique no es lo que usted se imagina. Pero, desde luego, oí parte de sus confidencias. Yo me refiero a sus continuas lamentaciones. Tiene usted alma de poeta y siempre está a punto de dejarse llevar de la indignación. ¿De modo que le parece a usted mal que la gente escuche detrás de las puertas? Ya que tan severo es usted, vaya a presentarse a las autoridades y dígales: "Me ha ocurrido una desgracia; he sufrido un error en mis teorías filosóficas". Pero si está usted convencido de que no se debe escuchar detrás de las puertas y, en cambio, se puede matar a una pobre vieja con cualquier arma que se tenga a mano, lo mejor que puede hacer es marcharse a América cuanto antes. ¡Huya! Tal vez tenga tiempo aún. Le hablo con toda franqueza. Si no tiene usted dinero, yo le daré el necesario para el viaje.

—No me pienso marchar —dijo Raskolnikof con un gesto despectivo.

—Comprendo... (desde luego, usted puede callarse si no quiere hablar), comprendo que usted se plantee una serie de problemas de índole moral. ¿Verdad que se los plantea? Usted se pregunta si ha obrado como es propio de un hombre y un ciudadano. Deje estas preguntas, recháchelas. ¿De qué pueden servirle ya? ¡Je, je! No vale la pena meterse en un asunto, empezar una operación que uno no es capaz de terminar. Por lo tanto, levántese la tapa de los sesos. ¿Qué, no se decide?

—Usted quiere irritarme para deshacerse de mí.

—¡Qué ocurrencia tan original! En fin, ya hemos llegado. Subamos... Mire, ésa es la puerta de la habitación de Sonia Simonovna. No hay nadie, convénzase... ¿No me cree? Preguntemos a los Kapernaumof, a quienes ella entrega la llave cuando se va...Mire, ahí está la señora de Kapernaumof... ¡Oiga! ¿Dónde está la vecina? (Es un poco sorda, ¿sabe...?) ¿Que ha salido...? ¿Adónde se ha marchado...? Ya lo ha oído usted; no está en casa y no volverá hasta la noche...Bueno, ahora venga a mis habitaciones. Pues quiere usted venir, ¿verdad...? Ya estamos. La señora Resslich ha salido. Siempre está muy atareada, pero es una buena mujer, se lo aseguro. Si usted hubiera sido más razonable, ella le habría podido ayudar...Mire, cojo un título del cajón de mi mesa (como usted ve, me quedan bastantes todavía). Hoy mismo lo convertiré en dinero. ¿Ya lo ha visto usted todo bien? Tengo prisa. Cerremos el cajón. Ahora la puerta. Y de nuevo estamos en la escalera. ¿Quiere usted que tomemos un coche? Ya le he dicho que voy a las Islas. ¿No quiere usted dar una vuelta? El simón nos llevará a la isla Elaguine. ¿Qué, no quiere? Vamos, decídase. Yo creo que va a llover, pero ¿qué importa? Levantaremos la capota.

Svidrigailof estaba ya en el coche. Raskolnikof se dijo que sus sospechas eran por el momento poco fundadas. Sin responder palabra, dio media vuelta y echó a andar en dirección a la plaza del Mercado. Si hubiese vuelto la cabeza, aunque sólo hubiera sido una vez, habría podido ver que Svidrigailof, después de haber recorrido un centenar de metros en el coche, se apeaba y pagaba al cochero. Pero el joven avanzaba mirando sólo hacia delante y pronto dobló una esquina. La profunda aversión que Svidrigailof le inspiraba le impulsaba a alejarse de él lo más de prisa posible. Se decía: "¿Qué se puede esperar de este hombre vil y grosero, de ese miserable depravado?". Sin embargo, esta opinión era un tanto prematura y tal vez mal fundada. En la manera de ser de Svidrigailof había algo que le daba cierta originalidad y lo envolvía en un halo de misterio. En lo concerniente a su hermana,

Raskolnikof estaba seguro de que Svidrigailof no había renunciado a ella. Pero todas estas ideas empezaron a resultarle demasiado penosas para que se detuviera a analizarlas.

Al quedarse solo cayó, como siempre, en un profundo ensimismamiento, y cuando llegó al puente se acodó en el pretil y se quedó mirando fijamente el agua del canal. Sin embargo, Avdotia Romanovna estaba cerca de él, observándole. Se habían cruzado a la entrada del puente, pero él había pasado cerca de ella sin verla. Dunetchka no le había visto jamás en la calle en semejante estado y se sintió inquieta. Estuvo un momento indecisa, preguntándose si se acercaría a él, y de pronto divisó a Svidrigailof que se dirigía rápido hacia ella desde la plaza del Mercado.

Procedía con sigilo y misterio. No entró en el puente, sino que se detuvo en la acera, procurando que Raskolnikof no le viese. A Dunia la había visto desde lejos y le hacía señas. La joven comprendió que le decía que se acercase, procurando no llamar la atención de Raskolnikof. Atendiendo a esta muda demanda, pasó en silencio por detrás de su hermano y fue a reunirse con Svidrigailof.

—¡Vámonos! Su hermano no debe enterarse de nuestra entrevista. Acabo de pasar un rato con él en una taberna adonde ha venido a buscarme y no me ha sido nada fácil deshacerme de él. No sé cómo se ha enterado de que le he escrito una carta, pero parece sospechar algo. Sin duda, usted misma le ha hablado de ello, pues nadie más puede habérselo dicho.

—Ahora que hemos doblado la esquina y que mi hermano ya no puede vernos, sepa usted que ya no le seguiré más lejos. Dígame aquí mismo lo que tenga que decirme. Nuestros asuntos pueden tratarse en plena calle.

—En primer lugar, no es éste un asunto que pueda tratarse en plena calle. En segundo, quiero que oiga usted también a Sonia Simonovna. Y, finalmente, tengo que enseñarle algunos documentos. Si usted no viene a mi casa, no le explicaré nada y me marcharé ahora mismo. Le ruego que no olvide que poseo el curioso secreto de su querido hermano.

Dunia se detuvo, indecisa, y dirigió una mirada penetrante a Svidrigailof.

—¿Qué teme usted? —dijo éste—. La ciudad no es el campo. Además, incluso en el campo me ha hecho usted más daño a mí que yo a usted. Aquí…

—¿Está prevenida Sonia Simonovna?

—No, no le he hablado de esto y no sé si está ahora en su casa. Creo que sí que estará, pues ha enterrado hoy a su madrastra y no debe de tener humor para salir. No he querido hablar a nadie de este asunto, e incluso siento haberme franqueado un poco con usted. En este caso, la menor imprudencia equivale a una denuncia…He aquí la casa donde vivo. Ya hemos llegado. Ese hombre que ve usted a la puerta es nuestro portero. Me conoce perfectamente y, como usted ve, me saluda. Bien ha advertido que voy acompañado de una dama y, sin duda, ha visto su cara. Estos detalles pueden tranquilizarla si usted desconfía de mí. Perdóneme si le hablo tan crudamente. Yo tengo mi habitación junto a la de Sonia Simonovna. Las dos piezas están separadas solamente por un tabique. En el piso hay numerosos inquilinos. ¿A qué vienen, pues, esos temores infantiles? No soy tan temible como todo eso.

Svidrigailof esbozó una sonrisa bonachona, pero estaba ya demasiado nervioso para desempeñar a la perfección su papel. Su corazón latía con violencia; sentía una fuerte opresión en el pecho. Procuraba levantar la voz para disimular su creciente agitación. Pero Dunia ya no veía nada: las últimas palabras de Svidrigailof sobre sus temores de niña la habían herido en su amor propio hasta cegarla.

—Aunque sé que es usted un hombre sin honor —dijo, afectando una calma que desmentía el vivo color de su rostro—, no me inspira usted temor alguno. Indíqueme el camino.

Svidrigailof se detuvo ante la habitación de Sonia.

—Permítame que vea si está…Pues no, se ha marchado. Es una contrariedad. Pero estoy seguro de que no tardará en volver. Sin duda ha ido a ver a una señora por el asunto de los huérfanos. La madre de esos niños acaba de morir. Yo me he interesado en el asunto y he dado ya ciertos pasos. Si Sonia Simonovna no ha regresado dentro de diez minutos y usted quiere hablar con ella, la enviaré a su casa esta misma tarde. Ya estamos en mis habitaciones. Son dos…Mi patrona, la señora Resslich, habita al otro lado del tabique. Ahora eche una mirada por aquí. Quiero mostrarle mis "documentos", por decirlo así. La puerta de mi habitación da a un alojamiento de dos piezas, que está completamente vacío…Mire con atención. Debe usted tener un conocimiento exacto del lugar del hecho.

Svidrigailof disponía de dos habitaciones amuebladas bastante espaciosas. Dunetchka miró en torno de ella con desconfianza, pero no vio nada sospechoso en la colocación de los muebles ni en la disposición del local. Sin embargo, debió advertir que el alojamiento de Svidrigailof se hallaba entre otros dos deshabitados. No se llegaba a sus habitaciones por el corredor, sino atravesando otras dos piezas que formaban parte del compartimiento de su patrona. Svidrigailof abrió la puerta de su dormitorio, que daba a uno de los alojamientos vacíos, y se lo mostró a Dunia, que permaneció en el umbral sin comprender por qué el huésped deseaba que mirase aquello. Pero en seguida recibió la explicación.

—Mire aquella habitación, la segunda y más espaciosa. Observe su puerta: está cerrada con llave. ¿Ve aquella silla colocada junto a la puerta? Es la única que hay en las dos habitaciones. La llevé yo de aquí para poder escuchar más cómodamente. Al otro lado de esa puerta está la mesa de Sonia Simonovna. La joven estaba sentada ante su mesa mientras hablaba con Rodion Romanovitch, y yo escuchaba la conversación desde este lado de la puerta. Escuché dos tardes seguidas, y cada tarde dos horas como mínimo. Por lo tanto, pude enterarme de muchas cosas, ¿no cree usted?

—¿Escuchaba usted detrás de la puerta?

—Sí, escuchaba detrás de la puerta…Venga, venga a mi alojamiento. Aquí ni siquiera hay donde sentarse.

Volvieron a las habitaciones de Svidrigailof y éste invitó a la joven a sentarse en la pieza que utilizaba como sala. Él se sentó también, pero a una prudente distancia, al otro lado de la mesa. Sin embargo, sus ojos tenían el mismo brillo ardiente que hacía unos momentos había inquietado a Dunetchka. Ésta se estremeció y volvió a mirar en torno a ella con desconfianza. Fue un gesto involuntario, pues su deseo era mostrarse perfectamente serena y dueña de sí misma. Pero el aislamiento en que se hallaban las habitaciones de Svidrigailof había acabado por atraer su atención. De buena gana habría preguntado si la patrona estaba en casa, pero no lo hizo: su orgullo se lo impidió. Por otra parte, el temor de lo que a ella le pudiera ocurrir no era nada comparado con la angustia que la dominaba por otras razones. Esta angustia era para Dunia un verdadero tormento.

—He aquí su carta —dijo depositándola en la mesa—. Lo que usted me dice en ella no es posible. Me deja usted entrever que mi hermano ha cometido un crimen. Sus insinuaciones son tan claras, que sería inútil que ahora tratase usted de recurrir a subterfugios. Le advierto que, antes de recibir lo que usted considera como una revelación, yo estaba enterada ya de este cuento absurdo, del que no creo ni una palabra. Es una suposición innoble y ridícula. Sé muy bien de dónde proceden esos rumores. Usted no puede tener ninguna prueba. En su carta me promete demostrarme la veracidad de sus palabras. Hable, pues. Pero sepa por anticipado que no le creo, no le creo en absoluto.

Dunetchka había dicho esto precipitadamente, dominada por una emoción que tiñó de rojo su cara.

—Si usted no lo creyera, no habría venido aquí. Porque no creo que haya venido por simple curiosidad.

—No me atormente: hable de una vez.

—Hay que convenir en que es usted una muchacha valiente. Yo esperaba, le doy mi palabra, que pidiera usted al señor Rasumikhine que la acompañase. Pero él no estaba con usted, ni rondaba por los alrededores, cuando nos hemos encontrado: me he fijado bien. Ha sido una verdadera demostración de valor. Ha querido defender por sí sola a Rodion Romanovitch…Por lo demás, todo en usted es divino. En cuanto a su hermano, ¿qué puedo decirle? Usted le acaba de ver. ¿Qué le ha parecido su actitud?

—Supongo que no fundará usted en esto sus acusaciones.

—No, las fundo en sus propias palabras. Ha venido dos días seguidos a pasar la tarde con Sonia Simonovna. Ya le he indicado el lugar donde hablaban. Su hermano lo confesó todo a la muchacha. Es un asesino. Mató a una vieja usurera en cuya casa tenía empeñados algunos objetos, y además a su hermana Lisbeth, que llegó casualmente en el momento del crimen. Las asesinó a las dos con un hacha que llevaba consigo. El móvil del crimen era el robo, y su hermano robó: se llevó dinero y algunos objetos. Me limito a repetir la confesión que hizo a Sonia Simonovna, que es la única que conoce este secreto, pero que no tiene participación alguna, ni material ni moral, en el crimen. Por el contrario, esa muchacha, al enterarse, sintió un horror tan profundo como el que usted demuestra ahora. Puede estar tranquila: esa joven no le denunciará.

—¡Imposible! —balbuceó Dunetchka, jadeante y con los labios pálidos—. Eso no es posible. Él no tenía el más mínimo motivo para cometer ese crimen… ¡Eso es mentira, mentira!

—Mató por robar: ahí tiene el motivo. Cogió dinero y joyas. Verdad es que, según ha dicho, no ha sacado provecho del botín, pues lo escondió debajo de una piedra, donde está todavía. Pero esto demuestra, simplemente, que no se ha atrevido a hacer use de él.

—Pero ¿es posible que haya robado? —exclamó Dunia, levantándose de un salto—. ¿Se puede creer tan sólo que haya tenido esa idea? Usted lo conoce. ¿Acaso tiene aspecto de ladrón?

Había olvidado su terror de hacía un momento y hablaba en tono suplicante.

—Esa pregunta tiene mil respuestas, infinidad de explicaciones. El ladrón comete sus fechorías consciente de su infamia. Pero yo he oído hablar que un hombre de probada nobleza desvalijó un correo. A lo mejor, creyó cometer una acción loable. Yo me habría resistido, como se resiste usted, a creer que su hermano hubiera cometido un acto así si me lo hubieran contado; pero no tengo más remedio que dar crédito al testimonio de mis propios oídos. Explicó los motivos de su proceder a Sonia Simonovna. Ésta, al principio, no podía creer en lo que estaba oyendo; pero acabó por rendirse a la evidencia. Así tenía que ser, ya que era el mismo autor del hecho el que lo contaba.

—¿Cuáles fueron los motivos de que habló?

—Eso sería demasiado largo de explicar, Avdotia Romanovna. Se trata…, ¿cómo se lo haré comprender…?, de una teoría, algo así como si dijéramos: el crimen se permite cuando persigue un fin loable. ¡Un solo crimen y cien buenas acciones! Por otra parte, para un joven colmado de cualidades y de orgullo es penoso reconocer que le gustaría apoderarse de una suma de tres mil rublos, por saber que esta cantidad sería suficiente para cambiar su porvenir. Añada usted a esto la irritación morbosa que produce una mala alimentación continua, un cuarto demasiado estrecho, una ropa hecha jirones, la miseria de la propia situación social y, al mismo tiempo, la de una madre y una hermana. Y por encima de todo la ambición, el orgullo…Y todo ello a pesar de no carecer seguramente de excelentes cualidades…No vaya usted a creer que le acuso. Además, esto no es de mi incumbencia. También expuso una teoría personal según la cual la humanidad se divide en individuos que forman el rebaño y en personas extraordinarias, es decir, seres que, gracias a su superioridad, no están obligados a acatar la ley. Por el contrario, éstos son los que hacen las leyes para los demás, para el rebaño, para el polvo. En fin, c'est une théorie comme une autre. Napoleón lo tenía fascinado o, para decirlo con más exactitud, lo que le seducía era la idea de que los hombres de genio no temen cometer un crimen inicial, sino que se lanzan a ello resueltamente y sin pensarlo. Yo creo que su hermano se imaginó que también era genial o, por lo menos, que esta idea se apoderó de él en un momento dado. Ha sufrido mucho y sufre aún ante la idea de que es capaz de inventar una teoría, pero no de aplicarla, y que, por lo tanto, no es un hombre genial. Esta idea es sumamente humillante para un joven orgulloso y, especialmente, de nuestro tiempo.

—¿Y el remordimiento? ¿Es que le niega usted todo sentimiento moral? ¿Acaso es mi hermano como usted pretende que sea?

—¡Oh Avdotia Romanovna! Ahora todo es desorden y anarquía. Por otra parte, el orden ha sido siempre algo ajeno a él. Los rusos, Avdotia Romanovna, tienen un alma generosa y grande como su país, y también una tendencia a las ideas fantásticas y desordenadas. Pero es una desgracia poseer un alma grande y noble sin genio. ¿Se acuerda usted de nuestras conversaciones sobre este tema, en la terraza, después de cenar? Usted me reprochaba esta amplitud de espíritu. Y quién sabe si mientras usted me hablaba así, él estaba echado, dándole vueltas a su proyecto…Hay que reconocer, Avdotia Romanovna, que la tradición en nuestra sociedad culta es muy endeble. La única que posee es la que se adquiere por medio de los libros, de las crónicas del pasado. Y eso se queda para los sabios, los cuales, por otra parte, son tan cándidos que un hombre de mundo se avergonzaría de seguir sus enseñanzas. Por lo demás, ya conoce usted mi opinión: yo no acuso a nadie. Vivo en el ocio y estoy aferrado a este género de vida. Ya hemos hablado de esto más de una vez. Incluso he tenido la dicha de interesarle exponiéndole mis juicios… Está usted muy pálida, Avdotia Romanovna.

—Conozco la teoría de que usted me ha hablado. He leído en una revista un artículo de mi hermano acerca de los hombres superiores. Me lo trajo Rasumikhine.

—¿Rasumikhine? ¿Un artículo de su hermano en una revista? Ignoraba que hubiera escrito semejante artículo…Pero ¿adónde va, Avdotia Romanovna?

—Quiero ver a Sonia Simonovna —repuso Dunia con voz débil—. ¿Dónde está la puerta de su habitación? Tal vez ha regresado ya. Quiero verla en seguida para que ella me…

No pudo terminar; se ahogaba materialmente.

—Sonia Simonovna no volverá hasta la noche. Así lo supongo. Tenía que volver en seguida y no lo ha hecho. Esto es señal de que regresará tarde.

—¡Me has engañado! ¡Me has mentido! —exclamó Dunia en un arrebato de cólera que la enloquecía—. Ahora lo veo claro. ¡Me has mentido! ¡No te creo, no te creo!

Y cayó casi desvanecida en una silla que Svidrigailof se apresuró a acercarle.

—Pero, ¿qué le ocurre, Avdotia Romanovna? Cálmese. Tenga, beba un poco de agua.

Svidrigailof le salpicó el rostro. Dunetchka se estremeció y volvió en sí.

—Ha sido un golpe demasiado violento —murmuró Svidrigailof, apenado—. Tranquilícese, Avdotia Romanovna. Su hermano tiene amigos. Le salvaremos. ¿Quiere usted que lo mande al extranjero? No tardaré más de tres días en conseguirle un billete. En cuanto a su crimen, él lo borrará a fuerza de buenas acciones. Cálmese. Todavía puede llegar a ser un gran hombre. ¿Se siente usted mejor?

—¡Qué cruel e indigno es usted! Todavía se atreve a burlarse. ¡Déjeme en paz!

—¿Adónde va?

—A casa de Rodia. ¿Dónde está ahora? Usted lo sabe... ¿Por qué está cerrada esta puerta? Hemos entrado por aquí y ahora está cerrada con llave. ¿Cuándo la ha cerrado?

—No iba a dejar que todo el mundo oyera lo que decíamos. Estoy muy lejos de burlarme. Lo que ocurre es que estoy cansado de hablar en este tono. ¿Adónde se propone usted ir? ¿Es que quiere entregar a su hermano a la justicia? Piense que usted puede enloquecerlo y dar lugar a que se entregue él mismo. Sepa usted que le vigilan, que le siguen los pasos. Espere. Ya le he dicho que le he visto hace un rato y que he hablado con él. Todavía podemos salvarlo. Espere; siéntese y vamos a estudiar juntos lo que se puede hacer. La he hecho venir para que hablemos tranquilamente. Siéntese, haga el favor.

—¿Cómo va usted a salvarlo? ¿Acaso tiene salvación? Dunia se sentó. Svidrigailof ocupó otra silla cerca de ella.

—Eso depende de usted, de usted, sólo de usted —dijo en un susurro.

Sus ojos centelleaban. Su agitación era tan profunda, que apenas podía articular las palabras. Dunia retrocedió, inquieta. Él prosiguió, temblando:

—De usted depende...Una sola palabra de usted, y lo salvaremos. Yo...yo lo salvaré. Tengo dinero y amigos. Le mandaré en seguida al extranjero. Sacaré un pasaporte para mí...; no, dos pasaportes: uno para él y otro para mí. Tengo amigos, hombres influyentes... ¿Quiere...? Sacaré también un pasaporte para usted..., y otro para su madre...Usted no necesita para nada a Rasumikhine. Yo la amo tanto como él. Yo la amo con todo mi ser...Deme el borde de su falda para besarlo, démelo. El susurro de su vestido me enloquece. Usted me mandará y yo la obedeceré. Sus creencias serán las mías. Haré todo, todo lo que usted quiera…No me mire así, por favor. ¿No ve usted que me está matando?

Empezó a desvariar. Parecía haberse vuelto loco. Dunia se levantó de un salto y corrió hacia la puerta.

—¡Ábranme, ábranme! —dijo a gritos mientras la golpeaba—. ¿Por qué no me abren? ¿Es posible que no haya nadie en la casa?

Svidrigailof volvió en sí y se levantó. Una aviesa sonrisa apareció en sus labios, todavía temblorosos.

—No, no hay nadie —dijo lentamente y en voz baja—. Mi patrona ha salido. Sus gritos son, pues, inútiles.

—¿Dónde está la llave? ¡Abre la puerta, abre inmediatamente! ¡Miserable, canalla!

—La llave se me ha perdido.

—¡Comprendo! ¡Esto es una emboscada!

Y Dunia, pálida como una muerta, corrió hacia un rincón, donde se atrincheró tras una mesa.

Ya no gritaba. Estaba inmóvil y tenía la mirada fija en su enemigo, para no perder ninguno de sus movimientos.

Svidrigailof estaba también inmóvil. Al parecer iba recobrándose, pero el color no había vuelto a su rostro. Su sonrisa seguía mortificando a Avdotia Romanovna.

—Ha pronunciado usted la palabra «emboscada», Avdotia Romanovna. Bien, pues si existe esa emboscada, habrá de pensar usted en que he tomado toda clase de precauciones. Sonia Simonovna no está en su habitación. Los Kapernaumof quedan lejos, a cinco piezas de aquí. Soy mucho más fuerte que usted, y tampoco puedo temer que usted me denuncie, porque en este caso perdería a su hermano, y usted no quiere perderlo, ¿verdad? Además, nadie la creería. ¿Qué explicación puede tener que una joven vaya sola a visitar a un hombre soltero? O sea que si usted se decidiese a sacrificar a su hermano, sería inútil, porque no podría probar nada. Una violación es sumamente difícil de demostrar.

—¡Miserable!

—Puede decir lo que quiera, pero le advierto que hasta ahora me he limitado a hacer simples suposiciones. Personalmente, estoy de acuerdo con usted. Obrar por la fuerza contra alguien es una bajeza. Mi intención era únicamente tranquilizar su conciencia en el caso de que usted…, de que usted quisiera salvar a su hermano de buen grado, es decir, tal como yo le he propuesto. Usted no haría entonces sino inclinarse ante las circunstancias, ceder a la necesidad, por decirlo así… Piense usted en ello. La suerte de su hermano, y también la de su madre, está en sus manos. Piense, además, que yo seré su esclavo, y para toda la vida…Espero su resolución.

Svidrigailof se sentó en el sofá, a unos ocho pasos de Dunia. La joven no tenía la menor duda acerca de sus intenciones: sabía que eran inquebrantables, pues conocía bien a Svidrigailof…De pronto sacó del bolsillo un revólver, lo preparó para disparar y lo dejó en la mesa, al alcance de su mano.

Svidrigailof hizo un movimiento de sorpresa.

—¡Ah, caramba! —exclamó con una pérfida sonrisa—. Así la cosa cambia por completo. Usted misma me facilita la tarea, Avdotia Romanovna… Pero ¿de dónde ha sacado usted ese revólver? ¿Se lo ha proporcionado el señor Rasumikhine? ¡Toma, si es el mío! ¡Un viejo amigo! ¡Tanto como lo busqué!

Las lecciones de tiro que tuve el honor de darle en el campo no fueron inútiles, por lo que veo.

—Este revólver no es tuyo, monstruo, sino de Marfa Petrovna. No había nada tuyo en su casa. Lo cogí cuando comprendí de lo que eras capaz. Si das un paso, te juro que te mato.

Dunia había empuñado el revólver. En su desesperación, estaba dispuesta a disparar.

—Bueno, ¿y su hermano? Le hago esta pregunta por pura curiosidad —dijo Svidrigailof sin moverse del sitio.

—Denúnciale si quieres. Un paso y disparo. Tú envenenaste a tu esposa: estoy segura. Tú también eres un asesino.

—¿Está usted segura de que envené a Marfa Petrovna?

—Sí, tú mismo me lo dejaste entrever. Me hablaste de un veneno. Sé que te lo habías procurado, que lo habías preparado…Fuiste tú, tú…, ¡infame!

—Si eso fuera verdad, sólo lo habría hecho por ti: tú habrías sido la causa.

—¡Mientes! Yo siempre te he odiado, ¡siempre!

—Por lo visto, Avdotia Romanovna, usted se ha olvidado de que, cuando trataba de convertirme, se inclinaba sobre mí y me dirigía lánguidas miradas. Yo, entonces, la miraba fijamente a los ojos, ¿recuerda…? La noche…, el claro de luna…Un ruiseñor cantaba…

La ira llameó en los ojos de Dunia.

—¡Mientes, mientes! ¡Eres un calumniador!

—¿Miento? Bien, lo admito. No se deben recordar estas cosillas a las mujeres —añadió con una sonrisa burlona—. Sé que vas a disparar, preciosa bestezuela. Pues bien, dispara…

Dunia le apuntó. Sólo esperaba que hiciera un movimiento para apretar el gatillo. Estaba mortalmente pálida, temblaba su labio inferior y sus grandes ojos negros lanzaban llamaradas. Svidrigailof no la había visto nunca tan hermosa. En el momento en que la joven levantó el revólver, el fuego de sus ojos penetró en el pecho del enemigo y quemó su corazón, que se contrajo dolorosamente. Dio un paso hacia delante y se oyó una detonación. La bala rozó el cabello de Svidrigailof y fue a incrustarse en la pared, a sus espaldas. Svidrigailof se detuvo y dijo, esbozando una sonrisa:

—Una picadura de avispa… Ya veo que ha tirado usted a la cabeza…Pero ¿qué es esto? Parece sangre.

Y sacó el pañuelo para limpiarse un hilillo de sangre que resbalaba por su sien. La bala debió de rozar la piel del cráneo.

Dunia había bajado el revólver y miraba a Svidrigailof con un gesto de pasmo más que de temor. Parecía incapaz de comprender lo que había hecho y lo que ocurría ante ella.

—Ya lo ve: ha errado el tiro. Vuelva a disparar. Ya ve que estoy esperando. Hablaba en voz baja y con una sonrisa que ahora tenía algo de siniestro.

—Si tarda usted tanto —continuó—, podré caer sobre usted antes de que haya vuelto a apretar el gatillo.

Dunetchka se estremeció, preparó el revólver y apuntó.

—¡Déjeme! —gritó, desesperada—. Le juro que volveré a disparar ¡y le mataré!

—¡Qué importa! Desde luego, disparando a tres pasos es imposible fallar.

Pero si usted no me mata…

Sus ojos centellearon y dio dos pasos más. Dunetchka disparó, pero no salió la bala.

—Ese revólver está mal cargado. Pero no importa: le queda una bala todavía. Arréglelo. Espero.

Estaba a dos pasos de la joven y la miraba con una ardiente fijeza que expresaba una resolución indómita. Dunia comprendió que preferiría morir a renunciar a ella. Y…y ahora estaba segura de matarle, ya que sólo lo tenía a dos pasos.

De pronto arrojó el arma.

—¡No quiere matarme! —exclamó Svidrigailof, asombrado.

Luego respiró profundamente. Su alma acababa de librarse de un gran peso que no era sólo el temor a la muerte. Sin embargo, le habría sido difícil explicar lo que sentía. Tenía la sensación de que se había librado de otro sentimiento más penoso que el de la muerte, pero no lograba identificarlo.

Se acercó a Dunia y la enlazó suavemente por el talle. Ella no opuso la menor resistencia, pero temblaba como una hoja y le miraba con ojos suplicantes. Él intentó hablarle, mas sus labios sólo consiguieron hacer una mueca. No pudo pronunciar una sola palabra.

—¡Déjame! —suplicó Dunia.

Svidrigailof se estremeció. Este tuteo no era el mismo que el de hacía un momento.

—Así, ¿no me amas? —preguntó en un susurro.

Dunia negó con la cabeza.

—¿No puedes...? ¿No podrás nunca? —murmuró con acento desesperado.

—Nunca —respondió Dunia, también en voz baja.

Durante unos momentos se estuvo librando una lucha espantosa en el alma de Svidrigailof. Sus ojos se habían fijado en la joven con una expresión indescriptible. De súbito retiró el brazo con que había rodeado su talle, dio media vuelta y se dirigió a la ventana.

Tras unos instantes de silencio, sacó la llave del bolsillo izquierdo de su gabán y la dejó en la mesa que estaba a sus espaldas, sin volver los ojos hacia Dunia.

—Ahí tiene la llave. Cójala y váyase en seguida. Siguió mirando obstinadamente a través de la ventana. Dunia se acercó a la mesa y cogió la llave.

—¡Pronto, pronto! —exclamó Svidrigailof sin hacer el menor movimiento, pero dando a sus palabras un tono terrible.

Dunia no se lo hizo repetir. Con la llave en la mano, corrió hacia la puerta, la abrió precipitadamente y salió a toda prisa. Un instante después corría como una loca a lo largo del canal en dirección al puente de ***.

Svidrigailof permaneció todavía tres minutos ante la ventana. Después se volvió lentamente, dirigió una mirada en torno a él y se pasó la mano por la frente. Una sonrisa horrible crispó sus facciones, una lastimosa sonrisa que expresaba impotencia, tristeza y desesperación. Su mano se manchó de sangre. Se la miró con un gesto de cólera. Luego mojó una toalla y se lavó la sien. El revólver arrojado por Dunia había rodado hasta la puerta. Lo recogió y empezó a examinarlo. Era pequeño, de tres tiros y de antiguo modelo. Aún quedaba en él una bala. Tras un momento de reflexión, se lo guardó en el bolsillo, cogió el sombrero y se marchó.

CAPÍTULO 6

Estuvo hasta las diez de la noche recorriendo tabernas y tugurios. Halló a Katia en uno de estos establecimientos. La muchacha cantaba sus habituales y descaradas cancioncillas. Svidrigailof la invitó a beber, así como a un organillero, a los camareros, a los cantantes y a dos empleadillos que atrajeron su simpatía sólo porque tenían torcida la nariz. En uno, este apéndice se ladeaba hacia la derecha y en el otro hacia la izquierda, cosa que le sorprendió sobremanera. Éstos acabaron por llevarle a un jardín de recreo. Svidrigailof pagó las entradas. En el jardín había un abeto escuálido, tres arbolillos más y una construcción que ostentaba el nombre de Vauxhall, pero que no era más que una taberna, donde también podía tomarse té.

En el jardín había igualmente varios veladores verdes con sillas. Un coro de malos cantantes y un payaso de nariz roja completamente borracho y extraordinariamente triste se encargaban de distraer al público.

Los empleadillos se encontraron con varios colegas y empezaron a reñir con ellos. Se escogió como árbitro a Svidrigailof. Éste estuvo un cuarto de hora tratando de averiguar el motivo del pleito; pero todos gritaban a la vez y no había medio de entenderse. Lo único que comprendió fue que uno de ellos había cometido un robo y vendido el objeto robado a un judío que había llegado oportuna y casualmente, hecho lo cual se negaba a repartirse con sus compañeros el producto de la operación. Al fin se descubrió que el objeto robado era una cucharilla de plata perteneciente al Vauxhall. Los empleados del establecimiento se dieron cuenta de la desaparición de la cucharilla, y el asunto habría tomado un cariz desagradable si Svidrigailof no hubiera acallado las protestas de los perjudicados.

Después de pagar la cucharilla salió del jardín. Eran alrededor de las diez. No había bebido ni una gota de alcohol en toda la noche. Había tomado té, y eso porque había que pedir algo para permanecer en el local.

La noche era oscura y el aire denso. A eso de las diez, el cielo se cubrió de negras y espesas nubes y estalló una violenta tempestad. La lluvia no caía en gotas, sino en verdaderos raudales que azotaban el suelo. Relámpagos de enorme extensión iluminaban el espacio. Svidrigailof llegó a su casa calado hasta los huesos. Se encerró en su habitación, abrió el cajón de su mesa, sacó dinero y rompió varios papeles. Después de guardarse el dinero en el bolsillo, pensó cambiarse la ropa, pero, al ver que seguía lloviendo, juzgó que no valía la pena, cogió el sombrero y salió sin cerrar la puerta. Se fue derecho a la habitación de Sonia. Allí estaba la joven, pero no sola, sino rodeada de los cuatro niños de Kapernaumof, a los que hacía tomar una taza de té.

Sonia acogió respetuosamente a su visitante. Miró con una expresión de sorpresa sus mojadas ropas, pero no hizo el menor comentario. Al ver entrar a un desconocido, los niños echaron a correr despavoridos.

Svidrigailof se sentó ante la mesa e invitó a Sonia a sentarse a su lado. La muchacha se dispuso tímidamente a escucharle.

—Sonia Simonovna —empezó a decir el visitante—, es muy posible que me vaya a América, y como probablemente no nos volveremos a ver, he venido a arreglar con usted ciertos asuntos. Bueno, ¿ha hablado ya con esa señora? No hace falta que me cuente lo que le ha dicho, pues lo sé muy bien.

Sonia hizo un ademán y enrojeció. Svidrigailof siguió diciendo:

—Esas damas tienen sus costumbres, sus ideas…En cuanto a sus hermanitos, tienen el porvenir asegurado, pues el dinero que he depositado para ellos está en lugar seguro y lo he entregado contra recibo. Aquí tiene los recibos; guárdelos por lo que pueda ocurrir. Y demos por terminado este asunto. Ahora tenga usted estos tres títulos al cinco por ciento. Su valor es de tres mil rublos. Esto es para usted y sólo para usted. Deseo que la cosa quede entre nosotros. No diga nada a nadie, oiga lo que oiga. Este dinero le será útil, ya que debe usted dejar la vida que lleva ahora. No estaría nada bien que siguiera viviendo como vive, y con este dinero no tendrá necesidad de hacerlo.

—Ha sido usted tan bueno conmigo, con los huérfanos y con la difunta —balbuceó Sonia—, que nunca sabré cómo agradecérselo, y créame que…

—¡Bah! Dejemos eso…

—En cuanto a ese dinero, Arcadio Ivanovitch, muchas gracias, pero no lo necesito. Sabré ganarme el pan. No me considere una ingrata. Ya que es usted tan generoso, ese dinero…

—Es para usted y sólo para usted, Sonia Simonovna. Y le ruego que no hablemos más de este asunto, pues tengo prisa. Le será útil, se lo aseguro. Rodion Romanovitch no tiene más que dos soluciones: o pegarse un tiro o ir a parar a Siberia.

Al oír estas palabras, Sonia empezó a temblar y miró aterrada a su vecino.

—No se inquiete usted —continuó Svidrigailof—. Lo he oído todo de sus propios labios, pero no me gusta hablar y no diré ni una palabra a nadie. Hizo usted muy bien en aconsejarle que fuera a presentarse a la justicia: es el mejor partido que podría tomar…Pues bien, cuando lo envíen a Siberia, usted lo acompañará, ¿no es así? ¿Verdad que lo acompañará? En este caso, necesitará usted dinero: lo necesitará para él. ¿Comprende? Darle a usted este dinero es como dárselo a él. Además, usted ha prometido a Amalia Ivanovna pagarle. Yo lo oí. ¿Por qué contrae usted compromisos tan ligeramente, Sonia Simonovna? Era Catalina Ivanovna la que estaba en deuda con ella y no usted. Usted debió enviar a paseo a esa alemana. No se puede vivir así…En fin, si alguien le pregunta a usted por mí mañana, pasado mañana o cualquiera de estos días, cosa que sin duda ocurrirá, no hable usted de esta visita ni diga que le he dado dinero. Bueno, adiós —dijo levantándose—. Salude de mi parte a Rodion Romanovitch. ¡Ah, se me olvidaba! Le aconsejo que dé usted a guardar su dinero al señor Rasumikhine. ¿Le conoce? Sí, debe usted de conocerle. Es un buen muchacho. Llévele el dinero mañana…o cuando usted lo crea oportuno. Hasta entonces procure que no se lo quiten.

Sonia se había levantado también y miraba confusa a su visitante. Deseaba hablarle, hacerle algunas preguntas, pero se sentía intimidada y no sabía por dónde empezar.

—Pero… pero ¿va usted a salir con esta lluvia?

—¿Cómo puede importarle la lluvia a un hombre que se marcha a América? ¡Je, je! Adiós, querida Sonia Simonovna. Le deseo muchos años de vida, muchos años, pues usted será útil a los demás. A propósito: salude de mi parte al señor Rasumikhine. No lo olvide. Dígale que Arcadio Ivanovitch Svidrigailof le ha dado a usted recuerdos para él. No deje de hacerlo.

Y se fue, dejando a la muchacha inquieta, temerosa y dominada por confusas sospechas.

Más adelante se supo que Svidrigailof había hecho aquella misma noche otra visita extraordinaria y sorprendente. Seguía lloviendo. A las once y veinte se presentó, completamente empapado, en casa de los padres de su prometida, que habitaban un pequeño departamento en la tercera avenida de Vasilievski Ostrof. No le fue fácil conseguir que le abrieran. Su llegada a aquella hora intempestiva causó gran desconcierto. Pero Arcadio Ivanovitch tenía el don de captarse a las personas cuando se lo proponía, y aquellos padres que en el primer momento —y con sobrados motivos— habían considerado la visita de Svidrigailof como una calaverada de borracho, se convencieron muy pronto de su error.

La inteligente y amable madre de la novia le acercó el sillón del achacoso padre y abrió la conversación con grandes rodeos. Nunca iba derecha al asunto y empezaba por una serie de sonrisas, gestos y ademanes. Por ejemplo, cuando quiso saber la fecha en que Arcadio Ivanovitch se proponía celebrar la boda, comenzó interesándose vivamente por París y la vida de su alta sociedad, para ir trasladándolo poco a poco desde aquella lejana capital a Vasilievski Ostrof.

Arcadio Ivanovitch había respetado siempre estas pequeñas argucias, pero aquella noche estaba más impaciente que de costumbre y solicitó ver en seguida a su futura esposa, a pesar de que le habían dicho que estaba acostada. Su demanda fue atendida.

Svidrigailof dijo simplemente a su novia que un asunto urgente le obligaba a ausentarse de Petersburgo y que por esta razón le entregaba quince mil rublos, insignificante cantidad que tenía intención de ofrecerle desde hacía tiempo y que le rogaba que la aceptase como regalo de boda. No se comprendía la relación que pudiera existir entre semejante obsequio y el anunciado viaje, y tampoco se veía en el asunto una urgencia que justificase aquella visita en plena noche y bajo una lluvia torrencial. No obstante, las explicaciones de Arcadio Ivanovitch obtuvieron una excelente acogida: incluso las exclamaciones de sorpresa y las preguntas de rigor se hicieron en un tono delicadamente moderado. Pero ello no impidió que los padres pronunciaran calurosas palabras de gratitud reforzadas por las lágrimas de la inteligente madre.

Arcadio Ivanovitch se levantó. Sonriendo, besó a su prometida y le dio una palmadita cariñosa en la cara. Seguidamente le dijo que volvería pronto, y como descubriera en sus ojos una expresión de curiosidad infantil al mismo tiempo que una grave y muda interrogación volvió a besarla, mientras se decía, con cierta contrariedad, que el regalo que acababa de hacer sería encerrado bajo llave por aquella madre que era un ejemplo de prudencia.

Cuando se fue, la familia quedó en un estado de agitación extraordinaria. Pero la inteligente madre resolvió inmediatamente ciertos puntos importantes. Manifestó que Arcadio Ivanovitch era una personalidad ocupada continuamente en negocios de gran importancia y que estaba relacionado con los personajes más eminentes. Sólo Dios sabía las ideas que pasaban por su cerebro. Había decidido hacer un viaje y realizaba su proyecto sin vacilar. Lo mismo podía decirse del regalo en dinero que acababa de hacer a su prometida. Tratándose de un hombre así, uno no debía asombrarse de nada. Ciertamente, había motivo para sorprenderse al verle tan empapado, pero mayores extravagancias se observaban en los ingleses. Además, a las personas del gran mundo no les importaban las murmuraciones y no se preocupaban por nada ni por nadie. Tal vez él se mostraba así adrede, para demostrar lo indiferente que le era la opinión ajena.

Lo más importante era no decir ni una palabra a nadie, pues sabía Dios cómo terminaría aquel asunto. Había que guardar el dinero bajo llave sin pérdida de tiempo. Afortunadamente, nadie se había enterado de lo ocurrido. Sobre todo, habría que procurar mantener en la ignorancia a la trapacera señora Resslich. Los padres estuvieron hablando de estas cosas hasta las dos de la madrugada. Pero a esta hora la hija hacía ya tiempo que había vuelto a la cama, perpleja y un poco triste.

Svidrigailof entró en la ciudad por la puerta ***. La lluvia había cesado, pero el viento soplaba con violencia. Se estremeció y se detuvo para contemplar con una atención extraña, vacilante, la oscura agua del Pequeño Neva. Pero al cabo de un momento de permanecer inclinado sobre el barandal sintió frío y echó a andar, internándose en la avenida ***. Durante cerca de media hora estuvo recorriendo esta inmensa vía como si buscase algo. Hacía poco, un día que pasaba casualmente por allí, había visto, a la derecha, una gran construcción de madera, un hotel llamado, si mal no recordaba,

"Andrinópolis". Al fin lo encontró. En verdad, era imposible no verlo en aquella oscuridad: era un largo edificio, iluminado todavía, a pesar de la hora, y en el que se percibían ciertos indicios de animación.

Entró y pidió un aposento a un mozo andrajoso que encontró en el pasillo. El sirviente le dirigió una mirada y lo condujo a una pequeña y asfixiante habitación situada al final del corredor, debajo de la escalera. No había otra: el hotel estaba lleno. El mozo esperaba, mirando a Svidrigailof con expresión interrogante.

—¿Tienen té? —preguntó el huésped.

—Sí.

—¿Y qué más?

—Ternera, vodka, fiambres…

—Tráigame un trozo de carne y té.

—¿Nada más? —preguntó el sirviente con cierto asombro. —Nada más. El mozo se fue, dando muestras de contrariedad.

"Este lugar no debe de ser muy decente —pensó Svidrigailof—. ¿Cómo es posible que no lo haya advertido antes? También yo debo de tener el aspecto de un hombre que viene de divertirse y ha tenido una aventura por el camino. Me gustaría saber qué clase de gente se hospeda aquí".

Encendió la bujía y examinó el aposento atentamente. Era una verdadera jaula en la que habían abierto una ventana. Tan bajo tenía el techo, que un hombre de la talla de Svidrigailof difícilmente podía estar de pie. Además de la sucia cama, había una mesa de madera blanca pintada y una silla, lo que bastaba para llenar la habitación. Las paredes parecían construidas con simples tablas y estaban revestidas de un papel tan sucio y lleno de polvo que era imposible deducir su color. La escalera cortaba al sesgo el techo y un trozo de pared, lo que daba a la pieza un aspecto de buhardilla.

Svidrigailof depositó la bujía en la mesa, se sentó en la cama y empezó a reflexionar. Pero un murmullo de voces, que subían de tono hasta convertirse en gritos y que procedían de la habitación inmediata, acabó por atraer su atención. Aguzó el oído. Sólo una persona hablaba, quejándose a otra con voz plañidera.

Svidrigailof se levantó, puso la mano a modo de pantalla delante de la llama de la bujía y en seguida distinguió una grieta iluminada en el tabique. Se acercó y miró. La habitación era un poco mayor que la suya. En ella había dos hombres. Uno de ellos estaba de pie, en mangas de camisa; tenía el cabello revuelto, la cara enrojecida, las piernas abiertas y una actitud de orador. Se daba fuertes golpes en el pecho y sermoneaba a su compañero con voz patética, recordándole que lo había sacado del lodo, que podía abandonarlo nuevamente y que el Altísimo veía lo que ocurría aquí abajo. El amigo al que se dirigía tenía el aspecto del hombre que quiere estornudar y no puede. De vez en cuando miraba estúpidamente al orador, cuyas palabras, evidentemente, no comprendía. Sobre la mesa había un cabo de vela que estaba en las últimas, una botella de vodka casi vacía, vasos de varios tamaños, pan, cohombros y tazas de té.

Después de haber contemplado atentamente este cuadro, Svidrigailof dejó su puesto de observación y volvió a sentarse en la cama. Al traerle el té y la carne, el harapiento mozo no pudo menos de volverle a preguntar si quería alguna otra cosa, pero de nuevo recibió una respuesta negativa y se retiró definitivamente. Svidrigailof se apresuró a tomarse un vaso de té para entrar en calor. Pero no pudo comer nada. Empezaba a tener fiebre y esto le quitaba el apetito. Se despojó del abrigo y de la americana y se introdujo entre las ropas del lecho. Se sentía molesto.

"Quisiera estar bien en esta ocasión», pensó con una sonrisita irónica. La atmósfera era asfixiante, la bujía iluminaba débilmente la habitación, fuera rugía el viento. Llegaba de un rincón ruido de ratas; además, un olor de cuero y de ratón llenaba la pieza. Svidrigailof fantaseaba tendido en su lecho. Las ideas se sucedían confusamente en su cerebro. Deseaba que su imaginación se detuviera sobre algo. Pensó:

Debe de haber un jardín debajo de la ventana. Oigo el rumor del ramaje agitado por el viento. ¡Cómo odio este rumor de follaje en las noches de tormenta! Es verdaderamente desagradable".

Y recordó que hacía un momento, al pasar por el parque Petrovitch, había experimentado la misma ingrata sensación. Luego pensó en el Pequeño Neva y volvió a estremecerse como se había estremecido hacía un rato cuando se había asomado a mirar el agua.

"Nunca he podido ver el agua ni en pintura".

Y acto seguido le asaltaron otras extrañas ideas que le hicieron sonreír de nuevo.

"En estos momentos, todo eso de la comodidad y la estética debería tenerme sin cuidado. Sin embargo, estoy procediendo como el animal que lucha por conseguir un buen sitio… ¡En estas circunstancias…! Lo mejor habría sido ir en seguida a Petrovski Ostrof. Pero no, me han dado miedo el frío y las tinieblas. ¡Je, je! ¡El señor necesita sensaciones agradables…! Pero ¿por qué no he apagado ya la vela?".

La apagó de un soplo y, al no ver luz en la grieta del tabique, siguió diciéndose:

"Mis vecinos se han acostado ya…Ahora sería oportuna tu visita, Marfa Petrovna. La oscuridad es completa; el lugar, adecuado; el momento, propicio…Pero ya veo que no quieres venir".

De pronto se acordó de que, poco antes de poner en práctica su proyecto sobre Dunia, había aconsejado a Raskolnikof que confiara a su hermana a la custodia de Rasumikhine.

"Lo he dicho para fustigarme los nervios, como ha adivinado Rodion Romanovitch. ¡Qué astuto es! Ha sufrido mucho. Puede llegar a ser algo con el tiempo, cuando se vea libre de las disparatadas ideas que ahora le obsesionan. Está anhelante de vida. En tales circunstancias, todos los hombres como él son cobardes... ¡En fin, que el diablo le lleve! ¡Qué me importa a mí lo que haga o deje de hacer!

El sueño seguía huyendo de él. Poco a poco, la imagen de Dunia fue esbozándose en su imaginación y un estremecimiento recorrió todo su cuerpo.

¡No, hay que terminar! —se dijo, volviendo en sí—. Pensemos en otra cosa. Es verdaderamente extraño y curioso que yo no haya odiado jamás seriamente a nadie, que no haya tenido el deseo de vengarme de nadie. Esto es mala señal... ¡Cuántas promesas le he hecho! Esa mujer podría haberme gobernado a su antojo".

Se detuvo y apretó los dientes. La imagen de Dunetchka surgió ante él tal como la había visto en el momento de hacer el primer disparo. Después había tenido miedo, había bajado el revólver y se había quedado mirándole como petrificada por el espanto. Entonces él habría podido cogerla, y no una, sino dos veces, sin que ella hubiera levantado el brazo para defenderse. Sin embargo, él la avisó. Recordaba que se había compadecido de ella. Sí, en aquel momento su corazón se había conmovido.

"¡Diablo! ¿Todavía pensando en esto? ¡Hay que terminar, terminar de una vez!".

Ya empezaba a dormirse, ya se calmaba su temblor febril, cuando notó que algo corría sobre la cubierta, a lo largo de su brazo y de su pierna.

"¡Demonio! Debe de ser un ratón. Me he dejado la carne en la mesa y...".

No quería destaparse ni levantarse con aquel frío. Pero de pronto notó en la pierna un nuevo contacto desagradable. Entonces echó a un lado la cubierta y encendió la bujía. Después, temblando de frío, empezó a inspeccionar la cama. De súbito vio que un ratón saltaba sobre la sábana. Intentó atraparlo, pero el animal, sin bajar del lecho, empezó a corretear y a zigzaguear en todas direcciones, burlando a la mano que trataba de asirlo. Al fin se introdujo debajo de la almohada. Svidrigailof arrojó la almohada al suelo, pero notó que algo había saltado sobre su pecho y se paseaba por encima de su camisa. En este momento se estremeció de pies a cabeza y se despertó. La oscuridad reinaba en la habitación y él estaba acostado y bien tapado como poco antes. Fuera seguía rugiendo el viento.

"¡Esto es insufrible!", se dijo con los nervios crispados.

Se levantó y se sentó en el borde del lecho, dando la espalda a la ventana.

"Es preferible no dormir", decidió.

De la ventana llegaba un aire frío y húmedo. Sin moverse de donde estaba, Svidrigailof tiró de la cubierta y se envolvió en ella. Pero no encendió la bujía. No pensaba en nada, no quería pensar. Sin embargo, vagas visiones, ideas incoherentes, iban desfilando por su cerebro. Cayó en una especie de letargo. Fuera por la influencia del frío, de la humedad, de las tinieblas o del viento que seguía agitando el ramaje, lo cierto es que sus pensamientos tomaron un rumbo fantástico. No veía más que flores. Un bello paisaje se ofrecía a sus ojos. Era un día tibio, casi cálido; un día de fiesta: la Trinidad. Estaba contemplando un lujoso chalé de tipo inglés rodeado de macizos repletos de flores. Plantas trepadoras adornaban la escalinata guarnecida de rosas. A ambos lados de las gradas de mármol, cubiertas por una rica alfombra, se veían jarrones chinescos repletos de flores raras. Las ventanas ostentaban la delicada blancura de los jacintos, que pendían de sus largos y verdes tallos sumergidos en floreros, y de ellos se desprendía un perfume embriagador.

Svidrigailof no sentía ningún deseo de alejarse de allí. Subió por la escalinata y llegó a un salón de alto techo, repleto también de flores. Había flores por todas partes: en las ventanas, al lado de las puertas abiertas, en el mirador…El entarimado estaba cubierto de fragante césped recién cortado. Por las ventanas abiertas penetraba una brisa deliciosa. Los pájaros cantaban en el jardín. En medio de la estancia había una gran mesa revestida de raso blanco, y sobre la mesa, un ataúd acolchado, orlado de blancos encajes y rodeado de guirnaldas de flores. En el féretro, sobre un lecho de flores, descansaba una muchachita vestida de tul blanco. Sus manos, cruzadas sobre el pecho, parecían talladas en mármol. Su cabello, suelto y de un rubio claro, rezumaba agua. Una corona de rosas ceñía su frente. Su perfil severo y ya petrificado parecía igualmente de mármol. Sus pálidos labios sonreían, pero esta sonrisa no tenía nada de infantil: expresaba una amargura desgarradora, una tristeza sin límites.

Svidrigailof conocía a aquella jovencita. Cerca del ataúd no había ninguna imagen, ningún cirio encendido, ni rumor alguno de rezos. Aquella muchacha era una suicida: se había arrojado al río. Sólo tenía catorce años y había sufrido un ultraje que había destrozado su corazón, llenado de terror su conciencia infantil, colmado su alma de una vergüenza que no merecía y arrancado de su pecho un grito supremo de desesperación que el mugido del viento había ahogado en una noche de deshielo húmeda y tenebrosa...

Svidrigailof se despertó, saltó de la cama y se fue hacia la ventana. Buscó a tientas la falleba y abrió. El viento entró en el cuartucho, y Svidrigailof tuvo la sensación de que una helada escarcha cubría su rostro y su pecho, sólo protegido por la camisa. Debajo de la ventana debía de haber, en efecto, una especie de jardín..., probablemente un jardín de recreo. Durante el día se cantarían allí canciones ligeras y se serviría té en veladores. Pero ahora los árboles y los arbustos goteaban, reinaba una oscuridad de caverna y las cosas eran manchas oscuras apenas perceptibles.

Svidrigailof estuvo cinco minutos acodado en el antepecho de la ventana mirando aquellas tinieblas. De pronto resonó un cañonazo en la noche, al que siguió otro inmediatamente.

"La señal de que sube el agua —pensó—. Dentro de unas horas, las partes bajas de la ciudad estarán inundadas. Las ratas de las cuevas serán arrastradas por la corriente y, en medio del viento y la lluvia, los hombres, calados hasta los huesos, empezarán a transportar, entre juramentos, todos sus trastos a los pisos altos de las casas. A todo esto, ¿qué hora será?".

En el momento en que se hacía esta pregunta, en un reloj cercano resonaron tres poderosas y apremiantes campanadas.

"Dentro de una hora será de día. ¿Para qué esperar más? Voy a marcharme ahora mismo. Me iré directamente a la isla Petrovski. Allí elegiré un gran árbol tan empapado de lluvia que, apenas lo roce con el hombro, miles de diminutas gotas caerán sobre mi cabeza".

Se retiró de la ventana, la cerró, encendió la bujía, se vistió y salió al pasillo con la palmatoria en la mano. Se proponía despertar al mozo, que sin duda dormiría en un rincón, entre un montón de trastos viejos, pagar la cuenta y salir del hotel.

"He escogido el mejor momento —se dijo—. Imposible encontrar otro más indicado".

Estuvo un rato yendo y viniendo por el estrecho y largo corredor sin ver a nadie. Al fin descubrió en un rincón oscuro, entre un viejo armario y una puerta, una forma extraña que le pareció dotada de vida. Se inclinó y, a la luz de la bujía, vio a una niña de unos cuatro años, o cinco a lo sumo. Lloraba entre temblores y sus ropitas estaban empapadas. No se asustó al ver a Svidrigailof, sino que se limitó a mirarlo con una expresión de inconsciencia en sus grandes ojos negros, respirando profundamente de vez en cuando, como ocurre a los niños que, después de haber llorado largamente, empiezan a consolarse y sólo de tarde en tarde le acometen de nuevo los sollozos. La niña estaba helada y en su fina carita había una mortal palidez. ¿Por qué estaba allí? Por lo visto, no había dormido en toda la noche. De pronto se animó y, con su vocecita infantil y a una velocidad vertiginosa, empezó a contar una historia en la que salía a relucir una taza que ella había roto y el temor de que su madre le pegara. La niña hablaba sin cesar.

Svidrigailof dedujo que se trataba de una niña a la que su madre no quería demasiado. Ésta debía de ser una cocinera del barrio, tal vez del hotel mismo, aficionada a la bebida y que solía maltratar a la pobre criatura. La niña había roto una taza y había huido presa de terror. Sin duda había estado vagando largo rato por la calle, bajo la fuerte lluvia, y al fin había entrado en el hotel para refugiarse en aquel rincón, junto al armario, donde había pasado la noche temblando de frío y de miedo ante la idea del duro castigo que le esperaba por su fechoría.

La cogió en sus brazos, la llevó a su habitación, la puso en la cama y empezó a desnudarla. No llevaba medias y sus agujereados zapatos estaban tan empapados como si hubieran pasado una noche entera dentro del agua. Cuando le hubo quitado el vestido, la acostó y la tapó cuidadosamente con la ropa de la cama. La niña se durmió en seguida. Svidrigailof volvió a sus sombríos pensamientos.

"¿Para qué me habré metido en esto? —se dijo con una sensación opresiva y un sentimiento de cólera—. ¡Qué absurdo!".

Cogió la bujía para volver a buscar al mozo y marcharse cuanto antes.

«Es una golfilla», pensó, añadiendo una palabrota, en el momento de abrir la puerta.

Pero volvió atrás para ver si la niña dormía tranquilamente. Levantó el embozo con cuidado. La chiquilla estaba sumida en un plácido sueño. Había entrado en calor y sus pálidas mejillas se habían coloreado. Pero, cosa extraña, el color de aquella carita era mucho más vivo que el que vemos en los niños ordinariamente.

"Es el color de la fiebre", pensó Svidrigailof.

Aquella niña tenía el aspecto de haber bebido, de haberse bebido un vaso de vino entero. Sus purpúreos labios parecían arder… ¿Pero qué era aquello? De pronto le pareció que las negras y largas pestañas de la niña oscilaban y se levantaban ligeramente. Los entreabiertos párpados dejaron escapar una mirada penetrante, maliciosa y que no tenía nada de infantil. ¿Era que la niña fingía dormir? Sí, no cabía duda. Su boquita sonrió y las comisuras de sus labios temblaron en un deseo reprimido de reír. Y he aquí que de improviso deja de contenerse y se ríe francamente. Algo desvergonzado, provocativo, aparece en su rostro, que no es ya el rostro de una niña. Es la expresión del vicio en la cara de una prostituta. Y los ojos se abren francamente, enteramente, y envuelven a Svidrigailof en una mirada ardiente y lasciva, de alegre invitación…La carita infantil tiene un algo repugnante con su expresión de lujuria.

"¿Cómo es posible que a los cinco años? —piensa, horrorizado—. Pero ¿qué otra cosa puede ser?".

La niña vuelve hacia él su rostro ardiente y le tiende los brazos. Svidrigailof lanza una exclamación de espanto, levanta la mano, amenazador…, y en este momento se despierta.

Vio que seguía acostado, bien cubierto por las ropas de la cama. La vela no estaba encendida y en la ventana apuntaba la luz del amanecer.

"Me he pasado la noche en una continua pesadilla".

Se incorporó y advirtió, indignado, que tenía el cuerpo dolorido. En el exterior reinaba una espesa niebla que impedía ver nada. Eran cerca de las cinco. Había dormido demasiado. Se levantó, se puso la americana y el abrigo, húmedos todavía, palpó el revólver guardado en el bolsillo, lo sacó y se aseguró de que la bala estaba bien colocada. Luego se sentó ante la mesa, sacó un cuaderno de notas y escribió en la primera página varias líneas en gruesos caracteres. Después de leerlas, se acodó en la mesa y quedó pensativo. El revólver y el cuaderno de notas estaban sobre la mesa, cerca de él. Las moscas habían invadido el trozo de carne que había quedado intacto. Las estuvo mirando un buen rato y luego empezó a cazarlas con la mano derecha. Al fin se asombró de dedicarse a semejante ocupación en aquellos momentos; volvió en sí, se estremeció y salió de la habitación con paso firme. Un minuto después estaba en la calle. Una niebla opaca y densa flotaba sobre la ciudad. Svidrigailof se dirigió al Pequeño Neva por el sucio y resbaladizo pavimento de madera, y mientras avanzaba veía con la imaginación la crecida nocturna del río, la isla Petrovski, con sus senderos empapados, su hierba húmeda, sus sotos, sus macizos cargados de agua y, en fin, aquel árbol…Entonces, indignado consigo mismo, empezó a observar los edificios junto a los cuales pasaba, para desviar el curso de sus ideas.

La avenida estaba desierta: ni un peatón, ni un coche. Las casas bajas, de un amarillo intenso, con sus ventanas y sus postigos cerrados tenían un aspecto sucio y triste. El frío y la humedad penetraban en el cuerpo de Svidrigailof y lo estremecían. De vez en cuando veía un rótulo y lo leía detenidamente. Al fin terminó el pavimento de madera y se encontró en las cercanías de un gran edificio de piedra. Entonces vio un perro horrible que cruzaba la calzada con el rabo entre piernas. En medio de la acera, tendido de bruces, había un borracho. Lo miró un momento y continuó su camino.

A su izquierda se alzaba una torre.

"He aquí un buen sitio. ¿Para qué tengo que ir a la isla Petrovski? Aquí, por lo menos, tendré un testigo oficial".

Sonrió ante esta idea y se internó en la calle donde se alzaba el gran edificio coronado por la torre.

Apoyado en uno de los batientes de la maciza puerta principal, que estaba cerrada, había un hombrecillo envuelto en un capote gris de soldado y con un casco en la cabeza. Su rostro expresaba esa arisca tristeza que es un rasgo secular en la raza judía.

Los dos se examinaron un momento en silencio. Al soldado acabó por parecerle extraño que aquel desconocido que no estaba borracho se hubiera detenido a tres pasos de él y le mirara sin decir nada.

—¿Qué quiere usted? —preguntó ceceando y sin hacer el menor movimiento.

—Nada, amigo mío —respondió Svidrigailof—. Buenos días.

—Siga su camino.

—¿Mi camino? Me voy al extranjero.

—¿Al extranjero?

—A América.

—¿A América?

Svidrigailof sacó el revólver del bolsillo y lo preparó para disparar. El soldado arqueó las cejas.

—Oiga, aquí no quiero bromas —ceceó.

—¿Por qué?

—Porque no es lugar a propósito.

—El sitio es excelente, amigo mío. Si alguien te pregunta, tú le dices que me he marchado a América.

Y apoyó el cañón del revólver en su sien derecha.

—¡Eh, eh! —exclamó el soldado, abriendo aún más los ojos y mirándole con una expresión de terror—. Ya le he dicho que éste no es sitio para bromas.

Svidrigailof oprimió el gatillo.

CAPÍTULO 7

Aquel mismo día, entre seis y siete de la tarde, Raskolnikof se dirigía a la vivienda de su madre y de su hermana. Ahora habitaban en el edificio Bakaleev, donde ocupaban las habitaciones recomendadas por Rasumikhine. La entrada de este departamento daba a la calle. Raskolnikof estaba ya muy cerca cuando empezó a vacilar. ¿Entraría? Sí, por nada del mundo volvería atrás. Su resolución era inquebrantable.

"No saben nada —pensó—, y están acostumbradas a considerarme como un tipo raro".

Tenía un aspecto lamentable: sus ropas estaban empapadas, sucias de barro, llenas de desgarrones. Tenía el rostro desfigurado por la lucha que se estaba librando en su interior desde hacía veinticuatro horas. Había pasado la noche a solas consigo mismo Dios sabía dónde. Pero había tomado una decisión y la cumpliría.

Llamó a la puerta. Le abrió su madre, pues Dunetchka había salido. Tampoco estaba en casa la sirvienta. En el primer momento, Pulqueria Alejandrovna enmudeció de alegría. Después le cogió de la mano y le hizo entrar.

—¡Al fin! —exclamó con voz alterada por la emoción—. Perdóname, Rodia, que te reciba derramando lágrimas como una tonta. No creas que lloro: estas lágrimas son de alegría. Te aseguro que no estoy triste, sino muy contenta, y cuando lo estoy no puedo evitar que los ojos se me llenen de lágrimas. Desde la muerte de tu padre, las derramo por cualquier cosa… Siéntate, hijo: estás fatigado. ¡Oh, cómo vas!

—Es que ayer me mojé —dijo Raskolnikof.

—¡Bueno, nada de explicaciones! —replicó al punto Pulqueria Alejandrovna—. No te inquietes, que no te voy a abrumar con mil preguntas de mujer curiosa. Ahora ya lo comprendo todo, pues estoy iniciada en las costumbres de Petersburgo y ya veo que la gente de aquí es más inteligente que la de nuestro pueblo. Me he convencido de que soy incapaz de seguirte en tus ideas y de que no tengo ningún derecho a pedirte cuentas…Sabe Dios los proyectos que tienes y los pensamientos que ocupan tu imaginación…Por lo tanto, no quiero molestarte con mis preguntas. ¿Qué te parece…? ¡Ah, qué ridícula soy! No hago más que hablar y hablar como una imbécil…Oye, Rodia: voy a leer por tercera vez aquel artículo que publicaste en una revista. Nos lo trajo Dmitri Prokofitch. Ha sido para mí una revelación. «Ahí tienes, estúpida, lo que piensa, y eso lo explica todo —me dije—. Todos los sabios son así. Tiene ideas nuevas, y esas ideas le absorben mientras tú sólo piensas en distraerlo y atormentarlo…En tu artículo hay muchas cosas que no comprendo, pero esto no tiene nada de extraño, pues ya sabes lo ignorante que soy.

—Enséñame ese artículo, mamá.

Raskolnikof abrió la revista y echó una mirada a su artículo. A pesar de su situación y de su estado de ánimo, experimentó el profundo placer que siente todo autor al ver su primer trabajo impreso, y sobre todo si el escritor es un joven de veintitrés años. Pero esta sensación sólo duró un momento. Después de haber leído varias líneas, Rodia frunció las cejas y sintió como si una garra le estrujara el corazón. La lectura de aquellas líneas le recordó todas las luchas que se habían librado en su alma durante los últimos meses. Arrojó la revista sobre la mesa con un gesto de viva repulsión.

—Por estúpida que sea, Rodia, puedo comprender que dentro de poco ocuparás uno de los primeros puestos, si no el primero de todos, en el mundo de la ciencia. ¡Y pensar que creían que estabas loco! ¡Ja, ja, ja! Pues esto es lo que sospechaban. ¡Ah, miserables gusanos! No alcanzan a comprender lo que es la inteligencia. Hasta Dunetchka, sí, hasta la misma Dunetchka parecía creerlo. ¿Qué me dices a esto…? Tu pobre padre había enviado dos trabajos a una revista, primero unos versos, que tengo guardados y algún día te enseñaré, y después una novela corta que copié yo misma. ¡Cómo imploramos al cielo que los aceptaran! Pero no, los rechazaron. Hace unos días, Rodia, me apenaba verte tan mal vestido y alimentado y viviendo en una habitación tan mísera, pero ahora me doy cuenta de que también esto era una tontería, pues tú, con tu talento, podrás obtener cuanto desees tan pronto como te lo propongas. Sin duda, por el momento te tienen sin cuidado estas cosas, pues otras más importantes ocupan tu imaginación.

—¿Y Dunia, mamá?

—No está, Rodia. Sale muy a menudo, dejándome sola. Dmitri Prokofitch tiene la bondad de venir a hacerme compañía y siempre me habla de ti. Te aprecia de veras. En cuanto a tu hermana, no puedo decir que me falten sus cuidados. No me quejo. Ella tiene su carácter y yo el mío. A ella le gusta tener secretos para mí y yo no quiero tenerlos para mis hijos. Claro que estoy convencida de que Dunetchka es demasiado inteligente para…Por lo demás, nos quiere…Pero no sé cómo terminará todo esto. Ya ves que está ausente durante esta visita tuya que me ha hecho tan feliz. Cuando vuelva le diré: "Tu hermano ha venido cuando tú no estabas en casa. ¿Dónde has estado?". Tú, Rodia, no te preocupes demasiado por mí. Cuando puedas, pasa a verme, pero si te es imposible venir, no te inquietes. Tendré paciencia, pues ya sé que sigues queriéndome, y esto me basta. Leeré tus obras y oiré hablar de ti a todo el mundo. De vez en cuando vendrás a verme. ¿Qué más puedo desear? Hoy, por ejemplo, has venido a consolar a tu madre…

Y Pulqueria Alejandrovna se echó de pronto a llorar.

—¡Otra vez las lágrimas! No me hagas caso, Rodia: estoy loca.

Se levantó precipitadamente y exclamó:

—¡Dios mío! Tenemos café y no te he dado. ¡Lo que es el egoísmo de las viejas! Un momento, un momento…

—No, mamá, no me des café. Me voy en seguida. Escúchame, te ruego que me escuches.

Pulqueria Alejandrovna se acercó tímidamente a su hijo. —Mamá, ocurra lo que ocurra y oigas decir de mí lo que oigas, ¿me seguirás queriendo como me quieres ahora? —preguntó Rodia, llevado de su emoción y sin medir el alcance de sus palabras.

—Pero, Rodia, ¿qué te pasa? ¿Por qué me haces esas preguntas? ¿Quién se atreverá a decirme nada contra ti? Si alguien lo hiciera, me negaría a escucharle y le volvería la espalda.

—He venido a decirte que te he querido siempre y que soy feliz al pensar que no estás sola ni siquiera cuando Dunia se ausenta. Por desgraciada que seas, piensa que tu hijo te quiere más que a sí mismo y que todo lo que hayas podido pensar sobre mi crueldad y mi indiferencia hacia ti ha sido un error. Nunca dejaré de quererte…Y basta ya. He comprendido que debía hablarte así, darte esta explicación.

Pulqueria Alejandrovna abrazó a su hijo y lo estrechó contra su corazón mientras lloraba en silencio.

—No sé qué te pasa, Rodia —dijo al fin—. Creía sencillamente que nuestra presencia te molestaba, pero ahora veo que te acecha una gran desgracia y que esta amenaza te llena de angustia. Hace tiempo que lo sospechaba, Rodia. Perdona que te hable de esto, pero no se me va de la cabeza e incluso me quita el sueño. Esta noche tu hermana ha soñado en voz alta y sólo hablaba de ti. He oído algunas palabras, pero no he comprendido nada absolutamente. Desde esta mañana me he sentido como el condenado a muerte que espera el momento de la ejecución. Tenía el presentimiento de que ocurriría una desgracia, y ya ha ocurrido. Rodia, ¿dónde vas? Pues vas a emprender un viaje, ¿verdad?

—Sí.

—Me lo figuraba. Pero puedo acompañarte. Y Dunia también. Te quiere mucho. Además, puede venir con nosotros Sonia Simonovna. De buen grado la aceptaría como hija. Dmitri Prokofitch nos ayudará a hacer los preparativos…Pero dime: ¿adónde vas?

—Adiós.

—Pero ¿te vas hoy mismo? —exclamó como si fuera a perder a su hijo para siempre.

—No puedo estar más tiempo aquí. He de partir en seguida.

—¿No puedo acompañarte?

—No. Arrodíllate y ruega a Dios por mí. Tal vez te escuche.

—Deja que te dé mi bendición…Así… ¡Señor, Señor…!

Rodia se felicitaba de que nadie, ni siquiera su hermana, estuviera presente en aquella entrevista. De súbito, tras aquel horrible período de su vida, su corazón se había ablandado. Raskolnikof cayó a los pies de su madre y empezó a besarlos. Después los dos se abrazaron y lloraron. La madre ya no daba muestras de sorpresa ni hacia pregunta alguna. Hacía tiempo que sospechaba que su hijo atravesaba una crisis terrible y comprendía que había llegado el momento decisivo.

—Rodia, hijo mío, mi primer hijo —decía entre sollozos—, ahora te veo como cuando eras niño y venías a besarme y a ofrecerme tus caricias. Entonces, cuando aún vivía tu padre, tu presencia bastaba para consolarnos de nuestras penas. Después, cuando el pobre ya había muerto, ¡cuántas veces lloramos juntos ante su tumba, abrazados como ahora! Si hace tiempo que no ceso de llorar es porque mi corazón de madre se sentía torturado por terribles presentimientos. En nuestra primera entrevista, la misma tarde de nuestra llegada a Petersburgo, tu cara me anunció algo tan doloroso, que mi corazón se paralizó, y hoy, cuando te he abierto la puerta y te he visto, he comprendido que el momento fatal había llegado. Rodia, ¿verdad que no partes en seguida?

—No.

—¿Volverás?

—Sí.

—No te enfades, Rodia; no quiero interrogarte; no me atrevo a hacerlo.

Pero quisiera que me dijeses una cosa: ¿vas muy lejos?

—Sí, muy lejos.

—¿Tendrás allí un empleo, una posición?

—Tendré lo que Dios quiera. Ruega por mí.

Raskolnikof se dirigió a la puerta, pero ella lo cogió del brazo y lo miró desesperadamente a los ojos. Sus facciones reflejaban un espantoso sufrimiento.

—Basta, mamá.

En aquel momento se arrepentía profundamente de haber ido a verla.

—No te vas para siempre, ¿verdad? Vendrás mañana, ¿no es cierto?

—Sí, sí. Adiós. Y huyó.

La tarde era tibia, luminosa. Pasada la mañana, el tiempo se había ido despejando. Raskolnikof deseaba volver a su casa cuanto antes. Quería dejarlo todo terminado antes de la puesta del sol y su mayor deseo era no encontrarse con nadie por el camino.

Al subir la escalera advirtió que Nastasia, ocupada en preparar el té en la cocina, suspendía su trabajo para seguirle con la mirada.

"¿Habrá alguien en mi habitación?", se preguntó Raskolnikof, y pensó en el odioso Porfirio.

Pero cuando abrió la puerta de su aposento vio a Dunetchka sentada en el diván. Estaba pensativa y debía de esperarle desde hacía largo rato. Rodia se detuvo en el umbral. Ella se estremeció y se puso en pie. Su inmóvil mirada se fijó en su hermano: expresaba espanto y un dolor infinito. Esta mirada bastó para que Raskolnikof comprendiera que Dunia lo sabía todo.

—¿Debo entrar o marcharme? —preguntó el joven en un tono de desafío.

—He pasado el día en casa de Sonia Simonovna. Allí te esperábamos las dos. Confiábamos en que vendrías.

Raskolnikof entró en la habitación y se dejó caer en una silla, extenuado.

—Me siento débil, Dunia. Estoy muy fatigado y, sobre todo en este momento, necesitaría disponer de todas mis fuerzas.

Él le dirigió de nuevo una mirada retadora.

—¿Dónde has pasado la noche? —preguntó Dunia.

—No lo recuerdo. Lo único que me ha quedado en la memoria es que tenía el propósito de tomar una determinación definitiva y paseaba a lo largo del Neva. Quería terminar, pero no me he decidido.

Al decir esto, miraba escrutadoramente a su hermana.

—¡Alabado sea Dios! —exclamó Dunia—. Eso era precisamente lo que temíamos Sonia Simonovna y yo. Eso demuestra que aún crees en la vida. ¡Alabado sea Dios!

Raskolnikof sonrió amargamente.

—No creo en la vida. Pero hace un momento he hablado con nuestra madre y nos hemos abrazado llorando. Soy un incrédulo, pero le he pedido que rezara por mí. Sólo Dios sabe cómo ha podido suceder esto, Dunetchka, pues yo no comprendo nada.

—¿Cómo? ¿Has estado hablando con nuestra madre? —exclamó Dunetchka, aterrada—. ¿Habrás sido capaz de decírselo todo?

—No, yo no le he dicho nada claramente; pero ella sabe muchas cosas. Te ha oído soñar en voz alta la noche pasada. Estoy seguro de que está enterada de buena parte del asunto. Tal vez he hecho mal en ir a verla. Ni yo mismo sé por qué he ido. Soy un hombre vil, Dunia.

—Sí, pero dispuesto a ir en busca de la expiación. Porque irás, ¿verdad?

—Sí: iré en seguida. Para huir de este deshonor estaba dispuesto a arrojarme al río, pero en el momento en que iba a hacerlo me dije que siempre me había considerado como un hombre fuerte y que un hombre fuerte no debe temer a la vergüenza. ¿Es esto un acto de valor, Dunia?

—Sí, Rodia.

En los turbios ojos de Raskolnikof fulguró una especie de relámpago. Se sentía feliz al pensar que no había perdido la arrogancia.

—No creas, Dunia, que tuve miedo a morir ahogado —dijo, mirando a su hermana con una sonrisa horrible.

—¡Basta, Rodia! —exclamó la joven con un gesto de dolor.

Hubo un largo silencio. Raskolnikof tenía la mirada fija en el suelo. Dunetchka, en pie al otro lado de la mesa, le miraba con una expresión de amargura indecible. De pronto, Rodia se levantó.

—Es ya tarde. Tengo que ir a entregarme. Aunque no sé por qué lo hago. Gruesas lágrimas rodaban por las mejillas de Dunia.

—Estás llorando, hermana mía. Pero me pregunto si querrás darme la mano.

—¿Lo dudas?

Lo estrechó fuertemente contra su pecho.

—Al ir a ofrecerte a la expiación, ¿acaso no borrarás la mitad de tu crimen? —exclamó, cerrando más todavía el cerco de sus brazos y besando a Rodia.

—¿Mi crimen? ¿Qué crimen? —exclamó el joven en un repentino acceso de furor—. ¿El de haber matado a un gusano venenoso, a una vieja usurera que hacía daño a todo el mundo, a un vampiro que chupaba la sangre a los necesitados? Un crimen así basta para borrar cuarenta pecados. No creo haber cometido ningún crimen y no trato de expiarlo.

¿Por qué me han de gritar por todas partes: «¡Has cometido un crimen!»? Ahora que me he decidido a afrontar este vano deshonor me doy cuenta de lo absurdo de mi proceder. Sólo por cobardía y por debilidad voy a dar este paso…, o tal vez por el interés de que me habló Porfirio.

—Pero ¿qué dices, Rodia? —exclamó Dunia, consternada—. Has derramado sangre.

—Sangre…, sangre…—exclamó el joven con creciente vehemencia—. Todo el mundo la ha derramado. La sangre ha corrido siempre en oleadas sobre la tierra. Los hombres que la vierten como el agua obtienen un puesto en el Capitolio y el título de bienhechores de la humanidad. Analiza un poco las cosas antes de juzgarlas. Yo deseaba el bien de la humanidad, y centenares de miles de buenas acciones habrían compensado ampliamente esta única necedad, mejor dicho, esta torpeza, pues la idea no era tan necia como ahora parece. Cuando fracasan, incluso los mejores proyectos parecen estúpidos. Yo pretendía solamente obtener la independencia, asegurar mis primeros pasos en la vida. Después lo habría reparado todo con buenas acciones de gran alcance. Pero fracasé desde el primer momento, y por eso me consideran un miserable. Si hubiese triunfado, me habrían tejido coronas; en cambio, ahora creen que sólo sirvo para que me echen a los perros.

—Pero ¿qué dices, Rodia?

—Me someto a la ética, pero no comprendo en modo alguno por qué es más glorioso bombardear una ciudad sitiada que asesinar a alguien a hachazos. El respeto a la ética es el primer signo de impotencia. Jamás he estado tan convencido de ello como ahora. No puedo comprender, y cada vez lo comprendo menos, cuál es mi crimen.

Su rostro, ajado y pálido, había tomado color, pero, al pronunciar estas últimas palabras, su mirada se cruzó casualmente con la de su hermana y leyó en ella un sufrimiento tan espantoso, que su exaltación se desvaneció en un instante. No pudo menos de decirse que había hecho desgraciadas a aquellas dos pobres mujeres, pues no cabía duda de que él era el causante de sus sufrimientos.

—Querida Dunia, si soy culpable, perdóname…, aunque esto es imposible si soy verdaderamente un criminal…Adiós; no discutamos más. Tengo que marcharme en seguida. Te ruego que no me sigas. Tengo que pasar todavía por casa de…Ve a hacer compañía a nuestra madre, te lo suplico. Es el último ruego que te hago. No la dejes sola. La he dejado hundida en una angustia a la que difícilmente se podrá sobreponer. Se morirá o perderá la razón. No te muevas de su lado. Rasumikhine no os abandonará. He hablado con él. No te aflijas. Me esforzaré por ser valeroso y honrado durante toda mi vida, aunque sea un asesino. Es posible que oigas hablar de mí todavía. Ya verás como no tendréis que avergonzaros de mí. Todavía intentaré algo. Y ahora, adiós.

Se había despedido apresuradamente, al advertir una extraña expresión en los ojos de Dunia mientras le hacía sus últimas promesas.

—¿Por qué lloras? No llores, Dunia, no llores: algún día nos volveremos a ver… ¡Ah, espera! Se me olvidaba.

Se acercó a la mesa, cogió un grueso y empolvado libro, lo abrió y sacó un pequeño retrato pintado a la acuarela sobre una lámina de marfil. Era la imagen de la hija de su patrona, su antigua prometida, aquella extraña joven que soñaba con entrar en un convento y que había muerto consumida por la fiebre. Observó un momento aquella carita doliente, la besó y entregó el retrato a Dunia.

—Le hablé muchas veces de "eso". Sólo a ella le hablé —dijo, recordando—. Le confié gran parte de mi proyecto, del plan que tuvo un resultado tan lamentable. Pero tranquilízate, Dunia: ella se rebeló contra este acto como te has rebelado tú. Ahora celebro que haya muerto.

Después volvió a sus inquietudes.

—Lo más importante es saber si he pensado bien en el paso que voy a dar y que motivará un cambio completo de mi vida. ¿Estoy preparado para sufrir las consecuencias de la resolución que voy a llevar a cabo? Me dicen que es necesario que pase por ese trance. Pero ¿es realmente preciso? ¿De qué me servirán esos absurdos sufrimientos? ¿Qué vigor habré adquirido y qué necesidad tendré de vivir cuando haya salido del presidio destrozado por veinte años de penalidades? ¿Y por qué he de entregarme ahora voluntariamente a semejante vida…? Bien me he dado cuenta esta mañana de que era un cobarde cuando vacilaba en arrojarme al Neva.

Al fin se marcharon. Durante esta escena, sólo el cariño que sentía por su hermano había podido sostener a Dunia.

Se separaron, pero Dunetchka, después de haber recorrido no más de cincuenta pasos, se volvió para mirar a su hermano por última vez. Y él, cuando llegó a la esquina, se volvió también. Sus miradas se cruzaron, y Raskolnikof, al ver los ojos de su hermana fijos en él, hizo un ademán de impaciencia, incluso de cólera, invitándola a continuar su camino.

"Soy duro, soy malo; no me cabe duda —se dijo avergonzado de su brusco ademán—; pero ¿por qué me quieren tanto si no lo merezco? ¡Ah, si yo hubiera estado solo, sin ningún afecto y sin sentirlo por nadie!

Entonces todo habría sido distinto. Me gustaría saber si en quince o veinte años me convertiré en un hombre tan humilde y resignado que venga a lloriquear ante toda esa gente que me llama canalla. Sí, así me consideran; por eso quieren enviarme a presidio; no desean otra cosa…Miradlos llenando las calles en interminables oleadas. Todos, desde el primero hasta el último, son unos miserables, unos canallas de nacimiento y, sobre todo, unos idiotas. Si alguien intentara librarme del presidio, sentirían una indignación rayana en la ferocidad. ¡Cómo los odio!".

Cayó en un profundo ensimismamiento. Se preguntó si llegaría realmente un día en que se sometería ante todos y aceptaría su propia suerte sin razonar, con una resignación y una humildad sinceras.

"¿Por qué no? —se dijo—. Un yugo de veinte años ha de terminar por destrozar a un hombre. La gota de agua horada la piedra. ¿Y para qué vivir, para qué quiero yo la vida, sabiendo que las cosas han de ocurrir de este modo? ¿Por qué voy a entregarme cuando estoy convencido de que todo ha de pasar así y no puedo esperar otra cosa?".

Más de cien veces se había hecho esta pregunta desde el día anterior. Sin embargo, continuaba su camino.

CAPÍTULO 8

Caía la tarde cuando llegó a casa de Sonia Simonovna. La joven le había estado esperando todo el día, presa de una angustia espantosa. Dunia había compartido esta ansiedad. Al recordar que el día anterior Svidrigailof le había dicho que Sonia Simonovna lo sabía todo, Dunetchka había ido a verla aquella misma mañana. No entraremos en detalles sobre la conversación que sostuvieron las dos mujeres, las lágrimas que derramaron ni la amistad que nació entre ellas.

En esta entrevista, Dunia obtuvo el convencimiento de que su hermano no estaría nunca solo. Sonia había sido la primera en recibir su confesión: Rodia se había dirigido a ella cuando sintió la necesidad de confiar su secreto a un ser humano. A cualquier parte que el destino le llevara, ella le seguiría. Avdotia Romanovna no había interrogado sobre este punto a Sonetchka, pero estaba segura de que procedería así. Miraba a la muchacha con una especie de veneración que la confundía. La pobre Sonia, que se consideraba indigna de mirar a Dunia, se sentía tan avergonzada, que poco faltaba para que se echase a llorar. Desde el día en que se vieron en casa de Raskolnikof, la imagen de la encantadora muchacha que tan humildemente la había saludado había quedado grabada en el alma de Dunia como una de las más bellas y puras que había visto en su vida.

Al fin, Dunetchka, incapaz de seguir conteniendo su impaciencia, había dejado a Sonia y se había dirigido a casa de su hermano para esperarlo allí, segura de que al fin llegaría.

Apenas volvió a verse sola, Sonia sintió una profunda intranquilidad ante la idea de que Raskolnikof podía haberse suicidado. Este temor atormentaba también a Dunia. Durante todo el día, mientras estuvieron juntas, se habían dado mil razones para rechazar semejante posibilidad y habían conseguido conservar en parte la calma, pero apenas se hubieron separado, la inquietud renació por entero en el corazón de una y otra. Sonia se acordó de que Svidrigailof le había dicho que Raskolnikof sólo tenía dos soluciones: Siberia o…Por otra parte, sabía que Rodia tenía un orgullo desmedido y carecía de sentimientos religiosos.

"¿Es posible que se resigne a vivir sólo por cobardía, por temor a la muerte?", se preguntó de pie junto a la ventana y mirando tristemente al exterior.

Sólo veía la gran pared, ni siquiera blanqueada, de la casa de enfrente. Al fin, cuando ya no abrigaba la menor duda acerca de la muerte del desgraciado, éste apareció.

Un grito de alegría se escapó del pecho de Sonia, pero cuando hubo observado atentamente la cara de Raskolnikof, la joven palideció.

—Aquí me tienes, Sonia —dijo Rodion Romanovitch con una sonrisa de burla—. Vengo en busca de tus cruces. Tú misma me enviaste a confesar mi delito públicamente por las esquinas. ¿Por qué tienes miedo ahora?

Sonia le miraba con un gesto de estupor. Su acento le parecía extraño. Un estremecimiento glacial le recorrió todo el cuerpo. Pero en seguida advirtió que aquel tono, e incluso las mismas palabras, era una ficción de Rodia. Además, Raskolnikof, mientras le hablaba, evitaba que sus ojos se encontraran con los de ella.

—He pensado, Sonia, que, en interés mío, debo obrar así, pues hay una circunstancia que…Pero esto sería demasiado largo de contar, demasiado largo y, además, inútil. Pero me ocurre una cosa: me irrita pensar que dentro de unos instantes todos esos brutos me rodearán, fijarán sus ojos en mí y me harán una serie de preguntas necias a las que tendré que contestar. Me apuntarán con el dedo…No iré a ver a Porfirio. Lo tengo atragantado. Prefiero presentarme a mi amigo el «teniente

Pólvora». Se quedará boquiabierto. Será un golpe teatral. Pero necesitaré serenarme: estoy demasiado nervioso en estos últimos tiempos. Aunque te parezca mentira, acabo de levantar el puño a mi hermana porque se ha vuelto para verme por última vez. Es una vergüenza sentirse tan vil. He caído muy bajo…Bueno, ¿dónde están esas cruces?

Raskolnikof estaba fuera de sí. No podía permanecer quieto un momento ni fijar su pensamiento en ninguna idea. Su mente pasaba de una cosa a otra en repentinos saltos. Empezaba a desvariar y sus manos temblaban ligeramente.

Sonia, sin desplegar los labios, sacó de un cajón dos cruces, una de madera de ciprés y la otra de cobre. Luego se santiguó, bendijo a Rodia y le colgó del cuello la cruz de madera.

—En resumidas cuentas, esto significa que acabo de cargar con una cruz. ¡Je, je! Como si fuera poco lo que he sufrido hasta hoy…Una cruz de madera, es decir, la cruz de los pobres. La de cobre, que perteneció a Lisbeth, te la quedas para ti. Déjame verla. Lisbeth debía de llevarla en aquel momento. ¿Verdad que la llevaba? Recuerdo otros dos objetos: una cruz de plata y una pequeña imagen. Las arrojé sobre el pecho de la vieja. Eso es lo que debía llevar ahora en mi cuello…Pero no digo más que tonterías y me olvido de las cosas importantes. ¡Estoy tan distraído! Oye, Sonia, he venido sólo para prevenirte, para que lo sepas todo…Para eso y nada más…Pero no, creo que quería decirte algo más…Tú misma has querido que diera este paso. Ahora me meterán en la cárcel y tu deseo se habrá cumplido…Pero ¿por qué lloras? ¡Bueno, basta ya! ¡Qué enojoso es todo esto! Sin embargo, las lágrimas de Sonia le habían conmovido; sentía una fuerte presión en el pecho.

"Pero ¿qué razón hay para que esté tan apenada? —pensó—. ¿Qué soy yo para ella? ¿Por qué llora y quiere acompañarme, por lejos que vaya, como si fuera mi hermana o mi madre? ¿Querrá ser mi criada, mi niñera…?".

—Santíguate…Di al menos unas cuantas palabras de alguna oración —suplicó la muchacha con voz humilde y temblorosa.

—Lo haré. Rezaré tanto como quieras. Y de todo corazón, Sonia, de todo corazón.

Pero no era exactamente esto lo que quería decir.

Hizo varias veces la señal de la cruz. Sonia cogió su chal y se envolvió con él la cabeza. Era un chal de paño verde, seguramente el mismo del que hablara Marmeladof en cierta ocasión y que servía para toda la familia. Raskolnikof pensó en ello, pero no hizo pregunta alguna.

Empezaba a sentirse incapaz de fijar su atención. Una turbación creciente le dominaba, y, al advertirlo, sintió una profunda inquietud. De pronto observó, sorprendido, que Sonia se disponía a acompañarle.

—¿Qué haces? ¿Adónde vas? No, no; quédate; iré solo —dijo, irritado, mientras se dirigía a la puerta—. No necesito acompañamiento —gruñó al cruzar el umbral.

Sonia permaneció inmóvil en medio de la habitación. Rodia ni siquiera le había dicho adiós: se había olvidado de ella. Un sentimiento de duda y de rebeldía llenaba su corazón.

"¿Debo hacerlo? —se preguntó mientras bajaba la escalera—. ¿No sería preferible volver atrás, arreglar las cosas de otro modo y no ir a entregarme?"

Pero continuó su camino, y de pronto comprendió que la hora de las vacilaciones había pasado.

Ya en la calle, se acordó de que no había dicho adiós a Sonia y de que la joven, con el chal en la cabeza, había quedado clavada en el suelo al oír su grito de furor…Este pensamiento lo detuvo un instante, pero pronto surgió con toda claridad en su mente una idea que parecía haber estado rondando vagamente su cerebro en espera de aquel momento para manifestarse.

"¿Para qué he ido a su casa? Le he dicho que iba por un asunto. Pero ¿qué asunto? No tengo ninguno. ¿Para anunciarle que iba a presentarme? ¡Como si esto fuera necesario! ¿Será que la amo? No puede ser, puesto que acabo de rechazarla como a un perro. ¿Acaso tenía yo alguna necesidad de la cruz?

¡Qué bajo he caído! Lo que yo necesitaba eran sus lágrimas, lo que quería era recrearme ante la expresión de terror de su rostro y las torturas de su desgarrado corazón. Además, deseaba aferrarme a cualquier cosa para ganar tiempo y contemplar un rostro humano… ¡Y he osado enorgullecerme, creerme llamado a un alto destino! ¡Qué miserable y qué cobarde soy!".

Avanzaba a lo largo del malecón del canal y ya estaba muy cerca del término de su camino. Pero al llegar al puente se detuvo, vaciló un momento y, de pronto, se dirigió a la plaza del Mercado.

Miraba ávidamente a derecha e izquierda. Se esforzaba por examinar atentamente las cosas más insignificantes que encontraba en su camino, pero no podía fijar la atención: todo parecía huir de su mente.

"Dentro de una semana o de un mes —se dijo— volveré a pasar este puente en un coche celular… ¿Cómo miraré entonces el canal? ¿Volveré a fijarme en el rótulo que ahora estoy leyendo? En él veo la palabra ´Compañía´. ¿Leeré las letras una a una como ahora? Esa ´a´ que ahora estoy viendo, ¿me parecerá la misma dentro de un mes? ¿Qué sentiré cuando la mire? ¿Qué pensaré entonces? ¡Dios mío, qué mezquinas son estas preocupaciones…! Verdaderamente, todo esto debe de ser curioso…dentro de su género… ¡Ja, ja, ja! ¡Qué cosas se me ocurren! Estoy haciendo el niño y me gusta mostrarme así a mí mismo… ¿Por qué he de avergonzarme de mis pensamientos…? ¡Qué barahúnda…! Ese gordinflón, que sin duda es alemán, acaba de empujarme, pero ¡qué lejos está de saber a quién ha empujado! Esa mujer que tiene un niño en brazos y pide limosna me cree, no cabe duda más feliz que ella. Sería chocante que pudiera socorrerla… ¡Pero si llevo cinco kopeks en el bolsillo! ¿Cómo diablo habrán venido a parar aquí?".

—Toma, hermana.

—Que Dios se lo pague —dijo con voz lastimera la mendiga.

Llegó a la plaza del Mercado. Estaba llena de gente. Le molestaba codearse con aquella multitud, sí, le molestaba profundamente, pero no por eso dejaba de dirigirse a los lugares donde la muchedumbre era más compacta. Habría dado cualquier cosa por estar solo, pero, al mismo tiempo, se daba cuenta de que no podría soportar la soledad un solo instante. En medio de la multitud, un borracho se entregaba a las mayores extravagancias: intentaba bailar, pero lo único que conseguía era caer. Los curiosos le habían rodeado. Raskolnikof se abrió paso entre ellos y llegó a la primera fila. Estuvo contemplando un momento al borracho y, de pronto, se echó a reír convulsivamente. Poco después se olvidó de todo. Estuvo aún un momento mirando al hombre bebido y luego se alejó del grupo sin darse cuenta del lugar donde se hallaba. Pero, al llegar al centro de la plaza, le asaltó una sensación que se apoderó de todo su ser.

Acababa de acordarse de estas palabras de Sonia: «Ve a la primera esquina, saluda a la gente, besa la tierra que has mancillado con tu crimen y di en voz alta, para que todo el mundo te oiga: "¡Soy un asesino!"»

Ante este recuerdo empezó a temblar de pies a cabeza. Estaba tan aniquilado por las inquietudes de los días últimos y, sobre todo, de las últimas horas, que se abandonó ávidamente a la esperanza de una sensación nueva, fuerte y profunda. La sensación se apoderó de él con tal fuerza, que sacudió su cuerpo, iluminó su corazón como una centella y al punto se convirtió en fuego devorador. Una inmensa ternura se adueñó de él; las lágrimas brotaron de sus ojos. Sin vacilar, se dejó caer de rodillas en el suelo, se inclinó y besó la tierra, el barro, con verdadero placer. Después se levantó y en seguida volvió a arrodillarse.

—¡Éste ha bebido lo suyo! —dijo un joven que pasaba cerca. El comentario fue acogido con grandes carcajadas.

—Es un peregrino que parte para Tierra Santa, hermanos —dijo otro, que había bebido más de la cuenta—, y que se despide de sus amados hijos y de su patria. Saluda a todos y besa el suelo patrio en su capital, San Petersburgo.

—Es todavía joven —observó un tercero.

—Es un noble —dijo una voz grave.

—Hoy en día es imposible distinguir a los nobles de los que no lo son. Estos comentarios detuvieron en los labios de Raskolnikof las palabras

"Soy un asesino" que se disponía a pronunciar. Sin embargo, soportó con gran calma las burlas de la multitud, se levantó y, sin volverse, echó a andar hacia la comisaría.

Pronto apareció alguien en su camino. No se asombró, porque lo esperaba. En el momento en que se había arrodillado por segunda vez en la plaza del Mercado había visto a Sonia a su izquierda, a unos cincuenta pasos. Trataba de pasar inadvertida para él, ocultándose tras una de las barracas de madera que había en la plaza. Comprendió que quería acompañarle mientras subía su Calvario.

En este momento se hizo la luz en la mente de Raskolnikof. Comprendió que Sonia le pertenecía para siempre y que le seguiría a todas partes, aunque su destino le condujera al fin del mundo. Este convencimiento le trastornó, pero en seguida advirtió que había llegado al término fatal de su camino.

Entró en el patio con paso firme. Las oficinas de la comisaría estaban en el tercer piso.

"El tiempo que tarde en subir me pertenece", se dijo.

El minuto fatídico le parecía lejano. Aún tendría tiempo de pensarlo bien.

Encontró la escalera como la vez anterior: cubierta de basuras y llena de los olores infectos que salían de las cocinas cuyas puertas se abrían sobre los rellanos. Raskolnikof no había vuelto a la comisaría desde su primera visita. Sus piernas se negaban a obedecerle y le impedían avanzar. Se detuvo un momento para tomar aliento, recobrarse y entrar como un hombre.

"Pero ¿por qué he de preocuparme del modo de entrar? —se preguntó de pronto—. De todas formas, he de apurar la copa. ¿Qué importa, pues, el modo de bebérmela? Cuanto más amargue el contenido, más mérito tendrá mi sacrificio".

Pensó de pronto en Ilia Petrovitch, el "teniente Pólvora".

"Pero ¿es que sólo con él puedo hablar? ¿Acaso no podría dirigirme a otro, a Nikodim Fomitch, por ejemplo? ¿Y si volviera atrás y fuese a visitar al comisario de policía en su domicilio? Entonces la escena se desarrollaría de un modo menos oficial y menos…No, no; me enfrentaré con el 'teniente Pólvora'. Puesto que hay que beberse la copa, me la beberé de una vez".

Y presa de un frío de muerte, con movimientos casi inconscientes, Raskolnikof abrió la puerta de la comisaría.

Esta vez sólo vio en la antecámara un ordenanza y un hombre del pueblo. Ni siquiera apareció el gendarme de guardia. Raskolnikof pasó a la pieza inmediata.

"A lo mejor, no puedo decir nada todavía", pensó.

Un empleado que vestía de paisano y no el uniforme reglamentario escribía inclinado sobre su mesa. Zamiotof no estaba. El comisario, tampoco.

—¿No hay nadie? —preguntó al escribiente.

—¿A quién quiere ver?

En esto se dejó oír una voz conocida.

—No necesito oídos ni ojos: cuando llega un ruso, percibo por instinto su presencia…, como dice el cuento. Encantado de verle.

Raskolnikof empezó a temblar. El «teniente Pólvora» estaba ante él. Había salido de pronto de la tercera habitación.

"Es el destino —pensó Raskolnikof—. ¿Qué hace este hombre aquí?".

—¿Viene usted a vernos? ¿Con qué objeto?

Parecía estar de excelente humor y bastante animado.

—Si ha venido usted por algún asunto del despacho —continuó—, es demasiado temprano. Yo estoy aquí por casualidad…Dígame: ¿puedo serle útil en algo? Le aseguro, señor… ¡Caramba no me acuerdo del apellido! Perdóneme…

—Raskolnikof.

—¡Ah, sí! Raskolnikof. Lo siento, pero se me había ido de la memoria… Le ruego que me perdone, Rodion Ro…Ro…Rodionovitch, ¿no?

—Rodion Romanovitch.

—¡Eso es: Rodion Romanovitch! Lo tenía en la punta de la lengua. He procurado tener noticias de usted con frecuencia. Le aseguro que he lamentado profundamente nuestro comportamiento con usted hace unos días. Después supe que era usted escritor, incluso un sabio, en el principio de su carrera. ¿Y qué escritor joven no ha empezado por…? Tanto mi mujer como yo somos aficionados a la lectura. Pero mi mujer me aventaja: siente verdadera pasión, una especie de locura, por las letras y las artes…Excepto la nobleza de sangre, todo lo demás puede adquirirse por medio del talento, el genio, la sabiduría, la inteligencia. Fijémonos, por ejemplo, en un sombrero. ¿Qué es un sombrero? Sencillamente, una cosa que se puede comprar en casa de Zimmermann. Pero lo que queda debajo del sombrero, usted no lo podrá comprar…Le aseguro que incluso estuve a punto de ir a visitarlo, pero me dije que…Bueno, a todo esto no le he preguntado qué es lo que desea…Su familia está en Petersburgo, ¿verdad?

—Sí, mi madre y mi hermana.

—Incluso he tenido el honor y el placer de conocer a su hermana, persona tan encantadora como instruida. Le confieso que lamento profundamente nuestro altercado. En cuanto a las conjeturas que hicimos sobre su desvanecimiento, todo ha quedado explicado de un modo que no deja lugar a dudas. Fue una ofuscación, un desatino. Su indignación es muy explicable… ¿Se va usted a mudar a causa de la llegada de su familia?

—No, no; no es eso. Yo venía para…Creía que encontraría aquí a Zamiotof.

—Ya comprendo. He oído decir que eran ustedes amigos. Pues bien, ya no está aquí. Desde anteayer nos vemos privados de sus servicios. Discutió con nosotros y estuvo bastante grosero. Habíamos fundado ciertas esperanzas en él, pero ¡vaya usted a entenderse con nuestra brillante juventud! Se le ha metido en la cabeza presentarse a unos exámenes sólo para poder darse importancia. No tiene nada en común con usted ni con su amigo el señor Rasumikhine. Ustedes viven para la ciencia, y los reveses no pueden abatirlos. Las diversiones no son nada para ustedes. Nihil esi, como dicen. Ustedes llevan una vida austera, monástica, y un libro, una pluma en la oreja, una indagación científica, bastan para hacerlos felices. Incluso yo, hasta cierto punto… ¿Ha leído usted las Memorias de Livingstone?

—No.

—Yo sí que las he leído. Desde hace algún tiempo, el número de nihilistas ha aumentado considerablemente. Esto es muy comprensible si uno piensa en la época que atravesamos. Pero le digo esto porque…Usted no es nihilista, ¿verdad? Respóndame francamente.

—No lo soy.

—Sea franco, tan franco como lo sería con usted mismo. La obligación es una cosa, y otra la…Creía usted que iba a decir la "amistad", ¿verdad? Pues se ha equivocado: no iba a decir la amistad, sino el sentimiento de hombre y de ciudadano, un sentimiento de humanidad y de amor al Altísimo. Yo soy un personaje oficial, un funcionario, pero no por eso debo ser menos ciudadano y menos hombre…Hablábamos de Zamiotof, ¿verdad? Pues bien, Zamiotof es un muchacho que quiere imitar a los franceses de vida disipada. Después de beberse un vaso de champán o de vino del Don en un establecimiento de mala fama, empieza a alborotar. Así es su amigo Zamiotof. Estuve tal vez un poco fuerte con él, pero es que me dejé llevar de mi celo por los intereses del servicio. Por otra parte, yo desempeño cierto papel en la sociedad, tengo una categoría, una posición. Además, estoy casado, soy padre de familia y cumplo mis deberes de hombre y de ciudadano. En cambio, él ¿qué es? Permítame que se lo pregunte. Me dirijo a usted como a un hombre ennoblecido por la educación. ¿Y qué me dice de las comadronas? También se han multiplicado de un modo exorbitante…

Raskolnikof arqueó las cejas y miró al oficial con una expresión de desconcierto. La mayoría de las palabras de aquel hombre, que evidentemente acababa de levantarse de la mesa, carecían para él de sentido. Sin embargo, comprendió parte de ellas y observaba a su interlocutor con una interrogación muda en los ojos, preguntándose adónde le quería llevar.

—Me refiero a esas muchachas de cabellos cortos —continuó el inagotable Ilia Petrovitch—. Las llamo a todas comadronas y considero que el nombre les cuadra admirablemente. ¡Je, je! Se introducen en la escuela de Medicina y estudian anatomía. Pero le aseguro que si caigo enfermo, no me dejaré curar por ninguna de ellas. ¡Je, je!

Ilia Petrovitch se reía, encantado de su ingenio.

—Admito que todo eso es solamente sed de instrucción; pero ¿por qué entregarse a ciertos excesos? ¿Por qué insultar a las personas de elevada posición, como hace ese tunante de Zamiotof? ¿Por qué me ha ofendido a mí, pregunto yo…? Otra epidemia que hace espantosos estragos es la del suicidio. Se comen hasta el último céntimo que tienen y después se matan. Muchachas, hombres jóvenes, viejos, se quitan la vida. Por cierto que acabamos de enterarnos de que un señor que llegó hace poco de provincias se ha suicidado. Nil Pavlovitch, ¡eh, Nil Pavlovitch! ¿Cómo se llama ese caballero que se ha levantado la tapa de los sesos esta mañana?

—Svidrigailof —respondió una voz ronca e indiferente desde la habitación vecina.

Raskolnikof se estremeció.

—¿Svidrigailof? ¿Se ha matado Svidrigailof? —exclamó.

—¿Cómo? ¿Le conocía usted?

—Sí…Había llegado hacía poco.

—En efecto. Había perdido a su mujer. Era un hombre dado a la crápula. Y de pronto se suicida. ¡Y de qué modo! No se lo puede usted imaginar…Ha dejado unas palabras escritas en un bloc de notas, declarando que moría por su propia voluntad y que no se debía culpar a nadie de su muerte. Dicen que tenía dinero. ¿Cómo es que lo conoce usted?

—¿Yo? Pues…Mi hermana fue institutriz en su casa.

—Entonces, usted puede facilitarnos datos sobre él. ¿Sospechaba usted sus propósitos?

—Le vi ayer. Estaba bebiendo champán. No observé en él nada anormal.

Raskolnikof tenía la impresión de que había caído un peso enorme sobre su pecho y lo aplastaba.

—Otra vez se ha puesto usted pálido. ¡Está tan cargada la atmósfera en estas oficinas!

—Sí —murmuró Raskolnikof—. Me marcho. Perdóneme por haberle molestado.

—No diga usted eso. Estoy siempre a su disposición. Su visita ha sido para mí una verdadera satisfacción.

Y tendió la mano a Rodion Romanovitch.

—Sólo quería ver a Zamiotof.

—Comprendido. Encantado dé su visita.

—Yo también…he tenido mucho gusto en verle –dijo Raskolnikof con una sonrisa—. Usted siga bien.

Salió de la comisaría con paso vacilante. La cabeza le daba vueltas. Le costaba gran trabajo mantenerse sobre sus piernas. Empezó a bajar la escalera apoyándose en la pared. Le pareció que un ordenanza que subía a la comisaría tropezó con él; que, al llegar al primer piso, oyó ladrar a un perro, y vio que una mujer le arrojaba un rodillo de pastelería mientras le gritaba para hacerle callar. Al fin llegó a la planta baja y salió a la calle. Entonces vio a Sonia. Estaba cerca del portal, y, pálida como una muerta, le miraba con una expresión de extravío. Raskolnikof se detuvo ante ella. Una sombra de sufrimiento y desesperación pasó por el semblante de la joven. Enlazó las manos, y una sonrisa que no fue más que una mueca le torció los labios. Rodia permaneció un instante inmóvil. Luego sonrió amargamente y volvió a subir a la comisaría.

Ilia Petrovitch, sentado a su mesa, hojeaba un montón de papeles. El mujik que acababa de tropezar con Raskolnikof estaba de pie ante él.

—¿Usted otra vez? ¿Se le ha olvidado algo? ¿Qué le pasa?

Con los labios amoratados y la mirada inmóvil, Raskolnikof se acercó lentamente a la mesa de Ilia Petrovitch, apoyó la mano en ella e intentó hablar, pero ni una sola palabra salió de sus labios: sólo pudo proferir sonidos inarticulados.

—¿Se siente usted mal? ¡Una silla! Siéntese. ¡Traigan agua!

Raskolnikof se dejó caer en la silla sin apartar los ojos del rostro de Ilia Petrovitch, donde se leía una profunda sorpresa. Durante un minuto, los dos se miraron en silencio. Trajeron agua.

—Fui yo…—empezó a decir Raskolnikof.

—Beba.

El joven rechazó el vaso y, en voz baja y entrecortada, pero con toda claridad, hizo la siguiente declaración:

—Fui yo quien asesinó a hachazos, para robarles, a la vieja prestamista y a su hermana Lisbeth.

Ilia Petrovitch abrió la boca. Acudió gente de todas partes. Raskolnikof repitió su confesión.

EPÍLOGO PARTE 1

En Siberia, a orillas de un ancho río que discurre por tierras desiertas hay una ciudad, uno de los centros administrativos de Rusia. La ciudad contiene una fortaleza, y la fortaleza, una prisión. En este presidio está desde hace nueve meses el condenado a trabajos forzados de la segunda categoría Rodion Raskolnikof. Cerca de año y medio ha transcurrido desde el día en que cometió su crimen. La instrucción de su proceso no tropezó con dificultades. El culpable repitió su confesión con tanta energía como claridad, sin embrollar las circunstancias, sin suavizar el horror de su perverso acto, sin alterar la verdad de los hechos, sin olvidar el menor incidente. Relató con todo detalle el asesinato y aclaró el misterio del objeto encontrado en las manos de la vieja, que era, como se recordará, un trocito de madera unido a otro de hierro. Explicó cómo había cogido las llaves del bolsillo de la muerta y describió minuciosamente tanto el cofre al que las llaves se adaptaban como su contenido.

Incluso enumeró algunos de los objetos que había encontrado en el cofre. Explicó la muerte de Lisbeth, que había sido hasta entonces un enigma. Refirió cómo Koch, seguido muy pronto por el estudiante, había golpeado la puerta y repitió palabra por palabra la conversación que ambos sostuvieron.

Después él se había lanzado escaleras abajo; había oído las voces de Mikolka y Mitri y se había escondido en el departamento desalquilado.

Finalmente habló de la piedra bajo la cual había escondido (y fueron encontrados) los objetos y la bolsa robados a la vieja, indicando que tal piedra estaba cerca de la entrada de un patio del bulevar Vosnesensky.

En una palabra, aclaró todos los puntos. Varias cosas sorprendieron a los magistrados y jueces instructores, pero lo que más les extrañó fue que el culpable hubiera escondido su botín sin sacar provecho de él, y más aún, que no solamente no se acordara de los objetos que había robado, sino que ni siquiera pudiera precisar su número.

Aún se juzgaba más inverosímil que no hubiera abierto la bolsa y siguiera ignorando lo que contenía. En ella se encontraron trescientos diecisiete rublos y tres piezas de veinte kopeks. Los billetes mayores, por estar colocados sobre los otros, habían sufrido considerables desperfectos al permanecer tanto tiempo bajo la piedra. Se estuvo mucho tiempo tratando de comprender por qué el acusado mentía sobre este punto —pues así lo creían—, habiendo confesado espontáneamente la verdad sobre todos los demás.

Al fin algunos psicólogos admitieron que podía no haber abierto la bolsa y haberse desprendido de ella sin saber lo que contenía, de lo cual se extrajo la conclusión de que el crimen se había cometido bajo la influencia de un ataque de locura pasajera: el culpable se había dejado llevar de la manía del asesinato y el robo, sin ningún fin interesado. Fue una buena ocasión para apoyar esa teoría con la que se intenta actualmente explicar ciertos crímenes.

Además, que Raskolnikof era un neurasténico quedó demostrado por las declaraciones de varios testigos: el doctor Zosimof, algunos camaradas de universidad del procesado, su patrona, Nastasia…

Todo esto dio origen a la idea de que Raskolnikof no era un asesino corriente, un ladrón vulgar, sino que su caso era muy distinto. Para decepción de los que opinaban así, el procesado no se aprovechó de ello para defenderse. Interrogado acerca de los motivos que le habían impulsado al crimen y al robo respondió con brutal franqueza que los móviles habían sido la miseria y el deseo de abrirse paso en la vida con los tres mil rublos como mínimo que esperaba encontrar en casa de la víctima, y que había sido su carácter bajo y ligero, agriado además por los fracasos y las privaciones, lo que había hecho de él un asesino. Y cuando se le preguntó qué era lo que le había impulsado a presentarse a la justicia, contestó que un arrepentimiento sincero. En conjunto, su declaración produjo mal efecto.

Sin embargo, la condena fue menos grave de lo que se esperaba. Tal vez favoreció al acusado el hecho de que, lejos de pretender justificarse, se había dedicado a acumular cargos contra sí mismo. Todas las particularidades extrañas de la causa se tomaron en consideración. El mal estado de salud y la miseria en que se hallaba antes de cometer el crimen no podían ponerse en duda. El hecho de que no se hubiera aprovechado del botín se atribuyó, por una parte, a un remordimiento tardío y, por otra, a un estado de perturbación mental en el momento de cometer el crimen. La muerte impremeditada de Lisbeth fue un detalle favorable a esta última tesis, pues no tenía explicación que un hombre cometiera dos asesinatos ¡habiéndose dejado la puerta abierta!

Finalmente, el culpable se había presentado a la justicia por su propio impulso y en un momento en que las falsas declaraciones de un fanático (Nicolás) habían embrollado el proceso y cuando, además, la justicia no sólo no poseía ninguna prueba contra el culpable, sino que ni siquiera sospechaba de él. (Porfirio Petrovitch había mantenido religiosamente su palabra).

Todas estas circunstancias contribuyeron considerablemente a suavizar el veredicto. Además, en el curso de los debates se habían puesto en evidencia otros hechos favorables al acusado: los documentos presentados por el estudiante Rasumikhine demostraban que, durante su permanencia en la universidad, el asesino Raskolnikof se había repartido por espacio de seis meses sus escasos recursos, hasta el último kopek, con un compañero necesitado y tuberculoso. Cuando éste murió, Raskolnikof prestó toda la ayuda posible al padre del difunto, un anciano que era ya como un niño y del que su hijo se había tenido que cuidar desde que tenía trece años. Rodia consiguió que lo admitieran en un asilo y más tarde, cuando murió, pagó su entierro.

Todos estos testimonios favorecieron en gran medida al acusado. La viuda de Zarnitzine, su antigua patrona y madre de la difunta prometida, acudió también a declarar y dijo que en la época en que vivía en las Cinco Esquinas, teniendo a Raskolnikof como huésped, una noche se había declarado un incendio en la casa vecina, y su pupilo, con peligro de perder la vida, había salvado a dos niños de las llamas, sufriendo algunas quemaduras. Esta declaración fue escrupulosamente comprobada mediante una encuesta: numerosos testigos certificaron su exactitud. En resumidas cuentas, que el tribunal, teniendo en consideración la declaración espontánea del culpable y sus buenos antecedentes, sólo lo condenó a ocho años de trabajos forzados (segunda categoría).

Apenas comenzaron los debates, la madre de Raskolnikof cayó enferma. Dunia y Rasumikhine consiguieron mantenerla alejada de Petersburgo durante toda la instrucción del sumario. Dmitri Prokofitch alquiló una casa para las mujeres en un pueblo de las cercanías de la capital por el que pasaba el ferrocarril. Así pudo seguir toda la marcha del proceso y visitar con cierta frecuencia a Avdotia Romanovna. La enfermedad de Pulqueria Alejandrovna era una afección nerviosa bastante rara, acompañada de una perturbación parcial de las facultades mentales.

Al volver a casa tras su última visita a su hermano, Dunia encontró a su madre con fiebre alta y delirando. Aquella misma noche se puso de acuerdo con Rasumikhine sobre lo que debían decir a Pulqueria Alejandrovna cuando les preguntara por Rodia. Urdieron toda una novela en torno a la marcha de Rodion a una provincia de los confines de Rusia con una misión que le reportaría tanto honor como provecho.

Pero, para sorpresa de los dos jóvenes, Pulqueria Alejandrovna no les hizo jamás pregunta alguna sobre este punto.

Había inventado su propia historia para explicar la marcha precipitada de su hijo. Refería llorando, la escena de la despedida y daba a entender que sólo ella conocía ciertos hechos misteriosos e importantísimos. Afirmaba que Rodia tenía enemigos poderosos de los que se veía obligado a ocultarse, y no dudaba de que alcanzaría una brillante posición cuando lograse allanar ciertas dificultades. Decía a Rasumikhine que su hijo sería un hombre de Estado. Para ello se fundaba en el artículo que había escrito y que denotaba, según ella, un talento literario excepcional. Leía sin cesar este artículo, a veces en voz alta. No se apartaba de él ni siquiera cuando se iba a dormir. Pero no preguntaba nunca dónde estaba Rodia, aunque el cuidado que tenían su hija y Rasumikhine en eludir esta cuestión debía de parecer sospechosa. El extraño mutismo en que se encerraba Pulqueria Alejandrovna acabó por inquietar a Dunia y a Dmitri Prokofitch. Ni siquiera se quejaba del silencio de su hijo, siendo así que, cuando estaban en el pueblo, vivía de la esperanza de recibir al fin una carta de su querido Rodia. Esto pareció tan inexplicable a Dunia, que la joven llegó a sentirse verdaderamente alarmada. Se dijo que su madre debía de presentir que había ocurrido a Rodia alguna gran desgracia y que no se atrevía a preguntar por temor a oír algo más horrible de lo que ella suponía. Fuera como fuese, Dunia se daba perfecta cuenta de que su madre tenía trastornado el cerebro. Sin embargo, un par de veces Pulqueria Alejandrovna había conducido la conversación de modo que tuvieran que decirle dónde estaba Rodia. Las vagas e inquietas respuestas que recibió la sumieron en una profunda tristeza y durante mucho tiempo se la vio sombría y taciturna.

Finalmente, Dunia comprendió que mentir continuamente e inventar historia tras historia era demasiado difícil y decidió guardar un silencio absoluto sobre ciertos puntos. Sin embargo, cada vez era más evidente que la pobre madre sospechaba algo horrible. Dunia recordaba perfectamente que, según Rodia le había dicho, su madre la había oído soñar en voz alta la noche que siguió a su conversación con Svidrigailof. Las palabras que había dejado escapar en sueños tal vez habían dado una luz a la pobre mujer. A veces, tras días o semanas de lágrimas y silencio, Pulqueria Alejandrovna se entregaba a una agitación morbosa y empezaba a monologar en voz alta, a hablar de su hijo, de sus esperanzas, del porvenir. Sus fantasías eran a veces realmente extrañas. Dunia y

Rasumikhine le seguían la corriente, y ella tal vez se daba cuenta, pero no por eso cesaba de hablar.

La sentencia se dictó cinco meses después de la confesión del culpable. Rasumikhine visitó a su amigo en la prisión con tanta frecuencia como le fue posible, y Sonia igualmente. Llegó al fin el momento de la separación. Dunia y Rasumikhine estaban seguros de que no sería eterna. El fogoso joven había concebido ciertos proyectos y estaba firmemente resuelto a cumplirlos. Se proponía reunir algún dinero durante los tres o cuatro años siguientes y luego trasladarse con la familia de Rodia a Siberia, país repleto de riqueza que sólo esperaba brazos y capitales para cobrar validez. Se instalarían en la población donde estuviera Rodia y empezarían todos juntos una vida nueva.

Todos derramaron lágrimas al decirse adiós. Los últimos días, Raskolnikof se mostró profundamente preocupado. Estaba inquieto por su madre y preguntaba continuamente por ella. Esta ansiedad acabó por intranquilizar a Dunia. Cuando le explicaron detalladamente la enfermedad que padecía Pulqueria Alejandrovna, el semblante de Rodia se ensombreció todavía más.

A Sonia apenas le dirigía la palabra. Contando con el dinero que le había entregado Svidrigailof, la joven se había preparado hacía tiempo para seguir al convoy de presos de que formara parte Raskolnikof. Jamás habían cambiado una sola palabra sobre este punto; pero los dos sabían que sería así.

En el momento de los últimos adioses, el condenado tuvo una sonrisa extraña al oír que su hermana y Rasumikhine le hablaban con entusiasmo de la vida próspera que les esperaba cuando él saliera del presidio. Rodia preveía que la enfermedad de su madre tendría un desenlace doloroso. Al fin partió, seguido de Sonia.

Dos meses después, Dunetchka y Rasumikhine se casaron. Fue una ceremonia triste y silenciosa. Entre los invitados figuraban Porfirio Petrovitch y Zamiotof.

Desde hacía algún tiempo, Rasumikhine daba muestras de una resolución inquebrantable. Dunia tenía fe ciega en él y creía en la realización de sus proyectos. En verdad, habría sido difícil no confiar en aquel joven que poseía una voluntad de hierro. Había vuelto a la universidad a fin de terminar sus estudios y los esposos no cesaban de forjar planes para el porvenir. Tenían la firme intención de emigrar a Siberia al cabo de cinco años a lo sumo. Entre tanto, contaban con Sonia para sustituirlos.

Pulqueria Alejandrovna bendijo de todo corazón el enlace de su hija con Rasumikhine, pero después de la boda aumentaron su tristeza y ensimismamiento. Para procurarle un rato agradable, Rasumikhine le explicó la generosa conducta de Rodia con el estudiante enfermo y su anciano padre, y también que había sufrido graves quemaduras por salvar a dos niños de un incendio. Estos dos relatos exaltaron en grado sumo el ya trastornado espíritu de Pulqueria Alejandrovna. Desde entonces no cesó de hablar de aquellos nobles actos. Incluso en la calle los refería a los transeúntes, en las tiendas, allí donde encontraba un auditor paciente empezaba a hablar de su hijo, del artículo que había publicado, de su piadosa conducta con el estudiante, del espíritu de sacrificio que había demostrado en un incendio, de las quemaduras que había recibido, etc.

Dunetchka no sabía cómo hacerla callar. Aparte el peligro que encerraba esta exaltación morbosa, podía darse el caso de que alguien, al oír el nombre de Raskolnikof, se acordara del proceso y empezase a hablar de él.

Pulqueria Alejandrovna se procuró la dirección de los dos niños salvados por su hijo y se empeñó en ir a verlos. Al fin su agitación llegó al límite. A veces prorrumpía de pronto en llanto, la acometían con frecuencia accesos de fiebre y entonces empezaba a delirar. Una mañana dijo que, según sus cálculos, Rodia estaba a punto de regresar, pues, al despedirse de ella, él mismo le había asegurado que volvería al cabo de nueve meses. Y empezó a arreglar la casa, a preparar la habitación que destinaba a su hijo (la suya), a quitar el polvo a los muebles, a fregar el suelo, a cambiar las cortinas…Dunia sentía gran inquietud al verla en semejante estado, pero no decía nada e incluso la ayudaba a preparar el recibimiento de Rodia.

Al fin, tras un día de agitación, de visiones, de ensueños felices y de lágrimas, Pulqueria Alejandrovna perdió por completo el juicio y murió quince días después. Las palabras que dejó escapar en su delirio hicieron suponer a los que le rodeaban que sabía de la suerte de su hijo mucho más de lo que se sospechaba.

Raskolnikof ignoró durante largo tiempo la muerte de su madre. Sin embargo, desde su llegada a Siberia recibía regularmente noticias de su familia por mediación de Sonia, que escribía todos los meses a los esposos Rasumikhine y nunca dejaba de recibir respuesta. Las cartas de Sonia parecieron al principio demasiado secas a Dunia y su marido. No les gustaban. Pero después comprendieron que Sonia no podía escribir de otro modo y que, al fin y al cabo, aquellas cartas les daban una idea clara y precisa de la vida del desgraciado Raskolnikof, pues abundaban en detalles sobre este punto. Sonia describía tan simple como minuciosamente la existencia de Raskolnikof en el presidio. No hablaba de sus propias esperanzas, de sus planes para el futuro ni de sus sentimientos personales. En vez de explicar el estado espiritual, la vida interior del condenado, de interpretar sus reacciones, se limitaba a citar hechos, a repetir las palabras pronunciadas por Rodia, a dar noticias de su salud, a transmitir los deseos que había expresado, los encargos que había hecho…Gracias a estas noticias en extremo detalladas, pronto creyeron tener junto a ellos a su desventurado hermano, y no podían equivocarse al imaginárselo, pues se fundaban en datos exactos y precisos.

Sin embargo, las noticias que recibían no tenían, especialmente al principio, nada de consolador para el matrimonio. Sonia contaba a Dunia y a su marido que Rodia estaba siempre sombrío y taciturno, que permanecía indiferente a las noticias de Petersburgo que ella le transmitía, que la interrogaba a veces por su madre. Y cuando Sonia se dio cuenta de que sospechaba la verdad sobre la suerte de Pulqueria Alejandrovna, le dijo francamente que había muerto, y entonces, para sorpresa suya, vio que Raskolnikof permanecía poco menos que impasible. Aunque concentrado en sí mismo y ajeno a cuanto le rodeaba —le explicaba Sonia en una carta—, miraba francamente y con entereza su nueva vida. Se daba perfecta cuenta de su situación y no esperaba que mejorase en mucho tiempo. No alimentaba vanas esperanzas, contrariamente a lo que suele ocurrir en los casos como el suyo, y no parecía experimentar extrañeza alguna en su nuevo ambiente, tan distinto del que había conocido hasta entonces.

Su salud era satisfactoria. Iba al trabajo sin resistencia ni apresuramiento; no lo eludía, pero tampoco lo buscaba. Se mostraba indiferente respecto a la alimentación, pero ésta era tan mala, exceptuando los domingos y días de fiesta, que al fin aceptó algún dinero de Sonia para poder tomar té todos los días. Sin embargo, le rogó que no se preocupara por él, pues le contrariaba ser motivo de inquietud para otras personas.

En otra de sus cartas, Sonia les explicó que Rodia dormía hacinado con los demás detenidos. Ella no había visto la fortaleza donde estaban encerrados, pero tenía noticias de que los presos vivían amontonados, en condiciones nada saludables y francamente horribles. Raskolnikof dormía sobre un jergón cubierto por un simple trozo de tela y no deseaba tener un lecho más cómodo.

Si rechazaba todo aquello que podía suavizar su vida, hacerla un poco menos ingrata, no era por principio, sino simplemente por apatía, por indiferencia hacia su suerte. Sonia contaba que, al principio, sus visitas, lejos de complacer a Raskolnikof, lo irritaban. Sólo abría la boca para hacerle reproches. Pero después se acostumbró a aquellas entrevistas, y llegaron a serle tan indispensables, que cayó en una profunda tristeza en cierta ocasión en que Sonia se puso enferma y estuvo algún tiempo sin ir a visitarle.

Los días de fiesta lo veía en la puerta de la prisión o en el cuerpo de guardia, adonde dejaban ir al preso para unos minutos cuando ella lo solicitaba. Los días laborables iba a verlo en los talleres donde trabajaba o en los cobertizos de la orilla del Irtych.

En sus cartas, Sonia hablaba también de sí misma. Decía que había logrado crearse relaciones y obtener cierta protección en su nueva vida. Se dedicaba a trabajos de aguja, y como en la ciudad escaseaban las costureras, había conseguido bastantes clientes. Lo que no decía era que había logrado que las autoridades se interesaran por la suerte de Raskolnikof y lo excluyeran de los trabajos más duros.

Al fin, Rasumikhine y Dunia supieron (esta carta, como todas las últimas de Sonia, pareció a Dunia colmada de un terror angustioso) que Raskolnikof huía de todo el mundo, que sus compañeros de prisión no le querían, que estaba pálido como un muerto y que pasaba días enteros sin pronunciar una sola palabra.

En una nueva carta, Sonia manifestó que Rodia estaba enfermo de gravedad y se le había trasladado al hospital del presidio.

PARTE 2

Hacía tiempo que llevaba la enfermedad en incubación, pero no era la horrible vida del presidio, ni los trabajos forzados, ni la alimentación, ni la vergüenza de llevar la cabeza rapada e ir vestido de harapos lo que había quebrantado su naturaleza. ¡Qué le importaban todas estas miserias, todas estas torturas! Por el contrario, se sentía satisfecho de trabajar: la fatiga física le proporcionaba, al menos, varias horas de sueño tranquilo. ¿Y qué podía importarle la comida, aquella sopa de coles donde nadaban las cucarachas? Cosas peores había conocido en sus tiempos de estudiante. Llevaba ropas de abrigo adaptadas a su género de vida. En cuanto a los grilletes, ni siquiera notaba su peso. Quedaba la humillación de llevar la cabeza rapada y el uniforme de presidiario. Pero ¿ante quién podía sonrojarse? ¿Ante Sonia? Sonia le temía. Además, ¿qué vergüenza podía sentir ante ella? Sin embargo, enrojecía al verla y, para vengarse, la trataba grosera y despectivamente.

Pero su vergüenza no la provocaban los grilletes ni la cabeza rapada. Le habían herido cruelmente en su orgullo, y era el dolor de esta herida lo que le atormentaba. ¡Qué feliz habría sido si hubiese podido hacerse a sí mismo alguna acusación! ¡Qué fácil le habría sido entonces soportar incluso el deshonor y la vergüenza! Pero, por más que quería mostrarse severo consigo mismo, su endurecida conciencia no hallaba ninguna falta grave en su pasado. Lo único que se reprochaba era haber fracasado, cosa que podía ocurrir a todo el mundo. Se sentía humillado al decirse que él, Raskolnikof, estaba perdido para siempre por una ciega disposición del destino y que tenía que resignarse, que someterse al absurdo de este juicio sin apelación si quería recobrar un poco de calma. Una inquietud sin finalidad en el presente y un sacrificio continuo y estéril en el porvenir: he aquí todo lo que le quedaba sobre la tierra. Vano consuelo para él poder decirse que, transcurridos ocho años, sólo tendría treinta y dos y podría empezar una nueva vida. ¿Para qué vivir? ¿Qué provecho tenía? ¿Hacia dónde dirigir sus esfuerzos? Bien que se viviera por una idea, por una esperanza, incluso por un capricho, pero vivir simplemente no le había satisfecho jamás: siempre había querido algo más. Tal vez la violencia de sus deseos le había hecho creer tiempo atrás que era uno de esos hombres que tienen más derechos que el tipo común de los mortales.

Si al menos el destino le hubiera procurado el arrepentimiento, el arrepentimiento punzante que destroza el corazón y quita el sueño, el arrepentimiento que llena el alma de terror hasta el punto de hacer desear la cuerda de la horca o las aguas profundas… ¡Con qué satisfacción lo habría recibido! Sufrir y llorar es también vivir. Pero él no estaba en modo alguno arrepentido de su crimen. ¡Si al menos hubiera podido reprocharse su necedad, como había hecho tiempo atrás, por las torpezas y los desatinos que le habían llevado a la prisión! Pero cuando reflexionaba ahora, en los ratos de ocio del cautiverio, sobre su conducta pasada, estaba muy lejos de considerarla tan desatinada y torpe como le había parecido en aquella época trágica de su vida.

"¿Qué tenía mi idea —se preguntaba— para ser más estúpida que las demás ideas y teorías que circulan y luchan por imponerse sobre la tierra desde que el mundo es mundo? Basta mirar las cosas con amplitud e independencia de criterio, desprenderse de los prejuicios para que mi plan no parezca tan extraño. ¡Oh, pensadores de cuatro cuartos! ¿Por qué os detenéis a medio camino…? ¿Por qué mi acto os ha parecido monstruoso? ¿Por qué es un crimen? ¿Qué quiere decir la palabra "crimen"? Tengo la conciencia tranquila. Sin duda, he cometido un acto ilícito; he violado las leyes y he derramado sangre. ¡Pues cortadme la cabeza, y asunto concluido! Pero en este caso, no pocos bienhechores de la humanidad que se adueñaron del poder en vez de heredarlo desde el principio de su carrera debieron ser entregados al suplicio. Lo que ocurre es que estos hombres consiguieron llevar a cabo sus proyectos; llegaron hasta el fin de su camino y su éxito justificó sus actos. En cambio, yo no supe llevar a buen término mi plan…y, en verdad, esto demuestra que no tenía derecho a intentar ponerlo en práctica".

Éste era el único error que reconocía; el de haber sido débil y haberse entregado. Otra idea le mortificaba. ¿Por qué no se había suicidado? ¿Por qué habría vacilado cuando miraba las aguas del río y, en vez de arrojarse, prefirió ir a presentarse a la policía? ¿Tan fuerte y tan difícil de vencer era el amor a la vida? Pues Svidrigailof lo había vencido, a pesar de que temía a la muerte.

Reflexionaba amargamente sobre esta cuestión y no podía comprender que en el momento en que, inclinado sobre el Neva, pensaba en el suicidio, acaso presentía ya su tremendo error, la falsedad de sus convicciones. No comprendía que este presentimiento podía contener el germen de una nueva concepción de la vida y que le anunciaba su resurrección.

En vez de esto, se decía que había obedecido a la fuerza oscura del instinto: cobardía, debilidad…

Observando a sus compañeros de presidio, se asombraba de ver cómo amaban la vida, cuán preciosa les parecía. Incluso creyó ver que este sentimiento era más profundo en los presos que en los hombres que gozaban de la libertad. ¡Qué espantosos sufrimientos habían soportado algunos de aquellos reclusos, los vagabundos, por ejemplo! ¿Era posible que un rayo de sol, un bosque umbroso, un fresco riachuelo que corre por el fondo de un valle solitario y desconocido, tuviesen tanto valor para ellos; que soñaran todavía, como se sueña en una amante, en una fuente cristalina vista tal vez tres años atrás? La veían en sus sueños, con su cerco de verde hierba y con el pájaro que cantaba en una rama próxima. Cuanto más observaba a aquellos hombres, más cosas inexplicables descubría.

Sí, muchos detalles de la vida del presidio, del ambiente que le rodeaba, eludían su comprensión, o acaso él no quería verlos. Vivía como con la mirada en el suelo, porque le era insoportable lo que podía percibir a su alrededor. Pero, andando el tiempo, le sorprendieron ciertos hechos cuya existencia jamás había sospechado, y acabó por observarlos atentamente. Lo que más le llamó la atención fue el abismo espantoso, infranqueable, que se abría entre él y aquellos hombres. Era como si él perteneciese a una raza y ellos a otra. Unos y otros se miraban con hostil desconfianza. Él conocía y comprendía las causas generales de este fenómeno, pero jamás había podido imaginarse que tuviesen tanta fuerza y profundidad. En el penal había políticos polacos condenados al exilio en Siberia. Éstos consideraban a los criminales comunes como unos ignorantes, unos brutos, y los despreciaban. Raskolnikof no compartía este punto de vista. Veía claramente que, en muchos aspectos, aquellos brutos eran más inteligentes que los polacos. También había rusos (un oficial y varios seminaristas) que miraban con desdén a la plebe del penal, y Raskolnikof los consideraba igualmente equivocados.

A él nadie le quería: todos se apartaban de su lado. Acabaron por odiarle.

¿Por qué? lo ignoraba. Le despreciaban y se burlaban de él. Igualmente se mofaban de su crimen condenados que habían cometido otros crímenes más graves.

—Tú eres un señorito —le decían—. Eso de asesinar a hachazos no se ha hecho para ti.

—No son cosas para la gente bien.

La segunda semana de cuaresma le correspondió celebrar la pascua con los presos de su departamento. Fue a la iglesia y asistió al oficio con sus compañeros. Un día, sin que se supiera por qué, se produjo un altercado entre él y los demás presos. Todos se arrojaron sobre él furiosamente.

—Tú eres un ateo; tú no crees en Dios —le gritaban—. Mereces que te maten.

Él no les había hablado de Dios ni de religión jamás. Sin embargo, querían matarlo por infiel. Rodia no contestó. Uno de los reclusos, ciego de cólera, se fue hacia él, dispuesto a atacarlo. Raskolnikof le esperó en silencio, con una calma absoluta, sin parpadear, sin que ni un solo músculo de su cara se moviera. Un guardián se interpuso a tiempo. Si hubiese tardado un minuto en intervenir, habría corrido la sangre.

Había otra cuestión que no conseguía resolver. ¿Por qué estimaban todos tanto a Sonia? Ella no hacía nada para atraerse sus simpatías. Los penados sólo la podían ver de tarde en tarde en los astilleros o en los talleres adonde iba a reunirse con Raskolnikof. Sin embargo, todos la conocían y todos sabían que Sonetchka le había seguido al penal. Estaban al corriente de su vida y conocían su dirección. Ella no les daba dinero ni les prestaba ningún servicio. Solamente una vez, en Navidad, hizo un regalo a todos los presos: pasteles y panes rusos.

Pero, insensiblemente, las relaciones entre ellos y Sonia fueron estrechándose. La muchacha escribía cartas a los presos para sus familias y después las echaba al correo. Cuando los deudos de los reclusos iban a la ciudad para verlos, ellos les indicaban que enviaran a Sonia los paquetes e incluso el dinero que quisieran remitirles. Las esposas y las amantes de los presidiarios la conocían y la visitaban. Cuando Sonia iba a ver a Raskolnikof a los lugares donde trabajaba con sus compañeros, o cuando se encontraba con un grupo de penados que iba camino del lugar de trabajo, todos se quitaban el gorro y la saludaban.

—Querida Sonia Simonovna, tú eres nuestra tierna y protectora madrecita —decían aquellos presidiarios, aquellos hombres groseros y duros a la frágil mujercita.

Ella contestaba sonriendo y a ellos les encantaba esta sonrisa.

Adoraban incluso su manera de andar. Cuando se marchaba, se volvían para seguirla con la vista y se deshacían en alabanzas. Alababan hasta la pequeñez de su figura. Ya no sabían qué elogios dirigirle. Incluso la consultaban cuando estaban enfermos.

Raskolnikof pasó en el hospital el final de la cuaresma y la primera semana de pascua. Al recobrar la salud se acordó de las visiones que había tenido durante el delirio de la fiebre. Creyó ver el mundo entero asolado por una epidemia espantosa y sin precedentes, que se había declarado en el fondo de Asia y se había abatido sobre Europa. Todos habían de perecer, excepto algunos elegidos. Triquinas microscópicas de una especie desconocida se introducían en el organismo humano. Pero estos corpúsculos eran espíritus dotados de inteligencia y de voluntad. Las personas afectadas perdían la razón al punto. Sin embargo —cosa extraña—, jamás los hombres se habían creído tan inteligentes, tan seguros de estar en posesión de la verdad; nunca habían demostrado tal confianza en la infalibilidad de sus juicios, de sus teorías científicas, de sus principios morales. Aldeas, ciudades, naciones enteras se contaminaban y perdían el juicio. De todos se apoderaba una mortal desazón y todos se sentían incapaces de comprenderse unos a otros. Cada uno creía ser el único poseedor de la verdad y miraban con piadoso desdén a sus semejantes. Todos, al contemplar a sus semejantes, se golpeaban el pecho, se retorcían las manos, lloraban…No se ponían de acuerdo sobre las sanciones que había que imponer, sobre el bien y el mal, sobre a quién había que condenar y a quién absolver. Se reunían y formaban enormes ejércitos para lanzarse unos contra otros, pero, apenas llegaban al campo de batalla, las tropas se dividían, se rompían las formaciones y los hombres se estrangulaban y devoraban unos a otros.

En las ciudades, las trompetas resonaban durante todo el día. Todos los hombres eran llamados a las armas, pero ¿por quién y para qué? Nadie podía decirlo y el pánico se extendía por todas partes. Se abandonaban los oficios más sencillos, pues cada trabajador proponía sus ideas, sus reformas, y no era posible entenderse. Nadie trabajaba la tierra. Aquí y allá, los hombres formaban grupos y se comprometían a no disolverse, pero poco después olvidaban su compromiso y empezaban a acusarse entre sí, a contender, a matarse. Los incendios y el hambre se extendían por toda la tierra. Los hombres y las cosas desaparecían. La epidemia seguía extendiéndose, devastando. En todo el mundo sólo tenían que salvarse algunos elegidos, unos cuantos hombres puros, destinados a formar una nueva raza humana, a renovar y purificar la vida humana. Pero nadie había visto a estos hombres, nadie había oído sus palabras, ni siquiera el sonido de su voz.

Raskolnikof estaba amargado, pues no lograba librarse de la penosa impresión que le había causado aquel sueño absurdo. Era ya la segunda semana de pascua. Los días eran tibios, claros, verdaderamente primaverales. Se abrieron las ventanas del hospital, todas enrejadas y bajo las cuales iba y venía un centinela. Durante toda la enfermedad de

Rodia, Sonia sólo le había podido ver dos veces, pues se necesitaba para ello una autorización sumamente difícil de obtener. Pero había ido muchos días, sobre todo al atardecer, al patio del hospital para verlo desde lejos, un momento y a través de las rejas.

Una tarde, cuando ya estaba casi curado, Raskolnikof se durmió. Al despertar se acercó distraídamente a la ventana y vio a Sonia de pie junto al portal. Parecía esperar algo. Raskolnikof se estremeció: había sentido una dolorosa punzada en el corazón. Se apartó a toda prisa de la ventana. Al día siguiente Sonia no apareció; al otro, tampoco. Rodia se dio cuenta de que la esperaba ansiosamente. Al fin dejó el hospital. Ya en el presidio, sus compañeros le informaron de que Sonia Simonovna estaba enferma. Profundamente inquieto, Raskolnikof envió a preguntar por ella. En seguida supo que su enfermedad no tenía importancia. Sonia, al saber que su estado preocupaba a Rodia, le escribió una carta con lápiz para decirle que estaba mucho mejor y que sólo padecía un enfriamiento. Además, le prometía ir a verlo lo antes posible al lugar donde trabajaba. El corazón de Raskolnikof empezó a latir con violencia.

Era un día cálido y hermoso. A las seis de la mañana, Rodia se dirigió al trabajo: a un horno para cocer alabastro que habían instalado a la orilla del río, en un cobertizo. Sólo tres hombres trabajaban en este horno. Uno de ellos se fue a la fortaleza, acompañado de un guardián, en busca de una herramienta; otro estaba encendiendo el horno. Raskolnikof salió del cobertizo, se sentó en un montón de maderas que había en la orilla y se quedó mirando el río ancho y desierto. Desde la alta ribera se abarcaba con la vista una gran extensión del país. En un punto lejano de la orilla opuesta, alguien cantaba y su canción llegaba a oídos del preso. Allí, en la estepa infinita inundada de sol, se alzaban aquí y allá, como puntos negros apenas perceptibles, las tiendas de campaña de los nómadas. Allí reinaba la libertad, allí vivían hombres que no se parecían en nada a los del presidio. Se tenía la impresión de que el tiempo se había detenido en la época de Abraham y sus rebaños. Raskolnikof contemplaba el lejano cuadro con los ojos fijos y sin hacer el menor movimiento. No pensaba en nada: dejaba correr la imaginación y miraba. Pero, al mismo tiempo, experimentaba una vaga inquietud.

De pronto vio a Sonia a su lado. Se había acercado en silencio y se había sentado junto a él. Era todavía temprano y el fresco matinal se dejaba sentir. Sonia llevaba su vieja y raída capa y su chal verde. Su cara, delgada y pálida, conservaba las huellas de su enfermedad. Sonrió al preso con expresión amable y feliz y, como de costumbre, le tendió tímidamente la mano.

Siempre hacía este movimiento con timidez. A veces, incluso se abstenía de hacerlo, por temor a que él rechazara su mano, pues le parecía que Rodia la tomaba a la fuerza. En algunas de sus visitas incluso daba muestras de enojo y no abría la boca mientras ella estaba a su lado. Había días en que la joven temblaba ante su amigo y se separaba de él profundamente afligida. Esta vez, por el contrario, sus manos permanecieron largo rato enlazadas. Rodia dirigió a Sonia una rápida mirada y bajó los ojos sin pronunciar palabra. Estaban solos. Nadie podía verlos. El guardián se había alejado. De súbito, sin darse cuenta de lo que hacía y como impulsado por una fuerza misteriosa Raskolnikof se arrojó a los pies de la joven, se abrazó a sus rodillas y rompió a llorar. En el primer momento, Sonia se asustó. Mortalmente pálida, se puso en pie de un salto y le miró, temblorosa. Pero al punto lo comprendió todo y una felicidad infinita centelleó en sus ojos. Sonia se dio cuenta de que Rodia la amaba: sí, no cabía duda. La amaba con amor infinito. El instante tan largamente esperado había llegado.

Querían hablar, pero no pudieron pronunciar una sola palabra. Las lágrimas brillaban en sus ojos. Los dos estaban delgados y pálidos, pero en aquellos rostros ajados brillaba el alba de una nueva vida, la aurora de una resurrección. El amor los resucitaba. El corazón de cada uno de ellos era un manantial de vida inagotable para el otro. Decidieron esperar con paciencia. Tenían que pasar siete años en Siberia. ¡Qué crueles sufrimientos, y también qué profunda felicidad, llenaría aquellos siete años! Raskolnikof estaba regenerado. Lo sabía, lo sentía en todo su ser. En cuanto a Sonia, sólo vivía para él.

Al atardecer, cuando los presos fueron encerrados en los dormitorios, Rodia, echado en su lecho de campaña, pensó en Sonia. Incluso le había parecido que aquel día, todos aquellos compañeros que antes habían sido enemigos de él le miraban de otro modo. Él les había dirigido la palabra, y todos le habían contestado amistosamente. Ahora se acordó de este detalle, pero no sintió el menor asombro. ¿Acaso no había cambiado todo en su vida?

Pensaba en Sonia. Se decía que la había hecho sufrir mucho. Recordaba su pálida y delgada carita. Pero estos recuerdos no despertaban en él ningún remordimiento, pues sabía que a fuerza de amor compensaría largamente los sufrimientos que le había causado.

Por otra parte, ¿qué importaban ya todas estas penas del pasado? Incluso su crimen, incluso la sentencia que le había enviado a Siberia, le parecían acontecimientos lejanos que no le afectaban.

Además, aquella noche se sentía incapaz de reflexionar largamente, de concentrar el pensamiento. Sólo podía sentir. Al razonamiento se había impuesto la vida. La regeneración alcanzaba también a su mente.

En su cabecera había un Evangelio. Lo cogió maquinalmente. El libro pertenecía a Sonia. Era el mismo en que ella le había leído una vez la resurrección de Lázaro. Al principio de su cautiverio, Raskolnikof esperó que Sonia le perseguiría con sus ideas religiosas. Se imaginó que le hablaría del Evangelio y le ofrecería libros piadosos sin cesar. Pero, con gran sorpresa suya, no había ocurrido nada de esto: ni una sola vez le había propuesto la lectura del Libro Sagrado. Él mismo se lo había pedido algún tiempo antes de su enfermedad, y ella se lo había traído sin hacer ningún comentario. Aún no lo había abierto.

Tampoco ahora lo abrió. Pero un pensamiento pasó veloz por su mente.

"¿Acaso su fe, o por lo menos sus sentimientos y sus tendencias, pueden ser ahora distintos de los míos?".

Sonia se sintió también profundamente agitada aquel día y por la noche cayó enferma. Se sentía tan feliz y había recibido esta dicha de un modo tan inesperado, que experimentaba incluso cierto terror.

¡Siete años! ¡Sólo siete años! En la embriaguez de los primeros momentos, poco faltó para que los dos considerasen aquellos siete años como siete días. Raskolnikof ignoraba que no podría obtener esta nueva vida sin dar nada por su parte, sino que tendría que adquirirla al precio de largos y heroicos esfuerzos...

Pero aquí empieza otra historia, la de la lenta renovación de un hombre, la de su regeneración progresiva, su paso gradual de un mundo a otro y su conocimiento escalonado de una realidad totalmente ignorada. En todo esto habría materia para una nueva narración, pero la nuestra ha terminado.

Milton Keynes UK
Ingram Content Group UK Ltd.
UKHW030621061024
449204UK00004B/428